澜湄水势与水安全

何子杰 等 著

长江出版社
CHANGJIANG PRESS

水资源合作研究丛书

编 委 会

总前言

GENERAL PREFACE

澜沧江—湄公河发源于中国，依次流经缅甸、老挝、泰国、柬埔寨和越南，既是联系六国的天然纽带，又是沿岸国民众千百年生息繁衍的摇篮。2016年，澜湄六国携手共同建立了由上下游国家参与的全方位合作机制——澜沧江—湄公河合作（简称“澜湄合作”）。澜湄六国一致同意在澜湄合作框架下共建澜湄国家命运共同体，确定了“3+5合作框架”，即坚持政治安全、经济和可持续发展、社会人文三大支柱协调发展，优先在互联互通、产能、跨境经济、水资源、农业和减贫领域开展合作。

澜湄合作因水而生，因水结缘。自澜湄合作机制启动以来，水资源合作经历了培育期、快速拓展期，现已阔步迈入全面发展的新阶段。作为澜湄合作的旗舰领域之一，澜湄水资源合作风生水起，结出了累累硕果。在机制建设方面，六国定期举办澜湄水资源合作部长级会议和论坛，成立了澜湄水资源合作联合工作组，设立了澜湄水资源合作中心，积极推进水资源领域协商对话、经验交流和项目合作。在共同应对水旱灾害方面，中国作为上游国家，充分发挥澜沧江水利工程调丰补枯作用，尽最大努力保障合理下泄流量，多次应湄公河国家需求提供应急补水，积极与湄公河国家携手应对全球气候变化影响。在信息共享方面，中国水利部自2020年开始正式向湄公河国家提供澜沧江全年水文信息，并开通澜湄水资源合作信息共享平台网站，积极同澜湄流域国家开展水资源数据、信息、知识、经验和技术等方面的共享。在惠民项目合作方面，中方联合湄公河国家积极争取中国—东盟海上合作资金、亚洲区域合作专项基金、澜湄合作基金等资金支持，在水资源规划、山洪灾害防治、应对水旱灾害、小流域综合治理、供水工程建设、学科体系建设、监测能力提升、大坝安全、人员交流与能力建设方面申报了系列项目，全方位、宽领域、深层次提高湄公河国家水利基础设施建设和管水、用水、护水能力。近年来，澜湄水资源合作政策对话与技术交流进一步加强，流域信息共享进程进一步加快，防洪抗旱应对能力进一步提高，民生保障工程效益进一步发挥。

《澜湄水资源合作研究丛书》由长江出版社和澜湄水资源合作中心组织长期从事澜湄水资源合作的专家、学者编写。《澜湄水资源合作研究丛书》共 5 册，以澜湄流域内国家水资源项目务实合作为主线，围绕水资源整体情况、水资源管理、水资源相关科学研究成果、水资源务实合作项目成效、水资源合作机制建设等领域，详细介绍了在澜湄合作机制下澜湄水资源合作第一个金色五年取得的丰硕成果，是充分展现澜湄六国友好合作和中国水利服务构建澜湄国家命运共同体的书籍。

我们相信，《澜湄水资源合作研究丛书》的出版，将有助于社会各界更加全面、科学地认识澜湄流域、澜湄六国和澜湄水资源合作，更加系统、翔实地了解中国水利参与共建澜湄国家命运共同体的实践。同时，丛书在编写过程中既重视学术性，也强调可读性，力求将与澜湄水资源合作相关的专业知识通俗准确地介绍给更为广大的读者群体。

作　者

2024 年 4 月

前言

PREFACE

澜沧江—湄公河（简称“澜湄”）是世界第七、亚洲第三、东南亚第一长河，从青藏高原一直延伸到南海，流经中国、缅甸、老挝、泰国、柬埔寨和越南，被誉为“东方多瑙河”。自古以来，澜湄培育了沿岸多样文明和宗教传统，就是一条天然纽带、民族走廊、经济通道，是不可多得的黄金水道和多元化旅游线路，将中国西南和东南亚的经济社会文化紧密联系在一起。澜湄又是世界上最大的季节性河流，洪涝灾害与干旱问题突出，近年来随着全球灾害性气候事件的频繁发生，流域上下游各国都有迫切开发利用水资源兴利除害的利益诉求。澜湄特殊的地理、气候和河道特征，使得澜湄又是东南亚生物多样性、水能资源最为丰富的河流，流域各国都有责任和义务治理保护好这一母亲河。

澜湄六国都是发展中国家，也是传统的农业国家，发展经济、改善人民生活是六国政府的共同目标。水利是农业的命脉，兴水利、除水患，是事关国家发展和人民福祉之大事。近现代以来澜湄国家受长期战乱影响，整体发展相对滞后，各国在水资源开发利用和保护方面存在较大不足。老挝、缅甸、柬埔寨等湄公河国家尚未开展国家层面的水资源综合规划，水资源开发利用水平低、基础设施和管理能力薄弱，水利对经济社会发展的支撑和保障能力与现实要求存在很大差距。随着经济社会的快速发展和全球气候变化影响的加大，水资源面临的形势越来越严峻，洪涝灾害、局部地区的水资源短缺、水污染现象和水生态环境恶化等问题将更加突出，水安全将越来越成为当地经济社会发展的重要影响和制约因素。

澜湄国家山水相连，政府和人民长期往来，世代友好。澜湄合作因水而生，因水而兴，首次澜湄合作领导人会议确定水资源合作为五个优先合作发展方向之一。中国水旱灾害频发、多发，是世界上水情最为复杂、治水任务最为繁重的国家。新中国成立以来，中国共产党领导人民开展了波澜壮阔的水利建设，建成世界上规模最为宏大的水利基础设施体系，水利面貌发生了翻天覆地的变化，取得了举世瞩目的成就，彻底改变了数千年来中华大地饱受洪旱之苦、饱经用水之难的艰辛局面，为经济发展、社会进步、人民生活改善和社会主义现代化建设提供了重要支撑，谱写了中华民族治水史、世界水利发展史上的辉煌篇章。特别是党的十八大以来，习近平总书记把治水作为实现"两个一百年"奋斗目标和中华民族伟大复兴中国梦的长远大计来抓，明确提出"节水优先、空间均衡、系统治理、两手发力"的治水思路，把治水提升到新的高度，推动水利改革发展取得新的历史性成就。通过开展澜湄水资源合作，以务实合作项目为依托，分享中国治水先进理念与成功经验，并与各国发展阶段、特征、格局相结合，将中国新时代治水思路和治水经验"澜湄化"，持续为澜湄国家提升水治理水平贡献"中国智慧"和"中国方案"，促进各国水利事业发展，更好地惠及澜湄沿岸各国人民。

澜湄水资源合作项目作为澜湄合作机制首批早期收获项目，合作内容被列入澜湄合作机制首次外长会议概念性文件，由水利部长江水利委员会负责实施。项目主要包括"一个中心、四项规划、两个示范建设、两项研究"，即成立澜湄水资源合作中心，作为开展技术交流与合作的平台；编制《柬埔寨国家水资源规划纲要》《老挝南乌河、南屯河流域综合规划》《缅甸粮食主产区灌溉发展规划》；开展柬埔寨国家水资源科学技术研究院学科体系及配套设施示范建设、老挝国家水资源信息数据中心示范建设；开展水资源领域的相关研究。项目历时 4 年，团队克服基础资料缺乏，系统性、可靠性较低的不利因素和各种困难，扎实开展规划基础资料整理和信息化工作，结合各国国情合理采用相关标准，多方沟通协调，征求相关意见，尽可能将各方意愿和重点关切纳入规划研究成果。本书主要根据澜湄水资源合作项目开展的相关规划研究成果，同时为了体现澜湄国家的完整性，对 2012 年编制完成的《泰国防洪抗旱初步规划报告》也进行了整理。全书共 7 章，第 1 章为绪论，简要介绍了澜湄概况和项目背景；第 2—5 章分别就柬埔寨、老挝、缅甸、泰国等湄公河国家流域（区域）水利综合（专业）开展了战略研究；第 6 章和第 7 章研究了湄公河与洞里萨湖河湖关系、湄公河三角洲潮汐特性等重点问题。

本书主编由何子杰担任，统筹整体方向与内容框架；副主编胡波、胡钢、徐驰，从专业细分领域把关，助力思路落地；编委会成员（按姓氏笔画排序）具体名单如下：马小杰、王科、许凯、何子杰、李妍清、李昌文、李斐、李强、周冬妮、陕硕、柳林云、胡波、胡钢、赵树辰、徐驰、常宗记、彭军。

本书的编写和出版，得到了水利部国际合作与科技司、长江水利委员会国科局、澜湄水资源合作中心各位领导和项目团队的大力支持，在此致以诚挚的谢意。特别感谢黄建和教授在编写过程中给予悉心指导，并审阅全稿。朱思蓉对本书插图进行了二次加工，在此深表谢意。由于编者水平有限，错误和疏漏在所难免，恳请读者批评指正！

编　者

2024年4月

目 录

CONTENTS

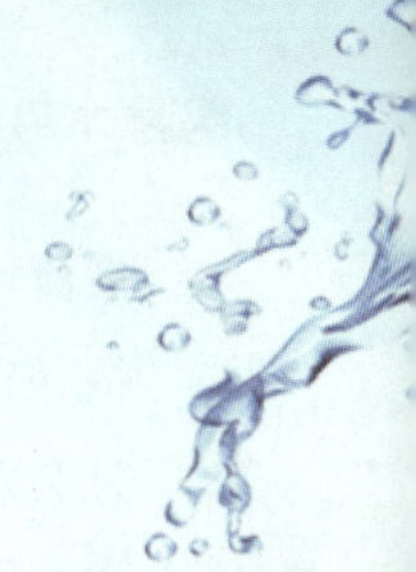

第1章 绪 论

CHAPTER 1

澜沧江—湄公河发源于中国青海省玉树藏族自治州杂多县西北，唐古拉山北麓查加日玛以西4km的高地，河源海拔5388m。源头河段称加果空桑贡玛曲，南流至尕纳松多后称扎曲，在西藏昌都与右岸昂曲汇合后称澜沧江。澜沧江南流穿行于他念他翁山与宁静山之间，然后穿过云南省西部和南部，在西双版纳傣族自治州有31km河段为中缅边境，至南腊河口流出中国国境后称湄公河。澜沧江—湄公河流域（以下简称"澜湄流域"）总面积约81万km^2，从河源到河口全长4880km，平均比降1.03‰，河口多年平均径流量4750亿m^3。其中，湄公河流域面积64.80万km^2，占澜湄流域总面积的82.5%，几乎包括整个老挝、柬埔寨和泰国大部分地区、越南三角洲地区和部分中部高原；干流全长2719km，平均比降0.16‰，多年平均径流量约3990亿m^3，占澜湄流域多年平均径流总量的84.2%。由此表明，澜沧江贡献了整个澜湄干流近一半的河长、90%以上的落差，但贡献的流域面积不足1/4，径流总量不足1/5。国际上还有另一种命名，将中国和缅甸境内的河段称为上湄公河，把老挝、泰国、柬埔寨和越南境内的河段称为下湄公河。上湄公河全长2575km（其中，中国境内2310km，中缅边境31km，缅老边境234km），河道天然落差4700m，流域面积约19.3万km^2；下湄公河全长2485km（其中，老挝境内777km，柬埔寨境内502km，越南境内230km，老泰边境976km），河道天然落差400m，流域面积约61.7万km^2。

澜湄是世界第七、亚洲第三、东南亚第一长河，从青藏高原一直延伸到南海，流经中国、缅甸、老挝、泰国、柬埔寨和越南，被誉为"东方多瑙河"。自古以来，澜湄孕育了沿岸多样文明和宗教传统，既是一条天然纽带、民族走廊、经济通道，也是不可多得的黄金水道和多元化旅游线路，将中国西南和东南亚的经济社会文化紧密联系在一起。澜湄是世界上最大的季节性河流，洪涝灾害与干旱问题突出，近年来随着全球灾害性气候事件的频繁发生，流域上下游各国都有迫切开发利用水资源以兴利除害的利益诉求。澜湄特殊的地理、气候和河道特征，使其成为东南亚生物多样性、水能资源最为丰富的河流，流域各国都有责任和义务治理保护好这一母亲河。

澜湄六国都是发展中国家，发展经济、改善人民生活是六国政府的共同目标。通过实施澜沧江—湄公河水资源合作项目，秉持"同饮一江水，命运紧相连"的理念，协助澜湄国家开展流域(区域)、水利综合(专业)规划研究,将中国新时代治水理念与澜湄国家发展阶段、特征、格局相结合,深入分析澜湄国家水资源开发利用保护现状及存在的主要问题,以及经济社会发展对水资源的需求,统筹协调水资源的开发利用与保护,制定包括灌溉、供水、防洪、水力发电、水资源保护等在内的总体规划布局,对提升澜湄国家治水管水能力、支撑和保障经济社会可持续发展意义重大。

1.1 澜湄流域概况

澜沧江—湄公河与其另外两条姊妹河(怒江—萨尔温江和金沙江)一起发源于青藏高原东部。三条河流从青藏高原东部流入一个峡谷幽深、高山林立的狭窄地区,即著名的三江并流区。三条河流平行流经这块长 500km、宽 100km 的狭长地带,之后各自开始改变方向,最后分别流入南海、安达曼海和东海。

1.1.1 自然地理特征

与其他大河相比,这三条大河在内陆流域形成了独特的水系。大多数大型水系,如亚马孙河、刚果河和密西西比河,会在内陆形成树枝状河网。这种水系通常发育在流域底层地质构造相当均匀稳定、对河流形态有较少或没有影响的缓坡地带。而怒江—萨尔温江、长江,尤其是澜沧江—湄公河则与之形成了鲜明的对比,不同的子流域构成了复杂独特的水系格局。

澜沧江流域面积 16.74 万 km^2,干流全长 2161km(含中缅边境河段 31km),天然落差 4583m,平均比降 2.12‰。流域地势总体为西北高、东南低,由北向南呈条带状分布,地形起伏剧烈,地理条件复杂多变。上游属青藏高原,地处唐古拉山褶皱带,地面海拔多在 4500m 以上,保存着较为完整的高原地貌,高山终年积雪,冰川发育,一般山势较平缓,干流河谷稍宽,沿河谷有阶地发育,具有平浅河谷特征。中游属高山峡谷区,河谷深切于横断山脉之间,河谷窄深,下切深度大,谷底高程为 1230～2200m,相对高差一般在 2000m 左右。下游分水岭显著降低,河道呈束放状,地势趋平缓。澜沧江主河谷深切,是典型的"V"形谷,水系多沿断层发育,西岸支流短小,与干流直交,水系结构呈"非"字形排列,属"羽状"水系。河谷发育和水系展布仍受横断山脉南部山系控制,水系特征不典型,主要支流包括子曲、昂曲、黑惠江、威远江、罗闸河、南班河、南腊河等,湖泊主要为洱海。

湄公河流域面积 64.80 万 km^2,干流长 2719.2km(其中,老挝境内干流长 777.4km,老缅界河 234km,老泰界河 976.3km,柬埔寨境内长 501.7km,越南境内长 229.8km),天然落差 477m,河道平均比降 0.17‰,分别占澜湄全流域面积的 79.8%、河道总长的 55.7%、总落差的 9.4%。湄公河支流众多,集雨面积大于 1 万 km^2 的支流(湖泊)有南乌河、南俄河、南屯河、颂堪河、色邦亨河、蒙河—锡河、"3S"河(公河、桑河和斯雷博河)和洞里萨湖等 10 条

(个)。其中,洞里萨湖为东南亚最大的淡水湖泊,集雨面积8.6万km^2,平均比降0.03‰,多年平均湖面面积6176.8km^2,容积151.4亿m^3。澜湄主要支流特性见表1.1-1。

表1.1-1　　澜湄主要支流特性

国家	支流名称	流域面积/km^2	河长/km	多年平均流量/(m^3/s)
中国	子曲	12645	287	137
	昂曲	16774	500	186
	金河	6954	319	53
	漾濞江	11970	334	155
	罗闸河	3213	188	87
	小黑江	5776	175	121
	威远江	8821	290	193
	南班河	7747	282	185
	南腊河	4570	172	48
老挝	南塔河	8170		140
	南乌河	26160	380	430
	南森河	6290		100
	南康河	7620		130
	南俄河	17600	260	760
	南涅河	4690		240
	南屯河	14700	230	890
	色邦非河	9470	220	410
	色邦亨河	19600	320	530
	色敦河	7170	190	230
泰国	湄公河	10800		210
	因河	8290		110
	廖伊河	4100		50
	颂堪河	12700		300
	蒙河—锡河	154000	550	720
越南、柬埔寨、老挝	桑河(支流包括公河、斯雷博河)	76700		2900
柬埔寨	洞里萨河	84000	400	960
	代河(德河)	4170		85
	川龙河	5750		90
	特瑙河	5050		60

从中国、缅甸、老挝边界(南腊河口)到老挝万象为湄公河上游,流域面积 13.46 万 km^2,干流长 1107km,河道平均比降由南腊河口—清盛河段的 0.50‰降为清盛—万象河段的 0.22‰~0.23‰;流经地区多为山地丘陵区,大部分地区海拔 200~1500m,地形起伏较大,沿途受山脉阻挡,河道几经弯曲,河谷宽窄反复交替,河床坡降较陡,多急流和浅滩;主要支流有南玛河、南塔河、南本河、南乌河、南森河、南康河、廖伊河等。

万象—巴色为湄公河中游,流域面积 24.60 万 km^2,干流长 753km,河道平均比降 0.07‰~0.15‰;流经呵叻高原和富良山脉的山脚丘陵,大部分地区海拔 100~200m,地形起伏不大;主要支流有南俄河、南涅河、南屯河、色邦非河、色邦亨河、色敦河等。

巴色—桔井下游 20km 为湄公河下游,流域面积 10.62 万 km^2,干流长 331.3km,河道平均比降 0.11‰~0.30‰;流经平坦而略为起伏的准平原,海拔不到 100m,河床宽阔,多汊流,但部分河段有小丘紧束或横亘河中,构成险滩、急流,全河最大的跌水孔瀑布就在此段;主要支流有蒙河—锡河、颂堪河、因河、公河、桑河、斯雷博河等,共同汇入湄公河干流上丁段。

桔井下游 20km 到入海口为三角洲河段,河网密集,土壤肥沃,为东南亚重要的稻米产区之一。水系具有不稳定、复杂和易变的特征,集雨面积 7.52 万 km^2(不含洞里萨湖),干流长 527.8km,河道平均比降 0.02‰~0.04‰。其中,金边以上河段沿岸为洪泛平原,雨季洪水溢出湄公河两岸,淹没洪泛平原宽达 50km,时间达数周之久;湄公河在柬埔寨金边上游接纳东南亚最大的淡水湖泊——洞里萨湖,在金边分为湄公河和巴塞河两条汊道,在越南境内湄公河也称前江,巴塞河称为后江(图 1.1-1)。其中,主汊前江从东至西分为芹河、戴河、巴莱河、含龙河、古毡河和宫侯河 6 条入海汊道,后江分为定安河和争提河两条入海汊道,总共 8 条入海汊道。

澜湄流域经中国云南四家村以后,分水岭明显降低,海拔一般在 2500m 以下,地势趋平缓,河道呈束放状。湄公河流域总体比较开阔平缓,按地形和河流地貌可分为北部高地、呵叻高原、洞里萨湖流域及湄公河三角洲 4 个地形区。

1)北部高地。

北部高地包括缅甸东北、泰国北部和老挝北部,到处是崇山峻岭,海拔 1500~2800m。湄公河在该地区主要受深切河槽的约束,两岸均有较大支流汇入,大多流经陡峭的岩质河谷,但部分支流河谷宽阔,发育成河漫滩,形成少量的高地平原和河谷冲积台地。

2)呵叻高原。

呵叻高原包括泰国东北部和老挝的一部分,为长宽各 500km 的蝶状山间盆地,海拔 300m,边缘为高抗性呵叻砂岩群形成的陡峭单面山。高原以西及西北与黎府—碧差汶褶皱带接壤,东面及东南面接安南山脉,单面山南侧为低矮山脊,其下方是洞里萨湖流域。

普潘山脉由西北向东南贯穿整个盆地，山势较低，是呵叻高原内部主要地形，它将高原切割为南北两个子流域，北部为色军—沙湾拿吉流域，南部为蒙河—锡河流域。湄公河右岸支流（颂堪河、蒙河）位于呵叻高原中央地区，河流地势平缓，发育成典型树枝状水系。相比之下，湄公河左岸支流（南卡丁河、色邦非河、色邦亨河）从安南山脉河源流出后就开始急剧下降。

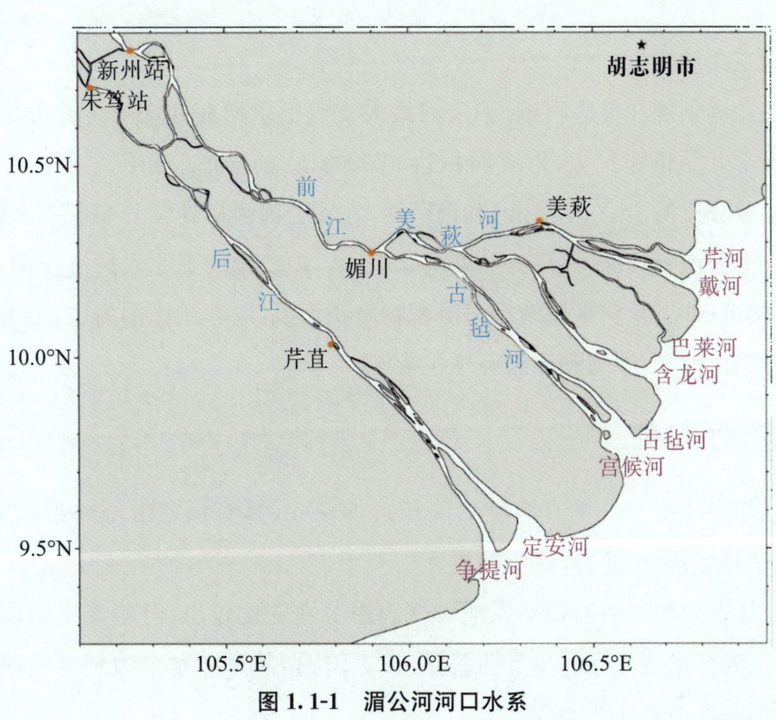

图 1.1-1　湄公河河口水系

3)洞里萨湖流域。

洞里萨湖流域呈巨大的圆拱结构，顶部被蚀去，剩下四周的丘陵边缘，冲积平原占据整个流域的中央部分。湄公河从巴色北部流入，随后流经宽阔的峡谷河段，峡谷西侧为呵叻峭壁南缘，东侧为波罗芬高原。干流经过峡谷南段后开始分汊，然后再度汇合，构成复杂的河网，如老挝南部西潘敦地区，岛屿和河道星罗棋布，共有4000多个岛屿。湄公河流经孔恩瀑布后进入柬埔寨冲积平原，河道开始分汊，主河道沿流域东缘向南到达桔井。河流受大量玄武岩熔岩流（构成胡志明市北部高地）的影响而改变方向，干流河道在该地呈直角转向西流去。湄公河左岸河网主要由色松河、色萨河和斯雷博河3个流域组成。这些河流水流湍急，依次流经老挝波罗汶高原、昆嵩地块和越南南部火山高地等一连串的山地，形成弧形的河道。干流在桔井下游发育成冲积平原，河槽形态也随之改变，形成曲流、蛇曲及牛轭湖。洞里萨湖流域的中、西部形成广阔的洪泛平原，地势低平，河网发育，洞里萨湖坐落其中。洞里萨河是湄公河和洞里萨湖的天然通道，拥有世界罕见的水流特征。旱季时，河水从柬埔寨洪泛平原及周围的集水区流入湄公河干流；但进入雨季后，湄公河主流水位急剧上涨，无法及时通过湄公河三角洲地区的河网泄出，导致干流水位高于洞里萨河。此时，洞里萨河开始改变流水方向，河水向上游倒灌流入洞里萨湖，并淹没其周围的森林低地。每年汛期，洞里萨湖面积从 2500km^2 增至 15000km^2，是原来面积的 6 倍；湖水容积从 1.5km^3 增至 70km^3；雨季结束时，湄公河流量下降，洞里萨湖周围多余的水量汇入洞里萨河，河水正常向下游汇入湄公河。

4)湄公河三角洲。

湄公河三角洲顶部在金边附近，湄公河最大支流巴萨河在此地与干流分流。湄公河三角洲从金边南部开始迅速扩大，形成面积达 62520km^2 的楔形三角洲平原。现代湄公河三角洲有两条主要分汊河道——湄公河和巴萨河，在湄公河河口处又分裂成更多较小的河流，统称九龙江。湄公河三角洲可分为内、外两个平原。内三角洲平原以河流作用为主，地势较低，与海平面接近；外三角洲平原由沿海沉积物堆积而成，以海洋作用为主，近海边缘表现为红树林沼泽、滩脊、沙丘、沙嘴和滩涂等地貌形态。

1.1.2 气候水文特征

澜湄流域地跨纬度 25°，垂直高度下降超过 5000m，具有从寒带至热带的完整气候带。北部高寒，春秋较短；南端低谷，终年如夏。

湄公河流域下游河谷和冲积平原地带气温季节性变化较小，但随着流域地形的变化和纬度的增高，气温会呈现相应的季节性差异。3—10 月，从柬埔寨金边到老挝琅勃拉邦甚至泰国清莱，气温基本稳定在 26～27℃。

澜湄气候主要受季风影响，通常 5 月至 9 月底(或 10 月上旬)受海上西南季风影响，潮湿多雨，5—11 月为雨季；12 月至次年 3 月中旬受大陆东北季风影响，干燥少雨，12 月至次年 4 月为旱季。

流域的主要降水天气系统——西南季风风向与近似南北向的流域分水岭山脉斜交角度小，暖湿气流被阻挡抬升，形成流域左岸迎风坡多水带、右岸背风坡少水带，将导致左岸水系相较右岸发育，产水量也远高于右岸。

流域内降雨区域性变化较大。澜沧江流域年平均降雨量呈从上游至下游递增趋势，从上游的 400mm 递增到下游的 1600mm。湄公河流域年平均降雨量从泰国东北部的 1000mm 以下递增到老挝南部、柬埔寨和越南山区边缘的 4000mm 以上，其中柬埔寨年平均降雨量为 2000mm。全流域年降雨量年内分布很不均匀，年降雨量的 80%左右集中在 5—10 月。澜湄干流主要水文测站基本情况见表 1.1-2。

表 1.1-2　　澜湄干流主要水文测站基本情况

<table>
<tr><th>河名</th><th>站名</th><th>所在国家</th><th>集水面积/km²</th><th>距河口距离/km</th><th>流量系列</th><th>备注</th></tr>
<tr><td rowspan="3">澜沧江</td><td>旧州</td><td>中国</td><td>94100</td><td>3388</td><td>1954—2013 年</td><td></td></tr>
<tr><td>戛旧</td><td>中国</td><td>114600</td><td>3132</td><td>1956—2013 年</td><td></td></tr>
<tr><td>允景洪</td><td>中国</td><td>149100</td><td>2718</td><td>1957—2013 年</td><td></td></tr>
<tr><td rowspan="5">湄公河</td><td>清盛</td><td>泰国</td><td>189000</td><td>2364</td><td>1960—2013 年</td><td></td></tr>
<tr><td>琅勃拉邦</td><td>老挝</td><td>268000</td><td>2010</td><td>1939—2013 年</td><td></td></tr>
<tr><td>清康</td><td>泰国</td><td>292000</td><td>1715</td><td>1967—2013 年</td><td></td></tr>
<tr><td>万象</td><td>老挝</td><td>299000</td><td>1580</td><td>1913—2013 年</td><td></td></tr>
<tr><td>廊开</td><td>泰国</td><td>302000</td><td></td><td>1969—2013 年</td><td></td></tr>
<tr><td rowspan="9">湄公河</td><td>那空拍侬</td><td>泰国</td><td>373000</td><td>1221</td><td>1924—2013 年</td><td rowspan="2">两站分别位于干流同一河段的左岸和右岸</td></tr>
<tr><td>他曲</td><td>老挝</td><td>373000</td><td>1221</td><td>1924—2013 年
（缺 2001 年 5—7 月）</td></tr>
<tr><td>穆达汉</td><td>泰国</td><td>391000</td><td>1128</td><td>1923—2013 年</td><td rowspan="2">两站分别位于干流同一河段的左岸和右岸</td></tr>
<tr><td>沙湾拿吉</td><td>老挝</td><td>391000</td><td>1128</td><td>1923—2013 年</td></tr>
<tr><td>空坚</td><td>泰国</td><td>419000</td><td>909</td><td>1966—2013 年
（缺 2008 年 1—3 月）</td><td></td></tr>
<tr><td>巴色</td><td>老挝</td><td>545000</td><td>867</td><td>1923—2013 年</td><td></td></tr>
<tr><td>上丁</td><td>柬埔寨</td><td>635000</td><td>683</td><td>1910—2004 年
（缺 2005—2006 年，2008 年 11 月、12 月）</td><td></td></tr>
<tr><td>桔井</td><td>柬埔寨</td><td>646000</td><td>560</td><td>1924—1970 年</td><td></td></tr>
<tr><td>磅湛</td><td>柬埔寨</td><td>660000</td><td>448</td><td>1960—2002 年
（缺 2003 年 1 月—2006 年 8 月）</td><td></td></tr>
</table>

澜湄流域径流由降雨、融雪和地下水补给组成，越往下游降雨补给的占比越大。在万象平原、湄公河低地，地下水对河川径流的补给调节作用突出；到金边以下，除降雨外，径流还受洞里萨湖的天然调节、湄公河三角洲的地下水和众多河汊蓄水调节，以及南海潮汐等因素影响。

澜湄流域水资源量丰富。根据 1967—2013 年资料统计，允景洪水文站多年平均流量

1740m^3/s，年径流量 547 亿 m^3；万象站多年平均流量 4480m^3/s，年径流量 1414 亿 m^3；巴色站多年平均流量 9780m^3/s，年径流量 3088 亿 m^3；上丁站多年平均流量 13000m^3/s，年径流量 4087 亿 m^3。

(1)径流空间分布

澜湄流域多高大、南北向山脉，制约了水系与河谷的发育，并阻挡和迫使主要降水天气系统——西南季风的暖湿气流抬升、降温、降压、产生大量降水。因此，西南季风和地形成为影响澜湄流域地表径流空间分配的两大关键因素。流域两侧南北向和近似南北向的高大分水岭，使左岸迎风坡成为降雨、径流高值区，右岸背风坡成为低值区。澜湄流域径流分布规律是单位面积产水量下游丰于上游、左岸(迎风坡)丰于右岸(背风坡)。

(2)径流地区组成

在万象站径流来源中，由于上游西藏境内降水稀少，大部分地区多年平均降水量小于 600mm，因此允景洪站以上流域面积约为万象站控制流域面积的 50%，但允景洪站多年平均径流量仅为万象站的 38.7%；允景洪—琅勃拉邦流域面积为万象站的 39.8%，多年平均径流量为万象站的 46.6%；琅勃拉邦—万象流域面积为万象站的 10.4%，多年平均径流量为万象站的 14.7%。

在巴色站径流来源中，允景洪站集雨面积为巴色站集水面积的 27.4%，多年平均径流量仅为巴色站的 17.7%；万象—穆达汉左岸因地处西南季风迎风坡，为澜湄流域降雨高值区，多年平均降雨量普遍在 2000mm 以上，集水面积虽然仅为巴色站的 16.9%，但是多年平均径流量却为巴色站的 32.5%；穆达汉—巴色右岸泰国大部分地区多年平均降雨量小于 1500mm，为澜湄流域降雨低值区，集水面积为巴色站的 28.3%，多年平均径流量仅为巴色站的 21.7%。巴色站以上单位面积产水量高的地区为万象—穆达汉。

在上丁站径流来源地中，允景洪站以上流域面积为上丁站集水面积的 23.5%，多年平均径流量为上丁站的 13.4%；万象—穆达汉因有左岸降雨量高值区支流入汇，区间面积为上丁站的 14.5%，多年平均径流量为上丁站的 24.6%；巴色—上丁有左岸公河、桑河、斯雷博河汇集而成的“3S”河入汇，为澜湄流域降雨量高值区，多年平均降雨量超过 2000mm，区间面积为上丁站的 14.2%，多年平均径流量为上丁站的 24.4%。多年平均情况，上丁站径流主要来自老挝境内左岸支流和“3S”河，两处区间面积为上丁站的 28.7%，多年平均径流量为上丁站的 50%。

(3)径流年内分配

澜湄流域径流年内变化主要受西南季风降雨控制，年内分配不均匀，主要集中在汛期。

根据 1967—2013 年同期水文资料统计，澜湄干流水文站最大月径流量出现在 8 月，该月径流量占年径流量的比例从上游至下游呈递增趋势，允景洪站为 18.4%，琅勃拉邦站为

19.9%，万象站为21.3%，穆达汉站为23.4%，巴色站和上丁站为23.1%。连续最大6个月径流量出现时间，允景洪—上丁各站均为6—11月，最大6个月径流量占年径流的比例沿干流呈递增趋势，允景洪站为78.5%，琅勃拉邦站为80.9%，万象站为81.1%，穆达汉站为85.4%，巴色站为86.2%，上丁站增加至86.9%。

每年11月降雨量开始减小，澜湄流域逐渐进入旱季。最小月平均流量出现时间，允景洪—万象河段在3月，穆达汉—上丁河段在4月。干流各水文站年内以2—4月为最枯，最枯3个月径流量占年径流量的比例从上游至下游呈递减趋势，允景洪站为8.5%，琅勃拉邦站为7.0%，万象站为7.0%，穆达汉站为5.5%，上丁站为4.7%。

(4)径流年际变化

澜湄干流承接了各支流来水后，由于丰枯水相互补充，径流较为稳定。根据1967—2013年同期水文资料统计，干流各水文站年径流量极值比多在1.8～2.1。

随着大支流增多、汇集水量增大，下垫面与气候条件的差异性大，上下游丰、枯水年出现的年份有所不同。根据1967—2013年同期水文资料统计，允景洪站最丰年份为2000年，清盛站、琅勃拉邦站、万象站最丰年份为1971年，穆达汉站最丰年份为2002年，巴色站最丰年份为2011年，上丁站最丰年份为2000年；允景洪站最枯年份为1994年，清盛—穆达汉各站最枯年份均为1992年，巴色站、上丁站最枯年份均为1998年。

1.1.3 资源环境特征

澜湄是东南亚第一长河，有“小太阳”之称，流域水资源及水能资源极其丰富。流域多年平均径流量达4750亿m^3，加上干流垂直高度下降超过5000m，水能资源理论蕴藏量超过9000万kW，水能资源禀赋优越，具有良好的开发利用条件。

澜湄素有“黄金水道”之称，所流经的中南半岛被誉为“黄金半岛”，沿岸的中国滇西南、缅甸掸邦、老挝、泰国东北部、柬埔寨和越南南部均有“超级天然公园”“动物王国”“植物王国”和“富饶的乐土”等雅号，是一个独具特色的神秘而迷人的地区。流域从北到南跨越了寒带、温带、亚热带和热带，雨量、温度、湿度、光热、风力等各异，气候的多样性形成了植被和林木类型的多样，植物种类达12000余种。

澜湄流域空间广袤，土地肥沃，雨量充沛，气候湿润，发展农业生产有着得天独厚的自然条件，是世界上农产品特别是稻谷生产潜力最大的地区之一。流域地形和大地构造多样，地下矿藏资源富集，金属矿和非金属矿的种类、储量均十分丰富，缅甸掸邦和老挝波乔已被确认为世界上最大的锡和钨矿带，也是世界上最著名的宝石产地，下游湄公河三角洲河口地区和近海还有丰富的石油和天然气。

1.1.4 自然灾害特征

澜湄国家受热带季风、台风、气候变化、厄尔尼诺等因素影响，是各类灾害的高发区。由于流域内各国地理位置不同，自然灾害的构成也不同。如柬埔寨自然灾害主要为洪水、流行病和干旱；泰国自然灾害主要为洪水、风暴；老挝自然灾害主要为洪水和流行性病，其次为风暴和干旱；缅甸自然灾害主要为洪水和风暴；越南自然构成灾害以风暴为主，其次为洪水。根据有关资料，对湄公河流域国家1900—2017年发生的自然灾害进行统计分析，各国共发生513次自然灾害，造成19.2万人死亡、12.8万人受伤，2.37亿人受影响，总经济损失高达811亿美元。对湄公河流域国家100余年来的自然灾害进行统计分析，洪水和风暴是湄公河流域国家最为频发的两类自然灾害。洪水共计237次，占灾害总数的46%；风暴共计171次，占灾害总数的33%。从灾害造成的死亡人数来看，风暴引起的死亡人口最多，约16.6万人死亡，占总死亡人数的86%；其次是洪水，导致12941人死亡，占总死亡人数的6.7%。从经济损失来看，洪水是最主要的致灾因子，占65%；其次为风暴和干旱，其中风暴占19%，干旱占14%。自1960年以来，湄公河流域国家自然灾害发生次数总体呈上升趋势，洪水作为主要致灾因子，其发生频率明显高于其他自然灾害。其中，1961—1970年、1971—1980年、1981—1990年、1991—2000年、2001—2017年洪水次数占各类自然灾害总次数的33%、29%、40%、52%、54%。从时间特征来看，自1971年以后自然灾害引起的经济损失开始显著增加。1971—1990年经济损失主要由风暴引起，1991—2000年洪水引起的经济损失占比逐渐上升，2011年以后洪水引起的经济损失占比超过风暴和干旱损失之和，成为造成经济损失的主要灾害。极端灾害事件导致的损失占当年GDP的10%～25%，其他年份洪灾损失占比小于5%。

1.2 澜湄国家水利发展需求分析

水是生命之源，一切生命活动都离不开水。水养育了人类，造就了文明。世界发展的实践表明，水是经济社会发展不可替代的基础性自然资源和战略性经济资源，是生态环境的控制性要素，在经济社会发展中占有越来越重要的地位。澜湄国家的气候、地理和社会条件决定了水利在国民经济社会发展和农业生产中，特别是水利基础设施在保障防洪安全、供水安全和粮食安全，维护良好的生态与环境等方面具有不可替代的战略地位和作用。2006年3月，在墨西哥城召开的第四届世界水论坛通过的《部长宣言》第一条就明确指出："重申水，特别是淡水，对可持续发展的所有领域都至关重要，包括消除贫困和饥饿、减少水灾害、健康、农业和农村发展、水电、粮食安全、性别平等、维护环境可持续性和环境保护等方面。我们强调要把水和卫生列入国家行动的重点，特别要纳入国家可持续发展和消除贫困的战略目标中。”

1.2.1 澜湄国家水利发展概况

澜湄国家自古以农业立国，水资源开发利用历史悠久，历代王朝安邦定国、发展生产都离不开兴修水利，水利在澜湄国家经济社会发展中占有举足轻重的地位。以中国为例，新中国成立以来高度重视水利建设，取得了辉煌的治水成就。据不完全统计，全国兴建了98000座水库，具备7000多亿 m^3 的防洪库容、4300多亿 m^3 的水库供水能力，水电站装机容量达到3.56亿kW，为国家经济社会发展提供了重要的防洪、供水、粮食、能源、生态等安全保障，使中国以只占全球6%的水资源、10%的耕地，基本解决了占全球22%人口的温饱和发展问题。水利不仅提高了江河的防洪能力，改善了农业生产条件和农民生活条件，改善了农村生存和居住环境，而且为工业发展和城镇化水平的提升提供了水源保障和环境改善。实践表明，新中国成立以来，尤其是改革开放40多年来，水利建设在支撑国民经济发展、保障粮食安全与社会安定，以及改善生态与环境等方面均发挥了巨大作用并做出了重要贡献。事实表明，对水旱灾害频繁的中国来说，兴修水利、除害兴利在国民经济中具有极其重要的战略地位，水利建设不仅是中国综合国力的重要组成部分，更是未来经济社会可持续发展和高质量发展的重要物质基础，是人类社会文明进步的重要标志。

由于澜湄国家的经济发展水平和自然地理环境存在差异，各国对澜湄水资源的开发利用水平、方式等均不同，以下分别对澜湄国家的水资源开发利用情况展开论述。

(1)缅甸

缅甸国土面积67.66万 km^2，是中南半岛国土面积最大的国家，地形以山地、高原为主，主要河流有湄公河、萨尔温江、伊洛瓦底江。缅甸位于中南半岛西部，东北与中国毗邻，西北与印度、孟加拉国相接，东南与老挝、泰国交界，西南濒临孟加拉湾和安达曼海，海岸线长3200km。缅甸目前人口约5458万人，68%为缅族，国内生产总值(GDP)约761亿美元，人均GDP约1394美元。

缅甸是东南亚五国水力资源最丰富的国家之一。根据缅甸水电资源普查初步成果，全国水电资源理论蕴藏量约15275万kW，年发电量为9981亿kW·h。虽然水力资源丰富，但是尚未得到充分利用。截至目前，缅甸已建有19座水电站，总装机容量266万kW，水电装机规模仅占技术可开发量的5.9%，占经济可开发量的5.5%，开发潜力巨大。

在缅甸经济结构中，农业占比最大，农业用水占90%左右，工业以及民用只占10%。缅甸城市供水覆盖率很低，约60%，只有最大城市仰光才有自来水。全国可耕地面积1823万 hm^2，已利用耕地总面积1215万 hm^2，而农田灌溉总面积仅为222万 hm^2，占已利用耕地总面积的18.3%，水资源开发利用程度很低，大部分地区依赖自然降水。根据2012

年全球粮食安全指数报告，在105个受调查国家中，缅甸粮食安全指数排名78位，处于较落后水平。由于缺乏水利基础设施，缅甸城市安全饮水保障不足，农村安全饮水程度更差，粮食安全问题突出。

缅甸自2010—2015年以来推进了部分水利工程规划，并兴建了以大坝为主的多功能项目，包括防洪、城市供水、水力发电和灌溉等，但未进行专业规划，也缺乏水资源综合规划作为指导水利工程建设和管理的依据。

缅甸境内的湄公河水资源可开发量极少，仅有3%的流域面积以及2%的径流量贡献率，缅甸主要利用湄公河的航运和水电开发效益，近年来正在积极推进国际合作以加速水电开发进程，但现有水利设施仍以少量小型农业灌溉工程为主。

(2)老挝

老挝国土面积23.68万km^2，是中南半岛北部的内陆国家，地形以山地为主。老挝位于中南半岛北部，北邻中国，南接柬埔寨，东界越南，西北与缅甸接壤，西南毗连泰国。老挝人口约727万人，GDP约191亿美元，人均GDP约2627美元。

湄公河流经老挝全境，其水能资源在湄公河国家中最为丰富，水力发电潜力巨大。根据亚洲开发银行的估算，老挝电力蕴藏量约3000万kW，但利用率仅为10%左右。老挝90%的发电能力来自水力，目前，老挝已在建18座水电站，总装机容量302.4万kW，不仅可满足当地需求，还可以出口他国。老挝已(在)建电站均为湄公河支流，且总开发规模较小，待开发的经济技术可开发容量仍然集中在湄公河干支流。

农业在老挝国民经济中占主导地位，潜在耕地面积800万hm^2，实际耕地面积80万hm^2，主要农作物是稻谷。老挝灌溉面积为31万hm^2，仅占实际耕地面积的38.8%。虽然老挝水资源丰富，但是因时空分布不均，农业灌溉覆盖率较低，农业缺水情况时有发生，粮食安全得不到保障。

老挝缺乏较为系统的水资源综合规划和专业规划，已制定的农业综合发展规划包含10个子行业，其中第一个是土地和水资源开发，第十个是农村发展和灌溉，表明水资源开发利用和水利基础设施建设逐渐得到老挝政府的重视。

老挝在湄公河流域的开发以水电为主，兼顾农业灌溉、航运等功能。

(3)泰国

泰国国土面积51.31万km^2，位于中南半岛中南部，地形以山地、平原为主，主要河流为湄公河和湄南河。泰国东南濒临泰国湾，西南濒临安达曼海，西及西北与缅甸接壤，东北与老挝交界，东南与柬埔寨为邻，海岸线长2705km。泰国人口约7000万人，GDP约5000亿美元，人均GDP约7143美元。

泰国是传统农业国家，80%的人口从事农业，享有“东南亚粮仓”的美誉，是亚洲主要的粮食净出口国和世界上主要的粮食出口国之一。水利工程是农业发展的重要支撑，现有灌溉面积约 52 万 hm^2，但实际耕地灌溉率不足 6%。泰国水资源存在以下问题：一是降水量时空分布严重不均，地区雨季雨水过多，造成水灾，有的地区（如东北部呵叻高原）雨季雨水过少，经常发生干旱，如 2010 年 10 月受热带季风的影响，泰国中部和南部发生了特大洪灾，给当地居民生命财产造成巨大损失，而位于泰国东北部的呵叻高原降雨量较少，且 90%的降雨集中在 5—10 月的雨季，是泰国缺水最为严重的地区。加上极端气候愈来愈烈，尤其是厄尔尼诺和拉尼娜现象，干旱和洪灾出现次数更加频繁且有越来越严重的趋势。二是部分区域水质盐碱化严重，全国有 20 多万 hm^2 盐碱地（主要在东北部），导致这些地方的地下水和地表水含盐量过高，不能直接饮用和灌溉；除此之外，泰国水污染严重，过去 10 多年的监测表明，水质污染程度逐渐增加。

2011—2012 年，中国水利部组织多家大型科研设计单位的技术骨干，针对泰国的防洪、干旱问题编制了《泰国曼谷地区防洪减灾体系建设建议》《泰国湄南河流域防洪咨询报告》《泰国防洪抗旱报告》等技术成果，但泰国未进行较为系统的水资源综合规划。

泰国在湄公河水资源开发利用中的主要任务是灌溉、水电、航运、渔业等，目前在湄公河支流上建有 7 座水电站，总装机容量 745MW。

(4)柬埔寨

柬埔寨国土面积 18.10 万 km^2，位于中南半岛南部，地形以山地、平原为主，主要河流为湄公河。柬埔寨东部和东南部与越南接壤，东北部与老挝交界，西部和西北部与泰国毗邻，海岸线长约 460km。柬埔寨人口约 1700 万人，GDP 约 258 亿美元，人均 GDP 约 1518 美元。

柬埔寨主要河流为湄公河。东南亚最大淡水湖洞里萨湖通过洞里萨河与湄公河相连，既是湄公河天然蓄水池，也是天然淡水渔场，素有“鱼湖”之称。柬埔寨水资源丰富，但是水资源时空分布不均，水利设施严重缺乏且陈旧老化，一方面是洪灾泛滥，另一方面是干旱缺水，特别是旱季，不少地方用水异常紧张。近年来，自然灾害对柬埔寨经济社会发展造成严重影响，干旱导致农村缺水、农业减产、农民收入下降。社会上乱砍滥伐、非法开发水利、建筑乱占地等行为，导致水灾、泥石流、河床淤泥、水质下降、河流变道。水旱灾害不但损害了农作物，还导致大量的人员伤亡、财产损失和基础设施毁坏。2000 年特大水灾曾给柬埔寨造成 7000 万美元的经济损失。目前，柬埔寨全国家庭、农业、工业、发电、旅游业等方面用水需求总量为 7.5 亿 m^3，其中农业用水最多，占用水需求总量的 95%，但全国 70%的农田得不到灌溉。迄今，只有 35%的全国人口、65%的城市居民和 26%的农村人口可使用卫生、安全的饮用水。此外，柬埔寨除金边和马德望外，各地几乎没有污水处理系统，水污染现象严重。

根据 2012 年全球粮食安全指数报告，在 105 个受调查国家中，柬埔寨粮食安全指数排名 89 位，处于非常落后水平。由于缺乏水利基础设施，柬埔寨城乡安全饮水、粮食安全均得不到保障。

柬埔寨水电开发潜力巨大，储量约 1000 万 kW，但目前水电开发程度极低。柬埔寨设立了专门的水管机构并制定了国家水资源政策，于 2004 年出台了《柬埔寨水资源管理办法》，但未进行较为系统的水资源综合规划和专业规划。

柬埔寨对湄公河的关切主要是湄公河—洞里萨湖关系、水电开发等，在湄公河流域的开发主要是发电、农业灌溉、城市供水等方面。

(5)越南

越南国土面积 32.9 万 km^2，位于中南半岛东部，地形以山地、高原、平原为主，主要河流为红河、湄公河。越南北与中国广西、云南接壤，西与柬埔寨、老挝交界，东面和南面临海，海岸线长约 3260km。越南人口约 9700 万人，GDP 约 2710 亿美元，人均 GDP 约 2794 美元。

越南水资源丰富，多年平均径流量为 8910 亿 m^3，人均水资源量超过 11000m^3，为亚洲平均水平的 2.8 倍和世界平均水平的 1.4 倍。越南现有 2 个大型天然湖泊，超过 650 座大中型水库和 3500 座小型水库，4 个大型水电站及约 200 个小型水电站投入运行。越南农业发达，农业灌溉是取用水资源量最大的部分，占总需水量的 85%左右。由于降雨主要集中在 3—4 月且各河流水系分布不均，加上工程调蓄能力差、用水需求大，干旱缺水十分严重，因此粮食增产主要靠风调雨顺和扩大栽种面积。湄公河三角洲地下水超采严重，造成地下水位下降，咸水入侵，一些地区的地下水位每年下降 1m，有些地区甚至达到 2.5m。另外，由于经济不断发展，水源污染现象特别严重。

越南地处湄公河下游，主要关切为湄公河冲积物、渔业、咸水入侵等，在湄公河流域的开发主要是农业灌溉、城市供水、渔业以及航运等方面。

1.2.2 澜湄国家可持续发展对水利的需求

澜湄流域地域广阔，范围从 9°N 延伸到 34°N，大部分区域为热带、亚热带季风气候。气候的纬度地带差异性很大，呈现出复杂多样的自然条件，降雨和水资源时空分布十分不均匀，导致水旱灾害频发、多发，是世界上水情最复杂、治水任务最繁重的区域之一。根据《联合国世界水发展报告》统计资料，世界上洪水风险最高的 10 个国家和 63 个干旱国家中，澜湄多国位居其中。此外，澜湄国家国土面积中山区丘陵占比较大，可利用的宜居土地资源有限，加之人口众多、经济规模大、发展快，人口、城镇、工业主要分布在江河中下游，水资源分布与经济社会发展格局不相匹配，对防洪、供水、灌溉、能源的保障要求很高。气象专家们分析指出，未来百年仍将是气候变暖的趋势，对国民经济的影响将以负面为主。气候变暖将导致地表径流、洪涝灾害频率发生变化，特别是水资源供需矛盾将更为突出。因此，面对新形势下水资源短缺问题，必须加强水利基础设施建设，加强农田灌溉和防洪排涝基础设施建设。兴水利、除水害是澜湄国家发展的必然选择，也是经济社会可持续发展的基本保障。

(1)加强水资源调配工程建设，提高水资源利用效率和清洁能源保障能力

澜湄国家多属发展中国家，农业是国家的支柱产业，泰国、越南、柬埔寨、缅甸均为粮食出口大国，粮食生产是其经济社会发展的重要支撑。放眼全球，上述四国的大米生产具有明显的比较优势，其所处的中南半岛属于典型热带季风气候，全年高温，降水丰富，且河流冲积平原众多，湄南河平原、红河平原、湄公河平原、伊洛瓦底江三角洲不仅是世界上最适宜种植水稻的地区之一，也是四国主要的水稻产区。由于水利基础设施薄弱，农田灌溉率低，大部分耕地处于“靠天收”的雨养状态，无法针对农作物生长期的需水进行有效调控，导致非灌溉状态下粮食单产偏低、农业综合生产能力不足，难以充分发挥区域优良的气候及水土资源禀赋条件。老挝作为东南亚地区唯一的内陆国家，境内多山地和高原，虽然国内人口较少，粮食生产的人均自然资源条件并不差，但是粮食产需却常年处于紧张状态，这主要是受老挝经济发展水平的限制。老挝作为世界上最不发达的国家之一，农业发展的资金投入能力非常有限，这就导致国内农业及粮食生产严重受制于天气状况，对旱涝灾害的抵御能力非常脆弱，在风调雨顺的年份其粮食供给可以刚刚满足需求，一旦有自然灾害发生，则极易处于粮食危机的边缘。澜湄国家现时的主要问题是水资源量与人口、时空分布严重不匹配，现状各地区城乡供水和农业灌溉工程较少，具有调蓄能力的大中型水库稀缺，水资源需求难以保障。随着经济社会发展和用水需求增长，水资源供需矛盾将更加突出。因此，要通过加强水资源调配工程建设，增加水资源的调蓄能力，加强区域间水资源统一配置，全面提高水资源的保障能力。要实施一批重点水资源调配工程，合理增加供水工程，解决工程性缺水问题，切实提高供水保障能力和保证率，增强抗旱减灾能力；要加快实施灌区续建配套，强化农田水利基础，提高水利对粮食生产的贡献率，提升农业综合生产能力。此外，在处理好水资源开发与生态环境保护、移民安置等关系的基础上，要合理开发水电清洁能源，为流域区域经济发展提供可靠的能源支持。

(2)建立健全防洪减灾体系，提高防洪安全保障能力

澜湄国家地处热带和亚热带地区，特殊的地理位置及气候条件使得这些国家台风暴雨多发，极易引发洪涝灾害。该地区洪涝灾害发生的次数和灾害损失均为世界之最。随着全球气候变化的加剧和人类活动的不断加强，澜湄国家洪涝灾害呈现进一步加剧的态势。洪涝灾害已成为澜湄国家政府的心腹之患，科学合理地防治洪涝灾害，是该地区政府和各级组织的重要日常工作。澜湄国家多属发展中国家，近年来面临的一个共同问题是，因城市快速发展、人口快速增加，加上台风暴雨多发的自然因素，城市洪水灾害呈现多发态势，城市洪水灾害损失不断增加，影响了城市的正常运行和可持续发展。随着流域经济社会发展、城镇化

水平提升、人口持续增长，对防洪减灾提出了更高要求。因此，应进一步完善流域的综合防洪治涝减灾体系，加强堤防等骨干防洪工程建设，解决防洪薄弱环节问题，有效提高流域和区域整体防洪能力，重点解决产业聚集区、重大基础设施、大规模工业园区、新建城区的防洪问题；同时还应建立相对独立完整的治涝工程体系，使流域治涝能力与其重要性及经济地位相适应，防灾减灾能力得到增强。

(3)强化水资源及水生态环境保护，全面改善水质和修复水生态

澜湄国家经济以农业为主，工业相对较薄弱且品种单一，污染源主要来自农业面源污染和生活污染。点源治理工程和面源控制工程较为薄弱，农业面源污染未得到有效控制。除一些大城市外，基本上没有生活污水处理设施，大部分污水未经处理直接排入河湖。现有监测数据显示，湄公河干流水质处于优或良的状态，支流污染日趋严重；洞里萨湖总磷含量严重超标，整体上水质呈恶化趋势。澜湄国家供水基础设施薄弱，自来水网覆盖率低，大量居民以家庭为单位自行取水，饮用水水源为河道水、雨水或地下水，普遍存在大肠杆菌、硝酸盐、铁、钠、锰等含量超标问题，卫生条件差，尤其是柬埔寨干丹、磅湛等地的地下水砷含量超标，饮水安全问题十分突出。因此，水污染防治工作迫在眉睫。只有通过强化水资源及水生态环境保护，全面改善水质并修复水生态，才能以水资源的可持续利用和良好的生态环境，为国家经济社会发展提供坚强支撑。

(4)加强制度与能力建设，建立与经济社会发展相适应的水管理体系

水资源可持续利用是经济社会发展的重要基础，国家水管理好与否关系到水资源是否可持续利用的重大问题，澜湄国家对此已有深刻的教训和认识。建立与经济社会发展相适应的水管理体系是这些国家面临的重要而迫切的任务。在认真总结以往经验教训的基础上，需深化体制改革，以完善的法律法规和制度体系助推水管理进步，深入研究国家发展要求，以高站位、高起点建立起与国家经济社会发展相适应的水管理体系，包括管理体制与机制完善、法治建设、跟踪监督、管理能力与水平提高等方面，实现全国高水平、高效率、高质量的水管理运行。

1.3 澜湄水资源合作项目概述

中国和柬埔寨、泰国、老挝、越南、缅甸(湄公河五国)山水相连，同饮一江水，命运紧密相连。2014 年 11 月，国务院总理李克强在第十七次中国—东盟(10＋1)领导人会议上提出建立澜沧江—湄公河合作(以下简称“澜湄合作”)机制。2015 年 11 月，澜湄合作首次外长会在中国云南省景洪市举行，中国、泰国、柬埔寨、老挝、缅甸、越南六国外长就进一步加强澜湄合作进行深入探讨，达成广泛共识，一致同意启动澜湄合作进程，宣布澜湄合作机制正式建立。2016 年 3 月，澜湄合作首次领导人会议在中国海南省三亚市举行，全面启动澜湄合作进程。

澜湄合作的宗旨是:深化澜湄六国睦邻友好和务实合作,促进沿岸各国经济社会发展,打造澜湄流域经济发展带,共建澜湄国家命运共同体,增进各国人民福祉,助力东盟共同体建设和地区一体化进程,为推进澜湄合作、落实联合国2030年可持续发展议程作出贡献,共同维护和促进地区持续和平与发展稳定。

澜湄合作因水而生,因水而兴。澜湄合作首次领导人会议确定水资源合作为五个优先合作方向之一,并积极研究尽早实施一批“早期收获”项目。为此,中国政府积极筹划澜沧江—湄公河水资源合作项目,为湄公河国家开展水利技术培训、水利规划和基础设施建设,帮助解决好事关民生与发展的关键水问题。中方表示,愿在澜湄机制下与相关国家就水资源管理、灾害应对等进一步加强沟通协调,开展务实合作,希望此举有助于更好地惠及澜湄各国人民。

1.3.1 项目主要内容

澜沧江—湄公河水资源合作项目作为澜湄合作机制首批“早期收获”项目,合作内容列入澜湄合作机制首次外长会议概念性文件。澜湄水资源合作项目主要包括“一个中心、四项规划、两个示范建设、两项研究”。

(1)一个中心

成立澜沧江—湄公河水资源合作中心,将中心作为中国与湄公河流域国家、湄公河委员会(以下简称“湄委会”)及东盟国家开展技术交流与合作的平台,通过技术培训与交流等工作,培养面向东盟国家的水利专业技术人才;同时组织开展流域重大问题研究,跟踪收集流域基础信息,为澜湄水资源合作及澜湄机制提供技术支撑。

(2)四项规划

广泛收集湄公河国家经济社会发展与水资源开发利用资料,编制《柬埔寨国家水资源规划纲要》《老挝南乌河、南屯河流域综合规划》《缅甸粮食主产区灌溉发展规划》《中国与湄公河国家水资源合作规划》等四项规划。

(3)两个示范建设

开展柬埔寨国家水资源科学技术研究院学科体系及配套设施示范建设。该项目土建工程由商务部援外资金资助,湖南省建筑设计院负责设计。

开展老挝国家水资源信息数据中心示范建设。通过整合现有资源,新建、改建部分水文监测站,帮助老挝建设水资源信息中心和国家防汛会商室。

(4)两项研究

基于澜沧江梯级开发对下游的影响、洞里萨湖与湄公河的关系等开展了一些基础性的研究工作。

1.3.2 项目研究总体原则

(1)坚持以人为本

保障社会稳定和人民安居乐业,实现"美好生活"愿景,需优先实施水源工程,保障城乡居民生活用水安全和农业灌溉用水需求,改善居民环境,提高生活水平,将人作为经济发展和国家进步的最终目标。

(2)坚持可持续发展

保护生态环境健康,合理、有效地使用水资源,维护河流健康,建立人与自然和谐发展的关系,保障流域社会、环境、经济的可持续发展。

(3)坚持前瞻性

以相关国家各类战略规划、各行业中长期发展规划为基础,贯彻经济社会可持续发展理念,合理预测未来经济社会发展对水资源的需求及产生的水问题,制定的水资源开发方案既要考虑满足近期需求,又要与远景发展要求相协调。

(4)坚持全面规划、突出重点、分期实施

根据国家经济社会发展和人民生活环境改善的需要,分析各流域的主要问题,优先保障城乡生活用水,统筹考虑供水、灌溉及跨流域调水需求,努力满足人民群众对生活、生态、生产用水安全的需求,合理拟定开发、治理与保护任务;结合各流域治理开发的紧迫性和可行性,拟定分期实施行动计划。

1.3.3 项目实施工作中遇到的技术难题及解决方案

项目首次对澜湄国家水资源开发、利用与保护进行全面、系统的规划,技术难度大。在收集、整理水文、气象、地形地质、经济社会、水资源开发利用等资料的基础上,分析现状水资源开发、利用与保护存在的问题,统筹协调水资源的开发利用与保护,制定灌溉、供水、防洪、水力发电、水生态环境保护等开发治理与保护的规划布局。项目实施中遇到的技术难题及解决方案主要有以下几点。

(1)基础资料缺乏,系统性、可靠性较低

澜湄国家经济社会发展相对落后,水利发展薄弱,水资源管理体系不完善,相关统计数据相对缺乏,现有资料也缺乏系统整编和有效管理,同一类资料经常分散于多个部门,部分重点基础资料难以收集。且不同部门的基础数据统计方法和标准不一,给基础资料的收集与整理带来较大困难;提供的部分数据陈旧、可参考性差,给水资源规划工作的开展带来了巨大挑战。项目组通过与各涉水部门和相关机构多次沟通协调，尽可能补充、收集重要基础资料，并采用卫星影像数据遥感解译、水文系列插补延长等技术手段弥补现有基础资料的不足。

(2)扎实开展规划基础资料整理和信息化工作

项目组对收集的数据进行信息化处理，基于 ArcGIS 信息化数据平台，构建了集地理、经济社会、水文站网、水利工程等信息于一体的数据信息系统。此外，项目组还采用 WEAP 水资源配置软件构建柬埔寨全国水资源配置模型，结合河流水系、供水设施及用水户的空间分布，构建水资源网络图，完成了水资源供需平衡分析与配置计算。

(3)结合相关国家国情合理采用相关标准

由于澜湄国家尚未形成完善的标准体系，在规划编制过程中，需在执行相关国家现行技术标准的基础上，对没有相关技术标准的领域参考中国标准，并结合各国实际国情加以选取应用，开展中国标准"当地化"和"澜湄化"工作。

(4)多方沟通协调，征求相关意见

澜湄各国涉水管理部门众多，项目执行期间，共组织近 30 批次、200 余人次流域规划领域的技术专家赴相关国家进行现场查勘，与相关部门及研究单位的官员、技术人员座谈交流、收集资料并征求报告修改意见，将各方意愿和重点关切反映到规划研究中。

1.3.4 项目实施意义

作为首个"澜湄合作"机制下的水资源合作项目，意义重大，影响深远，主要体现在以下几个方面。

(1)提升柬埔寨等相关国家水资源开发利用与保护水平

规划研究从流域水系基本特点出发，把握澜湄国家目前所处的发展阶段、特征、格局，客观分析和评价澜湄国家现状水利基础设施能力和综合管理水平。将中国新时代治水思路与澜湄国家发展实际相结合，展现新时期的治水方针与技术。紧扣澜湄国家国情，融合中国最新治水经验，提出适合所在国家的规划方案。通过援助澜湄国家构建相对完整的水资源规划体系，系统掌握相关国家水资源条件与开发利用现状，摸清湄公河国家未来一段时期经济发展对水行业发展的需求、水安全突出问题和水资源合作需求，提高湄公河国家水资源规划水平，增强湄公河国家开发利用水资源与应对水危机的能力，提高水资源开发利用收益，减少水旱灾害带来的损失。

(2)促进中国标准规范推广和技术装备输出

规划编制过程中，若澜湄国家没有相关技术标准则参考中国标准，并结合其实际国情加以选取应用，在推动中国标准“当地化”和“澜湄化”过程中，进一步推广了中国标准和规程规范。通过援助制定澜湄国家水利基础设施的规划建设方案，有效带动国内相关技术标准和设备输出，在很长一段时间内建立有利于我国的对外投资环境，有利于我国水利、能源、交通等领域的企业在湄公河国家的基础设施项目市场中抢占先机；规划提出的近期实施工程，为促进中方企业对外投资提供良好条件。项目的开展使我国水利相关技术标准与准则在湄公河国家推广，而我国规划技术、装备等软实力的输出将会长久影响相关国家在水资源领域的行为准则。

(3)服务国家“一带一路”倡议

“一带一路”是促进沿线国家共同发展、实现共同繁荣的合作共赢之路，也是增进理解信任、加强全方位交流的和平友谊之路。长江设计集团有限公司通过实施本项目，对外分享我国治水先进理念与成功经验，充分展示我国科技外援的影响力，增信释疑，促进湄公河流域国家水利事业发展，彰显了我国勇于承担实现互利共赢、区域和谐发展方面的责任心，也展现了我国积极建立澜湄国家命运共同体的形象，为服务“一带一路”倡议提供了有力支撑。

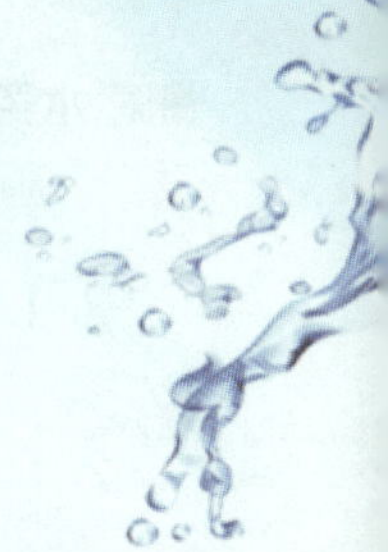

第2章　柬埔寨国家水势与治理方略

CHAPTER 2

柬埔寨是传统的农业国家，自然条件好，水资源禀赋优良，国土大部分位于洞里萨湖平原和湄公河三角洲平原，土地肥沃，农业发展潜力巨大。受长期战乱影响，其水利基础设施严重滞后，水资源开发利用程度较低，抗御洪水和干旱灾害的能力比较薄弱。随着经济快速发展和全球气候变化影响加剧，水资源面临的形势越来越严峻，洪涝灾害、局部地区的水资源短缺、水污染和水生态环境恶化等问题越来越突出，水资源问题已成为柬埔寨发展中的重要问题。目前，柬埔寨政局相对稳定，经济发展意愿和势头很强，对水利发展的需求很旺，《柬埔寨国家发展战略规划》突出强调稳定农业粮食生产和实现经济增长，并对水利的支撑和保障作用提出了很高要求。通过将中国新时代治水理念与柬埔寨发展阶段、特征、格局相结合，分析柬埔寨水资源开发利用保护的现状及主要问题，研究柬埔寨经济社会发展对水资源的需求，统筹协调柬埔寨全国水资源的开发利用与保护，制定包括灌溉、供水、防洪、水力发电、水资源保护等领域的治理方略，保障经济社会可持续发展，支撑柬埔寨国家“四角战略”①。

2.1　柬埔寨国家水势

柬埔寨位于东南亚中南半岛南部，地跨102°E—108°E、10°N—15°N，国土面积18.10万km^2。其东北部与老挝交界，西部及西北部与泰国毗邻，东部及东南部与越南接壤，西南部面向泰国湾，海岸线长约460km。柬埔寨自然条件好，水资源禀赋优良，国土大部分位于洞里萨湖平原和湄公河三角洲平原，土地肥沃，农业发展潜力巨大。柬埔寨经济总体水平较差，基础薄弱，特别是农业和基础建设投资远远不足，在较长一段时间内，农业、基础设施建设等方面将是政府重点发展的领域，具有较快发展的潜力。

①《柬埔寨产业发展规划(2015—2025)》：柬埔寨政府制定了“四角战略”，并将其作为国家中长期发展的基本遵循。“四角战略”以优化行政管理为核心，从加快农业发展、加强基础设施建设、发展经济增加就业和开发人才资源等“四角”着力，旨在通过深入改革和有效治理，保障社会平等与公正，促进经济增长。

2.1.1 基本国情

2.1.1.1 自然地理

柬埔寨中部和南部是平原，东部、北部和西部被山地、高原环绕，大部分地区被森林覆盖（图 2.1-1）。

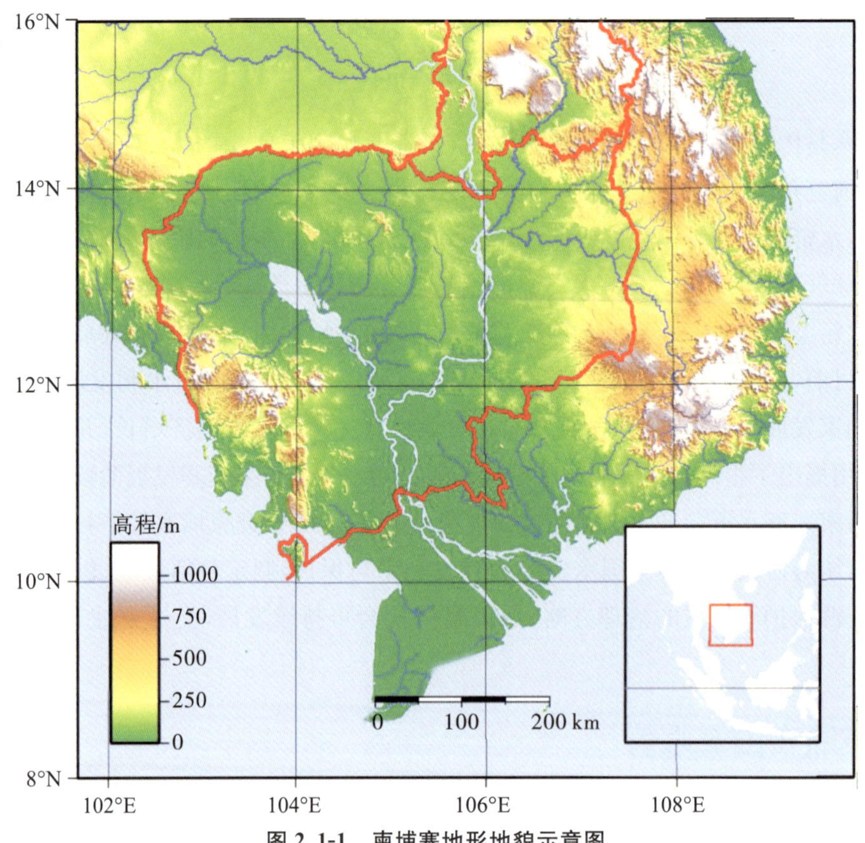

图 2.1-1 柬埔寨地形地貌示意图

（1）东部、北部山区

由扁担山脉等组成的环绕山脉和高原区域，北部与泰国和老挝接壤，海拔为 60～200m，边境地带局部高达 400m 左右；东北部、东部以山地、高原地貌与老挝、越南接壤，海拔在 200m 以上，边境山脉分水岭地带局部海拔达 1000m 左右；豆蔻山脉向西与泰国接壤，且山脉向东南延伸到大象山脉，西部山地最高海拔为 600～800m，戈公省北部豆蔻山脉东段的奥拉山海拔 1813m，为境内最高峰。

（2）中南部平原地区

中南部平原地区占陆地面积的 75%，位于海拔 5～30m，有湄公河和东南亚最大的淡水湖——洞里萨湖（又称“金边湖”），低水位时面积超过 2500km^2，雨季时面积达 10000km^2。

中南部平原为相对平坦的区域，经常受湄公河洪水泛滥的侵袭。该区域为柬埔寨土地最肥沃、人口最稠密的区域。

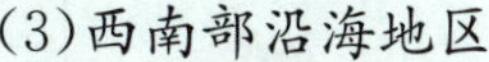

(3)西南部沿海地区

毗邻泰国湾，海岸线曲折多岬角，并有大小岛屿 43 个，其中以戈公岛最大。

2.1.1.2　经济社会

柬埔寨共有 25 个省级行政区，居住着 20 多个民族，其中高棉族为主体民族，占总人口的 80%。2014 年全国总人口 1489.3 万人，其中城镇人口 302.2 万人，农村人口 1187.1 万人，城镇化率为 20.3%[①]。人口主要集中在东南部湄公河三角洲地区和洞里萨湖周边地区(图 2.1-2)，东北和西南山区人口密度较低，全国平均人口密度为 82 人/km^2。城镇人口主要集中在金边、暹粒、西哈努克等城市，其中金边市城镇人口占全国总城镇人口的 47.6%。

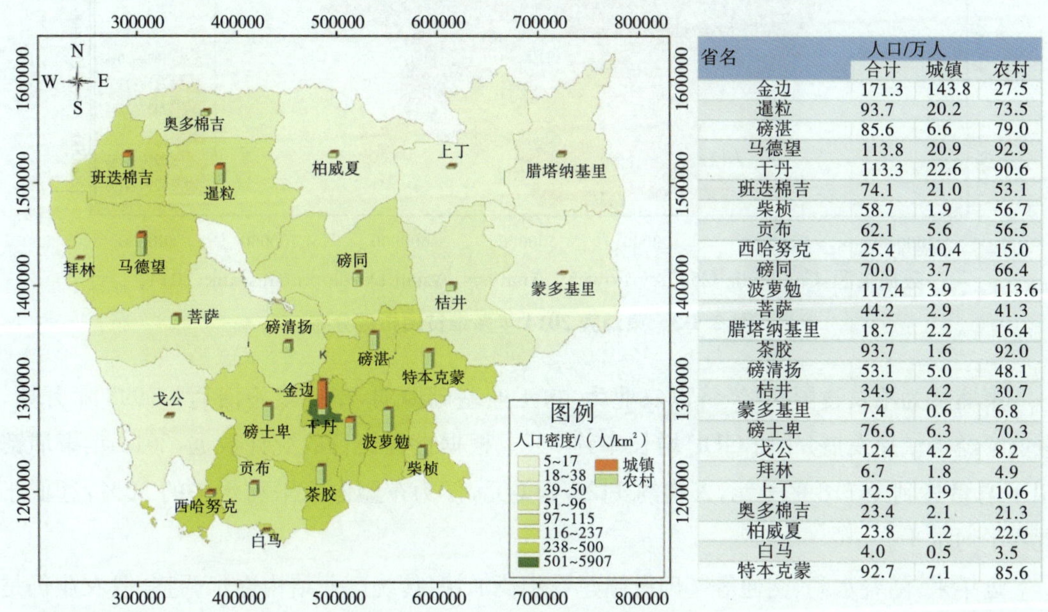

省名	人口/万人		
	合计	城镇	农村
金边	171.3	143.8	27.5
暹粒	93.7	20.2	73.5
磅湛	85.6	6.6	79.0
马德望	113.8	20.9	92.9
干丹	113.3	22.6	90.6
班迭棉吉	74.1	21.0	53.1
柴桢	58.7	1.9	56.7
贡布	62.1	5.6	56.5
西哈努克	25.4	10.4	15.0
磅同	70.0	3.7	66.4
波萝勉	117.4	3.9	113.6
菩萨	44.2	2.9	41.3
腊塔纳基里	18.7	2.2	16.4
茶胶	93.7	1.6	92.0
磅清扬	53.1	5.0	48.1
桔井	34.9	4.2	30.7
蒙多基里	7.4	0.6	6.8
磅士卑	76.6	6.3	70.3
戈公	12.4	4.2	8.2
拜林	6.7	1.8	4.9
上丁	12.5	1.9	10.6
奥多棉吉	23.4	2.1	21.3
柏威夏	23.8	1.2	22.6
白马	4.0	0.5	3.5
特本克蒙	92.7	7.1	85.6

数据来源：Cambodia Inter-Censal Population Survey 2014-Final Report，National Insitute Statistics，Ministry of Planning，2014。

图 2.1-2　柬埔寨 2014 年人口分布

柬埔寨贫困人口比例较大，根据牛津贫困与人类发展中心的调查结果，柬埔寨多维贫困指数[②]为 0.212，约有 21.4%的人口处于贫困状态，17%的人口处于严重贫困(图 2.1-3)。相对而言，金边的贫困人口比例最低，约为 3%；蒙多基里、拉达那基里两省的贫困人口比例

---

①《柬埔寨社会经济调查》，国家统计局、规划部，2014。

②使用多维贫困指数衡量柬埔寨的贫困情况，该指数结合人类贫困指数和人类发展指数，反映了多维贫困发生率及发生强度。

最高，达 41%[①]。

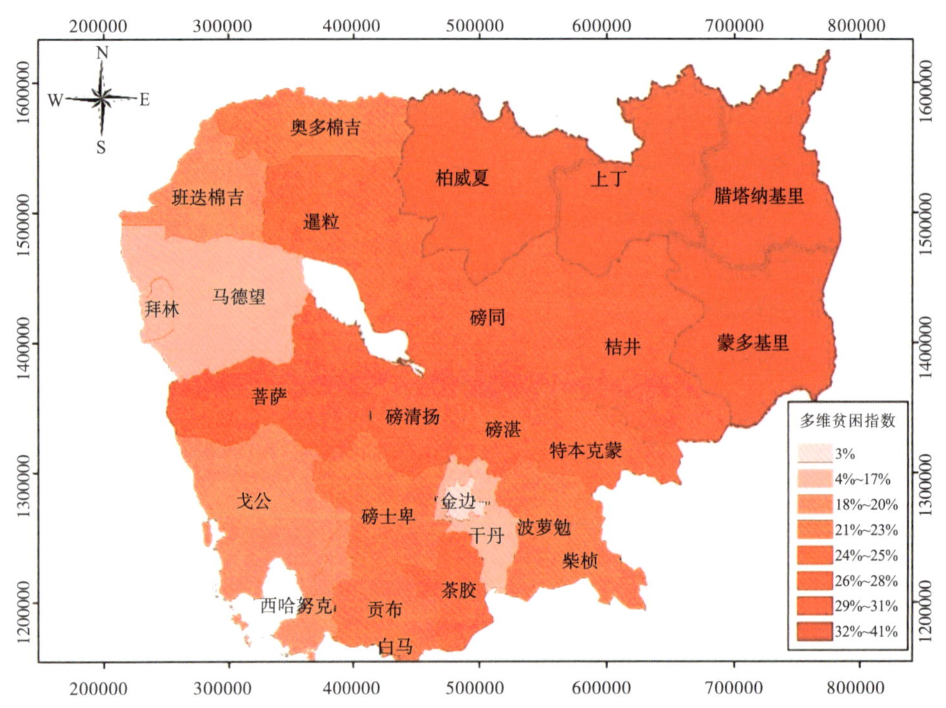

数据来源：Cambodia Country Poverty Analysis，Asian Development Bank，2014。

图 2.1-3　柬埔寨 2014 年多维贫困指数分布

柬埔寨为不发达国家，经济以农业为主，工业基础薄弱，基础设施滞后。1998 年开始，柬埔寨经济快速发展，年均 GDP 增长率约 7%。根据世界银行的统计数据，2014 年柬埔寨 GDP 总量达到 167.8 亿美元，人均约 1126.7 美元，仅为东盟国家平均水平的 30%，远低于世界平均水平。

近年来，随着水利、交通等基础设施建设步伐加快，传统产业结构逐步调整，但农业仍是柬埔寨的重要产业。全国耕地面积 670 万 hm^2，已开发的种植面积 288 万 hm^2，其中最主要粮食作物——水稻的种植面积 232.8 万 hm^2，约占 80.8%，其余粮食作物——玉米、薯类等种植面积 44.8 万 hm^2，占 15.6%。经济作物种植面积 10.4 万 hm^2，主要有蔬菜、豆类、油料作物、香料作物、甘蔗、烟草、棉花、花生等。总体而言，柬埔寨农业产品种植比较单一，抗风险能力弱。全国耕地水利化程度偏低，总灌溉面积雨季（5—10 月）约 71.8 万 hm^2、旱季（11 月至次年 4 月）约 14.4 万 hm^2，其中粮食作物灌溉面积雨季约 69 万 hm^2、旱季约 13.8 万 hm^2，雨季灌溉面积约占种植面积的 25%。

柬埔寨工业发展处于初级阶段，结构简单，主要是开发资源型工业和发展原料型工业，以制衣、基建和食品产业为主，技术含量低，高附加值工业较少。其中，制衣行业的产业份额

①*Cambodia*：*Country Poverty Analysis* 2014，Asian Development Bank，2014.

逐步上升，从 1993 年的 8.2%升高至 2014 年的 42.4%；基建行业的产业份额基本维持稳定，约为 30%；食品业所占份额逐步下降，从 1993 年的 32.7%降低至 2014 年的 10%。

服务业是全国 GDP 的重要组成部分，其中旅游业是重中之重。2011 年旅游收入占全国 GDP 的 15%，位列东盟国家前列。柬埔寨旅游的主要交通方式是公路和航空，其中航空运输占 48%，进一步增加航空运载能力，尤其是金边机场和暹粒机场的运载能力，是柬埔寨旅游发展的重点。相对于泰国和越南，柬埔寨公路运输能力较弱，路网覆盖率只有 26%。

根据柬埔寨国家统计局及世界银行数据，并参考《柬埔寨产业发展规划(2015—2025)》，2014 年全国农业、工业、服务业的 GDP 分别为 56.3 亿美元、43.0 亿美元和 68.5 亿美元，占比分别为 33%、26%和 41%①。金边、暹粒、马德望、班迭棉吉、磅清扬、磅湛、干丹、柴桢、贡布、西哈努克等 10 个省(市)近几年经济发展较好，其 GDP 总量约占全国的 75%，其中金边 GDP 占全国 GDP 的 28%～32%，暹粒 GDP 占全国 GDP 的 12%～14%②。2014 年柬埔寨各省 GDP 分布情况见图 2.1-4；以金边为首，柬埔寨的东南省份经济发展领先全国其他地区，西北三省暹粒、马德望、班迭棉吉经济发展情况良好。

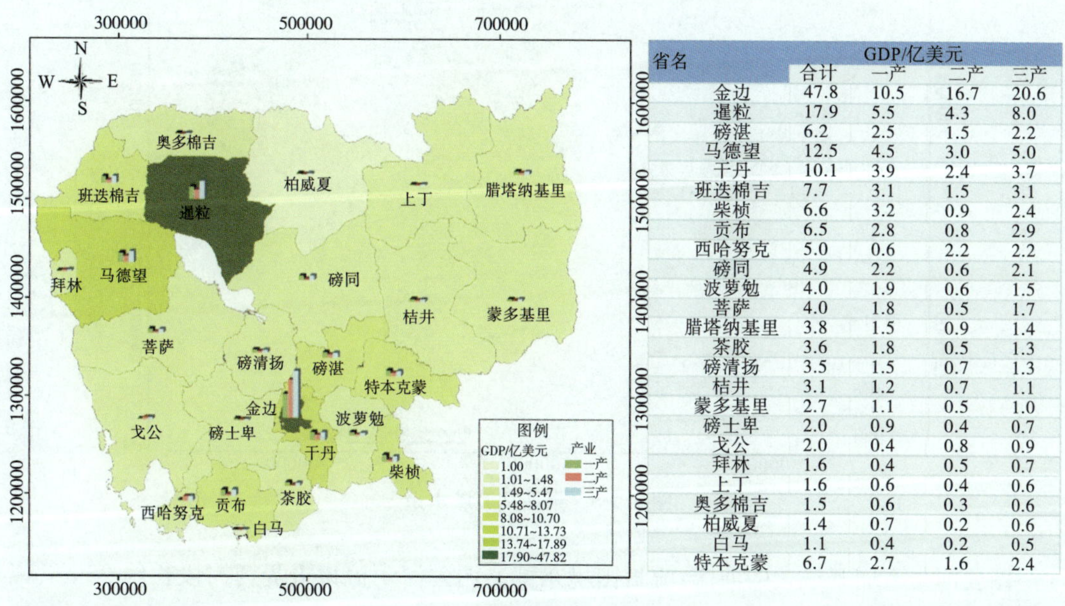

省名	GDP/亿美元			
	合计	一产	二产	三产
金边	47.8	10.5	16.7	20.6
暹粒	17.9	5.5	4.3	8.0
磅湛	6.2	2.5	1.5	2.2
马德望	12.5	4.5	3.0	5.0
干丹	10.1	3.9	2.4	3.7
班迭棉吉	7.7	3.1	1.5	3.1
柴桢	6.6	3.2	0.9	2.4
贡布	6.5	2.8	0.8	2.9
西哈努克	5.0	0.6	2.2	2.2
磅同	4.9	2.2	0.6	2.1
波萝勉	4.0	1.9	0.6	1.5
菩萨	4.0	1.8	0.5	1.7
腊塔纳基里	3.8	1.5	0.9	1.4
茶胶	3.6	1.8	0.5	1.3
磅清扬	3.5	1.5	0.7	1.3
桔井	3.1	1.2	0.7	1.1
蒙多基里	2.7	1.1	0.5	1.0
磅士卑	2.0	0.9	0.4	0.7
戈公	2.0	0.4	0.8	0.9
拜林	1.6	0.4	0.5	0.7
上丁	1.6	0.6	0.4	0.6
奥多棉吉	1.5	0.6	0.3	0.6
柏威夏	1.4	0.7	0.2	0.6
白马	1.1	0.4	0.2	0.5
特本克蒙	6.7	2.7	1.6	2.4

数据来源：Economic Census of Cambodia 2011，National Institute of Statistics，2012；Cambodia National Water Status Report 2014，Ministry of Water Resources and Meteorology，2014。

图 2.1-4　2014 年柬埔寨各省 GDP 分布情况

截至 2014 年，全国公路总长 12239km，主要有 1 号、4 号、5 号和 6 号公路，主要集中于中南部平原地区以及洞里萨湖周边区域；北部和南部山区交通闭塞。国内水路运输主要分

①《柬埔寨产业发展政策 2015—2025》。

②亚洲咨询会议，2006 年 11 月。

布于湄公河干流、巴萨河和洞里萨河，通航总长度为 1750km，其中 850km 旱季能通航。全国唯一的国际港——西哈努克港位于西南部暹罗湾，2009—2014 年货运总量 120 万 t，同比增长约 50%。全国共有 2 个国际机场，分别位于金边市和暹粒市，年旅客吞吐量超过 350 万人。全国有 2 条铁路线，分别为 385km 的金边—波贝铁路线和 270km 的金边—西哈努克市铁路线[1]，但均已年久失修，运输能力差，维护费用高[2]。

2.1.1.3 河流水系

柬埔寨水系发育，境内水系总体分为湄公河水系和西南、东南独流入海水系（图 2.1-5）。

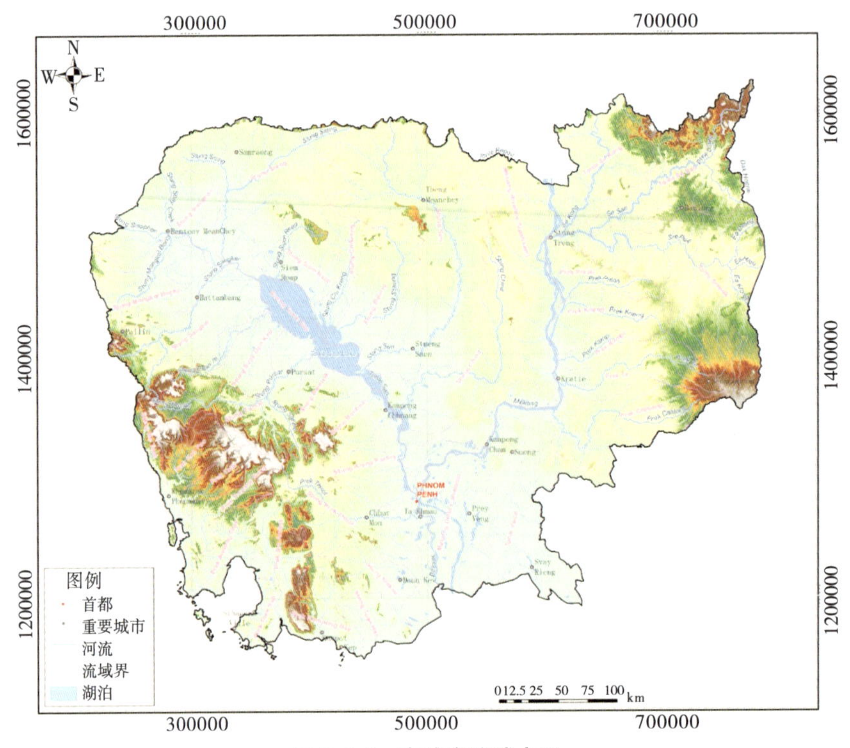

图 2.1-5　柬埔寨流域水系

湄公河是柬埔寨最大的河流，流贯国境东部。湄公河干流柬老界河河段长约 26km、柬埔寨境内河段长约 500km，柬埔寨境内湄公河及其支流水系总汇流面积约 15.6 万 km^2，约占柬埔寨国土面积的 86%。柬老边境至桔井、磅湛两省交界处这一区间河段内，河道呈辫状，沙岛及深潭众多，为鱼类产卵天然保护场；从桔井与磅湛交界处向南延伸至柬埔寨与越南交界处，逐渐进入湄公河三角洲，水网纵横、湖泊广布，大部分地区为湄公河河漫滩，受湄

① http://www.akp.gov.kh/? p=79956，Preparing the Greater Mekong Subregion：Rehabilitation of the Railway in Cambodia.

② https://baike.baidu.com/item/%E6%9F%AC%E5%9F%94%E5%AF%A8/210375? fr=aladdin，https://opendevelopmentcambodia.net/topics/infrastructure/.

公河洪涝影响较大。

柬埔寨境内湄公河支流主要包括洞里萨河及其支流水系、“3S”水系、巴萨河水系等。柬老边境至桔井、磅湛两省交界处这一区间内，湄公河左岸入汇支流主要有发源于越南和老挝的桑河、公河及斯雷博河，以及代河（也称德河）、川龙河等，总面积约 4.28 万 km^2；右岸入汇支流流程较短，汇流面积较小，总面积约 1.04 万 km^2。

洞里萨河在金边从湄公河右岸汇入干流，是柬埔寨境内湄公河的最大支流。洞里萨河流域西部和西南部以大象山脉及豆蔻山脉为界，北部由扁担山脉将其与呵叻高原分隔开来，汇流面积约 8.17 万 km^2。洞里萨河干流穿越洞里萨湖，上游为斯伦河，主要支流有森河、马德望河、诗梳风河等；其中最大支流为森河（汇流面积约 1.63 万 km^2），其他支流汇流面积为 2000～10000km^2。

洞里萨湖是东南亚最大的天然淡水湖泊，被称为“柬埔寨的心脏”，是柬埔寨人民的“生命之湖”。洞里萨湖通过长约 120km 的洞里萨河水道在金边四臂湾处与湄公河相连。湄公河与洞里萨湖之间的河湖关系复杂：雨季，湄公河洪水倒灌入洞里萨湖，洞里萨湖是湄公河洪水的调蓄场所，大大减轻了湄公河下游的洪水威胁；旱季，洞里萨湖湖水缓慢流出，使湄公河金边以下河段维持一定的水量与水位，是保证湄公河三角洲航行与灌溉不可或缺的水源。

洞里萨湖多年平均水位为 4.64m（甘邦隆站），相应面积为 6177km^2、容积约 151 亿 m^3；实测最高水位为 10.54m，相应面积为 15261km^2、容积约 787 亿 m^3；实测最低水位为 1.11m，相应面积为 2053km^2、容积约 8 亿 m^3。根据洞里萨河波雷格丹站流量资料统计，汛期 5 月下旬至 10 月上旬，湄公河洪水倒灌入洞里萨湖，年均倒灌天数 122d，多年平均倒灌水量 377 亿 m^3，占湄公河同期来水的 14.4%；多年平均削减湄公河洪峰 8402m^3/s，削峰率 18.9%；受湄公河洪水倒灌影响，洞里萨湖多年平均调蓄本流域洪水历时 151d，调洪总量 198 亿 m^3，调蓄能力为 80%。汛后 10 月中下旬至次年 5 月中上旬，洞里萨湖向湄公河补水，年均补水 243d，多年平均补水量 711 亿 m^3，占湄公河下游同期来水的 29.9%。

自金边以下，湄公河干流右岸分出一条独立入海水道，称为巴萨河。湄公河干流和巴萨河的分流在旱季 2 月比例为 55.6∶44.4，在雨季 10 月比例为 52.8∶47.2，湄公河干流入海径流量略大于巴萨河。从右岸汇入巴萨河的主要有特瑙河、St. Slakou 河、St. Toan Han 河等支流，汇流面积 11305km^2。

柬埔寨东南部分布有一些流经越南汇入南中国海的小河流，总汇流面积 6618km^2，约占柬埔寨国土面积的 4%，主要包括 Vaico 河的上游支流 Prek Cham 等。这些河流位于湄公河洪泛区，受湄公河洪水影响较大。

柬埔寨境内其他独流入海水系分布在西南沿海地区，西南沿海地区独流入海河流流域东北部以大象山脉及豆蔻山脉为界，西南部面向泰国湾。该片区主要有 Prek Kampong Bay、Prek Tatai 等河流，均汇入泰国湾，总汇流面积 18045km^2，约占柬埔寨国土面积的 10%。

柬埔寨境内主要二级、三级河流约 30 条，大部分河流属于洞里萨河水系。境内集水面积大于 1000km² 的主要河流境内长度、河道落差、面积、年径流量等主要参数见表 2.1-1。

表 2.1-1　柬埔寨主要河流特征参数

水系	名称		境内长度/km	境内河道落差/m	境内集水面积/km²	出口断面年径流量/亿 m³
湄公河水系	湄公河干流		526	81	156372	5054.0
	湄公河支流					
	1	洞里萨河	630	165	81663	462.4
		其中:菩萨河	219	252	5964	50.9
		St. Svay Don Keo	78	10	2228	13.4
		St. Dauntry	165	901	1468	10.3
		马德望河	268	586	6052	51.3
		蒙哥博雷河	300	99	5264	31.3
		诗梳风河	108	51	5593	9.3
		暹粒河	95	340	3619	9.3
		芝格楞河	130	136	2714	8.0
		St. Staung	200	122	4357	23.9
		森河	518	213	16342	93.1
		芝尼河	377	142	8236	53.6
	2	桑河	288	128	25965	1123.9
		其中:西公河	184	71	5564	433.6
		斯雷博河	238	66	12780	364.4
	3	Prek Preah	119	178	2399	14.3
	4	Prek Krieng	131	179	3331	21.5
	5	Prek Kampi	90	98	1142	7.3
	6	代河	202	764	4363	36.2
	7	川龙河	300	631	5599	47.5
	8	特瑙河	226	856	7055	42.8
	9	St. Slakou	145	62	2485	11.7
	10	St. Toan-Han	62	13	1765	10.8
东南水系	1	Prek Cham	85	36	2671	50.4

续表

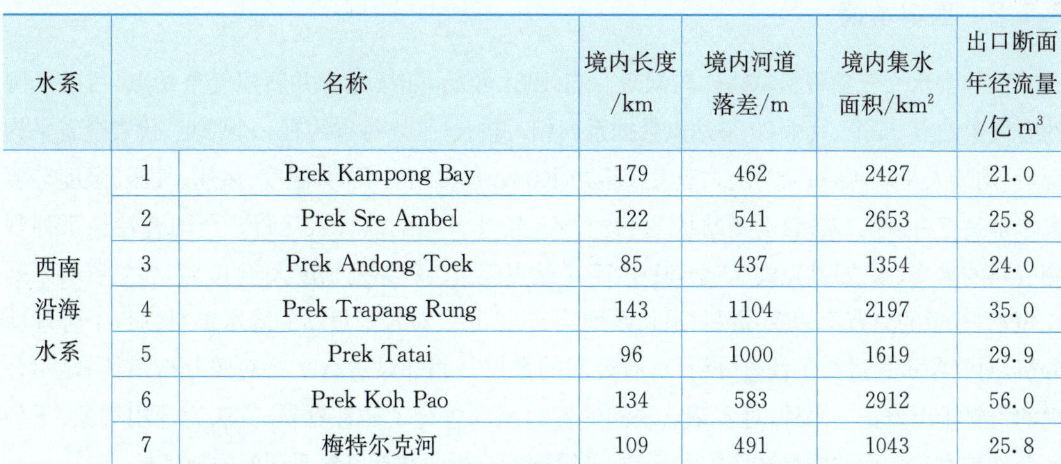

水系	名称		境内长度/km	境内河道落差/m	境内集水面积/km^2	出口断面年径流量/亿 m^3
西南沿海水系	1	Prek Kampong Bay	179	462	2427	21.0
	2	Prek Sre Ambel	122	541	2653	25.8
	3	Prek Andong Toek	85	437	1354	24.0
	4	Prek Trapang Rung	143	1104	2197	35.0
	5	Prek Tatai	96	1000	1619	29.9
	6	Prek Koh Pao	134	583	2912	56.0
	7	梅特尔克河	109	491	1043	25.8

2.1.1.4　资源环境

柬埔寨河流众多，水资源丰富，境内水资源总量 1467 亿 m^3，入境水量 4023 亿 m^3。柬埔寨 50%以上的国土面积被森林覆盖，其次是农业用地，约占总面积的 20%，其余土地类型为草地、水域、城镇用地和原始未利用土地。

柬埔寨动物物种丰富，分布有 630 种保护物种，野生种群主要分布在东北部。在人烟稀少的森林和山区，生活有印度象、老虎、猎豹、熊，以及眼镜蛇等剧毒蛇类。柬埔寨分布有 850 多种鱼类，洞里萨湖是水鸟和水生动物的天堂。

柬埔寨目前已知矿产品种有限，储量不明。主要有金、宝石、铁、锰、煤、磷酸盐、银、铜、铅、锌、锡、钨、石灰石、大理石、白云石、石英砂以及石油等。

柬埔寨旅游资源丰富，主要包括金边古迹群和吴哥古迹群。金边古迹群是柬埔寨的历史名城；吴哥古迹群坐落在柬埔寨西北部的暹粒省，吴哥窟为世界七大奇迹之一，每年吸引着数百万游客前来参观。

柬埔寨是东南亚第一个建立保护区的国家。1993 年通过皇家法令建立了 23 个保护区，共 340 万 hm^2。1993 年以后，增加了一些森林保护区，保护区总面积达到 430 万 hm^2，占国土总面积的 24%①。目前，柬埔寨最严重的环境问题是森林砍伐。根据 1998 年世界银行的《柬埔寨森林资源评估》报告，1969—1997 年柬埔寨森林覆盖率从 73%降至 58%②。自 2007 年以来，柬埔寨原始森林不足 32.20 万 hm^2。森林砍伐导致水土流失较严重，河湖淤积问题突出。

①https：//opendevelopmentcambodia. net/topics/protected-areas.

②Department of Forest and Wildlife，1997. Forest Resource Assessment in Cambodia. Forest Report：1-18. Phnom Penh. http：// www. mekonginfo. org/assets/midocs/0003211-environment-structural-analysis-of-deforestation-in-cambodia-with-a-focus-on-ratanakiri-province-northeast-cambodia. pdf.

2.1.2 基本水情

柬埔寨水文气象资料总体比较缺乏。自 1981 年始，陆续完善并新建气象站点，目前全国约有气象站点 25 个，其中 20 个站点数据系列相对较长，平均每省约有一个站点，代表全省平均雨量，均为人工观测，每天两次。蒸发仅金边 Khmounge 站有观测，温度、风速、气压、湿度等要素个别站点有观测。各自动测站从 2014—2015 年才开始陆续投入运行。全国有较长系列观测资料的水文(水位)站点共 39 个，其中 17 个站点流量资料系列长度大于 10 年，各站资料系列长短不一，短的只有 7～8 年资料，最长系列达到 32 年。对各雨量站的降水资料进行了合理性分析，对气象资料进行了偏差分析，对有疑问的数据与相邻站进行平行对照分析，对明显不合理的资料予以修正。另外，对各站点缺测的资料系列进行了插补延长，方法为选用气象、下垫面条件与本站相似的雨量站作为参证站，采用相关分析法进行资料系列的插补延长。

为了方便研究，根据柬埔寨流域水系特征和水文、气象站点、行政区划情况，将柬埔寨划分为 7 个区域，即沿海区、巴萨河区、洞里萨湖区、东北区、湄公河上游区、东南区和湄公河三角洲区。柬埔寨分区示意图见图 2.1-6。

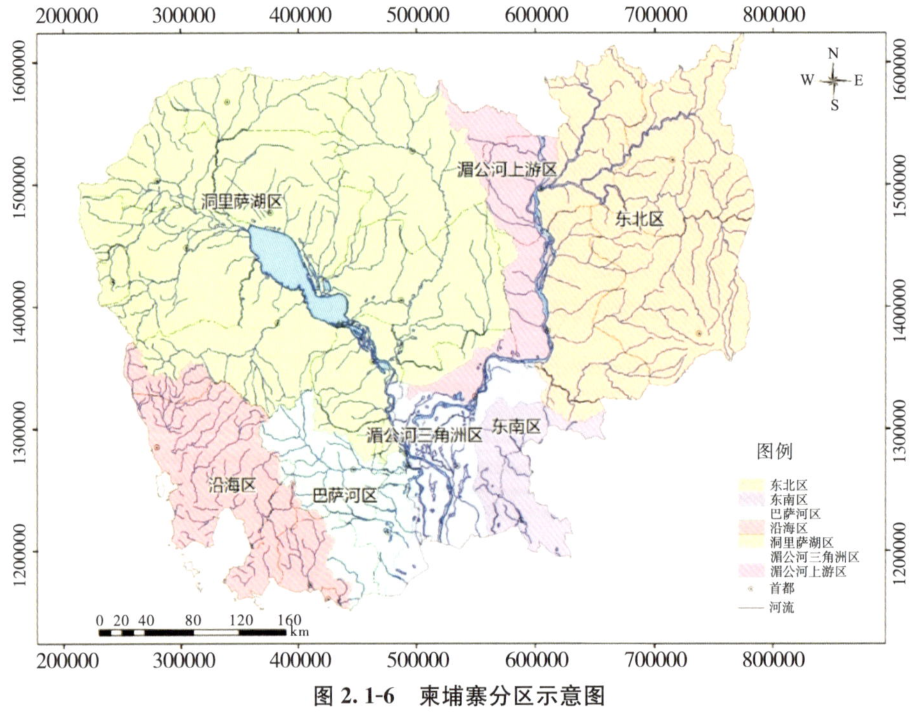

图 2.1-6 柬埔寨分区示意图

2.1.2.1 降水

柬埔寨境内各地降水类型变化较大，大象山脉、豆蔻山脉与东北部高原的年降水量高达 2200mm，相比之下洞里萨湖地区年降水量却仅为 1200～1600mm。东北区的“3S”流域的年降水量为 1800～2200mm，其中斯雷博河流域年降水量相对较低，桑河流域年降水量相对较高。柬埔寨年降水量最高区域为沿海地区，年降水量超过 2600mm。

选用共计 20 个数据相对比较完整的雨量站，根据插补后数据求得的多年平均降水量，利用 ArcGIS 软件中的克里金插值法绘制降水量等值线图。克里金插值法综合考虑了降水量的空间变异性，内插结果的可信度较高。以通过克里金插值法得到的降水量等值线初步成果，结合地理位置、地形、气候等自然因素，对等值线的分布走向、弯曲情况及高值区、低值区的位置进行了合理性检查。此外，还将本次绘制的等值线图与以往成果（如统计年鉴报告中 1980—2004 年成果和《柬埔寨水资源概况》①中降水量等值线图等成果）进行对照，对有明显差异的地区进行合理性分析，对不合理的地方作出必要的修正。柬埔寨多年平均降水深等值线见图 2.1-7。

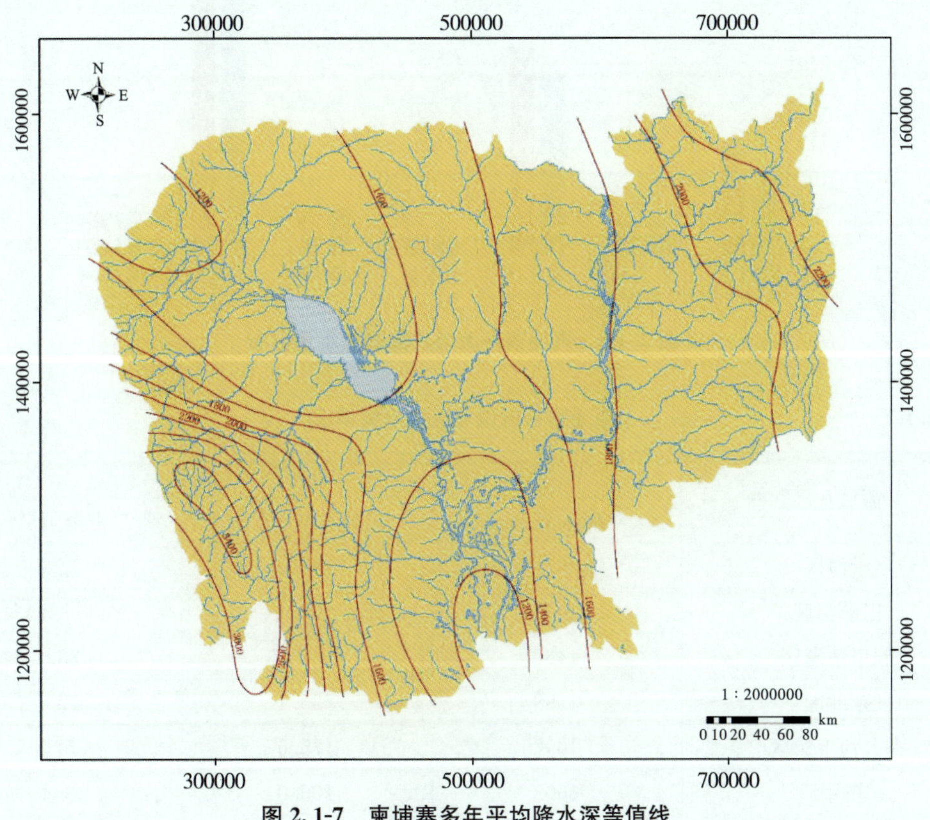

图 2.1-7　柬埔寨多年平均降水深等值线

(1)降水空间分布

根据柬埔寨全国降水量等值线图，推算柬埔寨境内 1981—2010 年多年平均降水量为 1724mm，属于降水较丰沛的地区。受水汽来源及地形等综合影响，年降水量的地区分布很不均匀，总的趋势是由东北、西南向中心递减，山区多于平原，迎风坡多于背风坡。在所有流

①《柬埔寨水资源概况》，柬埔寨 CDTA7610 顾问团队，亚洲开发银行资助，2014。

域片区中，降水量以沿海区最大，为2675mm，东北区次之，为1998mm，湄公河三角洲区最小，为1366mm。在所有流域中，以沿海区的Prek Koh Pao流域降水量最大，为3137mm；洞里萨湖区的诗梳风流域降水量最小，为1215mm。全国范围有2个较大的相对低值中心：一个位于洞里萨湖区，另一个位于湄公河三角洲区；有2个较大的相对高值中心，分别位于沿海区和东北区。柬埔寨各流域片区的降水量分布见图2.1-8。柬埔寨各流域降水量情况见表2.1-2。

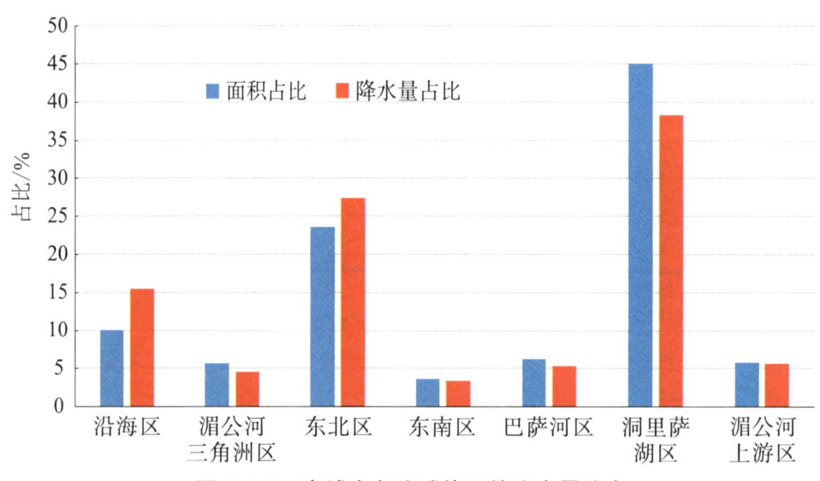

图2.1-8 柬埔寨各流域片区的降水量分布

表2.1-2 柬埔寨各流域片区降水量情况

流域片区	多年平均		
	年降水深/mm	年降水量/亿m^3	占全国/%
沿海区	2675	482.6	15.5
巴萨河区	1461	165.2	5.3
洞里萨湖区	1467	1197.7	38.4
东北区	1998	855.1	27.4
湄公河上游区	1692	175.5	5.6
东南区	1602	106.0	3.4
湄公河三角洲区	1366	139.8	4.5
全国	1724	3121.9	100.0

(2)年际变化

柬埔寨气象代表站金边Khmounge站降水系列变差系数0.17，降水量极值比为2.23。降水存在连丰、连枯现象，连丰、连枯期年数一般为6～14年，连丰、连枯期平均降水量与多年平均降水量的比值分别为1.08～1.13和0.90～0.95，持续枯水年出现的次数与持续丰水年出现的次数相当，Khmounge站丰枯水期年降水量情况见表2.1-3。

表 2.1-3　Khmounge 站丰枯水期年降水量情况

年份	丰、枯水期	平均降水深/mm	丰、枯水期/多年平均
1981—1994	枯水期	1248	0.90
2003—2007	枯水期	1324	0.95
1995—2002	丰水期	1573	1.13
2008—2015	丰水期	1506	1.08
1981—2015	多年平均	1392	

(3)年内分配

降水量的年内分配与水汽输送的季节变化和季风气候密切相关。受季风活动影响，各地雨季开始的时间迟早不一，降水集中程度也不尽相同。Khmounge 站多年平均降水年内分配见图 2.1-9。降水量主要集中在 5—11 月，多年平均连续最大 4 个月降水量占多年平均年降水量的 61%，出现时间在 7—10 月。

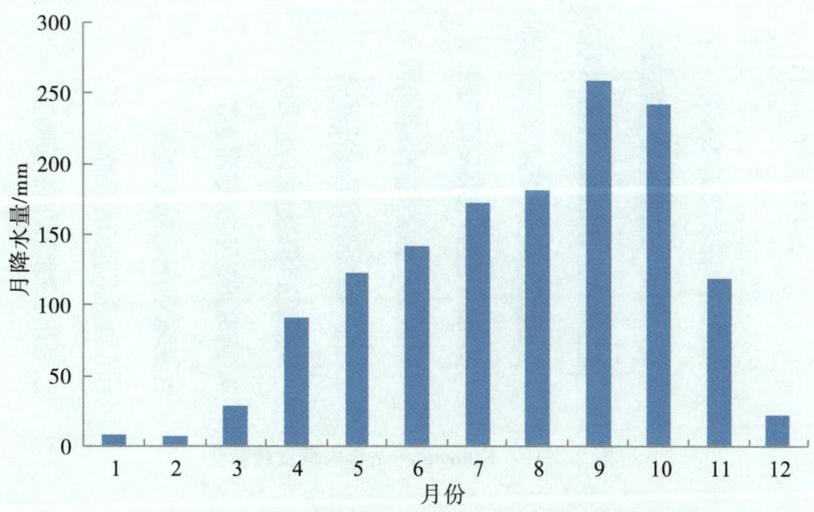

图 2.1-9　Khmounge 站多年平均降水年内分配

2.1.2.2　蒸发

(1)水面蒸发

水面蒸发量地区分布的一般规律是冷、湿地区小，热、干地区大；平原区一般高于山丘区。水面蒸发量的年内分配主要受年内温度、湿度等气象因素季节变化的影响，山区变化小，平原变化大。代表站金边 Khmounge 站的蒸发量见表 2.1-4 和图 2.1-10，该站多年平均蒸发量为 4.6mm/d，3 月、4 月会出现高强的蒸发作用。春季水面蒸发量最大，秋季水面蒸发量次之；一般来讲，受气温影响，冬季水面蒸发量最小。

表 2.1-4　　Khmounge 站年内气候变化情况

月份	1月	2月	3月	4月	5月	6月	7月	8月	9月	10月	11月	12月	多年平均
最高气温/℃	31.8	33.5	34.6	35.8	35.0	33.8	33.3	32.9	32.5	31.5	31.0	30.7	33.0
最低气温/℃	22.2	22.8	24.5	25.7	25.8	25.4	25.1	24.9	24.8	24.5	23.8	22.5	24.3
平均气温/℃	27.0	28.2	29.6	30.8	30.4	29.6	29.2	28.9	28.7	28.0	27.4	26.6	28.7
蒸发量/(mm/d)	4.3	5.2	5.5	5.4	4.6	4.7	4.6	4.3	4.0	3.8	4.1	4.2	4.6

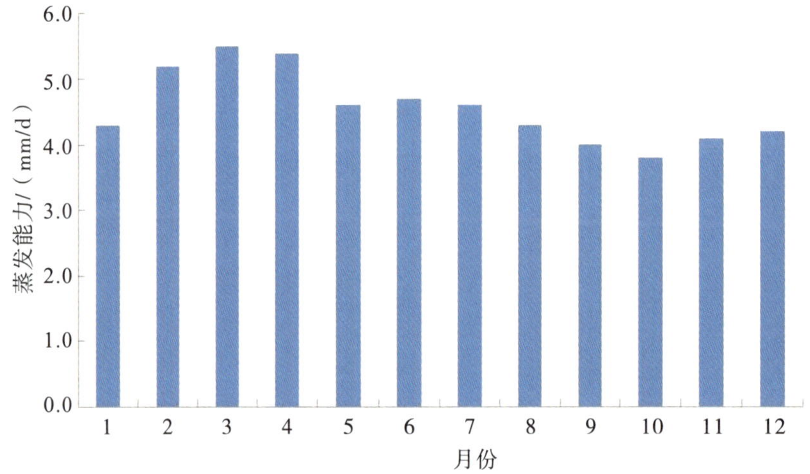

图 2.1-10　Khmounge 站年内蒸发量变化

(2)陆地蒸发

陆地蒸发是指流域内水体、土壤的蒸发和植物散发的总和。柬埔寨多年平均陆地蒸发量为 981mm,占多年平均降水深的 56.9%。沿海区多年平均陆地蒸发量为 1169mm,占降水深的 43.7%;湄公河三角洲区多年平均陆地蒸发量为 866mm,占降水深的 63.4%;东北区多年平均陆地蒸发量为 1099mm,占降水深的 55%;东南区、巴萨河区、湄公河三角洲区和湄公河上游区多年平均陆地蒸发量分别为 940mm、883mm、900mm 和 1040mm,均占降水深的 60%左右。柬埔寨境内各流域片区陆地蒸发量见表 2.1-5。

表 2.1-5 柬埔寨境内各流域片区陆地蒸发量

流域片区	多年平均陆地蒸发量/mm	占降水深比例/%
沿海区	1169	43.7
巴萨河区	883	60.5
洞里萨湖区	900	61.4
东北区	1099	55.0
湄公河上游区	1040	61.5
东南区	940	58.7
湄公河三角洲区	866	63.4

2.1.2.3 径流

根据资料情况，在全国各流域片区中选取了径流资料系列相对较长、精度较高的水文站，分析柬埔寨境内各流域径流资料的代表性。研究选择了三角洲地区 Koh Khel 站、东北区 Lumphat 站、洞里萨湖区 Kampong Thom 站，进行径流系列的代表性分析。其中，Koh Khel 站有 1991—2010 年共 20 年资料，Kampong Thom 站有 1995—2010 年共 16 年资料，Lumphat 站有 2000—2010 年共 11 年资料。累积平均曲线反映出年径流的丰、枯变幅大小，该过程线随着累积年数的变化，其变幅越来越小，到一定时间后其变化逐渐趋于稳定。变差系数曲线反映了径流系列的离散程度，随着累积年数的变化，其变幅越来越小，到一定时间后其变化逐渐趋于稳定。差积系数曲线显示，各站径流有丰枯交替变化的规律，各站丰枯变化趋势不完全一致。分析表明，各流域代表水文站不同长度的径流系列都具有一定的代表性，但仍需采取适当的方法将各站点的径流系列插补延长，以更好地满足径流量评价的要求。

柬埔寨境内水文和气象站点较少、水文气象数据系列不连续，导致柬埔寨境内基本水雨情及水资源特征数据不够完善、全面和准确，因此采用传统的水文分析方法难以准确推求其径流量。通过分析柬埔寨境内各流域片区的水文和气象站点情况，并结合其下垫面条件，对于不同的水资源分区采用不同的径流分析方法：对沿海区和洞里萨湖区，采用 VIC 模型分析其各流域径流量；对湄公河上游区和东北区，采用 Topmodel 模型分析其各流域径流量；余下的巴萨河区、湄公河三角洲区和东南区，属于洪泛区，水文数据精度不佳，采用水文比拟法分析其各流域径流量。

(1)径流地区组成

根据上述方法求得柬埔寨境内各流域的径流量，计算结果表明，全国多年平均径流量为 1346.5 亿 m^3，径流深约为 744mm。径流地区分布基本上与降水地区分布一致，总趋势是由东北和西南山区向洞里萨湖区和湄公河三角洲区递减。从流域片区角度来看，洞里萨湖区面积占全国面积的 45.1%，由于降水较少，且湖区蒸发量大，洞里萨湖区内各流域的径流系数相对较小，为 0.14～0.56；径流深也相对较小，为 566mm；流域片区径流量为 462.4 亿 m^3，占全国径流量的 34.3%。东北区面积占全国面积的 23.6%，由于东北区位于降水高值区，径流系数为 0.32～0.54；径流深相对较大，为 899mm；流域片区径流量为 384.6 亿 m^3，占全国径流量的 28.6%。沿海区面积占全国面积的 10%，由于沿海降水深为全国最高，径流系数也为国内最大，为 0.43～0.73；径流深也为全国最高，为 1506mm；流域片区径流量为 271.7 亿 m^3，占全国径流量的 20.2%。湄公河上游区的径流系数为 0.39，巴萨河区径流系数为 0.36～0.42，湄公河三角洲区径流系数为 0.36～0.41，东南区径流系数为 0.41，多年平均径流量依次为 67.6 亿 m^3、65.3 亿 m^3、51.1 亿 m^3 和 43.8 亿 m^3，依次占 5.0%、4.8%、3.8%和 3.3%。柬埔寨各流域片区多年平均径流地区组成见表 2.1-6。

表 2.1-6　柬埔寨各流域片区多年平均径流地区组成

流域片区	面积/km^2	占比/%	多年平均径流量/亿 m^3	占比/%
沿海区	18046	10.0	271.7	20.2
巴萨河区	11305	6.2	65.3	4.8
洞里萨湖区	81663	45.1	462.4	34.3
东北区	42799	23.6	384.6	28.6
湄公河上游区	10373	5.7	67.6	5.0
东南区	6618	3.7	43.8	3.3
湄公河三角洲区	10231	5.7	51.1	3.8
全国	181035	100.0	1346.5	100.0

(2)径流年际变化

河川径流的年际变化主要取决于降水的年际变化，同时还受到径流的补给类型、河流大小，以及岩性、地貌、土壤、植被等流域下垫面条件的影响。年径流量变差系数的大小反映了径流的年际变化特性，通常变差系数大，表明该地区径流的年际变化大，反之，则表示地区径流年际变化小。年径流量的极值比也反映径流丰枯的年际变化。

根据推求得到的柬埔寨境内 1981—2010 年径流量系列，统计得到全国各流域多年平均径流量变差系数为 0.049～0.296，各流域片区多年平均径流量的年际变化差异较大。

湄公河各流域片区年径流量极值比统计见表 2.1-7，各流域片区年径流量系列极值比为 1.92～2.35，相差不大，其中，年径流量的极值比最大的为湄公河上游区，最小的为东北区。沿海区年径流量极值比为 1.97，最大年径流量为 387 亿 m^3(2006 年)，最小年径流量为 196 亿 m^3(2010 年)；东北区年径流量极值比为 1.88，最大年径流量为 499 亿 m^3(1983 年)，最小年径流量为 265 亿 m^3(1987 年)；洞里萨湖区年径流量极值比为 1.92，最大年径流量为 630 亿 m^3(2006 年)，最小年径流量为 328 亿 m^3(1992 年)；湄公河上游区年径流量极值比为 2.35，最大年径流量为 92 亿 m^3(1983 年)，最小年径流量为 39 亿 m^3(1985 年)；湄公河三角洲区、东南区和巴萨河区年径流量极值比均为 1.95，最大年径流量均出现在 2000 年，最小年径流量均出现在 1992 年。柬埔寨全国的年径流量极值比为 1.61。

表 2.1-7　湄公河各流域片区年径流量极值比统计

流域片区	最大/亿 m^3	最小/亿 m^3	极值比
沿海区	387(2006 年)	196(2010 年)	1.97
巴萨河区	90(2000 年)	46(1992 年)	1.95
洞里萨湖区	630(2006 年)	328(1992 年)	1.92
东北区	499(1983 年)	265(1987 年)	1.88
湄公河上游区	92(1983 年)	39(1985 年)	2.35
东南区	60(2000 年)	31(1992 年)	1.95
湄公河三角洲区	70(2000 年)	36(1992 年)	1.95
全国	1719(2006 年)	1067(1987 年)	1.61

湄公河干流承接各支流来水后，由于丰枯相互补充，使得径流比较稳定，干流各水文站年径流量极值比多为 1.8～2.1。柬埔寨境内，发源于越南的公河、桑河、斯雷博河入汇后，湄公河干流上丁站年径流极值比增大为 2.1。湄公河干流上丁站径流特征值统计见表 2.1-8。

表 2.1-8　湄公河干流上丁站径流特征值统计

站名	多年平均	实测最大		实测最小		极值比
	年径流量/亿 m^3	年径流量/亿 m^3	年份	年径流量/亿 m^3	年份	
上丁站	4087	5616	2000	2695	1998	2.1

(3)径流年内分配

柬埔寨境内径流年内分配与降水相同，有明显的汛期、非汛期之分，汛期与雨季时间相对应。径流年内分配情况与降水相似，年内分配不均匀，主要集中在雨季，全国 5—11 月径流量占全年径流量的 84%。1981—2010 年各流域多年平均径流量年内分配分析表明，柬埔寨境内湄公河流域上游比下游、北部比南部降雨出现时间早，集中程度更高。多年平均连续最大 6 个月径流量占年径流量的百分比为：东北区、洞里萨湖区和湄公河上游区为 80%～90%，剩余 4 个流域片区则为 70%～80%。相应出现时间是沿海区、东北区、洞里萨湖区以及湄公河上游区为 6—11 月，湄公河三角洲区、东南区和巴萨河区为 7—12 月。多年平均最大 1 个月径流量占全年径流量的 16%～25%，以东北区为最大，沿海区最小。沿海区、东北区最大月径流量出现最早，出现在 8 月，湄公河上游区最大月径流量出现在 8 月和 9 月，剩余 4 个流域片区最大月径流量出现在 10 月。柬埔寨各流域片区径流量年内分配情况见图 2.1-11。

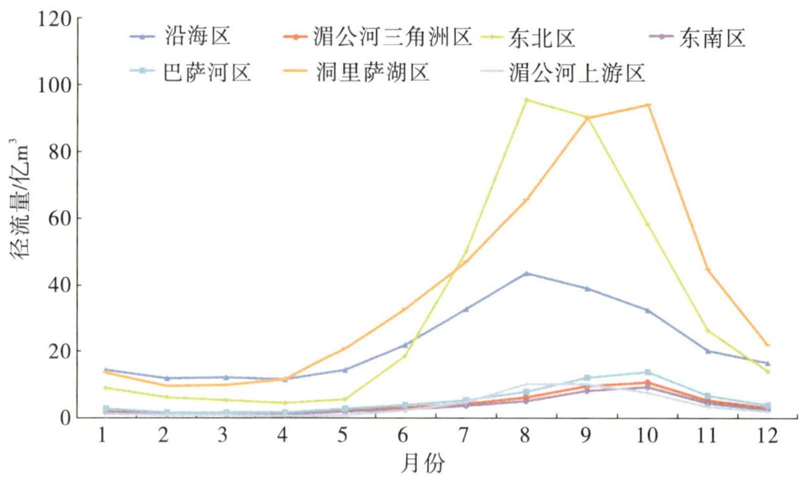

图 2.1-11　柬埔寨各流域片区径流量年内分配情况

根据 1967—2013 年水文资料统计，湄公河干流上丁站最大月径流量出现在 8 月，径流量占全年径流量的 23.1%。连续最大 3 个月径流量出现时间为 8—10 月，径流量占全年径流量的 60.5%。每年 12 月过后降水量变小，湄公河流域逐渐进入旱季。上丁站最小月平均流量出现在 4 月，为 2350m^3/s，年内以 2—4 月最枯，最枯 3 个月径流量占全年径流量的 4.7%。上丁站径流年内分配特征值统计见表 2.1-9。

表 2.1-9　上丁站径流年内分配特征值统计

站名	多年平均径流/亿 m^3	连续最丰 3 个月			连续最枯 3 个月		
		月份	径流量/亿 m^3	占全年径流量/%	月份	径流量/亿 m^3	占全年径流量/%
上丁	4086.7	8—10	2473.0	60.5	2—4	191.7	4.7

2.1.2.4　洪水

(1)暴雨洪水特性

柬埔寨面积约 86%位于湄公河流域，包括巴萨河流域、洞里萨河与洞里萨湖及其支流流域，余下 14%地区为西南沿海区域。

湄公河流域总体属季风性气候，干(旱)、湿(雨)两季分明，5—10 月底受海上的西南季风影响，潮湿多雨，降水量占年降水量的 88%以上。湄公河流域纬度跨度越大，气候差异就越大，形成暴雨的原因不尽相同。上游澜沧江流域产生暴雨降水过程的水汽输送以孟加拉湾西南暖湿气流为主，南海的水汽输送次之；下游湄公河流域的暴雨主要是由南中国海的热带风暴所带来的降雨形成。

湄公河流域的洪水多由连续大雨或暴雨形成，属暴雨洪水类型，洪水出现时间比降雨时间滞后，但不超过 1 个月。上丁以上河段、上丁以下河段(含上丁)的洪水期分别为 6—11 月和 6—12 月。湄公河下游 12 月可能发生较大洪水甚至成灾的主要原因为：北方冷气流开始活跃，西南气流后退并与之对峙、交锋而形成暴雨，加上流域内土壤湿润，河道水位较高，一旦大雨来临就易酿成洪灾。柬埔寨境内湄公河自桔井站流入湄公河三角洲区，桔井以下湄公河流域汛期时受下游水文条件（干流洪水倒灌进洞里萨湖）的影响，旱季时磅湛站以下河段受潮汐影响。该区域河段枯水期水流主要集中在河道中，汛期水流则漫上河滩，洞里萨湖与湄公河干流倒灌以及潮汐作用的综合影响造成其复杂的水流特性，水位（而非流速及流量）决定着该地区的水流运动情况。

首都金边以下流域的洪水由湄公河及其支流巴萨河洪水构成。例如，汛期时，部分河流分支会在湄公河或巴萨河上游位置改道，然后再汇入湄公河或巴萨河远处下游位置。当位于湄公河干流的磅湛站汛期流量大于 25000 m^3/s 时，磅湛—金边河段水流溢出湄公河两岸，溢出右岸的部分水流，以地表径流的形式流入洞里萨湖。

（2）设计洪水

1）湄公河干流主要水文站设计洪水。

柬埔寨境内的湄公河干流水文站主要有上丁站、桔井站、磅湛站、昌瓦站和尼克朗站。结合实测资料和 MRC 资料，对上述水文站缺失数据进行插补，并采用 P-Ⅲ曲线对洪水位进行频率分析。柬埔寨境内湄公河干流水文站设计洪水位见表 2.1-10。

表 2.1-10　柬埔寨境内湄公河干流水文站设计洪水位　（水位：冻结基面，m）

P/%	站名				
	上丁站	桔井站	磅湛站	昌瓦站	尼克朗站
1.00	13.06	24.46	16.89	11.92	9.17
2.00	12.74	24.03	16.61	11.68	8.89
3.33	12.48	23.69	16.38	11.50	8.68
5.00	12.26	23.40	16.19	11.34	8.50
10.00	11.85	22.86	15.84	11.04	8.15
20.00	11.37	22.22	15.42	10.69	7.75

2）主要支流水文站设计洪水。

柬埔寨境内的主要支流有巴萨河、洞里萨河、森河、马德望河以及诗梳风河等。根据此次收集的数据，通过分析上述支流上水文站点的资料系列，选取资料系列相对完整的 6 个站点，分析其设计洪水位。柬埔寨境内各支流水文站设计洪水位见表 2.1-11。

表 2.1-11　柬埔寨境内各支流水文站设计洪水位　(水位:冻结基面,m)

P/%	巴萨河	洞里萨河		森河	马德望河	诗梳风河
	Koh Koel 站	磅清扬站	博雷格丹站	磅同站	马德望站	诗梳风站
1.00	8.42	12.53	10.97	14.19	15.46	9.93
2.00	8.28	12.28	10.69	14.08	15.07	9.45
3.33	8.17	12.08	10.47	13.98	14.77	9.08
5.00	8.08	11.91	10.28	13.91	14.51	8.77
10.00	7.91	11.59	9.93	13.76	14.04	8.22
20.00	7.71	11.21	9.53	13.59	13.49	7.61

2.1.3　水资源评价

2.1.3.1　水资源数量

一个流域的降水、地表水、土壤水和地下水之间密切联系且相互转化,通过水量循环达到动态平衡。流域水资源总补给量为降水量,总排泄量包括河川径流量、陆地蒸发量和地下潜流量,在有地下水开采的情况下还包括地下水开采净消耗量。总补给量与总排泄量的差值为流域内地表水、土壤水和地下水的蓄变量。

根据水量平衡原理,一般情况下多年平均蓄水变量可忽略不计,可将河川径流量划分为地表径流量和河川基流量,地下水的降水入渗补给量为河川基流量、潜水蒸发量、地下潜流量及开采净消耗量之和,地表蒸发是降水形成重力水之前的消耗量,人为措施难以控制利用。因此,将区域水资源总量定义为当地降水形成的地表和地下产水量,即地表产水量与降水入渗补给量之和。水资源总量计算的基本公式为:

$$W=R_s+P_r=R+P_r-R_g \qquad (2.1\text{-}1)$$

式中,W——水资源总量;

R_s——地表径流量(即地表产水量,用河川径流量与河川基流量之差值表示);

P_r——降水入渗补给量(山丘区用地下水总排泄量代替);

R——河川径流量(即地表水资源量);

R_g——河川基流量(平原区为由降水入渗补给量所形成的河道排泄量)。

根据上述水资源总量计算的基本公式,从计算方法的角度可以理解为水资源总量等于河川径流量和地下水与地表水资源之间的不重复计算水量(P_r-R_g)之和。水资源总量由两部分组成:第一部分为河川径流量,即地表水资源量;第二部分为降水入渗补给地下水而未通过河川基流排泄的水量,即地下水与地表水资源之间的不重复计算水量。考虑不同地区下垫面条件、水资源开发利用情况、地表水与地下水之间转化特点以及资料条件的差异,山丘区和平原区分别采用不同的方法计算水资源总量。对于山丘区水资源总量计算,由于山丘区地下水的总排泄量约为降水入渗补给量,而河川基流是山丘区地下水的主要排泄形式，因此山丘区水资源总量近似为地表水资源量。对于平原区水资源总量计算，需要计算河川基流量，河川基流量一般是通过与河流无水力联系的基岩裂隙水补给的，因此河川基流量可以用分割流量过程线的方法来推求。

(1)地表水资源量

地表水资源量是指由当地降水形成的河流、湖泊、冰川等地表水体中可以逐年更新的动态水量，用多年平均河川径流量表示。

柬埔寨境内多年平均地表水资源量为 1346.5 亿 m^3，相应径流深为 744mm。柬埔寨境内的水量主要靠降水补给，地表水资源量的地区分布基本上与降水的地区分布一致，总的趋势是由东北和西南山区向洞里萨湖区和湄公河三角洲区递减。从水资源分区来看，洞里萨湖区的面积占全国面积的 45.1%，由于湖区蒸发量大，径流深相对较小，区域多年平均地表水资源量为 462.4 亿 m^3，仅占全国地表径流量的 34.3%；东北区的面积占全国面积的 23.6%，由于东北区位于降水量高值区，径流深相对较大，区域多年平均地表水资源量为 384.6 亿 m^3，占全国地表径流量的 28.6%；西南部的沿海区面积占全国面积的 10%，由于位于降水量高值区，径流深为全国最高，区域多年平均地表水资源量为 271.7 亿 m^3，占全国地表径流量的 20.2%；湄公河上游区、巴萨河区、湄公河三角洲区和东南区的多年平均地表水资源量依次为 67.6 亿 m^3、65.3 亿 m^3、51.1 亿 m^3 和 43.8 亿 m^3，依次占全国地表径流量的 5.0%、4.8%、3.8% 和 3.3%。柬埔寨水资源分区地表水资源量见表 2.1-12 和图 2.1-12。

表 2.1-12　　柬埔寨水资源分区地表水资源量

区域	面积/km^2	占比/%	多年平均地表水资源量/亿 m^3	占比/%
沿海区	18046	10.0	271.7	20.2
巴萨河区	11305	6.2	65.3	4.8
洞里萨湖区	81663	45.1	462.4	34.3
东北区	42799	23.6	384.6	28.6
湄公河上游区	10373	5.7	67.6	5.0
东南区	6618	3.7	43.8	3.3
湄公河三角洲区	10231	5.7	51.1	3.8
全国	181035	100.0	1346.5	100.0

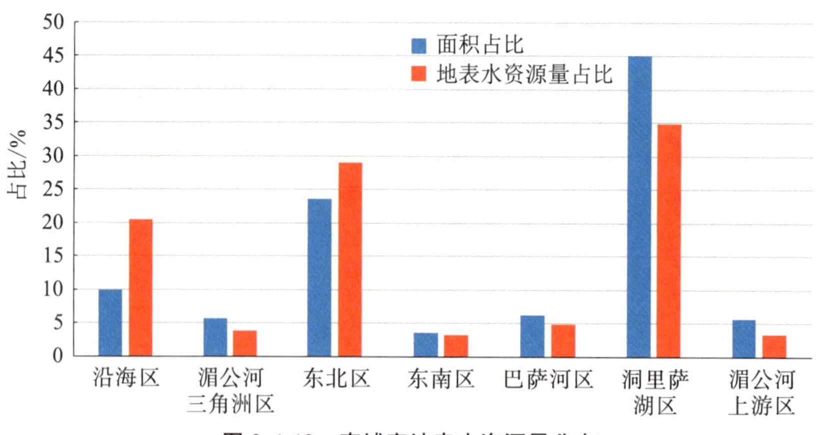

图 2.1-12　柬埔寨地表水资源量分布

(2)地下水资源量

柬埔寨全国地下水资源分布极其不均，其中湄公河、洞里萨湖及其支流两岸阶地的地下水资源量相对较多。境内地下水类型主要为第四系孔隙水、基岩裂隙水及少量岩溶水。其中，第四系孔隙水广泛分布在湄公河、洞里萨湖及其支流和临海河岸平原地带的砂性土层中，水量较丰富，是柬埔寨最为重要的地下水资源，主要用于生活用水；基岩裂隙水主要分布在岗丘、山地区域基岩裂隙中，总体水量较小，水量分布不均，局部有流量较大的泉水出露，如磅湛省中部岗地泉水流量为 $2m^3/s$ 左右；岩溶水零散分布于北部的暹粒省和柏威夏省灰岩地层中，分布范围和总体水量较小。大气降雨是柬埔寨地下水最主要的补给来源，其次为河湖侧向补给。湄公河和泰国湾海域是柬埔寨境内地下水的最低排泄基面。

根据柬埔寨地形地貌、地层岩性、地质构造和水文地质等特征，柬埔寨主要存在强富水区、中等富水区和弱富水区(图 2.1-13)，没有极强富水区。强富水区、中等富水区和弱富水区的分布面积为 1.44 万 km^2、10.6 万 km^2 和 6.02 万 km^2，分别占柬埔寨国土总面积的 7.93%、58.79%和 33.28%。

柬埔寨国内缺乏地下水资源评价相关技术规范，参考中国《地下水资源勘察规范》(SL 454—2010)，并考虑柬埔寨当地实际情况以及资料完整程度评价补给资源。采用入渗系数法对研究区降水入渗补给量和灌溉入渗补给量进行了计算，得出柬埔寨国内多年平均地下水补给资源量为 344.66 亿 m^3，补给模数 19.04 万 $m^3/(km^2 \cdot a)$。柬埔寨水资源分区多年平均地下水补给资源量见表 2.1-13。计算表明，柬埔寨普遍位于入渗补给较丰富区，以降水入渗补给为主；而灌溉面积占种植面积的比例相对较小，因此灌溉入渗补给量亦较小。

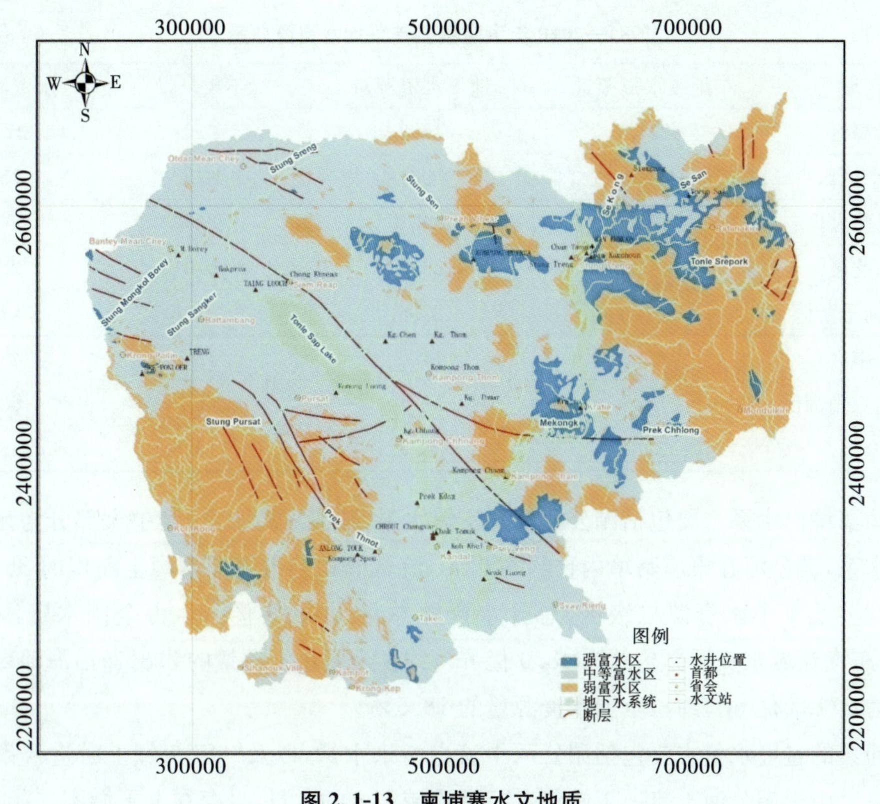

图 2.1-13　柬埔寨水文地质

表 2.1-13　　柬埔寨水资源分区多年平均地下水补给资源量

区域	面积/km²	占比/%	地下水补给资源量/亿 m³	占比/%
沿海区	18046	10.0	46.2	13.4
巴萨河区	11305	6.2	19.4	5.6
洞里萨湖区	81663	45.1	144.4	41.9
东北区	42799	23.6	86.9	25.2
湄公河上游区	10373	5.7	21.6	6.3
东南区	6618	3.7	14.0	4.1
湄公河三角洲区	10231	5.7	12.1	3.5
全国	181035	100.0	344.6	100.0

(3)水资源总量

柬埔寨境内洞里萨湖周边、巴萨河流域、湄公河三角洲流域以及东南区分布有平原区，其余地区均可视为山丘区。通过上述山丘区和平原区的计算方法分别进行分析，得到柬埔寨 1981—2010 年平均水资源总量为 1466.4 亿 m³，其中地表水资源量为 1346.5 亿 m³，地下水资源量为 344.6 亿 m³，不重复量 119.9 亿 m³。1981—2010 年柬埔寨多年平均水资源总量见表 2.1-14。

表 2.1-14　**1981—2010 年柬埔寨多年平均水资源总量**　(单位:亿 m^3)

区域	地表水资源量	地下水资源量	不重复量	水资源总量
沿海区	271.7	46.2	0.0	271.7
巴萨河区	65.3	19.4	10.6	75.9
洞里萨湖区	462.4	144.4	93.0	555.4
东北区	384.6	86.9	0.0	384.6
湄公河上游区	67.6	21.6	0.0	67.6
东南区	43.8	14.0	4.2	48.0
湄公河三角洲区	51.1	12.1	12.1	63.2
全国	1346.5	344.6	119.9	1466.4

柬埔寨境内水系主要包括湄公河及其支流水系、独流入海水系,其中大部分为湄公河及其支流水系,湄公河在柬埔寨境内长约 500km,流域面积约占柬埔寨国土面积的 86%,在柬埔寨境内涉及 4 个水资源二级区,总计水资源总量 1146.8 亿 m^3,占全国水资源总量的 78.2%;东南流域水资源总量约为 48.0 亿 m^3,约占全国水资源量的 3.3%;沿海流域水资源总量约为 271.7 亿 m^3,约占全国水资源量的 18.5%。

柬埔寨的过境水量主要包括湄公河干流上游来水量,以及“3S”流域上游进入柬埔寨境内的水量。由于湄公河干流上丁站包含“3S”流域汇入的水量,且存在上下游不平衡现象,而老挝境内的巴色—上丁区间无大支流汇入,区间入流较小,巴色站径流基本可以代表从老挝流入柬埔寨的湄公河干流入境水量,因此选取巴色站作为计算干流入境水量的控制站。根据“3S”流域的水文控制站实测资料推算“3S”流域入境断面的来水量。由于柬埔寨境内位于金边四臂湾下游的湄公河流域的两个干支流控制水文站 Koh Khel 站和 Neak Loeung 站均位于洪泛区,在汛期洪水溢出河道,水文站实测流量不能完全控制出境断面的水量。因此,根据水量平衡原理,将入境水量与境内产水量之和作为出境水量。柬埔寨的入境水量主要包括湄公河干流上游来水量约 3157 亿 m^3,“3S”流域上游进入柬埔寨境内的水量 866 亿 m^3,加上柬埔寨境内(湄公河流域、西南沿海流域和东南流域)产水量 1347 亿 m^3,西南沿海流域入海以及湄公河流域和东南流域流入越南的出境地表水量总计约为 5370 亿 m^3。

2.1.3.2　水资源质量

(1)地表水水质

根据柬埔寨水质标准和中国《地表水环境质量标准》(GB 3838—2002)分别对湄公河干流及其支流等河流进行水质评价。

1)按照柬埔寨水质标准进行水质评价。

根据 2010—2015 年柬埔寨 19 个水质监测站点(湄公河干流 6 个、一级支流 9 个、“3S”流域共 4 个)的实测资料分析,湄公河干流和巴萨河水质为 A、B 级水质,均处于“非常好”或者“好”的状态。总体上,近年来的水质略有下降。例如,位于湄公河和巴萨河上的一些监测站的水质由 A 级水质降为 B 级水质(表 2.1-15 至表 2.1-18)。

表 2.1-15　　保护水生生物的等级划分

范围	等级	
9.5≤*WQI*≤10.0	A	非常好
8.0≤*WQI*<9.5	B	好
6.5≤*WQI*<8.0	C	良好
4.5≤*WQI*<6.5	D	差
WQI<4.5	E	极差

表 2.1-16　　保护人类健康的水质指标评价等级

范围	等级	备注
95≤*WQI*≤100	A:非常好	所有监测结果均在目标范围内
80≤*WQI*<95	B:好	极少数监测值不在目标范围内
65≤*WQI*<80	C:良好	有些监测值不在目标范围内
45≤*WQI*<65	D:差	多数监测值不在目标范围内
WQI<45	E:极差	普遍监测值不在目标范围内

表 2.1-17　　保护水生生物的水质指标评价结果

测站代码	测站河流	2010 年		2011 年		2012 年		2013 年		2014 年		2015 年	
H014501	湄公河	9.2	B	9.2	B	9.3	B	9.2	B	9.4	B	9.3	B
H014901	湄公河	8.9	B	8.9	B	9.4	B	9.2	B	9.3	B	9.1	B
H019802	湄公河	9.4	B	9.2	B	9.4	B	9.3	B	9.6	A	9.1	B
H019801	湄公河	9.4	B	9.2	B	9.3	B	9.2	B	9.6	A	9.3	B
H019806	湄公河	9.4	B	9.2	B	9.4	B	9.2	B	9.4	B	9.3	B
H019807	湄公河	9.2	B	9.2	B	9.2	B	9.3	B	9.6	A	9.3	B
H020108	洞里萨湖	8.3	B	9.2	B	9.2	B	8.9	B	8.6	B	8.7	B
H020106	洞里萨湖	7.8	C	9.2	B	9.4	B	8.8	B	9.0	B	8.2	B
H020103	洞里萨河	8.1	B	8.9	B	9.3	B	9.2	B	9.0	B	8.3	B
H020102	洞里萨河	8.9	B	8.6	B	9.2	B	9.0	B	9.6	A	8.8	B
H020101	洞里萨河	9.4	B	8.6	B	8.9	B	8.8	B	9.4	B	9.1	B
H033401	巴萨河	8.6	B	9.2	B	9.2	B	8.9	B	8.9	B	8.7	B
H033402	巴萨河	9.2	B	9.4	B	9.4	B	9.2	B	9.6	A	8.8	B
H033403	巴萨河	9.4	B	9.2	B	9.0	B	8.9	B	9.6	A	9.0	B
H020107	Sangker	8.1	B	8.9	B	8.6	B	8.5	B	8.8	B	8.6	B
H440102	Se San	9.7	A	9.4	B	9.6	A	9.7	A	9.9	A	8.9	B

续表

测站代码	测站河流	2010 年		2011 年		2012 年		2013 年		2014 年		2015 年	
H440103	Se San	9.7	A	9.2	B	9.7	A	9.7	A	10.0	A	9.3	B
H450101	Srepok	9.4	B	9.4	B	9.3	B	9.7	A	9.9	A	9.0	B
H430102	Sekong	9.4	B	9.4	B	9.6	A	9.2	B	9.4	B	9.2	B

表 2.1-18　　保护人类健康可接受性水质指标评价结果

测站代码	测站名称	2010 年		2011 年		2012 年		2013 年		2014 年		2015 年	
H014501	Stung Treng	100	A	100	A	100	A	100	A	100	A	100	A
H014901	Kratie	100	A	100	A	100	A	100	A	100	A	100	A
H019802	Kampong Cham	100	A	100	A	100	A	100	A	100	A	90	B
H019801	Chroy Chanvar	100	A	100	A	100	A	100	A	100	A	100	A
H019806	Neak Loeung	100	A	100	A	100	A	100	A	100	A	90	B
H019807	Kaorm Samnor	100	A	100	A	100	A	100	A	100	A	90	B
H020108	Phnom Krom	80	B	88	B	89	B	89	B	80	B	89	B
H020106	Kampong Loung	80	B	90	B	100	A	80	B	81	B	81	B
H020103	Kampong Chhnang	80	B	90	B	100	A	80	B	90	B	90	B
H020102	Prek Kdam	90	B	100	A	90	B	90	B	100	A	100	A
H020101	Phnom Penh Port	90	B	90	B	90	B	81	B	100	A	90	B
H033401	Ta Khmau	100	A	100	A	100	A	90	B	100	A	100	A
H033402	Khos Khel	90	B	100	A	90	B	90	B	100	A	90	B
H033403	Khos Thom	100	A	100	A	90	B	90	B	100	A	100	A
H020107	Back Prea	78	C	80	B	79	C	81	B	80	B	81	B
H440102	Phum Pi	100	A	100	A	100	A	100	A	100	A	81	B
H440103	Andoung Meas	100	A	100	A	100	A	100	A	100	A	100	A
H450101	Lumphat	100	A	100	A	100	A	100	A	100	A	100	A
H430102	Siempang	90	B	90	B	100	A	100	A	100	A	100	A

2)按照中国《地表水环境质量标准》(GB 3838—2002)进行水质评价。

对收集到的水质测站 2013—2015 年水质监测资料中高锰酸盐指数、总磷、总氮、氨氮、溶解氧共 5 项指标进行评价。评价结果表明,湄公河干流由于水量较大,总体水质相对较好,年均基本可达Ⅲ类及以上水平;其余河流除总磷外,各指标均能达到Ⅲ类及以上水平。近 3 年来,柬埔寨国内各测站水质均存在不同程度的下降,水质呈恶化趋势。柬埔寨水质测站水质现状评价结果见表 2.1-19。

表 2.1-19　　柬埔寨水质测站水质现状评价结果

序号	测站代码	测站名称	所在河流	雨季(5—10 月)			旱季(11 月至次年 4 月)			全年		
				2013 年	2014 年	2015 年	2013 年	2014 年	2015 年	2013 年	2014 年	2015 年
1	H014501	Stung Treng	湄公河	Ⅲ	Ⅴ	Ⅳ	Ⅱ	Ⅱ	Ⅱ	Ⅲ	Ⅲ	Ⅲ
2	H014901	Kratie	湄公河	Ⅲ	Ⅲ	Ⅳ	Ⅱ	Ⅱ	Ⅱ	Ⅲ	Ⅲ	Ⅲ
3	H019802	Kampong Cham	湄公河	Ⅲ	Ⅲ	Ⅳ	Ⅱ	Ⅱ	Ⅱ	Ⅲ	Ⅱ	Ⅲ
4	H019801	Chroy Chanvar	湄公河	Ⅲ	Ⅲ	Ⅲ	Ⅱ	Ⅱ	Ⅱ	Ⅲ	Ⅱ	Ⅲ
5	H019806	Neak Loeung	湄公河	Ⅳ	Ⅲ	Ⅲ	Ⅱ	Ⅱ	Ⅲ	Ⅲ	Ⅱ	Ⅲ
6	H019807	Kaorm Samnor	湄公河	Ⅳ	Ⅲ	Ⅲ	Ⅱ	Ⅱ	Ⅱ	Ⅲ	Ⅲ	Ⅲ
7	H020108	Phnom Krom	洞里萨湖	劣Ⅴ	Ⅲ	劣Ⅴ	Ⅲ	Ⅲ	劣Ⅴ	劣Ⅴ	Ⅴ	劣Ⅴ
8	H020106	Kampong Loung	洞里萨湖	Ⅴ	Ⅳ	Ⅳ	Ⅱ	Ⅲ	劣Ⅴ	劣Ⅴ	Ⅳ	劣Ⅴ
9	H020103	Kampong Chhnang	洞里萨河	Ⅱ	Ⅲ	Ⅲ	Ⅱ	Ⅲ	Ⅳ	Ⅱ	Ⅲ	Ⅳ
10	H020102	Prek Kdam	洞里萨河	Ⅲ	Ⅲ	Ⅲ	Ⅱ	Ⅱ	Ⅲ	Ⅲ	Ⅲ	Ⅲ
11	H020101	Phnom Penh Port	洞里萨河	Ⅲ	Ⅲ	Ⅳ	Ⅲ	Ⅱ	Ⅲ	Ⅲ	Ⅲ	Ⅲ
12	H033401	Ta Khmau	巴萨河	Ⅳ	Ⅲ	Ⅳ	Ⅲ	Ⅱ	Ⅳ	Ⅳ	Ⅴ	Ⅳ
13	H033402	Khos Khel	巴萨河	Ⅲ	劣Ⅴ	Ⅳ	Ⅲ	Ⅲ	Ⅲ	Ⅲ	Ⅲ	Ⅲ
14	H033403	Khos Thom	巴萨河	Ⅲ	Ⅲ	Ⅲ	Ⅱ	Ⅲ	Ⅲ	Ⅲ	Ⅲ	Ⅲ
15	H020107	Back Prea	Sangker	Ⅲ	Ⅲ	Ⅳ	Ⅲ	Ⅱ	Ⅳ	Ⅲ	Ⅲ	Ⅳ
16	H440102	Phum Pi	Se San	Ⅲ	Ⅱ	Ⅳ	Ⅱ	Ⅱ	Ⅲ	Ⅱ	Ⅲ	Ⅲ
17	H440103	Andoung Meas	Se San	Ⅲ	Ⅳ	Ⅲ	Ⅱ	Ⅱ	Ⅱ	Ⅱ	Ⅱ	Ⅲ
18	H450101	Lumphat	Srepok	Ⅲ	Ⅱ	Ⅳ	Ⅱ	Ⅱ	Ⅲ	Ⅱ	Ⅱ	Ⅲ
19	H430102	Siempang	Se Kong	Ⅲ	Ⅱ	Ⅲ	Ⅱ	Ⅱ	Ⅲ	Ⅲ	Ⅱ	Ⅲ

(2)地下水水质

根据柬埔寨国家井位图(Wellmap 数据库),2010 年全国水井总数约为 61499 口(图 2.1-14),入库 30732 组水化学样品数据。其中,湄公河三角洲流域片区有 26421 组数据,占样品总数的 85.97%;洞里萨流域片区有 2114 组数据,占样品总数的 6.88%;其他流域较少,尤其沿海流域片区无水质数据。这些样品主要测试了砷、pH 值、氟化物、锰、铁、溶解性总固体、硝酸盐以及硫酸盐等指标,但是多数样品的水化学信息不完整,部分样品仅含一个或少数几个质量指标。此报告主要依据上述水化学样品数据、野外查勘和相关文献等资料,进行柬埔寨全国的地下水水质初步评估。

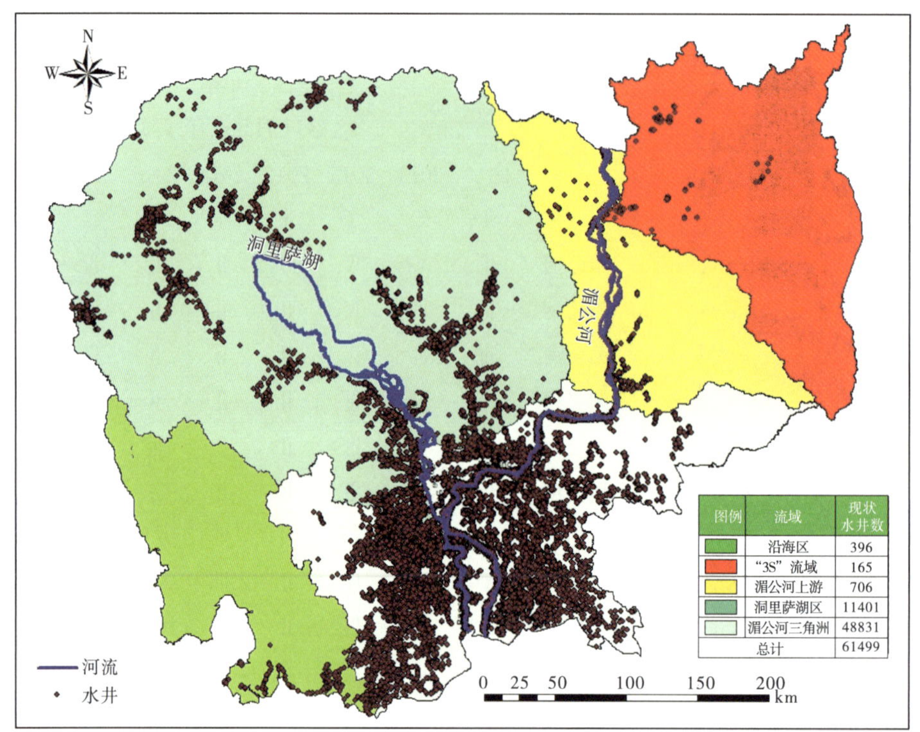

资料来源：柬埔寨农业发展部，2010。

图 2.1-14　柬埔寨全国水井分布

依据柬埔寨《公共水域公众健康水质标准》，全国共计 22162 组水样砷含量≥10mg/L，远大于柬埔寨水质标准限值 0.01mg/L，砷超标的水样数量占水样总数的 72.11%。测试数据表明，砷污染呈现地区差异特征，最严重的地区是干丹省，砷含量超过 50μg/L 的受污染井占被调查井总数的 46%；次严重地区为磅湛省，砷含量超过 50μg/L 的井所占被调查井总数的 34.7%；在金边地区，砷含量超过 50μg/L 的井占被调查井总数的 28%。

根据入库水质数据、野外查勘和文献资料①综合分析，柬埔寨全国范围内主要是洞里萨平原及湄公河三角洲区的地下水砷污染情况较严重(图 2.1-15、图 2.1-16)。根据水井的采样深度和测试数据，砷污染多分布在深度 20～70m，埋深 15m 以内的浅层地下水多数未被砷污染。含砷量超标的地下水对人体健康影响较大，建议柬埔寨相关单位深入开展地下水砷污染状况详细调查，进一步查明砷污染的分布范围、深度和污染程度，提出防治措施。

此外，湄公河三角洲区地下水的铁含量普遍偏高，非饮用水(铁超标)水井分布见图 2.1-17。金边、茶胶、干丹等地区钠含量偏高；柴桢、波萝勉等地区锰含量偏高；班迭棉吉省氟化物含量偏高；部分浅埋井受到粪大肠菌群的污染；野外考察了解到马德望省和菩萨省大部分地区的地下水水质较差(砷、铁含量超标)，一般不能饮用。总之，化学污染比

①《湄公河下游地下水域中的砷》。

生物污染更严重，多数化学污染是自然原因产生，有些污染如硝酸盐含量高是由人类活动造成的。

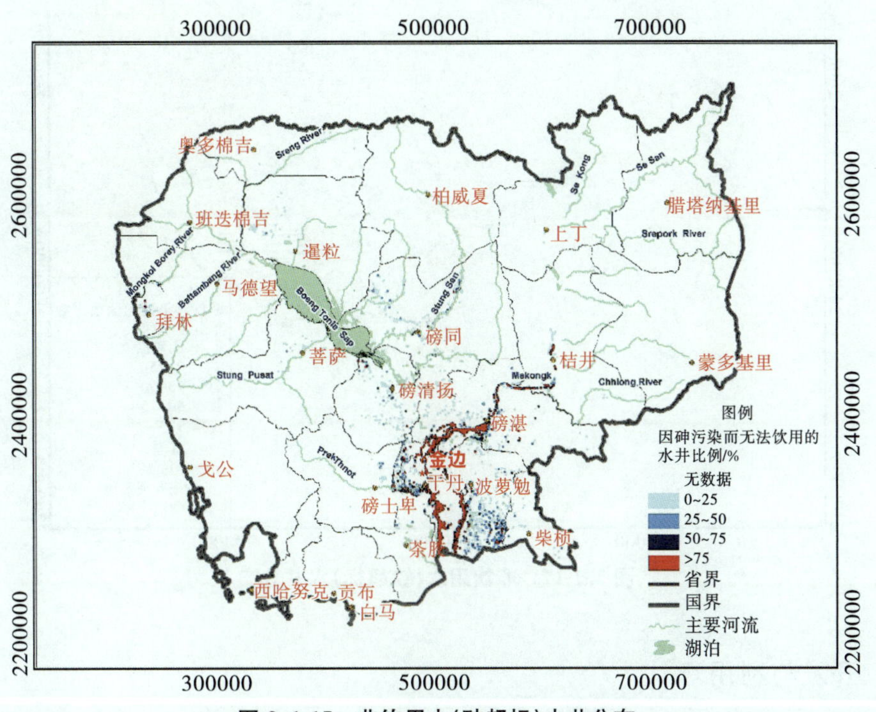

图 2.1-15　非饮用水(砷超标)水井分布

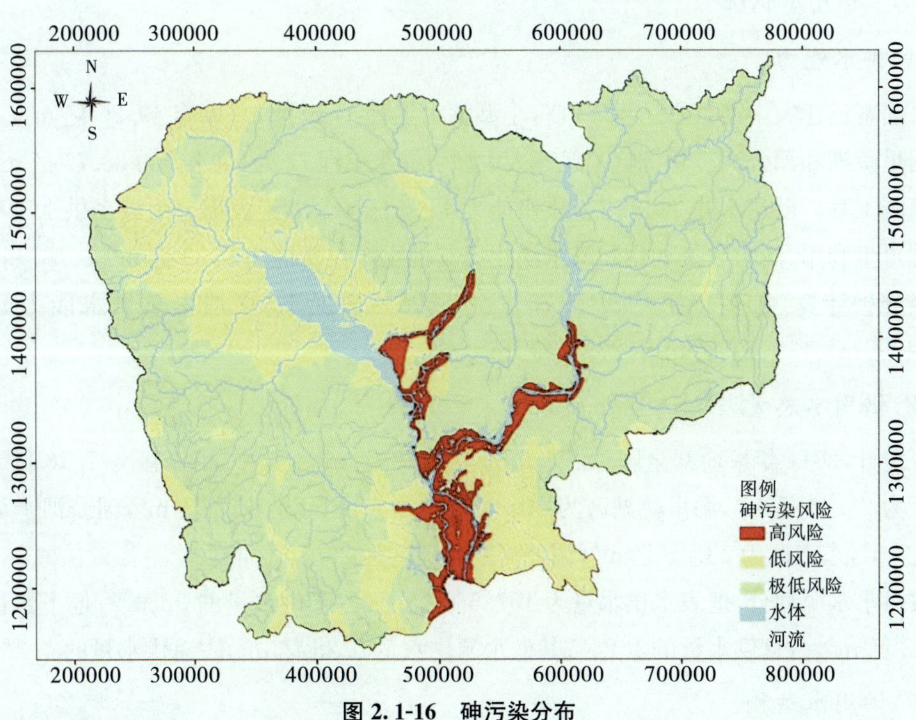

图 2.1-16　砷污染分布

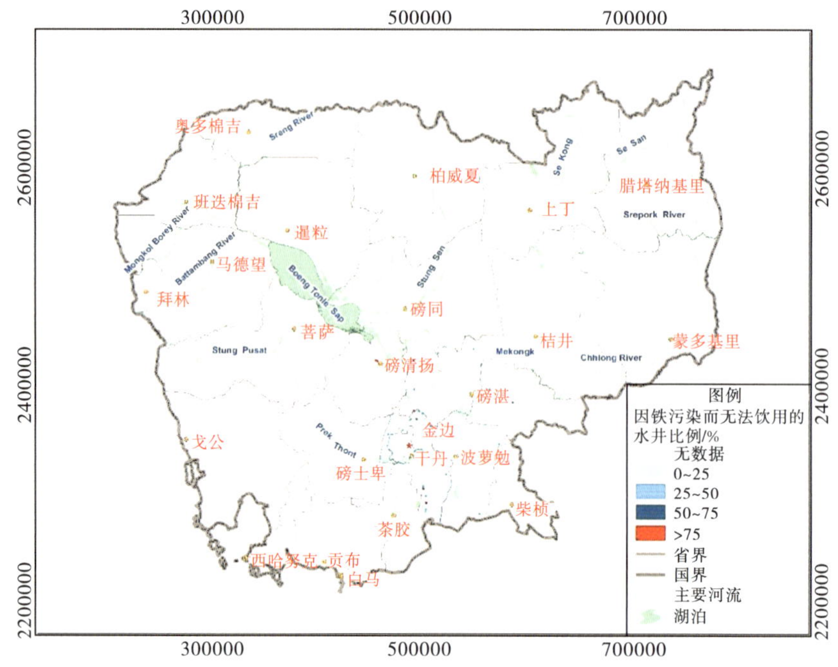

图 2.1-17　非饮用水(铁超标)水井分布

2.1.4　开发与利用

2.1.4.1　供用水状况

(1)供水能力

柬埔寨已建大中型蓄水工程 43 座,小型蓄水工程 1759 座,总库容 49.25 亿 m^3,主要分布在洞里萨湖和湄公河三角洲区。已建大中型引提水工程 72 处,供水能力 38.77 亿 m^3/a,主要是灌溉工程。已建水井 61499 口,供水能力 1.46 亿 m^3/a,绝大部分为城乡供水工程。污水处理再生利用、雨水收集利用和海水淡化等其他水源供水能力 0.23 亿 m^3/a。

经分析计算,在多年平均、$P=75\%$、$P=95\%$情况下,柬埔寨总供水能力分别为 135.71 亿 m^3、130.81 亿 m^3、127.47 亿 m^3。

(2)供用水总量

经统计,2014 年柬埔寨全国总供水量为 109.12 亿 m^3。其中,沿海区为 1.13 亿 m^3,巴萨河区为 23.41 亿 m^3,洞里萨湖区为 40.08 亿 m^3,东北区为 4.25 亿 m^3,湄公河上游区为 3.00 亿 m^3,东南区为 13.45 亿 m^3,湄公河三角洲区为 23.80 亿 m^3。

按供水水源划分,地表水供水量为 107.56 亿 m^3,占总供水量的 98.6%;地下水供水量为 1.33 亿 m^3,占总供水量的 1.2%;其他水源供水量 0.23 亿 m^3,占总供水量的 0.2%。

(3)供用水结构

从行业用水来看,生活用水量(包括城镇生活用水和农村居民生活用水)为 4.60 亿 m^3,

占全国总用水量的 4.2%；工业用水量为 1.04 亿 m^3，占全国总用水量的 1.0%；农业用水量为 103.37 亿 m^3，占全国总用水量的 94.7%；河道外生态用水量为 0.11 亿 m^3，占全国总用水量的 0.1%。

(4)用水水平与效率

柬埔寨用水水平和效率不高，GDP 用水量为 $6214m^3$/万美元，是世界平均水平的 40 倍、美国的 100 倍；农田灌溉用水量为 $12991m^3/hm^2$，为发达国家的 2～3 倍；灌溉水利用系数仅为 0.384 左右，与世界先进水平(0.7～0.8)相比还有较大差距；除金边外，柬埔寨其他城市供水管网的漏损率较高。从整体上看，柬埔寨水量浪费严重，水资源利用效率低。

2.1.4.2　农业灌溉

柬埔寨是传统农业国家，全国耕地面积约 670 万 hm^2(图 2.1-18)，种植面积为 288 万 hm^2，其中粮食作物种植面积 277.6 万 hm^2。马德望省是最重要的粮食主产区，种植面积达到 37 万 hm^2；磅湛、班迭棉吉、波萝勉等省份的种植面积超过 20 万 hm^2。柬埔寨的粮食作物种类主要包括水稻、玉米、薯类等，水稻是最主要的粮食作物，种植面积为 232.8 万 hm^2，占粮食作物种植面积的 84%；玉米、薯类和其他粮食作物的种植面积分别为 12.6 万 hm^2、29.9 万 hm^2 和 2.3 万 $hm^2$①。经济作物总种植面积为 10.4 万 hm^2，主要有蔬菜、油料作物、香料作物、甘蔗、烟草、棉花等，其中蔬菜和油料作物的种植比例最大，分别为 6.4 万 hm^2 和 3.4 万 hm^2。

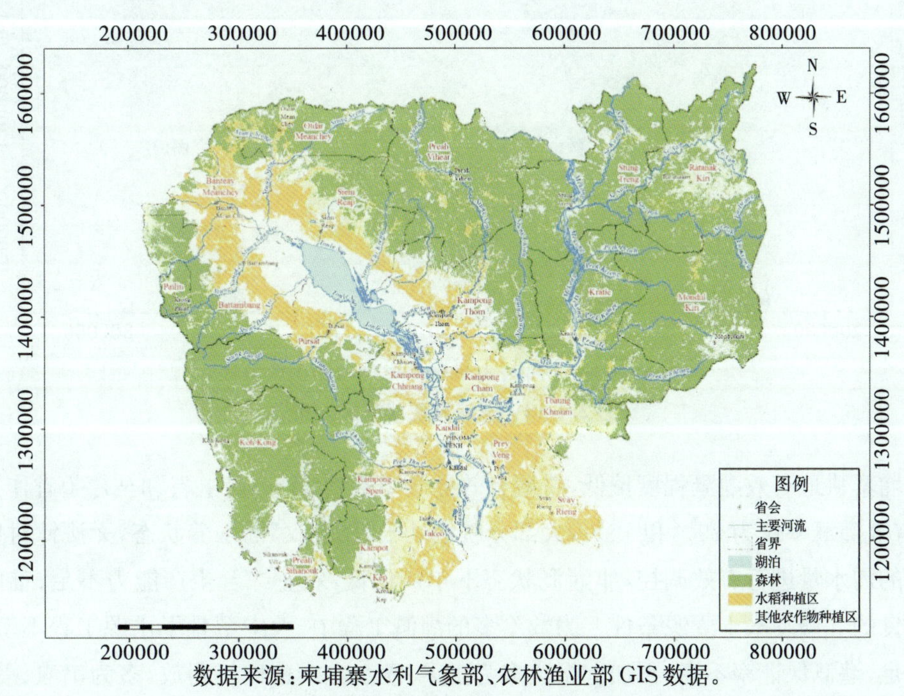

数据来源：柬埔寨水利气象部、农林渔业部 GIS 数据。

图 2.1-18　柬埔寨全国土地利用现状

①柬埔寨全国农业普查，农业部，2013 年。

在 20 世纪 70 年代红色高棉时期，洞里萨湖流域曾兴建过部分灌溉水利工程，包括水闸、渠道等，但后来由于多年内战，很多工程因年久失修而被废弃。1999 年柬埔寨正式成立水利气象部，政府开始重视水利基础设施建设。自 2000 年以后，柬埔寨大力发展农业灌溉，修复已有渠道、拦河闸等小型水利工程，同时兴建一些中型乃至大型的综合型水利工程，改善农业灌溉条件，农作物产量大幅提高。据不完全统计，柬埔寨全国现有灌溉系统[①]约 2790 个（图 2.1-19），雨季总灌溉面积 71.8 万 hm^2，旱季总灌溉面积 14.4 万 hm^2。大中型蓄水工程（水库、圩塘等）43 个，雨季灌溉面积 17.5 万 hm^2，旱季灌溉面积 1.6 万 hm^2；大中型引提水工程 52 个，雨季灌溉面积 34.3 万 hm^2，旱季灌溉面积 2.2 万 hm^2（部分工程旱季灌溉面积数据缺失）。

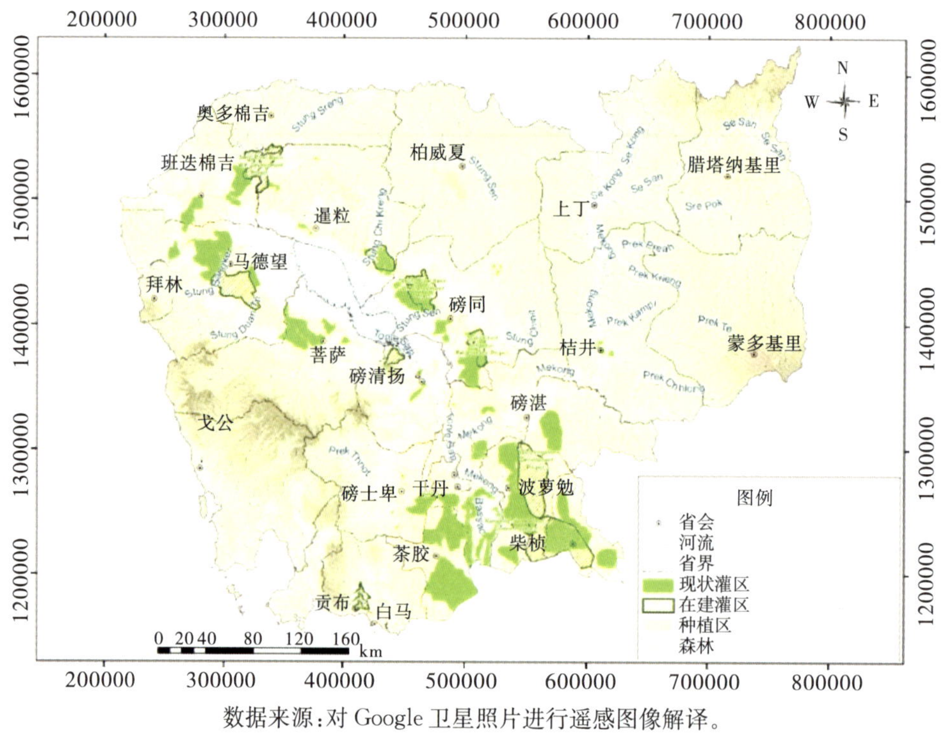

数据来源：对 Google 卫星照片进行遥感图像解译。

图 2.1-19　柬埔寨现状灌区分布

柬埔寨耕地有效灌溉程度偏低，耕地有效灌溉率不到 25%，磅湛省和马德望省作为粮食大省，有效灌溉率仅为 29%和 16%，大部分耕地处于“靠天收”的雨养状态，无法针对作物各生长期的需水量进行有效调控，非灌溉状态下单产偏低，农业综合生产能力不足，难以有效发挥优良的气候及水土资源条件。为数不多的灌溉工程中，大中型骨干水源工程不多，调节性能不足，灌溉保证率不高，再加上渠道多为土渠，灌水方式也比较粗放，多为串灌、漫灌，灌溉水利用系数低下，水量浪费严重。此外，有些工程“最后一公里”没有打通，灌溉面积达不

①柬埔寨水利气象部正在开发全国灌溉项目信息系统(CISIS)，此为其中间成果数据。

到设计规模，总体效益未能充分发挥。总体看来，柬埔寨的农业灌溉从建设与管理各个方面，未来均有很大的提升空间。

2.1.4.3　城乡供水

根据《柬埔寨社会经济调查》① 统计，2014 年全国总人口 1489.3 万人，城镇化率为 20.3%。城乡供水总量为 5.75 亿 m^3，其中，城镇用水（包括城镇生活用水、工业用水和河道外生态环境用水）3.82 亿 m^3，农村居民生活用水 1.93 亿 m^3。城乡供水基础设施不断完善，城镇自来水集中供水覆盖率达到 60%，约有 50%的柬埔寨农村人口供水条件已得到改善。类似于金边这类有河流流经的城市，多采用地表水水源；对于距离地表水水源相对较远的城市，由于供水分散、管道铺设代价高等因素，地下水为主要水源。根据《柬埔寨王国供水部门调查》② 报告，全国城市集中供水设施的总供水能力为 49.91 万 m^3/d，水源以地表水为主，供水能力 48.00 万 m^3/d。农村生活用水主要靠地下水、雨水及河道取水；没有河道或渠道流经的偏远地区，采用打井的方式获取地下水，井深一般为 6～20m。

总体来看，城乡供水能力和用水水平还有待大幅提升。城镇自来水供水覆盖率较低，除金边达到 90%外，其他城市平均自来水供水覆盖率仅 31%，供水管网漏损率较高，部分城市的漏损率超过 30%，水资源浪费较严重。农村以分散的水井、集雨池作为主要供水水源，大部分水井缺乏有效的保护和维护，仍有近 50%的农村人口缺乏安全饮水供水设施，大量农村居民只能常年饮用受污染的地下水，且缺乏国家层面的供水规划和长期投资计划。

2.1.4.4　水力发电

柬埔寨水能资源理论蕴藏量约为 1000 万 kW，一半位于湄公河干流。已建水电站 8 座，总装机容量 929.4MW（其中 7 座为中资建设，均位于湄公河支流及西南沿海河流）③，年发电量 18.52 亿 kW·h，占全国电力供应（包括从越南、泰国、老挝等国家进口电力）的 38%。

从水能资源利用率来看，水电开发潜力较大。由于柬埔寨电网建设滞后，已建水电站年均发电利用时长约 1990h，电站发电能力尚未充分发挥，加上缺乏有调节能力的大型骨干水电站，旱季电力供应能力不足。

2.1.5　治理与保护

2.1.5.1　防洪治涝

柬埔寨防洪治涝对象主要集中于湄公河干流桔井以上河段、湄公河三角洲及洞里萨湖区域。经过多年建设，柬埔寨已初步建成了零散堤防、河道整治、分洪设施、闸站、水库等工程措施和非工程措施，防洪治涝能力有所提高。

---

①《柬埔寨社会经济调查》，国家统计局、规划部，2014。

②《柬埔寨王国供水部门调查》，日本协力机构，2010。

③《柬埔寨水电开发及水资源可持续利用》，国家能源总局、水力电力局，2017 年。

(1)工程措施和非工程措施

基于柬埔寨地域特点，其工程措施主要是堤防，沿河、沿湖多以公路路基挡水，已建堤防(含公路)总长 2931km(堤防 124km、以路代堤 2807km)。柬埔寨堤防工程位置示意图见图 2.1-20，其中湄公河干流桔井以上河段的堤防长 568km(含以路代堤 566km)，湄公河三角洲区的堤防长 1233km(含以路代堤 1145km)，洞里萨湖区的堤防长 952km(含以路代堤 948km)，西南沿海诸河的堤防长 178km(含以路代堤 147km)。近年来，对金边、磅湛、达克茂等重点城镇河段进行了河道崩岸治理，建设护岸长约 21km，开展了暹粒河等支流河道清淤、疏挖、扩卡和碍洪建筑物拆除等工作，一定程度上扩大了河道行洪能力。

图 2.1-20　柬埔寨堤防工程位置示意图

为增加金边河段超额洪水出路，在湄公河干流磅湛下游 8km 和 39km 处现有 2 条洪道(图 2.1-21)，可将金边河段超额洪水分至左、右两岸洪泛平原及下游河道。洞里萨湖区的暹粒河和菩萨河下游分别建有分洪闸、渠，可将本河段超额洪水排至其他河流。

在非工程措施方面，柬埔寨成立了水利气象部、国家灾害管理委员会和区域防洪减灾中心，制定出台了一些灾害防治及风险控制、防汛抗旱等方面的政策法规、防洪和抢险应急预案；逐步建立了由覆盖重要河流和重点城镇的雨量站、水文站等信息采集系统和通信预警系统两部分组成的防汛指挥系统，不断采用新技术完善预警预报系统建设，做到及时、准确，不断提高预报精度等。

图 2.1-21　湄公河三角洲洪道位置示意图

(2)治涝工程

柬埔寨涝区长期以来缺乏工程建设，涝水基本以自排和天然洼地调蓄为主，城区涝水部分通过闸、泵外排。金边、磅湛等重点城市修建了少量的排涝泵站，如磅湛建有 2 个排涝泵站(排涝能力约 $15m^3/s$)，并配备多处移动式排涝泵站；部分灌区修建了少量的排水沟渠及闸站，如 Kampong Trabaek 灌区共建有 3 个灌排站和 2 个排涝站，马德望灌区共建有 7 条排水沟渠和 8 座排水闸。

(3)防洪治涝能力

在现有防洪减灾体系下，依靠堤防、洞里萨湖和湄公河三角洲洪泛平原调蓄，金边市主城区可防御约 100 年一遇洪水，非主城区可防御 10～20 年一遇洪水，湄公河干流沿线的磅湛市、达克茂市分别可防御 20 年一遇和 10～20 年一遇洪水，上丁市、桔井市可防御 5 年一遇洪水，洞里萨湖区的诗梳风市和磅清扬市可防御 20 年一遇洪水，马德望市可防御 10～20 年一遇洪水，磅同市可防御 5 年一遇洪水，戈公、贡布、西哈努克、白马、隆发、森莫诺隆、柏威夏、拜林、奥多棉吉、波萝勉、柴桢、茶胶、磅士卑等 13 个城市防洪问题不突出。湄公河沿岸和洞里萨湖区的 13 个城市现状防洪能力不足 10 年一遇，其余城区可防御 10 年一遇洪水；大部分社区现状防洪能力已达 5～10 年一遇，多数农田(尤其是湄公河三角洲区和洞里萨湖区的大片农田)现状防洪能力不足 5 年一遇。柬埔寨省级城市现状防洪能力见表 2.1-20。

总体而言，柬埔寨防洪治涝基础设施建设仍然很薄弱，防洪减灾形势依然严峻。湄公河干支流上丁、桔井等部分城镇堤防的防洪能力不足或未形成完整的防洪保护圈；磅湛、达克茂等部分城镇虽已建防洪堤及护岸工程，但未按防洪标准达标建设，部分区域甚至处于不设防状态，遇洪即灾。大多城市建有排水闸、站，但排涝能力不足，未达排涝标准；其他区域基本是高水高排，依靠闸、渠排水，时常发生内涝。

表 2.1-20　柬埔寨省级城市现状防洪能力

所在河段	所在省份	省会城市	
		城市名称	现状防洪能力
湄公河干流桔井以上河段	上丁	上丁	5 年一遇
	桔井	桔井	5 年一遇
	磅湛	磅湛	20 年一遇
	金边	金边	主城区 100 年一遇，非主城区 10～20 年一遇
	甘丹	大金欧	10～20 年一遇
	波萝勉	波萝勉	20 年一遇
洞里萨湖区	奥多棉吉	三隆	20 年一遇
	马德望	马德望	10～20 年一遇
	磅清扬	磅清扬	20 年一遇
	磅同	磅同	5 年一遇

2.1.5.2　水资源保护

柬埔寨人口总量小，国民经济以农业为主，大型工业企业相对较少，金边、暹粒等城市人口较密集，其余农村地区人口分布分散。据了解，全国除首都金边外，基本未建设生活污水处理设施，大部分污水未经处理直接排入河流，河流接纳的污水总量迅速上升。农业耕作技术欠发达，大量使用化肥、农药，农业面源污染较重。根据现有监测数据，湄公河干流水质处于“优”或“良”的状态，支流污染日趋严重；洞里萨湖总磷超标严重，整体上水质呈恶化趋势。

水环境状况不佳，饮用水安全也难以保证。大量居民以家庭为单位自行取水，饮用水水源为河道水、雨水或地下水，缺乏统一的自来水管网供水设施。农村供水基本以地下水为主，洞里萨湖西部地区大多地下水砷超标，由于农村供水设施和卫生条件较为薄弱，处理工艺欠发达，大量农村居民只能常年饮用受污染的地下水，由饮用水水质引起的腹泻、痢疾、伤寒等疾病发病率较高。

洞里萨湖作为东南亚最大的天然淡水湖泊之一，也是柬埔寨国内除湄公河之外的第二大水域，被称为“柬埔寨的心脏”。洞里萨湖周边居住大量人口，由于水资源保护力度不够，居民的生活用水，特别是人畜排泄物没有经过处理直接排入湖中，引起湖水的严重污染和富营养化，导致湖泊各种水生生物过度繁殖，影响湖泊水质；洞里萨湖周边有较多的农业灌溉区，雨季降水量大导致地表径流将营养物质冲刷进入河湖，导致河湖水总磷严重超标，洞里萨湖水质整体上有恶化的趋势。

2.1.5.3　水资源管理

柬埔寨水资源管理总体上实施的是分级管理与分部门管理相结合的行政管理体系。国家水行政主管部门为水利气象部，其职责为监督及管理所有水资源及气象相关活动，降低水旱灾害风险。与此同时，其他管理部门如工业与手工业部、矿业与能源部、农林渔业部、土地城市与建设部、环境部、公共工程与交通部、旅游部、商务部、内政部、财政部、卫生部、农村发展部、发展委员会等也涉及部分水行政管理职能。柬埔寨涉水政府部门及职责见表2.1-21。各级省政府、地区政府成立相应的水资源管理机构，在业务上受水利气象部指导并对本级政府负责。

表2.1-21　　柬埔寨涉水政府部门及职责

部门	涉水职责
水利气象部	·制定水资源战略发展相关政策； ·开展水资源的调查研究； ·制定水资源开发及保护计划； ·管理水资源直接及间接利用，减轻水旱灾害； ·起草并监督水资源相关法案实施； ·收集水文、气象及地下水数据和信息； ·提供水资源开发利用的技术支撑和建议； ·管理包括湄公河流域范围内的国际涉水合作
工业与手工业部	·规划全国工业用水； ·制定省级城市的供水规范
矿业与能源部	·开展电网、电站调研，评估水力发电潜力，开发电力项目； ·制定涉及水力发电的单一用途规划
农村发展部	·收集整理水文地质数据资料； ·推进农村地区的供水、卫生及农业灌排等基础设施建设
公共工程与交通部	·管理并监督金边及省会城市内的土地排水及排污； ·开展水路运输及航道工程的研究、调查、施工及维护
内政部	主要监督金边市政府城市供水设施的规划和建设，生活和生产废水处理
环境部	负责保护柬埔寨自然资源及环境质量，防止其恶化。其法定义务包括其责任清单中的水资源管理事项。负责水质监测及污染防控，包括监督废水排放及颁发排污许可证
农林渔业部	主要负责制定农业、林业及渔业相关政策及战略，同时也收集与水文以及与水质量有关的数据和信息
财政部	负责《经济社会发展计划》及《公共投资计划》中涉水项目的立项，并与投资方进行协调和沟通
卫生部	负责对公共给水的地表水及地下水的水质实施监控
土地城市与建设部	负责全国土地和水域综合利用规划
旅游部	管理和维护全国的自然度假村、人造度假村、旅游中心和旅游开发区

续表

部门	涉水职责
商务部	管理和支持水科学实验仪器和装备的进口
发展委员会	省级、地区、社区及乡村发展委员会负责本地区经济社会发展，其中包括水资源相关活动，尤其是供水安全

从管理体制上看，由于涉水部门众多，各部委职能交叉或重叠导致权责边界模糊，需要进一步明确，不同部门的管理目标有待进一步协调。此外，管理资源有待合理分配，执法能力、管理技术和手段、涉水管理与技术人员能力建设有待加强。

2.2 总体方略

根据地理、气候、河流水系、经济社会发展等特点，结合区域水资源条件、地形地质条件以及生态环境影响等多方面因素，将柬埔寨全国划分为四大区域进行发展布局，科学合理地确定各区域总体发展方略。四大区域分别为洞里萨湖区、湄公河三角洲区、东北部山区和西南沿海区（图 2.2-1）。

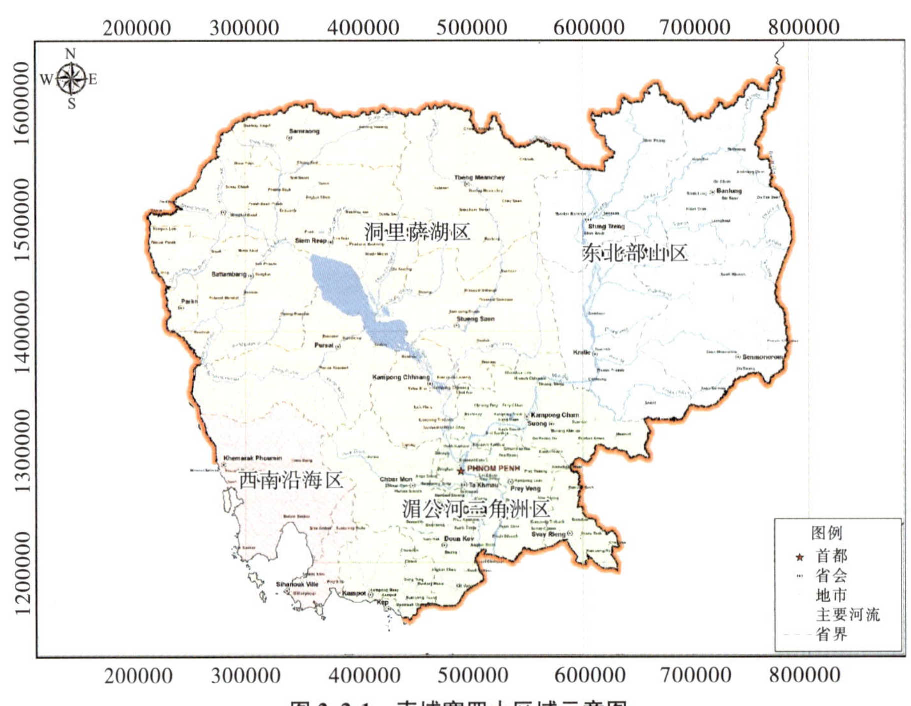

图 2.2-1　柬埔寨四大区域示意图

2.2.1　发展需求

2.2.1.1　经济社会发展趋势

根据柬埔寨国民经济社会发展的中长期布局和远景目标，综合考虑各地优势资源和重点发展行业产业规划、竞争力水平、可持续发展条件、国家产业政策导向等因素的影响，国家经济发展将基于传统主要行业，即农业、制衣业、建筑业和旅游业，不断调整产业结构，培育优势产业，增加产品附加值，实现经济增长速度和质量的提高。核心目标是努力保持年均约7%的经济增长率，增加就业机会，减少贫困人口(每年下降1%)，提高政府机构的服务能力，提升城乡人民生活水平。经济发展要考虑环境保护，走可持续发展道路，尤其是要保护洞里萨湖的生态环境。

(1)人口及其城镇化进程

根据《柬埔寨人口预测报告》的相关研究成果，分析未来人口增长规律，并按照增长率将预测成果由 2030 年外延至 2035 年。自 2008 年起，柬埔寨社会稳定，人口总量逐步上升，但人口增长率呈逐步下降趋势(图 2.2-2)。柬埔寨人口发展及其区域分布情景分析见表 2.2-1。据此分析，到 2035 年全国人口将达到 1700 万～2300 万人。人口增长的同时，人口的城乡分布将会发生较大变化，城镇化进程将会加快，城镇化水平将由当前的 20%提高到 30%左右。随着人口的增加和人口城镇化，未来用水结构将发生显著变化，用水强度增大，对水资源的开发、利用、保护和配置提出了新的要求。

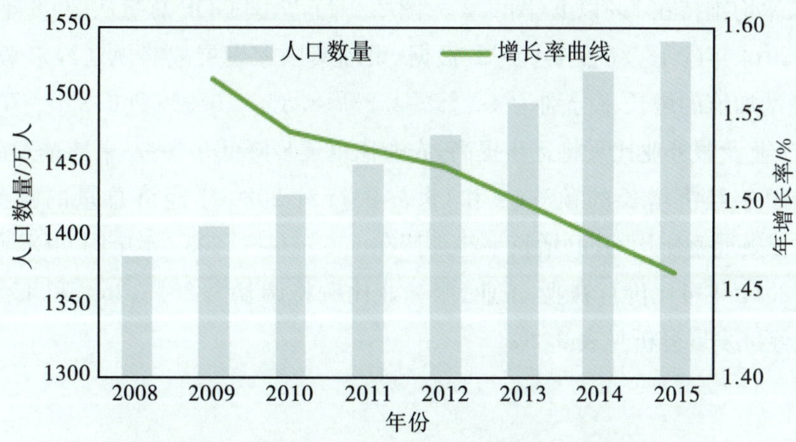

数据来源：Population Projection for Cambodia，2008—2030。

图 2.2-2　柬埔寨 2008—2015 年人口数量及增长率

表 2.2-1　　柬埔寨 2035 年人口发展分析

区域	高发展情景				中发展情景				低发展情景			
	总人口/万人	城镇人口/万人	农村人口/万人	城镇化率/%	总人口/万人	城镇人口/万人	农村人口/万人	城镇化率/%	总人口/万人	城镇人口/万人	农村人口/万人	城镇化率/%
洞里萨湖区	843	232	610	28	702	176	526	25	632	143	489	23
湄公河三角洲区	1262	468	794	37	1051	354	697	34	946	287	659	30
东北部山区	132	30	102	23	110	23	87	21	99	18	81	18
西南沿海区	75	37	38	49	63	28	35	44	57	23	34	40
全国	2312	767	1544	33	1926	581	1345	30	1734	471	1263	27

(2)国民经济发展情景

柬埔寨经济发展将着力于下列核心发展区域:一是打造围绕金边市、西哈努克市和戈公省的区域产业链,大力发展高新技术和工业制造,建立经济带,并在柬泰、柬越边境地区建设工业核心区,加强与曼谷及胡志明市的经济交流;二是通过提高交通运输能力,建立金边—西哈努克产业走廊;三是以暹粒省旅游业为依托,巩固提升吴哥文化体验区,促进服务业升级,推进工业、建筑业发展;四是建立磅湛省东部和西部的农产品加工区①。

自柬埔寨政局稳定以后,经济保持较快发展,除 2009 年受 2008 年金融危机影响外,年均 GDP 增长率均维持在 7%以上(图 2.2-3、图 2.2-4),全国 GDP 总量从 2006 年的 72.7 亿美元增加至 2014 年的 167.8 亿美元②。根据《柬埔寨国家发展战略规划》,未来各省农业、工业、服务业增加值的增长率分别为 4.0%~4.2%、8.8%~9.9%和 6.8%~7.2%。发展总体趋势是工业及服务业比重将逐步提高,农业比重逐步降低。参考《柬埔寨发展研究机构对 2010—2030 年经济增长的预测》③和《世界银行对 2020 年经济总量的预测》④,预计 2020—2035 年柬埔寨年均 GDP 增长率将维持在 6.5%左右,2035 年全国 GDP 总量将达到 623 亿美元(2014 年可比价),农业、工业、服务业比例将调整为 20%、35%和 45%。柬埔寨 2035 年国民经济发展分析见表 2.2-2。

①《柬埔寨国家发展战略规划》。

②https://data.worldbank.org/indicator/NY.GDP.MKTP.CD? locations=KH.

③Economic Census of Cambodia 2011, Provinvial Report.

④https://data.worldbank.org/country/Cambodia.

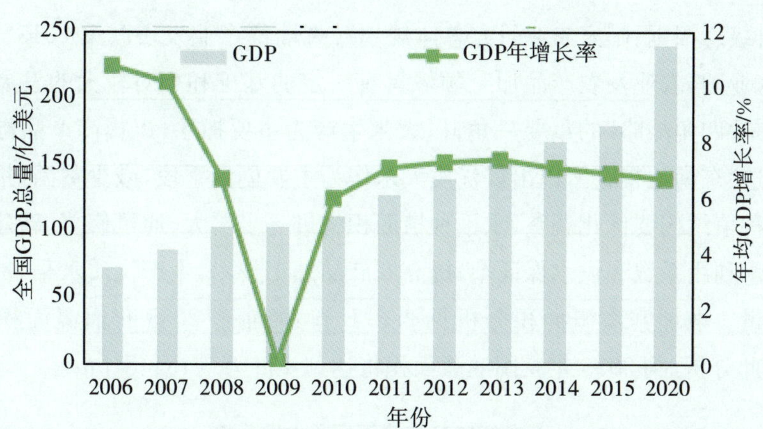

数据来源：Cambodia Industrial Development Policy 2015—2025, Royal Government of Cambodia, 2015; World Bank, 2015。

图 2.2-3　柬埔寨 GDP 总量及增长率变化

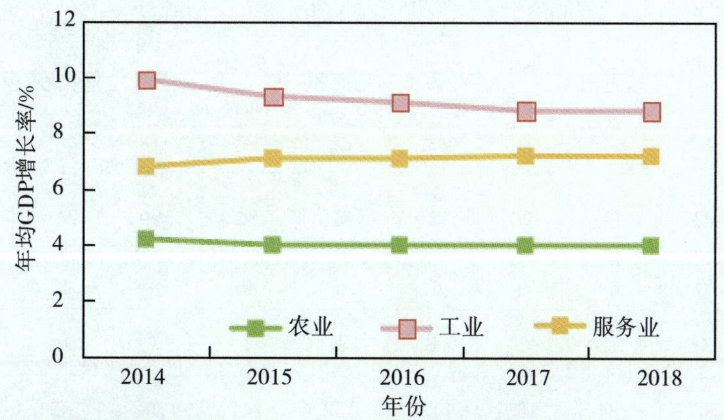

数据来源：《柬埔寨国家发展战略规划》(*National Strategic Development Plan*, Ministry of Planning, 2015)。

图 2.2-4　农业、工业、服务业 GDP 增长率预测

表 2.2-2　柬埔寨 2035 年国民经济发展分析　(单位：亿美元)

区域	高发展情景				中发展情景				低发展情景			
	GDP	农业	工业	服务业	GDP	农业	工业	服务业	GDP	农业	工业	服务业
洞里萨湖区	238	56	70	113	198	46	58	94	178	42	52	84
湄公河三角洲区	426	83	155	187	355	70	129	156	319	63	116	140
东北部山区	48	12	16	20	40	10	13	17	36	9	12	15
西南沿海区	36	3	18	15	30	2	15	12	27	2	14	11
全国	748	154	259	335	623	128	215	279	560	116	194	250

(3)农业发展情景

未来柬埔寨经济发展的核心驱动力是扩大优质农产品的产量和出口量，以及工业转型发展与提质升级。根据《国家农业研究总体规划》《柬埔寨产业发展政策 2015—2025》，柬埔寨作为传统农业国，农业及农产品加工领域具有一定的基础和相对较大的发展潜力，“提高农业生产力”是“四角战略”的重要一角；以大米生产为主要抓手，以提高产品国际竞争力为外部动力，打造“东南亚粮仓”，以出口优质大米作为主要创汇手段，减少贫困，推动经济全面增长。为此，种植结构要优化调整，水稻种植面积将进一步扩大，通过修复、新建一批水利工程，提高灌溉水利用系数和供水保证率，提高农产品加工技术，生产优质水稻，提高产品附加值，保障出口量。柬埔寨灌溉面积分析见 2.3.1 节，柬埔寨 2035 年灌溉面积发展分析见表 2.2-3。据此分析，到 2035 年全国灌溉面积将达到 138 万～184 万 hm^2。

表 2.2-3　　柬埔寨 2035 年灌溉面积发展分析

区域	种植面积/万 hm^2	高发展情景			中发展情景			低发展情景		
		灌溉面积/万 hm^2		粮食产量/万 t	灌溉面积/万 hm^2		粮食产量/万 t	灌溉面积/万 hm^2		粮食产量/万 t
		总面积	水稻面积		总面积	水稻面积		总面积	水稻面积	
洞里萨湖区	152	79	69	659	65	58	549	59	52	494
湄公河三角洲区	141	98	96	719	82	80	599	74	72	539
东北部山区	20	6	3	44	5	2	37	4	2	33
西南沿海区	2	1	1	8	1	1	7	1	1	6
全国	315	184	169	1430	153	141	1192	138	127	1072

2.2.1.2　经济社会发展对水资源的需求量

(1)生活需水分析

随着国民经济的较快发展，柬埔寨城乡人民生活水平将有较大提高，人均生活用水量增加。柬埔寨现状城镇生活人均日用水量约 160L，农村生活为 40L，因地域差异和经济发展的不平衡，用水量有一些区域差异。按照高、中、低三种发展情景，2035 年城镇人均日生活用水量将提升至 200L、180L、160L，农村人均日生活用水量分别达到 90L、65L、55L。城市的公共需水量按照居民生活量的 20%～30%估算，城市公共管网漏损率为 0.1～0.2。以此分析，到 2035 年全国生活用水总量在 7.3 亿～12 亿 m^3（表 2.2-4），其中城镇生活需水量在 4.6 亿～6.9 亿 m^3，农村生活需水量在 2.7 亿～5.1 亿 m^3。

尽管柬埔寨生活需水量增长较快，但人均用水水平仍然较低。按全部人口计算，在中等发展情景下 2035 年人均用水量将达到 $49m^3$，仍属于用水量低消费水平国家。

表 2.2-4　　柬埔寨 2035 年生活用水定额标准

指标项	情景	洞里萨湖区	湄公河三角洲区	东北部山区	西南沿海区	全国
城镇人口 /[L/(人·d)]	高	200	210	180	190	200
	中	180	190	160	170	180
	低	160	170	150	160	160
农村人口 /[L/(人·d)]	高	90	90	90	90	90
	中	70	70	60	60	65
	低	60	60	50	50	55
城镇生活需水量 /亿 m^3	高	2.4	4.0	0.2	0.3	6.9
	中	1.8	3.8	0.2	0.3	6.1
	低	1.4	2.9	0.2	0.2	4.6
农村生活需水量 /亿 m^3	高	2.0	2.6	0.3	0.1	5.1
	中	1.3	1.8	0.2	0.1	3.4
	低	1.1	1.4	0.1	0.1	2.7
生活需水总量 /亿 m^3	高	4.5	6.6	0.6	0.4	12.0
	中	3.2	5.6	0.4	0.4	9.5
	低	2.4	4.3	0.3	0.3	7.3

(2)工业需水分析

未来柬埔寨工业化进程中，需统筹经济社会发展所处阶段和节水减排的要求，实行低消耗、低污染的集约型工业发展模式，优化经济结构和生产力布局。考虑到工业技术水平不断进步，未来工业用水定额将有一定程度的下降。工业用水统一于城市供水管网，漏损率和生活供水相同。按照高、中、低三种发展情景对 2035 年工业需水进行了预测(表 2.2-5)，工业总需水量将达到 4.6 亿 m^3、4.8 亿 m^3、5.6 亿 m^3。

表 2.2-5　　柬埔寨 2035 年工业需水预测

指标项	情景	洞里萨湖区	湄公河三角洲区	东北部山区	西南沿海区	全国
定额 /(m^3/万美元)	高	190	180	270	230	200
	中	200	190	260	220	210
	低	210	200	280	240	220
需水量 /亿 m^3	高	1.5	3.1	0.5	0.5	5.6
	中	1.3	2.7	0.4	0.4	4.8
	低	1.2	2.6	0.4	0.4	4.6

(3)农业需水分析

柬埔寨农业灌溉主要集中于洞里萨湖平原区及湄公河三角洲平原区。资料显示，非充

分灌溉条件下，磅湛省雨季水稻用水定额为 6000m^3/hm^2、旱季为 11000m^3/hm^2，菩萨省雨季水稻用水定额为 6000m^3/hm^2、旱季为 10000m^3/hm^2，马德望省雨季水稻用水定额为 5000～6000m^3/hm^2、旱季为 10000m^3/hm^2。不同地区的雨季、旱季灌溉用水定额差别不大。日本协力机构(JICA)2014 年在柬埔寨开展水稻灌溉试验，测得枯水年充分灌溉条件下水稻灌溉净用水量全年为 17139m^3/hm^2、雨季为 6938m^3/hm^2。采用 Penman 公式计算水稻灌溉净用水定额，柬埔寨主要作物灌溉净定额见表 2.2-6，计算成果同 JICA 成果相近。

表 2.2-6　　柬埔寨主要作物灌溉净定额

频率	各作物净定额/(m^3/hm^2)					
	水稻雨季	水稻旱季	玉米	薯类	蔬菜	其他
多年平均	4418	8885	2100	2700	8775	2435
$P=75\%$	5070	9160	2325	2925	9150	2683
$P=95\%$	5572	9440	2385	3060	9390	2928

柬埔寨未来致力于提高优质水稻的出口量，作物种植结构中水稻比例将会较大幅度增加，而水稻灌溉定额高于其他作物，全国农业用水量也将较大幅度增加。在 $P=75\%$ 条件下，按照高、中、低三种发展情景预测未来农业需水。柬埔寨 2035 年农业需水预测见表 2.2-7。

表 2.2-7　　柬埔寨 2035 年农业需水预测

指标项		洞里萨湖区	湄公河三角洲区	东北部山区	西南沿海区	全国
综合净灌溉定额/(m^3/hm^2)	雨季	4300	4600	4000	3500	4500
	旱季	7500	8600	6500	6000	8000
灌溉水利用系数		0.5	0.5	0.5	0.5	0.5
灌溉需水量/亿 m^3	高	124.6	144.8	9.4	2.4	281.2
	中	103.8	120.7	7.8	2.0	234.3
	低	93.4	108.6	7.0	1.8	210.8

柬埔寨全国关于渠系水利用、田间水利用的研究较少。参考中国经济社会发展水平和灌溉水利用系数的变化趋势，2003 年中国人均 GDP 为 1274 美元，与 2014 年柬埔寨的经济发展水平(1126 美元)接近，当时中国灌溉水利用系数的平均水平约为 0.455、西南地区为 0.371。综合考虑，柬埔寨田间水利用系数为 0.8，渠系水利用系数为 0.48，灌溉水利用系数为 0.384，与 2003 年中国西南地区水平相近。2035 年参考中国发展水平并有所提升，灌溉水利用系数为 0.5。

(4)经济社会需水情景分析

考虑到柬埔寨经济社会具有不同的发展情景，产业结构布局和优化调整也存在着诸多不确定因素，基于不同发展情景进行的国民经济需水量预测成果见表 2.2-8 和图 2.2-5。从需水增长区域来看，主要集中在洞里萨湖和湄公河三角洲区；从需水增加领域来看，主要是农业灌溉增长幅度较大。未来要加大水资源开发利用力度，同时要合理开展水资源配置。

表 2.2-8　　柬埔寨 2035 年经济社会需水情景预测　　(单位：亿 m^3)

指标项	情景	洞里萨湖区	湄公河三角洲区	东北部山区	西南沿海区	全国
生活需水量	高	4.5	6.6	0.6	0.4	12.1
	中	3.2	5.6	0.4	0.4	9.6
	低	2.4	4.3	0.3	0.3	7.3
工业需水量	高	1.5	3.1	0.5	0.5	5.6
	中	1.3	2.7	0.4	0.4	4.8
	低	1.2	2.6	0.4	0.4	4.6
农业需水量	高	124.6	144.8	9.4	2.4	281.2
	中	103.8	120.7	7.8	2.0	234.3
	低	93.4	108.6	7.0	1.8	210.8
总需水量	高	130.6	154.5	10.5	3.3	298.9
	中	108.3	129.0	8.6	2.8	248.7
	低	97.0	115.5	7.7	2.5	222.7

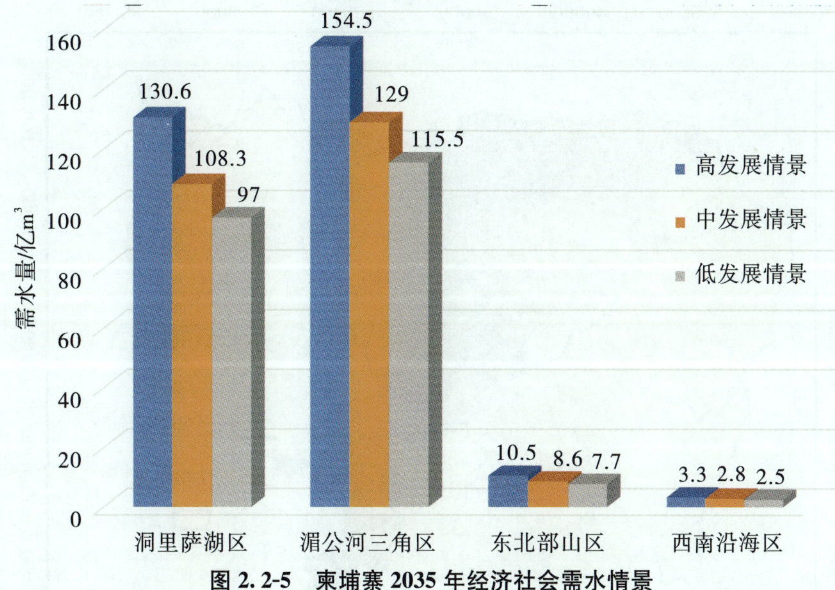

图 2.2-5　柬埔寨 2035 年经济社会需水情景

2.2.1.3　未来水资源供需发展趋势

水资源供需分析将从现状和未来两个层次进行。第一层次为现状工程条件下的供需平衡分析，即以现状已建工程提供的可供水量与用水需求之间的平衡为核心，分析现状供水设施对

2035 年需水要求的满足程度，为确定 2035 年工程规划提供初步依据。第二层次为未来工程条件下的供需平衡分析，即以未来供水工程提供的可供水量与用水需求之间的平衡为核心，通过新建水利工程对水资源进行合理调配，最终提出 2035 年缺水问题的解决方案。

（1）现状工程条件下的供需平衡分析

柬埔寨现状工程在 $P=75\%$ 条件下，总供水能力为 130.8 亿 m^3。表 2.2-9 分析表明，现有工程的供水能力无法支撑 2035 年的经济社会发展用水需求，全国缺水量最少为 92.2 亿 m^3，最高将近 170 亿 m^3，缺水率为 41%～56%。缺水较为严重的区域均为主要粮食生产区域，图 2.2-6 较为直观地反映了不同区域间农业缺水程度的差异。

表 2.2-9　现状工程条件下水资源供需分析

区域	总需水量/亿 m^3			总供水量/亿 m^3	缺水量/亿 m^3			缺水率/%		
	高	中	低		高	中	低	高	中	低
洞里萨湖区	130.6	108.3	97.0	59.6	71.0	48.7	37.4	54.4	45.0	38.6
湄公河三角洲区	154.5	129	115.5	60.9	93.6	68.1	54.6	60.6	52.8	47.3
东北部山区	10.5	8.6	7.7	8.0	2.5	0.6	0.0	23.8	7.0	0.0
西南沿海区	3.3	2.8	2.5	2.3	1.0	0.5	0.2	30.3	17.9	8.0
全国	298.9	248.7	222.7	130.8	168.1	117.9	92.2	56.2	47.4	41.3

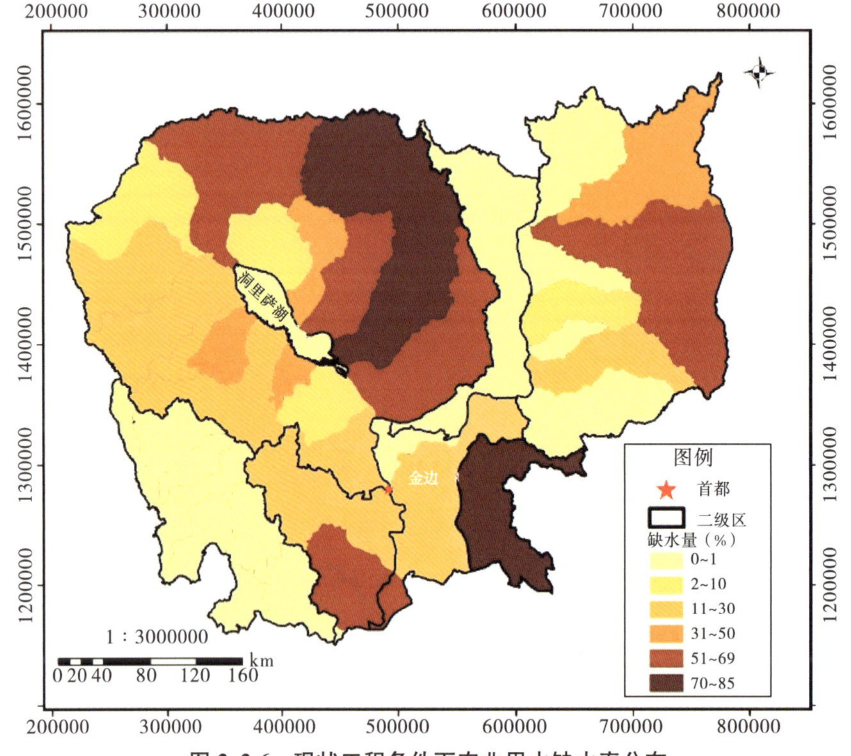

图 2.2-6　现状工程条件下农业用水缺水率分布

(2)未来工程条件下的供需平衡分析

通过进一步挖潜配套、新建当地地表水工程，2035 年全国总供水能力为 253.7 亿 m^3(在 $P=75\%$条件下)，比现状供水能力增加约 123 亿 m^3。表 2.2-10 分析表明，在经济社会中、低发展情景模式下，除湄公河三角洲区少量缺水外，其余地区均有盈余。若经济社会按照较为乐观的高发展情景模式进行，全国各个区域将会有不同程度的缺水，缺水总量 45.2 亿 m^3，缺水率在 15%左右，缺水强度不大，发展过程中也易于采取一定措施加以解决。这也说明，未来的水资源配置方案基本能满足 2035 年的经济社会发展用水需求。

柬埔寨境内的水量主要靠降雨补给，全国水资源总量 1467 亿 m^3，湄公河过境水量丰富，上游过境径流量高达 3157 亿 m^3。在不考虑过境水的情况下，柬埔寨 2035 年本地水资源开发利用率 15.9%，地表水开发利用率 17.3%；沿海、东北、湄公河上游区水资源开发利用率不到 10%，洞里萨湖水资源开发利用率虽达到 19.1%，但仍远低于国际公认的 40%开发利用警戒线；巴萨河、东南区和湄公河三角洲本地产水量有限，用水量主要以湄公河过境水为主，在考虑过境水量的情况下，三个分区的水资源开发利用率分别为 16.9%、15.4%和 20.8%，仍处于水资源合理开发的范围内。综合以上分析，拟定的水资源配置方案是基本合理的。

表 2.2-10 未来工程条件下水资源供需分析

区域	总需水量/亿 m^3			总供水量/亿 m^3	缺水量/亿 m^3			缺水率/%		
	高	中	低		高	中	低	高	中	低
洞里萨湖区	130.6	108.3	97.0	116.1	14.5	0.0	0.0	11.1	0.0	0.0
湄公河三角洲区	154.5	129.0	115.5	124.4	30.1	4.6	0.0	19.5	3.6	0.0
东北部山区	10.5	8.6	7.7	10.3	0.2	0.0	0.0	1.9	0.0	0.0
西南沿海区	3.3	2.8	2.5	2.9	0.4	0.0	0.0	12.1	0.0	0.0
全国	298.9	248.7	222.7	253.7	45.2	0.0	0.0	15.1	0.0	0.0

2.2.1.4 经济社会发展对流域治理开发与保护的总体要求

柬埔寨地势总体较为平缓，境内水系发达、河流广布，人口、城镇、耕地集中分布在湄公河三角洲区及洞里萨湖区。森林覆盖率较高，物种多样，是天然的物种遗传基因库，需要加强保护。洞里萨湖区及湄公河三角洲区光热条件好，特别适宜水稻等作物生产，是粮食主产区和经济作物丰产区。但是长期以来，受自然条件和历史因素的制约，国家经济社会发展相对滞后，流域治理开发与保护力度不够，水利基础设施不足，水旱灾害频繁，水能资源开发潜力没有得到充分发挥。

《柬埔寨国家发展战略规划》提出，要通过扩大生产率、促进多元化经济、提升商业化水平，促进农、林、牧、渔业可持续发展；加强水资源及灌溉系统管理，帮扶小微企业，推动工业发展，推广水电等清洁能源。水资源的开发利用方案要为各行各业的发展计划提供水资源保障，促进经济社会的健康有序发展和人民生活质量的逐步提高。

柬埔寨政府高度重视发展“四角战略”确定的四个优先发展领域，即人力资源开发与青年职业技术培训、继续投资基础设施建设、进一步改善贸易协调和加强政府机构的能力建设、继续发展电力能源与重点推进水利灌溉体系建设和发展农业，努力发挥拉动经济增长的四大支柱领域在柬埔寨经济发展中的支撑作用。其中，农业方面需要发展农业和提高农业附加值，推动优质大米出口，推动畜牧业和水产养殖发展，鼓励企业对农产品加工业的投资，提高农业生产及农业现代化和商业化水平；旅游业方面继续努力保护自然环境，开发旅游产品，提升旅游产品质量，开发旅游人力资源。水资源是上述优先发展领域中的关键因素，加强水资源治理保护与“四角战略”密切相关。只有在农业灌溉、城乡供水、防洪减灾、水力发电、水资源保护等方面精心布局，才能精准对接优先行业的发展需求，将具有发展潜力的行业打造成推进国民经济快速发展的优势产业。

目前，全球正面临着气候变化、粮食安全、水资源短缺、生态环境破坏、能源紧张等一系列危机。对于柬埔寨而言，上述危机同时也是发展机遇。要充分发挥水利对地区经济社会发展的基本保障作用和综合服务功能，促进经济长期平稳较快发展。为此，需要进一步加强农田水利等薄弱环节基础设施建设，优化配置水资源，保障生活、生产、生态用水安全和粮食生产安全；建立完善的防洪减灾体系，保护人民生命财产和粮食生产的安全；有序开发水能资源，增加清洁能源供应，助力国民经济健康发展；加强流域生态与环境的保护与修复，维系河流优良生态，实现人口、资源、环境与经济社会的可持续发展。

2.2.2 发展思路

从柬埔寨河流的基本特点出发，把握国家目前所处的发展阶段、发展特征、发展格局，客观分析和评价全国现状水利基础设施能力和综合管理水平，突出水资源的治理保护与开发利用，强化防洪减灾体系的建设，科学制定全国水利工程总体布局和规划方案，通过大力加强水利基础设施建设，改变洪旱灾害日趋严重的局面，保障供水安全、防洪安全、生态安全，支撑柬埔寨国家“四角战略”实施。主要遵循以下基本原则。

(1)以人为本，民生优先

以人为本，着力解决人民最为关心的民生问题，通过大力加强水利基础设施建设，系统治理水旱灾害，保障人民供水安全、防洪安全、生态安全，提高人民生活水平和生活质量。

(2)人水和谐，绿色发展

在合理开发水资源的同时，保障生态用水，控制污水排放和环境污染，注重水生态环境修复与保护，实现河流健康绿色发展。将治水与亲水相结合，构建人水和谐的绿色发展格局。

(3)统筹兼顾，突出重点

结合柬埔寨水利发展现状、存在的问题和经济社会发展需要，统筹考虑水资源综合开发利用，重点解决流域突出问题。以灌溉为主，兼顾供水、防洪、水力发电和水资源保护，对规划工程进行综合开发方案比选，对已建工程通过改(扩)建和优化调度充分挖掘综合利用潜力，最大限度地发挥流域骨干工程的综合利用效益，高效利用水资源。

(4)因地制宜，合理布局

考虑水资源及生态环境的承载能力，根据全国不同流域、不同地区经济社会发展和水资源分布特点，制定科学合理的水资源配置方案，解决区域水资源需求与水资源时空分布不相适应的问题，实现水资源均衡配置；针对流域与区域的突出问题，因地制宜地安排灌溉、供水、防洪、水力发电等工程措施与非工程措施，协调好上下游及左右岸的关系、人与水的关系，保障经济社会发展。

(5)加强监管，提升能力

完善水文气象站网建设，形成较为完整的水文气象观测系统。加强各行业供用水计量，做好用水量跟踪监管，根据经济社会发展阶段，制定合理的用水目标，不断提高各行业用水效率。做好对饮用水水源地、保护区的监管，加强水质监测。通过水利信息化建设和专业人才队伍建设，提升水资源综合管理能力，建立健全水资源综合管理体制。

2.2.3　发展目标

柬埔寨雨量丰沛，自然条件好，水资源禀赋优良，全国大部分位于洞里萨湖平原区和湄公河三角洲平原区，土地肥沃，适宜进行大面积农业耕作，农业发展潜力巨大，打造东南亚粮仓是国家规划中提出的战略目标。作为传统农业国，柬埔寨 80%以上的人口从事农业，农业生产总值占全国 GDP 总量的 30%以上，现状农业灌溉用水占比接近用水总量的 95%。保障农业用水是实现农业发展的重要任务之一，但由于资金有限且缺乏总体规划，现有水利灌溉设施不系统不完善，骨干水源工程不足，已有灌溉工程缺乏配套灌区建设，灌溉工程没有发挥应有效益，农田灌溉保障程度偏低。此外，水资源开发利用方面也存在城乡供水保障程度较低、防洪减灾水平不高、水能资源潜力尚未发挥、水资源保护形势趋紧等问题。结合柬埔寨水利发展现状、存在的问题和经济社会发展需要，明确柬埔寨水资源开发利用总体任务以灌溉为主，兼顾供水、防洪、水力发电和水资源保护。

根据柬埔寨目前所处的发展阶段、特征和格局，客观分析和评价全国现状水利基础设施能力和综合管理水平，制定具体发展目标如下。

(1)提高灌溉供水保障能力

在对现有灌区进行续建配套与节水改造的基础上，新建一批灌区和水源工程，提高雨季、旱季有效灌溉率。到 2035 年，全国灌溉面积雨季达到 153.2 万 hm^2，旱季 61.9 万 hm^2，灌溉水利用系数达到 0.5，灌溉保证率达到 75%，粮食生产能基本满足未来发展为“东南亚粮仓”的国家战略目标。

(2)提高城乡居民供水保障能力

到 2035 年,柬埔寨全国城镇集中供水保证率达到 95%以上,集中供水覆盖率达到 78%,其中,金边保持 90%的集中供水覆盖率,其余各省(市)城镇集中供水覆盖率提高到 70%以上。全部农村人口的供水条件得到改善。

(3)提高防洪减灾水平

到 2035 年,初步建成防洪工程措施与非工程措施相结合的防洪体系,沿河主要城镇及经济作物区防御设计标准洪水,山洪灾害防御能力得到普遍提升,城市、集中连片农田等重点防洪保护区人民群众生命财产安全得到有效保障。

(4)提高水能资源开发利用水平

到 2035 年,合理利用水力资源,优化电网电源结构,适当提高水电占比,满足国内电力需求;约 90%的农村家庭实现供电,约 95%的村庄实现通电。

(5)提高水资源保护水平

到 2035 年,城镇生活废污水处理率达 80%~85%;区域内干支流水质优于或不低于现状水质;加强饮用水水源地安全保障达标建设,重点城镇供水水源水质达标率达到 90%以上;加强洞里萨湖水环境治理与修复,逐步实现区域经济、社会和生态环境可持续发展;强化监测站网建设,完善流域水环境监测网络,有效提升水环境监测监控能力。

2.2.4 总体布局

2.2.4.1 洞里萨湖区

洞里萨湖区位于柬埔寨西北部,覆盖了整个洞里萨湖流域,西部及西南部与泰国湾流域的大象山脉和小豆蔻山邻接,北部与扁担山脉邻接,总体地势大体呈现为四周高、中间低的碟状地形。东北部和西南部山地丘陵地区海拔相对较高,多在 50~160m,中部为洞里萨湖平原,一般在海拔 40m 以下。北部有大片的森林和自然保护区。区域多年平均降水量在 1200~1600mm,降雨自东南向西北逐渐减少。从全国来看,该地区降水量相对较少,特别是暹粒省中部、班迭棉吉省西北部为降水低值中心,多年平均降水量在 1000mm 以下。而降雨时空分布极其不均,超过 90%的雨量集中在雨季,旱季降水量仅 120~160mm,甚至会出现长达一个多月的无雨期。

洞里萨湖区是柬埔寨经济文化发展的核心区,人口、经济、耕地相对比较集中,包括磅同、暹粒、柏威夏、班迭棉吉、奥多棉吉、马德望、拜林、菩萨和磅清扬等 9 个省份,国土面积 81456km^2,人口 502.8 万人,GDP 总量 54.9 亿美元,分别占全国的 45%、50%、32.7%。该区域日照充足、土地富饶,非常适合农业生产,农业种植面积大,是全国粮食的主产区,湖周广袤的平原适宜发展大型灌区。湖区较为低平的碟状地形使其成为雨季调蓄湄公河洪水的天然场所,洞里萨湖与湄公河的相互关系深刻影响着周边区域生产生活。区域水资源时空分布与生产用水期不协调，水利设施严重不足，灌溉渠系年久失修，尤其缺乏具有调蓄能力的水资源配置工程，水资源调配能力满足不了生产需求，供水量受天然来水状况的影响较大，季节性、工程性缺水问题制约了洞里萨湖区的经济社会快速发展；农业面源污染及城乡生活及工业点源污染程度加剧，洞里萨湖水质呈下降趋势，水环境逐渐恶化，影响了区域的可持续发展；洞里萨湖雨季湖周农田淹没范围较大、时间较长，对正常生产造成了一定程度的影响。

洞里萨湖区未来发展的总体布局是：充分挖掘现有工程潜力，进行续建配套，充分发挥工程效益，扩大工程的受益范围，解决灌溉工程不配套、灌排系统不健全、灌溉技术水平不高、用水效率较低等问题。通过工程措施合理调节天然径流量，采取调丰补枯、蓄洪济旱等方式，避免或减少旱灾发生。在山丘区建设具有调蓄能力的蓄水工程，提高对水资源时空变化的调控能力和水资源配置能力，集中解决区域生产生活用水需求。兼顾区域重点保护对象的防洪需求，进行灌溉、供水、防洪等综合开发利用。

加强重点水域水污染治理和洞里萨湖水生态环境保护，严格控制污染物排放，有效控制周边农业面源、城乡生活和工业点源以及船舶污染，防止洞里萨湖水环境逐渐恶化及水质下降，保护区域城乡饮用水水源地安全。

加强堤防工程加固及达标建设，并对重点河段进行疏挖及清障治理，提高洪水宣泄能力，解决洞里萨湖及其支流尾闾低洼地区的洪涝问题；在合理保留排涝片区内的湖泊、河港及洼地以利于蓄涝，并充分利用已有工程，采用闸、泵措施排水。

2.2.4.2 湄公河三角洲区

湄公河三角洲区位于柬埔寨南部，为低海拔的平原地区，整体地势起伏不大，除西部靠近豆蔻山脉海拔在40～120m外，其他大部分地区海拔在30m以下，特别是南部靠近越南三角洲平原区海拔在10m以下，生产生活受湄公河洪水影响较大。降雨由北至南逐渐减少，大部分地区多年平均降水量在1200～1400mm，为柬埔寨全国范围内降雨相对较少的地区，特别是湄公河下游干丹省南部与越南交界处为降雨低值中心，多年平均降水量小于1200mm。

湄公河三角洲区是柬埔寨的政治、经济和文化中心，首都金边位于洞里萨河与湄公河交汇处。整个区域包括金边、磅湛、特本克蒙、干丹、茶胶、柴桢、磅士卑、波萝勉、贡布、白马等10个省级行政区，国土面积39959km^2，人口871.3万人，GDP总量93.6亿美元，是全国人口经济分布最为密集的区域，占全国国土面积的22.1%，居住着全国58.5%的人口，创造了全国55.8%的经济总量。除金边服务业和工业相对发达外，其他省份仍以农业为主。由于区域堤防工程体系不完善、排水闸站能力不足，洪涝灾害频发，对人民生产生活安全造成了极大的威胁。水资源时空分布与农业等生产用水不协调，洞里萨湖的天然调蓄作用能够在一定程度上缓解湄公河下游旱情，但旱季缺水问题仍然较为突出，迫切需要提高水资源调配能力，然而三角洲地区地势平坦，缺乏修建水库的地形条件。伴随着以金边为中心的区域经济发展，城乡生活污水、工业废水排放和农业面源污染日趋明显，湄公河下游河段水质问题日益突出。

湄公河三角洲区未来发展的总体布局是：加强城镇、农田等重点保护对象的堤防工程建设，新建堤防形成防洪保护圈；同时采取“以蓄为主、蓄以待排”的方式，构建由河网水系、人工渠道、沿河排水闸（涵）、排涝泵站共同构成的综合排水治涝系统。通过对现有工程充分挖潜和续建配套，完善灌溉技术，健全灌溉供水系统，提高用水效率；适当新建引、提水工程，从湄公河干流引水，作为当地支流水源水量的补充，保障生活及生产用水；在支流中上游山丘区修建蓄水工程，提高水资源调配能力。加强重要城市和城郊周边的工业企业污染排放管理、生活废水收集处理和农业面源污染治理，保护湄公河三角洲区的水生态环境。

2.2.4.3 东北部山区

东北部山区与老挝、越南接壤，为山地和高原地貌，海拔在200m以上，边境山脉分水岭地带局部高达1000m左右，大部分地区被森林覆盖，森林覆盖率达85%。降雨丰富，多年平均降水量在1700～2200mm，多年平均降水量从西北部的1800mm以下往东北部到桑河与西公河流域逐渐达到2200mm以上。地表水资源总量约384.6亿m^3，占全国的28.6%，多年平均产水模数（单位面积水资源总量）为89.9万m^3/km^2，是柬埔寨境内湄公河流域主要的产流地区。

东北部山区包括上丁、腊塔那基里、蒙多基里和桔井等4省，国土面积为46256km^2，占全国总面积的26.1%，人口稀少，经济不发达，人口总数73.5万人，仅占全国人口的5%，平均人口密度15.9人/km^2，远低于全国平均水平；GDP总量11.19亿美元，占全国GDP的6.7%。区域主要为山区高地，受制于发展水平，安全饮水供水设施缺乏，居民饮用水安全保障程度较低。但是河流众多，水量充沛，河道落差较大且地形地质条件良好，适宜进行水电资源开发，业已开发了多个水电梯级。

东北部山区未来发展的总体布局是：依托极具禀赋优势的水能资源，在保护生态环境、保障生态流量的前提下，重点开发“3S”流域的水力资源，并配合东北部电网建设集中外送，缓解金边等负荷中心的用电紧张局面，将区域资源优势转化为经济优势，促进区域经济发展和脱贫致富。针对民生需求，着力解决山区饮用水供给问题；在水电开发中兼顾供水、灌溉等综合利用，改善沿岸居民的生产生活条件；通过因地制宜建设水池、水窖、雨水集蓄等小型和微型工程解决山区比较分散的人畜饮水困难和粮田补灌问题。

2.2.4.4 西南沿海区

西南沿海区位于豆蔻山脉以西，山地海拔多在600～1000m，戈公省北部奥拉山（海拔1813m）为境内最高峰，西南临海沿岸及西哈努克湾沿岸海拔最低在10m以下。降雨丰富，是柬埔寨境内降水量最高的地区，多年平均降水量多在2200～3400mm，地表水资源总量为271.7亿m^3，占全国的20.2%，多年平均产水模数（单位面积水资源总量）为150.6万m^3/km^2。

西南沿海区包括西哈努克、戈公等两省，除西哈努克市及沿海区外，大部分地区为山区，人口稀少，也是全国人口密度较低的地区之一。国土面积 12364km²，约占全国总面积的 6.7%，人口数量 41.7 万人，占全国人口的 2.8%。经济总体不发达，GDP 总量 6.95 亿美元，占全国 GDP 的 4%。西哈努克港是柬埔寨最大的海港和外贸的出入门户。西哈努克市是除首都金边外柬埔寨的第二大城市，是全柬埔寨唯一的经济特区。区域内农业生产基本不需要进行灌溉，而河流比降较大、水量充沛，水电开发条件较好。

西南沿海区未来发展的总体布局是：因地制宜修建引、提水工程，保障当地居民生活和生产用水，解决城乡供水能力不足的问题。推进开发水电清洁能源，为新兴工业园区提供电力保障，同时经电网输送至西北部，满足邻近的马德望、菩萨等省的用电缺口，并在开发中注意加强自然保护区的生态保护与恢复，强化水土保持。

2.3　水资源综合利用方略

2.3.1　大力发展农业灌溉

2.3.1.1　灌溉发展需求与潜力分析

(1)粮食产量需求分析

柬埔寨的水稻种植条件得天独厚，是全球重要的大米生产基地。根据粮食自给自足和粮食出口目标要求，分析 2035 年水稻等主要作物产量目标。

1)从粮食自给需求方面分析。

柬埔寨农林渔业部调查数据①显示(表 2.3-1)，2013 年水稻总产量为 939 万 t、可收获产量为 817 万 t，水稻出米率为 64%，相应大米产量为 523 万 t，其中供国内 485 万 t、出口 38 万 t，即柬埔寨国内人均大米拥有量为 330kg(考虑水稻出米率，折合人均水稻拥有量为 515kg)。参考国际上各发展阶段对粮食的需求情况，初步达到小康水平时，人均粮食(原粮)拥有量为 400～450kg。2035 年柬埔寨人均 GDP 预计将达到 3230 美元，按初步小康水平对应的人均粮食拥有量 400kg 考虑，则满足柬埔寨国内粮食自给自足需要收获大米 493 万 t。

表 2.3-1　　**柬埔寨全国水稻产量统计**　　(单位：万 t)

指标		2010 年	2011 年	2012 年	2013 年
水稻产量	雨季	654	728	714	727
	旱季	170	208	215	212
	总产量	824	936	929	939

①http://www.crf.org.kh/.

续表

指标	2010 年	2011 年	2012 年	2013 年
收获损失	107	122	121	122
水稻收获量	717	814	808	817
大米产量	459	521	517	523

2)从粮食出口需求方面分析。

根据世界银行数据,2018 年全球大米需求量已达 3000 万 t①,需求量巨大且持续增加。受灌溉保证率、种植技术、存储和加工能力等影响,柬埔寨大米质量竞争力不高,2014 年大米出口量仅 38 万 t,低于泰国、越南和缅甸等东南亚国家。柬埔寨作为传统农业国,政府一直把出口大米作为主要的创汇手段,并将"大米出口量提高至 300 万 t"列入工作目标。2014—2018 年,柬埔寨大米出口量从 38.7 万 t 提升至 63.0 万 t。根据柬埔寨"四角战略","提高农业生产力和产业多样化"是其重要的一角,以大米生产为主要抓手,以提高产品国际竞争力为外部动力,打造"东南亚粮仓",同时促进行业工业化、现代化,带动其他农产品加工业升级,形成高附加值的生态绿色产品产业链,并借此较快改善农村居民的生活水平。因此,大力发展水稻等农产品生产是贯彻"四角战略"、保障全国人口粮食自足、建成"东南亚粮仓"和保障优质农产品出口创汇的必要举措。《柬埔寨国家发展战略规划》提出,加快推进粗放型农业生产转型为集约型农业生产,发展农田灌溉水利系统,切实保障"水稻生产及大米出口促进政策"的实施。2010 年洪森首相提出,柬埔寨要不断扩大大米出口规模,争取 2015 年达到 100 万 t②;如果柬埔寨大米出口潜力全部发挥,即一年能出口 300 万 t 大米,将创汇 21 亿美元,约占 GDP 总量的 20%,将对减少贫困和推动经济全面增长发挥重要作用③。柬埔寨农林渔业部资料显示,2015 年柬埔寨的大米出口量为 53.8 万 t,仅完成洪森首相"百万吨大米出口"目标的 50%(表 2.3-2);2017 年柬埔寨的大米出口量为 63.5 万 t。分析近几年国际市场大米需求量和柬埔寨大米出口量的增长趋势,以及柬埔寨大米出口阶段目标的实际完成情况,将 2035 年大米出口量目标确定为 200 万 t 比较合理。

表 2.3-2　　柬埔寨大米出口统计　　(单位:万 t)

年份	2013	2014	2015	2016	2017	2018
大米出口量	37.9	38.7	53.8	54.2	63.5	63.0

数据来源:柬埔寨大米联盟。

①RICE:WORLD MARKETS AND TRADE,USDA,March 2018.

②https://www.cambodiadaily.com/news/hun-sen-announces-ambitious-plan-to-boost-rice-exports-102582/, https://www.voacambodia.com/a/hun-sen-foresees-rise-in-demand-for-cambodian-rice/3163238.html.

③https://thediplomat.com/2013/05/cambodias-economic-opportunity/, https://asiafoundation.org/2013/05/01/cambodia-must-up-its-game-in-rice-exports/.

综上分析，为满足柬埔寨国内粮食自给自足需要和稳步实现大米出口目标，2035年大米需求量为693万t，折合水稻产量目标为1195万t。

(2)灌溉面积需求分析

水稻产量与种植面积、灌溉面积等参数具有较好的相关关系。为分析水稻灌溉面积，使用水稻在雨季和旱季、灌溉和非灌溉条件下的单位产量，种植面积及总产量等参数，建立水稻灌溉面积的预测模型。

$$T=T_1+T_2=p_{11}\times s_{11}+p_{10}\times s_{10}+p_2\times s_2 \tag{2.3-1}$$

式中，T_1——雨季总产量；

T_2——旱季总产量；

s_{11}——雨季灌溉面积；

s_{10}——非灌溉面积；

s_2——旱季灌溉面积；

p_{11}——雨季灌溉条件下的水稻单产；

p_{10}——非灌溉条件下的单产；

p_2——旱季灌溉条件下的水稻单产。

一般而言，雨、旱季灌溉条件下的水稻单产相近，$p_{11}\approx p_2$。

2010—2013年柬埔寨农林渔业部调查数据显示，在灌溉条件下水稻单产为4.4～4.6t/hm^2，非灌溉条件下水稻单产为2.3～2.8t/hm^2，因此提高灌溉率是提高粮食产量极为有效的方式之一。另外，鉴于旱季水稻单产较高，适当提升旱季灌溉比例也是实现增产的重要因素。根据2013年农业普查报告中实际统计的现状成果，对2015—2030年旱、雨季粮食收获面积进行了研究预测，旱、雨季收获面积之比在不断提高，到2030年能基本达到30%；考虑到旱季收获面积中的灌溉比例高于雨季，则2030年旱季灌溉面积与雨季灌溉面积之比高于30%。此外，大规模水利灌溉工程建设对旱季灌溉面积还会有一定程度的增加，本着充分发挥工程效益的原则，在不扩大工程雨季灌溉能力的前提下，适当提升柬埔寨旱季灌溉比例；而旱季灌溉面积达到一定程度后，再继续增加则需要兴建规模较大的工程，工程成本逐渐加大，经济可行性降低。而柬埔寨地势总体较为平坦，洞里萨湖区和湄公河三角洲区内适合建库的位置有限。结合水资源供需平衡与配置模型，对旱季灌溉面积比例进行调整试算，确定合适的旱季灌溉面积与雨季灌溉面积的比例，蓄水工程旱季灌溉面积能够达到雨季灌溉面积的50%，引、提水工程旱季灌溉面积能够达到雨季灌溉面积的30%。经水资源配置模型调算检验，预测到2035年，规划工程建成后，全国总体上旱季灌溉面积能够达到雨季灌溉面积的40%左右。

为满足水稻总产量达到1195万t的目标，以提高现状种植区内灌溉率特别是旱季灌溉率为重点方向，通过模型预测得到2035年水稻的种植面积为255万hm^2，雨季灌溉面积为141.1万hm^2、旱季为49.7万hm^2，非灌溉面积为113.9万hm^2；2035年全国农作物总种植面积为315万hm^2，雨季总灌溉面积为153.2万hm^2、旱季为61.9万hm^2。

(3)灌溉发展区域分析

柬埔寨水资源总量相对丰富,但降雨时空分布不均,约 90%的降雨集中在雨季,由于水源工程缺乏水资源调配能力,导致旱季缺水严重。

相对湿润度指数是表征某时段降水量与蒸发量之间平衡的指标之一。为研究柬埔寨干旱的空间分布特征,分别计算雨季和旱季相对湿润指数等值线分布图。柬埔寨雨季和旱季相对湿润指数等值线分布分别见图 2.3-1 和图 2.3-2,根据相对湿润度干旱等级的划分做出的柬埔寨旱季干旱等级区域分布见图 2.3-3。

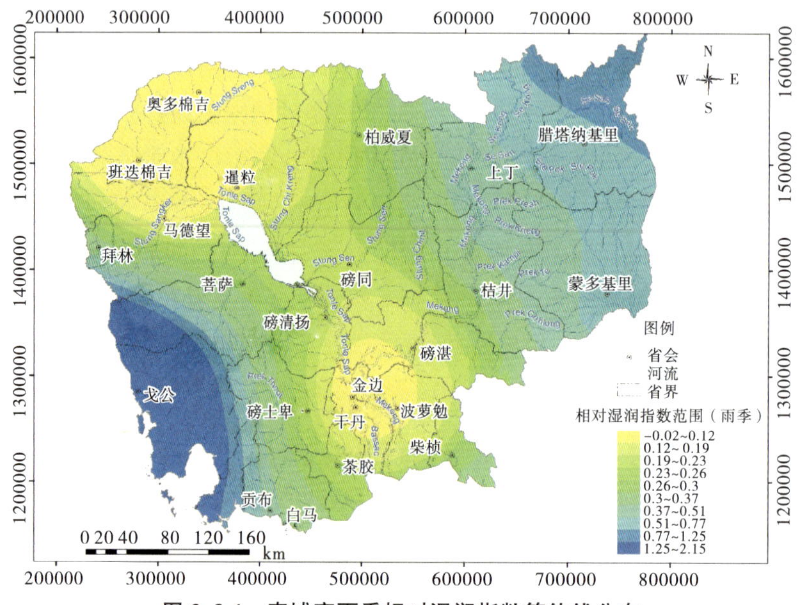

图 2.3-1　柬埔寨雨季相对湿润指数等值线分布

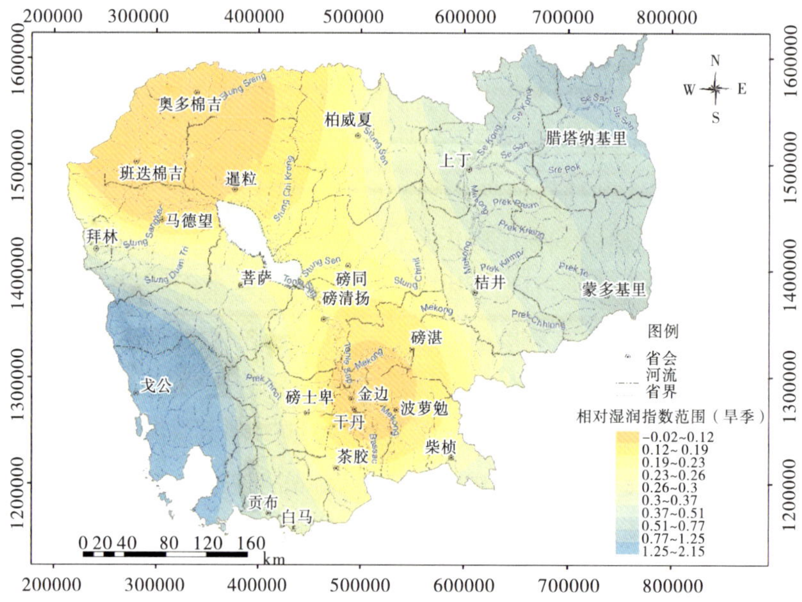

图 2.3-2　柬埔寨旱季相对湿润指数等值线分布

图 2.3-3 柬埔寨旱季干旱等级区域分布

从图 2.3-3 可以看出，柬埔寨西北部的班迭棉吉省、奥多棉吉省和暹粒省的大部分地区，马德望省的北部地区以及金边附近的磅湛省、波萝勉省和干丹省三省交界处属于中度干旱区，而这些省份的其他地区均属于轻度干旱区。茶胶省、柴桢省、磅同省、磅清扬省、桔井省和柏威夏省大部分地区属于轻度干旱，菩萨省、马德望省、磅清扬省、磅士卑省和上丁省局部地区属于轻度干旱。

将柬埔寨全国干旱程度及区域分布图和现状水稻种植区域分布图叠加，即可发现现有水稻种植区处于干旱区，而这些区域可以作为潜在灌溉发展区域（图 2.3-4）。原则上来讲，处于中度干旱区的水稻种植区，干旱程度相对严重，水稻产量受气候影响较大，当遭遇一般干旱年时容易发生严重旱灾，是优先考虑发展灌区的区域；之后再考虑发展处于轻度干旱区的水稻种植区。

柬埔寨现状水稻种植区主要位于洞里萨湖和湄公河三角洲两大平原地区，地形平缓；洞里萨湖区以湖相冲积土和水成土为主，湄公河三角洲区为冲积土，土层较厚，肥力较高。现状种植区适灌性较好，具备发展灌区的良好条件。

根据前述柬埔寨灌溉面积总体发展需求目标，结合潜在的灌溉发展区域，按照高、中、低三种发展情景进行了灌溉面积发展预测，见 2.2.1 节，到 2035 年全国灌溉面积将达到 138 万～184 万 hm^2。

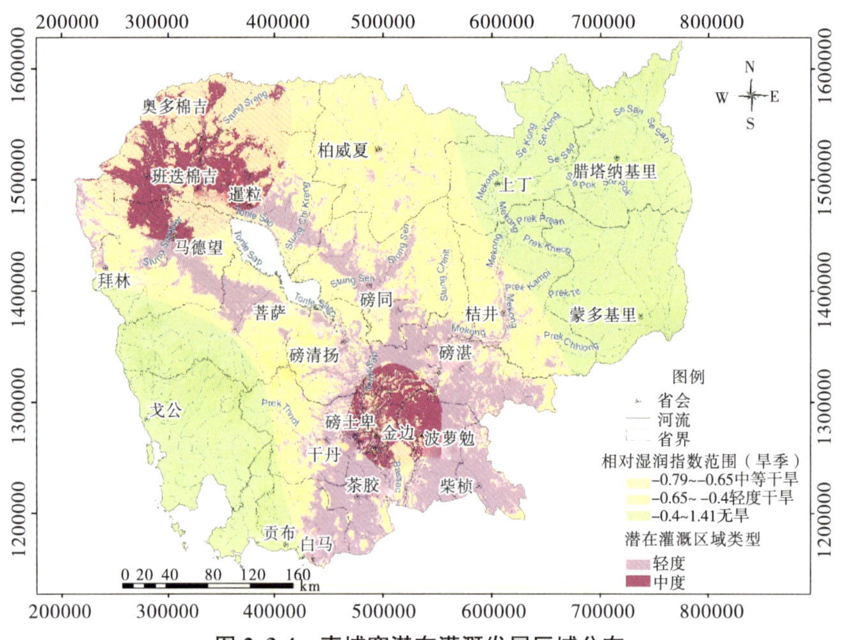

图 2.3-4　柬埔寨潜在灌溉发展区域分布

2.3.1.2　洞里萨湖区灌溉发展布局

洞里萨湖区土壤肥沃、日照充足，水土资源条件优越，非常适宜种植水稻及其他各种农作物，特别是洞里萨湖平原是柬埔寨重要的粮食产地和农副产品集散地。2013 年柬埔寨农业普查数据显示，该区域农作物种植面积为 120 万 hm^2，雨季灌溉面积约 27.7 万 hm^2、旱季灌溉面积约 5.5 万 hm^2，有效灌溉率 18.3%。柬埔寨水利气象部不完全数据统计，已建大中型蓄水工程 15 个，雨季灌溉面积 12.8 万 hm^2、旱季灌溉面积 1.1 万 hm^2；大中型引水工程共 29 个，雨季灌溉面积 19.3 万 hm^2、旱季灌溉面积 2.1 万 hm^2；中小型提水工程 3 个，雨季灌溉面积 654hm^2，旱季没有灌溉。此外，在建水利工程 5 个，设计雨季灌溉面积 10.9 万 hm^2、旱季灌溉面积 5.5 万 hm^2。

洞里萨湖区农作物以水稻为主，雨季水稻需水期为 5—9 月，旱季水稻需水期为 11 月至次年 2 月。但降雨集中在雨季，天然来水与农业灌溉用水期不协调，而现有水利基础设施薄弱，缺乏有调蓄能力的骨干水资源配置工程，工程性缺水问题严重，大部分农田处于“雨养”状态，对天然降雨依赖性强，粮食单产量低，农业人口基本处于贫困线以下，严重制约了地区经济社会发展。

综合考虑地形特点、气候条件、水资源状况、经济社会发展等因素，本区域灌溉发展总体思路为，针对现有灌溉工程不配套、灌排系统不健全、用水效率较低的情况，充分挖掘现有工程潜力，进行续建配套，完善已有灌溉工程，提高现有工程灌溉保证率。同时，在流域上游大力兴建控制性骨干水源工程，对天然来水进行合理调蓄，在流域中下游兴建引水工程，配套完善灌溉渠道工程，在洞里萨湖平原新建灌区，扩大灌溉面积，提高灌溉保证率，从而有效利用区域水资源，保障农业用水安全。

在对柬埔寨水利气象部以往规划项目进行复核后认为，排除生态环境影响大、工程投资过高、近期工程效益不明显的项目，如东水西调工程；从生态环境保护角度（避让生态保护区、保障河道生态流量等）考虑，适当调整部分项目的规模，如森河 Dangkambet 水库、Reaksa 水库、Dauntry 大坝灌溉发展项目，以及 Staung 河引水灌溉项目；从流域整体综合开发角度考虑，给以往规划的单一蓄水项目补充或配套了引水灌溉渠系工程。新提出的工程主要有 KrangPonley 等大型引水灌溉项目 7 个、Dauntry 水库及灌区工程等大中型蓄水灌溉项目 2 个、Pursat 河等大型灌溉发展项目 6 个，新增雨季灌溉面积 29.2 万 hm^2、旱季灌溉面积 13.7 万 hm^2；同时，挖潜配套已建灌区扩大旱季灌溉面积 7.1 万 hm^2。2035 年拟建工程全部实施后，洞里萨湖区雨季总灌溉面积达到 67.8 万 hm^2、旱季总灌溉面积达到 31.7 万 hm^2，多年平均提供灌溉水量 99.9 亿 m^3，灌溉保证率达到 75%，可以满足灌溉发展目标要求。洞里萨湖区灌溉发展布局示意图见图 2.3-5。

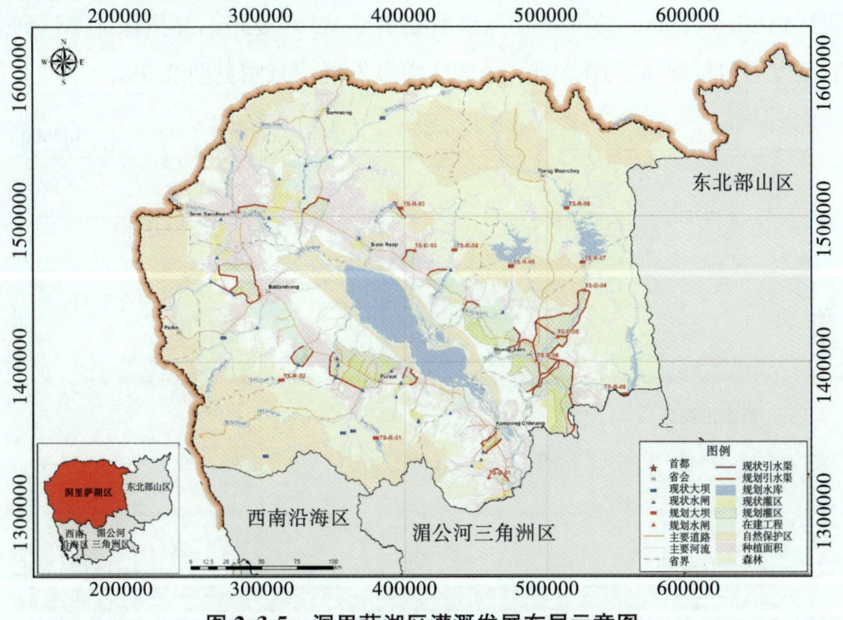

图 2.3-5　洞里萨湖区灌溉发展布局示意图

2.3.1.3　湄公河三角洲区灌溉发展布局

湄公河三角洲区大部分为湄公河洪泛平原，土地肥沃，适于农业发展，农业生产基础较好，是柬埔寨灌溉发展最好的区域。现有种植面积约 117.5 万 hm^2，雨季灌溉面积 41.1 万 hm^2、旱季灌溉面积 8.2 万 hm^2，有效灌溉率约 35%。其中，干丹省、茶胶省、金边市和波萝勉省的有效灌溉率分别达 71.1%、69.8%、62.8%和 59.1%。据不完全统计，现有大中型引水工程 21 个，雨季灌溉面积 15 万 hm^2、旱季灌溉面积 1580hm^2；蓄水工程 24 个，雨季灌溉面积 4.63 万 hm^2、旱季灌溉面积 4794hm^2。现有灌溉主要是从湄公河和巴萨河干流取水，简单便捷，有效灌溉率一般在 60%以上。比较普遍的问题是，从湄公河和巴萨河干流两岸的引水渠道缺乏整体规划，工程较为分散，没有形成完整的灌溉渠系；而对于支流中上游地区来说，缺乏蓄水工程，旱季缺水严重，从湄公河干流引提水距离远、扬程高、代价大，运行费用难以承受。

湄公河三角洲地区农业发展的关键是对现有灌区进行挖潜改造和完善配套，并视条件在支流中上游地区适当发展灌区。同时，考虑在西部靠近豆蔻山脉附近 St. Thnot 河选择适宜的坝址修建大型蓄水工程，对天然来水进行调蓄，在下游平原地区合理新建和完善灌溉引水工程新增灌区扩大灌溉面积。

柬埔寨水利气象部正在建设 Vaico 大型灌溉发展项目Ⅰ期引水工程，并规划有 Vaico 灌溉发展项目Ⅱ期引水工程，设计雨季灌溉面积 7.98 万 hm^2、旱季灌溉面积 3.99 万 hm^2。在对以往规划项目进行复核后认为，新建 St. PrekThnot 大坝和 St. Slakou 河大坝等 2 个大中型蓄水灌溉项目，新建 St. Slakou 河等 5 个大型灌溉引水项目，新增雨季灌溉面积 26.98 万 hm^2、旱季灌溉面积 10.89 万 hm^2；同时，通过挖潜改造和完善配套，扩大已建灌区的旱季灌溉面积 1.4 万 hm^2。2035 年拟建工程实施后，柬埔寨湄公河三角洲区雨季总灌溉面积达到 79.4 万 hm^2、旱季总灌溉面积达到 26.3 万 hm^2，多年平均提供灌溉水量 108.6 亿 m^3，灌溉保证率达到 75%，基本可以满足灌溉发展目标要求。湄公河三角洲区灌溉发展示意图见图 2.3-6。

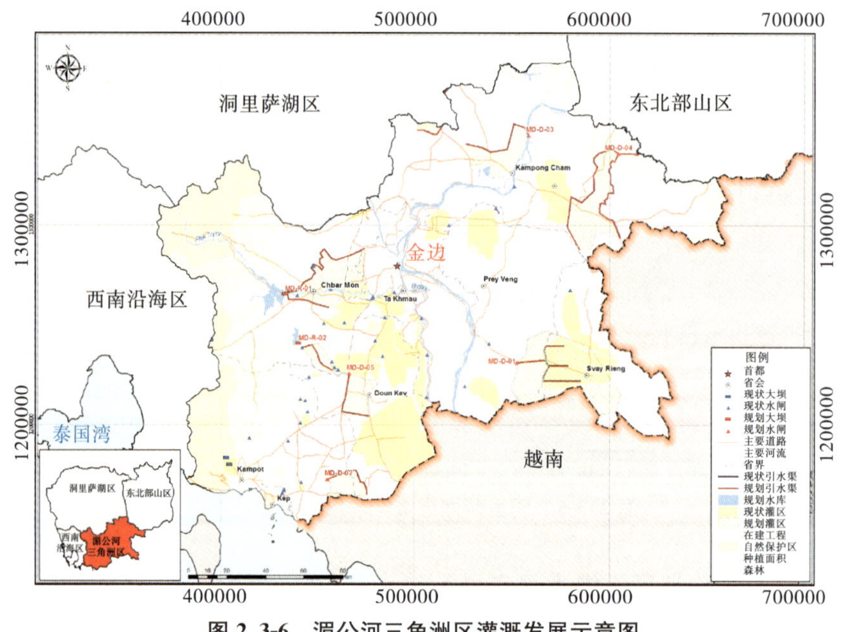

图 2.3-6　湄公河三角洲区灌溉发展示意图

2.3.1.4　东北部山区灌溉发展布局

东北部山区现有种植面积约 20 万 hm^2，雨季灌溉面积约 2.1 万 hm^2、旱季灌溉面积约 0.4 万 hm^2，种植区域主要集中在桑河流域的东部干流沿岸和拉达那基里省附近，以及湄公河干流沿岸的上丁市和桔井市附近。现有灌溉主要为小型自流引水灌溉或通过移动水泵进行灌溉，没有大型灌溉工程设施。该区域有效灌溉率较低，但由于降雨充沛，相对湿润指数大，干旱情况较少，由于农业种植区域小而散，不适宜发展大型灌区，因此农业发展重点是满足区域未来粮食自给自足的需求。

水力资源丰富是该区的一大特点，目前已开发了多个梯级的水力发电工程，今后考虑在建设以发电为主的水利枢纽工程的同时兼顾灌溉功能，从水库直接引水或利用发电尾水灌溉，同时在分散的山地种植区布置小型塘坝，因地制宜发展中小型灌区。

从该区域在建和拟建的大中型水利工程布置情况来看，考虑结合已经建成的桑河二级水电站和拟建的桑河三级水电站等，进行灌溉综合开发。桑河二级水电站，水库库容 24.9 亿 m^3，可考虑从桑河二级水电站引水至下游上丁市附近开发灌区，新增雨季灌溉面积约 4000hm^2、旱季灌溉面积 2000hm^2。拟建的桑河三级水电站，水库库容约 20 亿 m^3，该项目建成后，考虑直接引水至附近 Kaoh Peak 种植区，新增雨季灌溉面积约 11000hm^2、旱季灌溉面积 5500hm^2。另外在桔井市附近，湄公河支流代河和 Prek Kampi 河下游修建引水工程扩大灌溉面积，新增雨季灌溉面积 6000hm^2、旱季灌溉面积 2400hm^2。其他地区通过因地制宜兴建一些塘坝和引、提水工程，配套完善渠系工程，扩大灌溉面积，提高粮食和经济作物产量。东北部山区灌溉发展示意图见图 2.3-7。

图 2.3-7　东北部山区灌溉发展示意图

2.3.2 保障城乡供水安全

2.3.2.1 城镇供水方案

(1)总体思路与目标

总体思路是在城镇现有供水工程的基础上，对水源不足的地区新建水源工程，并实施水厂和供水管网改建、扩建工程。到2035年，全国城镇集中供水覆盖率达78%，其中，金边维持在90%，其余各省(市)的城镇集中供水覆盖率提高到70%以上，城镇集中供水保证率达到95%以上。为达到上述目标，解决柬埔寨25个省(市)的城镇用水需求，需建设25项城镇供水工程(含引水工程和水库综合利用工程)，同时新建、改建、扩建水厂25座。

(2)重点城市供水方案

1)金边市。

金边市作为柬埔寨的首都，现有人口约143.8万人，年需水量1.79亿m^3。预计到2035年人口将增长至222万人以上，城市需水量将增加至5亿m^3。未来可考虑从湄公河干流新增引水量65万m^3/d，并新建相应的取水口、水厂和配套管网。

2)马德望市。

马德望市作为马德望省的首府，现有人口约19.7万人，年需水量约0.25亿m^3。预计到2035年需水量将增加至0.57亿m^3。从水源条件来看，可考虑从马德望河建设新的引水工程取水，并对现有水厂和管网进行改建、扩建。

3)暹粒市。

暹粒市作为柬埔寨著名的旅游城市，现有人口约18.9万人，年需水量约0.32亿m^3。预计到2035年需水量将增加至0.91亿m^3。经综合分析，可考虑从暹粒河取水，并新建相应的取水口，对现有水厂和管网进行改建、扩建。

4)达克茂市。

达克茂市作为干丹省的首府，现有人口约20.58万人，年需水量约0.27亿m^3。预计到2035年需水量将增加至0.46亿m^3。由于城市临近湄公河，水量充沛，水质可靠，考虑从湄公河取水，并新建相应的取水口，对现有水厂和管网进行改建、扩建。

5)西哈努克市。

西哈努克市作为柬埔寨著名的港口城市，现有人口约为10.1万人，年需水量为0.13亿m^3。预计2035年城市需水量将增加至0.28亿m^3。可考虑通过扩大Anco自来水厂的供水范围、兴建Boeung Prek Toub水库等工程增加供水能力，并对现有水厂和管网进行改建、扩建。

2.3.2.2 农村供水方案

(1)总体思路与目标

总体思路是根据柬埔寨各省(市)经济社会发展水平和人口分布的特点，因地制宜，采取有差别的工程方案措施。对于离省会城市较近且人口较集中的地区，如金边周围的农村，依托城市自来水厂延伸配水管线，实现自来水管网供水；对于居住相对集中、水源条件较好的地区，优先建设适度规模的集中供水工程。

总体目标是全部农村人口供水条件得到改善。按照 2014 年柬埔寨经济社会调查对农村供水条件得到改善的定义①，主要包括自来水入户、公共管网覆盖、机井、管井、井眼有保护的简易井和安全的雨水收集装置等。

(2)供水方案

根据柬埔寨地下水水质评价结果，湄公河三角洲地区大量水井因砷超标或铁超标而无法饮用。鉴于湄公河三角洲区农村人口密集而地下水质遭受污染的现状，在 2035 年，该地区新增需水以城市供水管网延伸以及地表水集中供水为主，以地下水供水为辅。位于金边、达克茂、磅湛等城市周边的农村地区，通过省会城市各自来水厂辐射扩网，延伸配水管网，实现自来水到户。而偏离省会城市的地区，由于村庄较为集中，且湄公河三角洲区地势平坦、水网密布，因此采取就近引提水，集中取水。

洞里萨湖区是未来柬埔寨粮食的主产区，为保障灌溉用水需求，洞里萨湖区将建设大量的水库、拦水闸等工程。因此，洞里萨湖区优先考虑发挥水库的综合效益，利用水库向农村地区提供部分供水。洞里萨湖平原是该地区人口和农业集中分布地区，对于人口集中、经济相对发达的暹粒省和马德望省，以发展农村集中供水为主；洞里萨湖区河流较多，对于周边山区，根据地形，合理兴建引水工程，同时建设管井和蓄水池，充分利用泉水等地下水。

“3S”流域、湄公河上游及沿海片区村庄相对分散，采取分散供水措施。对于河流沿岸的居民，就近提引河水，对于偏远山区，兴建井、池、塘坝等，并充分利用泉水，合理收集雨水，同时加强水源保护。

2.3.3　开发优势水能资源

2.3.3.1　水能资源分布特点

柬埔寨水能资源理论蕴藏量约 8000MW，其中 50％位于湄公河干流；30％位于东北山区湄公河支流，主要集中在桑河和斯雷博河及其支流上；20％位于西南沿海地区，其中额勒赛河和梅特尔克河为水力资源最丰富的河流。

2.3.3.2　柬埔寨电力发展形势分析

2013 年以前，柬埔寨电力主要来源为从邻国（越南、泰国和老挝）进口以及自身的柴油、水力发电，进口电力在全国电力供应中占比高达 55％。2016 年，柬埔寨全国电力供应 71.75 亿 kW・h，国内机组发电占比约为 78％，从泰国（5％）、越南（16.5％）、老挝（0.5％）等国家

①规划部国家统计局，Cambodia Socio-Economic Survey，2014.

进口电力约占22%。随着境内水电站项目陆续建成投产，柬埔寨缺电局面得到较大缓解。

柬埔寨城市地区与农村用电量方面有一定差异。由于缺乏电力设施或电力设施落后，因此除首都金边外，电力供应主要限于大城市和主要省城，农村无电力供应，依靠燃油灯或电瓶照明的状况仍较普遍。2016年，柬埔寨全国约74%的村庄通电，约58%的住户有电力供应。2003—2017年柬埔寨住户通电率见图2.3-8，近年来柬埔寨家庭通电率逐年增加，未来用电需求仍有较大增长空间。

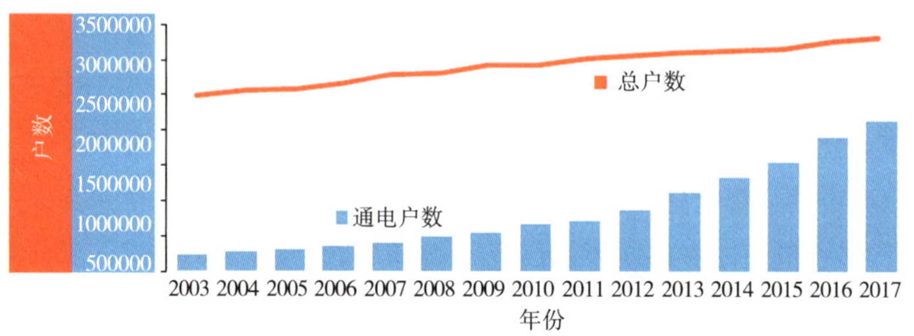

图2.3-8　2003—2017年柬埔寨住户通电率

柬埔寨国内尚未建立起全国电网，供电系统是由若干独立的供电子系统组成。在柬埔寨国家电力发展中，电网建设显得尤为迫切，一方面水电企业雨季无奈弃水、火电企业机组闲置均造成损失和浪费；另一方面部分地区电网建设滞后却又面临无电可用的尴尬状况。按照《柬埔寨修订能源发展计划》中规划的柬埔寨国家电网扩张计划，2035年前柬埔寨国家115kV电网各省连通，最终至全国联网连通；北部区域建设超过230kV的大型输变电系统电网，南部建设500kV的电网向金边输送。柬埔寨国家电网扩张计划见图2.3-9。

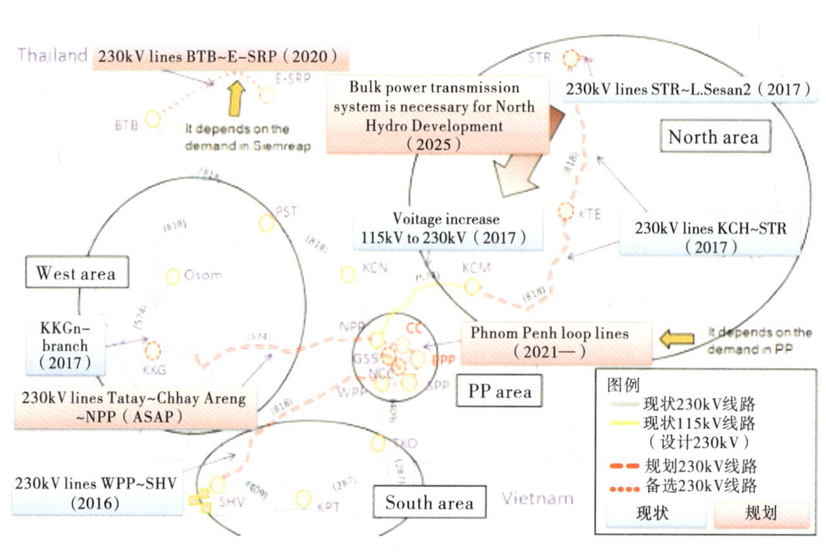

图2.3-9　柬埔寨国家电网扩张计划

2014年10月，柬埔寨能矿部(MIME)在世界银行完成的电力需求预测成果(2008年)基础上，结合当时的经济社会实际发展水平，通过《柬埔寨修订能源发展计划》(草案)对电力需求进行了重新预测，对2030年的电力需求按"低""基本""高"3个水平进行了新预测。

按上述成果，《柬埔寨水资源综合规划纲要》补充对2035年的电力需求预测成果，对应"低""基本""高"3个水平，预测2035年主网系统峰值分别为3356MW、4175MW、5080MW。

在2014年柬埔寨国家电力已有装机容量的基础上，考虑在建及待建的3座水电站，以及西哈努克市2座燃煤电厂，可新增装机容量838MW。到2035年，按前述电力发展需求预测，若不考虑火电等其他新增电源，对应"低""基本""高"3个水平，需要分别新增水电装机容量1007MW、2186MW、2731MW。

2.3.3.3 水电开发布局

(1)水电开发原则

1)综合开发利用。

水电开发合理承担或兼顾其他开发任务，充分发挥水资源的多种功能和效益，尽量满足经济社会发展各方面的需求。

2)合理有序开发。

开展科学系统的水力资源调查及重点河流水电开发规划；统筹考虑干支流、上中下游梯级的作用和地位，合理确定适应经济社会发展的开发顺序和开发工程；重视开发大中型骨干水电站，以充分发挥其在河流中的整体调节作用。

3)生态优先条件下的审慎开发。

高度重视水库淹没及生态环境保护，正确处理保护与开发的关系，确保生态流量下泄，维护河道不断流、脱流；结合国情因地制宜开发小微型水电工程，满足偏远山区的用电需求。

(2)历次规划成果

1)1995年，在《柬埔寨水力发电水资源审查和评估及重点工程鉴定》(以下简称"CPEC")报告中，研究了柬埔寨25条河流(含湄公河干流、柬埔寨境内上游)的63座(单站装机容量≥10MW的32座，<10MW的31座)有水力发电潜能的水电站，对最大装机、发电量、平均净水头、经济性及到负荷中心距离等进行了初步分析(按柬埔寨MME分类习惯，水电站单站装机容量≥10MW为大型电站)。

2)2009年，在《柬埔寨水电开发总体规划研究—最终报告》(以下简称《总体研究最终报告》)中，除上述32座装机容量≥10MW电站外，又考虑新增西公河电站(装机容量190MW)，因为当年基里隆Ⅲ、甘再、斯登沃代和额勒赛下游4座水电站已签订项目实施合同，所以主要研究对象为29座水电站。《总体研究最终报告》对水电站的经济社会环境影响、自然环境影响、项目技术分析(包括水文、动能、水工等)、经济和财务分析、实施进度等几个方面作出了综合评价(FACA),优先推荐斯雷博河Ⅱ、桑河Ⅱ、梁河Ⅰ、梁河Ⅱ、额勒赛中游、梅特尔克Ⅱ、梅特尔克Ⅲ、波戈等8座水电站。

3)在MME公布的《柬埔寨修订能源发展计划》中,对2030年的电力需求预测进行了修正,并提出了电网扩张规划;同时提出,为了满足本国电力需求,优先开发装机较大的水电站,参与电力供需分析的21座较大装机的水电站均从CPEC规划成果中装机≥10MW的32座水电站中选取,由于当年已建6座、在建3座,因此该规划报告拟建的水电站有12座(含湄公河干流2座,斯雷博河ⅢA+ⅢB实为1座电站两部分装机)。

需要说明的是,《柬埔寨修订能源发展计划》中涉及的水电站,大多数装机规模与CPEC规划方案、《总体研究最终报告》相比有调整;在拟建水电站中,斯雷博河Ⅱ、桑河Ⅱ、梁河Ⅰ、梁河Ⅱ等4座水电站为《总体研究最终报告》优先推荐的。

(3)开发方案拟定

结合国际及柬埔寨经济社会发展和环境影响新形势,以CPEC、《总体研究最终报告》和《柬埔寨修订能源发展计划》为基础,分析未来电力供需情况,将拟建水电站大致分为以下三类。

1)《柬埔寨修订能源发展计划》拟建的12座水电站中,位于湄公河干流的上丁(900~980MW)和松博(2600~3600MW)2座水电站,受环境影响等问题争议较大,暂不列为优先工程;其余10座水电站,规模适中、经济性较好,作为规划方案的"第一梯队"优先考虑,装机容量共计1121MW。

2)CPEC规划装机容量≥10MW的32座水电站中,除已建的9座、MME规划拟建的12座外,剩余的11座水电站中装机容量≥100MW的有3座,分别为戈公省斯登梅特尔克Ⅰ级电站(175MW)、斯登梅特尔克Ⅱ级电站(210MW)、额勒赛中游电站(125MW);装机容量20~60MW的水电站3座;其余均在20MW以下,装机容量共计约160MW。这11座水电站总装机容量约670MW,可作为备选电站,继续开展勘察设计工作,并从中选择规模适中且经济性相对较好的工程开发建设,满足电力负荷增长需求。

3)由于非水电电源建设难度大、成本高(需进口大量煤炭或燃油等),因此为满足未来可能的用电需求,需继续开展湄公河干流梯级的勘察设计工作,加强生态环境影响和应对措施的研究,进一步优化设计方案,作为远期的备选电站。

(4)开发方案选择

1)按低水平方案。

预测至2035年用电负荷为3356MW,考虑已建、在建水火电装机后,电力供应缺口在1007MW以上。在不新增火电等其他电源的条件下,新增"第一梯队"的10座水电站(装机容量共计1121MW)即能基本满足用电需求。

2)按中水平方案。

预测至2035年用电负荷为4175MW,考虑已建、在建水火电装机后,电力供应缺口在1826MW以上。若不新增火电等其他电源装机,2035年至少需新增水电装机容量1826MW;即使按电网中非水电电源装机比例30%考虑(即1252.5MW),2035年至少仍需新增水电装机容量1395MW,即在"第一梯队"10座电站的基础上,至少需增加274MW的水电装机。

考虑开发备选电站中的斯登梅特尔克河干流梯级斯登梅特尔克Ⅰ级电站(175MW)和斯登梅特尔克Ⅱ级电站(210MW)。2座电站环境影响和制约因素较小,经济指标相对较好,装机容量超过274MW,考虑未来电网中其他电源调节作用,该方案能够满足中负荷水平方案电力需求。

3)按高水平方案。

预测至2035年电力负荷为5080MW,考虑已建、在建水火电装机后,电力供应缺口在2731MW以上。若不新增火电等其他电源装机,2035年至少需新增水电装机容量2731MW;若按其他非水电电源装机比例占30%考虑(即1524MW),2035年至少仍需新增水电装机容量2029MW,即在"第一梯队"10座电站基础上,至少需增加908MW的水电装机。

由于剩余备选的11座水电站总装机容量仅670MW,因此对于高水平方案,还需增加电网中非水电电源的装机比例,否则,湄公河干流电站必须纳入规划范畴。经测算,若2035年非水电电源的装机比例维持现状水平即38%,则需新增水电装机容量1622MW以上,考虑"第一梯队"10座电站,加上斯登梅特尔克河的2座电站(385MW)和额勒赛河中游梯级(125MW)电站后,即新增水电站13座、总装机容量1631MW,同时考虑电网内其他非水电电源装机的调蓄作用,可基本满足负荷需求。若要将2035年非水电电源的装机比例降至30%,或因其他备选电站开发成本过高,应考虑提前开发湄公河干流的上丁水电站。

(5)水电开发布局

按照国家水力资源分布及供电需求特点,以满足电力负荷高水平方案为目标(非水电电源装机占比40%),推荐2035年前拟建水电站为:

洞里萨湖区(电网西南区域)2座,分别为菩萨Ⅰ级(40MW)、马德望Ⅱ级(36MW);

沿海区(电网西南区域)3座,分别为斯登梅特尔克Ⅰ级(175MW)、斯登梅特尔克Ⅱ级(210MW)、额勒赛中游梯级(125MW);

东北区(电网北部区域)8座,分别为桑河Ⅰ级(96MW)、桑河Ⅲ级(260MW)、梁河Ⅱ级(50MW)、斯雷博河ⅢA+ⅢB级(368MW)、斯雷博河Ⅳ级(48MW)、斯雷博河(17MW)、西公河(190MW)、川龙河Ⅱ级(16MW)。

2035 年拟建 13 座水电站，总装机容量 1631MW(图 2.3-10 和图 2.3-11)。

柬埔寨小型水电站分布零散，其开发对改善农村生产、生活条件有一定作用。小型水电开发规划以因地制宜、合理布局、统筹安排为方针，以生态保护为前提，优先解决无电网地区的用电。

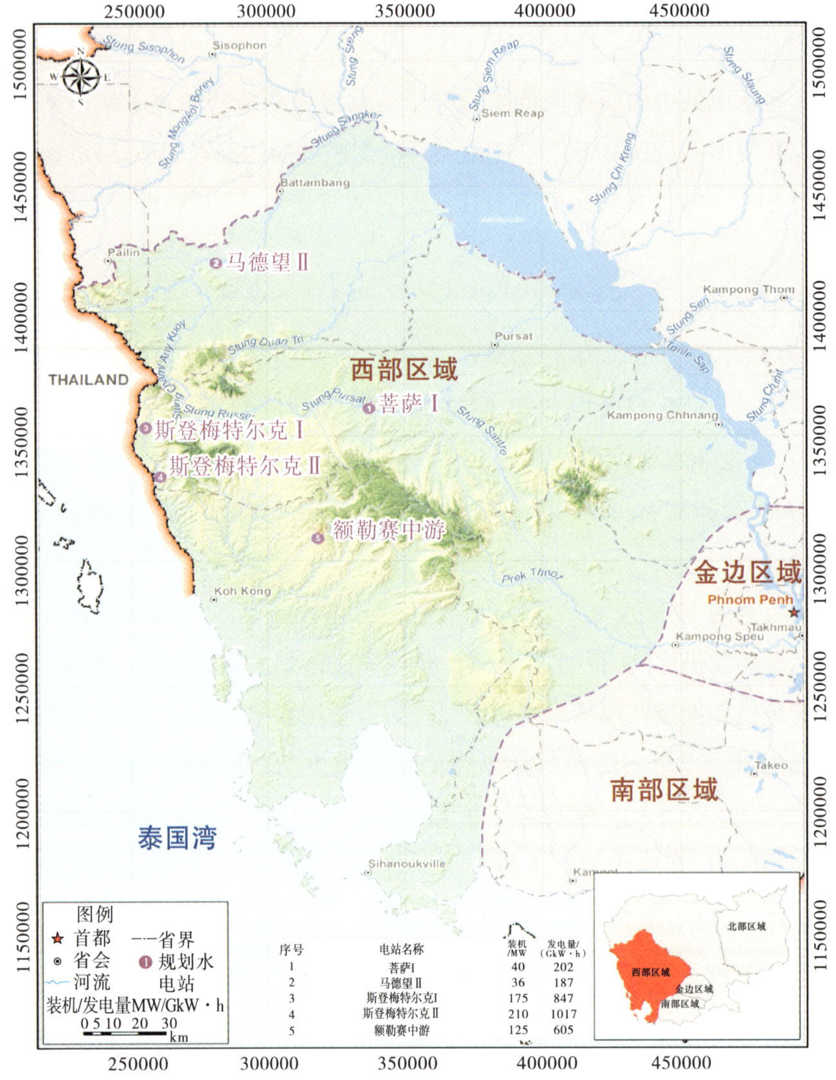

序号	电站名称	装机/MW	发电量/(GkW·h)
1	菩萨Ⅰ	40	202
2	马德望Ⅱ	36	187
3	斯登梅特尔克Ⅰ	175	847
4	斯登梅特尔克Ⅱ	210	1017
5	额勒赛中游	125	605

图 2.3-10　2035 年柬埔寨电网西南区域水电站布局图

序号	电站名称	装机（MW）	发电量（GkW · h）
1	桑河Ⅰ	96	465
2	桑河Ⅲ	260	1371
3	梁河Ⅱ	50	242
4	斯雷博河ⅢA+ⅢB	368	1781
5	斯雷博河Ⅳ	48	252
6	斯雷博河支流	17	90
7	西公河	190	920
8	川龙河Ⅱ	16	106

图 2.3-11　2035 年柬埔寨北部电网区域水电站布局图

2.4　洪涝灾害防御方略

2.4.1　洪水特性与洪涝形势分析

2.4.1.1　洪水特性

(1)洪水发生时间

柬埔寨约 86%区域位于湄公河流域，4%区域位于 Vaico 流域，其余位于西南沿海区域。柬埔寨境内湄公河洪水由老挝入境洪水与本地区降雨洪水形成，柬老边境—金边河段(含洞里萨湖)最大 6 个月径流出现在 6—11 月，年最大洪水多发生在 8—9 月；金边—柬越边境河段最大 6 个月径流出现在 7—12 月，年最大洪水常发生于 9—10 月。

(2)洪水过程

柬埔寨境内湄公河流域暴雨区主要位于东北部的“3S”河，暴雨洪水频繁，来水量大，

1967—2013 年多年平均汛期(6—11 月)水量约为 893 亿 m^3，占上丁站的 25%，与湄公河干流老挝入境洪水在上丁站遭遇后，常形成峰高量大的复峰型洪水，洪水历时较长。上丁站最大洪峰流量为 78093m^3/s(1939 年 9 月 1 日)，最大 90d 洪量为 3601 亿 m^3(1937 年)。

受河槽、沿河湖泊洼地的天然调节作用，湄公河洪水过程涨落缓慢，多年平均日涨水率由上丁—磅湛河段的 0.16～0.21m 减少至湄公河三角洲区的 0.07～0.09m 和洞里萨湖区的 0.06～0.08m，多年平均日落水率由上丁—磅湛河段的 0.09～0.13m 减少至湄公河三角洲的 0.04～0.06m 和洞里萨湖区的 0.05m。受潮汐影响，金边以下湄公河三角洲(代表站为尼克朗站)高洪水位持续时间长，洪水过程消退缓慢，洪水平均流速 1.5～2.0km/h，总体上形成一个如馒头状的洪水过程线(图 2.4-1)，很难严格划分一次洪水过程的历时。

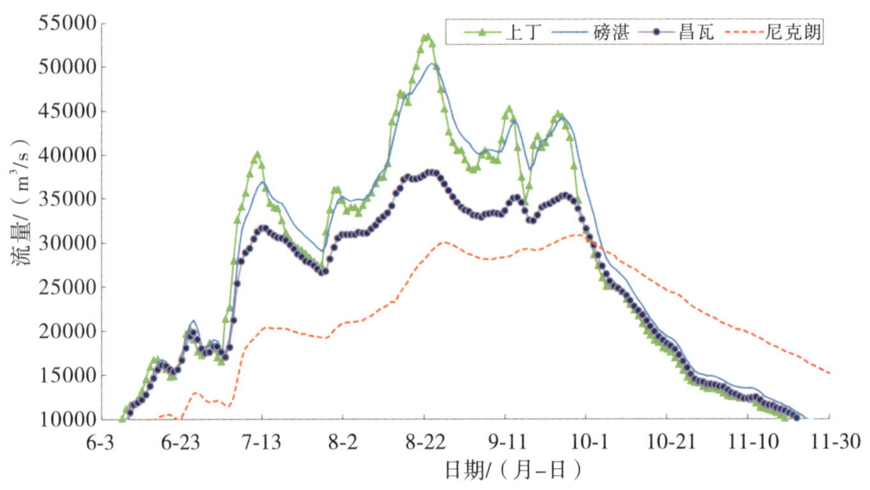

图 2.4-1 湄公河干流主要控制站 2002 年洪水过程线

(3)湄公河干流洪水

湄公河三角洲区地势低平，河道泄流能力与上丁以上河段巨大洪量相比严重不足，依据 *Cambodian Water Resources Profile*(2014 年)、*Conceptual Design Report-Forecast Production And Dissemination*(*FinalDraft*)(2016 年)，当桔井、磅湛、达克茂 3 站水位分别高于 17.5m、13.0m 和 8.0m(高程基准为 M. S. L. Hatien Datum，下同)时，湄公河洪水经大量的分流河道或淤灌渠道至堤后的洪泛平原，洪水泛滥平均每年达 19～48d。湄公河三角洲洪水漫滩主要发生于磅湛—昌瓦河段，多年平均汛期(6—11 月)漫滩水量约 312 亿 m^3，约占上游磅湛站的 8.7%，桔井—磅湛河段和昌瓦—尼克朗河段汛期漫滩水量相当，约为 57 亿 m^3 和 54 亿 m^3，均占上游测站的 1.6%。以 2002 年大洪水为例，当磅湛站流量超过 25000m^3/s 时，洪水溢出磅湛—昌瓦河段的湄公河两岸，两岸洪泛平原共削减昌瓦站洪峰流量约 12370m^3/s，削峰率达 24.55%，调蓄洪量约 500 亿 m^3，占磅湛站的 15.68%。

(4)湄公河与洞里萨湖河湖关系

洞里萨湖是湄公河下游最大的连通湖泊，亦是东南亚最大的淡水湖泊，对湄公河下游防洪有着重要的调蓄作用。洞里萨湖流域面积8.6万km^2（柬埔寨境内约8.17万km^2，占全国流域面积的45%）。洞里萨湖甘邦隆站多年平均水位4.64m，相应面积6177km^2，湖容151亿m^3；实测最高水位10.54m(2011年10月20日)，相应面积15261km^2，湖容787亿m^3；实测最低水位1.11m(2010年6月8日)，相应面积2053km^2，湖容8亿m^3；面积、湖容极值比分别为7.43、98.38。随着湄公河水位与洞里萨湖水位差变化，汛期5月底至10月初湄公河向洞里萨湖倒灌，汛后10月中下旬至次年5月中上旬洞里萨湖向湄公河补水，洞里萨湖洪枯面积和湖容相差较大，洞里萨湖的平均水位、面积、湖容分别由5月的1.51m、2487km^2、16.8亿m^3增至10月的8.70m、12768km^2和528.8亿m^3，可见，洞里萨湖对湄公河洪水有着较大的调蓄作用。

湄公河与洞里萨湖河湖关系十分复杂，当湄公河水位高于洞里萨湖水位时，湄公河洪水会向洞里萨湖倒灌，倒灌历时长、水量大，根据洞里萨湖波雷格丹站流量资料统计，历年倒灌天数73～149d(平均122d)，历年倒灌水量213亿～496亿m^3(平均377亿m^3)，占湄公河干流磅湛站同期来水的10.3%～18.1%(平均14.4%)，削减湄公河洪峰4584～10679m^3/s(平均8402 m^3/s)，削峰率15.1%～22.6%(平均18.9%)，湄公河倒灌洞里萨湖的水量又以8月最多，历年倒灌水量58亿～255亿m^3(平均162亿m^3)，占湄公河干流磅湛站同期来水的8.0%～22.2%(平均17.4%)，洞里萨湖对湄公河干流15d、60d、120d时段洪量的调蓄能力平均分别为16%、14%、12%，大大减轻了柬埔寨首都金边市及下游三角洲的洪水威胁。

每年汛期，洞里萨湖不但调蓄湄公河分入的洪水，同时接纳本流域来水。1999年汛期5月2日至10月7日，洞里萨湖共调蓄本流域洪水总量231.4亿m^3；2000年汛期5月16日至9月24日，洞里萨湖共调蓄本流域洪水总量226.95亿m^3；2002年汛期5月25日至9月30日，洞里萨湖共调蓄本流域洪水总量118.21亿m^3。

(5)湄公河河口洪潮特性

湄公河自金边开始分成了巴萨河和湄公河两条支流，在越南境内水系分布呈河网状，共有9个入海口。金边以下湄公河三角洲地区濒河临海，属于受湄公河上游大洪水、天文大潮和强烈热带气旋或台风影响频繁的区域，径流、潮汐、风浪等构成湄公河河口地区复杂的水流动力因素，洪潮特性复杂。年最高潮位通常在台风、天文大潮和大洪水三者或其中两者遭遇之时出现。金边以下湄公河三角洲潮汐类型为不规则半日潮，潮位每日两涨两落，落潮历时大于涨潮历时，但涨落潮差基本相当。受湄公河上游来水的影响，旱季潮差大于雨季，枯水年潮差大于丰水年。潮流上溯过程中，在径流和河床边界条件阻滞下，潮波变形明显，潮差和历时由口外向上游沿程递减。柬埔寨湄公河三角洲在雨季5—10月受潮汐影响普遍较小，以2000年大洪水年为例，巴萨河的雨季半日潮平均潮差由口门MyThanh站的1.91m递减至柬越边境朱笃站(距口门约228km)的0.08m；从各月分配来看，金边市仅在5月潮汐现象明显，柬越边境仅在5—7月受潮汐现象明显，其余月份受越南湄公河三角洲潮汐顶托影响仍较大。以巴萨河为例，距口门My Thanh站约123km、228km和327km的芹苴站、柬

越边境朱笃站和金边段达克茂站 2011 年 15min 潮位过程见图 2.4-2。

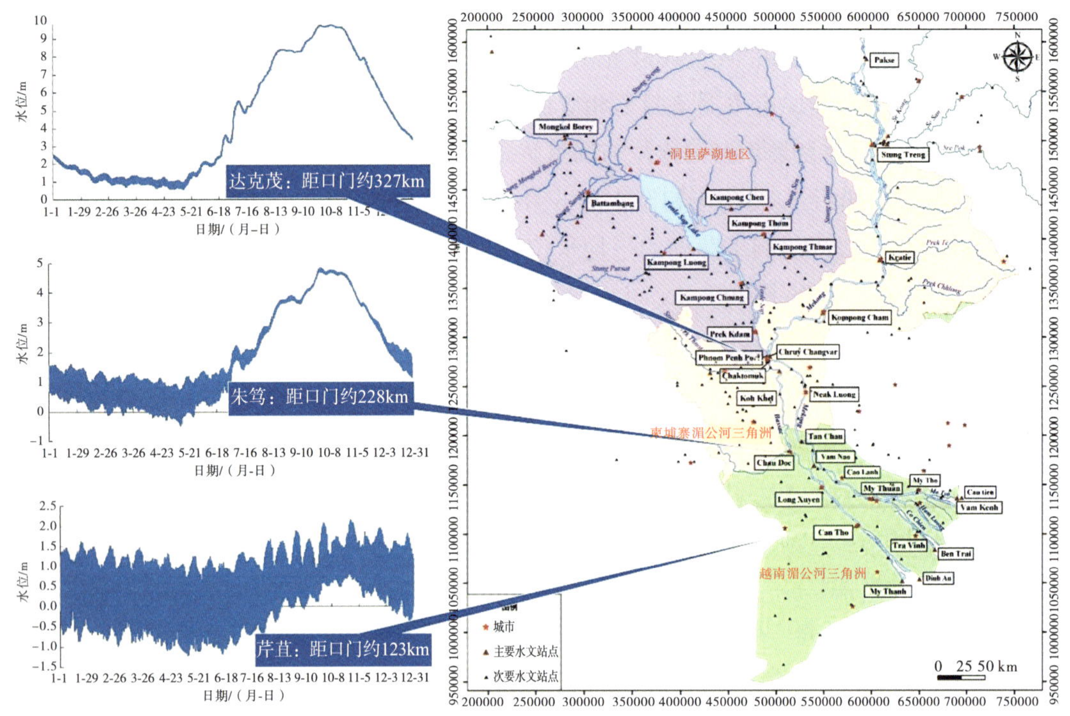

图 2.4-2　巴萨河主要测站潮位过程

2.4.1.2　洪涝灾害

(1)平原区洪涝灾害

柬埔寨中部平原区约占全国土地面积的 75%，人口密集、经济较发达，一旦受灾，经济损失和社会影响大。20 世纪以来，相继发生 1919 年、1923 年、1929 年、1937 年、1939 年、1940 年、1952 年、1961 年、1966 年、1978 年、1996 年、2000 年、2001 年、2002 年、2011 年和 2013 年等较大洪涝灾害，平均每 4～6 年发生一次，洪涝灾害频繁严重。其中，1939 年上丁站洪峰流量 78093m^3/s，1978 年桔井站洪峰流量 77000m^3/s，为实测资料最大值；2000 年汛期洪峰流量 4750 亿 m^3，为历年最大，洪涝灾害损失亦最大，湄公河三角洲和洞里萨湖区淹没范围见图 2.4-3，平均淹没水深约 1m，受淹历时 2～3 个月，受灾人口 330.56 万人，死亡 347 人(其中湄公河三角洲 272 人、洞里萨湖区 54 人、其他地区 21 人)，受淹农田 56 万 hm^2，直接经济损失达 1.64 亿美元(当年价)。

(2)山洪灾害

柬埔寨山洪灾害主要由短历时、小范围大暴雨引起，主要发生于“3S”河、特瑙河、森河和暹粒河等湄公河支流及西南沿海诸河的上游山区，往往伴有泥石流、滑坡等灾害，具有洪峰高、来势猛、历时短和洪灾严重等特点。受热带风暴和台风影响，山洪集中于 9—10 月主汛期，多数站点日降水量达 125～250mm。2007 年、2009 年、2010 年、2011 年和 2013 年，柬埔寨多次发生山洪灾害。其中，2009 年 9 月 29—30 日台风 Ketsana 入境，造成“3S”河发生山洪，由于山洪迅猛又没有及时预警，导致 1.72 万人受灾，40 人死亡，1198 所房屋被毁，损失最为严重。

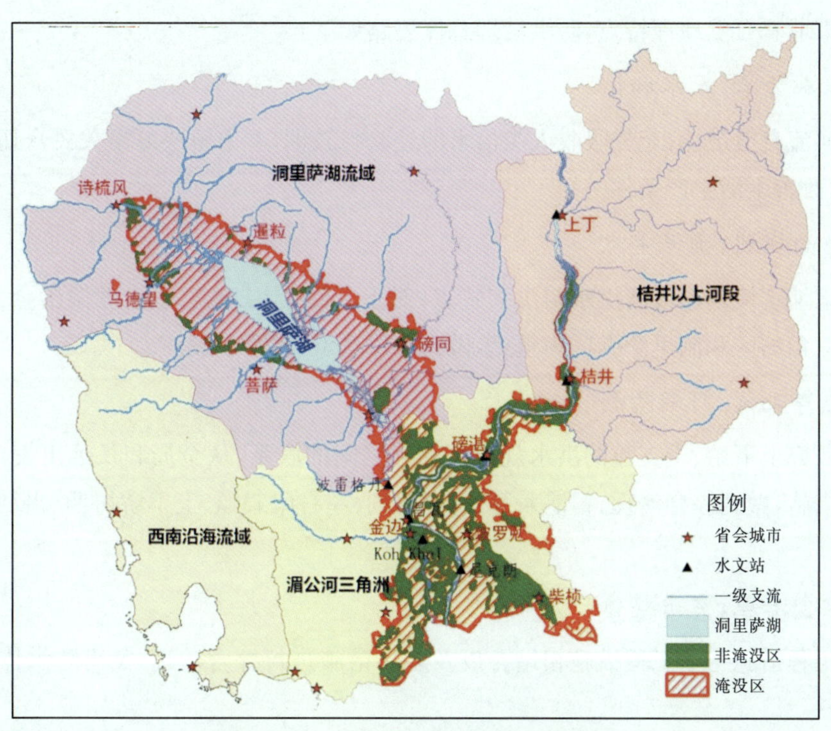

图 2.4-3　2000 年洪水淹没范围示意图

2.4.1.3　防洪治涝形势分析

目前，上丁河段的泄流能力约 66000m³/s，而据实测资料，自 1910 年以来，上丁站流量超过 66000m³/s 的有 9 年，其中 1939 年洪峰流量最大，达 78093m³/s，超安全泄量 12093m³/s，超安全泄量时间达 15d，超额洪量 76.08 亿 m³；桔井站河段的泄流能力约 52400m³/s，保证水位为 21.92m。1933—2018 年，桔井站最高日均水位超过 21.92m 的有 20 年，其中 1939 年洪峰流量最大，达 66700m³/s，超安全泄量 14300m³/s，超安全泄量时间达 20d，超额洪量 147.4 亿 m³，最高日均水位为 24.18m，超保证水位 2.26m。洪水来量大与河道泄洪能力不足的矛盾十分突出。

根据对防洪治涝现状分析，洪灾平均每 4～6 年发生一次，平均每年受灾人口达 74.73 万人，作物受灾面积达 28.99 万 hm²，经济损失严重；金边、磅湛等主要防洪保护区治涝工程建设滞后，治涝标准不达标，雨季 8—10 月经常会出现强降雨，造成大范围的洪涝灾害。随着经济社会与城市化的快速发展，人口与财富更加集中，一旦发生洪涝灾害，损失将越来越大。因此，柬埔寨的防洪治涝形势依然严峻，柬埔寨政府亟须综合施策以解决防洪治涝问题。

2.4.2 构建系统的防洪治理体系

2.4.2.1 防洪治理总体思路

根据柬埔寨自然地理特点，防洪治理总体思路如下：

(1)以人为本，人水和谐

尊重河流自然规律，充分吸收人类治水的经验与教训，着力解决好事关民众切身利益的防洪问题，改善生活生产条件。

(2)全面规划，确保重点

根据柬埔寨境内湄公河洪水与洪灾特点，对上下游、干支流洪水治理做出全面布局，并以湄公河三角洲区和洞里萨湖区为重点，做到确保重点，兼顾一般。

(3)统筹兼顾，河湖两利

分析研究上下游、干支流的洪水规律及相互之间的联系，从全局和长远出发，统筹安排洪水治理措施，做到综合治理、蓄泄兼筹、河湖两利、左右岸兼顾、上下游协调、兴利除害等相结合。

(4)综合治理，突出整体

采用工程措施与非工程措施相结合以及多种措施进行综合治理，突出防洪体系的整体作用。

2.4.2.2 防洪治理目标与治理标准

(1)防洪治理目标

按照上述防洪治理总体思路，防洪治理的总体目标就是保证重点防洪保护区人民群众的生命财产安全。到 2035 年，初步建成防洪工程措施与非工程措施相结合的防洪体系，沿河(湖)主要城镇及经济作物区能够防御设计标准洪水，山洪灾害防御能力得到普遍提升。

(2)防洪治理标准

根据洪水特性和洪灾情况，结合柬埔寨经济社会发展及其相关规划，依据地形和人口分布等基础数据，柬埔寨防洪保护对象主要集中于湄公河干流桔井以上河段、湄公河三角洲区及洞里萨湖区，包括金边、上丁、桔井、磅湛、达克茂、诗梳风、磅清扬、磅同、暹粒、马德望、菩萨等城市，以及一些地级城市和人口集中的社区。省会城市的防洪能力基本达到 5～20 年一遇，首都金边主城区达到 100 年一遇，地级城市和人口集中的社区多为 5～10 年一遇，一般不超过 10 年一遇。

参考中国《防洪标准》(GB 50201—2014)，并结合柬埔寨经济社会发展状况及防洪保护区的重要性，拟定各防洪保护区的防洪标准，未来视经济社会发展情况作适应性调整。

1)金边市。

金边市为柬埔寨的首都,为国家政治、经济、文化、交通、贸易和宗教中心。依据城市经济社会发展水平及其重要性,拟定金边市主城区的防洪标准为 100 年一遇、非主城区为 50 年一遇。

2)其他城市。

依据各城市经济社会发展水平,拟定省会城市的防洪标准为 20～50 年一遇,地级城市的防洪标准为 10 年一遇。

3)社区及重要农田。

依据社区人口及作物种植结构情况,拟定人口集中社区及经济作物区防洪标准为 10 年一遇。

柬埔寨主要城市防洪保护对象的经济社会情况及防洪标准见表 2.4-1。

表 2.4-1　柬埔寨主要城市防洪保护对象的经济社会情况及防洪标准

所在河段	城市防洪保护区		城市人口/万人		2013 年地区生产总值/亿美元	防洪标准/(重现期,年)
			2013 年	2035 年		
湄公河干流桔井以上河段	上丁		1.94*	3.60*	1.46*	20
	桔井		4.10*	6.90*	2.86*	20
湄公河三角洲区	磅湛		13.48*	23.42	11.88*	50
	金边	主城区	141.70*	220.70*	44.03*	100
		非主城区				50
	达克茂		22.33*	39.50*	9.30*	50
	波萝勉		3.77*	6.00*	3.68*	20
	柴桢		1.94*	3.10*	6.05*	20
	茶胶		1.65*	3.90*	3.34*	20
	磅士卑		6.21*	9.20*	1.85*	20
洞里萨湖区	诗梳风		10.35	16.42	7.12*	30
	马德望		10.00	15.91	11.46*	30
	菩萨		1.45	2.53	3.65*	20
	磅清扬		2.45	3.69	3.23*	20
	磅同		1.80	2.63	4.51*	20
	暹粒		8.50	15.24	16.45*	30

注:* 特指全省的城市人口和地区生产总值。

2.4.2.3　防洪总体布局

在充分利用河道及湖泊蓄泄洪水的基础上,发挥已有河网体系、湿地、湖泊等防洪作用,因地制宜地采取堤防护岸、河道整治、水库、山洪灾害防治等工程措施与非工程措施相结合的防洪体系。各区域具体布局如下。

(1)湄公河流域

根据湄公河流域水系、洪水特性及防洪保护对象分布，将湄公河流域分为湄公河干流桔井以上河段、湄公河三角洲区及洞里萨湖区。

1)湄公河干流桔井以上河段。

柬老边境—上丁河段位于柬埔寨东北山区，为主要暴雨区，暴雨洪水频繁，易形成峰高量大的复峰型洪水；上丁—桔井河段为柬埔寨冲积平原，经桔井后，上游约 64.6 万 km^2 的流域(占全流域面积的 80%)所汇集的径流量已占到湄公河总径流量的 91%，洪水历时长。主要以防治湄公河干流河洪和支流“3S”河、代河山洪为主，主要防洪保护对象包括上丁、桔井等城镇和附近的重要农田。结合区域特点，防洪体系布局为加强主要城区堤防工程达标建设，新建堤防形成防洪保护圈；优化调度“3S”河的雅里等大型水库，通过拦洪错峰提高上丁市的防洪能力；山丘区采用山洪沟工程措施与非工程措施为主的山洪灾害防御体系。

2)湄公河三角洲区。

桔井—柬越边境河段为湄公河三角洲区，地势低洼，受河道槽蓄、沿河湖泊洼地及洪泛平原调蓄和潮汐顶托等因素的影响，洪水宣泄不畅，湄公河左、右岸及河湖关系十分复杂。

湄公河三角洲区主要以防治湄公河干流河洪为主，防洪重点为磅湛、金边、达克茂等重点防洪城市。结合区域特点，防洪总体布局为在沿河城镇等保护区加强堤防工程达标建设，新建堤防形成防洪保护圈；加强湄公河干流磅湛、干丹等崩岸河段河道整治工程，增加河道洪水宣泄能力；在特瑙河兴建水库，通过拦洪错峰提高达克茂市的防洪能力。结合柬埔寨“适应洪水而生”的治水理念和利用洪水肥沃农田的传统习惯，不单独设置蓄滞洪区，而是基本维持湄公河洪泛区内农田天然状态，支流入汇口及分洪道大多未考虑建闸挡水，以调蓄湄公河洪水和雨季洪水进入农田，一方面洪泛区农田起到调蓄洪水场所，另一方面洪水过后农田因淤积而肥沃。

3)洞里萨湖区。

洞里萨湖为东南亚最大的淡水湖泊，占澜湄流域面积的 10%；洞里萨湖是季节性和吞吐型湖泊，洪水期、枯水期的水位、面积、容积相差极大，每年汛期 5—10 月，当湄公河水位高于洞里萨湖水位时，发生长历时(多年平均约 122d)的湄公河洪水倒灌。洞里萨湖尾闾地区以防治湖洪和支流河洪为主，洞里萨湖支流上游山区和暴雨区以防治山洪为主。防洪重点为磅清扬、磅同、暹粒、诗梳风、马德望、菩萨等主要城镇。结合区域特点，防洪总体布局为对历史上受支流森河洪水影响较大的磅同等城镇，考虑堤库结合达其防洪标准；洞里萨湖区其他城镇的保护区加强堤防工程达标建设，新建堤防形成防洪保护圈；对暹粒河城镇河段进行疏挖及清障治理；山丘区采用以山洪沟工程措施与非工程措施为主的山洪灾害防御体系。

(2)西南沿海流域

西南沿海流域主要为山丘区，河道比降大，暴雨和山洪频繁。西部临海区以防治海潮为主，支流上游山丘区以防治山洪为主。防洪重点为戈公、西哈努克、贡布和白马等主要城镇。

结合流域特点，防洪总体布局为采取建立监测预警系统和群测群防的组织体系、风险区管理、编制防御预案、宣传教育等非工程措施，结合堤防、护岸等工程措施，逐步形成完善的山洪灾害防治体系。

2.4.2.4　主要防洪治理方案

湄公河三角洲区和洞里萨湖区是柬埔寨防洪治理的重点，防洪必须贯彻“蓄泄兼筹，以泄为主”的指导方针，采取综合措施，通过合理加高加固及新建堤防，整治河道，结合兴建支流水库等工程措施与非工程措施相结合，确保重点地区防洪安全。

(1)堤防工程

重点集中于金边、上丁、桔井、磅湛、达克茂、磅同、马德望等重要城市和一些地级城市、人口集中的社区及城镇周边的部分连片农田。对于湄公河三角洲区和洞里萨湖洪泛区的农田，结合柬埔寨“适应洪水而生”的治水理念和利用洪水肥沃农田的传统习惯，维持洪泛区天然状态，不考虑建堤挡水，以调蓄湄公河洪水。拟新建堤防约 60km、加高加固现有堤防约 240km。为防止干流洪水倒灌，可考虑在一些重要支流入汇处修建挡水闸。

(2)河道整治

结合湄公河干支流局部河道实际情况，对城镇河段采取必要的清淤疏浚、扩卡等措施。对洞里萨湖支流入汇的河段进行河道整治，增强局部河段的行洪能力。暹粒河口段实施以清淤为主的河道整治工程，整治长度约 6km。湄公河干支流有 9 个崩岸较严重的河段，河段长约 43km(图 2.4-4)，要开展监测与治理，控制和改善河势，稳定岸线。

Table of Bank Collapse Harnessing over the Reaches in Cambodia

Province Name	District Name	River Name	River Reache	Bank Collapse Occurrence Time	Harnessing Lenghth (km)
Kampong Cham	Krouch Chhmar	Mekong River	Krouch Chhmar	2007/7/5	8
	Stueng Trang		Preaek Bak	2015/6/17	6.8
	Kaoh Soutin		Pongro	2009/8/5	5.2
			Preaek Pou	2007/9/23	5.7
	Srei Santhor		Mean Chey	2007/8/23	3.8
Kandal	Mukh Kampul		Roka Kaong Muoy	2013/9/20	1.9
	Leuk Daek		Preaek Dach	2009/10/0	5.5
	Ponhea Lueu	Tonle Sap River	Preaek Ta Teaen	2012/4/4	5.2
	Krong Ta Khmau	Bassac River	Daeum Mien	2008/5/5	1
Total					43.1

图 2.4-4　河道崩岸治理位置示意图

(3)防洪水库

在具备条件的河流上结合水资源利用、水力发电等综合功能建设具有防洪作用的水库工程是很好的防洪解决方案。经分析，可考虑在特瑙河建设 PrekThnot 水库，提高下游达克茂市的防洪能力；在森河上游建设 Dang Kambet 水库(图 2.4-5)，提高下游磅同等城镇及农田的防洪能力。此外，优化调度"3S"河的雅里等大型水库，通过拦洪错峰提高上丁河段的防洪能力。

图 2.4-5 Dang Kambet 水库位置示意图

研究结果表明，上述水库采用兴利与防洪相结合的调度方式，雨季拦蓄入库洪水并充蓄水库、旱季放水为下游提供农业灌溉和城市生活用水，预留防洪库容基本不额外增加工程投资。今后，在开展水库勘察设计时，需要进一步论证研究防洪库容规模及调度运用方式。

(4)山洪灾害防治

总结中国比较成熟的防治经验，山洪灾害防治应以防为主、防治结合，以非工程措施为主，工程措施与非工程措施相结合。

对河流上游易受山洪袭扰的城镇河段，可结合堤防、护岸、谷坊、撇洪沟、截流沟、排洪渠道等工程措施，进行山洪沟工程治理。

其他受山洪灾害威胁的地区，以非工程措施为主加以预防。补充完善雨量、水位等监测站点和无线预警广播站、警示牌等报警设备，使防治区所有社区具有监测报警设施，增强全国预警平台与省级平台互通功能，并向下延伸至基层，提高山洪灾害监测和预警信息发布能力；编制和落实山洪灾害防御预案，持续开展山洪灾害防治宣传、培训和演练等群测群防工作。

对处于山洪灾害危险区、生存条件恶劣、地势低洼而治理困难的地方，居民应实施搬迁等避让措施。

(5)防洪非工程措施

防洪非工程措施是流域防洪减灾体系的重要组成部分。利用现代电子信息管理技术及通过法律、行政、经济管理手段，及时、准确地掌握洪水规律，通过科学调度指挥，弥补工程设施的不足，将洪水灾害造成的损失降到最低。根据柬埔寨经济社会及防洪特点，防洪非工程措施主要包括建设柬埔寨水情信息监测系统、洪水预报预警系统及会商系统，健全和完善防汛通信网络；编制湄公河三角洲区和洞里萨湖区的超标准洪水防御预案、防灾预案及救灾措施，建立灾害预警及应急响应机制；编制主要水库的汛期调度运用计划，充分发挥水库的综合效益、最大限度地避免和减少洪涝灾害造成的人员伤亡和财产损失，做到有计划、有准备地防御洪水，充分发挥水库削峰、错峰和调蓄洪水的作用，减少水库下游洪水压力；加强流域保护，防止水土流失加剧，减轻河湖淤积；制定完善的防洪政策法规体系，加强防灾减灾宣传，增强群众防洪意识和自律意识，充分调动全社会的力量防洪减灾，充分重视和发挥非工程措施在防洪治涝中的作用；加强防洪减灾风险管理，编制湄公河三角洲区和洞里萨湖区的洪水风险图，标识在不同频率洪水下的淹没范围、水深、损失情况等要素。

2.4.3　因地制宜解决治涝难题

2.4.3.1　涝区特点与涝灾成因分析

柬埔寨涝区分布与其河流水系、地形条件密切相关，主要分布于湄公河干流上丁—桔井河段沿河区域、湄公河三角洲区和洞里萨湖区，总面积约 1300km^2。致灾成因主要有降雨强度大、“客水”多、排涝能力不足等。湄公河流域汛期暴雨覆盖面广、强度大、持续时间长，短期集中的暴雨与长期连续的降雨均能导致渍涝灾害。同时，湄公河洪水峰高量大，历时较长，湄公河干流洪水来量与河道泄流能力不足的矛盾十分突出，洪水极易溢出河槽，造成两岸农田和社区淹没，以桔井河段为例，平均每年泛滥达 48d。涝区大量积水受湄公河洪水顶托，不但宣泄不畅而且受倒灌影响，致涝成灾。此外，湄公河干流金边以下河段，排水还受潮水位顶托影响，排泄不畅，形成涝灾。

2.4.3.2　治涝总体思路

按照因地制宜、综合治理的原则，在充分利用现有排涝设施的基础上，全面规划，综合治理，内蓄外排兼顾，上下兼顾，自排与提排相结合，合理利用湖泊湿地等调蓄涝水，统筹考虑防洪、排涝与灌溉。

治涝标准参考中国《治涝标准》(SL 723—2016)，考虑治涝对象特点和经济社会地位，拟定金边市的治涝标准为 20 年一遇 24h 暴雨 24h 排除，其他城市及经济作物区的治涝标准为 10 年一遇 24h 暴雨 24h 排除；农田的治涝标准为 10 年一遇 3d 暴雨 3d 排至农作物耐淹深度。

治涝目标主要是开展城市及主要作物区等易涝区治涝工程建设，因地制宜地实施工程措施建设，使其达到不同片区所拟定的治涝标准，未来随着经济社会的发展，有条件的地方应适当提高治涝标准。

2.4.3.3 治涝方案布局

柬埔寨涝区治理坚持排、滞、蓄相结合，逐步形成综合治涝体系。防洪保护区采用区内水系自排、洼地滞水、湖泊调蓄与闸、泵相结合的方式达到各区域治涝标准。

(1)桔井以上河段

桔井以上河段沿河涝区治涝以排为主，排蓄结合，适当修建闸、泵，并通过一定水面率的洼地、沟塘作为调蓄区。桔井城市易涝区在充分发挥湖泊调蓄的基础上，考虑建设闸、泵外排；其他城市易涝区通过闸、泵排水。拟建设 8 座泵站和 5 座水闸，排涝能力约 $75m^3/s$。

(2)湄公河三角洲区

结合治涝现状，湄公河三角洲治涝按照“以蓄为主、蓄以待排”的方式，由河网水系、人工渠道、沿河排水闸(涵)、排涝泵站共同构成排水治涝系统。治涝措施如下：①在雨季，当湄公河水位低于湖泊水位时，通过水闸、沟渠及时排除湖泊内调蓄雨水，增加湄公河高洪水位时湖泊的调蓄能力；②新建适量的排水泵站，提高外排能力。拟建 17 座泵站和 19 座水闸，排涝能力约 $500m^3/s$。

(3)洞里萨湖区

根据“高水高排、低水低排、围洼蓄涝”的原则，洞里萨湖区治涝在合理保留排涝片区内的湖泊、河港及洼地以利蓄涝，及充分利用已有工程的基础上，采用闸、泵措施排水。在马德望、磅同等易涝区考虑湖泊调蓄的基础上，拟建 12 座泵站和 9 座水闸，排涝能力约 $340m^3/s$。

2.5 水资源保护方略

2.5.1 拟定适应性的保护目标

充分考虑柬埔寨所处发展阶段和经济社会特点、总体布局安排，拟定以下与之相适应的水资源保护目标。

(1)加强污染源治理,逐步实现水环境系统的良性循环

到 2035 年,维持湄公河干流良好的水质,遏制支流污染加重,城镇生活废污水处理率达 80%~85%;农业面源污染得到有效控制,洞里萨湖区水质明显改善,富营养化及富营养化趋势得到明显控制,地下水砷污染得到有效控制。

(2)做好饮用水水源保护,保障柬埔寨国家饮用水安全

开展城镇饮用水水源保护区划分,加强水源保护区隔离防护和污染治理,地表水水质达到以公众健康为衡量尺度的水质标准,基本解决流域内农村供水安全问题,完善水资源保护监控体系,到 2035 年,城镇供水安全得到保障,金边、马德望、暹粒等重点城镇供水水源水质达标率达到 90%以上,农村地下水水源水质得到改善。

(3)加强环境治理与修复,维系区域良好生态环境,维系生物多样性和生态系统的完整性

对洞里萨湖水生生物、多功能区域、自然保护区、湿地等敏感区域生态环境进行保护;加强湄公河区水生态环境保护;加强生态需水管理,满足重要河流的生态需水要求。

(4)强化监测站网建设,提升水环境监测能力

强化监测站网建设,完善流域水环境监测网络,掌握湄公河干流及主要支流水质变化状况,保障饮用水水源水质安全。

2.5.2　制定适应性的保护布局

结合柬埔寨自然特性、经济社会条件和水资源开发利用现状,坚持量水而行、因水制宜、以水定产,高度审视人口、经济与资源环境的关系,强化水资源环境刚性约束,统筹自然生态各要素,统筹开发与保护,制定与柬埔寨发展阶段及发展特征相适应的水资源保护总体布局。

东北部山区要把维护良好的生态环境放在突出位置,以水源涵养和生物多样性保护为重点,加强公河、桑河、斯雷博河等湄公河支流水污染综合治理,重点加强砷排放控制,加强桑河东部干流沿岸以及湄公河干流沿岸上丁等市附近的农业面源控制;加强水土保持和上游植被保护;加强桑河和斯雷博河主要控制断面生态需水保障,加强水质监测能力。

湄公河上游区,严格控制污染物排放,加强湄公河干流及 Prek Preah、Prek Kampi 等支流水污染综合治理;做好饮用水水源地安全保障工作,加强上丁和桔井等城市生活污水收集和集中处理,加强地下水污染防治,保障饮用水安全;完善水质监测网络,维持水环境良性发展,实现区域治理开发与生态环境保护的同步双赢。

湄公河三角洲区和巴萨河区加强金边、茶胶等重点城市河段的水质保护,构建以湄公河、洞里萨湖为主体的生态系统;加强湄公河干流及特瑙河、凯河等支流水污染综合治理,加强地下水污染防治,加强甘丹、茶胶、金边等省(市)附近的农业面源控制;加强水质监测能力,保障金边、柴桢等省(市)的饮用水安全。

西南沿海地区加强 Prek Koh Pao、Prek Sre Ambel 等河流的农业面源污染，加强 Botum Sakor、Peam 等自然保护区的生态保护与恢复，强化水土保持。

洞里萨湖上游地区加强区域内上丁河、马德望河等主要支流水污染综合治理，加强马德望、暹粒、班迭棉吉等市的农业面源控制，加强 Boriam Daun Sam 自然保护区的生态保护与恢复、强化水土保持；中游地区加强菩萨、磅湛等重点城市河段的水质保护，加强地下水污染防治，强化洞里萨湖总磷污染控制，以洞里萨湖水体和湿地为核心，构建沿湖岸线芝格楞河、Stung Staung、菩萨河、森河等河流生态廊道，加强洞里萨湖湿地生态修复；下游地区以污染治理和生态修复为重点，加强水质监测能力，严格控制主要污染物入河总量，改善水环境，保障供水水质安全。

2.5.3 执行适应性的保护对策

2.5.3.1 加强饮用水水源地保护

(1)划分饮用水水源地保护区，加强城镇饮用水水源保护

为防止饮用水水源地污染、保证水源水质，在城镇饮用水取水口一定范围内划定一定范围的水域和陆域作为饮用水水源保护区，以有效保护城镇居民饮水安全。重点加强金边、马德望、暹粒、干丹、上丁、桔井、柴桢、西哈努克等省（市）饮用水保障工程建设，包括点源污染治理、面源污染源控制、隔离防护、水域净化及生态修复等工程建设，严防养殖业污染水源，禁止有毒有害物质进入饮用水水源保护区，保障马德望河、桑河、公河、菩萨河等河流水质达到以公众健康为衡量尺度的水质标准，确保居民饮用水安全。

(2)加强饮用水水源保护与管理

加强饮用水水源地保护相关法规，明确水源保护区保护要求，发挥政府在保障水安全方面的统筹规划、政策引导、制度保障作用。地方政府根据保护饮用水水源的实际需要，制定保障金边、马德望、暹粒、干丹、上丁、桔井、柴桢、西哈努克等省级饮用水水源安全保障的法规，并明确各饮用水水源保护区保护方案，确保饮用水安全。加强水源地水质、水量监测与监控，建立河流水源地保护管理数据基地，强化水源地基础信息收集与管理。针对农村饮用水安全及村民对环境保护意识不够问题，逐步启动农村分散式饮用水水源污染防治工作，加强地下水型水源的封闭管理，以及周边与供水设施和保护水源无关的建设项目的监管，禁止地下水水源周边生活垃圾堆放等可能污染水体的活动，加强地下水监测网络建设，加大宣传力度，提高公众环保意识，推动饮用水水源环境保护工作。

2.5.3.2 加强污染源治理

加强污水处理基础设施建设，提高城镇污水的收集率和处理率。统筹建设磅湛、金边、干丹、波萝勉、柴桢、茶胶、白马、磅士卑等省（市）污水集中处理设施及配套管网，并对城镇污水集中处理设施的出水水质和水量进行监督检查。加大对洞里萨湖磅清扬、班迭棉吉和菩

萨3省的城镇生活污水的处理力度，针对 Phnom Krom、Back Prea 等水质状况较差的支流，加强马德、暹粒等省（市）城镇生活污水处理能力，加快其城镇污水处理设施及其截污管网系统的配套建设，加强入湖排污口的监督管理。通过实施污水集中处理，削减入湖污染负荷，有效控制由城镇生活、工业污染、畜禽养殖等途径进入湖泊的污染负荷，保护湖区水质，预防洞里萨湖水体富营养化。

强化工业污染治理。合理规划工业布局及提高污水处理率，提高水的重复利用率，减少废水和污染物排放量。排放工业废水的企业采取有效措施，收集和处理产生的全部废水，防止污染环境。政府部门鼓励支持发展新技术、新工艺减少污染物质的产生，对严重污染水环境的落后矿山企业等工艺和设备实行淘汰制度。新建立企业严格开展环境影响评估，对于污染严重的产业需慎重选址，并加强管控，严格控制含砷废水排放企业的审批。重点加强洞里萨湖区、湄公河三角洲区、东部“3S”流域、湄公河上游流域工业废污水处理，特别是砷元素处理，工业废水达标排放，加强区域产业结构调整，采用清洁生产工艺，改善洞里萨湖及其支流、柬埔寨境内湄公河下游水体环境，遏制地下水砷污染；加强对城郊周边的工业企业的污染排放管理。

减少农药化肥使用，加大面源污染治理力度。根据灌溉发展布局，在洞里萨湖区、湄公河三角洲区、东北部山区以及西南沿海区加强农业面源污染控制，提高农药、化肥的利用效率，控制或削减化肥、农药的使用量，扩大有机肥的生产和使用，以降低农药、化肥流失造成的入湖污染负荷；优化调整农业内部产业结构；加强对森林的保护与管理，减少水土流失。建设缓冲带及人工湿地，有效地防治面源污染，改善区域环境。禁止非法或过度捕捞，保护湄公河和洞里萨湖等生态环境。

强化洞里萨湖周边点源污染治理，加快湖周边集中式污水、垃圾处理设施和污水收纳管网建设，提高工业废水收集处理能力；加快推进湖周边城镇污水处理厂及其管网配套建设，推进中游地区农村人居环境综合整治，强化中游地区砷污染防治，优先开展农村饮用水水源等敏感区域的存量垃圾治理工作。加强洞里萨湖入湖支流水环境治理，加强入湖支流暹粒河、马德望河、菩萨河、波里波河等水质管理与监测，合理规划入湖排污口的空间布局，全面整治已有入湖排污口，严禁直接向湖区及其支流排放工业和生活废污水，加强入湖排污口监测与监控。开展洞里萨湖周边环境综合整治，通过对湖岸的整治、基底的修复，种植适宜的水生、陆生植物，构成绿化隔离带与缓冲带，维护河流良性生态系统；对湖周边生态破坏较重区域，在湖周边建立生态屏障，减少农田径流等面源对湖库水体的污染，减缓周边水土流失；对湖周边的自然滩地和湿地进行保护和修复，采取适宜技术措施综合控制内外源污染，保护湖区水质。

加强洞里萨湖水域船舶垃圾、油废水两站建设，加强危险化学品船舶安全监管，对危险化学品运输公司和船舶实施安全体系审核，严格危险化学品运输船舶监管措施，加大船舶污染防治宣传力度，提高广大从业人员的防污意识；开展港口水污染防治工作，推进港口集约化、规模化和环保化，积极建设生态航道，美化和净化水环境。

2.5.3.3 加强生态环境保护

在河流挡水建筑物中建设或预留过鱼设施，保障河段水生生境的连通性，为鱼类下行和上溯产卵提供通道。加强 Virachey、Botum Sakor、Peam 等自然保护区的生态保护与恢复、强化水源涵养林建设。落实《柬埔寨环境保护及自然资源管理法》相关要求，限制自然保护区内进行的开发活动，保持自然保护区内的原生生境。加强水生生物监测与调查，禁止非法或过度捕捞，强化各项资源保护管理制度，规范采捕行为，保护湄公河和洞里萨湖等生态环境。统筹防洪、发电等与生态的关系，在满足下游生态保护和库区水环境保护要求的基础上，加强水资源和水工程统一调度，对调节性能较强的水电站，如"3S"流域的 Se San Ⅱ和Ⅲ、SrepokⅢ、沿海流域的 Stung Russey Chrum 等水电站，提出水电站下泄生态水量要求，保障河湖生态用水，确保河流水系的水流连续性，促进水体自我调节功能的恢复。加强洞里萨湖生态修复，在堤防建设、岸线利用工程中积极采取生态措施，实施湿地植被恢复工程，恢复受损湿地生态系统功能。

2.5.3.4 建立和完善水资源保护管理体系

(1)加强法律法规建设

目前，柬埔寨涉及水资源保护的法律法规包括《柬埔寨环境保护及自然资源管理法》《柬埔寨关于水污染管理的行政法规》《柬埔寨水资源管理法》等。但各项法规不成体系，政策和法规不健全，难以保证水资源保护工作的开展与管理，加大水资源保护方面的法律法规建设，从保护体制机制建设入手，注重上层规划与设计，制定一套水资源保护管理法律体系，明确水资源保护相关部门工作职责，细化法律实施细则。健全水资源保护监督管理和考核机制。另外，制定洞里萨湖流域综合管理的专门法律，将水资源保护内容作为其中的重要条款。

(2)强化能力建设

建立水资源保护管理体系，增强管理能力。柬埔寨全国水资源管理主要由柬埔寨水利气象部负责，但涉水的相关部门还有农林渔业部、农村发展部、公共工程与运输部、国土城市规划与建设部等，建立部门联动制度，各部门间分工、责任明确，提升水资源保护管理能力。

(3)完善监测监控能力

完善水环境监测网络，加强监测能力建设。目前，柬埔寨水环境监测网络不够完善，仅靠湄委会的资助开展了 19 个站点的常规监测，且监测指标有限。为了能及时掌握全国的水资源水质状况，加大监测投资力度，提高监测能力，基于已有的 19 个监测站点，根据支流水资源利用、污染源分布、取水口分布等信息，优化监测站网布局，新增 16 个水质监测站点(图 2.5-1)，建立实时、快速、准确、自动化的水质监测系统，以加强芝格楞河、菩萨河、特瑙河、西公河等流域水质监测能力；增加监测人员、实验室仪器设备等配置，加强能力建设。

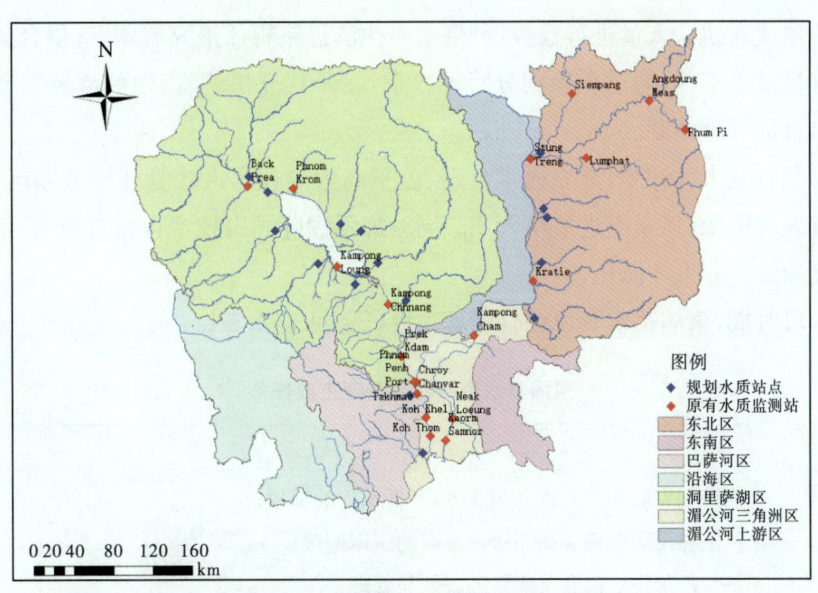

图 2.5-1　柬埔寨水质监测站规划分布

(4)加强科研、监督管理

加强对入河排污口监督管理，完善排污口基础数据库，加强入河排污口监控系统建设，及时准确地把握排污动态变化，为相关行政主管部门提供管理决策的基础资料；强化重要水源地和重要水域自动监测、远程监控，加强应对突发性水污染事故和应急监测能力建设，成立应急指挥机构，建立技术、物资和人员保障系统；落实重大事件的值班、报告、处理制度，形成有效的预警和应急救援机制；加强水生生物资源监测和科研工作。

2.6　水资源管理方略

2.6.1　明晰管理任务

重点从水资源管理立法、行政体系建设、应急管理和能力建设 4 个方面进一步加强水资源管理，积极探索和推进水资源综合管理，在柬埔寨主要流域建立完善的流域规划体系制度；建立高效的水行政审查、审批制度；实现水质、水量和水生态与环境信息的联合检测和采集；科技支撑能力、人才队伍保障进一步提高，力争使柬埔寨水资源管理水平明显提高。

陆续推进防洪、水污染防治、水土保持、地下水保护、取用水等涉水法律立法进程，逐步填补水资源管理法律制度的空白；研究和出台一批重点流域管理条例和部门规章，为重点流域管理提供法律保障。

建立部际协调机制，打破部门之间的行政壁垒；建立水行政许可制度；制定和落实水行政执法责任制度、执法巡查制度、评议考核制度以及行政审批事后监督制度，做到执法有章可循、管理有序；推行执法责任制度，加强执法的外部监督，接受社会公众监督，定期或不定期对执法单位或者执法人员进行检查，严格落实执法过错责任追究制度；选取合适流域开展流域综合管理试点工作，通过合理划分管理权责，逐步建立协调、高效的流域管理与行政区域管理相结合的管理体制。

制定水利行业人才计划，建立科学合理、公平高效的技术人才管理体系和运行机制，充分开发现有人力资源，抓紧引进紧缺人才。同时加强国际国内技术合作与交流，培养具有国际视野的创新型专业人才队伍。

未来一段时期，柬埔寨水资源综合管理主要任务见表 2.6-1。

表 2.6-1　柬埔寨水资源综合管理主要任务

领域	主要任务
灌溉	·明确国家和用户的权利与义务，开展水权的确权； ·从法律层面明确农民用水户协会的法律地位； ·进一步加强农民参与灌溉的规划与管理
渔业	·加强不同部门的协调管理； ·加大法律和规章的实施力度； ·制定渔业养殖和捕捞规范，保护鱼类的繁衍与生长
水电	·制定水电开发的政策、导则，以及法律框架； ·加强公众参与，为公众搭建参与平台； ·执行符合国际通行标准的相关评估和审查制度
供水	·制定出台水资源供给和水质标准； ·制定国家层面统一的水资源供给和卫生政策； ·明确卫生与水用户组角色和职责； ·建立明确的机制、流程，提高公众参与，尤其是贫困户的参与； ·为私营部门参与供水提供机会
防洪	·在《水法》和《柬埔寨水资源管理法》的基础上，完善制定相关的条例、规章和技术导则； ·构建由柬埔寨皇家政府统一协调，各部门、地区共同参与的防洪行政体系； ·增强各级防洪部门与机构的能力建设，改变人员配备不足，技术能力不强的现状

2.6.2　建设管理体系

2.6.2.1　制度建设

(1)制定总体管理目标

随着水资源所面临的问题越来越严峻，政府组织、企业和家庭在水资源利用上的利益诉求出现较大的差异化。例如，政府组织的主要目标是促进水资源利用的公平性与合理性，减少水资源浪费与污染；企业的主要目标则是实现利润最大化，在监管不力的情况下往往不太重视水资源保护；家庭则是将水资源视为生存的必要条件。水行政主管部门需要摸清全国范围内水量与水质的基本情况，针对不同流域制定水资源管理总体目标。

(2)建立水资源应急管理机制

在水资源应急管理机制下开展水资源突发事件与应急管理的机制分析，掌握突发事件的内在机制，以便迅速有效地采取合理的应对措施；加强水资源突发事件的全生命周期管理，包括灾害应对策略的演变和应急管理阶段划分；开展突发事件应急管理中风险评价、损失评价与可恢复性评价等；制定水资源应急管理预案，明确各部门在突发事件中的职责和义务。

(3)建立市场调控机制

目前，水资源管理手段主要有法律手段、行政手段、经济手段和宣传教育手段。法律手段和行政手段具有较强的强制性和针对性，在针对特定的水资源管理问题时效果明显，但在很多情况下，水资源管理中的问题表现出较强的不确定性和模糊性。经济手段以市场为基础，着重间接宏观调控，通过改变市场信号，影响政策对象的经济效益，并引导其改变行为。经济手段具有政策执行成本低、方式灵活和适应性强等特点。柬埔寨应全面建立水资源有偿使用制度，利用水资源费这一杠杆实现水资源的有效管理。

(4)水利工程建设与运行管理

全国所有水利项目，应按照国家或省级人民政府有关主管部门指定的技术标准开展工程设计，经审查批准后方可开工建设。

建立水利工程建设管理的项目法人责任制、招投标制和监理制，加强建设项目质量控制、安全监管和稽察检查，严把工程验收关；项目通过国家或省级政府有关主管部门组织的竣工验收后方可投产运行。

国家和省级政府组织有关部门对所有水利设施开展工程安全定期检查和监督管理。对未达到设计标准或者有严重质量缺陷的工程，主管部门应组织有关单位采取除险加固措施，限期消除危险。对可能出现垮坝的水库，应事先制定应急抢险和居民临时撤离方案。

(5)水资源保护管理

在水系控制节点等重要河段设置水质监测控制断面，定期发布各控制断面的水质信息，确保公众知情权。加强水源地保护，划定饮用水水源保护区，强化饮用水水源应急管理；加强入河排污口监督管理，建立健全入河排污口审批机制，在湄公河干支流新建、改建或者扩建排污口，应由省级以上水行政主管部门和环境保护行政主管部门联合审批。

(6)防洪减灾管理

设立中央防汛指挥机构，指挥全国的防汛抗洪工作，其办事机构设在国家水行政主管部门(水利气象部)。

设立省政府及其有关部门等组成的省级政府防汛指挥机构,指挥各省的防汛抗洪工作,其办事机构设在省级水行政主管部门。

设立县政府及其有关部门、当地驻军负责人等组成的县级政府防汛指挥机构,在省级防汛指挥机构的领导下,指挥各县的防汛抗洪工作,其办事机构设在县级水行政主管部门。

2.6.2.2 能力建设

(1)提高监管手段

实施取用水许可审批制度,落实计划用水管理,依据区域用水计划总量指标,做好取用水户年度用水计划的分解下达和跟踪监管;强化重点区域取用水计量设施安装,大力推广在线计量监控设施,实现取用水远程在线监测。

优化监测站网,完善水质监测站点布局,推动水量、水质、水生态同步发展;加强饮用水水源地、保护区监督性巡查,健全入河排污口和水体富营养化河段的监管体系,制定水污染等突发事件的应急预案,进一步提高水污染等突发事件的响应能力。

(2)水利信息化建设

加快柬埔寨水利信息化规划的编制工作,充分利用现代信息技术开发和利用水利信息资源,实现水利信息的采集、输送、存储、处理和应用的自动化和信息化,从而全面提升水利事业效率和效能。着重开展水利资源基础数据库建设,推行水利工程信息标准化,加强重点流域水资源管理系统、防汛抗旱指挥管理系统等信息系统的建设。利用水利信息化打破数据分散、封闭和垄断的状况,加强信息资源综合集成,建设能够覆盖水资源实时监控与管理各个环节的完整标准体系,规范各流域或区域的系统建设,最终实现全国范围内水资源实时监控与管理信息交互的高速化、规范化、一体化。

(3)专业人才队伍建设

一是统筹做好顶层设计。围绕水利改革发展重点任务,研究确立水利人才优先发展战略布局,全面总结人才工作经验,深入分析形势任务,制定并组织落实水利人才队伍建设规划,明确人才队伍建设原则和目标,不断创新人才开发理念,实施重点人才培养工程,完善人才工作保障措施,推动水利人才队伍建设工作进一步制度化、规范化;二是创新人才工作格局,把人才工作纳入水利发展整体布局,有关部门各司其职、密切配合、统分结合、上下联动、协调高效、整体推进的水利人才工作新格局;三是完善人才评价机制。加强人才评价标准体系建设,着力破解制约基层单位水利专业技术人才发展难题,努力为人才脱颖而出提供保障;四是健全激励约束机制,激励技术技能人员钻研业务,激发各类人员立志成才的内生动力,有力促进水利人才队伍能力素质的整体提升。

2.7　本章小结

在对柬埔寨国家水势进行系统分析的基础上，围绕实现柬埔寨国家发展规划为核心目标，坚持“以人为本、人与自然和谐相处”的治水理念，实行“防洪与抗旱并重、兴利与除害并举”，因地制宜，突出重点，充分考虑需要与可能，按照“全面规划、统筹兼顾”的思路，提出了未来一段时期内的治理方略。主要包括可持续性的水资源综合利用、和谐有序的防洪治涝、严格的水资源保护和有效的水资源管理方案。上述对策付诸实施后，将改善柬埔寨水利基础设施相对落后的状态，缓解大部分区域工程性缺水问题，补强水利薄弱环节，破除水利瓶颈制约，全面提高供水安全、防洪安全和生态安全的保障能力，有效提升柬埔寨水资源综合开发利用对经济社会可持续发展的支撑作用。

“治国先治水”，柬埔寨水资源的治理开发与保护将是一项长期而艰巨的任务，今后需要根据新形势、新要求，以及出现的新情况、新问题，及时研究提出新的水安全对策。

第3章　老挝流域水安全与保障战略

CHAPTER 3

老挝位于中南半岛北部，北邻中国，南接柬埔寨，东接越南，西北连缅甸，西南毗连泰国，是中南半岛北部的内陆国家，国土面积23.68万km^2。老挝属于热带气候，境内水资源丰富，年均降水量超过1900mm。两季分明，雨季6—11月，旱季12月至次年5月，80%以上的降水发生在雨季。湄公河自北向南纵贯老挝全境，干流流经老挝长1988km，相当于在缅甸、泰国、柬埔寨、越南长度的总和。老挝92%的国土面积属于湄公河流域，占湄公河流域总面积的28%，但汇聚了湄公河35%的水资源量。老挝境内水系发育，河流众多，近代经济社会发展与湄公河干支流密切相关，其中面积较大、人口较多的大型河流包括南乌河、南屯河、南俄河、色顿河、南塔河等。北高南低的地势造就了老挝极具禀赋的水能资源，理论蕴藏量高达2650万kW，是国家重要的优势资源。在中央政府打造“东南亚蓄电池”的宏伟战略指导下，老挝大力发展的水电事业正逐渐成为摆脱贫困、逐步实现现代化和工业化的战略依托，将老挝的水资源有效转化为经济资源是实现经济腾飞、摘掉世界最不发达国家帽子的重要保障。但是，由于国家整体发展相对滞后，水资源管理能力较低，水利基础设施严重不足，水利对经济社会发展的支撑和保障能力与现实要求存在很大差距。随着经济快速发展和全球气候变化影响加大，水资源面临的形势越来越严峻，洪涝灾害、局部地区的水资源短缺、水污染现象和水生态环境恶化等问题愈发突出，越来越成为制约当地经济社会发展的重要瓶颈。近年来，随着“一带一路”、中国—中南半岛国际经济合作走廊深入推进，老铁路、磨(憨)—万(象)高速公路、重大水电站等基础设施建设，老挝经济社会发展迎来了新机遇，发展动力较历史任何时候都更加强劲，但也对水资源的综合开发利用与保护也提出了新要求。老挝政府也强烈意识到，亟须开展主要江河流域综合规划，加强流域区域顶层设计，促进老挝人口、资源、环境和经济的协调发展，以水资源的高效可持续利用推动经济社会的持续稳定发展。在澜湄合作机制下通过“中国—东盟海上合作基金”项目资助，选取南乌河和南屯河两个人口和产业不断聚集的流域，先期开展流域综合规划，提出了两个流域的水安全保障战略。

3.1　南乌河、南屯河流域特点

3.1.1　南乌河流域

南乌河(也称南欧河、南欧江)位于湄公河左岸,是湄公河流入老挝后的第一条重要支流,也是老挝境内湄公河最大的支流,发源于老挝北部丰沙里省与中国云南省接壤的边境山脉一带,干流自北朝南流经丰沙里省和琅勃拉邦省,支流延展至乌多姆赛省。南乌河同中国和越南接壤,流域面积为 2.6 万 km^2(绝大部分属于老挝境内,只有支流 Nam Noua 上游约 0.13 万 km^2 位于越南境内),干流全长 484km,天然落差约 1020m,比降约 1.5‰,河口多年平均径流量为 160.7 亿 m^3。

3.1.1.1　地形地质

南乌河流域呈叶片状,南北向长 200～295km,东西向宽 125～150km,干流蜿蜒曲折,具有典型的山区河流特性,河谷深切,两岸地形一般较陡,零星残留二级阶地。地貌以中山、高山和山间平原为主,山脉走向多北西向。分水岭海拔大多在 1300～1800m,由北向南逐渐降低,最高海拔 1961m,位于与中国南班河分界的黑水梁子附近,最低海拔 280m,为河口处,沿河分布有规模不等的构造盆地,海拔一般为 300～500m。河源—孟威河段为上中游,河床平均坡度为 2.85‰,孟威—河口河段为下游,河床平均坡度为 0.51‰。

流域主要出露古生代和中生代地层,新生代地层零星分布,南乌河流域区域地质见图 3.1-1。古生代地层主要发育在流域中部及南部地区,总面积约 1.04 万 km^2。中生代地层在流域出露范围最广,面积达 1.39 万 km^2,主要出露在流域北部及西部的外围地区,东部也见小面积出露。新生代缺失新近系地层,总面积 0.04 万 km^2。南乌河及其支流河谷中分布第四系冲积地层,在河谷两岸零星分布Ⅰ级、Ⅱ级冲积阶地,多为基座阶地。流域在区域构造稳定性方面属于基本稳定区,仅东部小范围地区(邻近越南奠边府)属于次不稳定区。

3.1.1.2　气候水文

南乌河流域属于热带季风气候,温度从北向南逐渐升高,南部琅勃拉邦省最高温度在 34～44℃,最低温度在 3.4～20℃;北部丰沙里省最高温度在 26～35℃,最低温度在 0.4～12.4℃。风向以西北风为主,北部风速相对较小,琅勃拉邦省多年平均风速 3.4m/s,丰沙里省多年平均风速 2.9m/s。西南方孟加拉湾和东南方南海北部湾的暖湿气流是南乌河流域降水的主要水汽来源,降雨主要出现在 5—9 月,形成旱、雨两季,干、湿分明,10 月至次年 4 月为旱季,5—9 月为雨季,雨季降水量可占全年的 80% 以上。流域多年平均降水量约为 1610mm,降水量从北往南逐渐减少,多年平均年蒸发量为 959mm,南乌河流域年降雨等值线见图 3.1-2。

南乌河流域径流主要由降雨补给，河口处多年平均流量 509m^3/s。根据孟威水文站资料统计，多年平均流量 424m^3/s，年径流量 134 亿 m^3。径流的年内变化与降雨的年内变化基本相应。每年 5 月起径流随降雨的增大而增大，7—9 月水量最丰，11 月后由于降水量的减少，径流开始以地下水补给为主，退水至次年 4 月。径流年内分配较不均匀(图 3.1-3)，丰水期(6—11 月)占年径流量的 83.2%，枯水期(12 月至次年 5 月)占年径流量的 16.8%，最枯段的 2—4 月仅占年水量的 5.9%。径流在年际间的变化不大，最丰水年年平均流量为 615m^3/s(2002 年)，最枯水年年平均流量为 223m^3/s(1992 年)，极值比为 2.8 倍。年最小流量一般出现在 3—4 月，多数出现于 3 月，最小月平均流量 41.9m^3/s(2015 年 3 月)。

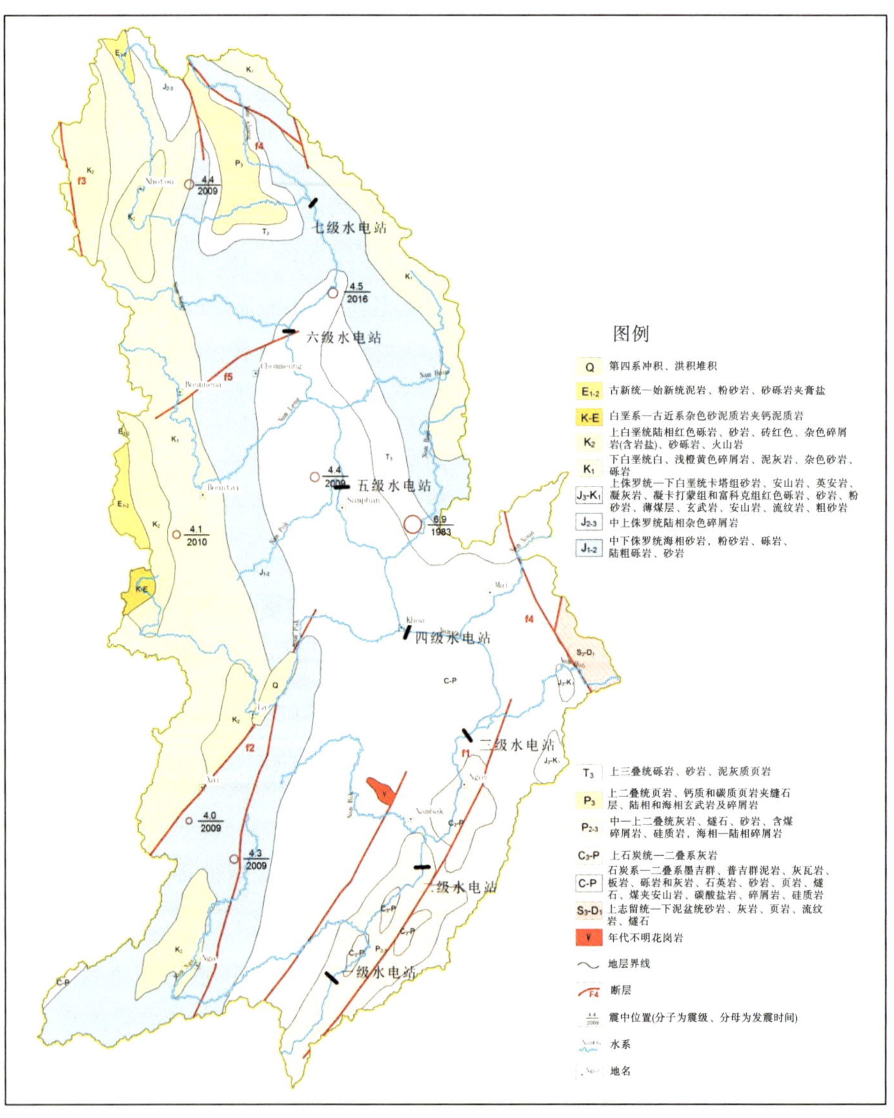

图 3.1-1　南乌河流域区域地质

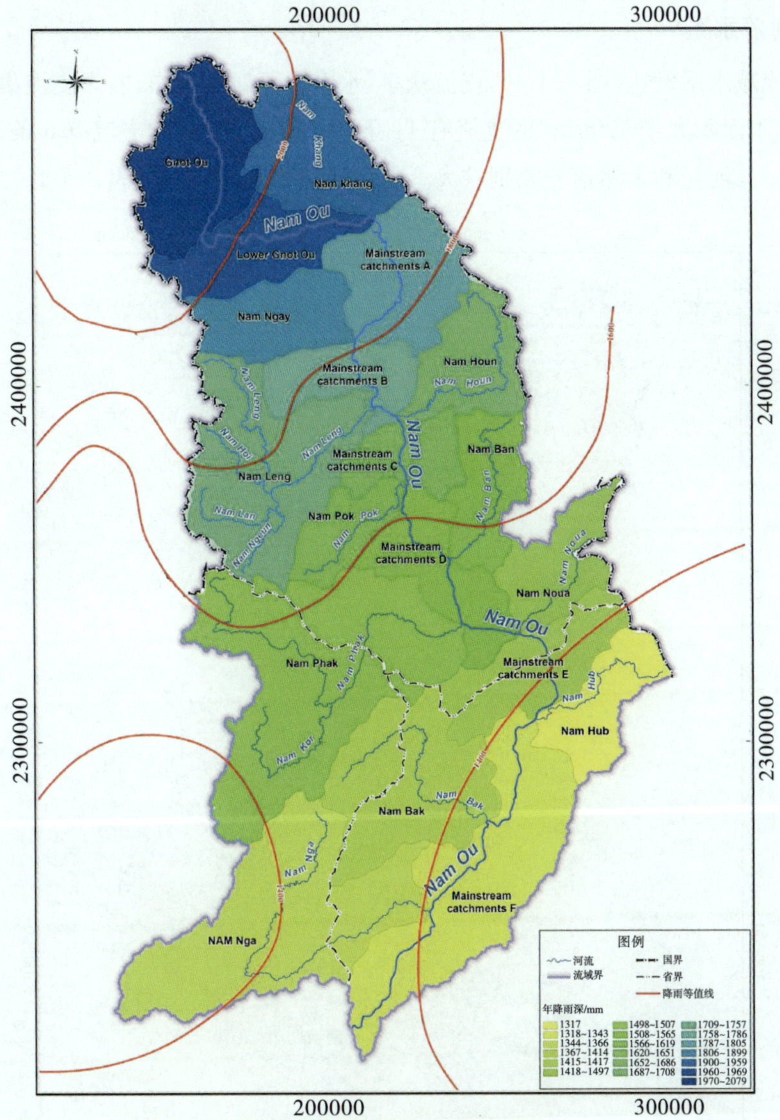

图 3.1-2　南乌河流域年降雨等值线(单位:mm)

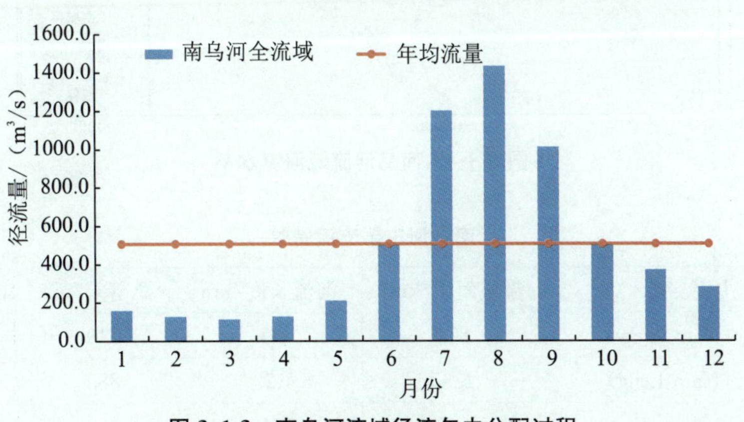

图 3.1-3　南乌河流域径流年内分配过程

3.1.1.3 河流水系

南乌河流域水系发达(图 3.1-4)，支流众多，水系呈不对称分布，右岸支流集水面积大于左岸支流，集水面积大于 500km^2 的支流有 11 条，大于 1000km^2 的支流有 6 条，最大的支流超过 3000km^2。河长和天然落差差别较大。南乌河主要支流特性见表 3.1-1。

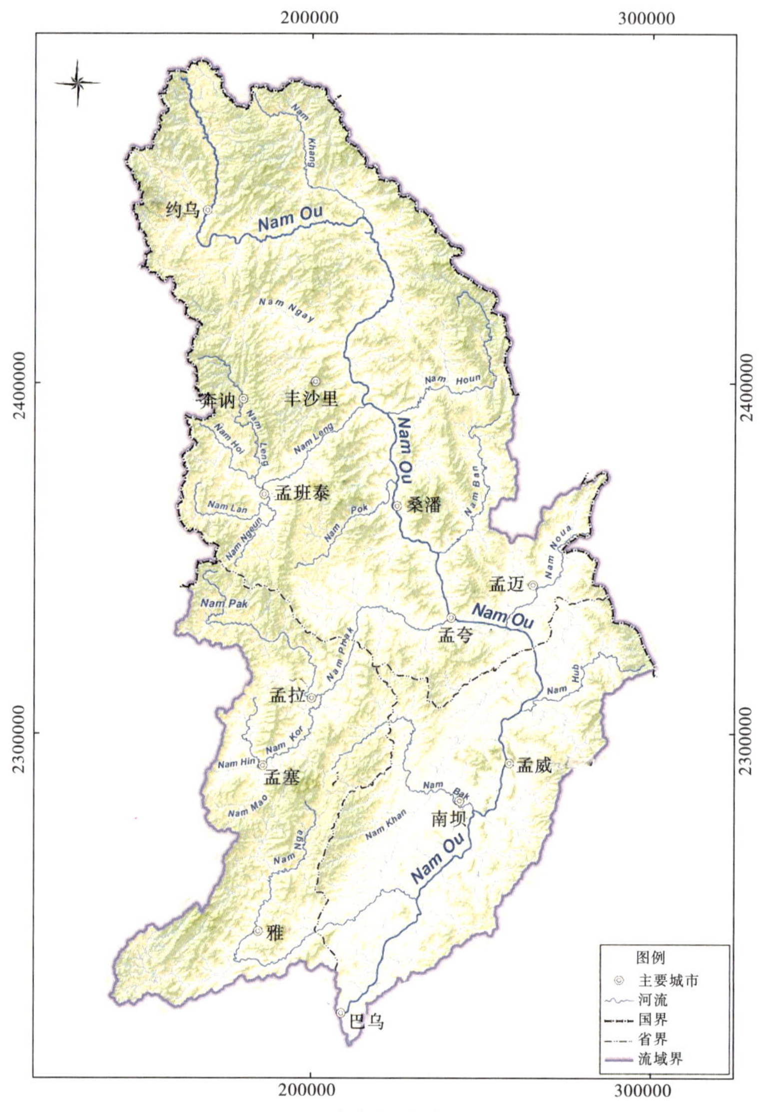

图 3.1-4 南乌河流域河流水系

表 3.1-1 南乌河主要支流特性

序号	主要支流	流域面积/km^2	河流长度/km	总落差/m	年径流量/亿 m^3
1	南给(Nam Ngay)	879	71	740	9.22
2	南冷(Nam Leng)	1865	129	885	17.45
3	南坡克(Nam Pok)	540	52	476	3.66

续表

序号	主要支流	流域面积/km^2	河流长度/km	总落差/m	年径流量/亿 m^3
4	南帕(Nam Phak)	3327	160	766	16.53
	其中:南克(Nam Kor)	1993	79	285	9.90
5	南坝(Nam Bak)	1740	108	422	6.06
	其中:南堪(Nam Khan)	359	34	220	1.25
6	南安(Nam Nga)	2656	162	1091	10.57
7	南康(Nam Khang)	1129	70	413	12.85
8	南混(Nam Houn)	897	96	694	6.83
9	南班(Nam Ban)	752	76	997	4.79
10	南诺阿(Nam Noua)	718	50	109	3.19
11	南哈(Nam Hub)	739	64	914	2.68

3.1.1.4　资源环境

南乌河流域水资源丰富，水能资源富集，多年平均水资源量为 160.7 亿 m^3，人均 4 万 m^3，是世界平均水平的 5 倍。水能资源技术可开发量为 1670～1850MW，其中干流技术可开发量约 1300MW。

土地总面积 246.7 万 hm^2。其中，耕地面积 7.0 万 hm^2，占总面积的 2.84%；园地面积 4.9 万 hm^2，占总面积的 1.99%；林地面积 216.7 万 hm^2，占总面积的 87.84%；草地面积 5.0 万 hm^2，占总面积的 2.03%。

森林覆盖率高，大部分地区维持了原始森林风貌，生物资源丰富，具有典型的热带—亚热带生物群特征。植物以常绿阔叶林为主，包括苦槠、青冈、冬青和石蕨，林中生活有白颊长臂猿、佛朗索瓦叶猴、法氏叶猴、白臀野牛、马来穿山甲、中国穿山甲、越南大麂、斑头大翠鸟、冠鱼狗、小鱼鹰、褐河乌、大犀鸟、棕犀鸟和棕颈犀鸟等物种。

矿产资源种类多，主要种类包括铅、锌、镍、金、铜、铁等，其储存量还有待探明。

旅游资源丰富。琅勃拉邦是老挝著名的古都和佛教中心，是世界十大旅游地之一，保存近 700 座古老建筑物，1995 年 12 月被联合国教科文组织列入《世界遗产名录》。丰沙里省民族文化和历史景区独具特色，山地部落徒步游尤其著名。

生态环境状况良好，自然资源和生物种类丰富，森林资源分布广泛，森林覆盖率高达 87.8%，高于老挝全国平均水平。流域内有 Phou Den Din 和 Phou Hiphi 两个国家级生物多样性保护区。其中，Phou Den Din 保护区位于东北部与越南交界区域，面积约 21.2 万 hm^2，是流域内最早的国家级生物多样性保护区。Phou Hiphi 保护区位于孟赛市东边，面积约 8.63 万 hm^2，2013 年升级为国家级生物多样性保护区。根据老挝国家保护区制度，国家级自然保护区划分为绝对禁止区、管控区和衔接区三个区域，若未经老挝政府部门许可，区域内禁止从事非法伐木、采猎、捕鱼、采矿、修建水库或公路等活动。

3.1.1.5 河流水资源综合开发利用

1995 年，以美国 R. W. Beck 公司为主编制了《南欧江水电工程预可行性研究报告》，报告中研究了 9 个坝址、3 种方案，推荐 2 号和 8 号坝作为南乌河干流开发方案。其中，2 号坝为高坝大库方案，正常蓄水位 410m，最大坝高 140m，有效库容 100 亿 m^3，电站装机容量 900MW，淹没搬迁安置人口 4.5 万人；8 号坝电站装机容量 600MW。2005 年末，四川省水利水电勘测设计研究院编制了《南欧江水电梯级开发研究报告》，初步拟定干流五级开发方案，全梯级总装机容量 1164MW。该方案涉及移民人口达到 5.49 万人，占 2005 年全国总人口的 9.7‰，移民数量大，搬迁安置难度大，淹没公路 165km，其中包含万象通往老挝北方各省的 13 号公路 80km，涉及淹没耕地、林地等亦较多。2007 年 6 月，中国水电顾问集团昆明勘测设计研究院(以下简称“昆明院”)编制完成了《老挝南欧江水电规划报告》。规划河段为孟乌代(孟约乌)—湄公河汇口河段，全长约 405km，天然落差 427m，推荐一库七级开发方案，总装机容量 1143MW，全梯级联合运行保证出力 412MW，多年平均年发电量 49.77 亿 kW·h。2008 年 8 月，昆明院在《老挝南欧江水电规划报告》的基础上，对坝址、水文资料、水库特征指标、水库淹没等情况进一步复核，完成《老挝南欧江水电规划复核报告》，仍推荐一库七级开发方案，总装机容量调整为 1155MW，全梯级联合运行保证出力 435.5MW，多年平均年发电量 50.29 亿 kW·h。

目前，南乌河干流孟乌代(孟约乌)—湄公河汇口河段正按照上述规划有序开发，已建成 3 座电站，正在建设的 4 座电站将于 2020 年底全部并网发电，即干流河段规划梯级基本建设完成。7 座电站总装机容量为 1272MW，7 级电站自上而下为：南乌 7 级(210MW)、南乌 6 级(180MW)、南乌 5 级(240MW)、南乌 4 级(132MW)、南乌 3 级(210MW)、南乌 2 级(120MW)、南乌 1 级(180MW)。南乌河支流已建、正建水电站 2 座，分别为 Nam Kor 河上的 Nam Kor(1.5MW)和 Nam Nga 河上的 Nam Nga2(14.5MW)，装机容量共计 16MW。总体看来，南乌河干支流已建、正建水电站合计 9 座，总装机容量 1288MW，约占南乌河流域技术可开量的 77%，开发利用率较高，其中干流已基本开发完毕。

根据老挝农业普查等相关资料统计，南乌河流域内重点灌溉工程共 169 座，总灌溉面积 16256hm^2，有效灌溉率 23.06%。雨季有效灌溉率高于旱季。其中，雨季水稻的灌溉面积 12373hm^2，有效灌溉率 27.6%，占雨季总灌溉面积的 70%；旱季水稻的灌溉面积 1106hm^2，有效灌溉率 11.8%。玉米、薯类、蔬菜等其他作物的灌溉面积 3882hm^2，有效灌溉率 14.7%。多年生作物需水量较小，一般靠天然降雨，灌溉面积相对较少。

3.1.1.6 治理开发与保护主要问题

南乌河的水资源总量 160.7 亿 m^3，随着当地水电开发、中老铁路及其他基础设施开发，经济社会水平及水资源综合利用处于高速发展的阶段，尤其是水电开发，自 1995 年以来就不断在研究南乌河水电梯级开发。截至 2020 年底，由中国电建海投公司、老挝南欧江发电有限公司建设的南乌河七级电站全面竣工投产，极大带动了老挝经济社会发展，巩固加强了老挝作为东南亚蓄电池的地位。然而，除水电开发外，全流域的城乡供水和灌溉还处于不够完善的水平，尽管南乌河水资源禀赋优良，但有调蓄能力的高坝大库未充分发挥供水和灌溉效益。从城乡供水角度而言，保障率不高，水厂处理工艺相对落后，另外还存在诸如农村饮水安全问题突出、污水处理设施落后、供水工程管理能力不足等问题；从灌溉角度而言，未发挥和利用好山区有限耕地资源，已建工程多为简易引水闸和滚水坝，基本无调蓄能力，且存在年久失修、缺少维护、抵御自然灾害能力差等问题，工程效益低下，大部分农田处于“雨养”状态，粮食产量低，粮食安全无法保障。

南乌河流域的防洪减灾也较为严重。作为一条典型的雨洪河流，暴雨强度大，主要城市与耕地大多位于河岸阶地和山地中平坝区域，受洪水威胁大。再加之流域内地形坡度大，河流比降陡，洪水汇流时间短，洪峰高，流域干支流河道均无堤防、护岸等防洪工程，仅能依靠干流已建七级电站发挥一定的滞洪作用，使得流域经常发生暴雨洪水造成的洪灾，南乌河流域 1992 年、1996 年、1997 年、2002 年和 2016 年等均发生过大洪水。

随着经济社会的快速发展，南乌河流域水土资源保护面临的问题也在逐步加大，湄委会在 Ban HatKham 水质监测站自 1985 年以来收集的水质监测结果表明，南乌河干流水质没有呈现出明显的变化趋势或极值，但总体有下降趋势，已产生的生活、工业、农业污染规模不大，但政府的水污染监管和治理意识不足，这一短板将随着经济规模的加大而逐渐加剧。全流域水土流失成因以自然因素，受人类活动的影响不大，这主要是由于全流域基础建设规模较小。然而若政府未能及时强化水土保持方面监管措施。水土流失在这一山区流域将呈现愈演愈烈趋势。

3.1.2　南屯河流域

南屯河位于老挝中部湄公河左岸，是老挝境内湄公河 12 条一级支流中的第五大河流，发源于老挝与越南交界的富良山脉鸿岭南侧，由北往南发育有多条平行支流，干流依次流经甘蒙省南凯县，波里坎赛省凯克县、维通县后，在巴卡丁县汇入湄公河。根据当地习惯，南屯河按上下游可分为两段，上游位于甘蒙省境内段被称为南屯河，下游位于波里坎赛省境内段被称为南卡丁河。流域面积 1.48 万 km^2，约占老挝国土面积的 1/16，干流全长 353km，天然落差约 1053m，平均比降约 3‰，河口多年平均径流量 228.6 亿 m^3。

3.1.2.1　地形地质

南屯河流域地貌上属于高平原地区，大部分位于海拔(平均海平面以上)为 520～550m。流域北部有石砂山，海拔为 1100～1380m，流域南部海拔为 600～700m。最高海拔位于 Kham Keut 区内的 Lao Go 山，约 2288m；最低海拔位于北卡定的南屯河河口，约 145m。流域内有一系列幽深的峡谷和陡岸，高山密林，人烟稀少。

南屯河流域主要出露古生代和中生代地层，新生代地层零星分布。南屯河流域区域地质见图 3.1-5。古生代地层主要发育在流域北部、东部的中低山地区，总面积约 6389km^2。

中生代地层主要发育在流域南部、西部的低山地区，缺失第三系、下—中侏罗统地层，面积达 6439km²。新生代缺失古近系、新近系地层，仅见第四系地层，总面积 577km²。流域由北东至南西方向依次跨越了长山华力西期断褶带、黎府华力西—印支断褶带和印支断块（元古代陆核），在漫长的地质历史过程中，区内发生过多期不同类型的构造运动，总体上属区域构造稳定地区。

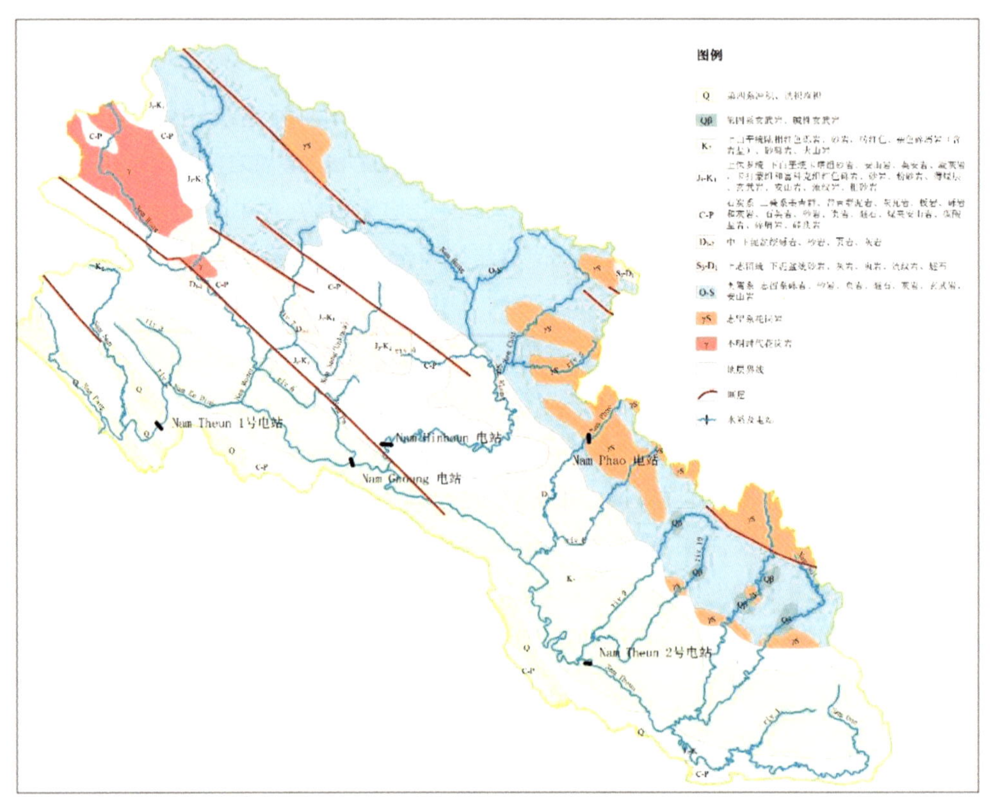

图 3.1-5　南屯河流域区域地质

3.1.2.2　气候水文

南屯河流域属于热带季风气候区，平均气温 23℃，其中波里坎赛省北汕县多年平均最高气温为 38.8℃，历史最高温度为 40.5℃，多年平均最低温度为 10.3℃，历史最低温度为 5.6℃，维通县和凯克县最高气温分别为 38.0℃和 38.3℃，最低气温分别为 3.5℃和 1.3℃。流域全年风速较低，Nakai Tai 平均风速约为 2.6m/s，旱季平均风速相对较大。

流域受西南季风和南中国海热带风暴的影响，易形成强降雨。全年通常分为两个季节，雨季为 4—10 月，旱季为 11 月至次年 3 月。根据流域内及周边气象站和雨量站历史记录，年降水量为 1500～3100mm，约 90%发生在雨季，10%发生在旱季。降水资料分析成果表明，南屯河流域多年平均年降水深约为 2450mm，折合降水总量为 363.0 亿 m³，属于降水较丰沛的地区。流域降水受水汽来源及地形等方面的综合影响，总的趋势是由西南、东南向中心递减，山区多于平原，迎风坡多于背风坡。流域内上下游降水量变化较大，流域出口处年降水量可高达约2900mm，相比之下流域中部Nam Phao河地区降水量为2100mm左右。川圹省约占流域面积的4.9%，位于流域最北部地区，年降水量最小，约为2268mm；波里坎赛省约占流域面积的69.6%，位于南屯河流域中游地区，年降水量相比川圹省要略大，约为2437mm；甘蒙省约占流域面积的25.5%，位于南屯河流域上游，年降水量最高，约为2520mm。

南屯河流域径流主要由降雨补给，径流年内变化与降雨年内变化基本对应，每年5月起径流随降雨的增大而增大，7—9月水量最丰沛，11月以后由于降水量的减少，径流开始以地下水补给为主，退水至次年4月。径流在年内分配不均，丰水期6—11月占年径流量的88%，枯水期12月至次年5月占年径流量的12%，最枯时段的2—4月仅占年径流量的4.2%。对流域上游有较长径流资料的Signo水文站1988—2005年进行代表性分析（Signo水文站控制流域面积为3370km^2），结果表明Signo水文站1988—2005年共18年径流资料系列具有一定的代表性。根据流域水文站实测径流资料分析成果，南屯河流域内多年平均地表水资源量为228.6亿m^3，相应径流深为1544mm。南屯河流域内的水量主要靠降雨补给，径流地区分布基本上与降水地区分布一致，总的趋势是由西南、东南向中心递减。南屯河流域内径流年内分配与降水相同，主要集中在雨季，根据南屯河流域多年平均年径流量年内分配过程（图3.1-6），丰水期为每年6—11月，径流量占比达到88%，多年平均最大月径流量占年径流量的27%。根据流域内Signo水文站分析流域径流年际变化趋势，Signo水文站径流有丰枯交替变化的规律，1988—2005年径流量C_v值为0.281，年均流量最大值出现在2005年，为321m^3/s，最小值出现在1998年，为109m^3/s，极值比为2.9。

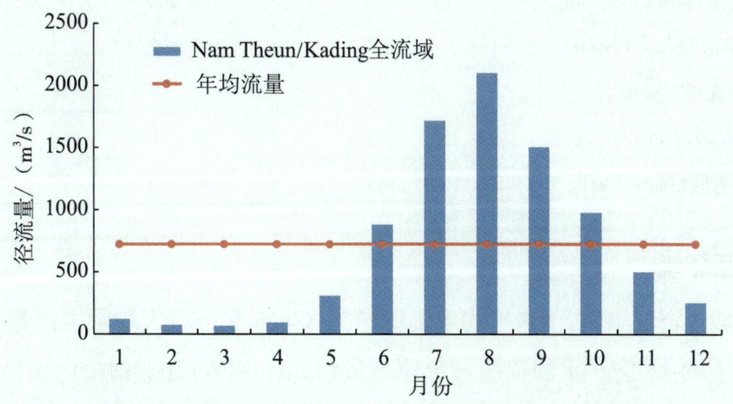

图3.1-6 南屯河流域多年平均年径流量年内分配过程

3.1.2.3 河流水系

南屯河流域水系发育，支流没有分布在右岸（图3.1-7）。集水面积大于500km^{2}的支流有6条，大于1000km^{2}的支流有3条，最大的支流超过4000km^2。河长和天然落差差别较大，南屯河主要支流特性见表3.1-2。

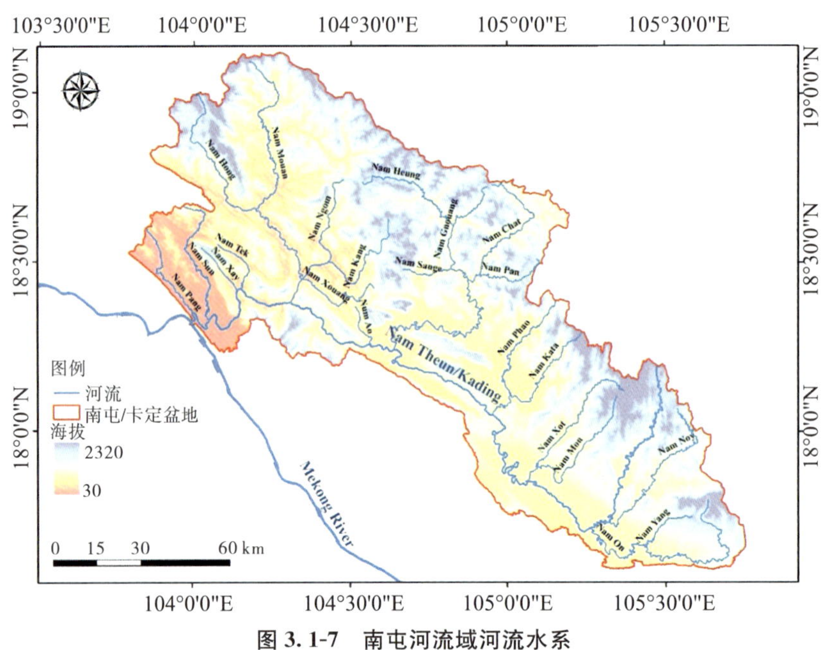

图 3.1-7 南屯河流域河流水系

表 3.1-2 南屯河主要支流特性

序号	主要支流	流域面积/km²	河流长度/km	总落差/m
1	南茂(Nam Mouan)	4252	131	1213
	其中:南红(Nam Hong)	708	63	1233
	南哥(Nam Ngom)	932	48	684
2	南欧昂(Nam Gnouang)	2877	146	770
3	南泡(Nam Phao)	1145	74	273
4	南谢欧(Nam Xot)	841	64	1002
5	南诺(Nam Noy)	643	84	429
6	南偶(Nam On)	863	127	659

3.1.2.4 资源环境

南屯河流域水资源丰富,多年平均水资源量为 228.6 亿 m^3,人均水资源量为 15.6 万 m^3,是世界平均水平的 18 倍。水能资源理论蕴藏量约 3345MW,在老挝境内湄公河支流中排名第 2 位,约占全国的 13.4%。

土地总面积 148.1 万 hm^2,其中耕地面积 3.2 万 hm^2,占土地总面积的 2.1%;园地面积 2.0 万 hm^2,占土地总面积的 1.3%;林地面积 132.2 万 hm^2,占土地总面积的 89.2%;水体面积 6.1 万 hm^2,占土地总面积的 4.1%。

森林资源分布广泛,是老挝重要林区之一,森林面积约 132 万 hm^2,森林覆盖率 89%,木材蓄积量约占全国的 10%,是柚木、酸枝、花梨木等名贵木材的产地。

矿产资源有金矿、铁矿、锡矿、铅矿和岩盐等，其中正在开采的康根—森乌夺金矿主要分布于波里坎赛省凯克县境内。

动植物种类多样。植物以常绿阔叶林为主，包括苦槠、青冈、冬青和石树蕨。南欧昂水库及集水区内有老挝特有的国家级保护动物中南大羚和珍稀物种老挝岩鼠，南凯高原地区有至少 5 种濒临灭绝的鸟类和 12 种濒临灭绝的哺乳动物，南屯河干支流共有 71 种鱼类。

自然风光秀美，甘蒙省境内 Phou Hin Phoun 山区一带有独具特色的喀斯特石灰岩、溶洞和河川景区，特别是波里坎赛省凯克县城 Lak Sao 地势平坦，气候凉爽，近年来旅游产业发展较快。

3.1.2.5　河流水资源综合开发利用

南屯河流域水电开发程度较高，已建水电站 5 座，包括南屯 2 号（1070MW）、屯辛博恩（440MW）、南欧昂（60MW）、南作（5.4MW）和南泡（1.7MW），在建水电站 1 座，为南屯 1 号（650MW），总装机容量 2227.1MW。其中，南屯 2 号、南屯 1 号、南欧昂和屯辛博恩水电站（装机容量合计 2220MW）主要电能送往泰国，其余部分供电老挝。南屯河流域已建水电站中，南屯 2 号和屯辛博恩水电站为跨流域引水发电，引水发电流量合计约 380m³/s，年均引出水量约 120 亿 m³。南屯 2 号水电站位置示意图见图 3.1-8，屯辛博恩和南欧昂水电站位置示意图见图 3.1-9。

南屯河流域内已建成地表水蓄、引、提工程设施 692 座（处），其中泵站 1 处、水库 14 处、堰 49 处、其他微型水利基础设施 628 处，仅有 3 座县城实现集中供水，供水能力 1967m³/d；农业有效灌溉面积 6007hm²，供水量 2660 万 m³。

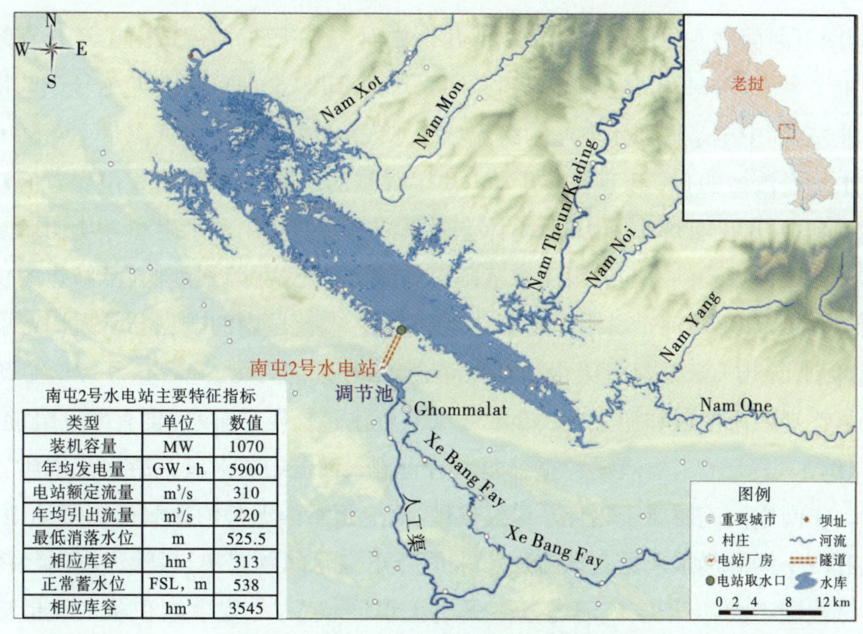

南屯2号水电站主要特征指标

类型	单位	数值
装机容量	MW	1070
年均发电量	GW·h	5900
电站额定流量	m³/s	310
年均引出流量	m³/s	220
最低消落水位	m	525.5
相应库容	hm³	313
正常蓄水位	FSL，m	538
相应库容	hm³	3545

图 3.1-8　南屯 2 号水电站位置示意图

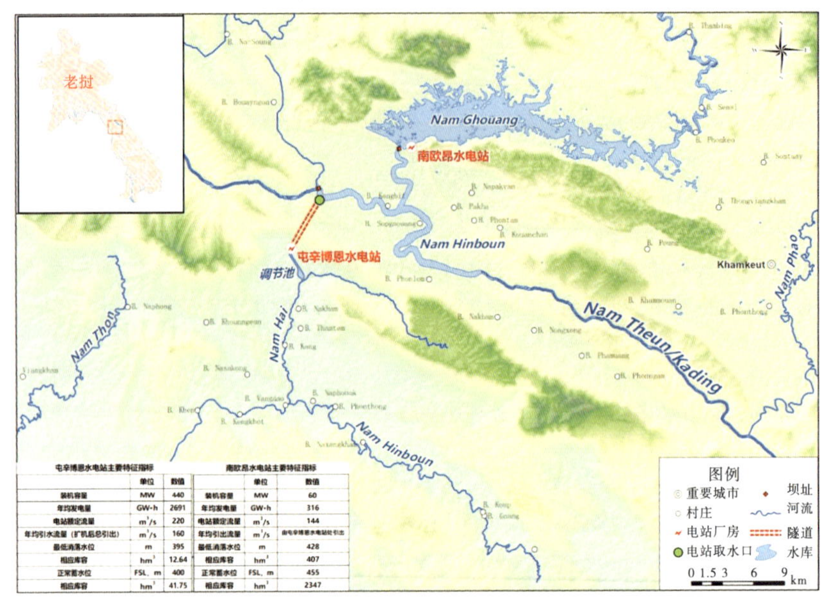

屯辛博恩水电站主要特征指标

	单位	数值
装机容量	MW	440
年均发电量	GW·h	2691
电站额定流量	m^3/s	220
年均引水流量（扩机后总引出）	m^3/s	160
最低消落水位	m	395
相应库容	hm^3	12.64
正常蓄水位	FSL，m	400
相应库容	hm^3	41.75

南欧昂水电站主要特征指标

	单位	数值
装机容量	MW	60
年均发电量	GW·h	316
电站额定流量	m^3/s	144
年均引出流量	m^3/s	由屯辛博恩水电站处引出
最低消落水位	m	428
相应库容	hm^3	407
正常蓄水位	FSL，m	455
相应库容	hm^3	2347

图 3.1-9　屯辛博恩和南欧昂水电站位置示意图

3.1.2.6　治理开发与保护主要问题

南屯河流域水资源富集，水力资源丰富，水资源总量达到 228.6 亿 m^3，人均水资源量达到 15.6 万 m^3，水力资源 3345MW，约占全国的 13.4%，是全国水资源禀赋最好的流域。但南屯河流域又是全国经济社会发展相对落后的地区，流域面积 1.48km^2，占全国的 6.25%，但经济总量只有 1.65 亿美元，仅为全国的 1.3%，流域内的经济社会发展高度依赖于水电开发。

目前，南屯河面临的主要问题包括以下几个方面：①在南屯河流域内已经开发的重大水电站为南屯 2 号（1070MW）、屯辛博恩（440MW）、南欧昂（60MW）、南屯 1 号（650MW），分属于不同业主，其中屯辛博恩水电站为跨流域引水发电站，年引出水资源量 120 亿 m^3，占全流域多年平均径流量的 52.5%，水电开发占用了大量的水资源，同时各发电企业间缺乏高效的沟通机制，电站调度有待统筹协调，总体上对下游水资源利用和水生态环境的影响需要统筹安排。②流域内城乡供水与灌溉用水基础设施较为缺乏，保障程度低，已修建的供水灌溉基础设施严重不足，导致河道有水但蓄不住，用不到。③流域内的凯克县是人口产业相对聚集的区域，但上游几千米处建有康根—森乌夺金矿，开采能力为 138.56 万 t/a，金矿涉及的主要河流最终汇入南屯河和湄公河。金矿开采的废水包括尾矿脏水（含有部分沉淀物）和氰化物废水（约 1.09 万 t/a，含有矿粒重金属），若直排入河流中将对其下游河流水质安全产生一定风险。④南屯河流域属于热带季风气候区，是老挝整个湄公河流域最潮湿的地区之一，西南季风和南中国海热带风暴为该流域带来的降雨洪水问题突出，尽管流域内经济社会发展集中区域范围不大，但干支流河道基本处于无设防状态，工程措施和非工程措施极度缺乏，亟须结合流域情况完善防洪保安体系。

3.2　发展需求分析

3.2.1　经济社会发展态势

3.2.1.1　经济社会发展现状

南乌河、南屯河流域是老挝面积较大的大型河流，大部分地区是山区丘陵，交通、通信、水利等基础设施相对较薄弱，农业、工业、服务业发展支撑不足，属于全国较不发达地区。根据经济社会调查数据和重点省、县环境综合管理报告，2015 年南乌河流域 GDP 总量为 4.58 亿美元，人均 1115 美元，南屯河流域 GDP 总量为 1.65 亿美元，人均 1128 美元，均低于老挝全国平均水平（全国人均 GDP 1779 美元）。两流域总人口 55 万人，约占老挝总人口的 8%，城镇人口 14 万人，城镇化率 25%，低于 33%的全国平均水平。流域经济以农业为主，农耕地种植了水稻、薯类、玉米、蔬菜、花生、菠萝等作物，园地种植了芒果、菠萝等作物，林地种植了橡胶、柚木、桉树等经济林，工业包括建筑业、重工业、制造业等，以水电为主。

3.2.1.2　经济社会发展趋势分析

老挝气候宜人，矿产、水、森林等自然资源丰富，政治局势稳定，社会秩序井然，人民群众团结，对外合作欣荣。近些年，随着中国大力推出“一带一路”和“澜湄合作”等国际合作政策，老挝作为沿线的重要国家，生产要素不断丰富，经济发展动力充沛，在矿业、水电、金融、旅游、购物等领域迅速发展。

南乌河流域所在的老挝北部与中国、缅甸、越南接壤，区位优势突出，是老挝连接中国、缅甸、越南的走廊，经济社会发展前景良好。近几年，在老中两国的共同努力下，老挝北部经济建设多点开花：中国电建进驻老挝 20 余载，在南乌河干流水电开发的实施过程中，与当地企业开展良好合作，拉动了交通运输、包装、建材、进口贸易等行业的快速发展，为当地培养大量专业技术人才，带动了地方经济增长；在乌多姆赛省磨丁口岸（与中国境内磨憨口岸接壤）的磨丁经济特区，连接中国玉溪市和老挝万象市的中老铁路以及老挝境内的高速公路等基础设施建设，打造了中国—中南半岛经济走廊，北接中国，南接泰国、柬埔寨，未来还可延伸至马来西亚和新加坡，发展潜力巨大。南乌河流域经济发展速度较快，近 10 年经济增长率达到 6%～9%，未来还将保持良好的发展势头。

南屯河流域位于老挝中部地区，经济发展态势良好，万象市工业发展快速推进，沙湾拿吉省和甘蒙省的农业发展稳步前进，喀斯特溶洞、休闲观光小镇等旅游产业规模逐步扩大。老挝《第八次经济社会发展五年规划》确定中部地区为重要交通纽带、“中部经济走廊”建设载体、全国经济社会发展最重要的地区。制定 2016—2020 年中部地区的经济发展预期指标为，农业、工业、服务业年均增长率达到 6.4%、13.05%和 11.12%，贫困人口比例降至 1%以下。为加快国家现代化进程、激发经济活力，老挝借鉴中国经济特区建设经验，至 2012 年已批准设立 4 个经济特区和 17 个经济专区，其中甘蒙省普侨经济专区（泰、越企业）、波里坎赛省万坎经济专区(老泰边境)邻近南屯河流域。流域经济发展和人口主要集中在凯克县拉绍地区、维通县县城等平坝地区。根据老挝《第八次经济社会发展五年规划》、波里坎赛省2016—2030经济社会发展计划和2016—2025发展战略、老挝政府有关政策,南屯河流域的发展战略为,加强基础设施建设,发掘自然资源优势,不断调整和优化产业结构,加强与越南的经贸合作,发展边境贸易,深度融入中部地区经济发展总格局,聚焦重点发展地区,以优势发展资源带动经济发展。南乌河、南屯河流域区位发展示意图见图3.2-1。

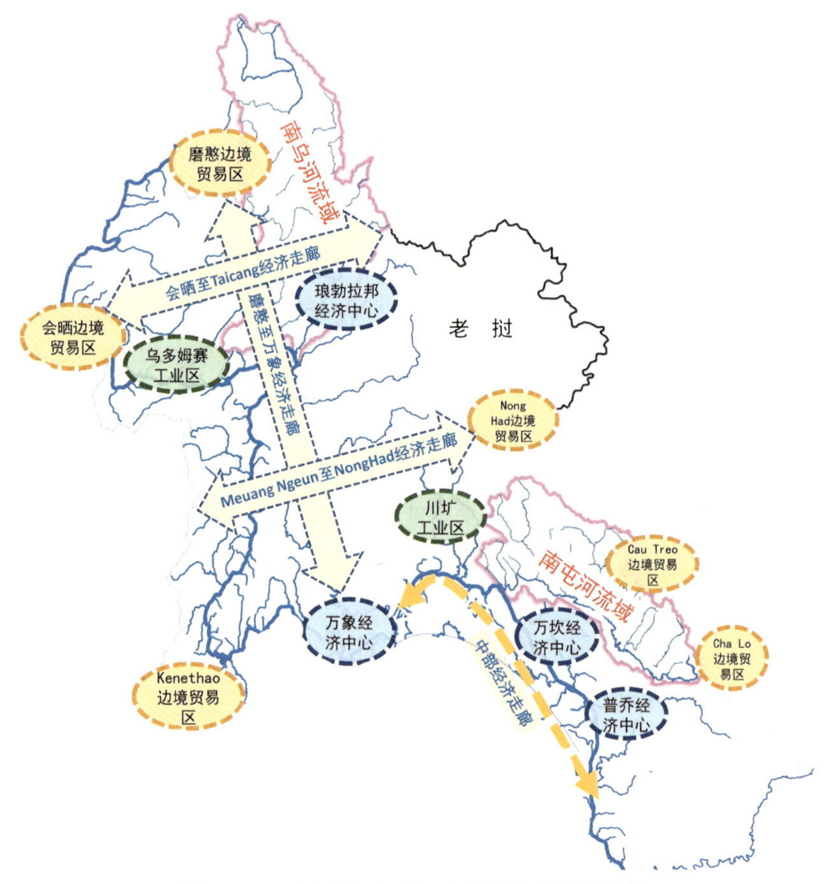

图3.2-1 南乌河、南屯河流域区位发展示意图

3.2.1.3 经济社会发展指标预测

(1)南乌河经济社会发展指标预测

根据老挝人口普查报告中2005年和2015年统计数据的增长规律①,南乌河流域2015—2035年流域平均人口增长率为1.84%,2035年总人口达58.2万人,其中丰沙里省、乌多姆赛省和琅勃拉邦省的总人口分别达23.6万人、18.4万人和16.2万人,南乌河流域2035

①参考老挝《第四次人口和家庭普查报告》,老挝统计局,2015。该报告每10年出版一次,现为第四版。

年人口预测分布见图 3.2-2。结合《联合国全球城市化进展报告》分析流域城镇化发展进程，丰沙里省、乌多姆赛省、琅勃拉邦省的城镇化率分别从 2005 年的 12.0%、15.5%和 19.0%增长至 2015 年的 19.5%、24.5%和 31.5%，年均增长 0.75%～1.25%，预测 2035 年流域城镇化率将达到 43%，流域城镇人口将达到 25.1 万人。2035 年流域农村人口比例下降为 56.9%，为 33.1 万人。

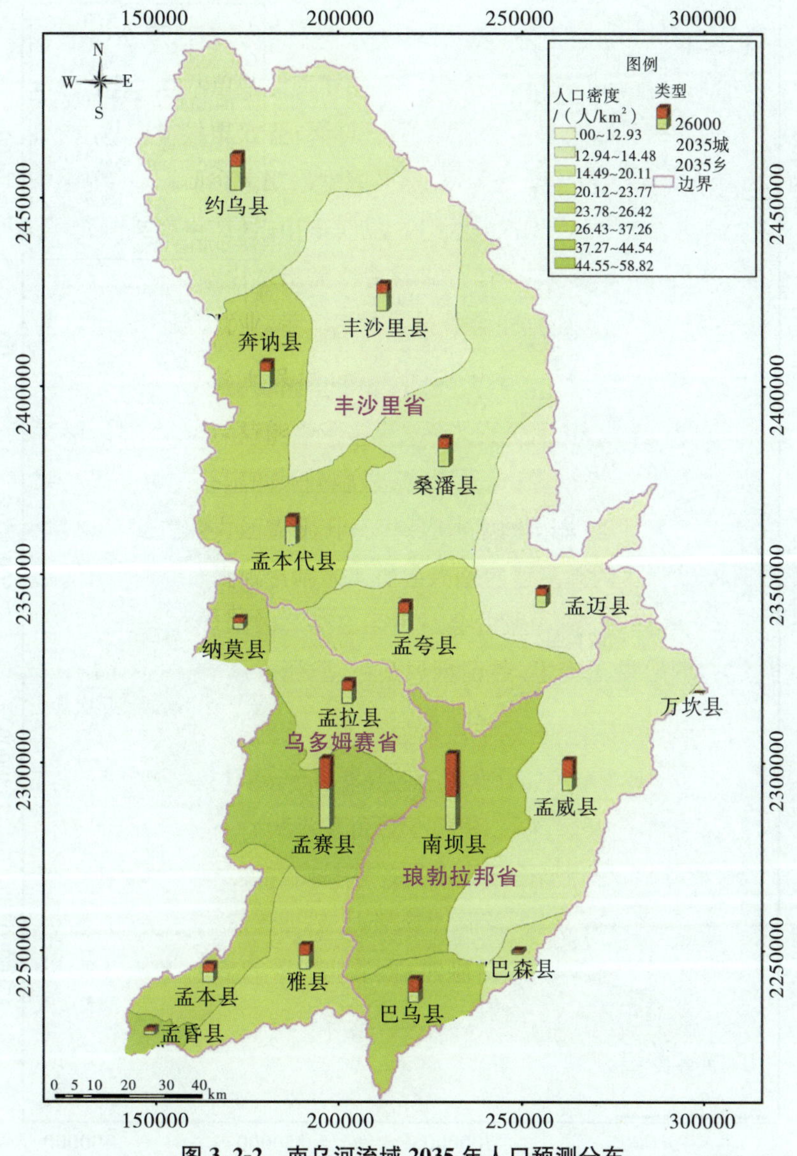

图 3.2-2　南乌河流域 2035 年人口预测分布

2020 年前，南乌河流域乌多姆赛省、琅勃拉邦省、丰沙里省的工业增长率目标分别是 19%、16%和 8%，乌多姆赛省的服务业和农业增长目标是维持 12%和 6%。2020 年后，随着中老铁路、高速公路的贯通，南乌河流域将成为周边贸易的物资集散地，乌多姆赛省孟赛、孟拉，琅勃拉邦省南坝等地的经济增长动力强劲，工业、服务业仍将保持较快增长态势。因此，预测南乌河流域农业 GDP 年均增速为 6%～7%，服务业 GDP 年均增速为 8%～11%。工业经济发展速度地域差距较大，乌多姆赛省和琅勃拉邦省的工业 GDP 增速为 12%～16%，丰沙里省为 7%。预计 2035 年南乌河流域 GDP 总量将达到 23.7 亿美元(图 3.2-3)，人均 4072 美元，农业、工业、服务业 GDP 分别为 6.8 亿美元、10.5 亿美元和 6.4 亿美元。

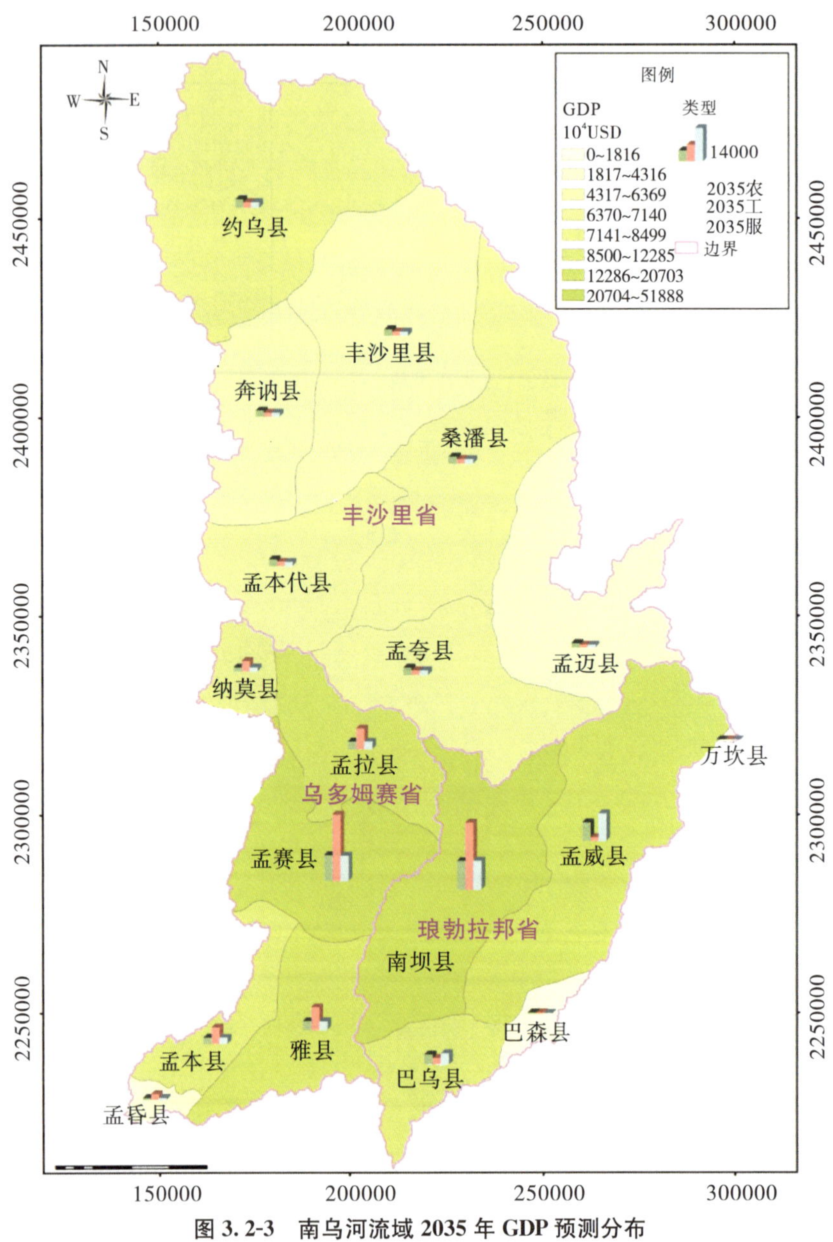

图 3.2-3　南乌河流域 2035 年 GDP 预测分布

根据老挝第八次经济社会发展五年规划和农业发展战略(2011—2020 年)，老挝现状粮食产量不能满足国内需求和出口需求，粮食增产是未来农业发展的基本目标。南乌河流域地处山区，平坝地区少，宜耕地面积少，在老挝全国农业发展布局中，要求南乌河流域适度发展农业，以实现粮食自给自足的目标。按世界银行确定的粮食自给自足的粮食需求量人均450kg测算，2035年南乌河流域粮食产量需要达到26万t。预测2035年南乌河流域内畜禽的养殖规模将扩大至934.1万头(匹、只)，其中水牛21.5万头、奶牛28.1万头、马1.4万匹、猪123.3万头、山羊7.7万头、家禽752.1万只。

(2)南屯河经济社会发展指标预测

2005—2015年，南屯河流域内的波里坎赛省、甘蒙省和川矿省的人口增长率分别为2.0%、1.5%和0.6%，城镇化率分别从27%、21%和21%提升到33%、22%和29%。2015—2035年南屯河流域平均人口增长率为1.52%，2035年流域总人口达19.9万人，其中波里坎赛省、甘蒙省和川圹省的人口分别为17.3万人、2.1万人和0.5万人，各省人口分布见图3.2-4。2035年流域城镇人口将达到6.3万人，城镇化率提高至31.5%，其中波里坎赛省凯克县的城镇人口达到3.3万人；2035年流域农村人口比例下降至68.5%，为13.6万人。

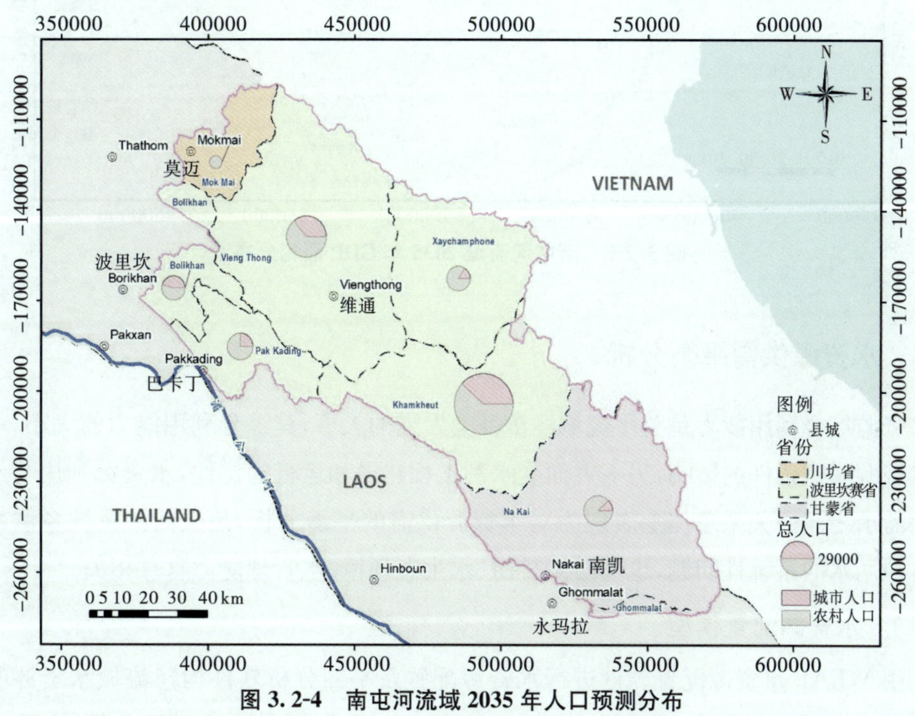

图3.2-4 南屯河流域2035年人口预测分布

2015—2025年，南屯河流域农业、工业、服务业GDP年均增速分别为4%～7%、4%～10%、3%～9%，2025—2035年分别为2.5%～5%、2.5%～7%、1.5%～6%。相较于服务业而言，农业GDP基数较大，工业GDP发展速度较快，两者对经济总量影响更为显著。根据《波里坎赛省2016—2030经济社会发展计划和2016—2025发展战略》，2025—2030年工业、服务业的年增长率目标是10%和8.2%，GDP总量增长率目标是7.5%。因此，预测2015—2035年南屯河流域GDP年均增长率为6.6%，2035年GDP将达5.9亿美元(图3.2-5)，人均2992美元，农业、工业、服务业GDP分别为1.8亿美元、2.2亿美元和1.9亿美元，比例调整为29.8%∶37.5%∶32.7%。其中，流域内的凯克县GDP总量达3.4亿美元，占全流域GDP的57.1%。

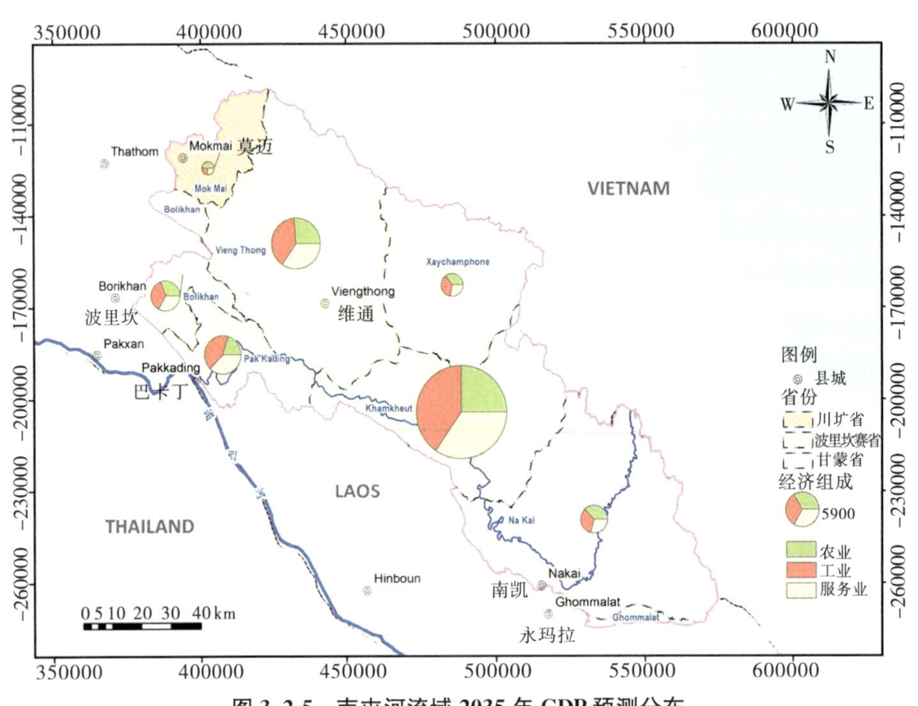

图 3.2-5　南屯河流域 2035 年 GDP 预测分布

3.2.2　水资源供需平衡分析

水资源综合利用能力是关乎流域经济社会发展的大事，其综合利用能力的大小，一方面受自然资源禀赋条件的影响，另一方面受水利工程建设和运行的制约，水资源利用与经济社会发展需求之间的关系总体上表现为对水资源供需的平衡分析，是全面涉及城乡供水和灌溉各口径用水的系统性问题，也与防洪排涝、水生态环境、水管理能力息息相关。

3.2.2.1　水资源配置模型

采用WEAP水资源配置软件进行水资源配置及平衡分析软件构建流域水资源配置模型。该模型结合河流水系、供水设施及用水户的空间分布，构建水资源网络图，在此基础上进行水资源供需平衡分析与配置计算。

以南乌河为例，WEAP-NamO模型基于GIS开发而成，充分利用GIS软件的空间地理分析能力，采用模块化的开发思想，以水资源系统网络节点图为基础，利用水资源分配的规则对整个模拟区的水量进行分配。WEAP-NamO模型将流域内的各种要素概化成网络模型，由节点和有向线段组成水资源系统网络图。利用WEAP-NamO模型建模过程中只需在相应位置添加各类节点并制定节点间的关系，模型会自动生成网络拓扑关系，从而形成研究区的水资源系统网络图(图 3.2-6)。

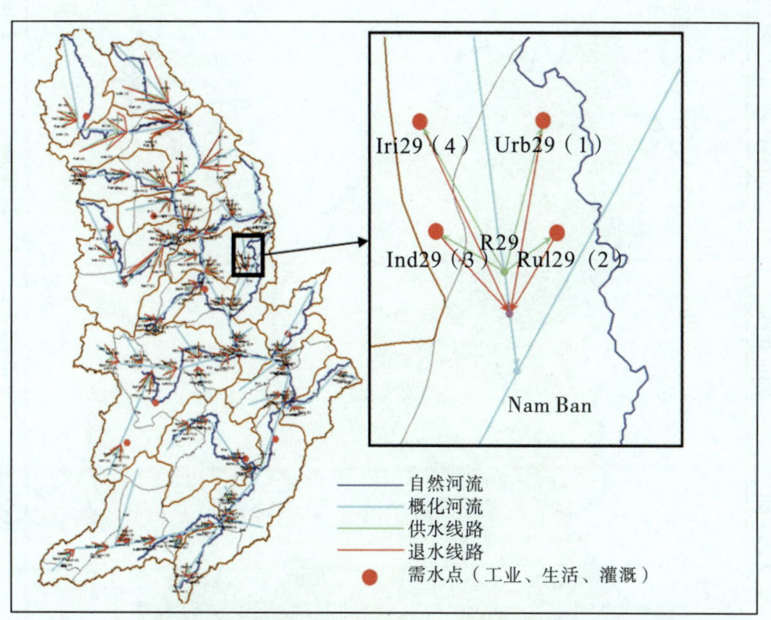

图 3.2-6　南乌河流域 WEAP-NamO 水资源配置模型系统网络

3.2.2.2　南乌河流域水资源供需平衡分析

根据水资源供需分析,2015 年南乌河流域供水量为 23648 万 m^3,其中地表水供水量为 20465 万 m^3,占总供水量的 86.54%;地下水供水量为 3020 万 m^3,占总供水量的 12.77%;其他水源供水量为 163 万 m^3,占总供水量的 0.69%。南乌河流域水资源开发利用率不到 2%,从整体来看,流域内的水资源开发利用程度较低,但不同地区差异很大。整体来说,流域内下游的水资源开发利用率高于上游。南乌河流域人均用水量 585m^3,万美元 GDP 用水量为 5163m^3,万美元工业增加值用水量为 496m^3,城镇居民生活用水量为 131L/(人·d),城镇生活综合用水量为 152L/(人·d),农村居民生活用水量为 45L/(人·d),农田亩均灌溉用水量为 1010m^3。总体来看,南乌河流域现状水资源利用效率不高。南乌河流域万美元 GDP 用水量是中国 2015 年的 9 倍左右;灌溉水利用系数仅为 0.39 左右,与中国相比有一定差距;工业万美元增加值用水量为发达国家的 24～36 倍;流域内 3 个省的管网漏损率均在 20%以上,其中丰沙里省达到了 36%。由于水资源利用效率较低,因此用水的浪费更加剧了南乌河流域旱季水资源的短缺。

到 2035 年,如若维持现状供水设施和能力不变,南乌河流域总缺水量将达到 24138 万 m^3,缺水率为 44.7%。现状工程下南乌河流域水资源供需平衡示意图见图 3.2-7。从用水户缺水来看,生活、农业、工业都有不同程度的缺水。其中,农业灌溉缺水率达到 40.8%,城镇生活、农村生活、工业缺水率都达到了 60%以上。流域内除乌多姆赛北部部分山区是水源不足造成的资源性缺水以外,其他绝大部分地区缺水主要是工程供水能力不足造成的工程性缺水。

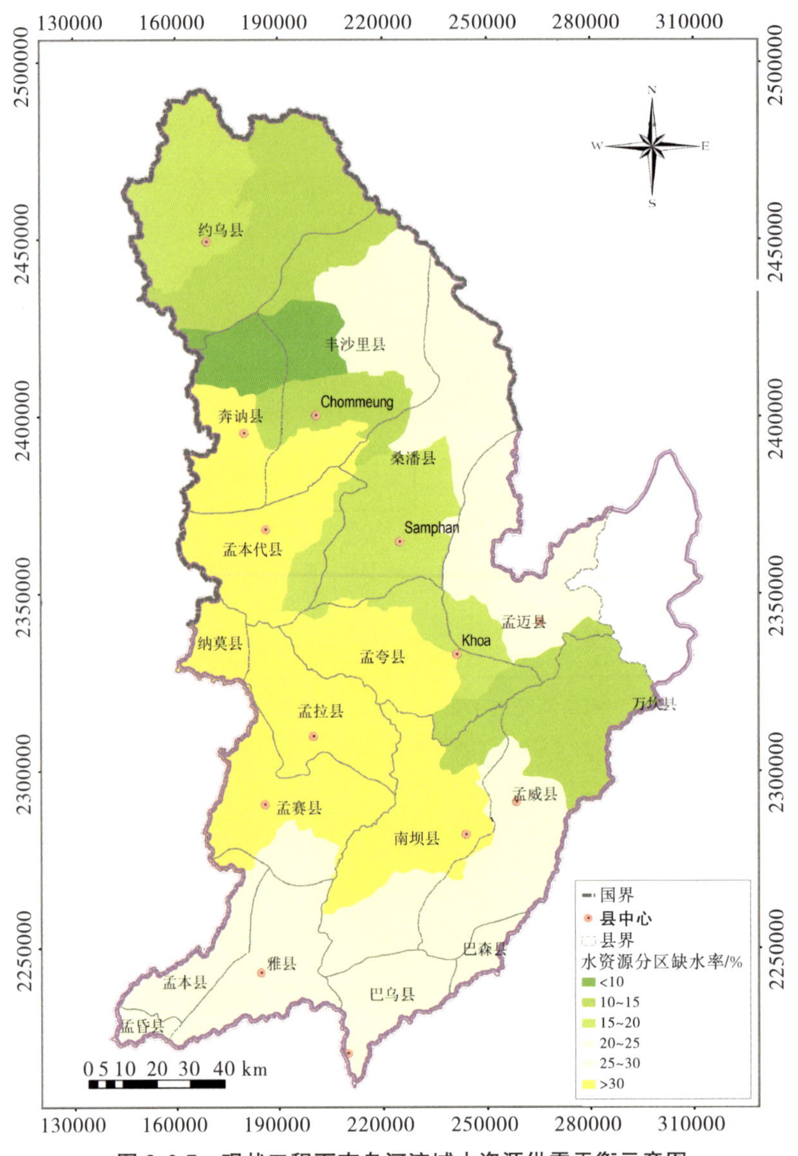

图 3.2-7　现状工程下南乌河流域水资源供需平衡示意图

3.2.2.3　南屯河流域水资源供需平衡分析

2015 年南屯河流域供水量为 3513 万 m^3，其中地表水供水量 2760 万 m^3，占总供水量的 78.57%；地下水供水量 750 万 m^3，占总供水量的 21.36%；其他水源供水量 2.46 万 m^3，占总供水量的 0.07%。根据南屯河流域多年平均水资源量以及现状供用水量分析，不考虑发电引水，南屯河流域水资源开发利用率不足 1%，处于较低水平；南屯河流域向 Xe Bang Fai 流域和 Nam Hinboun 流域调(引)出水量 120 亿 m^3，占全流域水资源量的 52.5%。2015 年南屯河流域人均用水量 $239m^3$，万美元 GDP 用水量 $2133m^3$，万美元工业增加值用水量 $801m^3$，农田灌溉亩均净用水量 $146m^3$，灌溉水利用系数 0.38，城镇居民生活用水量 123L/(人·d)，农村居民生活用水量 40L/(人·d)。总体来看，南屯河流域现状水资源利用效率不高，万美元GDP用水量是世界平均水平的10倍，万美元工业增加值用水量是发达国家的10～15倍，灌溉水利用系数较低，流域内3个省的管网漏损率在23%～33%，水资源浪费较严重。

随着流域内用水需求的增加，到2035年多年平均缺水量将达到3819万m^3，缺水率为36%，其中农业灌溉缺水率为30%，城镇生活、农村生活、工业缺水率都将超过45%。

3.2.3　流域开发治理要求

在老挝中央政府的领导下，按照打造"东南亚蓄电池"的宏伟战略，老挝的经济发展高度依赖于水资源开发利用，但水资源开发利用以水电开发为主，防洪抗旱、水土资源保护的力度远远不足。以南乌河、南屯河为代表，已开展的水资源利用主要集中于发电并取得了一定的成果，南乌河干流已实施了"一库七级"水电开放方案，总装机容量调整为1272MW，其中南乌江第七级位于规划河段的上游，正常蓄水位630m时，正常蓄水位对应库容20.76亿m^3，调节性能可达多年调节，对下游梯级具有较大的调节补偿作用，为规划河段的"龙头水库"；南屯河干流和主要支流已建设了南屯1号、南屯2号、南欧昂和屯辛博恩水电站，装机容量合计2220MW，产电主要送往泰国。除水力发电外，南乌河、南屯河流域尽管资源禀赋优良，但水利基础设施较薄弱，城乡供水和农业灌溉保证率较低，防灾减灾能力不足，水资源保护力度不足，水土流失逐步加剧，制约了经济社会可持续发展，尤其是南屯河流域，人均水资源量为15.6万m^3，是世界平均水平的18倍，但仍然面临城乡居民和灌溉用水短缺问题。

3.2.3.1　南乌河流域

受自然环境、经济社会等多个方面的因素相互影响制约，流域的治理开发现状以干流水电开发为主。随着中老铁路、高速公路、丰沙里省会搬迁至奔讷县城等一系列重大工程实施，流域已经迎来经济社会发展的利好时期。但目前流域水利基础设施发展滞后，与流域经济社会发展需求不相适应，需要加快流域水利发展，大力发展民生水利，加强基础设施建设，优化配置水资源，提高城乡供水和农业灌溉保证率，完善防洪减灾体系，加强水生态环境保护与修复，开展水土保持，增强流域管理，支撑和保障流域经济社会可持续发展。

(1)合理利用和优化配置水资源，提高城乡供水和农业灌溉能力

南乌河流域水资源虽然总体上丰沛，但由于水资源时空分布不均、水资源开发利用设施不足、城镇供水保障率不高、农村供水设施老化、旱季农业灌溉问题突出、水资源配置能力与流域经济社会发展不相适应，因此，需对整个流域的水资源进行合理配置，进一步完善优化水资源配置格局，提高水资源调控水平和城乡供水和农业灌溉保障能力，着力保障本流域的生活、生产用水安全和河道生态水量，使水资源供给能力满足流域经济社会快速发展需求。重点解决流域内2个省会、10个县城的自来水集中供水以及农村居民饮水安全问题；在改善现有灌溉面积的基础上，新增灌溉面积8480hm^2，确保流域内粮食自给自足。

(2)不断完善防洪减灾体系,保障流域防洪安全

随着中老铁路贯通,流域内经济社会快速发展,城市化水平提高,人口持续增长,财富更加积聚,对防洪减灾提出了更高的要求。需提高本流域防洪减灾能力,加快孟赛、奔讷、孟乌代、孟威等重要城镇人口聚集地涉及的干流和若干支流的治理,保障人民群众生命财产安全,维护社会稳定。

(3)充分发挥已建梯级发电效益,积极拓展梯级水库综合效益

水电开发是老挝将资源优势转化为经济优势的重点领域。按照打造东南亚“蓄电池”的宏伟计划,老挝政府积极引入中国电建集团海外投资有限公司开发南乌河水电资源。受用电需求波动和外送通道建设滞后等因素制约,目前南乌河干流已建成的 3 座水电站(装机容量合计 540MW)装机年利用小时数不足 3000h。2020 年南乌河干流“一库七级”(总装机容量 1272MW)将全部投产运行,尽快打通老挝北部电网与泰国、越南等国家的电力外送通道是当务之急。在此基础上,开展流域水库群联合调度研究,充分发挥已建梯级发电效益;积极拓展梯级水库群的防洪、供水及灌溉、旅游等综合利用效益,并研究相应的补偿机制;视电力外送通道建设情况和用电需求情况,择机开发支流水电。

(4)加强水资源保护与水土保持,维系优良生态

流域内水资源保护措施匮乏,水土保持管理力度薄弱,生态环境受破坏风险大。应在经济社会快速发展,水利、交通等民生基础设施快速建设的同时,加强干支流水资源保护和城镇污水治理,强化水生态环境保护与修复,开展水土流失综合治理,着力维系优良生态。

(5)加强流域综合管理,提高管理能力

南乌河流域尚未形成系统完备的法律体系,水资源开发利用与保护等领域存在较多立法空白,结合老挝国情和流域特点,应建立管理体制机制,完善管理制度,强化流域区域间、部门间协调机制,构建投融资机制,全面提高流域综合管理能力。

3.2.3.2 南屯河流域

为促进南屯河流域经济长期平稳发展和社会和谐稳定,必须加快民生水利建设,强化城镇供水、农田水利等薄弱环节,完善防洪减灾体系保障防洪安全,合理开发水能资源增加能源供应,加强水资源保护、水土保持维系健康生态,建立健全流域管理体系促进和谐发展,从而切实增强流域水利支撑保障能力,实现水资源可持续利用,促进经济社会可持续发展。

(1)合理优化配置水资源,保障供水安全

南屯河流域水资源时空分布不均,基础设施匮乏,城乡供水、农业灌溉问题突出,水资源调控水平对经济社会发展的支撑能力严重不足。需尽快建设一批骨干水源工程和灌区工程,对整个流域的水资源进行科学合理配置,优化完善水资源配置体系,提高水资源调控水平,提升城乡供水和农业灌溉保证率,保障流域的供水安全、粮食安全、经济安全和生态安全。

(2)建立健全流域防洪减灾体系,保障防洪安全

应提高本流域防洪减灾能力,加快 Thong Sane 农场、维通县城、Phak Buak 村等防洪保护区的工程建设,保障人民群众生命财产安全,维护社会稳定。加强非工程措施建设,完善法律法规、水雨情监测、预报预警系统及水库群防洪调度;落实防汛主体,加强人员培训。

(3)充分利用水能资源,拓展综合利用效益

南屯河流域水能资源丰富,现状干流水能资源已基本开发完成,水电开发大格局已经形成,下一步需开展已建水电站单站及库群的联合调度,发挥南屯河流域已建高坝大库的调节性能,提升流域水电站整体发电效益;择机开发支流水能资源,配合干流水力发电等综合效益的调度,增加能源供应。研究南欧昂水库与灌溉结合、南屯 2 号与供水结合的流域内水库综合效益拓展;研究增加南屯 2 号、屯辛博恩 2 座水电站下游的农田灌溉效益的可行性,研究防洪调度方案以避免水电站引水出流对色邦非河、南辛博恩河等形成的洪水灾害的叠加影响。以水电开发带动交通、就业,带动流域经济社会的全面发展。

(4)加强水资源保护与水土保持,维系优良生态

流域内水资源保护、水土保持能力薄弱,饮用水安全问题突出;金矿开采对周边生态环境及居民人身财产安全造成一定的风险隐患,现状开采工艺水平、废污水监测监管措施及尾矿坝溢流、垮坝等应急处置能力还需提升;流域内水利工程生态下泄水量不足,对下游生态环境造成一定的影响,以及跨流域引调水工程导致南屯河流域内可利用水资源量减少,对流域内经济社会的发展带来一定制约。需在经济社会快速发展、水能资源和矿产资源大力开发的同时,加强饮用水保护、废污水治理、污染风险防控、生态流量保障,建立水土流失综合治理体系,着力维系优良生态。

(5)加强流域综合管理,促进和谐发展

流域面临法律体系不完备、管理体制机制不健全、水行政事务管理不规范、管理技术能力不足等问题。需结合老挝国情和流域特点,填补法律法规空白;完善管理体制、协调机制、补偿机制、投融资机制,进一步理清职权、协调各方利益;提升规划管理、防洪抗旱管理、供水管理、水资源保护管理等水行政事务管理能力;加强信息化及人才队伍建设,全面提高流域综合管理能力。

3.3 总体战略

3.3.1 思路

树立"民生优先、绿色发展"的理念,以改善流域水利基础设施条件为首要任务,科学开展水利工程建设,重点解决供水灌溉保证率低、防灾减灾能力不足、水土流失日益突出等突出问题,有效保护和利用水资源,推进水电科学开发和联合调度,开展水生态环境保护与修

复，提高流域水管理能力，提升水利基础设施的保障能力，支撑经济社会可持续发展。

(1)以人为本，民生优先

坚持以人为本，着力解决好与人民生产生活密切相关的水问题，建设水利基础设施网络，保障供水安全和防洪安全，提高水利对民生改善的支撑能力。

(2)生态保护，绿色发展

处理好水力发电、供水灌溉等经济社会用水与水生态环境保护的关系，加强水源地保护，建立污染源监测、水质监控和水土保持监督体系，加强流域水资源综合管理，维护河湖健康。

(3)统筹兼顾，突出重点

结合发展现状和存在问题，以经济社会发展需求为导向，统筹协调水力发电、防洪减灾、供水保障等流域治理开发利用，加强工程建设和管理并重，发挥水库工程的综合效益，以人口集中的城市和大片农田区为重点，侧重民生水利。

(4)因地制宜，综合利用

根据流域经济社会发展和水资源分布特点，针对不同地区的突出问题，因地制宜地制定供水、防洪、灌溉、发电的发展任务，合理安排工程措施与非工程措施，充分挖掘已建水库群的综合效益。

3.3.2 目标

从南乌河、南屯河流域的基本特点出发，把握流域所处的发展阶段、发展特征、发展格局，客观分析和评价南乌河现状水利基础设施能力和综合管理水平，加强水资源的治理、保护与开发，强化城乡供水和防洪减灾体系建设，通过水利基础设施建设，增强水资源供给能力，保障供水安全、防洪安全、生态安全。

3.3.2.1 总体目标

南乌河、南屯河均是老挝水资源总量较为丰富，现状水电开发较为成熟的流域，也是城乡供水、农业灌溉、水资源保护相对不足的流域，拟定总体目标如下。

(1)提高城乡居民供水保障能力

解决流域内现有及新增人口的用水需求，流域内城镇自来水集中供水覆盖率达到70%以上，供水保证率达到90%以上，供水水质达标。

(2)提高防洪减灾能力

初步建立流域综合防洪减灾体系，保障重点防洪保护区人民群众生命财产安全。初步建成防洪工程措施与非工程措施相结合的防洪体系。流域内省会城市达到20年一遇防洪标准，重要城镇达到10年一遇防洪标准，重要村庄达到5年一遇防洪标准。加强干支流水库的防洪调度。加强人员培训和持续开展山洪灾害防治宣传,提高山洪灾害防御能力。

(3)提高灌溉供水保障能力

对已建简易水利工程进行挖潜改造,新建一批骨干水利工程,扩大灌溉面积,提高灌溉保证率和灌溉水利用系数,提升单位面积粮食产量,减少烧荒耕作现象,保障粮食安全。灌溉保证率只有达到75%,粮食生产才能满足自给自足并略有富余。

(4)进一步发挥现状水电工程的综合效益

充分发挥已建工程的水电开发效益,拓展工程的防洪、供水、水上交通、旅游等综合效益,保障工程防洪安全和生态安全。

(5)提高水资源保护能力

维持干流和重要支流良好的水质,遏制支流污染,城镇生活废污水处理率达70%~80%,工业污水处理率达90%,农业面源污染得到有效控制;城镇供水安全得到保障,城镇供水水源水质达标率达到90%以上;加强水生态环境保护与修复,维系流域良好生态环境;强化监测站网建设,完善流域水环境监测网络。

(6)进行水土流失防治及管理

到2035年,集中治理极强烈以上水土流失区域,强烈及以下水土流失区域以预防保护为主。治理区域年土壤侵蚀量减少70%以上,平均土壤侵蚀模数降低至200t/(m^2·a)以下,水土流失才能得到控制,建立水土保持监督管理体系。

(7)积极探索和推进流域综合管理

建立流域防洪、水资源统一调度管理制度;进一步完善流域涉水法律法规体系;建立跨区域和跨部门协调机制;加强人才队伍保障和信息化能力建设。

3.3.2.2 特定目标

两个流域不同的特征及需求产生了差别化的治理开发目标。

南乌河流域在城乡供水方面要以更高的标准和要求构建更加完善、安全的保障体系,支撑和保障老挝北部经济社会发展,在发电方面要加强干支流梯级水库的联合调度,加强流域水电外送能力建设,结合流域内支网的建设,适时开发支流水力资源,满足流域内水力资源优势转化为经济优势的发展需求,满足偏远村落的用电需求。

南屯河流域内水电发展的地位更加突出,但水电企业属于不同的业主,上下游电站调度运行各自为政,亟须加强联合调度,进一步提升发挥发电效益,充分发挥防洪、供水、生态环境等综合效益。流域内引水式发电年均引出流域的水量约120亿m^3,占流域水资源量的50%以上,需统筹协调水力发电与下游经济社会发展和生态环境用水;流域内经济社会最发达的凯克县城上游有康根—森乌夺金矿,其在带来巨大经济效益的同时,每年产生约1.09万t废污水,尾矿库没有制定应急风险预案及风险防范等相关保护措施,需加强水环境监测和水污染防治,制定针对性的风险管控措施。

3.3.3 布局

根据南乌河、南屯河流域自然特征和经济社会快速发展需求，在做好生态环境保护的前提下，根据流域水资源与水环境承载能力，优化配置水资源，协调梯级水库发电和综合利用的关系，合理布局水利基础设施，保障居民生活、生产用水安全和河道生态水量；采取综合措施，保护经济社会发展免受洪涝灾害威胁；加强流域生态环境保护和水土保持工作，维系流域优良的生态环境。

(1)合理开发和优化配置水资源，提高水资源供给保障能力

加大供水设施建设，提高自来水普及率。在人口聚居的城镇（流域内的省会城市及各个县城）建设水量有保障、水质优良的水源工程，因地制宜地新建地表水取水设施、自来水厂，提高城镇的集中供水率；配套铺设供水管网，对供水管道进行维护，更新漏损严重的管道，推广节水器具使用，减小管网漏损和浪费，加强集中式水源地的水质保护。对于农村地区，以地下水和山泉分散供水为主，通过新建水井、水窖、塘坝等各类饮水工程，满足农村用水需求；在有条件的地区可就近取用地表水或适当铺设自来水管网集中供水，改善供水水质。

南乌河流域充分利用干支流河谷两岸集中连片的宜耕地资源（如孟赛、奔讷等农业发展核心区周边区域），通过挖潜改造已建简易工程，以及新建和扩建重点骨干水源工程，调蓄天然河道来水，适度发展灌溉面积，提高灌溉效率；科学调整农业种植结构，减少陡坡烧荒耕作现象。

南屯河流域大力发展平坝区域灌溉设施，提高粮食产量。以集中连片的凯克县 Thong Sane 农场灌片、Na Pe 村灌片、Na Pavan 村灌片、波里坎县 Phak Bouak 组灌片、维通县城灌片为重点，通过挖潜改造已建简易工程，新建重点骨干水库工程和引水工程，调蓄天然河道来水，不断提高粮食作物和经济作物的灌溉面积，提高农业综合生产能力，减少陡坡烧荒耕作现象。

(2)以城镇防洪为重点，完善流域防洪减灾体系

两个流域防洪布局的相同点是要充分发挥干流上已建和在建水库的防洪作用；完善中小河流治理，加强山洪灾害防治；完善法律法规、水雨情监测、预报预警系统及水库群防洪调度、防灾预案、人员培训等防洪非工程措施建设。

此外，两个流域的防洪重点还有所差异，其中南乌河流域干流沿河城镇等采用河岸整治、水库调度以及非工程措施达到其防洪标准；新建 Nam Hin、Nam Bak、Nam Leng 等水库，结合河道整治工程，提高支流沿河城镇孟赛、奔讷等重点防洪对象的防洪能力。南屯河流域对通县城、凯克县 Thong Sane 农场、河口 Phak Buak 村等重点区域开展防洪工程建设，新建堤防、护岸、河道整治工程，提高防洪保障能力。

(3)充分发挥梯级水库综合利用功能，加强梯级水库联合调度

南乌河干流梯级水库开发方案已然成形，全流域正按照“一库七级”总体布局逐步推进。处理好保护与开发的关系，在充分利用干流水能资源的基础上，适时适度开发支流水力资

源，加强电力外送通道建设，以水电优势资源开发带动流域经济社会的全面发展。同时，要加强流域水库群联合调度研究，充分发挥防洪减灾、供水、生态保障、水上交通、旅游等综合利用效益；利用南乌六级和七级水库的调节能力，结合水雨情预报适时拦洪削峰和调峰补枯，提高防洪能力、供水能力、生态保障能力。

南屯河干流和重要支流的水电开放已相继实施，但电站属于不同的发电企业，应以水力发电带动经济社会发展，逐步建立干支流水电站的水文、调度等信息共享机制，实施流域水库群联合调度，拓展其防洪减灾、供水安全、生态保障等综合利用效益；建立流域管理基金，以保障流域水资源多功能效益实施的长期发展；正确处理保护与开发的关系，协调跨流域引水对流域下游水资源量及引水流量对外流域洪水的影响。

(4)加强水资源保护，维护河流生态系统健康

南乌河流域强化干支流源头、森林保护区、水源保护区等水生态环境保护与修复，加强环境监测能力建设，保障河流生态流量，维护良好水生态环境，保障水资源可持续利用。加强重点城镇水污染防治，重点开展流域内丰沙里省、琅勃拉邦省主要城镇生活和工业污水收集和处理，建设水质监测站网。加强梯级电站生态环境保护与修复，加强电站调度管理，保障下游河段生态需水要求。加强南乌河干流孟威镇以下河段生态环境保护与修复，对水资源问题、生态问题进行综合整治与保护，保障流域生态系统良性循环和水资源可持续利用。

南屯河流域强化凯克县、维通县等城镇饮用水水源地保护及地下水保护与修复；推进污水处理厂建设，加强县城城镇生活和工业污水收集、处理，重点提升康根—森乌夺金矿废污水的监测及监督管理水平，完善尾矿库水污染防治及风险防范措施；加强南屯 2 号水库支流点源治理及面源防治，防控水库富营养化；加强主要灌区农业面源污染防治，加强农业退水污染的防控。强化水生态环境保护与修复，加强南屯 1 号、2 号等水电站及跨流域引调水工程调度管理，保障下游河段生态需水要求；加强环境监测和水资源保护与管理，保障水资源可持续利用。

(5)逐步开展水土流失防治，美化生态环境

按照"因地制宜，对位配置"的原则，建立以农户居住庭院为中心，对庭院及庭院四周的轻度流失和中度流失天然次生林、人工林、经济作物、粮食作物和基础设施建设进行分类预防治理，实行山、水、田、林、路、园、塘等综合配套的水土保持综合治理的试点工程。措施包括以庭院道路、排水沟及农作物坡面径流调控的工程措施，对塘堰进行清淤整治，经济果木林等高种植的植物措施，天然次生林、人工林的封育管护的生态自然修复措施和间作、轮作、套种等复合农业种植方式，扩大复种面积，以提高农田作物产量。

3.4　南乌河水安全与保障战略

南乌河近些年较大的经济社会发展增速对水资源综合开发利用效率提升提出了迫切需求，也对流域防洪安全和水土资源保护水平提出了更高要求，在水电开发已然成型的基础

上，更加需要优化水利基础设施布局，加强水资源利用、防洪减灾、水土资源保护与干流水电开发的协调性，强化流域综合治理能力。

3.4.1 水资源综合利用战略

3.4.1.1 城乡供水

(1)供水目标与总体策略

城乡供水 2035 年的目标是，解决南乌河流域全部城镇人口 25.07 万人的用水需求，城镇居民生产生活用水保证率达到 90%以上，各省城镇集中供水覆盖率达到 70%以上，解决南乌河流域 33.09 万农村人口的用水需求，80%的农村人口供水得到改善。

针对南乌河流域城乡供水主要存在供水保障率不高、城市管网覆盖率低、农村集中供水设施缺乏且部分老化严重、水利管理能力低等问题，需要根据南乌河流域城乡建设规划，结合产业发展需要，总体策略如下：

1)针对现状城镇供水能力不足的问题，在现有水源工程改(扩)建和配套改造挖潜的基础上，新建一批供水水源工程，增加可供水量，提高供水水源保证率，同时对现有水厂进行改建，提质升级，提高制水工艺水平，使出厂水质达到可饮用的水平。

2)依托拟建水库，建设骨干供水工程，提升水资源调节能力，提高供水保障程度，缓解极端干旱天气情况下经济社会发展供需水矛盾。

3)针对集中供水能力低、设施老化严重、管网漏损率高的问题，通过新建、续建、扩建城镇供水水厂，提高城镇集中供水覆盖率，配套更新和完善城镇供水管网工程，降低管网漏损率，从而提高供水效率和供水保证率。

4)因地制宜建设农村饮水工程，满足农村人畜用水需求。在人口稠密地区，在现有工程基础上挖潜改造，仍然不足的新建集中式供水工程，提高集中供水覆盖率；在农户居住分散的山丘区，以地下水为主要水源，新建小微型、分散式供水工程；加强农村储水、蓄水能力建设，提高供水保障率。

5)在管理上加强用水安全意识宣传，引导民众节水、保护水源地；设置集中供水水源地保护区，加强对水源地的保护与监测，确保供水安全。

(2)城镇供水方案

根据南乌河流域特点，在城镇现有供水工程的基础上，从以下四个方面进行布局：

1)因地制宜新建水源工程。对水源不足地区，主要是各大城市，新建引提水工程，通过新修水厂，增加集中供水能力。在地表水资源丰沛地区规划新建引提水工程，规划新建提水工程 3 处，分别为孟迈县城的 Nam Noua 河提水工程，奔呐县城的 Nam Leng 河提水工程，雅县城的 Nam Nga 河提水工程；南乌河干流引水工程 2 项，分别为乌县城的南乌河干流引水工程、巴乌县城的南乌河干流引水工程。在地质条件适宜的水源地依托新建的灌溉供水工程，增强对水资源的调控能力，提高人口聚居地、工业园区的供水安全保障。新建水库 3

座，扩建水库 1 座，分别为新建 Nam Leng 1 水库、新建 Nam Phak La 水库、新建 Nam Bak 水库、扩建 Nam Hin 水库。对地表水源不足地区如北部山区，在条件合适的情况下适当开采地下水、山泉水作为补充水源。地下水开采工程 4 项，分别为丰沙里市的地下水开采工程、纳莫县城的地下水开采工程、孟本县城的地下水开采工程和孟昏地下水开采工程。结合以上水源工程，配套新建水厂 7 座，改(扩)建水厂 4 座，合计增加供水量 4231 万 m^3。

2)充分利用干流上的已建和在建的水电梯级，在保障电站发电效益的前提下，适当增加水库的供水任务，实现水库水资源的综合利用。对桑潘县，推荐在南乌 5 级水电站水库内左岸增设取水口，沿南乌河新建 8km 输水管道自流至桑潘县作为城市主要水源；对孟夸县，可考虑在上游南乌 4 级水电站水库内右岸增设取水口，沿南乌河新建 3km 输水管道，自流至孟夸县作为城市的主要水源；对孟威县，推荐在南乌 3 级水电站水库内左岸增设取水口，沿南乌河新建 11km 输水管道自流至孟威县供水。以上 3 座城市供水需求普遍较小，引水流量不到 $1m^3/s$，相比于各梯级水电站坝址处的径流量比例很小，对水电站的发电影响十分有限，发电损益可通过供水效益进行补偿。通过以上 3 项水电站综合利用工程，新增供水量 409 万 m^3。

3)提升制水工艺水平，对现有水厂进行提质升级。对现有丰沙里市水厂、奔讷县城水厂、巴乌县水厂、南坝县城水厂、孟塞市水厂、孟拉县水厂等 6 座水厂进行升级改造。针对现有水厂水质标准较低的问题，改进水厂的制水工艺水平，引进先进工艺流程。工艺流程包括：原水经过沉砂池以后，通过预臭氧接触池，投加絮凝剂、助凝剂经过混合、絮凝、平沉淀、过滤后，进一步通过深度处理综合池进行生化深度处理，最后通过送水泵房给用户供水。此工艺在常规混凝沉淀、过滤、消毒的工艺方案的基础上，增加了预臭氧接触工艺方案和后臭氧接触及活性炭滤池过滤的深度处理工艺方案，可进一步提升出厂水质，以达到可饮用的水平。

4)配套实施供水管网改(扩)建工程。在近期，重点增加管网覆盖率，降低管网漏损率以人口聚集度较高的城市为核心，逐步扩大管网覆盖率，辐射更多人口。在远期重点实施管网改造，替换现有老化、损坏的供水管网，一方面减少管网漏损率，另一方面适应出厂水质较高的自来水的要求。扩建管网 12 处，分别为丰沙里、孟夸、桑潘、奔讷、约乌、孟本代、孟塞、孟拉、雅、南坝、孟威、巴乌；改造管网 7 处，分别为孟迈、丰沙里、孟塞、纳莫、孟昏、南坝、奔讷。

根据以上布局，到 2035 年，通过新建和改(扩)建各类供水工程(图 3.4-1)，新增供水量 4640 万 m^3，并按照城镇发展的规模增加供水管网的覆盖度。

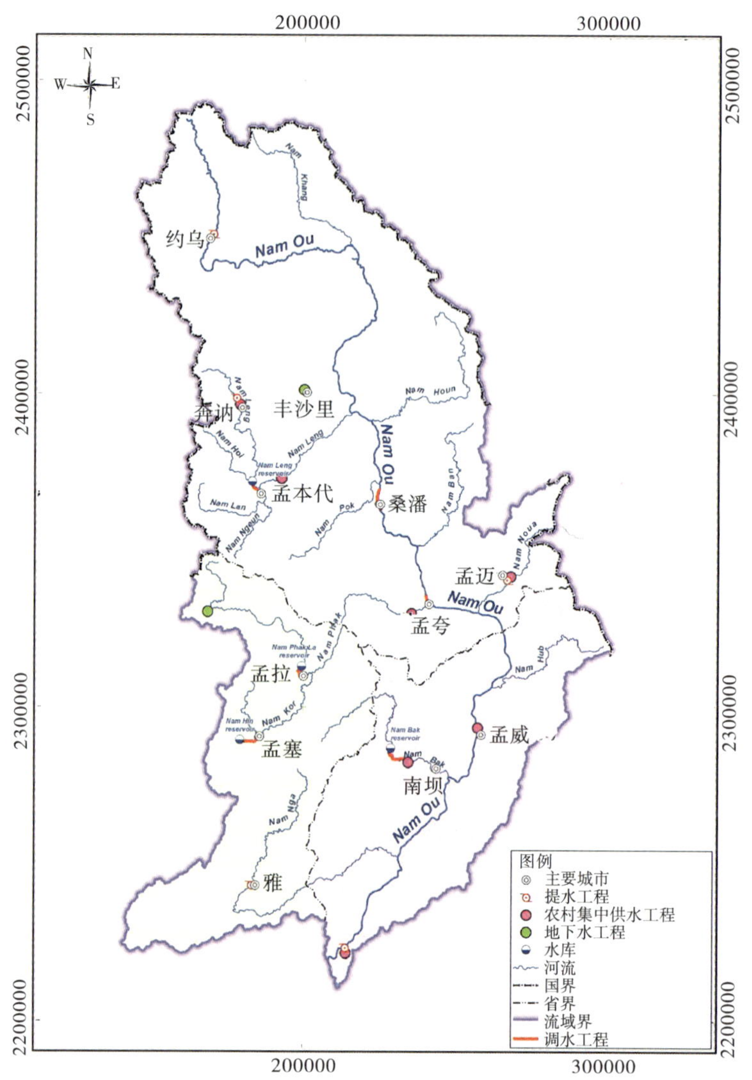

图 3.4-1 南乌河流域城镇供水布置示意图

(3)农村供水方案

根据南乌河流域各区(市)经济社会发展水平、人口分布特点、水资源禀赋条件,因地制宜,分别采取有针对性的农村供水方案措施。

对离城市较近且人口较为集中的地区,如孟赛、奔讷周围的村镇,可部分依托城市自来水厂延伸配水管线,实现自来水管网供水。对居住相对集中且有较好水源的地区,可建设适度规模的集中供水工程。对居住相对分散的地区,采取如打井、塘坝等分散供水措施,并充分利用泉水,合理收集雨水。

到 2035 年,农村通过新建水井、水窖、引河溪塘泉的方式开采地下水、山泉水和河水,新增供水能力 1010.6 万 m^3。考虑到工程建设难度及需求迫切性,在现状基础较好、人口集聚度较高的孟赛、奔讷、南坝、约乌、奔讷、孟本代等县的农村地区优先实施。

3.4.1.2　农业灌溉

(1)灌溉发展目标

根据全国农业发展布局，老挝农业发展重点区域位于中部沙湾拿吉省、甘蒙省等平原地区，南乌河流域地处山区，地形起伏大，宜耕地面积紧张，农业发展应以满足粮食自给自足为目标。

南乌河流域农业发展现状落后，水利基础设施薄弱，烧荒耕作现象时有发生，但气象条件优厚，气候湿润，水量充沛，农业发展有一定的提升空间，可以通过改建、新建水利基础设施，提高粮食产量，增加农民收入。总体措施是，对已建简易水利工程进行挖潜改造，新建 Nam Khan、Nam Bak、Nam Phak La、Nam Kor、Nam Leng 河水库等一批骨干水利工程，扩建 Nam Hin 河水库，扩大灌溉面积，提高灌溉保证率和灌溉水利用系数，提升单位面积粮食产量，减少烧荒耕作现象，保障流域粮食安全。

根据水稻单位面积粮食产量与灌溉面积的关系，分析 2035 年雨季、旱季水稻灌溉面积新增 7562hm^2 和 7324hm^2，分别达到 19935hm^2 和 8430hm^2；蔬菜灌溉面积新增 918hm^2，达到 1329hm^2；农作物总灌溉新增 8480hm^2，改善 16256hm^2，达到 24736hm^2，有效灌溉率达到 29%，灌溉水利用系数达到 0.5。

参考中国《灌溉与排水工程设计规范》(GB 50288—99)等有关规程规范，结合南乌河流域建设发展的实际情况，确定灌区的灌溉设计保证率为 $P=75\%$。

(2)灌溉发展总体策略

综合考虑南乌河的地形条件、气候特点、河流水系、经济社会发展、农业发展现状水平等因素，结合各地区实地调研与重点地区查勘情况，灌溉发展布局将充分利用紧张的宜耕地资源，通过挖潜改造已建简易小型水窖、沟渠、引水闸和滚水坝等工程，新建重点骨干水源工程，配合农业种植结构合理调整，不断提高灌溉面积和效率，增加粮食产量和农民收入，提高农业综合效益，减少烧荒耕作现象，促进流域灌溉农业健康有序发展。

首先，对已建 1200 余个简易水利工程进行挖潜改造，修建钢筋混凝土等维护简易、使用寿命长的水利基础设施，加固简易滚水坝、壅水闸、衬砌重要渠道，不断发展山区小型农田水利工程，提高已建工程的效益。提高灌溉水利用系数，保障农业灌溉用水。

其次，根据流域坡度分布、干旱指数分布和现状农田分布(图 3.4-2 和图 3.4-3)，选取农业发展重点区域新建和扩建一批重点骨干水利工程。农业发展重点区域主要有 3 个地区，分别为琅勃拉邦省南坝县南北带状走向的平坝区、乌多姆赛省孟赛市和孟拉县周边平原区、丰沙里省孟本代和奔讷县周边平原区。这些地区新建骨干水利工程对天然来水进行调蓄，发展规模化灌区，建设流域农业主产区。此外，农业发展还需要在山谷平原地区适当调整农业种植结构，发展特色蔬菜、烟草等山区经济作物，提高农民收入和生活水平；在高地发展特色林果经济。

新建和扩建的重点骨干蓄水工程包括：在琅勃拉邦省 Nam Khan 河上新建一座小型水

库，解决 Nam Thouam 县的生活和灌溉用水问题；在 Nam Bak 河新建一座有发电效益的大型灌溉水库；在乌多姆赛省 Nam Kor 河上新建一座有防洪效益的中型灌溉水库；在 Nam Phak 河上新建 Nam Phak La 大型水利枢纽，以灌溉为主，兼顾发电和防洪效益；对已建 Nam Hin 水库坝体加高，增加灌溉供水能力；在丰沙里省 Nam Leng 河上新建 2 座水库，分别为 Nam Leng 1 号和 Nam Leng 3 号，以灌溉为主，兼顾发电和防洪效益。以上重点水库建成后，预计雨季、旱季可新增灌溉面积分别为 $6180hm^2$ 和 $6824hm^2$，改善灌溉面积 $2300hm^2$ 和 $216hm^2$，相应地区总灌溉面积将达到 $8480hm^2$ 和 $7040hm^2$。其他地区通过挖掘已建小型水利工程潜力，改造破损老旧简易工程，改善已有灌溉面积，并小幅提高灌溉面积 $2300hm^2$。累计新增灌溉面积 $8480hm^2$，改善灌溉面积 $16256hm^2$，最终达到全流域总灌溉面积 $24736hm^2$，水稻总产量达到 36 万 t 的目标。

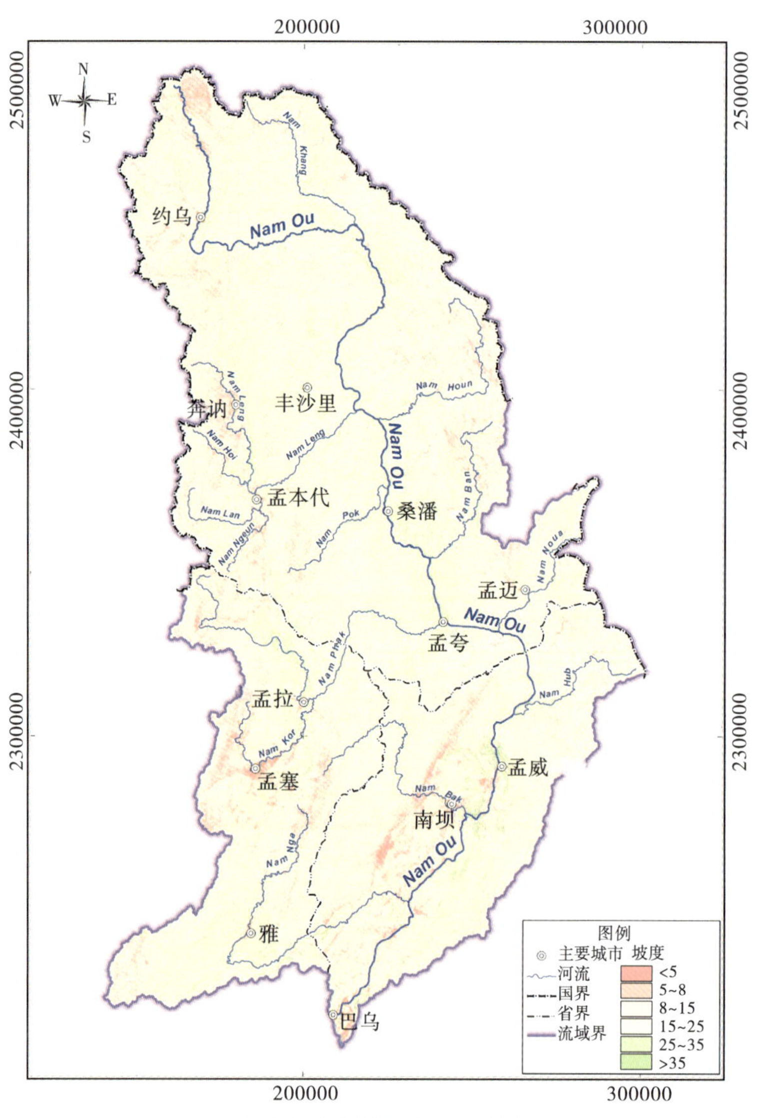

图 3.4-2 南乌河流域坡度分析

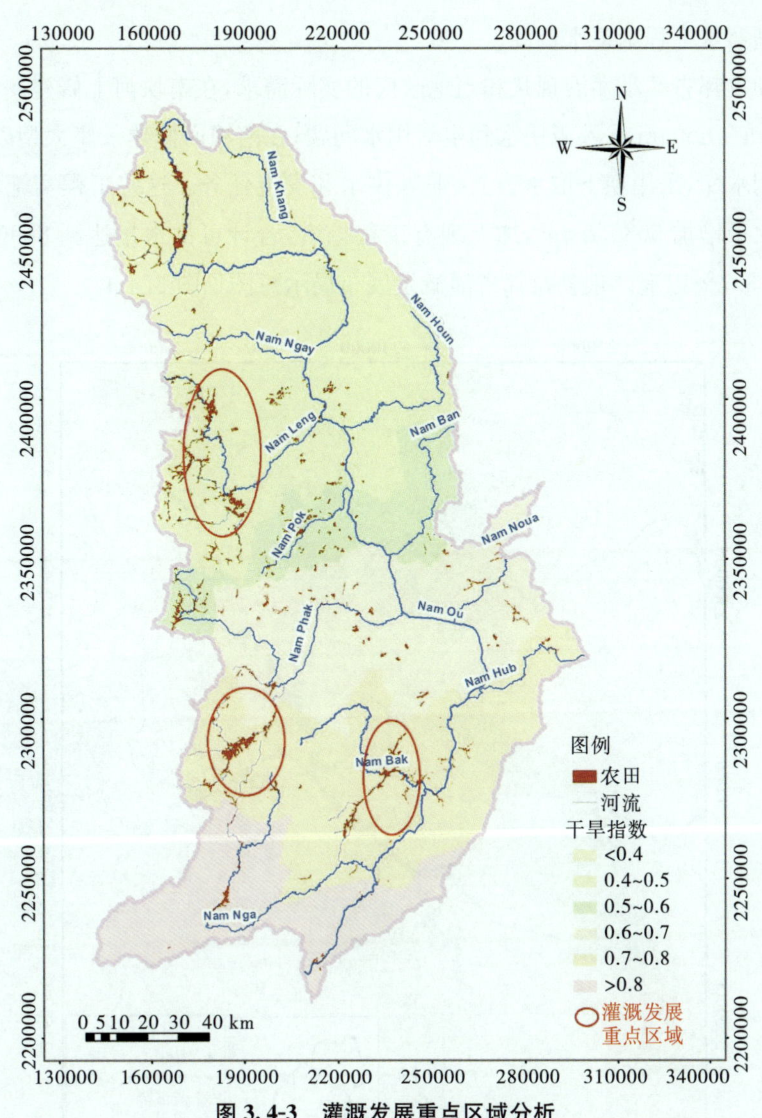

图 3.4-3　灌溉发展重点区域分析

(3)琅勃拉邦省灌溉发展方案

琅勃拉邦省位于南乌河流域东南部，区域日照充足，土壤条件良好，在山谷平地区和周边山地区适合发展农业，已建水利工程近 700 处，以小型简易木制工程为主，使用寿命短，维护成本高，工程效益低，主要集中在 Nam Bak、Ngoy 和 Park Ou3 个县。现状农业种植面积为 21240hm^2，其中灌溉面积为 4542hm^2，有效灌溉率为 21.4%。现状条件下 Nam Thouam 村的水源主要依靠西边一条小河，水量不足，随着未来村庄升级为 Nam Thouam 县，供需水矛盾将更加突出。

根据现状工程下的水资源平衡分析，该区域现状农业需水量 3465 万 m^3，现状供水量 3144 万 m^3，缺水量 321 万 m^3，平均缺水率 9.28%。到 2035 年，该区域将新增灌溉面积 2533hm^2，如维持现状供水能力，缺水量将达到 5772 万 m^3。农业用水和天然来水不相协调，需要兴建大型蓄水工程调蓄水资源。

结合琅勃拉邦省灌溉发展现状和当地政府的实际需求，在南坎河上修建一座小型水库，主要解决 Nam Thouam 县灌溉用水和生活用水问题；在南坝河修建一座大型以灌溉任务为主的综合利用水库，采用坝下取水方式，兼顾供水和发电任务。这些工程实施后，该区域多年平均可供水量增加 5080 万 m^3，加上现有工程挖潜，合计可供水量达到 8497 万 m^3，灌溉保证率达到 76.7%以上。琅勃拉邦省灌溉发展布局示意图见图 3.4-4。

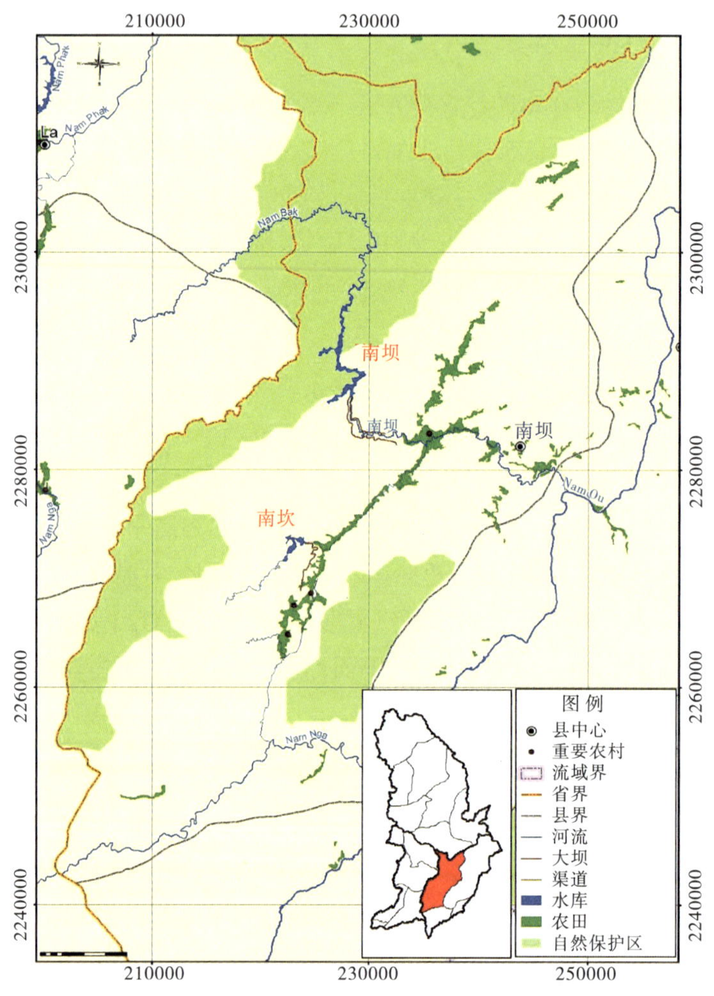

图 3.4-4 琅勃拉邦省灌溉发展布局示意图

(4)乌多姆赛省灌溉发展方案

乌多姆赛省位于南乌河流域西南，区域日照充足，土壤条件良好，在山谷平地区和周边山地区适合发展农业，已建水利工程近 530 处，其中以小型简易木制工程为主，使用寿命短，维护成本高，工程发挥效益低。现状全省农业面积为 15920hm²，其中灌溉面积为 3923hm²，有效灌溉率为 24.6%。

根据现状工程下的水资源平衡分析，该区域现状农业需水量 4711 万 m^3，现状供水量 3465 万 m^3，缺水量 1246 万 m^3，平均缺水率 26.45%。到 2035 年，该区域将新增灌溉面积 3064hm^2，如维持现状供水能力，缺水量将达到 6869 万 m^3。农业用水和天然来水不相协调，需要兴建大型蓄水工程调蓄水资源。

结合当地政府及村委会的实际需求，乌多姆赛省灌溉发展重点区域主要有 3 处。第一处位于孟拉县附近，其主要水源是 Nam Phak 河，计划修建 Nam Phak La 大型水利枢纽，以灌溉和供水任务为主，兼顾防洪和发电任务；第二处位于省会孟赛市以北 22km 的 Kornoy 村和 Bak Huay Kai 村附近，主要水源是 Nam Phak 河的支流 Nam Kor 河，计划修建一座中型灌溉水库，兼顾防洪任务；第三处位于孟赛市以西，Nam Phak 的二级支流已建的 Nam Hin 水库，计划将该坝体加高，增加灌溉供水能力。上述这些工程实施后，该区域多年平均可供水量增加 6023 万 m^3，加上该区域现状已有工程挖潜，合计可供水量达到 10283 万 m^3，灌溉保证率达到 76.7%以上。乌多姆赛省灌溉发展布局示意图见图 3.4-5。

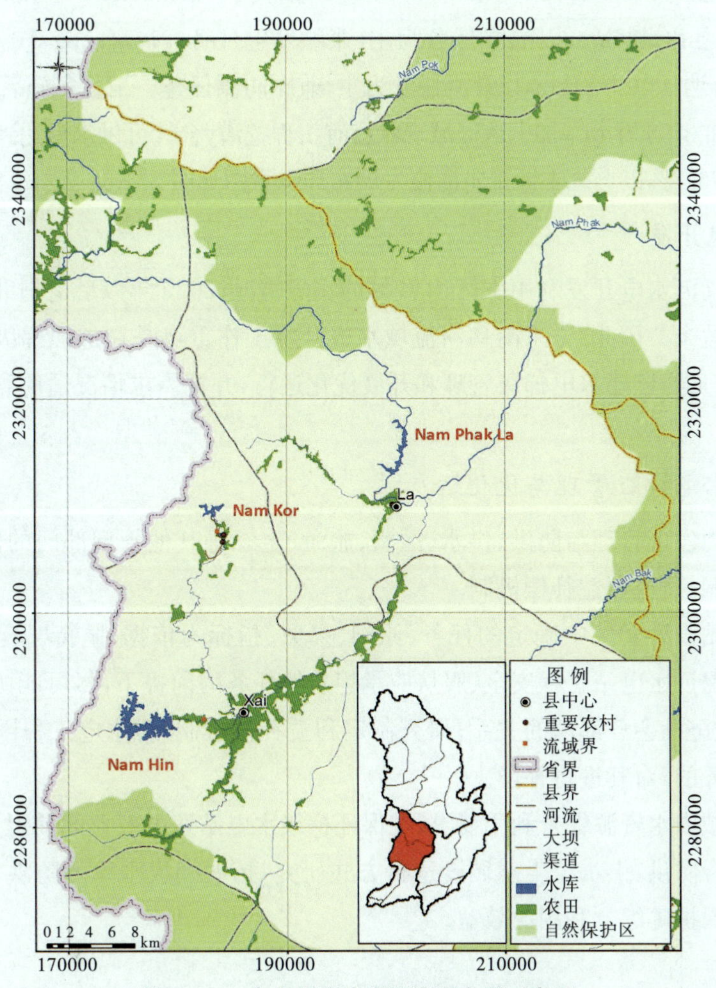

图 3.4-5　乌多姆赛省灌溉发展布局示意图

(5)丰沙里省灌溉发展方案

丰沙里省位于南乌河流域北部，现状水利工程以小型塘堰为主，根据不完全统计，该区域的小型塘堰数量约46个，配套引水渠道总长18.4km。现状全省农业面积33321hm²，其中灌溉面积7790hm²，有效灌溉率23.4%。

根据现状工程下的水资源平衡分析，该区域现状农业需水量2296万m³，现状供水量2035万m³，缺水量261万m³，平均缺水率11.34%。到2035年，该区域将新增灌溉面积2883hm²，如维持现状供水能力，缺水量将达到4424万m³。

不仅需要对已建简易水利工程进行挖潜改造，还需要兴建大型蓄水工程调蓄水资源。奔讷县现状用水的主要水源是从Nam Leng河及其支流提水，缺乏调蓄设施，面临年内Nam Leng河天然来水分布不均、雨季Ban Xiengfa等地有山洪、夏季水量不足、灌溉用水难以保障等问题。作为未来省会所在地，奔讷县需要保证充足的水源。孟本代县同样面临缺乏调蓄设施、旱季灌溉用水得不到保障的问题。在与当地政府沟通的基础上，经统筹考虑，拟在Nam Leng河上建设2座水库，分别为Nam Leng 1号和Nam Leng 3号，其中Nam Leng 1号水库位于Nam Leng河下游，孟本代县以北5km，以灌溉任务为主，兼顾发电任务；Nam Leng 3号水库位于Nam Leng河上游，奔讷县以北14km，以灌溉任务为主，兼顾防洪任务。工程实施后，该区域多年平均可供水量增加3555万m³，加上该区域现状已有工程挖潜，合计可供水量达到6309万m³，灌溉保证率达到76.7%以上。丰沙里省灌溉发展布局示意图见图3.4-6。

3.4.1.3 水电开发

考虑到南乌河水电开发利用率已达77%的实际情况，2020年以后老挝北部区域电力供电能力有较大盈余。因此，未来南乌河流域水电开发工作重点是在加强梯级电力外送通道建设的基础上，加强已建水电梯级管理和开展优化运行，并视需求情况适时科学开发支流水力资源。

(1)干流水电梯级管理与优化运行

1)加强水力发电管理与防洪、供水、灌溉、旅游、生态等其他管理部门的协调，健全水资源综合管理体制，研究利益补偿机制。

以批准电站设计文件中确定的任务、原则、参数、指标为依据；坚持“安全第一、统筹兼顾”的原则，在保证水电站工程安全、服从应承担总体任务的前提下，尽可能协调防洪、供水、发电、生态等经济社会各部门的关系；研究制定利益补偿机制，对水电工程因超额承担水资源综合利用任务的，对其进行补偿。

2)根据流域内水资源综合利用要求，在保证梯级水电站发电效益的前提下，完善和优化梯级水库群联合防洪、供水及生态调度运行方式研究，拓展梯级水库的防洪、供水、灌溉、旅游和生态环境保护等综合利用的效益。

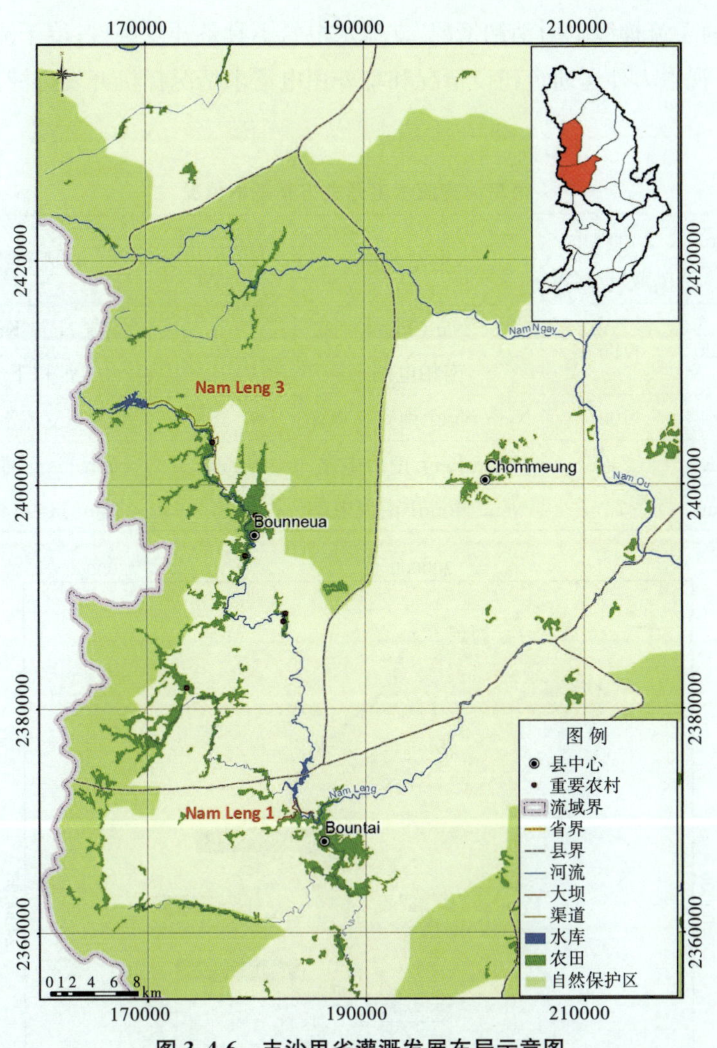

图 3.4-6　丰沙里省灌溉发展布局示意图

随着南乌河干流水电站相继完建，将形成串联式梯级水库群。通过优化有较好调节能力水电站的调度运行方式，研究其与下游各梯级组合形成的径流和库容补偿的最优方案，合理安排汛期泄放及汛末回蓄水量，在充分保障干流梯级水电站发电量及发电质量的前提下，拓展梯级水库在防洪安全、供水、灌溉和生态环境保护等水资源综合利用的效益。

3)在流域梯级水库群联合调度研究的基础上，深入研究发电、防洪等专项调度运行方式，并制定具有法律效力的梯级水库调度规程。按“责权对等”原则明确水电站调度单位，水电站主管部门和运行管理单位的责任与权限，明确水电站任务及调度运行方式。

(2)支流水电开发方案

南乌河流域水力资源开发条件较好的支流主要有 Nam Phak 河、Nam Nga 河、Nam Leng 河、Nam Houn 4 河，水能资源理论蕴藏量 615MW。按照“综合利用、合理布局、因地制宜、有序开发”原则，初拟了 4 座支流水电站(表 3.4-1 和图 3.4-7)，总装机容量 177MW。

根据目前南乌河干流梯级电力消纳情况，支流水电暂不具备开发条件；待干流发电梯级效益充分发挥后，可视电力外送通道建设情况和境外用电需求情况择机开发，并补充开展分析论证工作。

表 3.4-1　　南乌河支流水电开发方案基本情况

序号	支流水系名称	支流理论蕴藏量/MW	水电站名称	装机容量/MW	电站位置	电站省份
1	Nam Phak	196	Nam Phak 南帕电站	40	支流 Nam Kor 河汇口下	乌多姆赛
2	Nam Nga	106	Nam Nga1 南安 1 电站	62	主源与支流汇口下	琅勃拉邦
3	Nam Leng	240	Nam Leng 南冷电站	60	Nam Leng 河下游	丰沙里
4	Nam Houn	73	Nam Houn1 南混电站	15	Nam Houn 中游	丰沙里

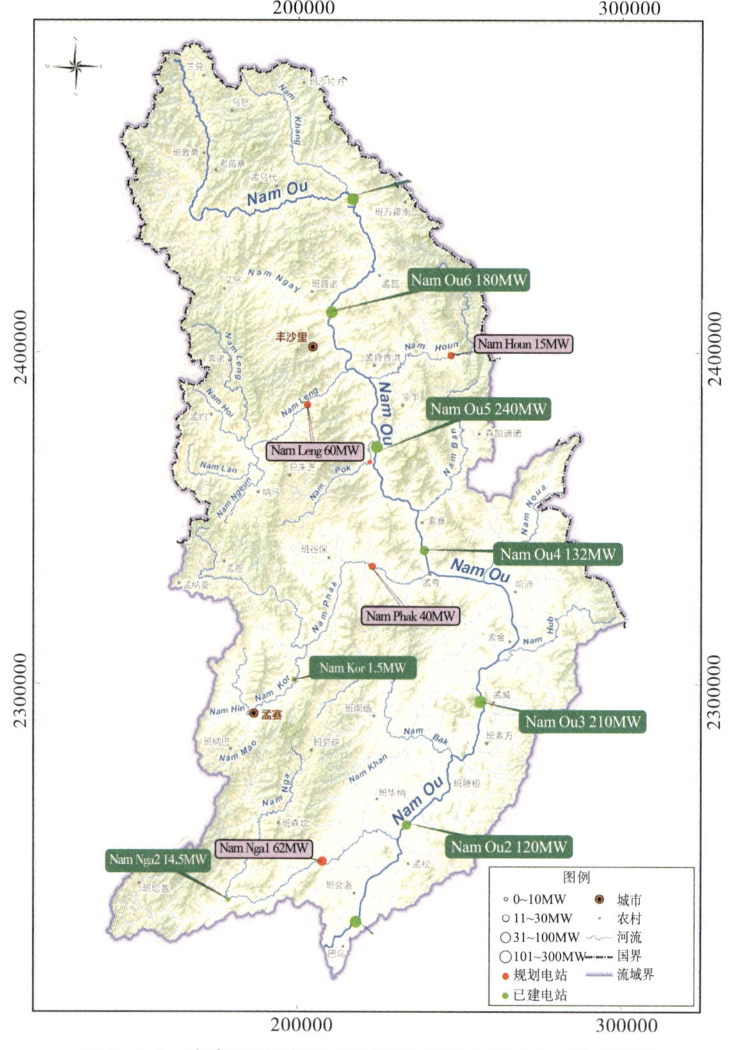

图 3.4-7　南乌河流域拟建及已建主要水电站位置示意图

其他支流水电开发，可先期考虑具备综合利用开发任务的水利枢纽工程，如位于孟拉县西北 Nam Phak 河上游的 Nam Phak La 水利枢纽工程，孟本代县北部5km处 Nam Leng 河上游的 Nam Leng 1 等2项水利枢纽工程。这些水利枢纽工程除具有防洪、供水、灌溉等综合利用效益外，还可适当安装机组发电，就近解决当地的用地需求。

(3)梯级电站综合利用效益拓展意见

干流梯级电站建设实施可拉动周边亲水旅游、干流水上交通等领域的发展。以生态环境保护为前提，挖掘流域少数民族文化特色，整合山地、森林、村落等资源，开发亲水旅游项目；利用干流已建梯级水库，结合河道整治、疏浚，适当发展库区航运；并在梯级电站上下游设置停靠码头，方便当地居民使用。

3.4.2 防洪减灾战略

从流域防洪能力分析，主要防洪保护对象的防洪能力在5～10年一遇，村庄防洪能力在3～5年一遇，目前的防洪能力与当地经济社会发展不相适应。流域大多地处山丘区，暴雨强度大，历时短，破坏力强，易发生山洪，整体防洪形势不容乐观。未来应保证重点防洪保护区人民生命财产安全，初步建成工程措施与非工程措施相结合的防洪减灾体系，沿河主要城镇及重要村庄达到一定的防洪标准；山洪灾害防御能力得到普遍提升。

3.4.2.1 洪水特性与洪灾

南乌河是一条典型的雨洪河流，暴雨强度大、面积广。流域西南方向孟加拉湾和东南方向南海北部湾的暖湿气流是流域降水的主要水汽来源，且南乌河与中国云南省江城暴雨中心相邻，地形北高南低，流域形状似扇形，坡面向南，正对水汽入流方向，有利于暴雨形成。流域洪水主要由暴雨形成，多发生于6—9月，尤以7月、8月最为频繁。洪水历时较长，涨落缓慢，一次洪水过程一般在5d以上，不超过15d，且多为单峰型。

洪峰流量年际变化不大，根据 M. Ngoy 站 1987—1992年、1995—2003年、2007—2015年洪水统计，按日平均流量统计的历年最大流量系列中，最大日平均流量 $9290m^3/s$(1996年8月19日)，最小日平均流量 $1450m^3/s$(2010年8月20日)，最大与最小洪峰流量相差6.4倍。

流域主要城市与耕地大多位于河岸阶地和山地中平坝区域受洪水威胁大，再加之流域内地形坡度大，河流比降陡，洪水汇流时间短，洪峰高，特别是近年来新建的橡胶林和香蕉林造成水土流失严重，使得流域经常发生暴雨洪水造成的洪灾。据调查，南乌河流域1992年、1996年、1997年、2002年和2016年等均发生过大洪水，均造成大面积农作物绝收。

3.4.2.2 防洪标准

南乌河流域主要防洪保护对象为干流的约乌、孟夸、孟威、Nong Khiaw 及沿13号公路成片的村庄；支流内的孟赛和奔讷(丰沙里省行政中心将由丰沙里市迁到奔讷)等省会城市，孟本代、孟拉等城镇以及 Kornoy、HuayKai、XiengFa 等人口较为集中的村庄。

参考中国《防洪标准》(GB 50201—2014)及各防洪保护区经济社会基本情况及发展规划,拟定主要防护对象的防洪标准如下:

①省会城市孟赛、奔讷的防洪标准为 20 年一遇;

②约乌、Nong Khiaw、孟威等城镇的防洪标准为 10 年一遇;

③其他集中居民点和成片农田的防洪标准为 5 年一遇。

今后,可依据各防洪保护区经济社会发展和规划建设情况,逐步适当提高防洪标准。

3.4.2.3 防洪控制断面设计洪水

流域洪水计算分析主要涉及孟乌代、孟夸、Nong Khaw、雅、Ban Xieng fa、孟本代、奔讷、孟拉、孟赛市城区河段、孟赛市 Mao 河段、Kai、Kornoy 村等 11 个防洪控制断面,以及南乌河支流 Nam Leng 河干流水库 3、支流水库 1 和南乌河支流 Nam Phak 上干流水库等 3 个拟建水库。南乌河流域防洪控制断面位置示意图见图 3.4-8。

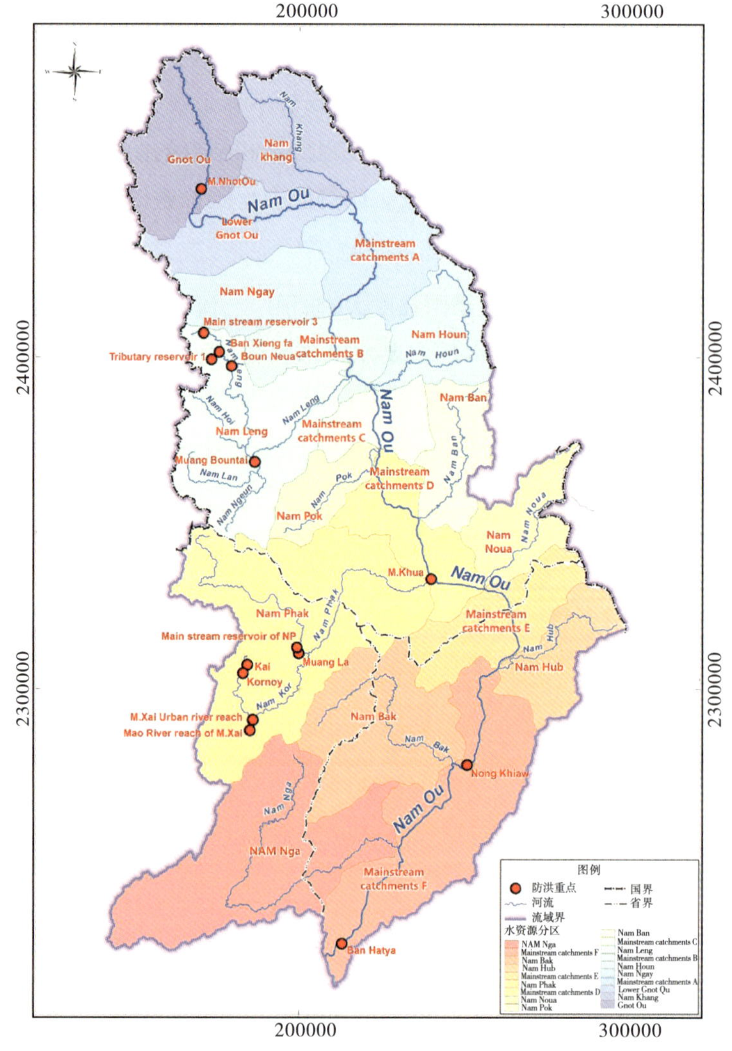

图 3.4-8　南乌河流域防洪控制断面位置示意图

其中，孟夸、Nong Khiaw、雅 3 个防洪控制断面位于南乌河干流中下游，集水面积与孟威水文站集水面积较为接近，利用孟威水文站洪水计算成果，采用水文比拟法推求南乌河干流 3 个防洪控制断面设计洪水成果。根据《南乌江水电规划复核报告》和澳大利亚雪山公司及老挝有关部门在老挝北部地区的分析成果，洪峰面积指数采用 0.7。

另外，7 个断面和 3 座拟建水库均位于南乌河支流，集水面积较小，与孟威站集水面积相差较大，不适合采用水文比拟法；而南乌河流域东北面比邻云南省西南部普洱市和西双版纳傣族自治州，下垫面及水文气候条件均与云南省西南部相似。因此，7 个断面和 3 座拟建水库设计洪水参考中国《云南省暴雨洪水查算实用手册》(1992 年)和《云南省暴雨统计参数图集》(2008 年)(以下合称《手册》)计算。

3.4.2.4　干流防洪方案

南乌河干流主要有孟威水文站，经该站实测系列水文资料分析计算，该站不同频率的防洪特征指标见表 3.4-2(表中数据为天然来水)。

表 3.4-2　　干流孟威防洪特征指标

频率	1%	2%	5%	10%	20%
流量/(m^3/s)	13200	11200	8640	6740	4910
水位(相对基面，m)	367.1	365.7	363.4	361.3	358.8

主要防洪措施结合南乌河干流七级电站建设开展，主要包括：

位于七级电站上游的孟乌代县，大部分城区达到 10 年一遇的防洪标准，局部低洼地区宜采取搬迁避让或抬高建基面达到其防洪标准。

南乌河的梯级电站开发设计时均考虑洪水为天然洪水，并以此为依据进行了建设征地及水库移民安置处理，沿河淹没村镇的移民搬迁居住点的建设是按 10 年一遇的防洪标准实施。梯级电站的开发建设对干流沿河易受洪水淹没影响的村庄、农田进行了妥善安置处理。待南乌河干流 7 个梯级电站移民搬迁完成后，南乌七级电站库区及以下干流防洪能力达到 10 年一遇。

南乌河梯级水库群全部建成投产后，在保证梯级水电站发电效益的前提下，可结合水雨情预报，开展以南乌河七级、六级为核心的梯级水库群联合防洪调度，利用水库调节库容适时拦洪削峰，进一步提高下游沿河城镇的防洪能力，完善防洪体系。

3.4.2.5　支流防洪方案

存在防洪问题的主要支流为 Nam Leng 和 Nam Phak，其主要防洪控制断面设定为奔讷县、孟本代县、孟赛市 Nam Kor 段、孟赛市 Nam Mao 段，经分析，其上述控制断面的防洪特征指标见表 3.4-3。

表 3.4-3　南乌河主要支流防洪特征指标　(单位:m³/s)

支流名称	主要控制断面	控制断面所在位置	天然流量(m^3/s)			
			2%	5%	10%	20%
Nam Leng	奔讷县	干流	751	607	481	341
	孟本代县	支流(Nam Bou)	1480	1070	720	418
Nam Phak	孟赛市 Nam Kor 段	支流(Nam Kor)	1470	1070	692	412
	孟赛市 Nam Mao 段	支流(Nam Mao)	717	574	436	309

(1)Nam Leng 河防洪工程布局

Nam Leng 河为山区性河流,从河源到拟建 Leng 3 坝址为峡谷段,Leng 3 坝址下约 5km 出峡谷有成片的坡耕地。Ban Xieng Fa 村位于 Leng 3 坝址下约 10km 处,地势较低。过 Ban Xieng Fa 村约 2km 后进入峡谷段(长 1.5km),出峡谷后为较平缓的奔讷区域,约 10km 后再次进入峡谷河段。防洪重点为上游的 Ban Xieng Fa 人口较集中村庄、中游的奔讷县及支流的孟本代市。

1)Ban Xieng Fa 人口较集中村庄。

该村庄位于拟建 Leng 3 水库下游约 10km,水库对此有较好的控制作用,考虑预留防洪库容 120 万 m^3,可使该村庄防洪标准达到 5 年一遇。

2)中游的奔讷县城。

奔讷县城位于 Xieng Fa 支流入汇 Leng 河以下约 10km 处,目前居民聚集点均位于较高位置,防洪标准基本可达 20 年一遇,丰沙里省会将搬迁到 Leng 河的奔讷,拟定防洪标准为 20 年一遇。新城区建设应避免洪水高风险区,同时严防侵占河道,依据城区发展规划,可通过疏浚河道、上游 Leng 3 水库预留防洪库容及修堤护岸河段长约 10km 使其达到拟到的 20 年一遇防洪标准。

3)孟本代县城。

孟本代县城位于 Leng 河支流 Nam Bou 上,上游河道沿河为农田,目前防洪能力约 5 年一遇。通过疏浚河道及建设护坡护岸工程,整治河段长 3.2km,可使其达到 10 年一遇防洪标准。

综上所述,为使重点防洪区域达到其防洪标准,在 Leng 河上游兴建 Leng 3 号水库,坝址控制流域面积 28.5km^2,预留防洪库容 120 万 m^3;中游的奔讷市拓宽整治河道并修堤护岸河段长约 10km;孟本代县城疏浚河道及护岸河段长 3.2km。

(2)Nam Phak 河防洪工程布局

Nam Phak 是南乌河第一大支流,流域面积 3521km^2。河流位于山区峡谷。干流中游及支流 Nam Kor 有部分平坝区域,人口较为集中。防洪重点为干流的孟赛市、孟拉镇,以及 Kornoy、HuayKai 村等人口较集中村庄。

1)孟赛市。

孟赛市位于 Nam Phak 的支流 Nam Kor 的中游,是流域最重要的城市,为中老铁路沿线的重要站点之一,防洪需求突出。多条河流向平坝区集中汇流,再加上河道淤积,泄流不畅,导致暴雨时常受淹。Nam Hin 在距离城市约 11km 的上游建设有 Nam Hin 灌溉水库,库容 1085 万 m^3,水库面积约 $2km^2$,溢洪道宽约 11m,对洪水起一定的调节作用;Nam Mao 河上游为山丘区,流域呈扇形,汇水迅速,且无控制性工程,使得孟赛市受 Nam Mao 河洪水威胁严重。

采用堤岸加河道疏浚的方式解决孟赛市的防洪问题。Nam Kor 河孟赛市段,大部分居民临河地势较高,洪水威胁不大,仅局部地段受洪水影响,考虑在 Nam Kor 左岸建设 0.4km 堤岸工程。由于该段位于主城区,因此采用二级挡墙方式,一级挡墙顶高与原地面齐平,留 2m 马道建设二级防洪墙。

Nam Mao 河主要防洪对象在右岸,左岸基本为农田,面积约 $1.7km^2$。按底坡 1.8‰,河底宽 26m,边坡 1∶0.5,河深 4.5～5m,对现有河道进行整治,在 Nam Mao 河左岸沿河建设防洪墙,墙高 0.5～1.5m,修筑堤岸及整治 Nam Mao 河长约 4km。建设后可使得 Nam Mao 河右岸达到 20 年一遇防洪标准,左岸农田可达到约 10 年一遇防洪标准。

2)孟拉镇。

孟拉镇位于干流中游,其上下游均为峡谷地带,为使孟拉镇达到 10 年一遇防洪标准,整治河道长约 1.4km,同时在镇上游约 5km 的 Nam Phak 干流上结合兴利建设 Nam Phak La 水库,坝址控制流域面积 $803km^2$,预留防洪库容 650 万 m^3。

3)Kornoy、Huay Kai 村。

Kornoy、Huay Kai 村位于支流源头区域,洪水频发,结合灌溉建设 Nam Kor 河水库,预留防洪库容 100 万 m^3;同时对 Ban Kornoy、Huay Kai 附近河道因建路缩窄的卡口河段进行拓宽或改造过水箱涵为桥,增加河道下泄能力,使得村庄达到 5 年一遇防洪标准。

综上所述,Nam Phak 河建设 Nam Phak La 河和 Nam Kor 河两座防洪水库,分别预留防洪库容 650 万 m^3 和 100 万 m^3;孟赛市修筑堤岸、拓宽疏浚河道长 4.4km;孟拉整治河道长约 1.4km;对 Ban Kornoy、Huay Kai 区域河段进行扩卡治理。

3.4.2.6 山洪灾害防治

南乌河流域大部位于山区,山洪灾害主要以小流域溪河洪水为主,山区坡陡谷深,高程起伏大,产流快,洪水来势猛、涨水快、流速快、冲击破坏力大,洪水过后造成房毁、路毁、桥毁、田毁。从降雨到山洪形成一般只需要几个小时,较难预防。防治措施应立足于以防为主、防治结合,以非工程措施为主、工程措施与非工程措施相结合的原则。对处于山洪灾害危险区、生存条件恶劣、地势低洼而治理困难地方的居民实施搬迁等避让措施。对于受山洪灾害威胁的其他地区,采取建立监测预警系统和群测群防的组织体系、强化风险区管理、编制防御预案、加强宣传教育等非工程措施,结合排导沟等工程措施,逐步形成完善的山洪灾害防治体系。

3.4.2.7 防洪非工程措施

防洪非工程措施涉及立法、政策、行政管理、技术等方面，包括洪水预警和预报系统、河道管理、水库群的联合调度和管理运用、防洪预案编制等内容，它是一种遵循自然、适应自然、减少洪灾损失的有效办法。相对来说，防洪非工程措施所需要的投入较少，却可使已建工程措施更加有效运行，起到事半功倍的效果；且对人类社会行为加以指导、规范，实现灾害风险的规避。因此，防洪体系应当是适度的防洪工程措施建设与充分的非工程措施的优化组合。

防洪体系中的非工程措施强调以宣传教育为基础，以完善的法律法规体系为保障，以行政管理为手段，以科学技术为支撑，以市场经济为杠杆，综合运用各种措施，保障防洪安全。

(1)法规及管理措施

老挝现在虽然有《水与水资源法》等与防洪相关的法律，但是对防洪减灾工作支撑作用不足，可进一步深入细化。明确防洪责任主体，依法进行管理。

建立河道管理的相关制度，避免房屋等建设占用河湖行蓄空间。加强跨河道路桥梁等涉河项目管理，工程不得侵占过流断面，且自身应达到一定的防洪标准，避免工程水毁后阻碍行洪。加强河道采砂管理，避免河道内弃置土方。

建立防洪工程的管理制度，划定工程的管理范围，明确管理机构和人员，落实管理措施和要求，使防洪设施处于完好有效状态，确保工程发挥防洪效益。

建立洪灾应急的管理制度。当预报可能发生洪水时，相关部门及时发布洪灾预警，组织洪水防御。当威胁到生命财产安全时，及时组织人员和财产转移，及时对灾民进行救助和安置，灾后及时修复水毁工程，减轻次生灾害。

(2)水雨情信息与预警预报系统

南乌河防洪水雨情与预警预报系统应由水雨情信息采集、传输、处理、气象产品应用、洪水作业预报、水情预报会商及服务等几个主要的子系统组成，是一项庞大复杂的系统工程。它是一项非常重要的防洪非工程措施，准确及时的水情信息和洪水预报是防洪决策的重要依据。

针对拟建有防洪作用 Leng 3、Nam Phak La、Kor 等 3 处综合利用水库和孟赛、奔讷等重点防洪区域新增一批水文站、水位站、雨量站；逐步在山洪易发地区推进新建简易监测站点和报警设备。

远期结合法律法规、管理建设，逐步开展南乌河防洪水雨情与预警预报系统的建设，充分利用各电力公司建设的站网数据，实现流域防洪水文测报的统一协调管理，实现电站建设运行单位与其他站点的信息共享，与国家水文信息中心的互联互通。全面提高流域水文基础设施建设和水文测报能力，提高洪水预报精度和延长有效预见期，为防汛提供全面、快速、准确、及时的水情信息，为水资源管理提供基础数据。

(3)水库调度

南乌河流域干支流水库群已基本建成，有必要编制以南乌河七级、六级为重点的控制性水库群联合防洪调度方案，在确保水库大坝安全的前提下，优化水库调度运行方式，适时拦洪错峰，避免无序泄放对下游梯级及湄公河防洪造成不利影响，充分发挥水库的发电、防洪等综合利用效益；对于中小型水库，由省（县）地方政府水行政主管部门负责。在联合防洪调度方案中，制订相应的调度原则和目标，明确水库运营单位、地方政府及国家相关部门的责任和权限等。

(4)防灾预案

优先对流域内受洪水威胁的省会城市孟赛和奔讷开展防灾预案的编制工作，总结经验再逐步在流域内推广。针对主要的城镇和山洪灾害多发区域，编制防灾预案，组织演练。

(5)人员培训

鉴于流域内防洪专业人员缺乏，需要加紧开展人员防汛技术培训，提高防洪专业水平。同时加强对公众的防洪意识宣传，掌握洪水、山洪等灾害发生时的逃生技能。

3.4.3 水土资源保护战略

3.4.3.1 水资源保护

(1)目标

根据南乌河流域水资源保护现状问题、特点及需求，明确 2035 年流域水资源保护总体目标是：

1)加强污染源治理，逐步实现水环境系统的良性循环。维持南乌河干流良好的水质，遏制支流污染，城镇生活废污水处理率达 70%～80%，工业污水处理率达 90%左右，农业面源污染得到有效控制。

2)加强饮用水水源地安全保障达标建设，保障南乌河流域主要城镇和农村饮用水安全。城镇供水安全得到保障，丰沙里市、南坝县等城镇供水水源水质达标率达到 90%以上，基本解决流域内农村供水安全问题。

3)维持南乌河干支流合理的生态水量，满足河流生态环境需水要求，保障生态系统健康可持续发展。

4)完善流域水环境监测网络，强化监测站网和监测能力建设，掌握南乌河干流及主要支流水质变化状况及保障饮用水水源水质安全。

(2)策略

统筹考虑经济社会发展对水资源可持续利用的要求，以流域为整体，河系为单元，重点保护干支流源头和水源地，梯级电站建设河段和重要支流坚持开发利用与保护兼顾，河口重点加强生态环境保护与修复。

强化干支流源头、森林保护区、水源保护区等水生态环境保护与修复，加强环境监测，维护良好水生态环境，保障水资源可持续利用。重点保护老挝政府设立的 Phou Den Din 国家级森林保护区等、干支流源头水源涵养区以及重要城镇水源地。

加强重点城镇水污染防治，主要开展流域内乌多姆赛省、丰沙里省、琅勃拉邦省主要城镇生活和工业污水收集和处理，在丰沙里、南坝等县(市)建设污水处理厂，加强主要灌区农业面源污染防治，在主要城市河段建设水质监测站网。加强梯级电站生态环境保护与修复。

加强南乌河干流孟威镇以下河段生态环境保护与修复，对水资源问题、生态问题进行综合整治与保护等，保障流域生态系统良性循环和水资源可持续利用。

(3)加强饮用水水源地保护

1)划定饮用水水源保护区。

为防止饮用水水源地污染、保证水源水质，要求划定一定范围的水域和陆域作为饮用水水源保护区，并以特殊保护。饮用水水源保护区一般划分为两级，一级是以取水口(井)为中心，为防止人为活动对取水口的直接污染，确保取水口水质安全而划定，需要加以严格限制的核心区域；二级是在核心区域外，为防止污染源对饮用水水源水质的直接影响，保证饮用水水源核心区域水质而划定，需要加以严格控制的重点区域。一般地表饮用水水源地保护区可按取水口上游1000m至下游500m，及其两岸背水坡堤脚外100m范围内的水域和陆域划分；地下水源地保护区可以水源点位半径50m范围划分。划定丰沙里省丰沙里市、琅勃拉邦省南坝县Nam Bak河、乌多姆赛省3个县自来水厂等现有城镇饮用水水源保护区。新建的河道取水口和供水水库也需要划定水源保护区。水源保护区划定后由政府部门批准并公布，并实施污染防治、隔离防护、监控等措施，确保饮用水安全。

2)饮用水水源保护工程建设。

在丰沙里、南坝、孟赛等饮用水水源保护区周边实施物理隔离(如护栏、围网等)、生物隔离(如防护林)建设。加强生活污水的综合治理、水土流失治理、加大农村生活垃圾处理等污染源控制措施，在湖库型水源地设置前置库、湖库周边建设护岸林等综合整治措施对饮用水水源地进行保护。

3)饮用水水源保护与管理。

加强饮用水水源地保护相关立法，明确水源保护区保护要求。地方政府根据保护饮用水水源的实际需要，制定保障丰沙里、南坝、孟赛等饮用水水源安全的法规，并明确各饮用水水源保护区保护方案，确保饮用水安全。加强孟赛、南坝、奔讷等引调水工程的生态环境保护。地方政府合理安排、布局农村饮用水水源，逐步剔除农村供水工程中的超标地下水源，发展规模集中供水。开展饮用水水源地监测、预警和应急处置能力建设。

(4)加强水污染防治

1)城镇生活水污染防治。

加强丰沙里、孟赛等城镇污水集中处理设施建设及其管网的配套建设，提高区域城镇污水的收集率和处理率，丰沙里省、乌多姆塞省及琅勃拉邦省污水处理规模分别达5000t/d、4800 t/d和5500 t/d，并对城镇污水集中处理设施的出水水质和水量进行监督检查。政府部门加强水污染防治宣传，加强民众保护环境观念，鼓励公众参与水污染防治监督。

2)工业水污染防治。

合理规划工业布局及提高污水处理率，提高水的重复利用率，减少废水和污染物排放量。重点加强乌多姆赛省孟赛市和琅勃拉邦省南坝县的工业治理，排放工业废水的企业采取有效措施，收集和处理产生的废水，防止污染环境，同时加强废污水排放的监督管理。政府部门鼓励支持发展新技术、新工艺减少污染物质的产生，重点实施南乌河干流上游砷排放企业及孟赛市饮用水工厂等企业污染防治项目，对严重污染水环境的落后钢铁、水泥企业等工艺和设备实行淘汰制度，改善地下水水质。新建企业严格开展环境影响评估，对于污染严重的产业慎重选址，并加强管控。

3)农业水污染防治。

加强固体废物的收集和处理措施，通过建立生活垃圾收集处理系统等措施，改变农村社区生活环境恶化的局面。重点加强琅勃拉邦省南坝县、乌多姆赛省孟赛市和孟拉县、丰沙里省孟本代和奔讷县等农业重点发展地区的面源污染治理，充分利用现代农业科学技术，指导生态农业、绿色农业、有机食品的标准化种植和农产品质量安全保障及动物疫病防治，大力发展节水农业，削减农田径流，从源头和生产过程中有效控制农业面源污染。采取集中饲养、集中排放、制作农家肥、化粪为沼等途径减少畜禽养殖的氮、磷排放，以减少因畜禽养殖规模扩大对水质的不良影响。

(5)保障生态需水

1)生态需水目标。

河道内生态需水是为了维持河流生态系统的一定形态和一定功能、平衡河流开发利用和保护的关系，所需保留在河道内的水量。保障河流生态需水是保护河流生态环境的关键。生态需水的控制要素主要包括生态基流和基本生态需水量，根据南乌河干流，以及 Nam Phak、Nam Nga、Nam Leng 等支流主要节点生态环境状况和 1980—2010 年水文系列资料采用水文学法估算南乌河流域主要节点生态需水。南乌河流域主要节点生态需水量见表 3.4-4。

表 3.4-4　南乌河流域主要节点生态需水量

河流	断面名称	生态基流/(m^3/s)	基本生态需水量/万 m^3	
			汛期	非汛期
Nam Ou	Nam Ou 6	14.0	101846	35799
Nam Ou	M. Ngoy	37.4	222868	80718
Nam Phak	Nam Phak	1.4	7798	2285
Nam Nga	Nam Nga 1	2.8	14654	4974
Nam Leng	Nam Leng	2.0	11858	3718

2)生态需水保障措施。

加强 Nam Phak、Nam Nga、Nam Leng 等支流上规划水电站的生态需水调度和监控管理等,加强干流七级水电站生态流量调度管理,运用科学的调度技术和手段,保障水库下游河段生态需水要求。统筹防洪、发电等水利工程建设与生态环境保护的关系,逐步建立蓄水工程生态下泄水量监控系统,监督各蓄水工程下泄足够的生态基流,建立区域生态基流和生态环境需水的监管措施、保障制度。

(6)加强生态环境保护

加强 Nam Phak、Nam Nga、Nam Leng 等支流上规划水电站的生态流量管理,加强南乌河干支流水生生态的监测与调查。在河流挡水建筑物中建设或预留过鱼设施,保障河段水生生境的连通性,为鱼类下行和上溯产卵提供通道。增强南乌河下游公众环境保护意识,通过宣传、教育和培训等多种途径来增强公众对生物多样性重要性的认识,加强公众行动的主动性,强化渔业管理,严格执行禁渔期和禁渔区制度。加强 Phou Den Din 等自然保护区的生态保护与恢复、强化水源涵养林建设。落实老挝相关法律法规要求,限制自然保护区内进行的开发活动,保持自然保护区内的原生生境。

3.4.3.2 水土保持

(1)水土流失状况

根据 2017 年 3 月老挝南乌河流域综合查勘以及 2018 年 5 月的南乌河流域水土保持专项查勘得到的资料,同时参考中国《土壤侵蚀分类分级标准》(SL 190—2007),结合老挝南乌河流域土地利用及坡度分级实际情况,将流域土壤侵蚀分为微度、轻度、中度、强烈、极强烈和剧烈。

根据 2015 年数据分类结果为总水土流失面积 3441.38km^2,占土地总面积的 13.95%,其中轻度流失面积 1440.63km^2,占总水土流失面积的 41.86%;中度流失面积 1198.56km^2,占总水土流失面积的 34.83%;强烈流失面积 612.26km^2,占总水土流失面积的 17.99%;极强烈流失面积 167.10km^2,占总水土流失面积的 4.86%;剧烈流失面积 22.82km^2,占总水土流失面积的 0.66%。流失强度以轻中度为主,占总水土流失面积的 76.69%。2015 年南乌河流域水土流失现状见图 3.4-9。

老挝南乌河流域总面积的近 80%属于高原和高山地区,其余约 20%的土地属于平原地区。但由于森林覆盖率较高,流失区域面积不大,总体来看,现阶段处于国家经济发展水平较低的阶段,人口密度低,水土流失现象不严重。但在未来 20 年内,随着经济社会的发展和人口的增长,人们对水土资源和植物资源的开发利用日益增加,对粮食、木材等自然资源的需求,会对自然资源、森林植被进行破坏,而造成水土流失的加重,使其在良好自然条件下具有的各种水土流失潜在危险变为现实危害。为防止由于经济发展而造成的水土流失情况的发生,需对未来阶段性水土保持工作进行预先合理布局。

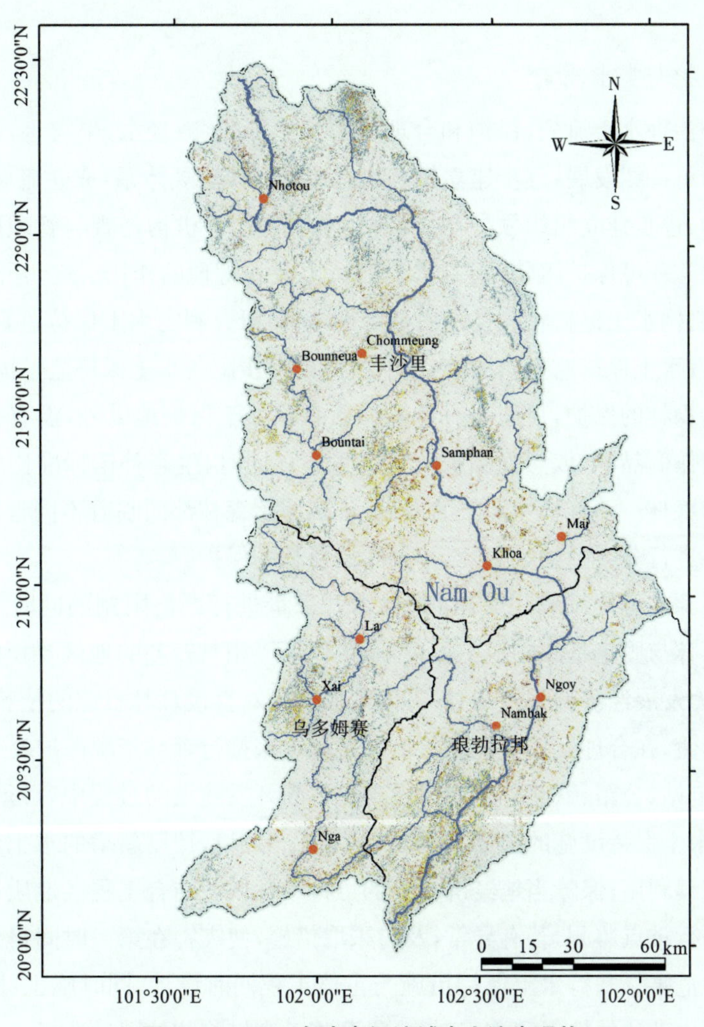

图 3.4-9　2015 年南乌河流域水土流失现状

(2)水土保持目标和总体策略

水土保持目标是，到 2035 年，集中治理极强烈以上水土流失区域 189.92km²，强烈及以下水土流失区域 3251.45km² 以预防保护为主。治理区域年土壤侵蚀量减少 70%以上，平均土壤侵蚀模数降低到 200t/(m² · a)以下，水土流失得到控制，逐步建立水土保持监督管理体系，水土流失治理成果保存率达到 85%。

为实现上述目标，总体策略是按照“因地制宜，对位配置”的原则，建立以农户居住庭院为中心，对庭院及庭院四周的轻度流失和中度流失天然次生林、人工林、经济作物、粮食作物和基础设施建设进行分类预防治理，实行山、水、田、林、路、园、塘等综合配套的水土保持综合治理的试点工程。措施包括以庭院道路、排水沟及农作物坡面径流调控的工程措施，对塘堰进行清淤整治，经济果木林等高种植的植物措施，天然次生林、人工林的封育管护的生态自然修复措施和间作、轮作、套种等复合农业种植方式，扩大复种面积，以提高农田作物产量。

(3)预防保护与监督管理

为了预防和治理水土流失，保护和合理利用水土资源，减轻水、旱灾害，改善生态环境，保障经济社会的可持续发展，逐步建立健全水土保持法律法规体系，成立流域相关管理部门或分支管理机构，逐步建立组织领导与协调机制，明确监管机构督查与管理职责，以开展水土流失防治与生态环境保护工作，起到水土保持监督和管理的作用。逐步开展监管能力建设，开展政府或机构水土保持相关技术人员定期培训，研究制定水土保持监管能力标准化建设方案，逐步出台水土保持监督执法装备配置标准，逐步配备水土保持监督执法队伍。

加强对原始森林的保护，目前还有许多原始森林处于保护地以外，没有得到有效保护，甚至有些还被划作商品林，依然面临被砍伐的危险。同时，生态补偿标准比较低，没有完全覆盖所有的原始森林。随着林业经济的发展，许多原始森林都面临着不同程度的危险，因此应该对原始森林进行分类归纳，加强对重点原始森林的保护。

推行森林资源的可持续利用策略，对林木开采量进行严格限制的同时及时补种树苗。同步推进退耕还林与固定基本耕地工程，对于耕作环境相对较差的地区要积极退耕还林，禁止刀耕火种，大力发展经济林种植，减少贫困地区居民对直接森林资源的依赖。充分挖掘森林资源的经济价值，在合理开发其经济价值的过程中来推行森林资源保护政策。

此外，在水电站、公路、铁路等生产建设项目不断开发建设的过程中，必须采取有效的防护措施，减少对水土保持设施的损坏，保护和修复生态环境，控制新增的水土流失，使有限的水土资源得到持续利用，保障当地经济社会的可持续发展。结合工程区地质调查，对可能发生灾害的区域进行重点监测，若有异常，及时采取措施，使灾害在第一时间得到处理，以避免或减少水土流失危害。坚持水土保持措施与主体工程同时设计、同时施工、同时投产使用。结合各个水土流失部位的特点和施工时序，做到施工和措施防护同时进行。

(4)加强水土保持综合治理

南乌河流域现阶段水土保持治理主要侧重治理极强烈以上流失地，在强烈及以下区域侧重防护性治理措施，配合在有一定条件地区实施开发性治理工程措施。以坡面径流调控为主线，建设基本农田并配套小型水利水土保持工程，大力改善农业生产条件；将治理与开发、生态效益与经济效益相结合，因地制宜种植经济果木林，发展水土保持产业，促进农村产业结构调整，发展农村经济，增加农民收入。通过水土保持措施来调整不合理的土地利用结构、增加人民收入与改善生态。以小流域试点工程为主的探索工作，研究如何通过控制水土流失，合理利用水土资源，发展小流域经济，促进群众脱贫致富。

对于轻度流失天然次生林型，区域面积有 1440.63km^2，以生态维护为重点，以预防保护为主，采取封禁措施，保护好现有植被，严加管护，严禁砍伐扰动，使其自然恢复。

对于中度流失天然次生林型，区域面积有 1198.56km^2，该区域开荒时间更久，需要较长时间进行自然恢复，以保护现有植被和土地资源，维护生物多样性为主，严禁破坏该区域的林草植被，同时加强雨水集蓄利用；合理选取能源替代、舍饲养畜等措施，限制不合理的开发，减少对生态环境的人为破坏，开展生态自我修复。

针对人工林型，区域面积 612.26km²，主要位于邻近村庄，适宜大面积种植经济果木林的区域，以小流域水土流失综合治理为基础，全面实施流域治理、生态修复、水系整治和农村人居环境改善。推广沼气，减少植被资源的破坏，恢复生态平衡，提高生态旅游环境质量，改善农村生产生活条件。开展农村能源替代建设示范工程，发展沼气池。沼气池主要布设在以薪柴为主要生活用能，且具有养殖业发展基础的村庄，沼气池建设要与畜厩、厕所相配合。结合区位优势和环境优势，依托水域水面，调整种植结构，发展观光农林业，打造水土保持生态园，促进旅游业发展。

针对经济作物型，区域面积 167.10km²，主要位于零星分布的村庄周围。该区域以耕地治理和保护为主，实施坡耕地治理工程，综合采取坡改梯工程、坡面水系工程、田间道路工程等坡耕地治理和保护措施，防治坡面水土流失，提高土地生产力，发展区域经济。对于其中有一定规模面积的缓坡区域，按照科学适宜的耕作方式种植农作物，栽植果树。对于坡耕地严重区域，在利用工程措施和植物措施科学调控坡面径流控制水土流失的同时，合理利用土地资源种植生态效益与经济效益兼优的经果林。

针对粮食作物和基础设施建设型，区域面积 22.82km²，主要位于各省县坡耕地集中区域及城镇周围大型基础设施建设工程区域，主要目标是使剧烈流失强度逐渐向强烈以下发展。粮食作物区域，在高地或坡地上使用改良后，有利于保护生态环境的耕作方式。鼓励栽种水果、经济果木林，畜养牛群，开挖鱼塘，这些替代方式提供食物来源，增加收入。如在琅勃拉邦省种植菠萝，在乌多姆塞省种植豆蔻及其他非木材产品等。在坡面粮食作物区域，采取以坡面水系工程建设为重点，加强工程性缺水区域的雨水集蓄利用工程建设，保护耕地资源，提高土地承载力。

3.4.4 综合管理战略

3.4.4.1 管理制度建设

通过合理划分管理职责，建立协调机制，逐步建立协调、高效的流域管理与区域管理相结合的流域综合管理体制。在老挝政府的领导下，国家水行政主管部门（自然资源与环境部）负责南乌河流域涉水事务管理的组织、协调、监督、指导等日常工作；农业和森林部、能源与矿业部、公共工程和运输部等国家部委，按照各自的职责，负责有关涉水事务的管理工作。丰沙里省、乌多姆赛省、琅勃拉邦省政府及其有关部门，负责本行政区域内涉水事务的管理工作。近期通过进一步明晰流域与行政区域及部门与部门间的管理职责，建立事权清晰、分工明确、行为规范、运转协调的流域管理工作机制，强化流域水资源统一调配，进一步加强防洪、城乡供水、水资源综合利用、水环境治理和水利工程管理等水行政事务管理；远期通过合理调整流域与行政区域及部门与部门间的管理职责，建立跨区域和跨部门协调机制，积极推进流域综合管理。

3.4.4.2 管理能力建设

推进水利信息化建设，建设南乌河综合监测信息采集系统、数据传输与存储系统、水资源综合管理信息系统，全面提高自动化水平；逐步建成南乌河流域防洪调度决策支持系统和水资源综合管理信息决策支持系统。

加强站网建设，包括116个单项站，即水文站25个、水位站44个、雨量站31个、水面蒸发站2个、水质站14个。将各类单项基本站网综合后，共计76个测站，包括25个水文站、19个水位站、30个雨量站及2个水质站。

3.5 南屯河水安全与保障战略

根据资源禀赋条件、发展现状、经济社会发展需求，南屯河流域开发治理与保护的主要任务为供水、防洪、灌溉、水力发电、水资源保护和水土保持，其中水力发电侧重于已建水库综合利用和联合调度。

3.5.1 供水保民生战略

3.5.1.1 城镇供水

南屯河流域上游地区及众多支流沿岸多为山区，河流源短流小，季节性变化特征显著，因缺乏控制性水利工程，水资源调蓄能力弱，资源性缺水和工程性缺水问题并存，地下水及山泉资源相对丰富；而中下游干流沿岸地区，地表径流相对比较丰沛，尽管干流已经建成的南屯2号水库和正在建设南屯1号水库库容都较大，但其主要功能为发电，没有供水、灌溉任务，主要存在工程性缺水问题。

针对流域以上特点，南屯河流域在城镇现有供水工程的基础上，一是因地制宜地新建水源工程。对水源不足地区，主要是各县城，通过新建水源工程、新修水厂，增加集中供水能力。新建水源工程6处，分别为维通县城的 Nam Ngom 河引水工程、凯克县城的 Nam Phao 河泵站扩建工程、塞查风县城的 Nam Gnouang 河引水工程、巴卡丁县城的 Nam Kading 河引水工程、南凯县城的南屯2号水库引水工程、莫迈县城的 Nam Hong 河引水工程。对地表水源不足地区，在条件合适的情况下适当开采地下水、山泉水作为补充水源。结合以上水源工程，配套新建水厂3座、改(扩)建水厂3座。二是充分利用干流已建、在建梯级电站，实现水库水资源综合利用。在南屯2号水库左岸增设取水口，沿南屯河新建输水管道，自流至下游南凯县作为城镇主要水源。三是对现有维通县城水厂、凯克县城水厂、巴卡丁县城水厂进行升级改造，同时配套实施供水管网改(扩)建工程。南屯河流域主要供水工程分布示意图见图3.5-1。

图 3.5-1　南屯河流域主要供水工程分布示意图

根据以上布局，到 2035 年，通过新建和改(扩)建各类供水工程，新增供水量 1018 万 m^3，并按照规划目标，集中供水管网覆盖率达到 70%。

3.5.1.2　农村供水

根据南屯河流域各区(市)经济社会发展水平、人口分布特点、水资源禀赋条件，分别采取有针对性的农村供水方案。

对离城镇较近且人口较为集中的组和村落，如莫迈县、巴卡丁县周围的村庄，可部分依托城镇自来水厂延伸配水管线，实现自来水管网供水。对居住相对集中且有较好水源的地区，可建设适度规模的集中供水工程，如维通县的 Pak Ngeun 组通过 Nam Mouan 河引水工程集中供水，南凯县的 Na Vang 村通过 Nam Mon 河引水工程集中供水。对居住相对分散的地区，采取如打井、塘坝等分散供水措施，并充分利用泉水，合理收集雨水，如凯克县的 Namtee 村兴建南部山区山泉水引水工程，凯克县的 Ban Nong Hong 村扩建山坪塘工程。

到 2035 年，农村通过新建水井、水窖、引河溪塘泉方式开采地下水、山泉水和河水，新增供水量 140 万 m^3。

3.5.2　防洪保安全战略

3.5.2.1　洪水特性

南屯河流域属于热带季风气候区，是老挝整个湄公河流域最潮湿的地区，西南季风和南中国海热带风暴为该流域带来强降雨。全年通常分为两个季节，雨季为 4—10 月，旱季为 11 月至次年 3 月，年均降水量约 2450mm，其中约 90%发生在雨季。

南屯河流域洪水主要由暴雨形成，多发生在6—9月，尤其以7月、8月最为频繁。洪水历时不长，涨落较快。

根据Signo站1988—2005年实测洪水资料统计，年最大日均流量2807m^3/s(1996年9月15日)，年最小日均流量878m^3/s(1999年8月7日)，年最大日均流量是年最小日均流量的3.2倍。

3.5.2.2 易受洪水威胁区域

干流沿岸居民主要集中在南屯2号库区、南屯2号坝下至屯辛博恩大坝间以及河口区域，目前南屯2号库区以上居民已按一定标准实施搬迁；南屯2号坝下至屯辛博恩大坝间主要有Tha Bak、Capap等村，地势较高，一般不受洪水威胁；南屯1号大坝以下有Phonsy、Hat Xaykham、Phak Buak等村，其中Phak Buak村位于南屯河干流河口附近，目前不设防，防洪能力不足3～5年一遇，当南屯河与湄公河洪水遭遇时极易发生洪灾。

维通县城位于Nam Mouan支流的Nam Ngom河左岸，现状无防洪问题，但由于南屯1号电站的修建，县城将受水库回水影响。

凯克县Thong Sane农场位于支流Nam Kata河上，耕地面积约4000hm^2，经常受洪水威胁，目前不设防，防洪能力不足5年一遇。

经分析，流域内防洪问题主要集中在维通县城、凯克县Thong Sane农场、干流河口区域的Phak Buak村等。南屯河流域易受洪水威胁位置见图3.5-2。

图3.5-2 南屯河流域易受洪水威胁位置

3.5.2.3 防洪标准

根据各防洪保护对象的经济社会现状及发展规划，考虑到各保护区经济与洪灾损失，经与当地政府和水利主管部门协商，拟定各防护对象的防洪标准为维通县城防洪标准20年一遇、凯克县Thong Sane农场防洪标准10年一遇、Phak Buak村防洪标准5年一遇。今后各防洪保护区的防洪标准可依据经济社会发展和建设情况经论证后适当提高。

3.5.2.4 防洪工程措施

在凯克县Thong Sane农场、维通县城和Phak Buak村开展防洪工程建设。

(1)凯克县Thong Sane农场

Nam Kata河农场段河道蜿蜒，河床质抗冲性较差。卫星影像显示，该处有多处牛轭湖(河道自然裁弯取直，原来弯曲的河道被废弃，所形成的湖泊)，说明历史上河床发生过多次摆动。2003年与2014年的卫星影像对比，有多处河道还在发生比较剧烈的变化，河势不稳。为解决农场的防洪问题，需要同时开展河道整治和堤防建设。拟采取在卡口河段适当拓宽河道，新建护岸5.5km以维持岸线稳定；另外，在河道右岸新建堤防12.5km，为解决建堤后排水问题，设置10处排水涵管和拍门。

(2)维通县城

维通县城位于Nam Ngom以东及其支流Nam Kang以北区域，建成区主要分布高程在300～320m，目前属不设防城镇。根据现场调研，在建的南屯1号水库正常蓄水位为292m，考虑水库回水顶托影响到维通县城，为了保障维通县城的防洪安全，考虑沿Nam Ngom左岸及Nam Kang右岸修建堤防工程。堤防起自Nam Ngom左岸高地，沿河到Nam Kang汇入处，再沿Nam Kang到10号公路附近，长约3.0km，同时建设泵站和排水涵洞、设置拍门解决排涝问题。

(3)Phak Buak村

2018年，Phak Buak村最下游断面(轮渡码头附近)水位约在156m，Phak Buak村大部分高于此水位，只在沿河部分地区低于该水位。由于该处迎流顶冲，目前河岸存在崩退的情况，上游南屯1号水库正在建设中，水库建成投入运行后，存在清水下泄、河床冲刷等问题，可能会造成岸坡淘刷和库岸再造，因此需要加强观测，一旦发现坍岸险情等问题要及时采取工程防护措施，以维持岸线的稳定。为解决该处防洪问题，首先要维持该段岸线稳定，必须开展护岸建设，以免岸坡崩塌影响村庄安全；其次要解决洪水淹没威胁，可采取搬迁后靠或建堤两种方案。考虑到该处后面为山地无平地，不易安置，且淹没水深不深，建堤高程不高，为此采取护岸和建堤方案。建设堤防0.8km，护岸1.2km。为解决建堤后排水问题，设置排水涵管和拍门。

3.5.2.5 山洪灾害防治

南屯河流域大部分处于山丘区，但地广人稀，山洪灾害问题不突出。1985年流域内曾发生过较大山洪灾害，造成2人死亡。20世纪90年代以来，当地政府结合自然保护区建设，逐渐迁移了山洪易灾区域人员。根据当地居民反映，近10年来未发生因山洪死亡事件。流域山洪灾害防治措施应立足于以非工程措施为主的原则，对处于山洪灾害危险区、生存条件恶劣、地势低洼而治理困难地方的居民实施搬迁等避让措施。此外，应采取强化风险区管理、加强宣传教育等非工程措施。

3.5.2.6 防洪非工程措施

防洪非工程措施与南乌河流域类似，采取一系列立法、政策、行政管理、技术等方面的手段，同工程措施相结合保障防洪安全。

对于南屯河流域来说，加强水库调度是流域防洪非工程措施的重中之重。随着南屯河干支流水库的兴建，及时编制水库群联合调度方案，确保水库防洪安全，优化防洪水库调度及时拦洪错峰，充分发挥水库的防洪效益，避免无序泄放对下游及湄公河防洪造成不利影响。南屯 2 号和屯辛博恩为跨流域调水发电，其发电尾水会加大调入流域的防洪压力，需要统筹编制调度方案，避免对调入流域防洪造成不利影响。为使防洪水库更好地发挥防洪效益，开展编制骨干水库群的联合防洪调度方案，确保汛期防洪调度优于发电调度，明确防洪调度的原则、目标、方案、责任和权限等，建立风险与效益责任机制。

3.5.3 灌溉促发展战略

3.5.3.1 灌溉发展需求分析

南屯河流域耕地资源紧缺，土地利用方式粗放，尤其在川圹省莫迈县、波里坎赛省维通县和塞查风县、甘蒙省南凯县等地区，坡耕地和低产田占有较大比例，且随着人口压力逐年递增，当地居民被迫选择烧荒耕作的方式增加种植面积来增加粮食产量。这种现象导致水土流失风险加剧，生态环境恶化。根治以上问题需要通过大力发展灌溉农业，提高灌溉保证率和灌溉效率，增加粮食单产，保障流域粮食需求。此外，还需要制定相应的法律法规，杜绝烧荒耕作现象，保护生态环境。

据研究，到 2020 年，老挝全国水稻产量目标是 500 万 t，人均水稻产量需超过 550kg①。2015 年南屯河流域水稻总产量 6 万 t，人均水稻产量 410kg，人均大米产量 260kg(产米率为 0.64)，均落后于全国平均水平。《波里坎赛省 2016—2030 经济社会发展计划和 2016—2025 发展战略》提出，波里坎赛省的水稻产量目标是 457kg/(人 · a)。结合现场查勘调研，确定维持温饱水平的水稻产量目标是 450kg/(人 · a)。如果维持现状种植面积及灌溉水平，在人口自然增长情况下，2035 年水稻总需求量将达到 9.4 万 t，与现有产量之间的缺口达 3.4 万 t。目前南屯河流域的农业生产力不能保障自身粮食安全。

根据流域宜耕地分布特点和水资源禀赋条件，提升粮食产量不宜通过新增耕地面积，而应通过挖潜改造已建水利工程以及在重点农产区新建水利工程，提高单位面积农作物产量来实现。同时，农业发展需要适当调整农业种植结构，发展经济作物，提高农民收入。

根据实地查勘调研并参考未来农艺技术改良对粮食增产的积极影响，分析得到 2015 年和 2035 年水稻、薯类、玉米等作物的单位面积产量(表 3.5-1)。根据农作物单位面积产量和

①http://www.xinhuanet.com/english/2017-01/15/c_135984301.htm.

人口增长规律，并考虑作物种植结构调整，预测 2035 年水稻雨季、旱季灌溉面积应分别达到 8225hm² 和 4166hm²，玉米、蔬菜和其他农作物的灌溉面积应分别达到 800hm²、964hm² 和 1237hm²。

表 3.5-1　　南屯河流域粮食单位面积产量　　（单位：t/hm²）

年份	雨季稻			旱季稻		玉米		薯类
	平地		坡地	平地				
	灌溉	非灌溉	非灌溉	灌溉	非灌溉	灌溉	非灌溉	非灌溉
2015	4.8	3.0	1.84	5	1.84	9	4.5	5.6
2035	5.6	3.2	1.95	6	1.95	10	6.0	9.0

注：根据调查，水稻产米率为 0.64。

3.5.3.2　灌溉发展目标

根据全国农业发展布局，老挝农业发展重点区域位于中部沙湾拿吉省、甘蒙省等平原地区。南屯河流域地处山区、地形起伏大，宜耕地面积紧张，且水利基础设施薄弱，农业发展现状落后，但流域气候湿润，水量充沛，农业发展有增长潜力。灌溉发展目标为：通过现有水利设施挖潜改造和新建水利基础设施，至 2035 年，灌溉面积达到 11226hm²，灌溉水有效利用系数提高至 0.5，灌溉保证率提高至 75%，在不新增耕地面积的前提下，通过工程措施提高灌溉保证率，增加粮食产量，满足粮食生产自给自足的需求。

3.5.3.3　灌溉发展布局

（1）挖潜

对已建的 690 余处简易水利工程进行挖潜改造，修建钢筋混凝土等维护简易、使用寿命长的水利基础设施，加固简易滚水坝、壅水闸、衬砌重要渠道，发展山区小型农田水利工程，挖掘已建工程效益，改善现有 6007hm² 灌溉面积。此外，对维通县 Nam Kang 河上已建的 Nam Yang 溢流坝和左岸引水渠道进行翻修，提高灌溉供水保障水平，可在完成 250hm² 水稻灌溉任务的同时，新增蔬菜灌溉面积 200hm²；完善波里坎县 Phak Bouak 灌区配套设施，可新增水稻灌溉面积 100hm²、蔬菜灌溉面积 95hm²。

（2）开源

选择流域内灌溉发展的重点区域，新建水利工程。根据流域水土资源，结合坡度分布、农田分布和干旱指数分布（图 3.5-3 和图 3.5-4），分析灌溉发展的重点区域共 3 片，均位于凯克县，一是 Thong Sane 农场周边及北部 Nam Pan 河下游沿岸灌片；二是 Nam Phao 河上游 Na Pe 村周边；三是 Na Pavan 村周边平坝区域的 Na Pavan 灌片。其中，解决 Na Pavan 灌片需要老挝政府和南欧昂电站业主协商，未来从南欧昂水库引水发展农作物灌溉，并提供补偿措施。

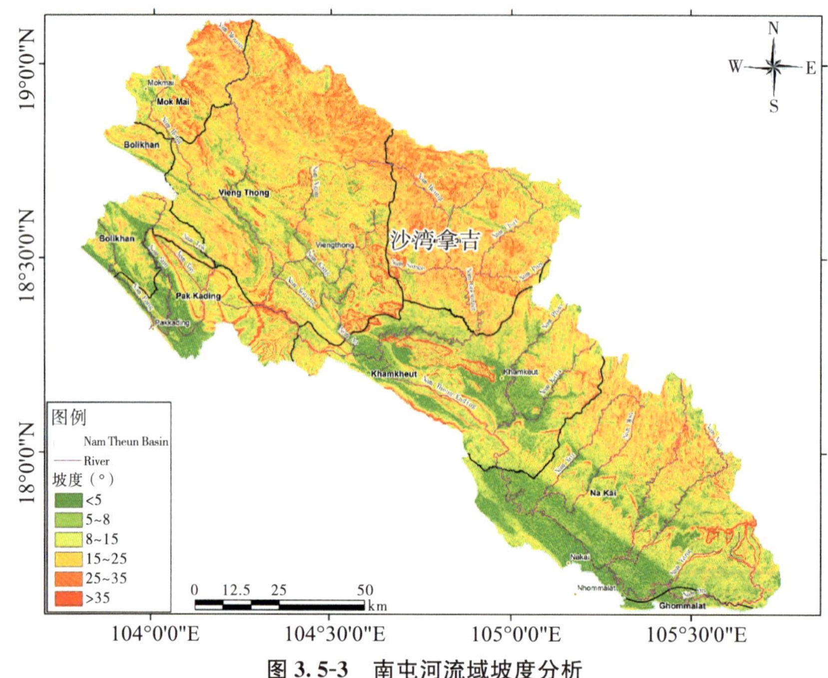

图 3.5-3 南屯河流域坡度分析

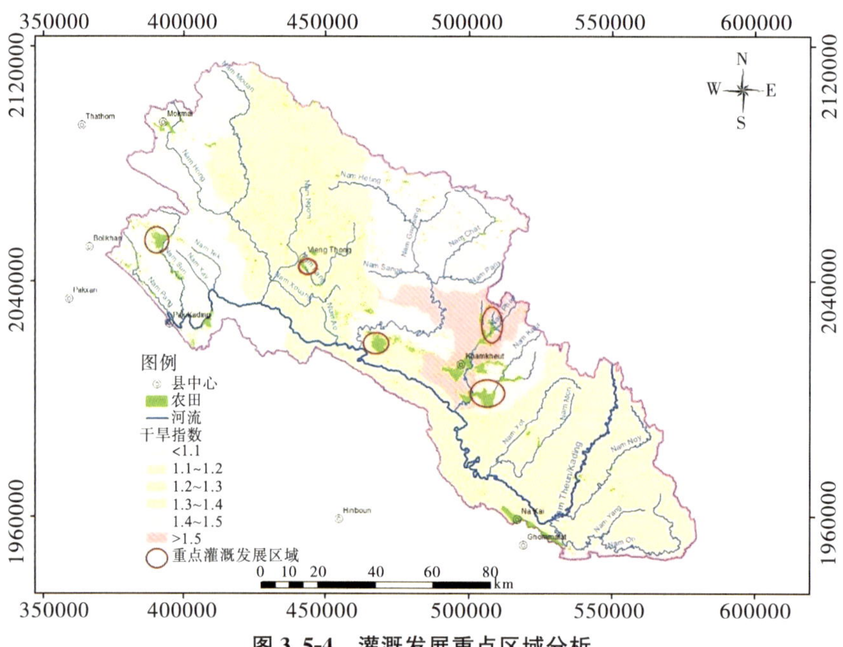

图 3.5-4 灌溉发展重点区域分析

根据灌溉发展需求，新建 2 座水库和 1 个灌区工程（图 3.5-5），其中 2 座水库均在凯克县，分别为 Na Pe 水库和 Nam Pan 水库；1 个灌区工程是在已建的南欧昂水库南部发展 Na Pavan 灌区工程。

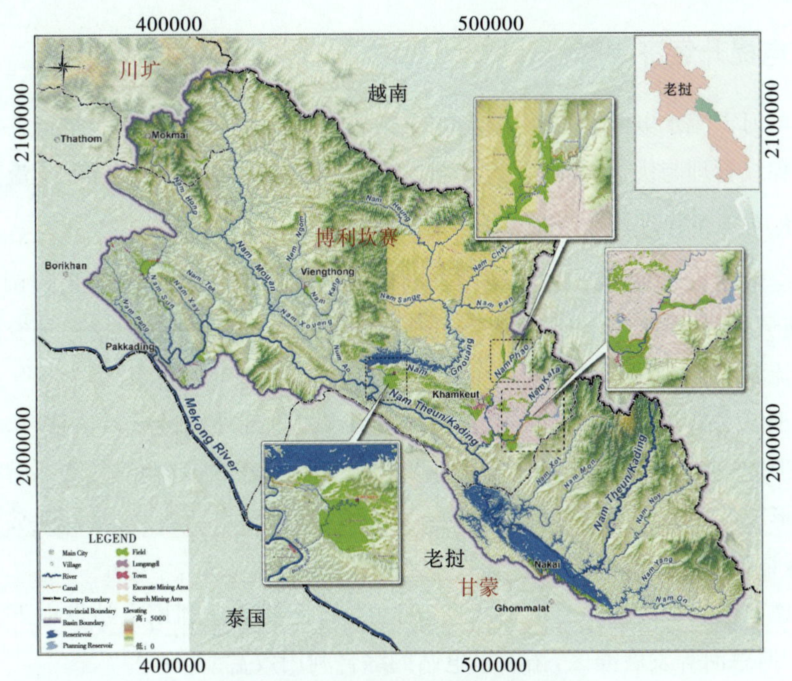

图 3.5-5　南屯河流域灌溉发展布局

结合已建工程挖潜改造和新建水库和灌区工程，至 2035 年流域可改善现有灌溉面积 6007hm²，新增 5219hm²，总灌溉面积达到 11226hm²。其中，雨季水稻、旱季水稻、玉米、蔬菜和其他农作物的灌溉面积分别达到 8225hm²、4166hm²、800hm²、964hm² 和 1237hm²，分别新增 2800hm²、3700hm²、640hm²、823hm² 和 955hm²（表 3.5-2）。

表 3.5-2　　2035 年总灌溉面积统计　　（单位：hm²）

行政区		水稻		玉米	薯类	蔬菜	其他	小计
		雨季	旱季					
波里坎赛	小计	8086	4126	800	0	964	1237	11087
	维通	1525	150	0	0	251	237	2013
	凯克	5836	3847	800	0	600	1000	8236
	塞查风	320	17	0	0	0	0	320
	巴卡丁	40	0	0	0	13	0	53
	波里坎	365	112	0	0	100	0	465
甘蒙	小计	114	40	0	0	0	0	114
	南凯	114	40	0	0	0	0	114
	永玛拉	0	0	0	0	0	0	0
川圹	莫迈	25	0	0	0	0	0	25
合计		8225	4166	800	0	964	1237	11226

3.5.4 发电提升经济战略

由于南屯河干流水电开发已然成型，水电站分属不同业主，因此水电梯级一是要加强不同电站间的梯级管理与优化调度，发挥梯级电站的综合效益，二是适度开发支流水电。

3.5.4.1 水电梯级管理与优化运行

1)发挥综合利用效益，在保证水电站发电效益的前提下，开展水电站工程调度运行方式研究，完善流域防洪、供水、灌溉及生态等其他水资源综合利用的效益发挥；研究跨流域发电引水对引入流域的影响。

南屯河干流水电开发已基本形成，其运行及引水发电到外流域后，将对整个流域下游的水资源体系形成较大影响，通过优化有较好调节能力的水电站的调度运行方式，研究其与下游梯级组合形成的径流和库容补偿的最优方案，合理安排枯水期放水、汛期泄放及汛末回蓄水量，才能保证流域内水资源各方利益的综合要求。

不仅考虑南屯河有两座跨流域引水发电的电站，还要考虑利用电站发电下泄水量在色邦非河、南辛博恩河等发展灌区，拓展水电站的综合利用效益。

2)协调水力发电与防洪、供水、灌溉、生态等综合利用的关系，建立水资源综合管理体制和利益补偿机制。

坚持“安全第一，统筹兼顾”的原则，在保证水电站工程安全、服从既定开发任务的前提下，尽可能协调发电与防洪、供水、灌溉、生态等部门的关系。如充分利用南欧昂电站水库的调节能力，结合灌溉需求，水库调度中尽量满足灌溉 Na Pavan 耕地的引水水位和流量要求；合理安排南屯河 2 号水电站的水库调度运行方式，保证水库左岸取水满足下游 Na Kai 城市供水需求；重视河流生态功能，开展跨流域引水发电对南屯河水生态环境的影响研究，并提出相应的对策措施；研究制定利益补偿机制，对水电工程因超额承担综合任务的，应考虑对其补偿。

3)加强梯级水电站的管理。

合理利用已建电站的水文站网收集的数据和信息资料，搭建流域信息共享平台，为流域梯级水库的发电调度和综合调度提供基础支撑；开展流域梯级水库群联合调度研究，编制梯级水库联合调度规程，为流域管理提供技术支撑。

3.5.4.2 支流水电开发

南屯河流域自然保护区的总面积达 88 万 hm^2，占全流域面积的 60%。从生态环境保护角度出发，应审慎论证、择机开发支流水能资源。

经分析，南屯河流域内水能资源开发条件较好的主要支流有 Nam Mouan 河和 Nam Gnouang 河。可优先考虑以下 3 座水电站，分别为：Nam Mouan 支流 Nam Hong 与主源汇口处的 Nam Mouan 1 水电站，初拟装机容量 32MW；Nam Mouan 支流 Nam Kang、Nam Ngom 汇口处的 Nam Mouan 2 水电站，初拟装机容量 50MW；Nam Gnouang 支流 Nam

Chat 汇口处的 Nam Gnouang 2 水电站，初拟装机容量 25MW。3 座水电站总装机容量为 107MW，南屯河流域主要水电站位置示意图见图 3.5-6。在下一步项目论证时，Nam Mouan 1 水电站坝址位置，应考虑南屯 1 号水电站建成后多年蓄水位的回水影响；Nam Mouan 2 水电站是否布局及开发，应充分考虑河段内生态保护鱼类的生态环境影响论证。

图 3.5-6　南屯河流域主要水电站位置示意图

南屯河流域其他装机规模较小的水电站可因地制宜、适度开发，以解决分散村落的供电问题。

3.5.5　保护利长远战略

3.5.5.1　水资源保护

统筹考虑经济社会发展对水资源可持续利用的要求，以流域为整体，河系为单元，重点保护干支流源头和水源地，梯级电站建设河段和重要支流应坚持开发利用与保护兼顾，重点加强金矿废污水防治及风险防范，加强流域生态环境保护。

南屯河上部区域(凯克县以上，甘蒙省)，强化干支流源头水源涵养区以及南屯 2 号水库饮用水水源保护；加强南屯 2 号水库支流污染源治理及面源防控，严控水库发生富营养化；加强南屯 2 号等水电站调度管理，保障下游河段生态需水要求；加强环境监测，维护良好水生态环境，保障水资源可持续利用。

南屯河中部区域(凯克县及其周边区域)，开展凯克县等城镇生活和工业污水收集和处理，建设污水处理厂，严格控制制水工厂等工业企业废污水，重点加强康根—森乌夺金矿尾矿库水污染防治及风险防范；加强凯克县等城镇自来水厂饮用水水源保护，在南屯河干流及

Nam Phao 等河段建设水质监测站，保障饮用水水源水质安全；加强主要灌区农业面源污染防治，加强农业退水污染的防控。

南屯河下部区域（凯克县以下），加强维通县等城镇自来水厂饮用水水源保护，保障城镇及农村居民饮用水水源水质安全；对水资源保护存在的问题、生态破坏进行综合整治与保护，遏制 Nong long 等村庄地下水水位降低，加强和优化南欧昂电站和南屯 1 号水电站等调度管理，保障下游河段生态需水要求，以及流域生态系统良性循环和水资源可持续利用。

加强南屯河 Nam Phao、Nam Mouan 等支流上规划水电站的生态流量管理，大坝需建设生态流量泄放设施或制定科学合理的调度运行方式，保障水电站下游河段生态流量要求，建立生态流量监测监控体系，制定生态流量保障制度。南屯 1 号、南屯 2 号等水电站均采用 BOT 方式进行建设和运行，根据相关协议，南屯 1 号水电站从 2016 年 6 月开始，租期为 27 年，于 2043 年 6 月大坝所有权归老挝所有；南屯 2 号水电站从 2009 年开始，租期为 25 年，于 2034 年大坝所有权归老挝所有，南屯 1 号和 2 号水电站下泄生态流量分别为 $5m^3/s$ 和 $2m^3/s$，均小于坝址多年平均流量的 2%。因此，建议南屯 1 号和南屯 2 号水电站分别在大坝所有权归还老挝前，最小下泄流量不低于坝址多年平均流量的 5%，根据下游生态保护需求及水资源禀赋条件等，进一步研究认证水电站下泄流量，老挝需积极主动与相应的投资开发商共同商谈制定水电站下泄生态流量保障实施方案，必要时可建立生态流量补偿机制或补签相关协议，以维持下游生态环境健康可持续发展。BOT 签约到期后，老挝加强南屯河干流水电站的生态流量管理，调整已建水库的运行方式，建议最小下泄流量不低于坝址多年平均流量的 10%，运用科学的调度技术和手段，实施梯级电站的统一调度，加强取用水管控，保障电站下游河段生态流量要求；统筹防洪、发电等水利工程建设与生态环境保护的关系，协调上下游关系，逐步建立水工程生态下泄水量监控系统及预警机制，监督各水工程下泄足够的生态流量，建立流域生态流量的监管措施和保障制度。南屯 2 号和屯辛博恩均为跨流域引水发电项目，分别经隧道将南屯 2 号库区水引至 Xe Bang Fai 流域发电和经隧道将屯辛博恩坝前水引至南辛博恩流域发电，跨流域引调水导致电站下游出现减水河段。因此，加强跨流域引调水工程的调度管理，制定流域年度水量调度计划，加强引调水工程水量监测监控及管理，保障河道生态需水，维护南屯河健康和良好生态环境；对下游居民的生活生产产生较大影响的，需建立生态补偿机制或采取移民搬迁等措施。

3.5.5.2 水土保持

根据“因地制宜，对位配置”原则，对轻度流失和中度流失的天然次生林型进行预防保护，强烈流失的人工林型实施生态修复、水系整治，极强烈流失的经济作物型以耕地治理和保护为主，对粮食作物和基础设施建设型剧烈流失区进行水土保持工程和植物措施相结合的综合治理。选取 Bolikhamxay 省凯克县城拉绍地区的 3 个村庄建立以农户居住庭院为中心，对庭院及庭院四周实施配套的水土保持综合治理的试点工程。建设主要内容包括农村河道整治、生活污水处理、村容村貌改善、面源污染防治等，主要措施包括坡改梯、蓄水池、排灌沟渠、田间道路、种树、修建污水收集处理系统等。对流失严重的金矿区域采取水土流失治理、生态环境恢复和植被重建措施。

到2035年，强烈及以上水土流失区域12km^{2}得到集中治理，强烈以下水土流失区域2513km^{2}以预防保护为主。治理区域年土壤侵蚀量减少80%以上，平均土壤侵蚀模数降低到200t/(m^2·a)以下，水土流失得到控制，建立水土保持监督管理体系，试点区域水土流失治理成果保存率达到90%。

3.6 本章小结

老挝北部的南乌河流域及中部的南屯河流域是老挝的重要流域，均是老挝水电开发、对外开放的重要窗口，尤其是南乌河流域，经济社会发展增速较大，近些年依托中老铁路建设运行，经贸往来范围和深度进一步提升，水资源的开发利用与保护力度亟须提升，并要适度超前于当地经济社会发展速度。南屯河流域是老挝中部地区的水电开发基地，同时是与越南接壤的瘦条形中部区域，是沟通老挝南北的关键区域，现状流域内的经济社会发展主要依托于水电开发，导致水资源的其他效益未充分发挥，将严重制约今后一段时期流域内的经济社会发展。秉持生产、生活、生态齐头并进的总思路，统筹区域经济社会发展、人居生活水平、生态环境，提出了未来一段时期内包括水资源综合开发利用、防洪排涝、水土资源保护等在内的水安全保障战略，可作为指导当地治水、兴水、护水，发挥水资源优势支撑、保障和促进经济社会发展的重要蓝图。

第 4 章　缅甸灌溉与发展策略

CHAPTER 4

缅甸是农业国家，农业是其国民经济的支柱产业，约占全国经济总量的 1/3，全国 70%的就业依赖农业。伊洛瓦底江三角洲耕地面积占全国的 15%，水稻播种面积占 26%，稻谷产量占 30%，稻米出口量占 38%，是缅甸的粮食主产区。伊洛瓦底江三角洲农业生产对于缅甸粮食安全、经济发展、民生福祉意义重大。然而，缅甸水利基础设施不足，粮食安全指数在全世界处于落后水平，稳定粮食生产和实现经济增长对水利的支撑和保障作用提出了很高的要求。在澜湄合作机制下通过"中国—东盟海上合作基金"项目资助，开展了缅甸粮食主产区灌溉发展研究，选取伊洛瓦底江三角洲区域为研究对象，从区域现状基本特点出发，把握经济社会所处的发展阶段、发展特征、发展格局，客观分析和评价现状水利基础设施能力和综合管理水平，针对伊洛瓦底江三角洲地区水资源开发、治理与保护中的突出水问题，立足于改善民生水平，确立了伊洛瓦底江三角洲地区灌溉发展目标，以发展灌溉促进农业生产为重点，统筹防洪减灾体系与城乡供水设施配套建设，提出了保障粮食安全、防洪安全和供水安全的综合发展策略。

4.1　基本情况

伊洛瓦底江是缅甸的第一大河，发源于中国西藏的察隅附近，由北向南贯穿缅甸。伊洛瓦底江从德耶谬以下是下游河段，德耶谬—缅昂是下游谷地，缅昂以南，伊江呈"伞"形分成多支汊河流入安达曼海，形成著名的伊洛瓦底江三角洲。三角洲地势低平，河道呈网状，是全国人口最稠密、经济最发达的地区，是缅甸全国稻米的第一中心，享有"缅甸谷仓"之盛誉。

本规划研究范围为伊洛瓦底江三角洲地区，位于 94.36°～96.34°E、15.65°～17.98°N，西以勃生河为界，东以莱恩—仰光河为界，总面积 2.61 万 km^2，占缅甸国土面积(67.6 万 km^2)的 3.86%，涉及伊洛瓦底、仰光、勃固 3 个省级行政区。缅甸粮食主产区地理位置见图 4.1-1。

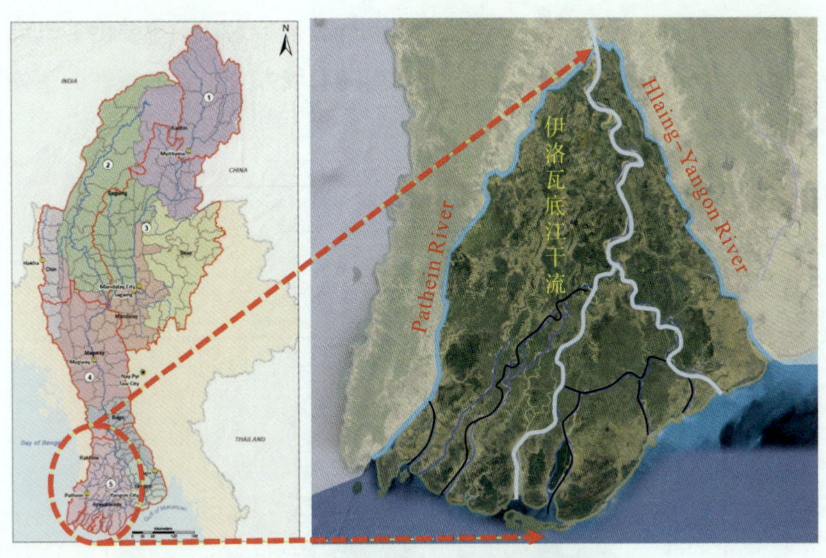

图 4.1-1　缅甸粮食主产区地理位置

4.1.1　自然环境概况

4.1.1.1　地形地质

伊洛瓦底江流域受西部山地和掸邦高原的夹束，呈南北长条状，河口段为扇形三角洲，东西两侧均以低山丘陵地形为分界线。研究区具有典型的海陆交互相三角洲地貌特点，地势平坦开阔，海拔 2～10m。区内伊洛瓦底江多级分流，河道蜿蜒曲折，水系非常发达，普遍河宽水深，全年水位平均相差 10～11m，海岸线附近江心滩、边滩、沙堤、潮坪等微地貌发育。区域地形地貌示意图见图 4.1-2。

据文献资料及野外地质考察，伊洛瓦底江三角洲深坳带晚白垩世以来缺失下古新统、下中渐新统的地层，自下而上主要为始新世海相沉积岩、中新世早期在西部渺弥亚基底隆起及中部火山弧上发育的台地相灰岩—礁灰岩、中新世—上新世海陆交互相及陆相碎屑岩沉积(图 4.1-3)。

当地习惯将伊洛瓦底江三角洲划分为上、中、下三部分(图 4.1-4)。上部与中部的分界线为央东—德努骠，中部与下部分界线为最远咸水上溯线。上部主要受伊洛瓦底江干流径流的影响，中部受到河道径流和海水顶托双重影响，下部主要受海水上溯的影响。在三角洲上中部，地下水是重要的水资源，是城乡生活用水水源，但浅层地下水普遍存在砷与重金属超标的现象，用于饮用水的水井深度多超过 100m；在三角洲下部，由海水入侵引起的地下水咸化问题，地下水利用率很低。区内地下水类型按其储水介质特征可分为第四系松散岩类孔隙水和碎屑岩类裂隙—孔隙水。第四系松散岩类孔隙水主要赋存于第四系冲积含水层，分布面积广，覆盖了三角洲地表总面积约 96%的区域。碎屑岩类裂隙—孔隙水少量出露于地表，绝大多数区域下伏于第四系地层。地下水开采深度一般在 100～200m，最深可达

400m 左右。从区域上来看，地下水流向主要为南北向，地下水补给主要由大气降水入渗、伊洛瓦底江等地表水体渗透等组成，地下水自北向南往海域方向产生区域性的缓慢径流，在靠近海域区排泄。

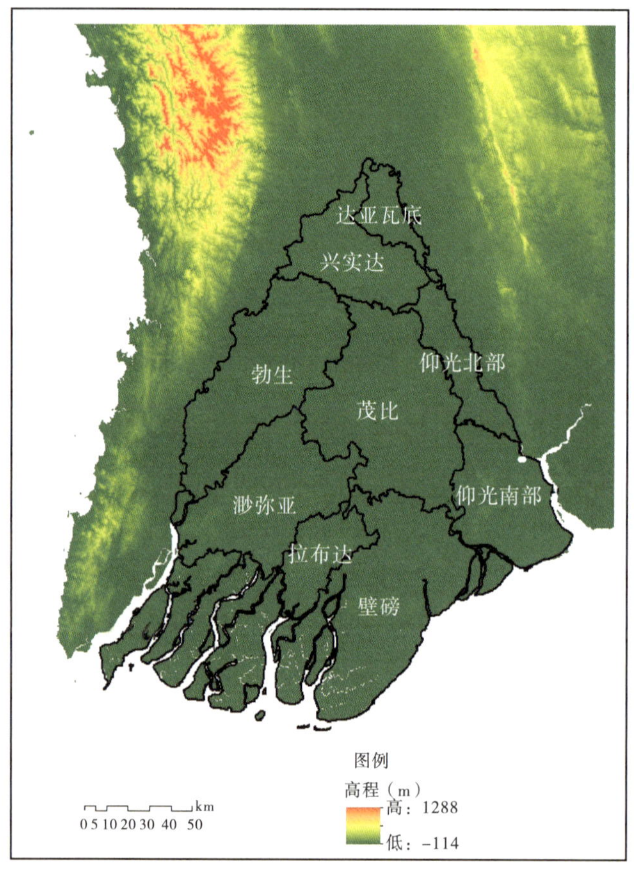

图 4.1-2　区域地形地貌示意图

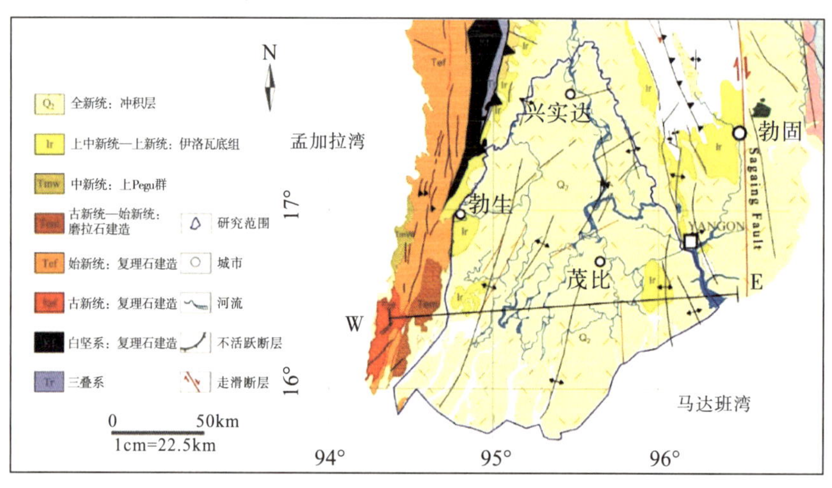

图 4.1-3　区域工程地质示意图

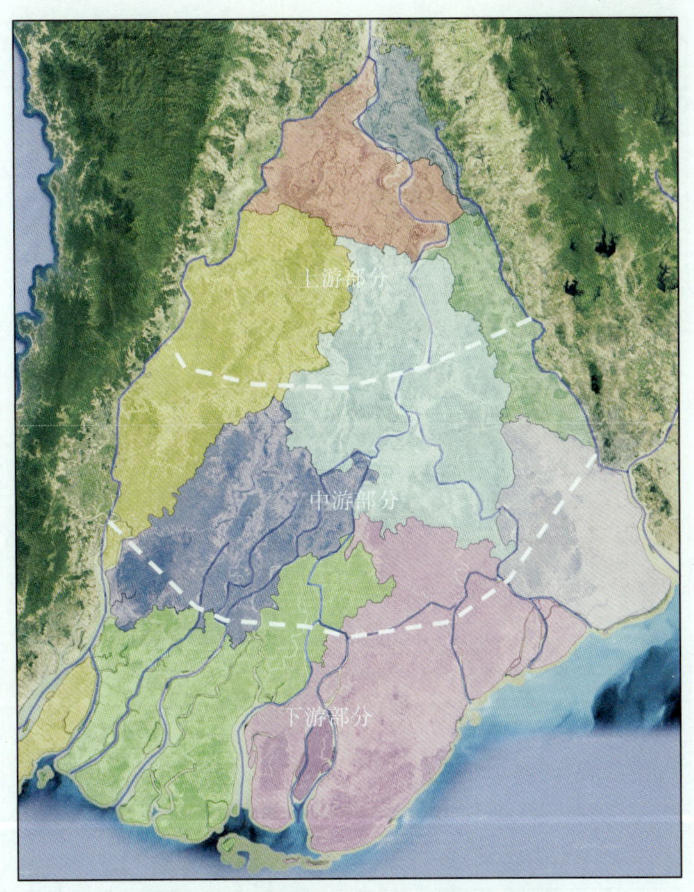

图 4.1-4　伊洛瓦底江三角洲分区示意图

4.1.1.2　河流水系

伊洛瓦底江三角洲河网密集复杂，河道蜿蜒崎岖。在三角洲的顶点——兴实达以北约40km 处，伊洛瓦底江干流分成勃生河、伊洛瓦底江干流和莱恩河。西侧分流勃生河，全长约320km，上游又叫纳普纳河。东侧分流莱恩河，在仰光附近与勃固河合并成仰光河，莱恩—仰光河全长约 263km。中间为伊洛瓦底江干流，顺流向继续不断分叉，形成扇状分散水系。据实测资料统计，伊洛瓦底江三角洲入境控制站色达水文站（位于三角洲顶点处）的平均流量约为 13000m^3/s，多年平均径流量为 4040 亿 m^3。

三条分支继续延伸分叉，呈扇状水系，最终通过 10 条河汇入安达曼海，分别为勃生河、德克东河、Yway 河、分马洛河、伊洛瓦底江、博加莱河、壁磅河、他迪河、Toe 河、仰光河，伊洛瓦底江三角洲河流水系见图 4.1-5。

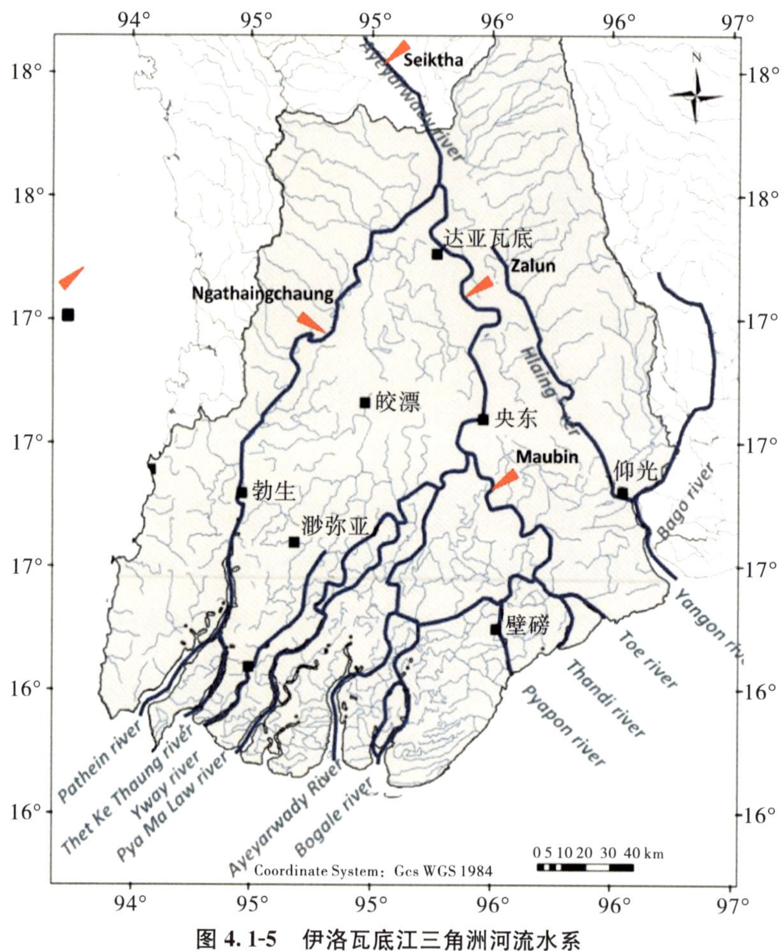

图 4.1-5　伊洛瓦底江三角洲河流水系

4.1.1.3　水文气象

研究收集到区域内兴实达、泽伦、额代羌、勃生、马乌宾、渺弥亚、壁磅等 7 个气象站的实测气象资料和色滕、泽伦、额代羌、马乌宾等 4 个水文站的实测逐日水位和流量资料，各站资料系列长短不一，短的只有 7～8 年系列，长的达 33 年系列。

(1)气候

伊洛瓦底江三角洲位于亚洲西南季风气候区，受西南季风支配，气候分雨季(或称季风季)和旱季两季。雨季沿海地区的最高和最低气温分别约为 37℃和 22℃。10 月中旬至次年 2 月中旬气候干燥凉爽，2 月、3 月气温逐渐上升，4 月、5 月为全年最为炎热、干燥的时期，伊洛瓦底江三角洲气候空间分布见图 4.1-6。三角洲南部和西南部经常出现强风，造成海面波涛汹涌，强热带风暴经常会引起严重的风暴潮。全年湿度很高，雨季相对湿度超过 90%。

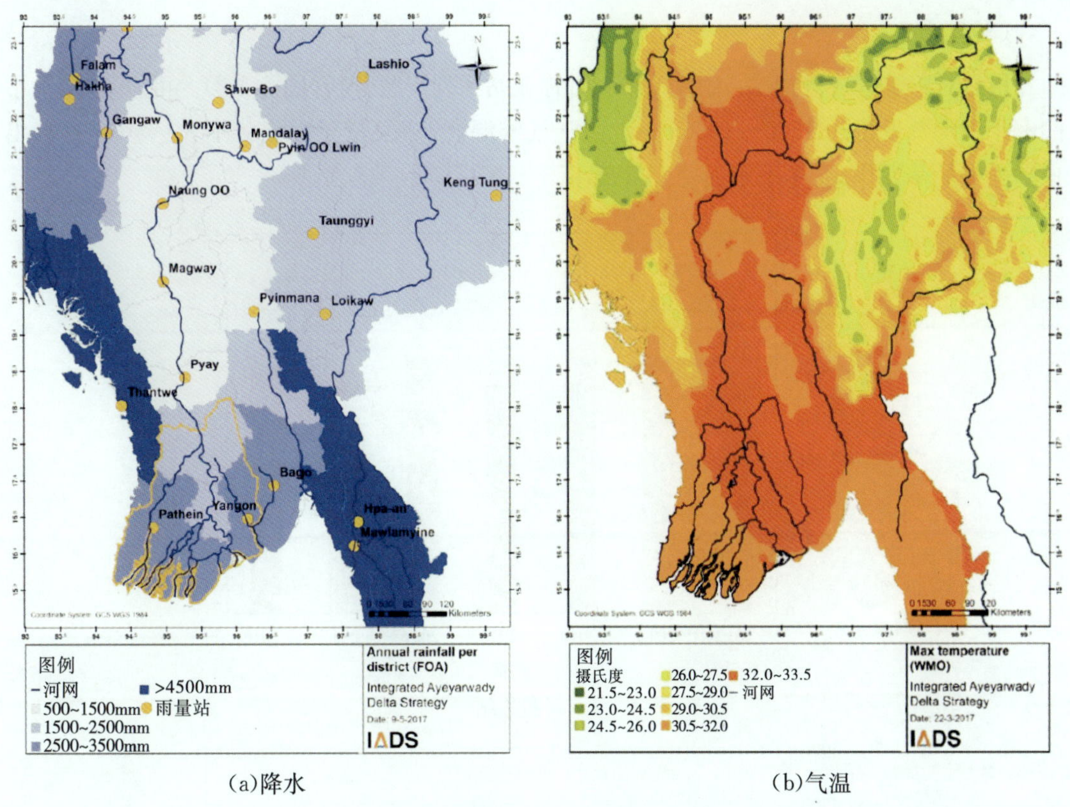

(a)降水　　　　(b)气温

图 4.1-6　伊洛瓦底江三角洲气候空间分布

(2)降水

三角洲地区降水丰沛,多年平均降水量在 2100～3200mm,基本呈现从西南到东北递减的趋势。根据 7 个气象站实测降水资料,推算研究区域多年平均降水量为 2618mm。降水量主要集中在 5—10 月(图 4.1-7),降水量占全年的比例超过 90%,多年平均连续最大 3 个月降水量占多年平均降水量的百分比为 62.3%～67.7%,出现在 6—8 月。

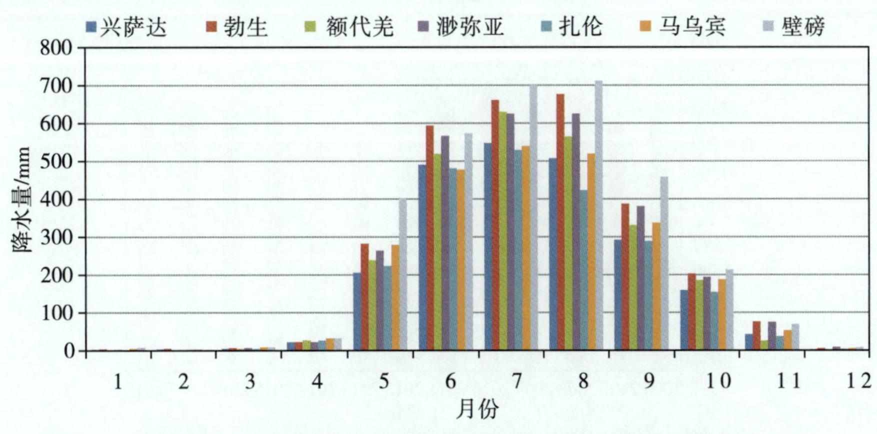

图 4.1-7　伊洛瓦底江三角洲主要气象站点降水量年内分布

(3)蒸发

根据对兴实达站、勃生站、额代羌站和渺弥亚站系列资料分析(图4.1-8)。可以看出,4站的多年平均蒸发量为1370~1936mm。由于气候湿润,蒸发量年际变化不大。3—5月会出现高强度的蒸发作用,冬季水面蒸发量最小。

(a)兴实达站

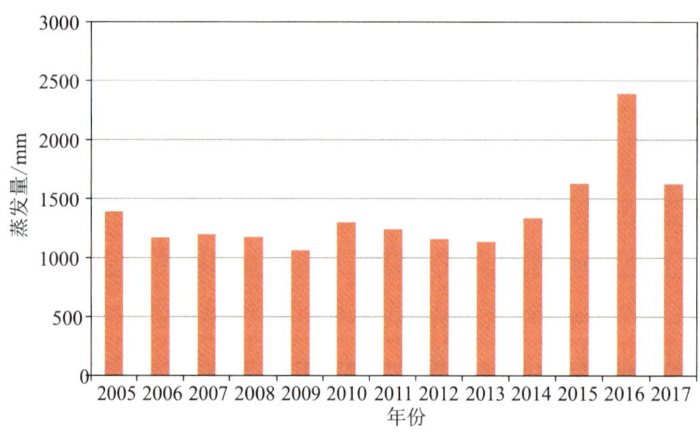

(b)勃生站

(c)额代羌站

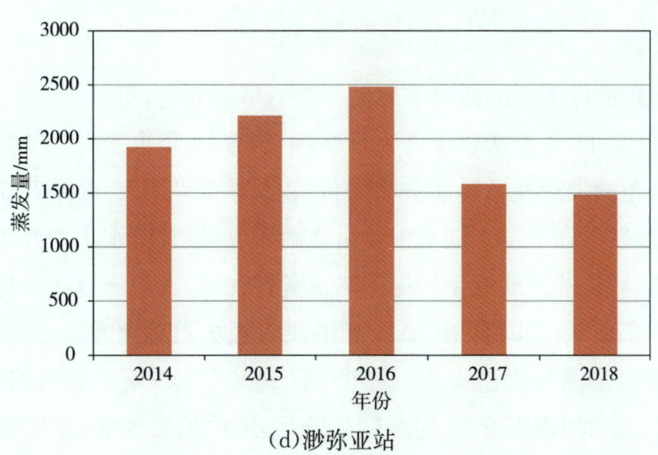

(d)渺弥亚站

图 4.1-8　兴实达站、勃生站、额代羌站和渺弥亚站逐年蒸发量

(4)径流

根据三角洲地区入境控制站色滕站 2011—2018 年逐日流量资料，多年平均径流量 4040 亿 m^3，逐年径流量系列见表 4.1-1 和图 4.1-9。从图 4.1-9 中可以看出，年径流量相对稳定，年际变化不大，最大为 2017 年的 4570 亿 m^3，最小为 2013 年的 3490 亿 m^3。径流量年内分布主要集中在 6—11 月，占多年平均径流量的 82%，5 月和 12 月径流量相当，均占多年平均径流量的 3.7%。2 月径流量最小，仅有 95 亿 m^3，占多年平均径流量的 2.4%。

表 4.1-1　　2011—2018 年色滕站径流量年内分配　　(单位：亿 m^3)

年月 径流量	1月	2月	3月	4月	5月	6月	7月	8月	9月	10月	11月	12月	全年
最大	226	161	139	140	251	511	916	932	878	630	329	262	4570
最小	86.6	75.5	82.1	81.7	112	181	460	592	579	402	137	86.6	3490
平均	120	95	100	108	150	316	707	811	713	531	238	151	4040
比例/%	3.0	2.4	2.5	2.7	3.7	7.8	17.5	20.1	17.6	13.1	5.9	3.7	100

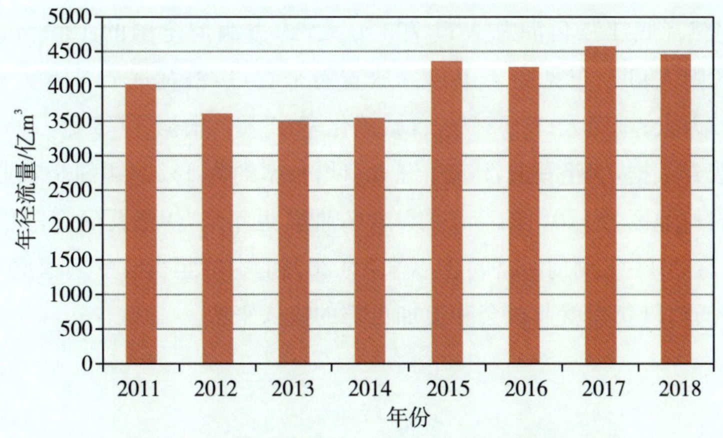

图 4.1-9　色滕站 2011—2018 年逐年径流量过程

4.1.1.4 自然灾害

伊洛瓦底江三角洲位于亚洲西南季风区，雨季、旱季分明，每年5—10月为雨季，降水量占全年的90%～95%；11月至次年4月为旱季，雨量稀少，降水量占全年的5%～10%。

伊洛瓦底江三角洲洪涝及风暴潮灾害频发，洪灾多发生在三角洲上部、中部，涝灾多发生在中部，风暴潮多发生在下部。洪水主要由暴雨形成，最大洪水集中在8—9月，洪水过程涨落平缓，多为历时较长的复式峰型。根据历史资料统计，三角洲地区平均6年发生一次严重洪水灾害，其中1974年、2008年和2015年的洪灾损失最为严重。2008年5月由纳尔吉斯强热带风暴引发风暴潮与洪涝灾害，受灾人数2400万人，死亡及失踪人口13.84万人、242万人无家可归，三角洲南部95%的房屋被毁，65%的稻田受灾，直接经济损失达400亿美元(2017年价格水平)。当地降雨和外河洪水经常同时发生，汛期外河水位常高于圩内地面高程，圩内涝水与外河洪水遭遇，不能及时排除，通常出现较大洪灾的年份，也会发生较严重的涝灾。此外，伊洛瓦底江三角洲下部排水还受潮水位顶托影响，因排泄不畅易引发涝灾。区域排涝基本以自排为主，受限于电力供给等因素，电排的方式不是很普遍。且涵闸老化严重，排水渠系淤塞严重，排涝能力不高。

旱灾也是伊洛瓦底江三角洲面临的重大自然灾害。降水年内分布极不均匀，旱季水量稀少，加之海水上溯、地下水砷超标等因素，三角洲地区旱灾也连连发生。三角洲下部最为严重，地表水和地下水均受咸水污染，无法使用，仅能靠地表小型集雨水塘存蓄雨水使用，而旱季几乎无有效降水，天气炎热干燥，蒸散发能力强，常导致集雨水塘干涸，导致严重旱情，许多村落旱季依靠政府应急援助桶装水得以生存。

4.1.2 经济社会概况

研究区涉及伊洛瓦底省、仰光省、勃固省共9个县、36个镇、1982个村。伊洛瓦底江三角洲县级行政区划见图4.1-10。

(1)人口及其分布

2017年，伊洛瓦底江三角洲总人口703万人，约占缅甸全国的13.2%，人口密度269人/km^2，研究区内人口分布见图4.1-11。从省份来看，伊洛瓦底省516万人，仰光省171万人，勃固省16万人；城镇人口162万人，城镇化率23%。根据1973年、1983年和2014年缅甸全国人口普查数据，伊洛瓦底江三角洲人口增长率约为1%。缅甸是农业国，超过70%的人口生活在农村地区，约70%的劳动力从事农业。近年来，伊洛瓦底江三角洲的人口外迁率较高，特别是自2011年缅甸经济转型以来，约20%的家庭至少有一名家庭成员外迁，外迁目的地多为仰光省，以获得就业机会和更加可靠的收入来源。

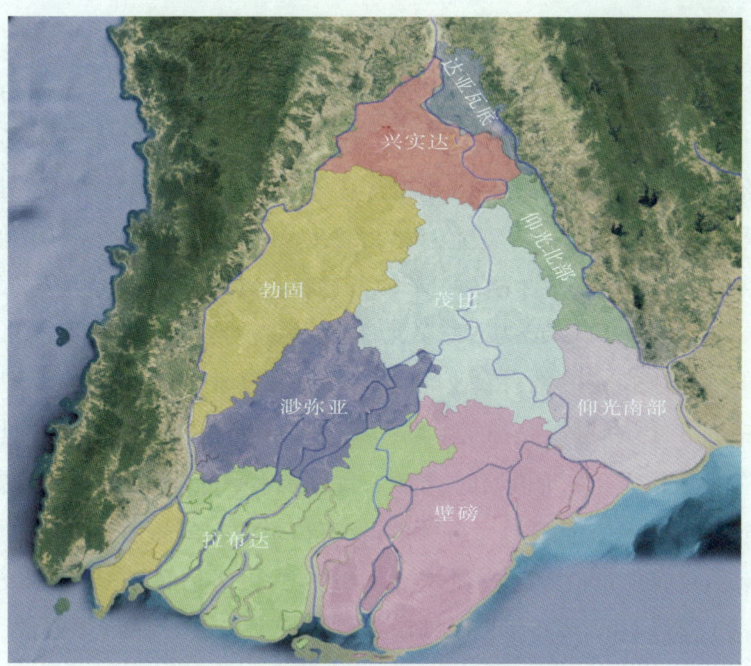

图 4.1-10　伊洛瓦底江三角洲县级行政区划

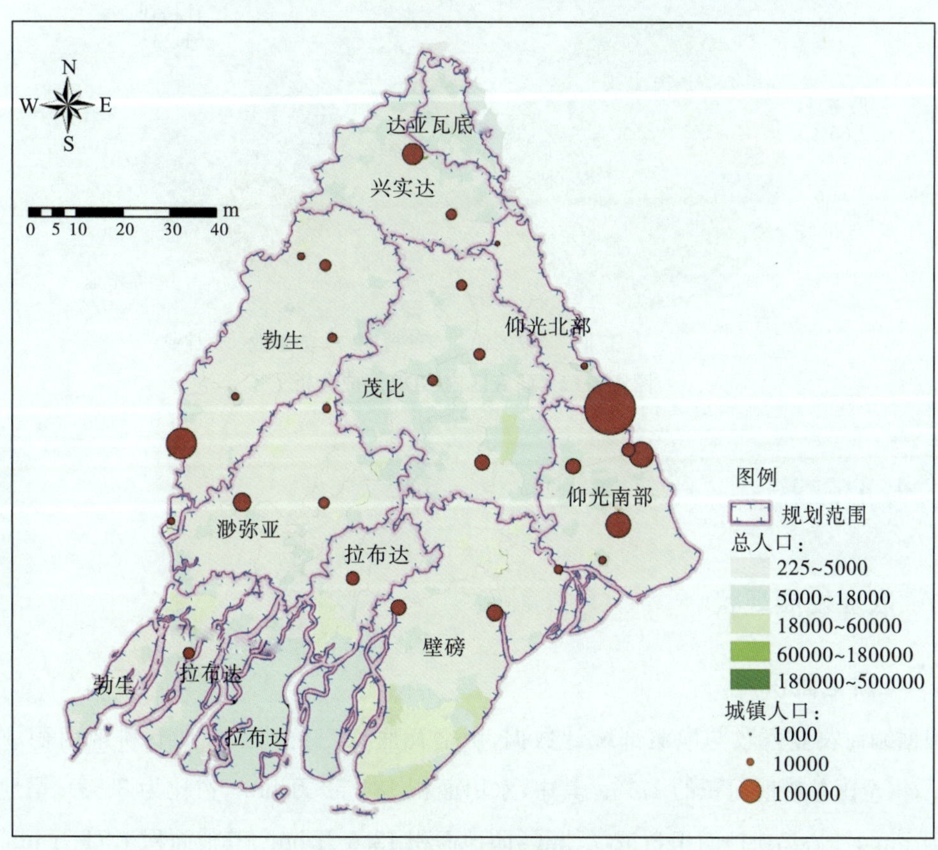

图 4.1-11　2017 年研究区内人口分布

(2)经济及其结构

缅甸是世界上不发达国家,人均 GDP 为 1267 美元,是目前世界上最贫穷的国家之一。根据联合国开发计划署 2016 年人类发展指数,缅甸在 188 个国家中排名第 145 位。《经济学人》杂志评价了全球 113 个国家 2018 年粮食安全指数,缅甸排在第 82 位,处于落后水平。2017 年伊洛瓦底江三角洲地区生产总值 4.3 万亿 kyat(缅甸货币单位,当年价),约合 33 亿美元(2017 年 kyat 与美元汇率约为 1∶1300),占缅甸全国的 4.68%;第一、二、三产业的比例为 86.7∶5.7∶7.6;人均 GDP 为 470 美元,仅为缅甸全国平均水平的 37%。农业为支柱产业,以传统的粮食种植为主,约占农业产值的 71%;以渔业为辅,约占农业产值的 27%;畜禽养殖业约占农业产值的 2%。水稻总产量 781 万 t,单产量 4.15t/hm^2,与世界平均水平(4t/hm^2)持平,但农作物经济价值偏低,导致农民收入水平低,迫切需要提高农作物单产、调整农业种植结构。三角洲工业基础十分薄弱,仅有少量的农产品加工业和农机装配业。第三产业十分落后,仅有少量的零售业和餐饮业。总之,伊洛瓦底江三角洲经济社会发展滞后,在缅甸也属于落后地区,亟待发展基础设施、改善产业结构,提高人民生活水平。研究区内 GDP 组成分析见图 4.1-12。

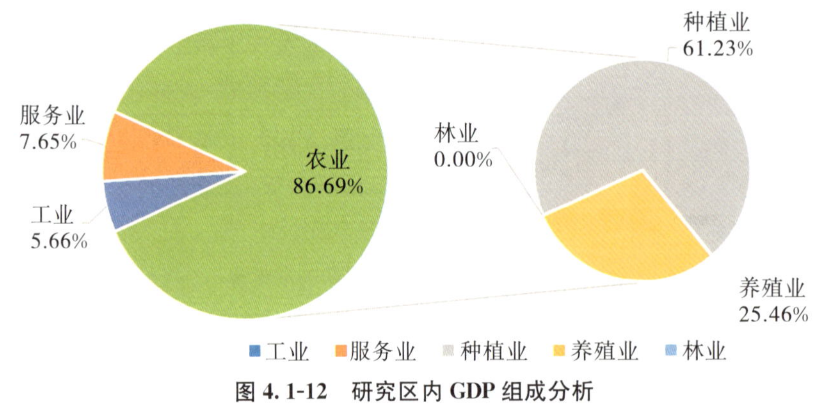

图 4.1-12 研究区内 GDP 组成分析

4.2 发展现状

4.2.1 农业发展现状

4.2.1.1 耕地面积

根据缅甸农业畜牧与灌溉部统计数据,伊洛瓦底江三角洲区域现有耕地面积 208.03 万 hm^2,占全国总耕地面积的 17%。其中,水田面积 184.52 万 hm^2(占比为 89%),旱地面积 0.68 万 hm^2,江心岛耕地面积 8.52 万 hm^2,园地面积 12.6 万 hm^2,其他面积 1.71 万 hm^2。按区域划分,三角洲上、中、下部的耕地面积分别为 57.2 万 hm^2、88.3 万 hm^2 和 62.6 万 hm^2。

4.2.1.2　作物播种面积

伊洛瓦底江三角洲区域主要种植水稻、黑豆、花生、绿豆等作物，伊洛瓦底江三角洲主要作物播种面积见表 4.2-1。2016—2017 年作物播种面积共 256 万 hm^2，耕地面积 208 万 hm^2，复种指数 1.23。谷物（主要为水稻）播种面积 188 万 hm^2，占总播种面积的 74%；豆类（主要包括黑豆、绿豆、豇豆）播种面积 57 万 hm^2，占总播种面积的 22%。2017 年伊洛瓦底江三角洲雨季与旱季主要作物播种面积见表 4.2-2。雨季主要种植雨养水稻，雨季总播种（种植）面积 181 万 hm^2，占总耕地面积的 70.7%，其中水稻播种面积 176 万 hm^2，占雨季总播种面积的 97%，其他种植少量油料作物（主要为花生）、蔬菜、香料等。旱季播种面积 78 万 hm^2，其中豆类播种面积 57 万 hm^2，占旱季总播种面积的 73%，其他还种植油料作物和水稻。伊洛瓦底江三角洲作物现状作物种植结构见图 4.2-1。

表 4.2-1　　伊洛瓦底江三角洲主要作物播种面积　　（单位：hm^2）

作物		2011—2012 年	2012—2013 年	2013—2014 年	2014—2015 年	2015—2016 年	2016—2017 年
谷物	水稻	1775946	1797996	1821556	1851021	1868373	1872226
	小麦	488	440	440	420	0	0
	玉米	5767	7975	8380	9153	9074	7846
	谷物小计	1782201	1806411	1830376	1860594	1877447	1880072
油料作物	花生（雨季）	6940	7072	7064	7171	7159	7140
	花生（旱季）	35809	33641	34677	34975	34297	32235
	芝麻（早）	1474	1334	1318	1312	1826	2052
	芝麻（晚）	8518	7517	7441	7458	7230	7008
	油料作物小计	52741	49564	50500	50916	50512	48435
豆类	黑豆	418161	413039	416599	421508	426381	427637
	绿豆	82577	62676	66554	72338	69340	76504
	豇豆	70623	59434	60358	60623	62533	61144
	其他豆类	6374	6023	5969	5999	5861	5879
	豆类小计	577735	541172	549479	560469	564116	571163
蔬菜		16521	16360	16623	17175	17498	17498
水果		25962	25709	26121	26990	27496	27496
其他（香料、烟草、槟榔等）		10967	10962	11104	11307	11260	11249
合计		2466128	2450178	2484203	2527451	2548329	2555912

表 4.2-2　2017 年伊洛瓦底江三角洲雨季与旱季主要作物播种面积　(单位:hm^2)

作物种类	雨季	旱季	合计
水稻	1759157	113069	1872226
其他谷物	7846	0	7846
油料作物	7140	41295	48435
豆类	0	571163	571163
蔬菜	3500	13998	17498
水果	27496		27496
其他(香料、烟草、槟榔等)	2812	8437	11249
合计	1807951	775458	2555912

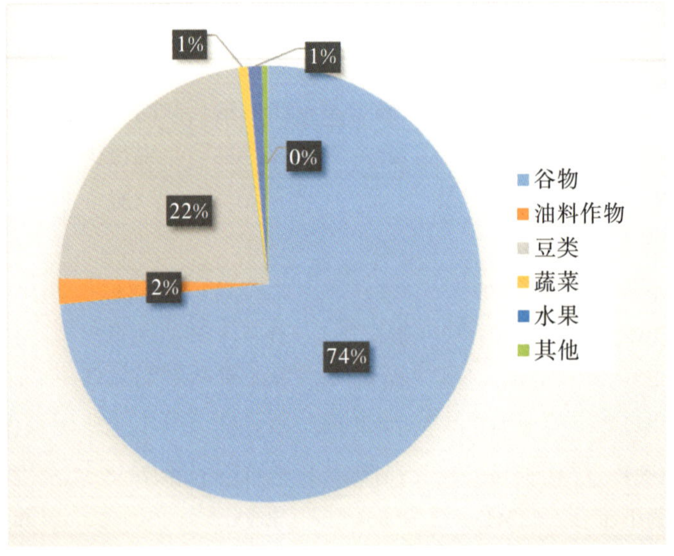

图 4.2-1　伊洛瓦底江三角洲作物现状作物种植结构

4.2.1.3　主要作物产量

缅甸主要作物产量见表 4.2-3。2016—2017 年水稻单产 3.82t/hm^2,花生(旱季)单产 1.79t/hm^2,黑豆单产 0.99t/hm^2。缅甸主要作物产量处于较低水平,以水稻为例,越南水稻单产为 5.77t/hm^2,埃及水稻单产可高达 10t/hm^2。伊洛瓦底江三角洲,雨季稻与旱季稻的产量差别较大,根据壁磅统计资料,雨季稻平均产量为 2.89t/hm^2,旱季稻(接受灌溉)产量可达到 4.99t/hm^2。

表 4.2-3　　缅甸主要作物产量

作物	项目	2005—2006 年	2010—2011 年	2012—2013 年	2013—2014 年	2014—2015 年	2015—2016 年	2016—2017 年
水稻	收获面积/hm^2	7384	8011	6989	6953	6870	6770	6724
	产量/t	27245.8	32065.1	26216.6	26372.1	26423.3	26210.3	25672.8
	单产/(t/hm^2)	3.69	4.00	3.75	3.79	3.85	3.87	3.82
花生（旱季）	收获面积/hm^2	408	493	483	485	490	489	487
	产量/t	643.6	840.8	843.5	853.0	865.9	874.8	873.8
	单产/(t/hm^2)	1.58	1.71	1.75	1.76	1.77	1.79	1.79
黑豆	收获面积/hm^2	815	1055	1108	1102	1098	1133	1178
	产量/t	1004.9	1578.3	1058.3	1076.1	1079.9	1142.0	1164.1
	单产/(t/hm^2)	1.23	1.50	0.96	0.98	0.98	1.01	0.99
绿豆	收获面积/hm^2	948	1121	1086	1123	1172	1209	1216
	产量/t	930.0	1338.1	947.9	992.3	1049.6	1090.0	1086.9
	单产/(t/hm^2)	0.98	1.19	0.87	0.88	0.90	0.90	0.89
豇豆	收获面积/hm^2	159	181	133	134	134	135	132
	产量/t	153.9	214.7	155.6	115.1	115.2	117.4	113.2
	单产/(t/hm^2)	0.97	1.19	1.17	0.86	0.86	0.87	0.86

2016—2017 年伊洛瓦底江三角洲稻谷产量 781 万 t，占全国的 30%，其中 242 万 t 用于本地消费，539 万 t 用于出口（换算成稻米 259 万 t）。伊洛瓦底江三角洲稻米出口量占全国的 37.5%，对缅甸的出口贸易意义重大。2017 年伊洛瓦底省稻米出口与内销比例见图 4.2-2。

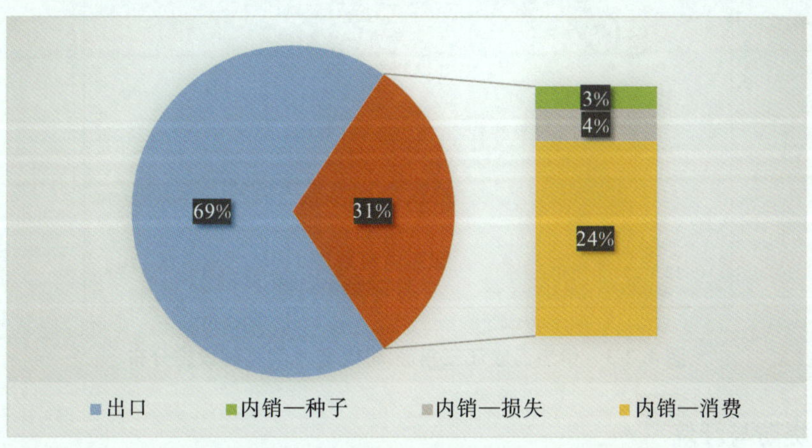

图 4.2-2　2017 年伊洛瓦底省稻米出口与内销比例

4.2.2　水利基础设施建设现状

伊洛瓦底江三角洲地势平坦、土地肥沃，区内河网密集、水资源丰富，适于大面积发展种植业，是世界上著名的产粮区。经过多年努力，缅甸各级政府和人民修建了一批堤垸、水闸、渠道、蓄水池、水井等水利基础设施（图 4.2-3）。受上部入流和下部海水上溯顶托的叠加作用，三角洲上部、中部、下部所面临的主要水问题不尽相同：上部主要受伊洛瓦底江干流洪水的影响，防洪是首要任务，堤防和圩垸多为防洪功能；中部受河道洪水影响的同时，内涝问题严重，堤垸多为防洪功能，水闸兼有引水、排涝功能；下部受洪水影响相对较小，主要受咸水上溯和雨季内涝的影响，堤垸和水闸以挡咸蓄淡和排涝功能为主。

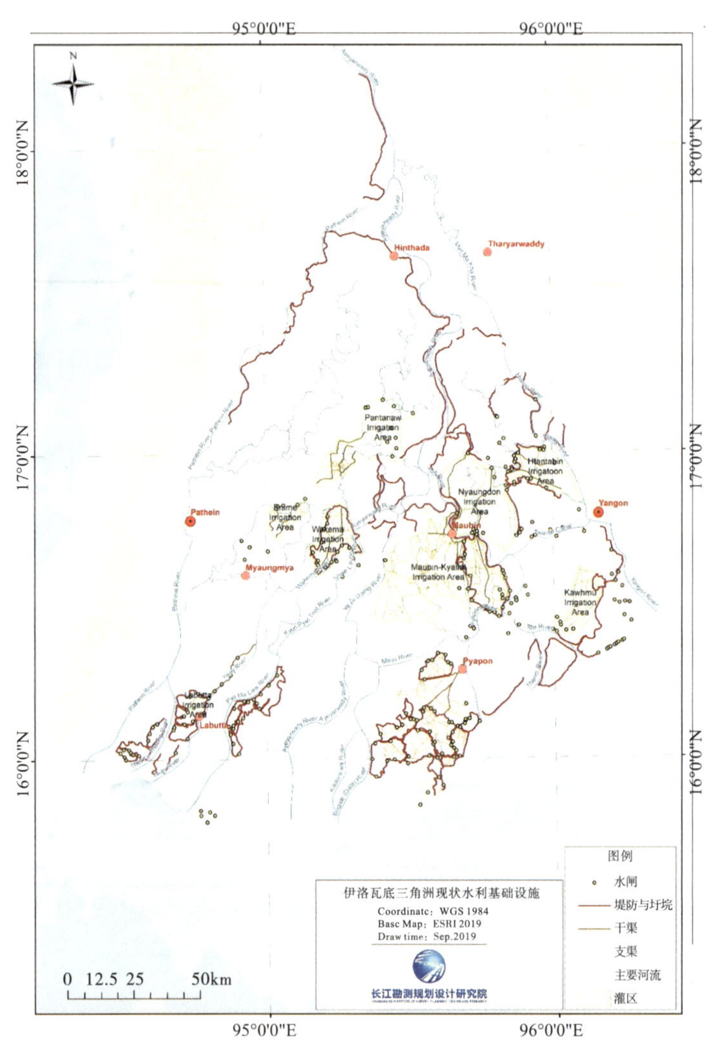

图 4.2-3 伊洛瓦底江三角洲 2019 年水利基础设施分布

4.2.2.1 堤防与圩垸

伊洛瓦底江三角洲堤防与圩垸建设可追溯至 1881 年英国殖民地时期，20 世纪 60 年代缅甸政府对伊洛瓦底江流域进行了大规模的防洪治理，初步形成了以堤防、分流河道、洪泛区、河道整治为主的防洪工程体系。三角洲现状堤防（含圩堤）总长约 2014km，保护面积约 66.7 万 hm^2。堤防绝大部分为土堤，干流堤防大部分可满足于历史上出现的最高洪水位而不漫溢。

4.2.2.2 闸

根据缅甸农业畜牧与灌溉部水利司的水利统计年鉴，截至 2017 年底，伊洛瓦底江三角洲共有水闸 104 座，其主要功能为灌溉与防洪，具备灌溉功能的水闸 88 座，具备防洪功能的水闸 13 座，兼具灌溉与防洪功能的水闸 3 座，可灌溉面积 18.03 万 hm^2，防洪保护面积 4.36 万 hm^2（防洪保护面积多与堤防防洪保护面积相重复）。大部分水闸建于 1990—1999 年，共 46 座，占比 44%。2000 年之前建成的水闸 73 座，占比 70%；2010 年以来建成的水闸仅 9 座。大部分水闸建设年代久远，普遍存在年久失修、淤积、卡塞（水葫芦、水草等）、漏水等问题。伊洛瓦底江三角洲下部挡咸蓄清水闸示意图见图 4.2-4，伊洛瓦底江三角洲水闸见图 4.2-5。

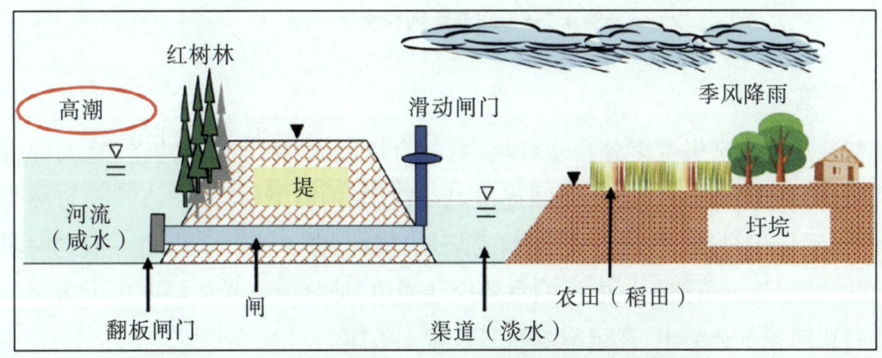

图 4.2-4 伊洛瓦底江三角洲下部挡咸蓄清水闸示意图

(a)壁磅县挡咸蓄清水闸

(b)马乌宾县水闸清理水葫芦

图 4.2-5 伊洛瓦底江三角洲水闸

4.2.2.3 运河

端迪运河是连接伊洛瓦底江干流（Toe 河段）与仰光河的重要通道，是伊洛瓦底江三角洲通向仰光市的重要交通运输通道，全长 34km，修建于 1883 年。仰光港是缅甸最重要的对外贸易中心，其进出口吞吐量占全国的 85%。通过端迪运河，大量三角洲的农产品运往仰光港出口至国外。端迪运河位置示意图见图 4.2-6。

图 4.2-6　端迪运河位置示意图

4.2.2.4　渠道

伊洛瓦底江三角洲渠道多分布于圩垸内，配合圩垸、堤防等开挖建造，且大部分为灌排一体化渠道，与三角洲分布密集的河网连接，形成复杂的灌溉、排水网络。三角洲主要渠系普遍为土渠，无任何衬砌，水损失系数大，易坍塌、损坏(图 4.2-7)。渠道一般同时具有通航小型船只的功能，是三角洲地区农民的重要交通通道，部分渠道受波浪冲击渠道岸坡垮塌严重。泥沙淤积问题十分突出，严重影响灌溉与排水效率。

图 4.2-7　马乌宾岛灌区渠道

4.2.2.5　供水厂

伊洛瓦底江三角洲地区仅壁磅县建有集中供水厂(图 4.2-8)。取水源为县城旁壁磅河，取水口在壁磅大桥上游(常年不受咸水上溯影响),利用浮动泵站抽水入蓄水池沉淀,然后进入水厂处理,再通过供水管网输水至县城各家各户供给饮用水与生活用水。壁磅县供水厂2012 年开工,2017 年完工,供水能力 2300m^3/d,造价 19.23 万美元,供应 4070 户,约 15000 人,供水管网建设落后,不能满足县城生活和工业服务业用水需求。伊洛瓦底三角洲地区居民饮用水需购买净水厂生产的桶装水。区内净水厂的取水水源多为深层地下水,经沉淀与反渗透两道处理工序处理后,桶装水销售运输至居民用户。

图 4.2-8　壁磅县集中供水厂

4.2.2.6　蓄水工程(蓄水池)

蓄水工程(蓄水池)主要分布于三角洲下部地区。受咸水上溯与咸水入侵地下水的影响,三角洲下部地区地表与地下径流均为咸水,不能饮用。为此,三角洲下部地区在地表修建水池集蓄雨水供旱季使用。拉贝特县的蓄水池见图 4.2-9。蓄水池中栽种荷花等水生植物,起到降低蒸发、净化水体作用。蓄水工程(蓄水池)一般邻近人口聚居区布设。

图 4.2-9　拉贝特县蓄水池

4.2.2.7　水井

根据缅甸农业畜牧与灌溉部水利司的水利统计年鉴,截至 2017 年底,伊洛瓦底江三角洲区域现有水井约2977口，主要集中在三角洲北部勃生县勃生镇、准公镇、耶基镇、炯亚镇，兴实达县兴实达镇、莱马那镇。

4.2.2.8 灌溉面积

伊洛瓦底江三角洲现有灌溉面积19.19万 hm^2（表4.2-4），占耕地面积的9.2%。按照中国灌区分类标准，现有大型灌区（灌溉面积≥20000 hm^2）4处，全部位于三角洲中部；现有中型灌区（灌溉面积667～20000 hm^2）4处，三角洲中、下部各两处；三角洲上部没有成片灌区；8处灌区的灌溉面积合计为16.75万 hm^2，占三角洲现有全部灌溉面积的87.3%。由分散地表水源或水井控制的灌溉面积为24452 hm^2，其中上部8562 hm^2、中部15875 hm^2 和下部15 hm^2。

表4.2-4 伊洛瓦底江三角洲灌溉面积分布 （单位：hm^2）

分区	灌区名称	现状灌溉面积
三角洲上部	分散水井灌溉面积	4672
	分散地表水灌溉面积	3890
	小计	8562
三角洲中部	Htantabin灌区	11617
	央东灌区	35149
	马乌宾—斋拉灌区	45793
	Enime灌区	7770
	班德瑙灌区	37837
	瓦溪码灌区	23032
	分散水井灌溉面积	1266
	分散地表水灌溉面积	14609
	小计	177073
三角洲下部	卡母灌区	4690
	拉贝特灌区	1592
	分散水井灌溉面积	15
	小计	6297
合计		191932

按照灌溉水源取水方式，水闸控制灌溉面积18.03万 hm^2，占总灌溉面积的94%；河道提水泵站控制灌溉面积0.57万 hm^2，占总灌溉面积的3%；水井控制灌溉面积0.60万 hm^2，占总灌溉面积的3%。

4.2.3 农业及灌溉发展主要问题

经现场调查分析，总结伊洛瓦底江三角洲区域农业及灌溉发展面临的主要问题如下。

4.2.3.1 灌溉基础设施薄弱,农业生产效率低下

(1)灌溉基础设施不足,耕地灌溉率低,作物单产偏低

伊洛瓦底江三角洲降水丰沛,多年平均降水量为 2100～3200mm,雨季降水量占比达 90%～95%,可满足水稻生长需求,现有 208 万 hm^2 耕地多为"雨养稻田";旱季降水稀少,耕地多种植黑豆等旱作物,仅在有灌溉条件地区发展少量水稻种植;农业生产基本处于"望天收"状态。截至 2017 年底,伊洛瓦底江三角洲共有灌溉水闸 91 座,灌溉面积 18.03 万 hm^2;灌溉水井 1769 口,灌溉面积 5953hm^2;微型灌溉泵站 18 座,灌溉面积 5683hm^2,各类工程灌溉总面积为 19.19 万 hm^2,仅占三角洲耕地总面积的 9.2%,耕地灌溉率明显偏低。耕地灌溉程度低下,也严重限制其农业生产的效率。以水稻为例,伊洛瓦底江三角洲接受灌溉的旱季水稻单产量为 4.99t/hm^2,比雨养水稻单产量(2.89t/hm^2)提高了 72.7%,随着灌溉设施的不断完善,单产量还会进一步提高。此外,受灌溉条件限制,区域作物种植结构较为单一,主要为水稻、豆类和油料作物,导致农民收入抗市场风险能力差。

(2)灌溉设施陈旧老化,用水效率低下

受经济条件制约,伊洛瓦底江三角洲灌溉设施老化、损毁严重,缺乏维护与修缮,普遍存在取水闸门渠道淤塞现象,影响灌溉与排水效率。大部分水闸建于 20 世纪,运行多靠人力,普遍存在年久失修、淤积、卡塞(水葫芦、水草等)、漏水等问题。灌溉渠道普遍为土渠,无任何衬砌,易坍塌损坏;渠道一般同时具有通航小型船只的功能,是三角洲地区居民的重要交通通道,部分渠道受波浪冲击淘刷渠道岸坡垮塌严重;泥沙淤积问题也十分突出。灌区管理体制不健全,无专门的灌区管理机构,缺乏有效的灌溉发展长期规划和长效机制。灌溉水费几乎无法收缴,导致灌区运行管理经费十分有限,无充足资金进行渠道疏浚与水闸修缮。

4.2.3.2 防洪排涝能力不足,灌区安全难以保障

目前,伊洛瓦底江三角洲地区防洪排涝基础设施正在逐渐修复和完善,但防洪排涝形势依然严峻。

(1)灌区防洪体系不完善,防洪能力薄弱

主要体现在以下几个方面:一是防洪体系不完善,堤防一般按实测最高洪水位为设计洪水位,但堤身断面单薄、填筑质量差;洪水期间多依靠沙袋挡水度汛,且遇大洪水时险象环生,雨季堤身、堤基漏水,管涌、渗漏等重大险情众多,防汛抢险任务艰巨。二是河道宣泄能力偏低,河道治理工程严重缺乏。受河道淤积等原因,洪水宣泄不畅。此外,兴实达、央东等地岸坡受迎流顶冲、弯道淘刷严重,局部崩岸严重,影响堤防及两岸重要设施的安全。三是洪泛区滞洪能力不足。洪泛区中没有明确划定蓄滞洪区,能够起到一定洪水滞蓄作用的区域被人为侵占,导致分滞措施相对不足。四是非工程措施亟待加强。目前,流域防洪由各省负责,缺乏统一的防汛决策指挥体系,各部门信息共享有待加强,预报预警系统、防洪预案等尚待建立,河道管理、防洪设施保护相关管理办法需要进一步完善。

(2)灌区排涝设施不健全,排涝能力不足

主要体现在以下几个方面:一是自然因素,雨季降水丰富,加之河道水位高(受洪水、海水上溯及顶托),排泄不畅,灌区内地势低洼处易形成涝片;当地降水和外河洪水经常同时发生,通常出现较大洪灾的年份,也会遭遇较严重的涝灾。二是排涝能力不足,现状排水涵闸只有洪水过后、落潮等时期待外江水位降低时自排,且受限于供电因素,无抢排能力,涝水长时间处于堤垸内。三是排涝设施陈旧老化、运行不便、管理不当。大部分涵闸修建年代久远,老化损坏现象普遍,存在淤积、漏水、水草卡塞等问题,排水渠系淤塞严重,排涝能力不足;水闸主要为人工开闭,条件较为落后,缺少自动化操作设备,闸门启闭需要大量人力,调度运行时效性较差。

4.2.3.3 灌区供水保障不足,城乡居民饮水安全问题突出

(1)先天水源条件差,水质与水量问题并存

伊洛瓦底江三角洲地区多年平均降水量丰沛,但是降水的时间分布极不均匀,超过95%的降水集中于雨季,旱季几乎无有效降水,旱季水资源短缺问题十分突出。三角洲中上部浅层地下水普遍存在砷与重金属超标,无法饮用。三角洲下部受咸水入侵与咸水上溯影响,地表水与地下水均受咸水污染,无法使用。

(2)缺乏供水与净水设施,供水能力严重不足

三角洲地区居民饮水安全问题十分突出,集中供水与净水设备匮乏,居民饮水安全得不到保障。整个三角洲地区仅壁磅县有一座集中供水厂。三角洲中上部,多数居民自建深井抽取地下水。由于浅层地下水存在砷与重金属超标,无法饮用,因此只能打深井抽取深层地下水,深度一般为100~200m,最深的水井甚至超过400m。三角洲下部,受咸水上溯和咸水入侵影响,地表水和地下水均为咸水,无法饮用,仅依靠小型水池集蓄雨水饮用。旱季降水稀少,积雨水池干涸,许多农村地区都需要政府援助桶装水才能保障基本生存饮用水。大部分饮用水水源都未经过水质监测,且未经净化直接饮用,存在严重的安全风险。随着经济社会发展,居民生活用水和工业、服务业用水将会不断增加,饮水安全问题将愈发突出。

4.3 发展预测

4.3.1 经济社会发展态势

参考缅甸劳动移民与人口部《缅甸人口预测主题报告2014—2050》的预测结果,2017—2030年,随着人口出生率的降低及老龄化的加剧导致的死亡率升高,缅甸总人口增长率呈现缓慢下降的趋势;随着经济的发展及城镇化进程的加快,城镇人口将逐年增长,农村人口则将逐年降低。仰光市作为缅甸人口与经济的中心,是缅甸经济增长最为重要的城市,其中端迪和达拉是仰光市发展最重要的两个区域,将承接仰光市未来部分城镇化人口,城镇化进

程发展最快，远高于缅甸其他省份；伊洛瓦底省的首府勃生作为伊洛瓦底江三角洲的第二大发展中心城市，其城镇人口增长速度也将高于区域平均增长速度。

根据《缅甸可持续发展规划(2018—2030)》，缅甸发展目标为：到 2030 年成为一个现代、发达、民主的国家，将大力发展第二、三产业，增加第二、三产业对 GDP 的贡献比例。

第一产业方面，通过增加灌溉面积、提高生产效率及种植经济作物来提高农业产值；第二产业方面，发展以农产品精深加工为主的工业区，通过发展港口建设和能源电力开发，促进工业发展；第三产业方面，随着城镇化建设、道路建设及居民生活水平的提升，培育发展研究区生态旅游产业，提升第三产业对区域经济增长的贡献度。

4.3.2　发展指标预测

4.3.2.1　人口预测

(1)总人口增长分析

缅甸劳动移民与人口部发布的《缅甸人口预测主题报告 2014—2050》预测了缅甸各省(邦)人口增长率。研究区各省人口增长率预测见表 4.3-1。仰光省和勃固省人口呈增长趋势，伊洛瓦底省人口呈减少趋势。伊洛瓦底省属缅甸较为贫穷落后地区，根据 1983 年和 2014 年缅甸全国人口普查数据，伊洛瓦底省人口增长率为 6.9‰，增速缓慢。根据《伊洛瓦底江三角洲综合发展战略：建设安全、可持续与繁荣的三角洲》，近年来伊洛瓦底省大量人口迁移至仰光市，以获得更好的就业机会，人口呈下降趋势。仰光市城建面积正不断扩张，并规划新建仰光新城，将会吸引更多的移民，因此预测其人口平均增长率达 2.1%。

表 4.3-1　　研究区各省人口增长率预测

年份	人口增长率/%		
	仰光省	伊洛瓦底省	勃固省
2018	2.23	0.03	0.21
2019	2.23	0.00	0.20
2020	2.22	−0.03	0.19
2021	2.20	−0.07	0.18
2022	2.18	−0.10	0.16
2023	2.15	−0.13	0.15
2024	2.12	−0.17	0.13
2025	2.09	−0.20	0.12
2026	2.06	−0.23	0.10
2027	2.02	−0.27	0.08

续表

年份	人口增长率/%		
	仰光省	伊洛瓦底省	勃固省
2028	1.98	−0.30	0.06
2029	1.93	−0.34	0.04
2030	1.89	−0.37	0.01
平均增长率	2.10	−0.17	0.13

(2)城镇人口增长分析

参考《缅甸人口预测主题报告2014—2050》和缅甸联邦家庭与可持续城镇发展委员会印发的《缅甸国家人居报告》，2020年、2025年和2030年缅甸城镇化率将分别达到29.9%、30.7%和31.4%。结合缅甸城市发展布局，端迪镇现状城镇化率仅为19%，考虑其未来定位为仰光城镇人口转移区之一，至2030年，其城镇化率将会大幅提高，因此其城镇人口增长率取10%；达拉镇现状城镇化率已经高达69%，城镇化增长空间相比端迪镇而言小，其城镇人口增长率取5%；仰光市其他城镇人口增长率取4%。伊洛瓦底省首府勃生市，现状城镇化率高达84%，其城镇化增长空间有限，城镇人口增长率取1%；勃生市其他镇受勃生市工业园区辐射带动影响，城镇人口将增长较快，城镇人口增长率取3%；兴实达为伊洛瓦底江三角洲上部重镇，其城镇人口增长率取2%；伊洛瓦底省其他城镇城镇人口增长率均取1%。研究区勃固省部分所涉及城镇规模较小，城镇人口增长率取1%。

(3)总人口预测

综合以上分析，预测2030年研究区总人口将增长至753.9万人，比现状增加51万人(表4.3-2和图4.3-1)。其中，伊洛瓦底省492.6万人，比现状减少23万人；仰光省245万人，比现状增加74万人；勃固省16.3万人，比现状增加0.2万人；城镇化率将达到32%，比现状增加9个百分点。

表4.3-2　研究区2030年人口预测　(单位：万人)

行政区	总人口	城镇人口	农村人口
伊洛瓦底省	492.6	91.5	401.1
勃固省	16.3	0.0	16.3
仰光省	245.0	151.0	94.0
合计	753.9	242.5	511.4

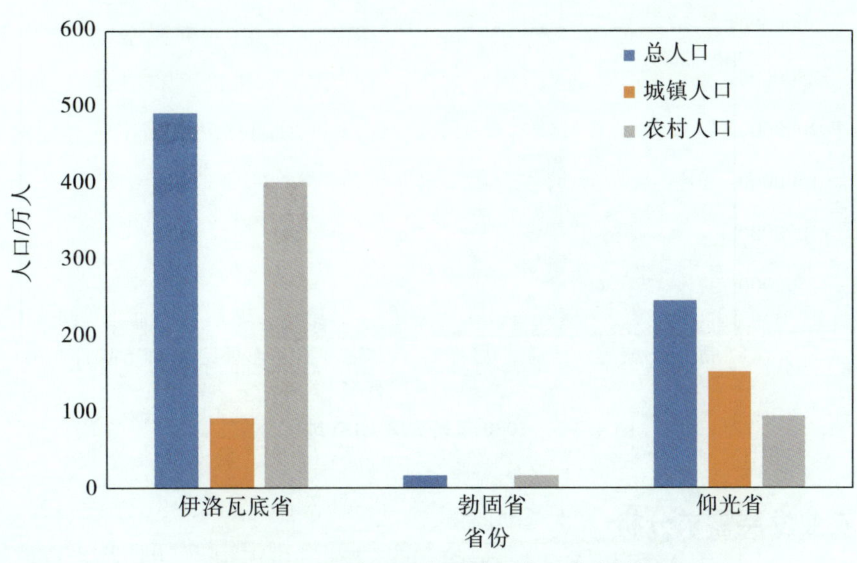

图 4.3-1　预测 2030 年研究区人口分省结构

4.3.2.2　主要经济指标发展预测

根据缅甸 2014—2017 年统计年鉴中的经济发展数据，近五年缅甸 GDP 平均增长率为 11.5%，结合研究区产业现状，预测研究区 2030 年以前的 GDP 年均增长率为 8.9%，其中第一、二、三产业增速分别为 6.6%、13.1%、15.6%。预测 2030 年研究区 GDP 将达到 13 万亿 kyat(缅甸货币单位，当年价)，约合 100 亿美元(2017 年 kyat 与美元汇率约为 1∶1300)；2030 年研究区仍以农业(种植业、渔业)为主，但第一、二、三产业比例调整为 74.2∶9.2∶16.6，与 2017 年相比，第一产业比重降低 12.5 个百分点、第二产业比重增加 3.5 个百分点、第三产业比重增加 9 个百分点。2030 年研究区 GDP 行业占比见图 4.3-2，2030 年研究区 GDP 地区分布见图 4.3-3。

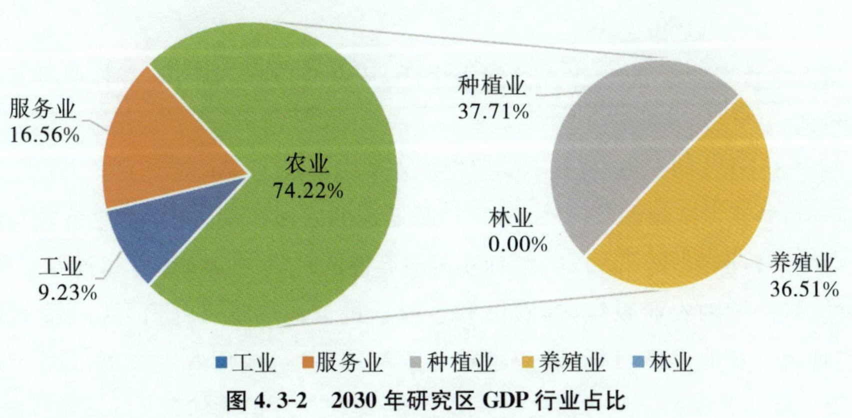

图 4.3-2　2030 年研究区 GDP 行业占比

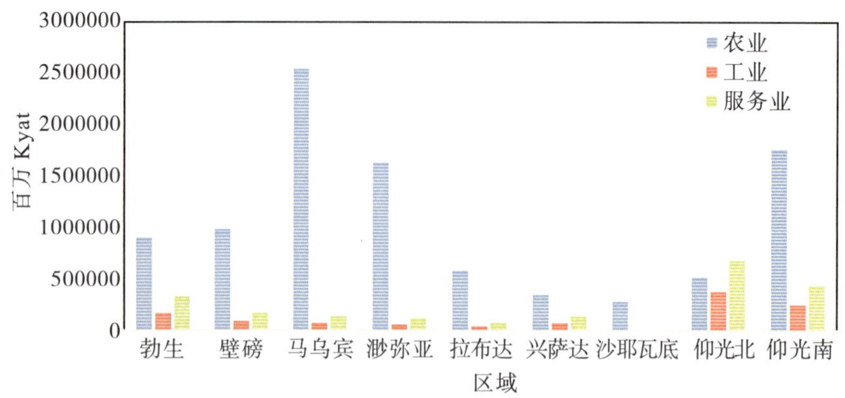

图 4.3-3　2030 年研究区 GDP 地区分布

4.3.3　农业发展需求分析

2016 年，缅甸政府提出的“12 条经济政策”，吹响了以经济发展为中心的号角。这 12 条经济政策是缅甸各行业发展的准则与目标，其中第六条指出“为保证经济社会全面发展、粮食安全与增加出口，平衡农业与工业发展，支持与支撑种植业、畜禽养殖业与工业的全面协同发展”。

缅甸未来发展的总体指导性文件《缅甸可持续发展规划(2018—2030)》提出了国家发展的三个支柱：国家安全与社会稳定、经济繁荣与充分就业、人与自然和谐。针对这三大支柱，提出 5 个发展目标。其中，第三个发展目标“增加就业与私有化引领发展”之中提出“为发展经济多样与高产经济创造有利环境，以农业种植、水产养殖与混养(种植与养殖)协同包容发展为基础减轻农村贫困”的发展策略，具体包括以下相关措施：

——提升灌溉与排水设施，支持更加高效、可持续的水资源管理系统；

——创造市场条件，以增加农业种植、水产养殖与混养(种植与养殖)的投入及其商业化；

——提升粮食安全标准，保护人民健康生活，从农业、水产养殖与畜牧业及其出口之中获得更多价值；

——制定各个特定方面与各个不同层次的农业发展规划。

在《缅甸可持续发展规划(2018—2030)》所要求的发展框架之下，农业畜牧与灌溉部制定缅甸农业发展目标为“到 2030 年，缅甸实现包容性的、竞争性的、粮食和营养安全的、适应气候变化的、可持续的农业系统，为农民和乡村居民创造福祉，促进国民经济的进一步发展”。为实现这一农业发展目标，农业畜牧与灌溉部制定《缅甸农业发展战略与投资计划(2018/2019—2022/2023)》。该计划之中提出至 2022/2023 年的缅甸农业的发展目标为：

——农业产值年均增长率 4%；

——土地生产力(单位收获面积所产生的产值)提高 50%；

——劳动力生产力(每个劳动力所产生的产值)提高 50%；

——农产品出口产值增加 60%。

根据上述发展目标，以及伊洛瓦底江三角洲的实际情况与发展态势，到 2030 年，三角洲作物播种面积需要达到 283hm²，耕地面积需要达到 217 万 hm²。通过作物农业产业结构调整、作物种植结构调整、发展旱季灌溉，将有效保障三角洲乃至缅甸的粮食安全，促进农产品出口，增加农民收入。

4.4　水土资源协调

4.4.1　水资源评价

4.4.1.1　水资源数量

(1)地表水资源量

研究区地表水资源量来源于降水补给，根据实测降水资料统计，多年平均降水量约 2618mm。研究区临近安达曼海，受海洋气候影响显著，参照临近区域相关成果，径流系数一般取 0.6～0.7。

根据邻近赛耶河流域水文站和雨量站的实测资料，综合考虑本地区气候特征及下垫面条件，径流系数采用 0.65，折算多年平均地表水资源量为 444 亿 m^3。

(2)地下水资源量

本次地下水资源研究主要基于缅甸 IWUMD(Irrigation Water Utilization Management Department)提供的 1989—2017 年水井及地下水水质统计信息、1∶225 万缅甸全国地质图、野外查勘以及相关文献等成果。

1)地下水类型。

研究区内地下水类型按其储水介质特征可分为第四系松散岩类孔隙水和碎屑岩类裂隙—孔隙水。伊洛瓦底江三角洲水文地质平面示意图见图 4.4-1。

第四系松散岩类孔隙水主要赋存于冲积含水层，分布面积广，覆盖了三角洲地表总面积约 96%区域，含水层主要岩性为砂、黏土和粉质黏土夹碎石。研究区第四系覆盖层内广泛分布黏土层，故冲积含水层包括有潜水、半承压和承压含水层，各类含水层厚度变化较大，出水量也各不相同，根据相关开采量统计资料，在黏土层分布较少的区域水井出水量较大。

碎屑岩类裂隙—孔隙水主要赋存于较老的 Irrawaddy 地层，主要由砂岩、砂砾岩、页岩等组成，此地层少量出露于地表，多数区域下伏于第四系地层，由于黏土岩等弱透水层的不连续分布导致含水层为半承压状态。

图 4.4-1　伊洛瓦底江三角洲水文地质平面示意图

2)含水岩组划分。

伊洛瓦底江三角洲区域沉积物发育，分布范围广，厚度巨大，垂向上多层黏土、砂层、砾石层相互叠置，构成错综复杂的含水层系统。根据含水层沉积年代，将地下水垂向上分为全新统冲积含水层(组)、上新统 Irrawaddy 含水层(组)，但由于工作区所处位置不同时期河道相互切割，各含水层之间存在复杂的水力联系，并不是独立的含水层组，伊洛瓦底江三角洲水文地质平剖面示意图见图 4.4-2。

冲积含水层(组)厚度变化较大，地下水位埋深一般为 10～50m，单井涌水量 1.8～4.5L/s，富水程度一般至中等富水。西部若干和东北部勃固山区附近冲积扇黏土层分布较少，出水量较高。导水系数根据岩性预测为 0.1～10m^2/d。据统计，河流附近冲积含水层中直径 10cm 管井出水量一般为 1.8～2.5L/s，最高可达 4.5L/s。

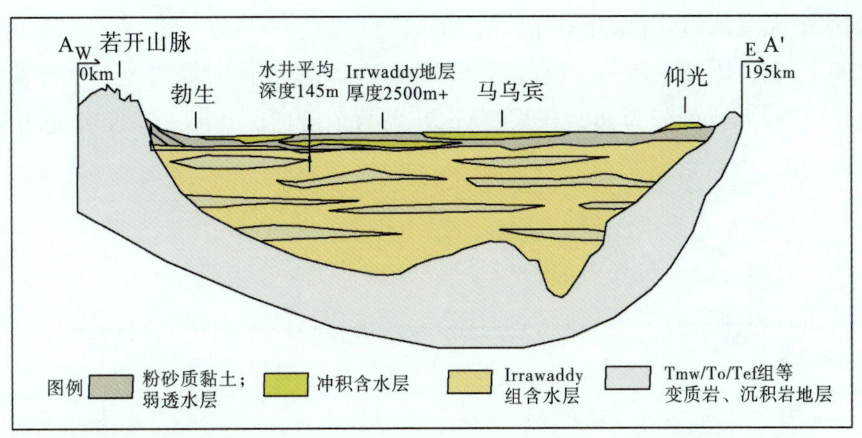

（数据来源：IWMUD Data；Bender，1983；Nyi Nyi Soe，2014；Ridd&Racey，2015）

图 4.4-2　伊洛瓦底江三角洲水文地质平剖面示意图

Irrawaddy 含水层（组）总厚度在 2740～3050m。根据 IWUMD 在该地区深部管井数据，地下水埋深 50～220m，平均深度 145m（据 IWUMD 深井数据），向马达班方向深度逐渐增加。单井涌水量 2.3～31.5L/s，平均涌水量为 4.6L/s，富水性介于中等富水至较强富水之间，可供社区或小规模灌溉用水。地下水主要开采深度为 100～200m，最深可达 400 多 m，国内外相关研究表明，在地层深部可能存在重要的承压淡水资源。

3）补给、径流、排泄特征。

地下含水层主要由大气降水和河水补给，最低排泄面为伊洛瓦底江和安达曼海。由于灌区旱涝分明，江水位全年平均相差 10～11m，导致地下水位起伏较大。

在天然条件下，工作区内地下水补径排循环运动非常缓慢。近地表广泛分布的潜水含水层直接接受大气降水入渗、地表水高水位期渗透等方面的补给，经过较短距离的径流，即以蒸发或就近排向地表水体等形式进行排泄。补给条件受地形地貌和气象水文等因素影响较大，区内近地表土层多以黏土、粉质亚黏土为主。

从区域上来看，地下水流向主要为南北向，在河道附近受季节变化发生局部改变，补给项由大气降水入渗、伊洛瓦底江等地表水体渗透组成，凭借承压含水层良好的径流条件，在微弱的水头差驱使下，自北向南往海域方向产生区域性的缓慢径流，在靠近海域排泄区，则多以由深部往浅部逐层顶托越流，最终达到排泄。

近年来，工作区内地下水开采量逐年增加，人为的强烈开采作用在含水层内部形成了较大的水力梯度，使地下水自四周向水位降落中心地段集流，已改变天然条件下的地下水补径排平衡状态。主要表现为：一是浅层地下水向深部逐层补给作用；二是周边（包括海域方面）的侧向径流补给。

4）地下水开采历史与开采现状。

伊洛瓦底江三角洲区域开采井分布很不均匀，地下水的开采强度随地域而言，县及乡镇均有较大差异，开采井主要集中在三角洲北部勃生县勃生镇、准公镇、耶基镇、炯亚镇，兴实达县兴实达镇、莱马那镇，占总开采井数的80%。

从时间上来看，纵观三角洲区域地下水开采历史，可见不同时期对地下水开发利用同样存在明显阶段性，大致可分为初始开采、稳定开采两个阶段。1989—2017年总开采井数量趋势见图4.4-3。

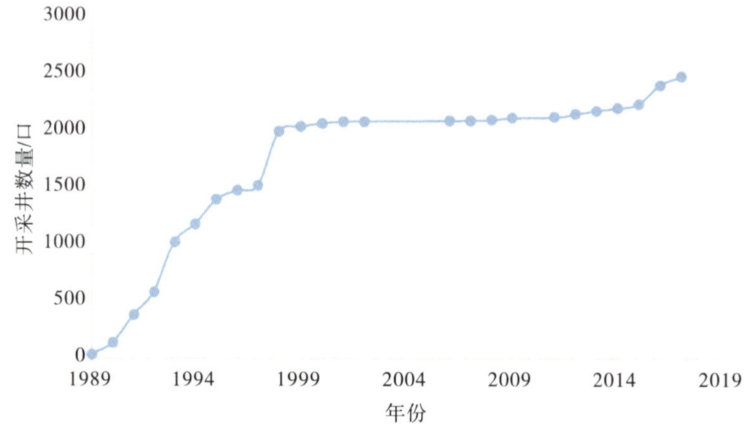

图4.4-3　1989—2017年总开采井数量趋势

根据IWUMD所提供的统计资料，截至2017年底，三角洲区域总开采量为548206m^3/d，开采井数2977口。从地域上来看，地下水开采主要集中在三角洲北部勃生、兴实达县，占总开采量和开采井数的90%和87.5%，而最少的则是南部沿海地区Pyabon县，仅有3口地下水开采井。从开采深度来看，各深度上开采量相差甚远，主要开采深度为100～200m，占总开采量和开采井数的67.76%和68.59%，为三角洲地下水主采层。

从地下水使用途径来看，三角洲区域地下水主要用途是作为居民生活用水，其次作为农业灌溉用水。根据《Ayeyarwady SOBA 2017：Synthesis Report State of the Basin Assessment》，三角洲区域有52%的家庭使用地下水作为生活用水，主要集中在工作区北部，南部地区地下水普遍为咸水，地下水使用率低于20%。三角洲区域各用途地下水使用量统计见表4.4-1。

表4.4-1　三角洲区域各用途地下水使用量统计　（单位：亿m^3）

年份	用途				
	工业用水	农业用水	生活用水	合计	数据来源
2000	0.18	2.76	5.21	8.15	MOAI，2013
2017	0.9	1.58	3.17	5.65	SOBA，2017

5）地下水补给资源量。

三角洲区域较少采用河流、水库等地表水源进行农田灌溉，故在垂向入渗项上暂不计算灌溉入渗补给资源量，此次主要计算大气降水的垂向入渗。降水入渗补给量参考中国标准《地下水资源勘察规范》（SL 454—2010）中的入渗系数法进行计算，计算涉及的参数采用经

验类比取值法，并参考报告《Ayeyarwady State of the Basin Assessment(SOBA)2017》中相关地层的降水入渗系数取值，最终得出研究区各岩性取值(表 4.4-2)。研究区多年平均地下水补给资源量为 40.19 亿 m^3，补给模数 15.40 万 $m^3/(km^2 \cdot a)$。

表 4.4-2　研究区主要岩层降雨入渗系数取值

地层代号	地层年代	岩性	降水入渗系数
Q_2	更新统	黏土、粉质黏土、粉土	0.05
Q_2	更新统	中粗砂、砂层	0.18
Ir	上新统	砂岩、砾岩	0.12

6)地下水允许开采量。

此次评价是以灌溉发展规划为目的，无具体的开采方案、开采条件等约束，因此适合采用可开采系数法对地下水允许开采量进行估算。参考中国《地下水资源量及可开采量补充细则》，地下水允许开采量等于补给资源量乘以可开采系数，该方法的关键是确定可开采系数。利用伊洛瓦底江三角洲区域水井开采的资料，统计各区内水井出水量的最大值，按井流量的最大值分级确定可开采系数，对于缺少井流量数据的地区，采用比拟法，通过比较邻近地区具有相似水文、水文地质条件的地区，确定可开采系数的取值。值得注意的是，由于三角洲南部地区地下水普遍为咸水，属于不可利用水资源，南部地区部分深层承压水为淡水，但其属于不可持续开采资源，因此一般不建议开采，需综合考虑后，对咸水线以南的 Pyapon、Labutta 地区，可开采系数取值为 0。

利用 ARCGIS 的空间分析功能，将各区可开采系数与地下水补给资源进行叠加计算，可获得允许开采量，当以行政区为计算单元时，累加各分区的允许开采量，可获得对应行政区的允许开采量(表 4.4-3)。

表 4.4-3　伊洛瓦底江三角洲各行政区允许开采量

编码	行政区	面积 /km^2	可开采系数	允许开采资源量 /万 m^3	允许开采资源模数 /(万 $m^3/km^2 \cdot a$)
1	Pathein	4126	0.8	52508	12.73
2	Pyapon	5048	0.0	0	0.00
3	Maubin	4303	0.7	39185	9.11
4	Myaungmya	3070	0.6	29113	9.48
5	Labutta	3707	0.0	0	0.00
6	Hinthada	1876	0.8	17416	9.28
7	Thayarwady	662	0.8	7590	11.46
8	Yangon North	1139	0.8	13047	11.45
9	Yangon South	2174	0.8	32617	15.00
三角洲		26105		191475	7.33

(3)水资源总量

研究区域为平原河网地带，地形起伏较小，河川基流量较小，水资源总量即为地表水资源量和地下水资源量之和，为 484 亿 m^3，其中地表水资源量占 91.7%，地下水资源量占 8.3%。

过境水资源量为研究区域的主要水资源来源，根据三角洲地区入境控制站实测水文系列，多年平均过境水资源量约为 4040 亿 m^3。

4.4.1.2 水资源质量

(1)地表水水质

缅甸交通部河流水系司于 2011—2015 年旱季对三角洲区域 Kyankhinn、Myanaung、Hinthada、Zalun、Aphauk、Zakargyi、Danuphyu、Nyaungdon、Maubin 和 Twantee 等 10 个监测站点进行水质监测，共监测 13 个指标，分别为 pH 值、水温、溶解氧、Iron、Chloride、Chlorine、Alkalinity、Hardness、Ammonia、Nitrite、Nitrate、Fluoride、Turbidity。由于缅甸没有统一的国家地表水环境质量标准，因此需要参考中国《地表水环境质量标准》(GB 3838—2002)和《生活饮用水卫生标准》(GB 5749—2006)中相关水质指标要求。结果表明，水质总体较差，浑浊度和亚硝酸盐均不能满足饮用水水质要求；大部分时期铁和氯化物不达标，氟化物大部分为Ⅳ类甚至劣Ⅴ类。

本次规划收集到缅甸粮食生产区的伊洛瓦底江下游三角洲地区 17 个镇 115788 处饮用水水源砷指标的监测资料，根据 2014 年缅甸颁布的《缅甸饮用水质量标准》相关规定，水中砷含量最大为 50μg/L。结果表明，除 Kyankhin、Myanaung、Kyeiklatt 三个乡镇的饮用水水源砷含量基本符合缅甸相关要求外，其余 14 个镇饮用水水源砷含量大于 50μg/L 的测样数均超过了 1%，需要对这 14 个乡镇水资源保护采取相应的措施。

(2)地下水水质

根据 IWUMD 提供的水质信息，研究区内 9 个县共包含 163 个地下水质量监测点，覆盖地区十分有限，尚存在许多空白区域。各县水质监测点分布数量统计见表 4.4-10。这些监测点主要测试了浊度、盐度、TDS、EC、砷、pH 值、氟化物、硝酸盐以及 Na^+、Ca^{2+}、Mg^{2+}、Fe^{2+}、Cl^-、SO_4^{2-} 离子含量等指标，但是多数监测点的水化学信息不完整，部分水点仅含一个或少数几个质量指标。报告主要依据上述水化学样品数据、野外查勘和相关文献等资料进行伊洛瓦底江三角洲的地下水水质初步评估。

参考中国的《地下水质量标准》(GB/T 14848—2017)、《农田灌溉水质标准》(GB 5084—2005)，对研究区内各县地下水水质进行监测。结果表明，在三角洲含水质监测点的各县中，Pathein 县水质数据中Ⅴ类水占比 69.8%，Ⅳ类水占比 17.4%，Ⅲ类及以下类别水占比 12.8%；Pyapon 县地下水监测样品数据均为Ⅴ类水；Maubin 县水质数据中Ⅴ类水占比 81.8%，Ⅳ类水质占比 18.2%，无Ⅲ类及以下类别水；Myaungmya 县水质数据中Ⅴ类水占比

63.3%，Ⅳ类水占比 13.3%，Ⅲ类及以下类别水占比 23.3%；Labutta 县水质数据均为Ⅴ类水；Hinthada 县水质数据中Ⅴ类水占比 81.8%，Ⅲ类及以下类别水占比 18.2%，无Ⅳ类水。另外，Thayarwady、Yangon North、Yangon South 无水质数据。按 2014 年缅甸颁布的《缅甸饮用水质量标准》，研究区内 Pathein、Pyapon、Maubin、Myaungmya、Labutta、Hinthada 水质监测点各指标超出饮用水标准占比分别为 45.3%、40.0%、81.8%、56.7%、90.0%、18.2%。

受潮汐作用影响及近年来地下水开采量增大而导致的地下水位下降等因素，咸淡水界面向三角洲内陆移动。通过对 IWUMD 提供的地下水水质数据统计，样品电导率平均约为 550μs/cm，地下水咸水入侵范围示意图见图 4.4-4，图中咸水入侵线是根据实测值与 IWUMD 工作人员商洽以及与当地钻井工讨论绘制而成。具体的咸水入侵范围非常难以界定，尽管南部三角洲大部分地区地下水都是咸水，但在 Bogale 镇南部海岸附近的某些区域，在深部亦发现了淡水，IWUMD 在一处深度约 230m 的深井中取得咸水（EC>3500μs），而位于同一地区和深度的其他井却为淡水（EC=560μs）。

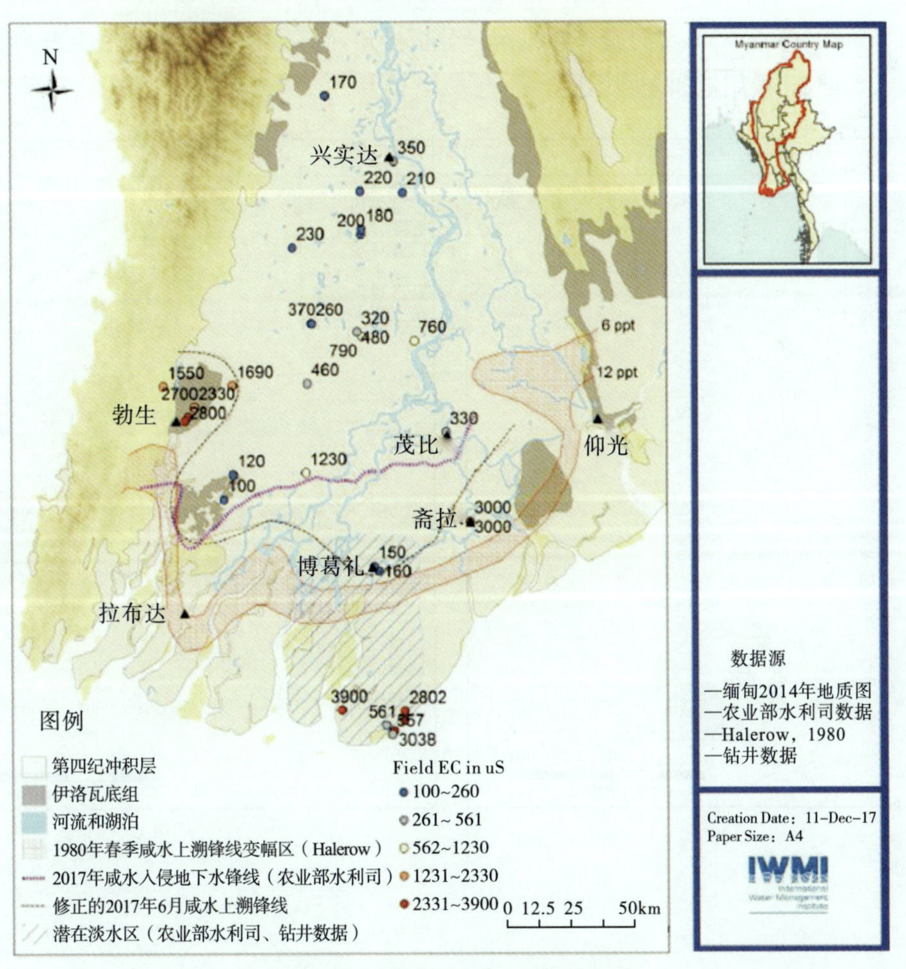

图 4.4-4　地下咸水入侵范围示意图

4.4.2 土地资源分析

结合当地习惯，根据河流水系、地形地貌、作物物候等将三角洲划分为上、中、下三部分，上部与中部的分界线为央东—德努骠。三角洲上部区域为央东以北，总面积 6409km²，几乎无灌溉水利基础设施，雨季绝大部分耕地种植雨养水稻，旱季部分耕地种植黑豆等旱作物。三角洲中部区域为央东以南和德努骠以北，总面积 10883km²，现状灌区较为集中，雨季与旱季均具备种植水稻的条件，但雨季内涝严重。三角洲下部区域为德努骠以南，总面积 8812km²，中部与下部分界线为最远咸水上溯线，由于受海水上溯影响较严重，大部分为咸水，需要建设许多水利基础设施来满足农业的灌溉需求，因此雨水灌溉水稻为主要农作物，旱季利用土壤和排水渠中残留的水种植豆类作物。

4.4.2.1 土地资源利用现状分析

（1）土地资源利用空间分布

此次规划收集了缅甸伊洛瓦底江三角洲地区 1990 年、2000 年、2010 年和 2017 年的土地利用分布图（图 4.4-5），经过遥感数据解译分析可知，研究区主要土地利用类型为耕地、林地、草地、水域、建设用地和未利用地。

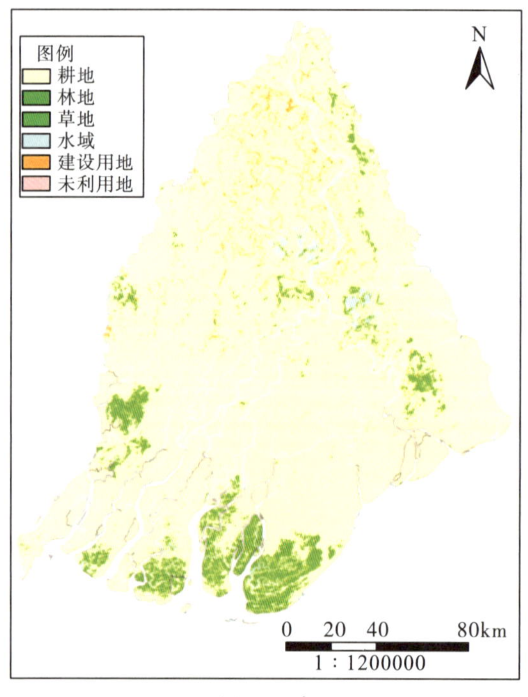

(a)1990 年

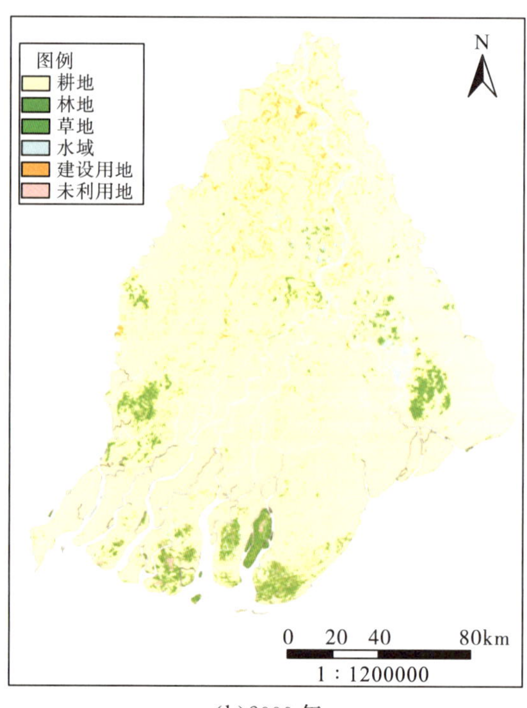

(b)2000 年

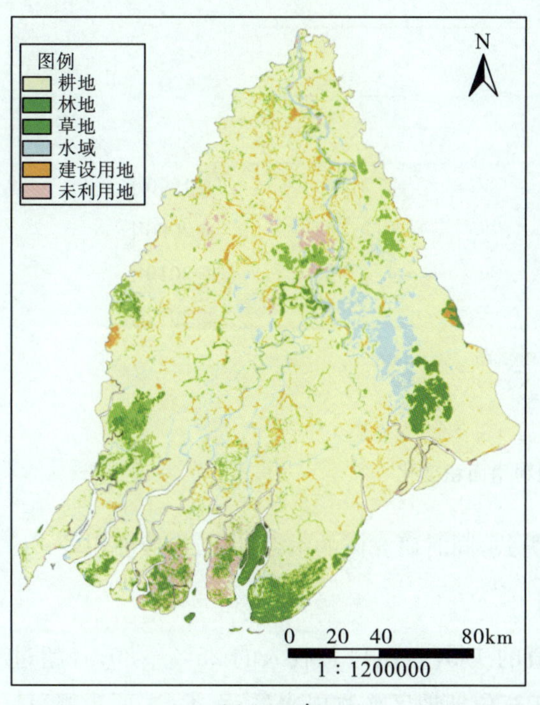

(c)2010 年

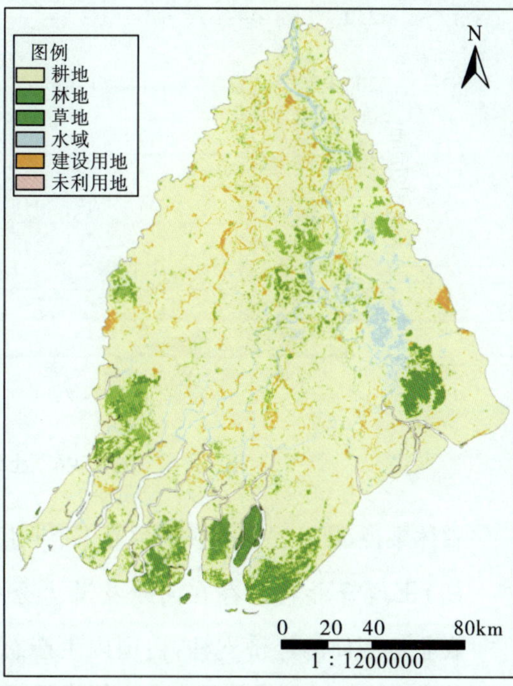

(d)2017 年

图 4.4-5 伊洛瓦底江三角洲不同时期土地利用

(2)土地资源利用变化趋势

根据伊江三角洲不同时期的土地利用类型分布图,可分析得出各时期土地利用面积表(表 4.4-4)和面积柱状图(图 4.4-6)。从表 4.4-4、图 4.4-6 中可以看出,研究区各类型土地利用面积随时间有一定的变化,耕地面积总体呈现下降趋势,林地、草地、建设用地面积呈现出上升趋势,水域面积基本保持稳定。

表 4.4-4 缅甸粮食主产区土地利用面积

序号	类型	1990 年		2000 年		2010 年		2017 年	
		面积/hm²	比例/%	面积/hm²	比例/%	面积/hm²	比例/%	面积/hm²	比例/%
1	耕地	2252365	86.28	2288561	87.67	2035412	77.97	2080303	79.69
2	林地	201491	7.72	153252	5.87	219641	8.41	248311	9.51
3	草地	10	0.00	208	0.01	61631	2.36	61634	2.36
4	水域	114363	4.38	103293	3.96	159554	6.11	133491	5.11
5	建设用地	40480	1.55	41445	1.59	78508	3.01	84854	3.25
6	未利用地	1791	0.07	23741	0.91	55754	2.14	1907	0.07
总计		2610500	100	2610500	100	2610500	100	2610500	100

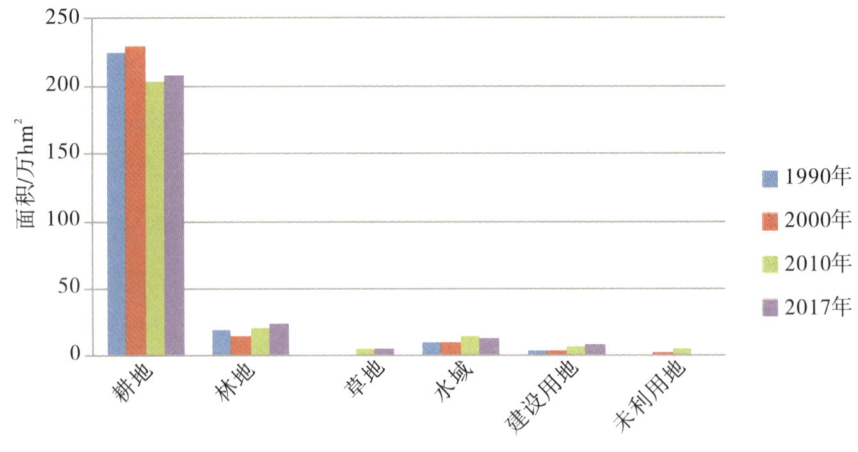

图 4.4-6 土地利用面积变化

整体来说，耕地是研究区的主要土地利用方式，同时研究区的水系发达，水域面积较多。

(3)土地资源利用存在问题及潜力分析

农业是缅甸的经济支柱，占国内生产总值的 1/3，占出口总收入的 25%～30%，超过 70%的人口直接或间接从事农业。伊洛瓦底江三角洲地区作物以水稻、豆类（主要为黑豆）和油料作物为主，目前三角洲地区作物种植结构较为单一，优质稻米（如 Pawshan 稻米）的种植比例有进一步提高的潜力。研究区大部分地区旱季撂荒耕地不种植旱季稻，影响了土地资源的利用效率。因此，若能加大农田水利基础设施建设，提升旱季稻的灌溉保证率，同时提高农田对洪水等自然灾害的防御能力，三角洲地区土地资源利用效率将进一步提高，稻米产量将大幅提升。

三角洲地区地处平原，耕地面积广，适合进行大规模机械化种植，如果政府对种植业加大机械化补贴力度，引进先进的机械化设备，以及机械设备维护技术，将进一步提高土地生产力，提高耕地资源的利用效率。

三角洲地区地域广阔，地势平坦，但区域内公路、铁路交通网覆盖度不高，特别是田间道路路况较差，如果加大道路修建力度，增加基础交通设施，可为实现大规模机械化生产提供便利条件，同时也为农产品运输提供便利条件，加大农产品外销力度，增加农民收入。

三角洲南部地区水系发达，自然资源丰富，如果政府加大扶持和引导力度，加快渔业、养殖业的发展，会增加农业收入的多样性，增强当地农业对市场的适应能力，增加农民收入。

三角洲地区土地资源丰富，若加强土地资源利用合理规划，加大经济投入，结合先进的农田管理技术，提高耕地利用效率，将发挥巨大的土地利用潜力，极大地推动研究区的农业发展和经济社会发展。

4.4.2.2 土地资源利用空间布局调整

根据研究区土地资源利用分区情况，结合土地资源利用现状、存在问题、发展潜力，并结合经济社会发展需求，对研究区土地资源利用结构和布局进行适当调整。

(1)空间布局调整原则

1)从有利于耕地保护和标准农田建设的角度出发,调整耕地和基本农田布局。基于保护基本农田、建设标准农田的角度出发,因地制宜结合未来建设发展用地需求,调整耕地和基本农田布局。

2)按照产业和人口集聚要求,调整城乡居民点用地布局。调整总原则是人口向城市和重点城镇集中,工业用地向园区集中,园区用地纳入城镇规模,农村居民点向中心村集中。

3)优先保证交通、水利、能源等基础设施用地。按照经审定的行业规划方案进行铁路、公路和河道用地布局,并与城乡居民点及其他用地布局相协调。

4)按照生态优先的原则,安排生态建设用地布局。根据生态建设的要求,结合旅游发展等规划,确定各生态保护区的范围。

(2)土地资源利用调整

根据空间布局调整原则,结合当地的发展规划,对研究区土地资源利用结构和布局进行适当调整,研究区土地资源利用结构及布局调整见表 4.4-5。主要调整优化表现以下几个方面。

表 4.4-5　研究区土地资源利用结构及布局调整

<table>
<tr><th rowspan="2">序号</th><th rowspan="2">类型</th><th rowspan="2">亚类</th><th colspan="2">2017 年</th><th colspan="2">2030 年</th><th rowspan="2">变化量</th></tr>
<tr><th>面积/万 hm²</th><th>比例/%</th><th>面积/万 hm²</th><th>比例/%</th></tr>
<tr><td>1</td><td rowspan="5">农业用地</td><td>农田保护区</td><td>182.5</td><td>69.91</td><td>190.00</td><td>72.78</td><td>7.5</td></tr>
<tr><td>2</td><td>土地开发复垦整理区</td><td>25.53</td><td>9.78</td><td>26.98</td><td>10.34</td><td>1.45</td></tr>
<tr><td>3</td><td>林业用地区</td><td>20.83</td><td>7.98</td><td>21.29</td><td>8.16</td><td>0.46</td></tr>
<tr><td>4</td><td rowspan="2">小计</td><td rowspan="2">228.86</td><td rowspan="2">87.67</td><td rowspan="2">238.27</td><td rowspan="2">91.27</td><td rowspan="2">9.41</td></tr>
<tr><td>5</td></tr>
<tr><td>6</td><td rowspan="5">建设用地</td><td>城镇体系用地区</td><td>3.94</td><td>1.51</td><td>5.56</td><td>2.13</td><td>1.62</td></tr>
<tr><td>7</td><td>基础设施建设用地区</td><td>2.17</td><td>0.83</td><td>3.19</td><td>1.22</td><td>1.02</td></tr>
<tr><td>8</td><td>经济开发用地区</td><td>2.37</td><td>0.91</td><td>4.29</td><td>1.64</td><td>1.92</td></tr>
<tr><td>9</td><td rowspan="2">小计</td><td rowspan="2">8.48</td><td rowspan="2">3.25</td><td rowspan="2">13.04</td><td rowspan="2">5.00</td><td rowspan="2">4.56</td></tr>
<tr><td>10</td></tr>
<tr><td>11</td><td rowspan="5">生态环境建设用地</td><td>动物保护区</td><td>2.27</td><td>0.87</td><td>2.59</td><td>0.99</td><td>0.32</td></tr>
<tr><td>12</td><td>森林保护区</td><td>2.46</td><td>0.94</td><td>2.58</td><td>0.99</td><td>0.12</td></tr>
<tr><td>13</td><td>其他保护区</td><td>1.59</td><td>0.61</td><td>1.83</td><td>0.70</td><td>0.24</td></tr>
<tr><td>14</td><td rowspan="2">小计</td><td rowspan="2">6.32</td><td rowspan="2">2.42</td><td rowspan="2">7.00</td><td rowspan="2">2.68</td><td rowspan="2">0.68</td></tr>
<tr><td>15</td></tr>
<tr><td>16</td><td rowspan="2">其他用地</td><td rowspan="2">小计</td><td rowspan="2">17.39</td><td rowspan="2">6.66</td><td rowspan="2">2.74</td><td rowspan="2">1.05</td><td rowspan="2">−14.65</td></tr>
<tr><td>17</td></tr>
<tr><td colspan="3">总计</td><td>261.05</td><td>100</td><td>261.05</td><td>100</td><td>0</td></tr>
</table>

1)合理调整农业用地结构,促进产业结构的进一步优化。全区 2017 年农业用地面积 228.86 万 hm^2,至 2030 年农业用地总量控制在 238.27 万 hm^2,较 2017 年增加了 9.41 万 hm^2。

2)优化建设用地结构,和经济社会发展相协调,建设用地总量不断增加。至 2030 年,全区建设用地总量 13.04 万 hm^2,占土地总面积的 5%,相比 2017 年增加 4.56 万 hm^2,年均增量 0.35 万 hm^2。

3)合理、适度开发未利用地,严防过度垦殖。至 2030 年全区未利用地 1780hm^2,较 2017 年净减 728hm^2。未利用地减少的主要原因为宜林荒地造林,另外建设占用、宜农未利用地开发也造成未利用地总量减少。

4.4.3 水土资源协调利用重点

4.4.3.1 保障合理用地需求

(1)保障耕地数量和质量

大力开展田、水、路、林、村综合整治,加快研究区的基本农田保护区、土地复垦改造区等土地整理重大工程的实施。按照统筹规划、突出重点、用地适宜、经济合理、技术可行的要求,立足优先农业利用、鼓励多用途使用和改善生态环境,加快因洪涝灾害、建设挖损压占等废弃土地的复垦。制定土地开发整理工程建设标准和补充耕地数量、质量等级折算的具体方法,确保补充耕地的数量和质量。鼓励将建设占用的耕地的耕作层剥离,在符合水土保持要求的前提下,用于新开垦耕地和基本农田建设。建立耕地质量监测体系,实施沃土工程、测土配方施肥、土壤有机质提升、农田节水等重大工程,培肥耕地地力。

(2)保障基础设施用地

按照积极发展电力(火电、风电、水电)、大力发展可再生能源的要求,统筹安排能源产业用地,优化用地布局,严格项目用地管理。按照统筹规划、合理布局、集约高效的要求,优化各类交通用地规模、结构与布局,重点建设连接仰光、勃生等主要城市的高速公路,配套建设县道和各类连接线,完善三角洲地区港口建设,严格工程建设用地标准,推广节地技术,促进便捷、通畅、高效、安全的综合交通网络形成和完善。推动农村水利设施建设,保障以灌区续建配套节水改造、雨水集蓄利用和农村饮水安全为重点的农村水利设施用地,促进农业生产和农村生活条件的改善。

4.4.3.2 保障水安全需求

(1)保障灌溉用水安全需求

农业是伊洛瓦底三角洲经济发展的基础与支柱,是就业的主要来源,也是出口创收、提高农民收入的主要途径。旱季接受灌溉作物产量是雨季雨养作物产量的数倍。然而,旱季降水十分稀少(占全年降水的不足 5%),灌溉水源严重不足,大面积良田因缺少灌溉水源而撂荒,三角洲旱季作物播种面积仅为雨季播种面积的 43%。灌溉设施不足且陈旧老化,耕地灌溉率低，灌溉效率低下，灌溉供水能力弱，灌溉面积仅为耕地面积的 9%。

三角洲地区经济社会发展与民生提升改善对农业生产提出了很高的要求。发展旱季农田灌溉，是提升粮食产量、增加农业生产力和促进农产品出口的根本途径。亟须发展灌溉水源工程与改善现有灌区，保障三角洲地区灌溉用水安全。

(2)保障防洪排涝安全的需求

灌区防洪排涝安全是灌区内部人民群众生产生活的前提，为保证灌区内人民群众生命财产安全及农业生产的有序开展，需要巩固、完善现有防洪排涝体系，建立防洪工程措施与非工程措施相结合的防洪体系，使灌区能够防御设计洪水。需要对重点堤防进行加高加固，弥补堤身断面单薄、填筑质量差的短板，形成完整的防洪保护圈；开展河道治理工程，解决河道淤积、局部崩岸等问题，提高河道宣泄能力，保障堤防及两岸重要设施的安全；因地制宜安排蓄滞洪区，减轻三角洲地区防洪排涝压力。同时，需要开展农田易涝区治涝工程建设，通过修复和新增排涝设施，改善设施陈旧老化、运行不便、管理不力的现状，完善“自排为主，调蓄为辅”的治涝体系。

(3)保障城乡居民饮水安全的需求

伊洛瓦底江三角洲的居民饮水安全问题十分严峻，饮用水水源得不到保障，旱季缺水问题极为严重，三角洲中上部存在地下水砷和重金属超标问题，三角洲下部受咸水上溯和咸水入侵的影响，地表水与地下水均受咸水污染，无法饮用，而且三角洲地区集中供水工程极为匮乏。

为促进三角洲地区的民生改善和经济社会发展，为农业生产提供良好的人力资本、机械设备条件和经济环境，亟须解决居民饮水安全问题，新建集中供水工程，配备净水设备，保障居民饮水与生活用水安全以及工业发展用水。

三角洲灌溉水源工程规划和防洪排涝工程规划为灌区内城乡生活与工业供水安全保障奠定了坚实的基础。依托灌溉水源工程可解决城镇和农村供水水源问题。防洪排涝工程规划为城镇和农村供水提供了安全保障。

依托灌区灌溉水源工程，新建城镇集中供水水厂，优先解决集中城镇供水问题。分散农村不适合建设集中供水水厂，规划按照村落聚集情况，新建供水站，配备净水设备。距离城镇较近的村落，规划通过城镇供水管网延伸，解决供水问题。针对现有供水水质不达标的问题，需要加强现有水源地保护，对现有水厂进行提标改造、提质升级，使出水能够满足饮用水水质要求；对新建供水工程，在严格水源区保护的基础上，采用新技术、新工艺，保障区域供水安全。

4.5 灌溉发展需求

4.5.1 灌溉发展目标制定

伊洛瓦底江三角洲，雨季稻与旱季稻的产量差别较大，根据 Pyapon 统计资料，雨季稻平均产量为 2.89t/hm^2，旱季稻（接受灌溉）产量可达到 4.99t/hm^2。目前，三角洲地区的复种指数仅为 1.23，发展旱季灌溉是提升粮食产量的必由之路。从满足人口增加需求和出口贸易增长两方面进行分析。

4.5.1.1 国内粮食消耗需求

伊洛瓦底江三角洲是缅甸粮食的主产区，其粮食产量不仅可以满足本地需求，还可以输送至缅甸其他省/邦，是缅甸粮食安全的重要保障。参考《Thematic Report on Population Projections for The Union of Myanmar，States/Regions，Rural and Urban Areas，2014—2050》，2017 年缅甸总人口 5338 万人，其中城镇人口 1576 万人、农村人口 3762 万人；2030 年缅甸总人口将达到 5940 万人，其中城镇人口 1866 万人、农村人口 4074 万人。参考《Ayeyarwady State of the Basin Assessment（SOBA）：Sectoral Development and Macroeconomics Assessment》，城镇人口稻谷需求量 251kg/（人·a），农村人口稻谷需求量 313kg/（人·a）。由此计算 2017 年和 2030 年缅甸稻谷净需求量分别为 1573 万 t 和 1744 万 t。现状作种（3%）和损失（4%）比率为 7%，考虑到技术进步，预计该比例 2030 年将降低至 6%。由此计算 2017 年和 2030 年缅甸稻谷毛需求量分别为 1692 万 t 和 1855 万 t，需新增 163 万 t 稻谷供给。三角洲地区水稻播种面积占全国的 26%，据此估算三角洲地区需新增国内消耗稻谷产量 42 万 t。

根据统计年鉴，2017 年三角洲地区稻谷供给国内消耗量 242 万 t，其中供给本地消耗量 227 万 t、供给缅甸其他地区消耗量 15 万 t。根据三角洲人口预测结果，预计 2030 年本地稻谷需求量将达到 232 万 t，较现状增加 5 万 t。因此，2030 年三角洲地区供给国内消耗稻谷产量 283 万 t，其中本地 232 万 t、国内其他地区 51 万 t。与现在相比，三角洲对缅甸其他地区的稻谷供给量增加 36 万 t，对于保障缅甸粮食安全意义重大。

4.5.1.2 粮食出口需求

根据《缅甸农业发展战略与投资计划（2018/2019—2022/2023）》，预计到 2023 年，土地生产力将（单位收获面积所产生的产值）提高 50%，农产品出口产值需增加 60%。土地生产力综合体现了科学技术进步、种植结构调整、市场变动等因素对农业生产的影响。

$$A_{2017}P_{2017}=V_{2017}$$

$$A_{2030}P_{2030}=V_{2030}$$

$$A_{2030}=\frac{V_{2030}P_{2017}}{V_{2017}P_{2030}}A_{2017}=1.07A_{2017} \tag{4.5-1}$$

式中，A——水稻播种面积；

P——土地生产力；

V——农产品出口产值。

理想状态下可认为播种面积等于收获面积，那么：

根据式(4.5-1)，2017 年三角洲用于出口的水稻播种面积为 131 万 hm^2，因此为满足出口发展需求，2030 年用于出口三角洲水稻播种面积需提高至 140 万 hm^2，新增 9 万 hm^2。

4.5.1.3　灌溉发展需求

根据上述分析结果，为保障缅甸粮食自给自足需要，至 2030 年，三角洲地区需新增稻谷产量 42 万 t，因为雨季稻产量低且播种面积增加潜力有限，该部分增加的水稻产量，全部由旱季灌溉水稻产出，其单产量可达到 5t/hm^2，因此需要新增旱季水稻灌溉面积 8.4 万 hm^2。

为保障农产品出口发展需求，至 2030 年三角洲地区水稻播种面积需新增 9 万 hm^2。同样，考虑到雨季水稻播种面积增加潜力有限，因此需要新增旱季水稻灌溉面积 9 万 hm^2。

综上所述，规划 2030 年需新增灌溉面积 17.4 万 hm^2，届时总灌溉面积将达到 36.7 万 hm^2。

4.5.2　灌溉需水量计算

4.5.2.1　作物物候参数

三角洲地区主要种植作物有水稻(按照生长季节可分为雨季稻和旱季稻)、豆类(以黑豆和绿豆为主)、油料作物(以花生和向日葵为主)、蔬菜等，果树以香蕉和芒果为主。雨季降水丰沛，不适合旱作物生长，主要种植水稻，仅在雨季末尾可种植部分品种的蔬菜，雨季稻可完全依赖降水，不需要灌溉。旱季稻在 11 月上中旬进行育苗和泡田，3 月中下旬收割，整个生育期约 130d。旱季降水稀少，旱季稻的生长十分依赖灌溉，仅在有灌溉水源的地区才能生长旱季稻，目前旱季稻的种植面积约为雨季稻的 1/8。各种作物物候参数见图 4.5-1 和图 4.5-2。

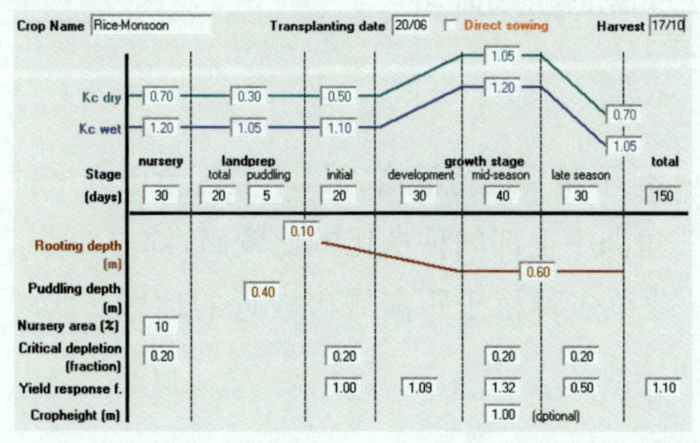

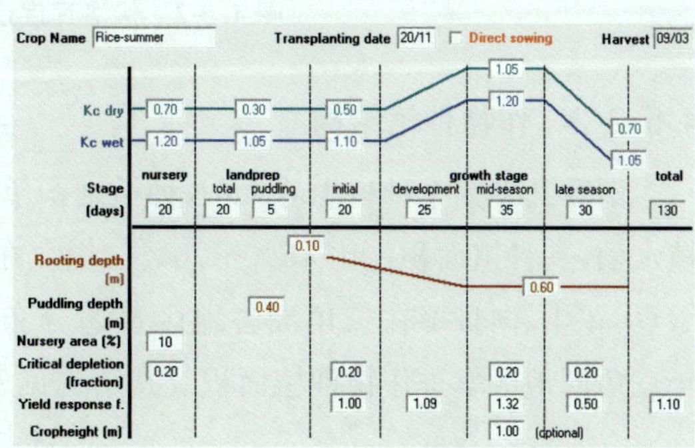

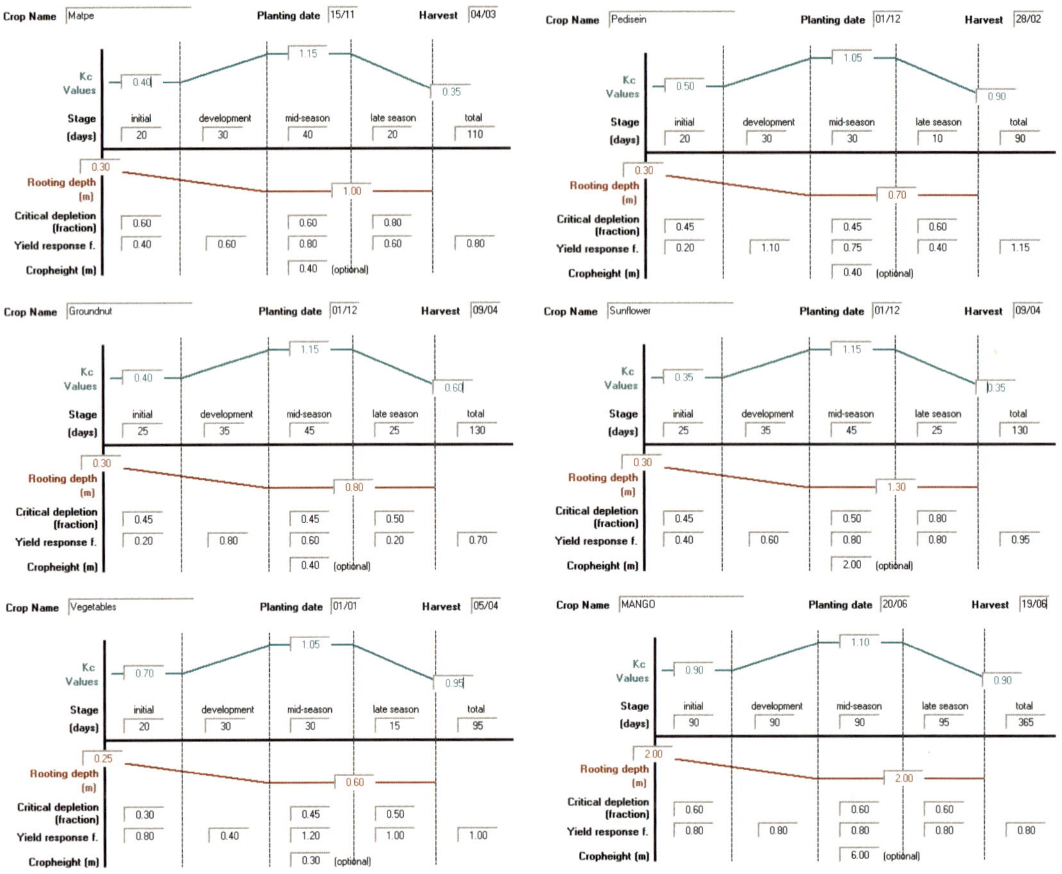

图 4.5-1 伊洛瓦底江三角洲作物生长物候参数

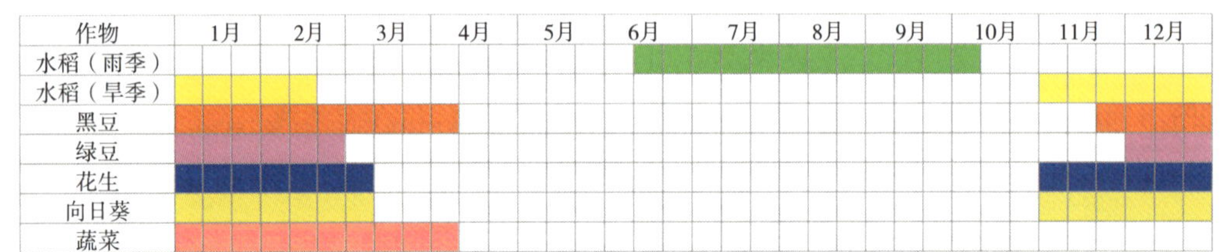

图 4.5-2 伊洛瓦底江三角洲作物生长周期

4.5.2.2 作物种植结构

雨季几乎完全种植雨养水稻，种植结构单一，且不需要进行灌溉。旱季灌区范围内多种植水稻，其种植面积占比 45%～70%。黑豆在三角洲中上部的种植比例比较高，约占 30%。绿豆、花生、向日葵在三角洲各地区普遍分布。蔬菜多种植于距离城市较近的地区。2030 年三角洲地区旱季作物种植面积及其结构见表 4.5-1。

表 4.5-1　　2030 年三角洲地区旱季作物种植面积及其结构

作物类型	三角洲上部		三角洲中部		三角洲下部	
	种植面积/hm^2	占比/%	种植面积/hm^2	占比/%	种植面积/hm^2	占比/%
旱季稻	18757	0.35	115674	0.50	3400	0.45
黑豆	10718	0.20	27762	0.12	630	0.08
绿豆	8039	0.15	18508	0.08	630	0.12
花生	3216	0.06	4627	0.02	441	0.05
向日葵	2144	0.04	6940	0.03	315	0.05
蔬菜	5359	0.10	23135	0.10	504	0.10
芒果	2144	0.04	13881	0.06	63	0.05
香蕉	3216	0.06	20821	0.09	315	0.10
合计	53592		231348		6298	

4.5.2.3 作物灌溉定额和灌溉制度

(1)作物灌溉制度与灌溉定额计算方法

采用联合国粮农组织所研发的 CROPWAT 软件计算作物需水量。该软件基于 Penman-Monteith 参考作物蒸散发计算方程：

$$ET_o = \frac{0.408(R_n - G_n) + \gamma \dfrac{900}{T+273} u_2 (e_s - e_a)}{\Delta + \gamma(1 + 0.34 u_2)} \tag{4.5-2}$$

式中，ET_o——参考作物潜在蒸散发，mm/d；

R_n——净辐射，MJ/(m^2 · d)；

G_n——土壤热通量，MJ/(m^2 · d)；

T——气温，℃；

u_2——2m 处风速，m/s；

e_s——饱和水汽压，kPa；

e_a——水汽压，kPa；

Δ——温度—饱和水汽压曲线的斜率，kPa/℃；

γ——湿度计常数，kPa/℃。

Penman-Monteith 方程综合考虑了影响蒸散发的辐射驱动、空气动力学因素和作物特性，是目前最为常用的潜在蒸散发计算方法。参考作物蒸散发反映了不受任何水分和生理胁迫的理想状态下，旺盛生长的草地(高度约 12cm)的蒸散发量。参考作物蒸散发与作物系数 K_c 的乘积，即为作物潜在蒸散发，K_c 反映作物与参考草地的差异。

$$ET_{crop} = K_c \times ET_o \tag{4.5-3}$$

式中，ET_{crop}——作物潜在蒸散发，mm/d；

ET_o——参考作物潜在蒸散发；

K_c——作物系数，作物潜在蒸散发反映了在特定的气象和辐射条件下，作物旺盛生长（不存在水分和生理胁迫）的需水量，即灌溉应该需要满足的目标。

根据水量平衡方程，灌溉净需水量可表达为：

$$I_{net} = ET_{crop} + R + DP + \Delta W - P \tag{4.5-4}$$

式中，I_{net}——净灌溉蓄水量；

ET_{crop}——作物需水量；

R——径流量；

DP——深层渗漏；

ΔW——土壤水或地表含水层（针对水稻）蓄变量；

P——降水量。

根据式（4.5-4），在日尺度上进行土壤水分平衡计算，便可计算得到灌溉的时刻、灌溉水的量，即灌溉制度与灌溉定额。土壤水量平衡示意图见图 4.5-3。

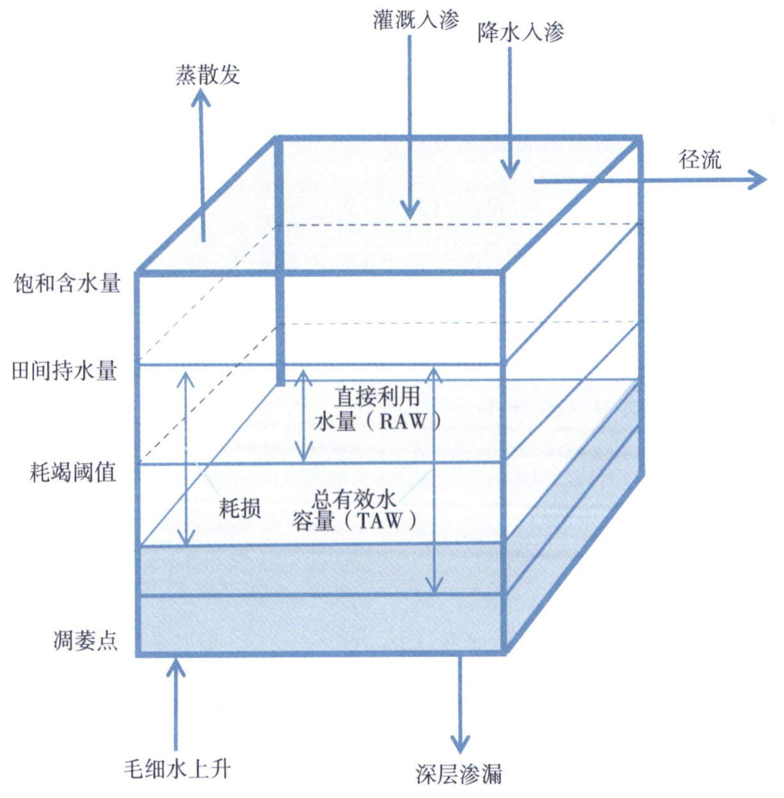

图 4.5-3　土壤水量平衡示意图

灌溉毛需水量为灌溉净需水量与灌溉水利用系数的比值：

$$I_{gross} = I_{net} / e \tag{4.5-5}$$

式中，I_{gross}——灌溉其中；

I_{net}——灌溉毛需水量；

e——灌溉水利用系数，通常分为渠系水利用系数和田间水利用系数。

考虑到三角洲地区现状灌溉水利基础设施条件差，取水设施老化损坏情况普遍，输水渠道未经衬砌，田间建设标准低，漏水问题严重，灌溉技术落后，基本上为大水漫灌，因此，现状综合灌溉水利用系数取0.45。规划到2030年，通过对水闸泵站等的维护修复、渠道疏浚拓宽以及建设高标准农田、推广灌溉技术等措施，可将综合灌溉水利用系数提高至0.55。

(2)三角洲地区主要作物灌溉制度与灌溉定额

根据CROPWAT计算得到雨季稻不需要灌溉，可完全依靠降水。旱季稻在生育期内(包括育苗和泡田期)共需要灌水10次，灌溉定额为8916m^3/hm^2(表4.5-2)。伊洛瓦底江三角洲作物灌溉制度见表4.5-3。

表4.5-2　　**旱季稻灌溉制度(P=75%)**　　(单位:m^3/hm^2)

生长阶段	育苗	泡田	泡田	移栽返青	分蘖期	拔节孕穗	抽穗扬花	灌浆	乳熟	黄熟	合计
灌水日期	11月5日	11月20日	11月23日	12月2日	12月20日	1月6日	1月23日	2月8日	2月23日	3月10日	10次
灌水量	493	980	505	979	992	978	999	1002	988	1000	8916

表4.5-3　　**伊洛瓦底江三角洲作物灌溉制度(P=75%)**　　(单位:m^3/hm^2)

作物	11月			12月			1月			2月			3月			4月			合计
	上	中	下	上	中	下	上	中	下	上	中	下	上	中	下	上	中	下	
旱季稻	493	980	505	979		992	978		999	1002		988	1000						8916
黑豆											1757								1757
绿豆									939			1099							2038
花生							1069			1073									2142
向日葵										1921									1921
蔬菜					332			711		785		838							2666
芒果											3505								3505
香蕉					605			605						730		299	738		2977

4.5.2.4　设计灌水率

根据作物灌溉制度和种植结构，适当调整各作物之间的灌水时间，调整灌水率(图4.5-4至图4.5-6)。三角洲上部设计灌水率0.271m^3/(s·万亩)，三角洲中部设计灌水率0.333m^3/(s·万亩)，三角洲下部设计灌水率0.319m^3/(s·万亩)。

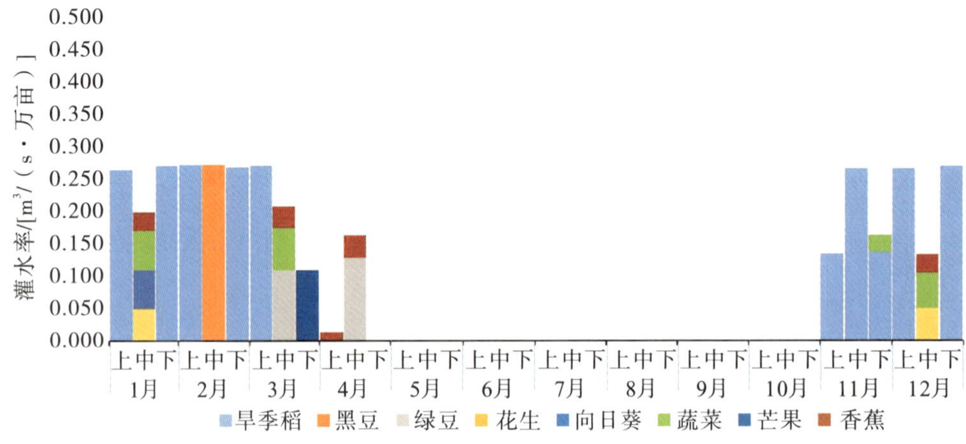

图 4.5-4 三角洲上部设计灌水率

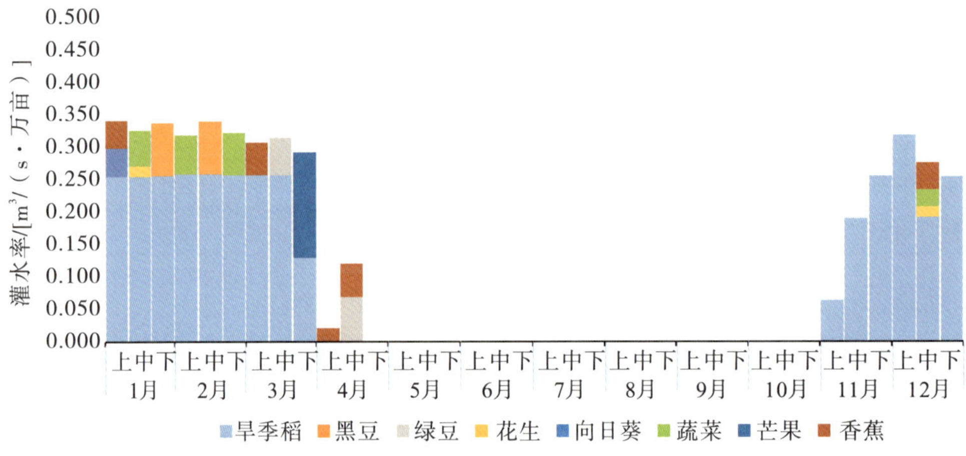

图 4.5-5 三角洲中部设计灌水率

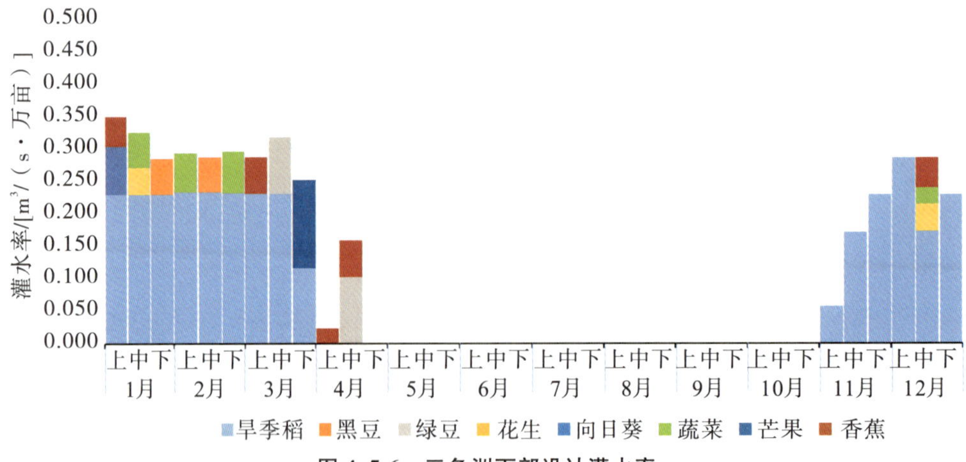

图 4.5-6 三角洲下部设计灌水率

4.5.2.5 灌溉需水量

伊洛瓦底江三角洲现状灌溉面积19.15万hm^2，净需水量11.39亿m^3，毛需水量25.32亿m^3，单位灌溉面积灌溉净需水量和毛需水量分别为5936m^3/hm^2、13192m^3/hm^2。规划至2030年，灌溉面积将达到36.69万hm^2，灌溉净需水量将达到18.47亿m^3，较现状增加7.07亿m^3，灌溉毛需水量将达到33.58亿m^3，较现状增加8.26亿m^3，单位灌溉面积灌溉净需水量和毛需水量分别为5032m^3/hm^2、9150m^3/hm^2。

4.6 灌溉发展布局

4.6.1 总体布局思路

灌溉发展规划的总体思路是立足于缅甸目前所处的发展阶段、发展特征、发展格局，基于伊洛瓦底江三角洲经济社会发展水平与水资源开发利用现状，发挥其独特的地理位置与自然禀赋优势，坚持民生优先、绿色发展的理念，统筹兼顾生态环境保护与经济社会发展，通过加大水利基础设施建设力度，保障粮食安全、防洪安全与城乡居民饮水安全，实现人口、资源、环境和经济协调发展。应遵循以下原则。

(1)以人为本，人水和谐

着力解决人民最为关心的民生问题，大力加强水利基础设施建设，发展旱季灌溉，促进粮食生产，保障粮食安全。遵循河流自然规律，尊重缅甸“适应洪水而生”的理念和利用洪水肥沃农田的传统习惯，系统治理洪涝灾害，保障防洪安全。统筹解决城乡居民饮水问题，提升人民生活质量和健康水平。处理好水与生态系统中其他要素的关系，恢复江河湖泊生态空间，促进生态系统各要素和谐共生。

(2)统筹兼顾，突出重点

结合伊洛瓦底江三角洲水利发展现状、存在的问题和经济社会发展需要，统筹考虑水资源综合开发利用，重点解决地区突出问题。以灌溉为主，兼顾供水、防洪、排涝和水资源保护。统筹土地利用发展空间布局，合理新增灌溉面积，突出重点灌区的灌溉水源工程建设。采取以泄为主、蓄泄兼筹的防洪策略，协调好整体与局部的关系，统筹考虑上下游、左右岸、干支流的关系，确保重点地区的防洪安全。采取内蓄外排兼顾的排涝策略，合理利用湖泊湿地等调蓄涝水。统筹城乡生活供水与工业生产用水，突出重点城镇的供水安全保障，做到灌溉、供水、防洪、排涝统筹规划与布局，系统开发与治理。

(3)因地制宜，合理布局

考虑水资源及生态环境承载能力，根据伊洛瓦底江三角洲上、中、下部所面临的不同水资源形势，因地制宜制定针对性解决方案。在灌溉方面，上部适度新增灌区工程，中部重点对现有灌区提标升级，下部从咸水上溯线之上新建自流引水工程解决现有灌区的水源问题。

在防洪方面，上部以挡为主，加高加固重点堤防；中部滞泄结合，疏浚河道增加泄洪能力，合理利用滞蓄洪区，存蓄超标洪水；下部以防浪、挡咸为主，加高堤防，修缮水闸，保护圩垸不受咸水入侵影响。在城乡供水方面，充分结合灌溉水源工程，中上部在可开采量范围内取用深层清洁地下水，下部从咸水上溯线以上引清洁淡水。

(4)生态优先，绿色发展

处理好水资源开发利用与水生态环境保护的关系，保障生态用水，保护生态敏感区，注重水生态环境保护，加强灌区内污水治理。处理好水与经济社会发展的关系，抑制不合理用水需求，倒逼发展规模、发展结构、发展布局优化，充分挖掘现有灌溉工程潜力，控制新增灌区规模，提高灌溉用水效率，改善种植结构，发展高经济价值、节水作物，推动经济社会绿色发展。

4.6.2 总体布局方案

伊洛瓦底江三角洲面积大、范围广，水网交错、水情复杂，基础资料缺乏，水利基建薄弱，水问题错综复杂，解决所有问题困难较大。本着突出重点的原则，本次规划以灌溉发展为重点，防洪、排涝、供水规划定位于灌区范围内。三角洲地区雨季降水充沛，不需要进行灌溉，作物种植面积占耕园地面积的87%，光热条件差，作物单产低，大面积土地长期涝水，不具备种植条件，发展潜力有限；旱季降水稀少，但光热条件好，作物单产高，作物生长严重依赖灌溉，由于缺乏灌溉水源与灌溉基础设施，种植面积仅占耕园地面积的37%，发展潜力巨大。因此，灌区规划以发展旱季灌溉为主。

三角洲地区的防洪、排涝、灌溉、供水问题相互依存、协同发展。灌区需要防洪堤垸保护，以免受洪水威胁和咸水上溯影响；灌区内渠道多为灌排两用，旱季引水灌溉，雨季排水治涝；灌溉与城乡供水面临同样的缺水困境，亟须新建水源工程保障水安全。规划以发展灌溉提升三角洲农业生产力为主要目的，兼顾防洪排涝与城乡供水，共同保障粮食安全、防洪安全与城乡供水安全，综合促进三角洲地区的民生改善与经济社会发展。灌溉发展规划是区域发展的重点，防洪排涝规划与城乡供水规划为区域发展提供安全保障与基础支撑。防洪排涝工程是保障灌区发展的基本前提，灌溉水源工程保障灌区水安全，为灌溉与城乡供水提供清洁可靠水源。

根据地形特点、气候条件、河流水系、经济社会发展状况及未来经济社会发展的要求，将伊洛瓦底江三角洲分为上、中、下三部分。综合考虑三大区域资源条件等多方面因素，针对各区的主要问题，科学合理地确定各分区的总体布局。优先在三角洲中部已建灌区进行挖潜与改造，对现状灌排设施提标升级，改善现有灌溉面积、适当新增灌溉面积。然后在三角洲下部既有圩垸内适当扩充灌溉面积，通过从咸水上溯线之上引水，解决灌区由于咸水上溯和咸水入侵造成的旱季极度缺水问题。若仍然达不到灌溉发展目标，那么进一步考虑在三角洲上部结合伊洛瓦底江干支流堤防建设与城镇布局，从伊洛瓦底江干支流提水，在防洪保护圈内部适当发展新增灌区。

三角洲上部现状灌溉面积小，仅依靠分散水井或提水泵站灌溉。现状灌溉面积仅为 0.86 万 hm^2，占三角洲总灌溉面积的 4%，占三角洲上部耕地面积的 2%。为满足区域发展需求，在防洪堤防建设的基础上，规划新建提水泵站从外江(伊洛瓦底江干流和俄温河)提水，在防洪保护圈内部人口集中、土地肥沃平坦地区新增灌区，适当新增灌溉面积。2030 年，三角洲上部新增灌溉面积 4.50 万 hm^2，改善灌溉面积 5.36 万 hm^2。

三角洲中部当前已经建成一批灌区，现状灌溉面积 17.7 万 hm^2，占三角洲总灌溉面积的 92%，占三角洲中部耕地面积的 20%。现状灌区主要通过水闸从河道引水灌溉，但水闸、渠道年久失修、堵塞淤积问题严重，严重影响引水、输水能力。因此，中部以对现有灌区提标升级为主，主要改善现状灌溉面积，适当新增灌溉面积。提标升级取水建筑物，增加引提水能力，修缮灌溉渠系，进行疏浚、拓宽、裁直，增加其输水能力，减少其输水损失。2030 年，三角洲中部新增灌溉面积 5.43 万 hm^2，改善灌溉面积 6.52 万 hm^2。

当前三角洲下部已经建成大量圩垸，圩垸上建有挡咸排涝双向水闸，圩垸内部建有灌排两用土渠；因旱季缺乏灌溉水源，圩垸内部土地撂荒。现状灌溉面积 0.63 万 hm^2，占三角洲总灌溉面积的 3%，占三角洲下部耕地面积的 1%。三角洲下部以新建灌溉水源工程为主，从咸水上溯范围以外引淡水至圩垸内部，解决由于旱季降水稀少以及咸水入侵引起的灌溉水源短缺问题，发展旱季灌溉。2030 年，新增灌溉面积 7.57 万 hm^2，改善灌溉面积 0.63 万 hm^2。

三角洲地区共规划新建河道提水泵站 10 座，新建灌溉引水灌溉骨干渠道 35km，新增灌溉面积 17.50 万 hm^2，改善灌溉面积 7.15 万 hm^2，至 2030 年，总灌溉面积将达到 36.69 万 hm^2(表 4.6-1 和图 4.6-1)。现状灌溉面积占耕园地面积的 9%，2030 年提升至 18%，三角洲上、中、下部灌溉面积与工程空间布局趋于协调、合理。

表 4.6-1　三角洲灌溉发展规划总体布局　(单位：hm^2)

分区	灌区名称	现状灌溉面积	改善灌溉面积	新增灌溉面积	2030 年灌溉面积	备注
三角洲上部	Hinthada-Zalun 灌区	0	0	29500	29500	新增灌区
	Yegyi-Kyonpyaw 灌区	0	0	15530	15530	新增灌区
	分散水井灌溉区	4672	0	0	4672	
	分散地表水灌溉区	3890	0	0	3890	
	小计	8562	0	45030	53592	
三角洲中部	Htantabin 灌区	11617	11617	10100	21717	改(扩)建灌区
	Nyaungdon 灌区	35149	0	9975	45124	改(扩)建灌区
	Maubin-Kyailat 灌区	45793	45793	28990	74783	改(扩)建灌区
	Enime 灌区	7770	7770	5210	12980	改(扩)建灌区

续表

分区	灌区名称	现状灌溉面积	改善灌溉面积	新增灌溉面积	2030 年灌溉面积	备注
三角洲中部	Pantanaw 灌区	37837	0	0	37837	
	Wakema 灌区	23032	0	0	23032	
	分散水井灌溉区	1266	0	0	1266	
	分散地表水灌区	14609	0	0	14609	
	小计	177073	65180	54275	231348	
三角洲下部	Kawhmu 灌区	4690	4690	34770	39460	改(扩)建灌区
	Pyapon 灌区	0	0	36920	36920	改(扩)建灌区
	Labutta 灌区	1592	1592	4020	5612	改(扩)建灌区
	分散水井灌溉区	15	0	0	15	
	小计	6297	6282	75710	82007	
合计		191932	71462	175015	366947	

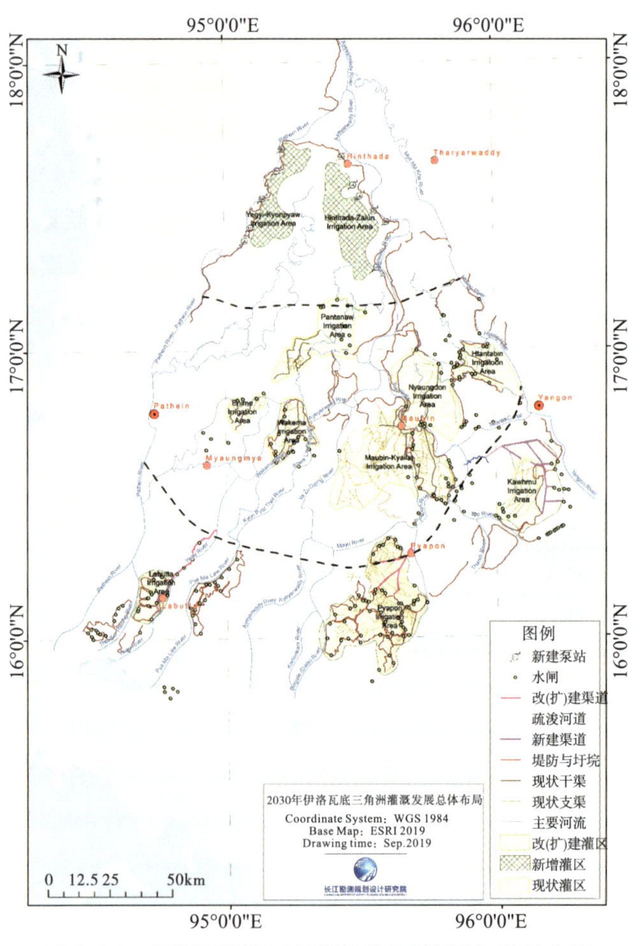

图 4.6-1　伊洛瓦底江三角洲现状与规划灌区总体布置

4.6.3　灌溉分区发展布局

4.6.3.1　三角洲上部区域灌溉发展布局

三角洲上部耕地资源丰富，但灌溉基础设施薄弱。现有耕地面积 57.2 万 hm^2，灌溉总面积 8562hm^2，仅占耕地面积的 1.5%，发展旱季灌溉潜力巨大。该地区历史上为洪泛平原，河网密集，雨季洪水泛滥，泥沙淤积，带来肥沃土壤，堆积层厚。20 世纪 30 年代，英国殖民者在该地区修建堤防之后，土地得到保护，不再发生洪泛，河道也逐渐萎缩。地形平坦，不具备修建大型蓄水工程的地形条件；旱季外江水位低于地面高程，不具备自流引水灌溉的条件；浅层地下水含砷与重金属不适合灌溉，开采深层地下水用于灌溉不具备经济合理性。因此，从外江提水是解决该地区旱季灌溉缺水的根本途径。

沿 Pathein 河左岸新建 Yegyi-Kyonpyaw 灌区、沿伊洛瓦底江干流右岸新建 Hinthada-Zalun 灌区。新建水源泵站 10 座。其中，Pathein 河 5 座，每座设计流量 2.30m^3/s，提水扬程 5～12m；伊洛瓦底江干流 5 座，Hinthada 泵站兼顾兴实达城镇供水任务，设计流量 4.53m^3/s，其余 4 座泵站设计流量 4.36m^3/s，提水扬程 2～4m。对堤防保护区域内的河道进行疏浚、裁直、拓宽，增加其输水能力，并修建灌溉节制闸及配套引水渠系。工程实施后，可新增灌溉面积共计 4.5 万 hm^2。

Hinthada-Zalun 灌区灌溉水源为伊洛瓦底江干流，规划灌溉取水量 2.45 亿 m^3，Yegyi-Kyonpyaw 灌区灌溉水源为俄温河，规划灌溉取水量 1.29 亿 m^3，取水均集中于旱季（11 月至次年 4 月）。三角洲顶部 Seiktha 站多年平均径流量 4040 亿 m^3，11 月至次年 4 月径流量 423 亿 m^3。根据《伊洛瓦底江三角洲综合发展战略：建设安全、可持续与繁荣的三角洲》，伊洛瓦底江干流、俄温河（或称勃生河）、仰光河的分流比为 0.64、0.12、0.24。据此估算，11 月至次年 4 月伊洛瓦底江干流与俄温河多年平均径流量分别为 272 亿 m^3 和 51 亿 m^3，远大于灌溉取水量，水源条件有保障。取水河段建设有堤防、护岸，防洪规划对这两个河段采取加高加固的措施，因此取水口河岸稳定性有保障。在具体设计建设时，应注意提水建筑物与堤防的交叉问题。取水河段位于三角洲的入口阶段，流速较快，泥沙淤积情况不明显，不会对取水造成影响，在具体设计建设时，应进一步论证泥沙淤积对取水的影响。

Hinthada-Zalun 灌区与 Yegyi-Kyonpyaw 灌区地形平坦，河道密布。历史上灌区内河道与外江（伊洛瓦底江干流和俄温河）相通。伊洛瓦底江干流右岸堤防（Hinthada-Zalun 段）和俄温河堤防的修建，切断了灌区内河道与外江的联系，水量减少，河道萎缩。规划从外江提水至灌区内河道，并对河道进行疏浚、清淤、渠化，恢复灌区内密集河网之间的水力联系，提高输排水效率，输水至田间地块。三角洲上部区域灌溉发展方案见表 4.6-2，三角洲上部区域灌溉发展布局示意图见图 4.6-2。

表 4.6-2　　三角洲上部区域灌溉发展方案

水源名称	取水水源	提水高度/m	设计提水流量/(m^3/s)	新增灌区	控灌面积/hm^2
Myo Kwin	俄温河	5.0	2.30		
Limina 泵站	俄温河	7.0	2.30	Yegyi-Kyonpyaw 灌区	15530
Aing Tha Pyu 泵站	俄温河	8.0	2.30		
Ngathaingchaung1 泵站	俄温河	12.0	2.30		
Ngathaingchaung2 泵站	俄温河	12.0	2.30		
小计			11.48		
Hinthada 泵站	伊洛瓦底江干流	2.0	4.53	Hinthada-Zalun 灌区	29500
Du Ya 泵站	伊洛瓦底江干流	2.5	4.36		
Daunggyi 泵站	伊洛瓦底江干流	3.0	4.36		
Zalun 泵站	伊洛瓦底江干流	4.0	4.36		
Danubyu 泵站	伊洛瓦底江干流	4.0	4.36		
小计			21.98		
合计			33.47		45030

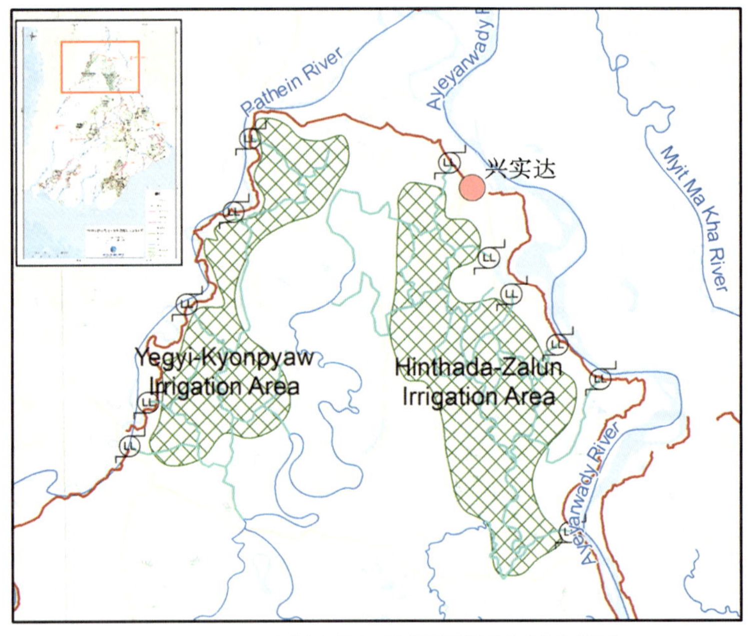

图 4.6-2　三角洲上部区域灌溉发展布局示意图

4.6.3.2　三角洲中部区域灌溉发展布局

三角洲中部现状耕地面积 88.3 万 hm^2，灌溉面积 17.71 万 hm^2，占耕地面积的 20%。该地区雨季降水量约 2400mm，可满足水稻生长需求，因此雨季大面积种植雨养水稻，且地势低的地区内涝严重。旱季降水量相对较少，具备灌溉条件的地区多种植水稻，没有灌溉条件的地区部分种植雨养豆类与油料作物，其余撂荒。水闸是该地区最主要的灌溉水利基础设施，通常兼具灌溉与排水功能。Maubin 县的 Maubin、Nyaungdon、Pantanaw 镇，以及 Myaungmya 的 Wakema 镇水闸数量多，灌溉面积大。大部分水闸建于 2000 年之前，普遍存在年久失修、淤积、水生植物（主要为水葫芦、水草等）卡塞、漏水等问题，且均为人工手动操作，效率较低，管理水平落后。渠道均为土质无衬砌，田间渠系配套缺乏，且存在较为严重的泥沙淤积问题，输水损失大，灌溉水利用系数低。三角洲中部灌溉基础设施建设相对较为完善，规划思路以对现有水闸进行修复、提标升级，对灌溉渠系进行疏浚、拓宽、裁直。

对 Htantabin 灌区、Nyaungdon 灌区、Maubin 灌区、Pantanaw 灌区、Enime 灌区共 42 座水闸进行提标升级，提高其引水能力；对灌区内渠系进行疏浚、拓宽、顺直，减少其输水损失，增加其输水能力；工程实施后，可改善灌溉面积 6.52 万 hm^2，新增灌溉面积 5.43 万 hm^2。在 Ban Hlaing 河汇入 Yangon 河河口处，新建水闸一座，阻挡咸水，存蓄淡水，可增加 Htantabin 灌区的灌溉供水量。三角洲中部区域灌溉发展方案见表 4.6-3，三角洲中部区域灌溉发展布局示意图见图 4.6-3。

表 4.6-3　三角洲中部区域灌溉发展方案　（单位：hm^2）

灌区名称	现状灌溉面积	改善灌溉面积	新增灌溉面积	2030 年灌溉面积	规划建设内容
Htantabin 灌区	11617	11617	10100	21717	新建 Pan Hlaing 水闸，11 座水闸提标升级，渠道清淤拓宽
Nyaungdon 灌区	35149	0	9975	45124	9 座水闸提标升级，渠道清淤拓宽
Maubin-Kyailat 灌区	45793	45793	28990	74783	18 座水闸提标升级，渠道清淤拓宽
Enime 灌区	7770	7770	5210	12980	4 座水闸提标升级，渠道清淤拓宽
合计	100329	65180	54275	154604	

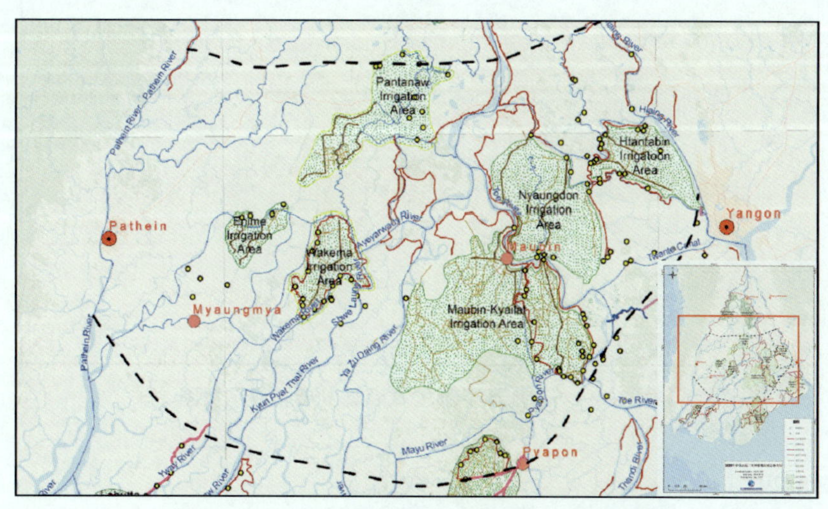

图 4.6-3　三角洲中部区域灌溉发展布局示意图

4.6.3.3 三角洲下部区域灌溉发展布局

三角洲下部耕地面积 62.6 万 hm^2，现状灌溉面积 0.63 万 hm^2，占耕地面积的 1%。灌溉主要依靠 Kungyangon 与 Labutta 县的 4 座水闸，灌溉设施薄弱。受咸水上溯与咸水入侵地下水影响，地表水与地下水均为咸水，淡水资源十分缺乏。通过圩垸与水闸阻挡咸水，可保证圩垸内部不受咸水影响，雨季降水充沛，种植雨养水稻。水闸也具备排涝的功能，根据潮汐运动规律，在退潮时排涝。旱季灌溉水源十分缺乏，大部分耕地撂荒，因此亟须解决旱季灌溉水源供给。解决该地区水资源短缺的根本途径是从咸水入侵线以上引入淡水。

改(扩)建 Pyapon 灌区、Kawhmu 灌区、Labutta 灌区，改善灌溉面积 0.63 万 hm^2，新增灌溉面积 7.57 万 hm^2。三角洲下部区域灌溉发展方案见表 4.6-4，三角洲下部区域灌溉发展布局示意图见图 4.6-4。

表 4.6-4　三角洲下部区域灌溉发展方案　（单位：hm^2）

灌区名称	现状灌溉面积	改善灌溉面积	新增灌溉面积	总灌溉面积	建设内容
Kawhmu 灌区	4690	4690	34770	39460	Ah Twin Yae Kyaw 河疏浚 13.5km，隧洞 7.4km，配套支渠 52km
Pyapon 灌区	0	0	36920	36920	疏浚拓宽 Pyapon 引水干渠 43km
Labutta 灌区	1592	1592	4020	5612	延伸 Ywe 河引水渠道 12km
合计	6282	6282	75710	81992	

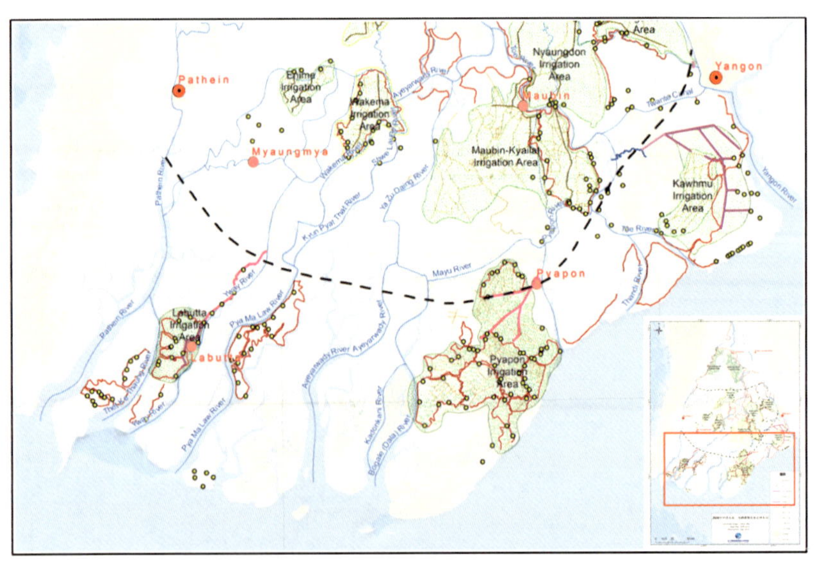

图 4.6-4　三角洲下部区域灌溉发展布局示意图

(1)Pyapon 灌区

规划将从 Pyapon 河 Pyapon 县城大桥之上断面(位于咸水上溯线之外)取水的 Pyapon

渠道进行疏浚拓宽 43km，增加 Banbwezu Polder、Letpanbin Polder、Myogone Polder、Daw Nyein Polder、Kyatphamwezaung Polder、Zinbaung Polder、Dedalu Kyun Polder 的灌溉供水量，拓宽至灌溉引水流量 32.6m^3/s，同时在上述圩垸内疏浚、拓宽、顺直渠道，并进行田间配套改造。工程实施后，可新增灌溉面积 3.69 万 hm^2。

(2)Kawhmu 灌区

Kawhmu 灌区现状依靠 Kawhmu 南部的 4 座水闸阻挡咸水，存蓄淡水，供给旱季灌溉，供水量十分有限，灌溉面积 4690hm^2。规划将 Toe 河右岸支流 Ah Twin Yae Kyaw 河疏浚 13.5km，至 Ah Yoe Taung，然后开挖隧洞 7.4km 至 Payargyi，引水至 Kawhmu 灌区，设计引水流量 31.3m^3/s(包括 Kawhmu、Twanty、Dala 供水任务，设计流量 0.53m^3/s)，新建配套支渠 52km。工程实施后，可新增灌溉面积 3.48 万 hm^2。Ah Twin Yae Kyaw 河位于咸水上溯线之上，不受咸水影响，且受到潮汐顶托作用为双向河流，具备输水条件。

(3)Labutta 灌区

Labutta 灌区现状依靠 2 座水闸阻挡咸水，存蓄淡水灌溉，供给旱季灌溉，供水量十分有限，灌溉面积 1592hm^2。规划延伸从 Ywe 河 Shan chung 断面(位于咸水上溯线之外)引水渠道至 Labutta North Polder 与 Labutta South Polder，设计引水流量 5.08m^3/s(包括 Labutta 县城供水任务，设计流量 0.12m^3/s)。工程实施后，可新增灌溉面积 0.4 万 hm^2。

4.7　本章小结

伊洛瓦底江三角洲面积大、范围广，水网交错、水情复杂，基础资料缺乏，水利基建薄弱，水问题错综复杂，解决所有问题困难较大。立足于缅甸目前所处的发展阶段、发展特征、发展格局，坚持“民生优先，绿色发展”的理念，统筹兼顾生态环境保护与经济社会发展，针对三角洲地区面临的突出农业与水问题，以及人民群众、社会、政府等关注的重点问题，提出了以灌溉发展为重点的发展策略。主要包括农业灌溉、防洪排涝、城乡安全用水策略，着力保证三角洲地区的粮食安全、防洪安全与供水安全，提升民生福祉。

第 5 章　泰国洪旱与防御攻略

CHAPTER 5

泰国是东南亚的第二大经济体，也是世界上稻谷和天然橡胶最大出口国。虽然泰国被认为是一个新兴工业化国家，但是农业是泰国传统经济产业，农产品是泰国外汇收入的主要来源之一，水利是农业的命脉，兴水利、除水患，是事关国家发展和人民福祉之大事，一直为泰国历届政府所关心和重视。尽管泰国在水利建设方面已取得了许多伟大成就，但受其特殊的地理位置、地形地貌以及全球气候变暖等因素影响，加之自身防洪抗旱体系尚不完善，洪水干旱灾害依然频繁发生，尤其是 2011 年大洪水，给泰国造成了巨大的经济损失，引起全世界的广泛关注。本研究本着尊重自然规律、人与自然和谐相处的治水理念，并以湄南河流域防洪和东北部呵叻高原抗旱为重点，提出了符合泰国具体国情和流域特点的防灾减灾措施，对防汛抗旱工程体系和非工程体系建设进行了统筹安排，以力图全面构筑和提升泰国防洪抗旱减灾综合体系，以保障人民的安居乐业和经济社会的可持续发展。

5.1　泰国基本情况

5.1.1　自然特点

泰国位于中南半岛中南部，地处 5°37′N～20°27′N 和 97°22′E～105°37′E。东南濒临泰国湾，西南濒临安达曼海，西部及西北部与缅甸接壤，东北与老挝交界，东南与柬埔寨为邻，南部沿克拉地峡延伸至马来半岛，与马来西亚相接，其狭窄部分居印度洋与太平洋之间。泰国总面积约 51.45 万 km^2，陆地边界线长约 3400km，海岸线长 2420km，其中泰国湾海岸 1930km，安达曼海岸 490km。

泰国地势北高南低，由西北向东南倾斜。按地形分为肥沃广阔的中部平原，物产丰富的东北部高原，丛林密布的北部山区，风光迷人的南部半岛，工业发达的东部地区。全国大部分地区属于热带季风气候，全年可以明显地分为雨季、凉季和热季。每年 5 月中旬至 10 月中旬的西南季风，使泰国普遍降雨，为雨季；受东北季风的影响，11 月至次年 2 月中旬，来自中国的干冷空气，使泰国除南部、东部以外的大部分地区（尤其是北部和东北部）进入凉季；2 月中旬至 5 月中旬，从东南方向进入泰国的南海气流，使全国气候炎热和干燥，为热季。凉季和热季很少下雨，也叫作干季。马来半岛北部属于热带雨林气候，终年炎热多雨，无显著干季。

泰国年平均降水量约 1550mm(图 5.1-1)。其中,雨量最充沛的是处于迎风坡面的沿海地区,如南部普吉山西面的拉廊府南部和泰国湾东廊府年平均降水量约 5000mm。半岛东海岸从春蓬府到北大年府的降水量也较充沛,年平均降水量也在 2000mm 以上,东北部呵叻高原地区的年平均降水量则在 1300mm 左右,中部湄南河流域年平均降水量在 1100～1200mm。各地强降水时间不一,北部、东北部及半岛西海岸最大月降水量一般为 8 月,中部和东南部一般为 9 月,半岛东海岸一般为 11 月。

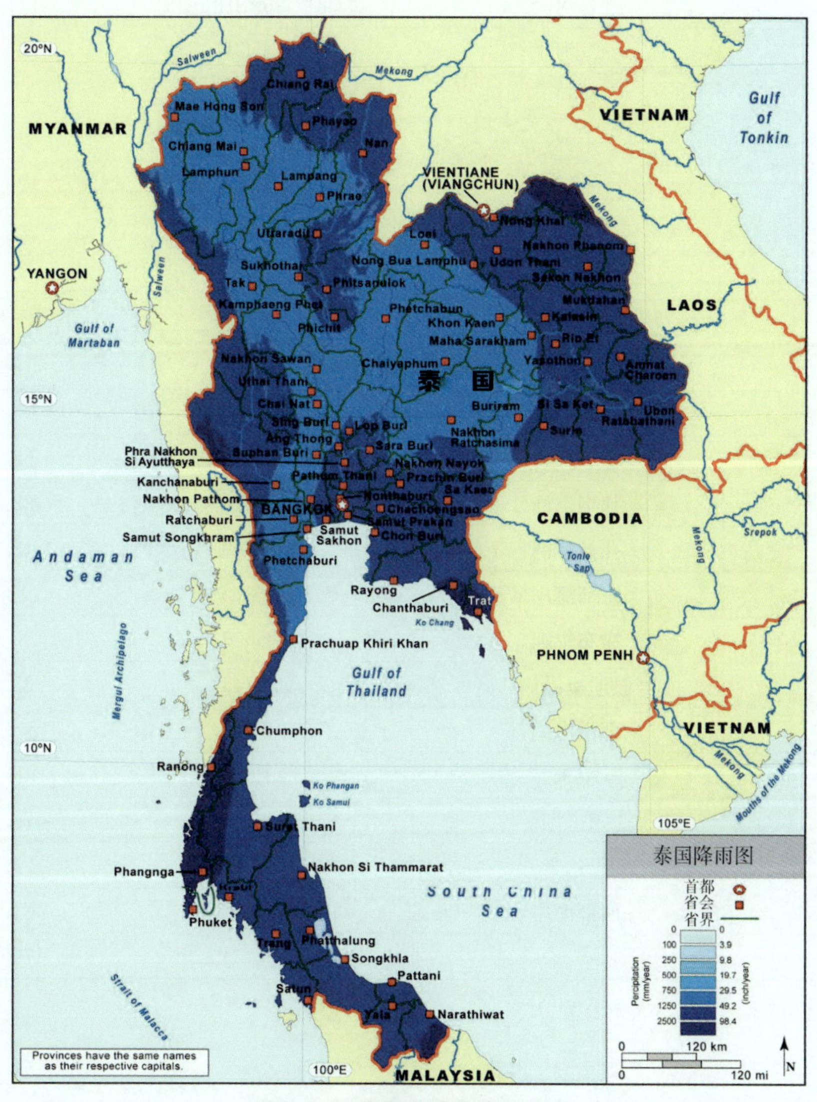

图 5.1-1　泰国各地区降雨分布

根据地形状况及水文特征,泰国水系通常划分为 25 个主要流域(表 5.1-1 和图 5.1-2)。

表 5.1-1 **泰国 25 个主要流域**

序号	流域名称	流域面积/km²	年平均径流量/亿 m³
1	沙拉文河	17920	62.72
2	孔河(北部)	9920	59.52
2	孔河(东北部)	47502	166.26
3	谷河	7895	48.16
4	齐河	49477	94.01
5	曼河	69701	111.52
6	滨河	35685	67.80
7	宛河	10795	11.87
8	永河	24551	36.83
9	难河	34445	120.56
10	湄南河	19793	39.59
11	沙格兰河	4677	7.02
12	邦葛河	16225	27.58
13	塔金河	14229	18.50
14	眉空河	30837	135.68
15	坝京布里河	10481	62.89
16	邦坝空河	7978	22.34
17	孔社沙河	4150	12.45
18	东部海岸	13829	113.40
19	撤布里河	5603	8.96
20	巴迪里沿岸	6745	23.61
21	东部沿海南部	26352	266.16
22	甲米	12225	154.04
23	宋卡湖	8495	79.85
24	巴达米	3858	24.31
25	西部海岸	21172	21.17
合计		514540	1796.77

数据来源:国家水资源委员办公室。

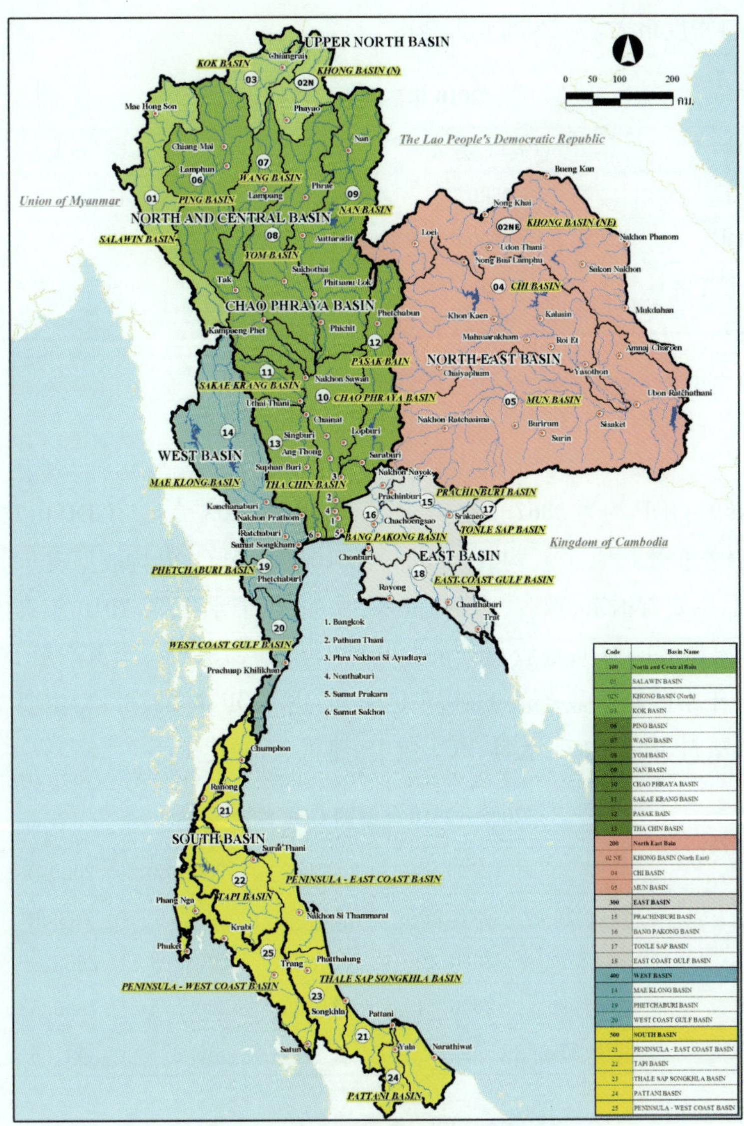

图 5.1-2　泰国河流水系及流域分区

5.1.2　经济社会概况

(1)行政区划

泰国全国共有 76 个一级行政区,其中包括 75 个"府"与 1 个直辖市。在府以下,又有更小的次级行政区划,称为"区"与"次区",据统计,泰国全国共有 795 个区与 81 个次区。

(2)人口

2010 年泰国总人口为 6550 万人(表 5.1-2),其中城镇人口占 44.1%,非城镇人口占 55.9%。从人口分布地区来看,东北部地区的人口最多,约 1880 万人,占总人口的 28.7%;其次是中部地区,约 1810 万人,占总人口的 27.7%。泰国的平均人口密度为 127.1 人/km^2,其中首都曼谷的人口密度最大，为 5258.6 人/km²。

表 5.1-2 2010 年泰国人口统计

区域	总人口/万人	泰籍/万人	非泰籍/万人	百分比/%
城市	2890	2720	170	44.1
非城市	3660	3510	150	55.9
其中:曼谷地区	820	740	80	12.6
全国	6550	6230	320	100

数据来源:泰国国家统计办公室。

(3)经济

2010 年，泰国 GDP 约为 3367.7 亿美元，人均 GDP 5003 美元。GDP 由农业 12.4%、制造业 35.6%、服务业及其他 52%构成。2005—2010 年泰国 GDP 构成见表 5.1-3。

泰国农产品主要有稻米、橡胶、木薯、玉米、甘蔗、热带水果等，2010 年泰国大米总产量 3073 万 t，大米出口 894 万 t；橡胶总产量 306 万 t，出口 273 万 t；木薯产量 2017 万 t，出口 727 万 t。2010 年泰国制造业产值 1199.8 亿美元，占 GDP 的 35.6%。主要工业门类有采矿、纺织、电子、塑料、食品加工、玩具、汽车装配、建材、石油化工等。

表 5.1-3 2005—2010 年泰国 GDP 构成 (单位:亿美元)

项目	2005 年	2006 年	2007 年	2008 年	2009 年	2010 年
农业	218.24	246.23	264.46	304.76	298.98	365.72
非农业	2145.72	2360.49	2551.79	2704.99	2683.55	3001.98
GDP	2363.96	2606.71	2816.25	3009.75	2982.53	3367.70
平均每府 GDP	36.31	39.75	42.64	45.27	44.58	50.03

注:按 2010 年价格水平。

5.1.3 土地利用

根据 2009 年农业经济办公室的土地利用资料，泰国全国总面积 51.45km²，其中以农业面积最多，约占全国总面积的 41.03%，为 21.11km²；由于植树造林和水土保持工作的开展，在过去的 30 年内，森林面积略有上升，由 20 世纪 80 年代的不足 29%上升到 2009 年的 33.44%，为 17.20km²；其他用地包括城市、道路、水域等约占 25.53%，为 13.13km²。2009 年泰国土地利用具体情况见表 5.1-4 和图 5.1-3。

表 5.1-4　　2009 年泰国土地利用具体情况

土地类型		面积/km²	百分比/%
全国总面积		51.45	100
森林面积		17.20	33.44
非农业面积		13.13	25.53
农业面积		21.11	41.03
农业面积中	居住区	0.61	2.88
	稻田	10.60	50.21
	旱地作物种植面积	4.38	20.76
	果树和多年生植物种植面积	4.40	20.82
	蔬菜和观花植物种植面积	0.19	0.91
	牧场面积	0.16	0.76
	荒地	0.37	1.75
	其他农业用地	0.40	1.90

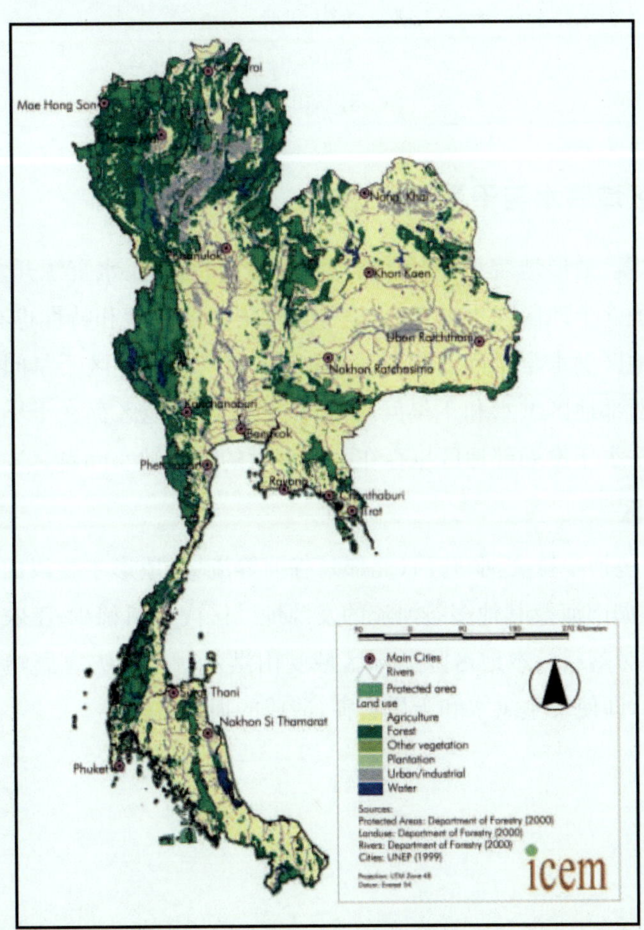

图 5.1-3　2009 年泰国土地利用示意图(资料来源:Department of forestry)

5.2 洪水与干旱形势

5.2.1 泰国的区域划分

泰国国土面积共 51.45 万 km^2，根据地理位置、地形地貌、气候条件、河流水系分布特点，从有利于水资源的规划与管理考虑，将全国分为北部、中部、东北部、东部、西部以及南部 6 个地区。泰国的区域划分情况见表 5.2-1。

表 5.2-1　　泰国区域划分情况

地区	流域面积/km^2	年降水量/mm
北部	35735	1280
中部	160400	1161
东北部	166680	1326
东部	36438	1813
西部	43185	1520
南部	72102	2340
总计	514540	

5.2.2 泰国各区域洪水与干旱形势分析

由于在地理位置、地形地貌、气候条件、经济社会发展状况、水资源开发利用状况等方面存在不同特点，泰国 6 个地区发生洪水、干旱等自然灾害的风险和特性也有较大差异。总体分析，北部和南部地区洪水干旱问题相对较轻；东部和东北部地区干旱问题较突出，尤其是东北部旱灾严重；西部地区洪水和干旱问题总体较轻，局部地区存在干旱问题；中部地区洪水问题特别突出，枯水年份局部地区也存在一定程度的干旱缺水问题。

5.2.2.1 北部地区

北部地区主要包括沙拉文河、孔河（北部）、谷河等流域，地形主要以山地为主，森林覆盖率高（图 5.2-1），是湄南河及其他多条河流的发源地。区内人口稀少、工农业生产不发达、经济社会发展水平相对落后。本地区除局部区域受山洪及滑坡等灾害影响外，洪水和干旱灾害发生的频率较小，即使发生洪水和干旱灾害，造成的损失也较小。

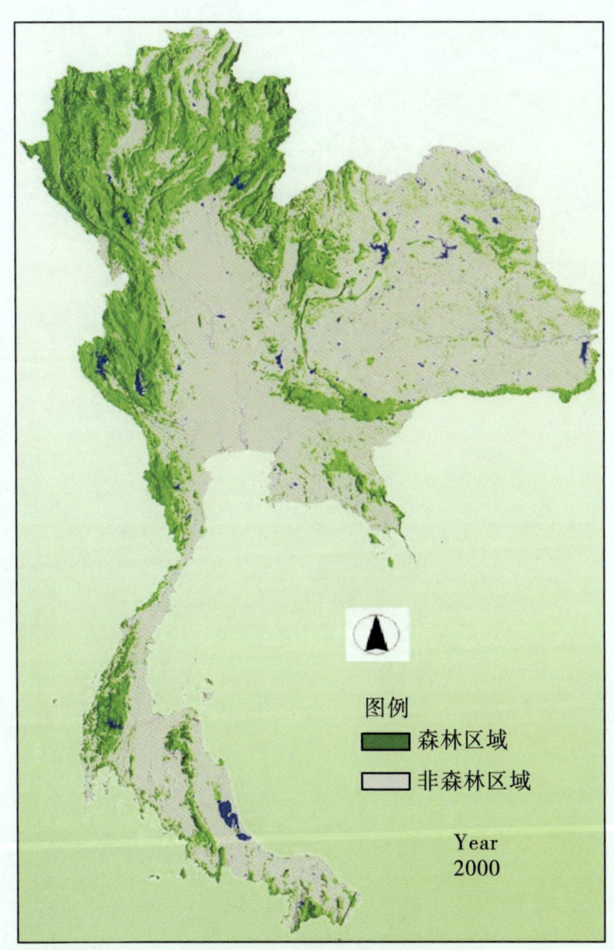

图 5.2-1　泰国森林分布

5.2.2.2　中部地区

泰国中部地区为湄南河流域。湄南河流域地处南亚热带季风气候区，受东南季风、西南季风影响，每年 7—9 月均会发生强降雨。而受异常天气现象（如厄尔尼诺现象、拉尼娜现象）和天气系统（热带气旋和风暴等）的影响，特别是热带气旋和风暴的直接影响，加大了本流域发生暴雨的概率，更易产生洪水或大洪水。流域地势北高南低，利于洪水汇集；中下游为广袤的平原，地势低洼，加之河口受海潮顶托影响，行洪泄洪不畅。受上游洪水、当地暴雨、下游风暴潮三重影响，使得湄南河流域成为泰国发生洪水灾害最为频繁和严重的地区。流域内人口集中、工农业生产发达，是泰国经济社会发展的精华地区，一旦发生大的洪水灾害，造成的损失也非常大。

湄南河流域降雨年内分布不均，年内降水量约有 90%发生在 5—10 月，旱季降水量少。虽然流域内水利工程建设较为完善，水资源开发利用程度也较高，但由于中下游地区耕地面积大，农业生产发达，农业用水需求量大，在旱季也存在一定程度的水资源短缺问题，尤其是来水偏枯的干旱年份问题较为突出，因此对农业生产的影响较大。湄南河流域范围及水系见图 5.2-2。

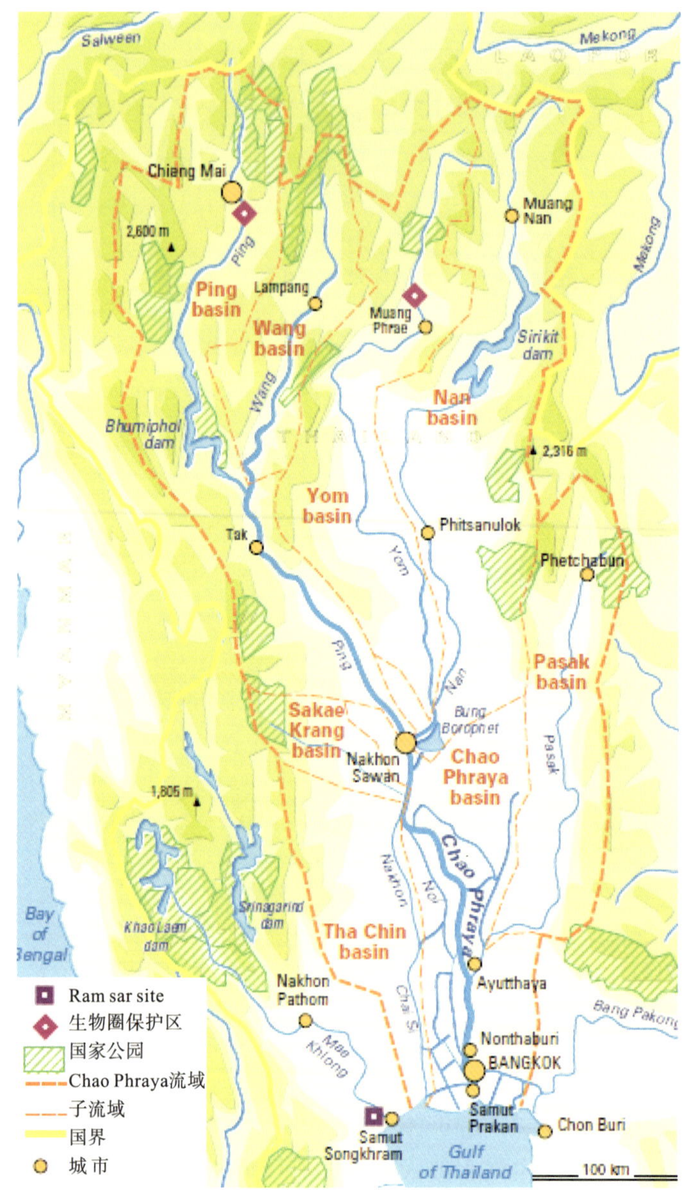

图 5.2-2　湄南河流域范围及水系

5.2.2.3　东北部地区

泰国东北部地区为呵叻高原，该地区降水量相对丰富，但时空分配极其不均匀。区内地势平坦，土地沙化严重，蒸发量大，蓄水保水条件差，水利工程相对缺乏。区内人口占泰国总人口的 29%，GDP 仅占全国的 10%左右，经济发展水平相对落后，但该地区农业土地面积大，具备很大的发展潜力。受气候特点、地形条件、水利工程建设条件的影响，该地区干旱缺水问题特别突出，几乎每隔一两年都会有大面积干旱发生。根据对 2009 年泰国全国 25 条流域干旱情况统计分析，东北部地区饮用水短缺严重的村落总计 343 个，占全国总数的 34%，日常用水短缺严重的村落总计 518 个，占全国总数的 42%，农业用水短缺严重的村落总计 3654 个，占全国总数的 50%。若从缺水面积来看，东北部干旱缺水的土地面积约占全国缺水面积的 70%。由此看出，东北部地区缺水非常严重，尤其是农业缺水问题更为突出。

5.2.2.4 东部地区

泰国东部地区面积约 36438km^2，人口密集、工农业发达，土地和水资源利用程度高，是泰国经济较为发达的地区。本地区降雨丰富，多年平均降水量为 1813mm，但降水量年内分布很不均，5—11 月的雨季降水量 1589.5mm，约占全年降水量的 87.6%，旱季降水量 224.2mm，仅占全年降水量的 12.4%，降水量最大的月份为 9 月，降水量达到 356mm，最小的月份为 2 月，仅为 6mm。虽然降雨丰富，但是受降雨分配不均且缺乏兴建大型水库的地形、地质条件，蓄水保水条件差，总体而言，全区较易受干旱灾害影响。

5.2.2.5 西部地区

泰国西部地区包括眉空河、撤布里河、巴迪里沿岸等 3 大流域，总面积 43185km^2。其中，眉空河流域面积 30837km^2，占整个西部地区的 71.5%，比撤布里河流域和巴迪里沿岸流域总面积还大。西部地区洪水和干旱问题总体较轻，局部地方因特殊原因有干旱风险。

撤布里河和巴迪里沿岸流域多年平均降水量均在 1100mm 左右，降水主要集中在 5—11 月。由于降水集中、蓄水能力相对不足，因此上述两个流域的下游地区旱季存在一定干旱缺水问题，且撤布里河下游地势较低平，雨季局部地区有洪水发生。

眉空河流域多年平均降水量在 1000～1300mm，降水量比较适中；流域内水土保持较好，其森林覆盖率超过 55%；眉空河的 2 条主要支流 Khwaet、Khwae 上分别建有 Srinagarindra 和 Vajiralongkorn 2 座大型水库，可以为下游地区防洪和干旱发挥较大的作用。总体而言，流域内发生洪水和干旱的风险相对较小。但由于流域下游地区为一大型灌区，区内工农业生产较为发达，人口相对集中，且在旱季还承担着塔金河流域和曼谷地区的供水任务，因此在枯水年份的旱季存在一定程度的干旱缺水问题。眉空河流域范围示意图见图 5.2-3。

5.2.2.6 南部地区

泰国南部地区的地形以山区和平原为主，东西两面临海。西濒安达曼海，海岸线曲折，多为岩石。东邻泰国湾，海岸线平直开阔多沙滩。本地区属于海洋性气候，终年温暖湿润，多年平均气温在 26～27℃，多年平均降水量约 2340mm。得天独厚的地形地貌及水文气象条件，使本地区洪水和干旱问题均相对较轻。

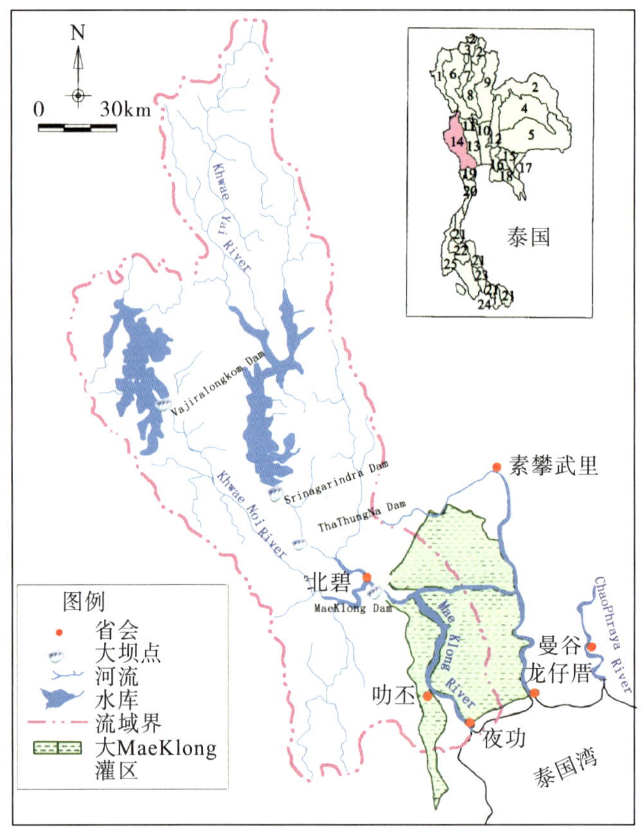

图 5.2-3 眉空河流域范围示意图

5.2.2.7 综合评价

综上所述，泰国各区域洪水和干旱形势总体情况见表 5.2-2 和图 5.2-4。

表 5.2-2 泰国各区域洪水和干旱形势总体情况

地区	洪水	干旱
北部	较轻	轻微
中部	严重	中等
东北部	较轻	严重
东部	较轻	中等
西部	较轻	较轻
南部	较轻	轻微

注：同一地区内防洪抗旱等级会有所不同，本表仅对各地区进行总体评价。

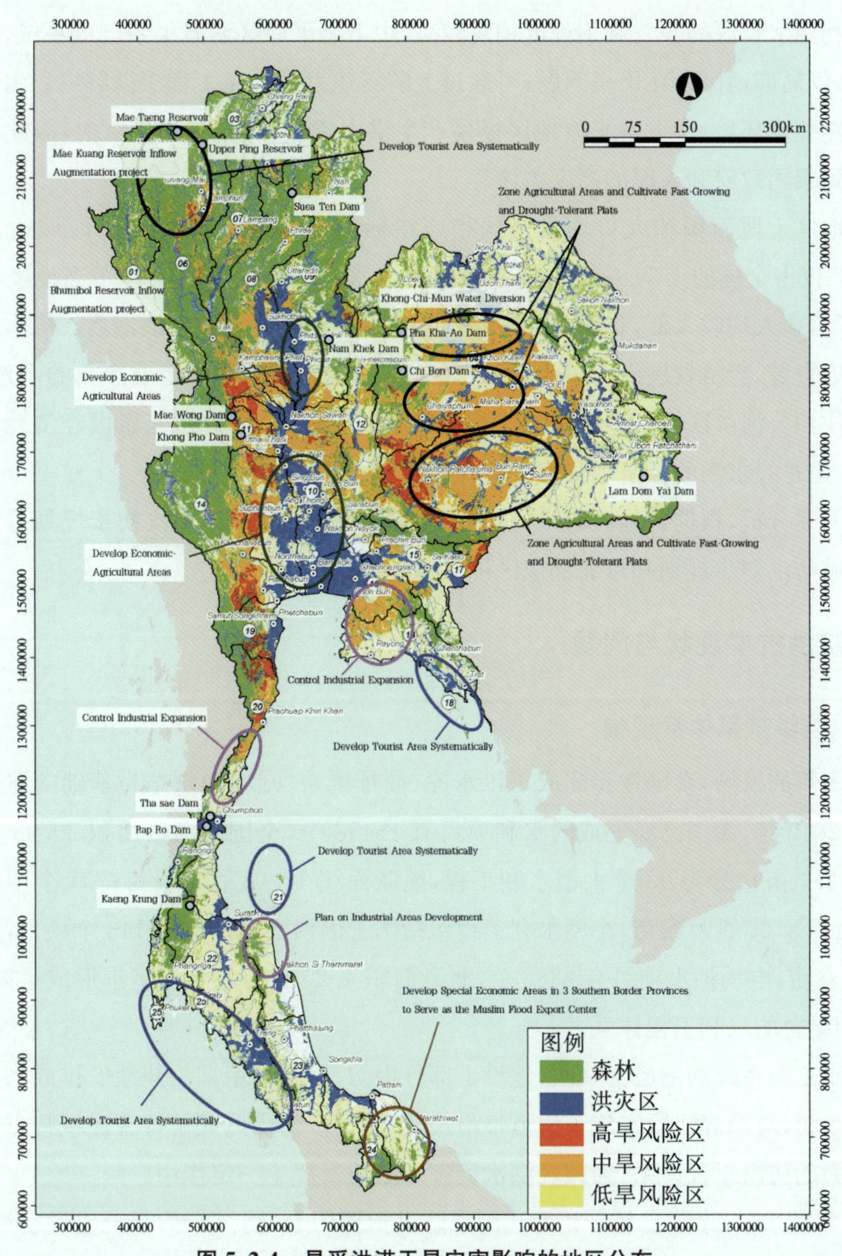

图 5.2-4　易受洪涝干旱灾害影响的地区分布

全国 6 大地区中，北部、南部地区防洪和抗旱问题均相对较轻；东部地区虽然存在干旱问题，但是面积相对不大，可考虑实施区域内和区域外调水工程予以解决。西部地区已建有 2 座大型水库，防洪问题轻微，局部地方存在干旱问题，其原因是已建的 2 座大型水库主要承担向区域外供水任务，其干旱问题可通过加强水资源管理与已有水利工程优化调度加以解决。

湄南河流域面积约占全国总面积的 1/3，人口约占全国总人口的 40%，经济总量约占全国的 2/3，是全国的政治、经济、文化、金融中心。泰国政府十分重视该区域的水利工程建设，流域内可利用水资源的开发利用程度相对较高，中下游平原区灌溉渠系已成系统，干旱问题相对轻微，仅局部地区存在干旱问题，可通过上游新建大型水库工程予以解决。由于该地区特殊的自然地理环境，中下游平原地区极易产生洪水灾害，洪灾损失也巨大，因此该地区防洪问题受到泰国政府和人民的高度关注。

东北地区土地面积和人口均占全国相应指标的1/3，受干旱影响的区域约占全国的70%，GDP仅占全国的10%左右。主要原因在于水资源短缺严重阻碍了当地经济社会发展，造成了当地人均收入低，贫困人口多，劳动力流失严重，工农业发展滞后。但本地区拥有丰富的土地资源，经济发展潜力很大，不仅是著名的泰国茉莉香米等农产品的产地，同时也是泰国通往湄公河次区域其他国家的门户，解决该地区水资源问题是泰国经济社会发展的必然选择，也是寻求新的经济增长点的迫切需要。

综合上述分析，根据各地区防洪、抗旱的重要性和紧迫程度，本次初步规划范围确定为湄南河流域防洪初步规划和东北部地区抗旱初步规划。

5.2.3 防洪抗旱现状与问题

5.2.3.1 防洪抗旱体系现状

经过多年的发展，泰国逐步建成了以水库、灌排渠系、闸坝和泵站为基础的灌排工程系统。截至2010年，泰国已经完成的水利项目有16498个，全国的灌区面积29.33百万泰亩（1泰亩=2.4亩），分为93个大型水利工程，灌溉面积17.93百万泰亩；731个中型水利工程，灌溉面积6.24百万泰亩；小型水利工程包括国王倡议实施的有13143个项目，灌溉面积0.91百万泰亩；电动抽水项目有2388个，灌溉面积4.20百万泰亩。基本形成了以供水、灌溉、排涝相结合的水利工程体系。

在灌排工程系统的基础上，配套建设了部分堤防工程，利用湖泊洼地安排或兴建了一部分蓄滞洪工程，对局部河段实施了河道整治及裁弯取直，初步形成了符合流域特点且具有一定防洪能力的防洪工程体系，为减轻洪水灾害和威胁发挥了一定作用。

2011年洪水后，泰国已经开始筹建国家防洪指挥中心，防洪指挥系统建设已经起步，部门间信息资源和产品开始整合，决策支持系统开发等取得一定进展。目前，防洪指挥中心已经通过因特网连接皇家灌溉厅、水资源厅、气象局等泰国政府相关部门及各府和曼谷市，能够浏览卫星云图、天气雷达产品、降雨、河道、水库、闸坝水位（流量）、水利工程CCTV监视图像等实时监测和预报信息；已建立了防洪指挥中心与泰国政府相关部门及各府和曼谷市的电视会议系统，具备了异地会商的基本环境。

5.2.3.2 防汛抗旱存在的主要问题

泰国在水利工程建设方面投入了大量人力、物力，也取得了显著成就，但由于泰国特殊的地理地形特点和水文气象条件，泰国依然洪、旱害频发，初步分析，存在的主要问题如下：

(1)缺乏系统规划和统筹安排,城市发展和工程布局不够合理

由于对综合规划的重视不够,到目前为止,无论是区域还是流域,均未开展水资源综合利用规划,流域防洪规划也未进行,上述规划的缺失,一方面无法统筹安排城市发展的合理布局,一批重要的建设项目如苏旺纳普国际机场、工业园区等修建在行洪区或蓄滞洪区内,影响洪水出路,不仅增加了区域防洪负担,还增加了建设项目的防洪难度。另一方面无法根据水资源条件合理安排农业生产和工业建设,农业生产、工业建设同水资源条件不适应。例如,东部沿海地区属于相对干旱缺水的地区,众多工业企业的建设和发展进一步加重了缺水问题。

(2)管理体制不完善,法治建设不配套

从管理体制来看,泰国还没有建立统一的防洪抗旱指挥机构,也没有综合的流域管理机构。涉及防洪及水资源管理有关的国家级的部门有6个,此外还有1个办公室,1个自由机构;部门以下,还有多个下属机构,遇到紧急情况时,各机构间的整合效率较差,数据不统一,工作难以协作一致。

从法治建设来看,2007年泰国颁布的《防灾减灾法》发挥了很好的作用,但是对于防汛抗洪工作针对性还不够强,有关防汛决策指挥体系、防洪工程的规划建设、管理运用、洪灾补偿等缺乏相应的法律法规。针对泰国防汛抗洪工作的实际,应制定颁布专门的防洪法律法规,使防汛工作处处有法可依、事事有章可循。此外,泰国目前还没有一部全国性的水资源管理方面的法律。因此,为了更好地进行水资源管理,加强在水资源管理方面的执行力度、完善水资源分配机制,政府需考虑是否有必要起草一部全国性的水资源管理法律。

(3)工程体系不完善,已建水利工程未能充分发挥作用

从工程体系来看,泰国整体防洪抗旱能力相对较弱。例如,湄南河流域洪灾频发,但沿岸堤防工程防洪标准整体偏低,防洪能力不强;主要支流永河有建设大型水库的条件,但因此一直未能建设,以致该地区洪水干旱交替发生;中游地势低洼的地区,蓄滞洪区建设滞后;下游河道排泄能力不足,“卡口”现象突出等。东北部地区干旱问题严重,它的面积约占全国的1/3,但受干旱影响的面积却占全国相应面积的70%。然而,该地区多年平均降水量在1300～1400mm,水资源量相对较为丰富,但由于流域内缺乏足够的蓄水工程,灌区面积仅占农业耕地面积的10%,工程性缺水问题突出。

此外,已建水利工程未能充分发挥作用。湄南河流域建有普密蓬、诗丽吉等多座大型水库,这些水库调节库容大,可以有效地减缓湄南河流域洪水灾害,但为了保证灌溉,水库蓄水普遍较早,以致如2011年特大洪水来临时,水库发挥的防洪作用有限。因此应在尽量少影响水库现有灌溉能力的前提下,优化水库调度运行方式,增强水库水资源综合配置及防洪能力。

(4)工程建设与经济社会发展要求不协调

从国家第一个社会与经济发展规划到现在,泰国工业、农业、城市建设、交通运输等各方

面发展都十分迅速，但防洪抗旱工程建设相对滞后，不能满足经济社会发展需要，重点地区防洪能力也较低。如作为泰国政治经济中心的曼谷市城市防洪标准目前仅约为25年一遇，许多新建工业园区堤防标准仅为10年一遇，2011年洪水，曼谷部分城区、大城府的5个工业园以及巴吞他尼府的2个工业园均被洪水淹没，造成了重大经济损失。

5.3 湄南河防洪攻略

5.3.1 流域概况

5.3.1.1 自然地理及水系

湄南河在泰国又称为昭披耶河，发源于泰国与缅甸、老挝交界的北部山区，全长1352km，自北向南纵贯泰国北部和中部地区，于曼谷以南约50km流入泰国湾。流域介于98°10′～101°22′E和13°19′～19°45′N，形状呈现南北长、东西窄、北部宽、下部稍窄的特点。流域总集水面积16.04万km^2，约占泰国陆地总面积的31%（集水面积摘自2003年《重新测量泰国25个主要流域和支流流域集水面积的项目》，下同）。

湄南河流域地势北高南低，北部为山区，南部为平原。河源水系主要由四条自北向南的河流组成，由西向东分别为滨河、宛河、永河、难河，在那空沙旺附近汇合后始称湄南河。河源—那空沙旺为上游，集水面积约11.0万km^2，一般地面高程20～1200m；那空沙旺—入海口为下游，集水面积约5.04万km^2（含邦葛河集水面积），为广大的冲积平原区，一般地面高程0～20m，曼谷周边地区平均地面高程约2m。

滨河是湄南河最大的一条支流，发源于北部泰缅边境，集水面积约3.57万km^2，于班达附近纳入集水面积约1.08万km^2的宛河后，自西北向东南流至那空沙旺附近汇入湄南河。永河、难河发源于北部泰老边境，流域面积分别约2.46万km^2和3.44万km^2，两河于春盛附近汇合后，向南流至那空沙旺附近汇入湄南河。

湄南河自那空沙旺向南流约40km后，在猜纳附近分成两支，其中以东支为干流，仍称湄南河，西支则称塔金河，两条河均往南流入泰国湾。湄南河下游主要支流有西岸的沙格兰河和东岸的邦葛河，沙格兰河于乌泰他尼附近汇入湄南河，集水面积约0.47万km^2，邦葛河于大城府附近汇入湄南河，集水面积约1.62万km^2。湄南河流域下游平原区灌渠密布，为典型的平原河网地区。湄南河流域范围及水系见图5.3-1。

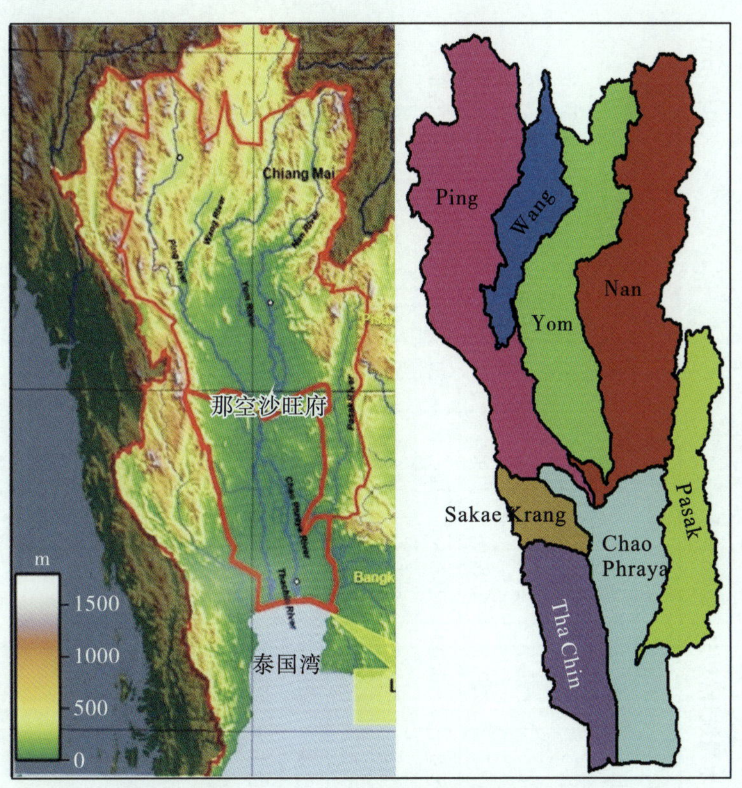

图 5.3-1　湄南河流域范围及水系

5.3.1.2　水文气象

湄南河处于热带湿润气候带，北部受亚洲季风影响，南部为海洋气候。一般 3—4 月为热季，5—10 月为雨季，月平均气温 22～28℃，日照时间较长，蒸发量较大。从降水量来看，流域内多年平均降水量 1160.9mm，其中难河流域最大，约 1288mm；塔金河流域最小，约 1046mm；从主要测站最大月降水量分析，北部上游测站最大月降水量为 591.9mm（8 月），北部下游测站最大月降水量则达到 723.9mm（9 月），中部测站最大月降水量为 445.2mm（9 月）。从降水时间分布来看，年内降水量约 88％发生在 5—10 月，降水量大且时间集中，经常导致河道宣泄不及，引发旱涝灾害；从降水空间分布来看，总体北部山区降水早于下游平原地区，永河、难河流域降水早于滨河、宛河流域。湄南河流域各支流区域多年平均降水量统计见表 5.3-1，湄南河流域各月多年平均降水量地区分布见图 5.3-2，湄南河流域各区各月降水量年内分布见图 5.3-3。

湄南河入海口潮汐以不规则全日潮为主，实测最高潮位 2.55m，实测最低潮位 －1.92m，最大潮差近 4m，平均潮差 2.6m。

表 5.3-1　湄南河流域各支流区域多年平均降水量统计(1952—2008 年)　(单位:mm)

流域	月均降水量												年均降水量
	1 月	2 月	3 月	4 月	5 月	6 月	7 月	8 月	9 月	10 月	11 月	12 月	
滨河	6.3	6.6	16.2	49	160.1	127	138.5	186.8	217.6	130.6	38.5	10.1	1087.3
宛河	5.5	6.9	19.8	58.3	166.9	123.2	130.6	181.7	216.8	115.6	29.0	6.9	1061.2
永河	5.9	8.6	23.3	59.8	177.2	142.9	160.7	220.3	238.0	119.5	23.2	5.1	1184.5
难河	6.5	13.2	30.1	69.9	179.6	165.5	188.2	246.0	247.8	104.4	20.3	5.1	1276.6
湄南河干流	6.3	13.8	26.8	60.6	146.7	129.4	138.3	160.6	256.4	164.4	32.0	5.5	1140.8
沙格兰河	7.3	16.5	36.7	64.5	159.2	135.5	136.0	168.5	266.1	168.4	37.3	3.8	1199.8
邦葛河	5.7	16.1	40.5	72.6	152.2	151.1	159.8	198.3	255.9	127.3	25.4	5.3	1210.2
塔金河	5.3	11.2	25.2	51.8	129.2	103.6	115.1	129.0	238.5	191.0	39.9	6.2	1046.0
流域平均	6.1	10.9	25.7	60.4	162.3	138.7	152.2	196.7	239.3	132.5	29.5	6.4	1160.7
上游地区	5.3	6.8	106.7	120.0	245.0	216.3	256.9	274.9	309.8	133.0	13.4	0.6	1688.7
下游地区	1.4	21.5	123.8	112.9	222.6	165.9	214.9	211.8	256.9	177.0	4.9	0.8	1514.4

数据来源:泰国国家水资源部 25 条河流的水资源管理计划的报告。

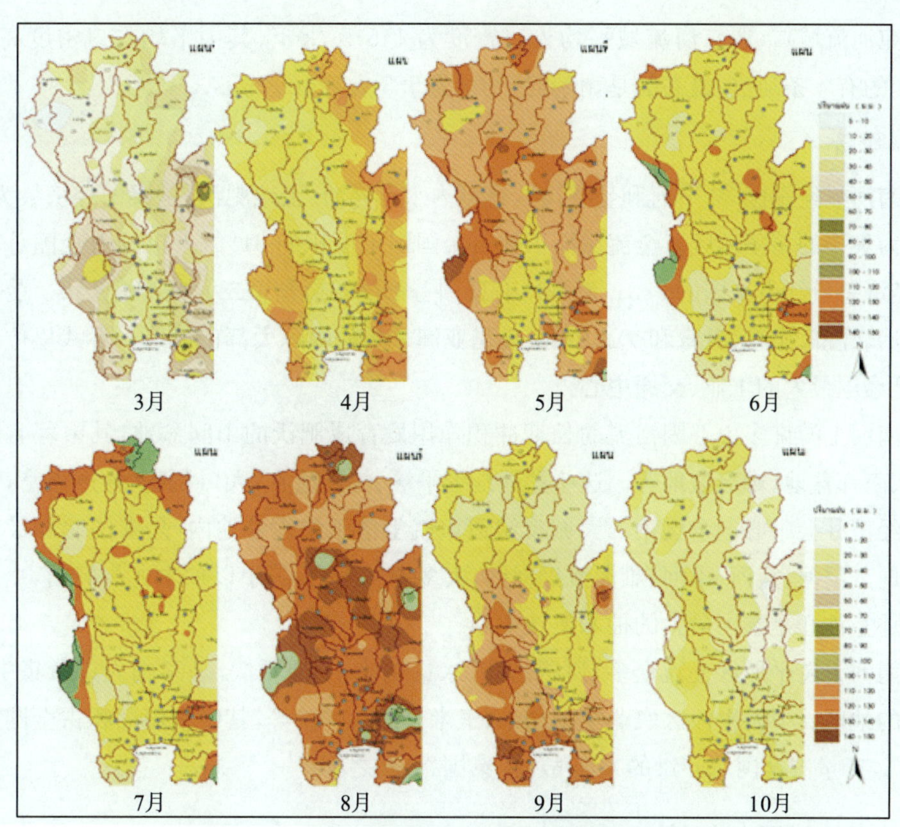

图 5.3-2 湄南河流域各月多年平均降水量地区分布

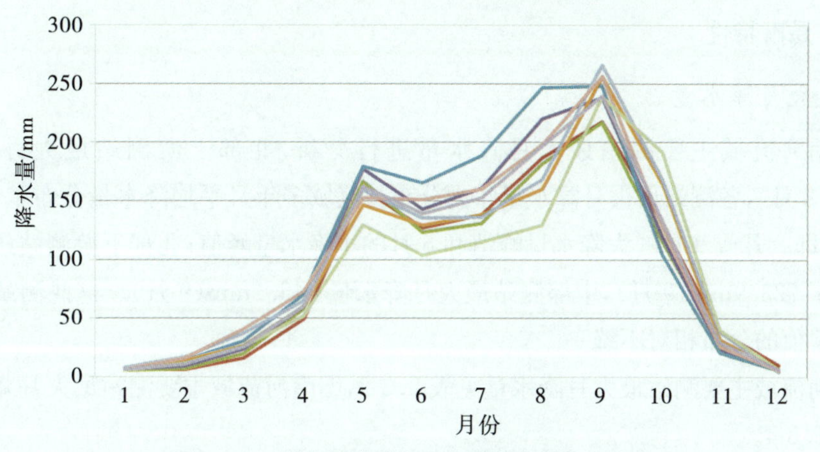

图 5.3-3 湄南河流域各区各月降水量年内分布

5.3.1.3 经济社会

(1)人口

至2010年,湄南河流域总人口为2305万人,约占泰国全国总人口的36%,8条主要河流中,湄南河干流区间人口最多为1138万人,约占流域总人口的49.4%,沙格兰河流域人口最少为51万人,约占流域总人口的2.2%,人口数量少于100万人的有两条支流(沙格兰河流域和宛河流域)。湄南河流域平均人口密度为145人/km²,其中平均人口密度高于100人/km²的有4条河流,最高的是湄南河干流,为555人/km²。

(2)经济

湄南河流经泰国30个府和曼谷市。流域内水量充沛、土地肥沃,是泰国经济最为发达、人口最为集中的精华地区。全流域面积约占泰国国土面积的31%,人口约占全国总人口的36%,经济总量约占全国的2/3。流域内有泰国首都曼谷市和第二大城市清迈市。曼谷市是全国政治、经济、文化、教育和交通中心,也是亚洲重要的国际大都市,曼谷、吞武里位于河口地区,是泰国最大的工业、交通中心。

湄南河上游许多山谷因河流的长期冲积作用发育成肥沃的山间盆地,其中著名的有清迈盆地、南邦盆地、难府盆地等。这些盆地地形平缓、气候适宜、人口稠密、物产丰富,是北部山区的经济社会中心。泰国第二大城市清迈市就坐落于清迈盆地内,是泰国北部最大的稻谷集散地。滨河、宛河、永河、难河流经地区,大多森林茂密,其中以柚木尤为突出,上游支流汇合的那空沙旺是泰国最大的柚木集散中心。

湄南河下游平原区支流众多、河网密布、水量充沛、土地肥沃,是泰国人口最集中、经济最发达的地区。下游平原区农业主产稻米、玉米、棉花、甘蔗等,其中稻田面积占全国稻田面积的1/2,产量占全国总产量的4/5,故有"泰国谷仓"之称。

5.3.2 洪水成因与特性

5.3.2.1 暴雨特性

(1)最大月降水量

对湄南河流域主要测站最大月降水量进行分析,北部上游测站最大月降水量为591.9mm(8月),各测站最大月降水量年内分布与流域多年月平均降水量分布基本类似,有两个峰值,即8月或9月的大降水量峰值和5月的小降水量峰值;北部下游测站最大月降水量则达到了723.9mm(9月),中部测站最大月降水量445.2mm(9月)。这些测站最大月降水量年内峰值的分布相对不统一。

湄南河流域主要测站最大月降水量见表5.3-2,湄南河流域主要测站最大月降水量年内分布见图5.3-4。

表5.3-2　湄南河流域主要测站最大月降水量　(单位:mm)

站名编号		1月	2月	3月	4月	5月	6月	7月	8月	9月	10月	11月	12月
北部上游测站	07751(P65)	55.6	62.0	99.0	298.3	507.0	203.2	343.8	340.0	419.0	175.3	91.4	65.2
	07801(P82)	19.5	1.7	94.3	115.7	464.1	209.2	279.8	345.5	430.4	282.9	86.4	27.6
	16330(W16a)	45.3	41.2	72.2	168.2	279.6	305.9	329.3	448.5	366.9	188.9	142.6	53.6
	40111(Y20)	90.4	88.4	145.1	181.6	419.8	292.4	385.8	591.9	383.2	182.6	150.8	114.4

续表

站名编号		1月	2月	3月	4月	5月	6月	7月	8月	9月	10月	11月	12月
北部下游测站	N8a	58.7	222.1	127.2	160.7	490.3	511.0	466.1	608.2	723.9	413.9	131.8	55.0
	Y6(59121)	54.2	71.9	123.2	144.5	496.5	415.8	362.7	436.0	442.5	336.4	134.7	54.6
	P7a(1216)	34.9	125.7	194.0	164.1	533.7	287.1	248.3	408.6	463.9	374.2	118.5	25.5
	S12(36141)	24.5	129.5	156.9	235.7	351.8	341.4	433.1	489.2	605.1	246.6	95.0	97.7
	N5a(39151)	34.4	95.8	191.8	230.7	423.6	310.7	470.7	491.3	454.4	345.1	169.5	80.5
	N60(70221)	51.0	50.6	128.0	158.0	450.5	321.3	260.7	364.1	379.7	247.1	135.7	95.6
中部测站	04361(C13)	64.7	57.6	181.9	273.7	380.9	218.5	345.6	346.8	445.2	425.0	194.9	41.5
	26301(C2)	26.4	69.3	123.5	165.1	270.0	335.1	293.3	194.4	280.3	329.6	14.3	36.9
	(C35)	3.2	55.1	102.4	347.3	379.5	192.4	140.4	147.7	430.9	202.3	84.9	27.2
	1941(S28)	25.3	129.6	221.0	378.5	360.2	236.3	165.9	259.0	435.6	372.6	94.8	22.5
最大值		90.4	222.1	221.0	378.5	533.7	511.0	470.7	608.2	723.9	425.0	194.9	114.4

资料来源：泰国皇家灌溉厅网站。

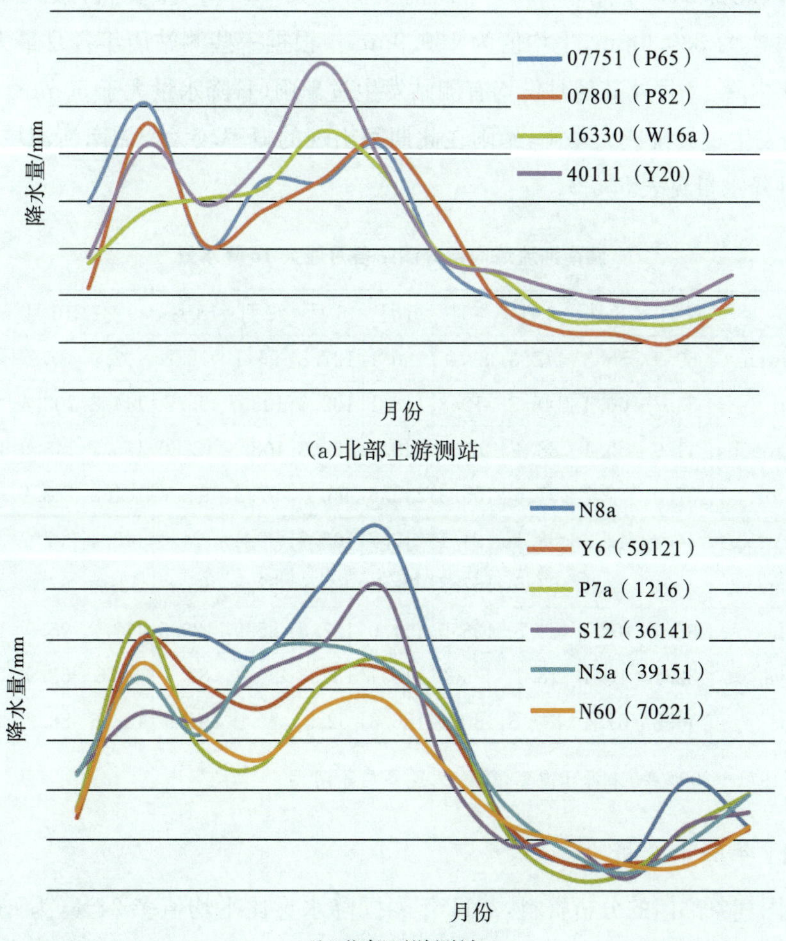

(a)北部上游测站

(b)北部下游测站

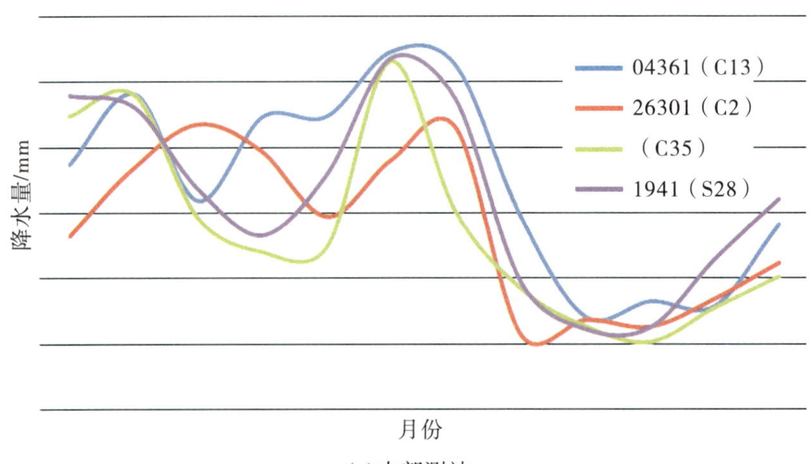

(c)中部测站

图 5.3-4 湄南河流域主要测站最大月降水量年内分布

(2)最大 1d 降水量

统计泰国北部 163 个测站 2006 年以前实测最大 1d 降水量资料，最大 1d 降水量为 388.5mm，其次为 380.6mm，平均值为 169.9mm。根据一些测站历年各月最大 1d 降水量统计成果，年内除 12 月外其他月份均有测站发生过暴雨(日降水量大于 50mm)，特别是 5—10 月各站均发生过暴雨或大暴雨，暴雨在此期间出现的概率较大。湄南河流域内部分测站各月最大 1d 降水量见表 5.3-3。

表 5.3-3 湄南河流域内部分测站各月最大 1d 降水量

站名	1 月	2 月	3 月	4 月	5 月	6 月	7 月	8 月	9 月	10 月	11 月	12 月
Nakhon Sawan	60.9	55.3	112.3	84.9	150.1	127.8	96.1	78.2	102.9	87.2	52.5	40.3
Lop Buri	33.7	66.4	148.3	110.3	113.1	102.8	103.7	95.7	144.8	203.4	97.2	27.4
Bangkok Metropolis	41.9	55.4	88.4	93.5	248.6	167.3	108.6	128.9	156.7	143.9	116.6	32.0
Bangkok Port	37.9	50.7	57.6	105.3	242.6	96.7	97.3	94.5	101.3	118.2	42.6	4.3
Don Muang Airport	34.3	42.2	58.1	121.1	210.7	106.7	99.4	124.0	148.4	207.7	56.1	45.0
Pathumnani	7.8	22.1	67.5	167.7	56.1	64.6	53.8	65.8	53.0	67.8	55.0	9.0
Tak Fa	36.5	102.0	74.5	133.0	101.0	127.8	85.9	129.5	119.2	95.9	100.0	21.7
Ayutthaya	22.1	10.4	18.1	56.2	116.1	138.3	96.4	82.5	80.6	63.9	19.0	3.4
Chainat	44.8	61.4	107.8	130.1	126.3	62.9	75.0	91.9	128.6	88.2	84.3	45.0

注：资料(1971—2000 年)来源于皇家灌溉厅、气象局等网站。

(3)2011 年降水分析

根据泰国气象部门的分析资料，2011 年泰国降水量比平均值多 24%，为 61 年中最大。湄南河上游区域 2011 年降水量达到了 1688.7mm，比 1970—2000 年的多年平均降水量多

470.9mm，最大月降水量 309.8mm(9 月)，比本月的多年平均降水量多 46%。下游区域年降水量 1514.4mm，比多年平均年降水量多 271.8mm(超过 22%)，最大月降水量 256.9mm(9 月)，比本月多年平均年降水量少 4.1mm。2011 年湄南河流域各月降水量见表 5.3-4、图 5.3-5。

表 5.3-4　　2011 年湄南河流域各月降水量

区域	月均降水量/mm												年降水量/mm
	1 月	2 月	3 月	4 月	5 月	6 月	7 月	8 月	9 月	10 月	11 月	12 月	
上游地区	5.3	6.8	106.7	120.0	245.0	216.3	256.9	274.9	309.8	133.0	13.4	0.6	1688.7
超出平均/%	−10	−40	334	76	41	43	43	22	46	8	−61	−93	39
下游地区	1.4	21.5	123.8	112.9	222.6	165.9	214.9	211.8	256.9	177	4.9	0.8	1514.4
超出平均/%	−77	73	305	51	39	20	41	15	−2	−2	−87	−85	22

资料来源：皇家灌溉厅、气象局等网站。

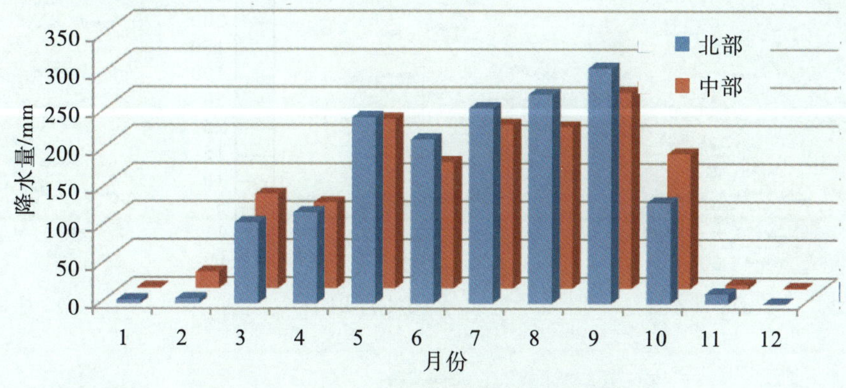

图 5.3-5　2011 年湄南河流域各月降水量分布

2011 年，湄南河流域出现了较异常的天气。3 月气温偏低，降水量较往年增加很多；5—10 月降水量较以往增大，特别是 7—9 月，上游区域降水量增加了约 37%。部分测站降水量很大(图 5.3-6)，一些雨量站的最大 1d 降水量超过了以往记录，年内也出现了多次区域平均日降水量很大的降水过程。2011 年湄南河流域典型日降水量等值线见图 5.3-7。

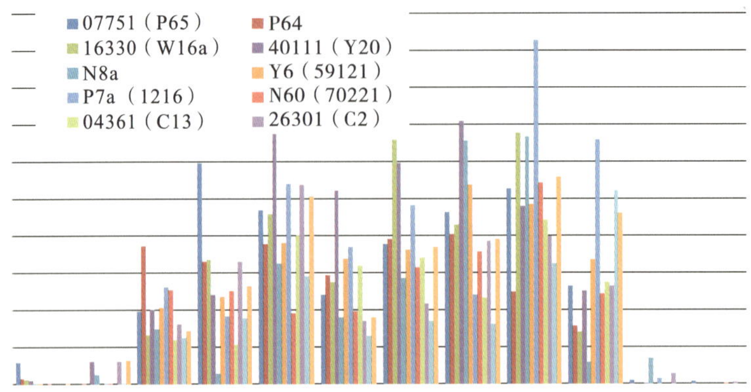

图 5.3-6 2011 年湄南河流域部分测站各月降水量分布

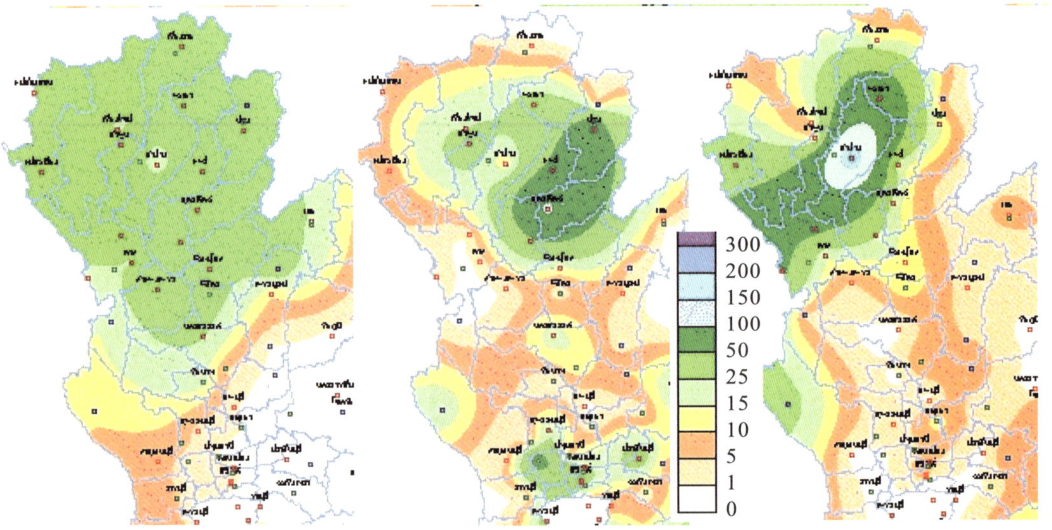

(a)3 月 6 日

(b)4 月 24 日

(c)5 月 9 日

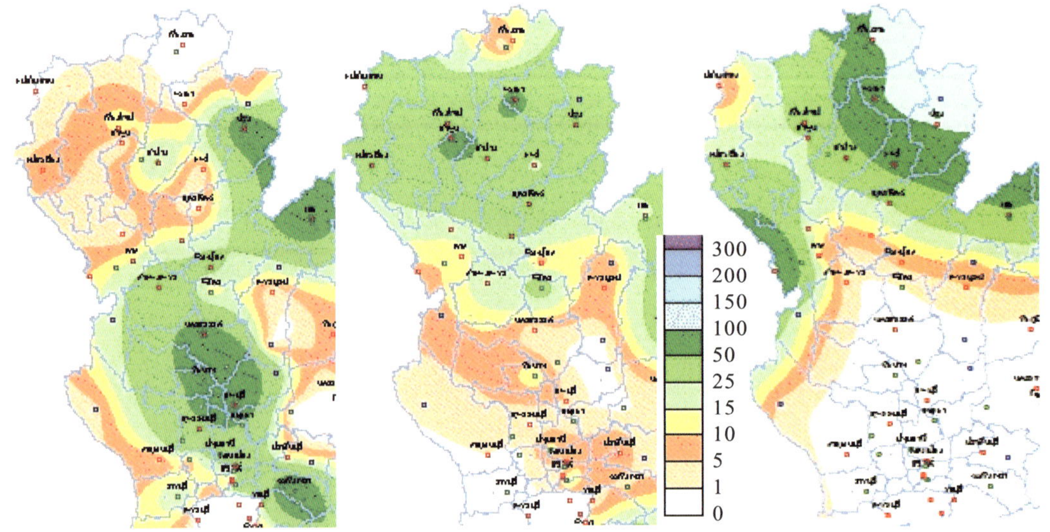

(d)5 月 25 日

(e)6 月 5 日

(f)6 月 25 日

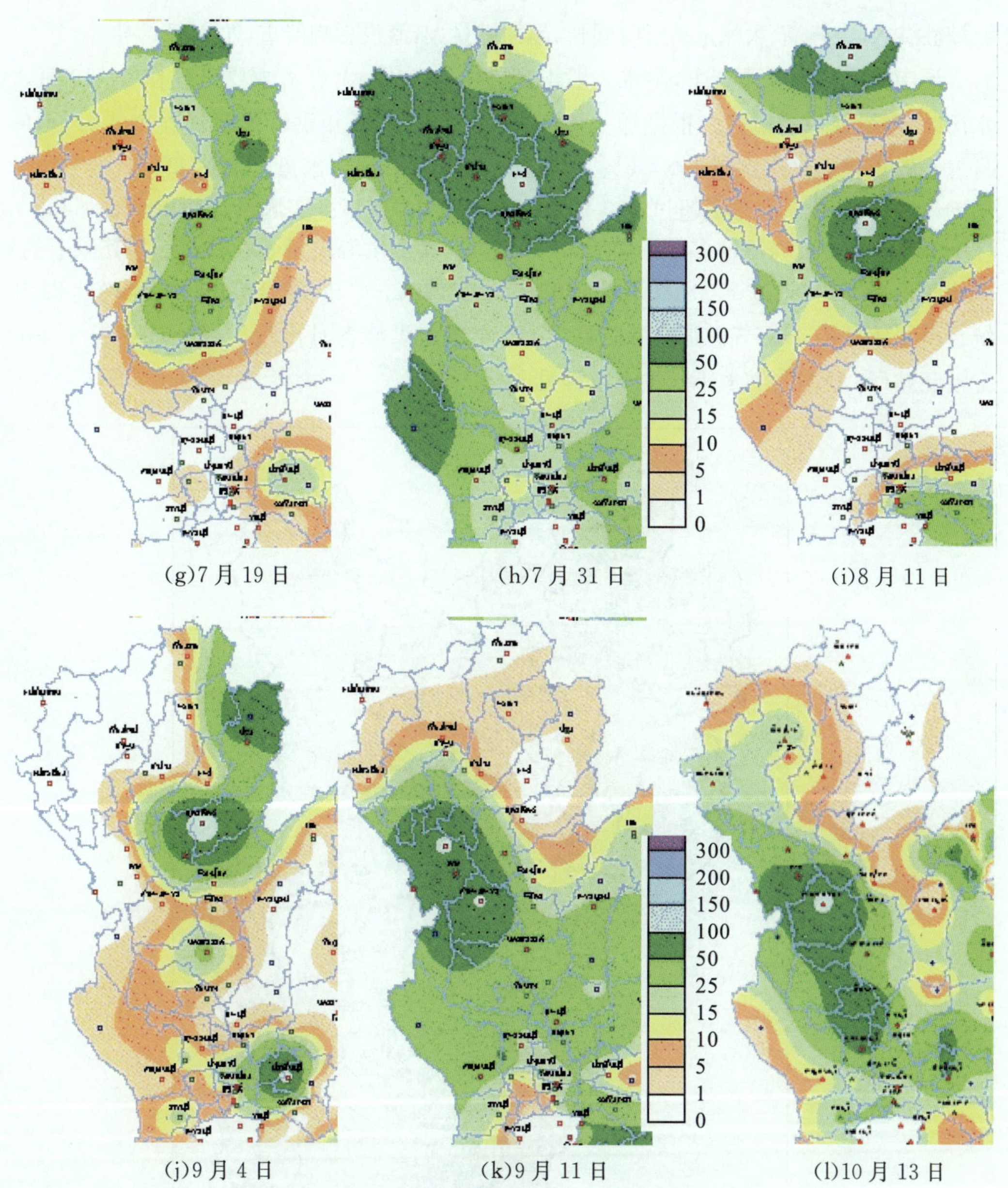

(g)7 月 19 日　(h)7 月 31 日　(i)8 月 11 日

(j)9 月 4 日　(k)9 月 11 日　(l)10 月 13 日

图 5.3-7　2011 年湄南河流域典型日降水量等值线

5.3.2.2　洪水特性分析

湄南河流域洪水按区域一般可分为两类:一类是区域性洪水,主要是局部地区降水形成,淹没影响范围小,以 1983 年洪水为典型;另一类是全流域性洪水,如 2011 年洪水,此类洪水主要是全流域降水形成,且各区域洪水易发生遭遇,形成中下游大洪水,淹没影响范围广,淹没时间长,在下游靠近河口河段,洪水有时还受到海潮顶托影响。

按洪水过程形态可分为尖瘦型洪水和肥胖型洪水。对于尖瘦型洪水,一般洪峰高,但大流量持续时间不长,超额洪量较小,淹没影响较小,1995 年洪水基本属于此类型洪水;对于肥胖型流域性洪水，洪峰高、大流量持续时间长、超额洪量大，淹没影响严重，如2011年洪水。

湄南河洪水由暴雨产生，洪水一般出现在5—10月，大洪水主要出现在9—10月，大洪水历时较长，淹没影响大。根据那空沙旺站（图5.3-8）56年洪峰流量资料初步分析，9—10月发生的年最大洪水次数占87.5%，9月、10月多年平均来水量分别达39.87亿m^3、52.79亿m^3。9—10月来水总量超过100亿m^3的年份达22年。实测最大洪峰流量5450 m^3/s（2006年），最大洪峰流量多年平均值2520m^3/s。实测洪峰流量4000 m^3/s及其以上的较大洪水年份有8年，超过3000 m^3/s的年份有14年，在2500 m^3/s及其以上的年份达25年，占统计洪水年数的44.6%。那空沙旺站（C.2）年最大洪峰各月出现次数统计见表5.3-5。那空沙旺站（C.2）主要洪水年份洪水过程见图5.3-9。

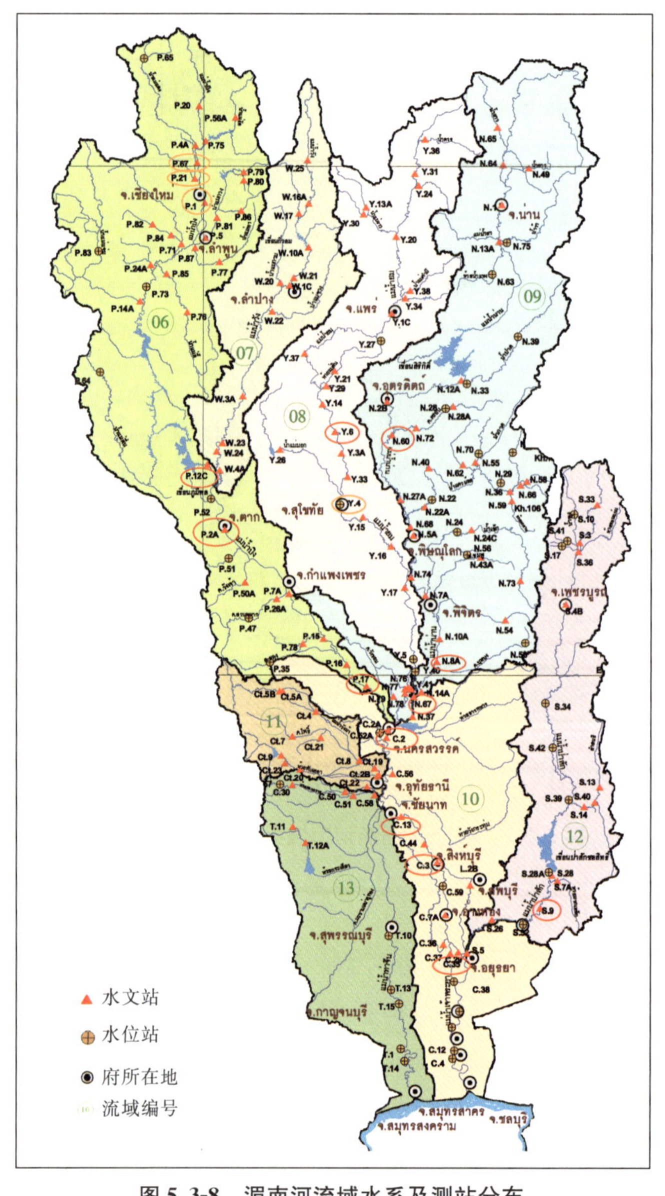

图5.3-8　湄南河流域水系及测站分布

表 5.3-5　　那空沙旺站(C.2)年最大洪峰各月出现次数统计

月份	5 月	6 月	7 月	8 月	9 月	10 月	11 月	合计
次数	1	1	0	1	10	39	4	56

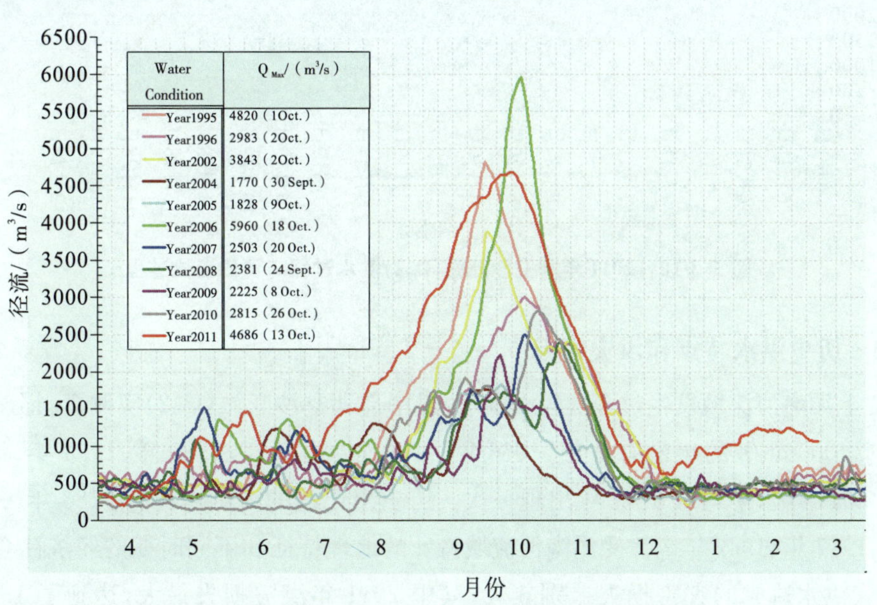

图 5.3-9　那空沙旺站(C.2)主要洪水年份洪水过程

2011 年大洪水有以下特点：

1)洪峰高、洪量大,2011 年那空沙旺站(C.2)实测洪峰流量 4686m³/s,仅次于 2006 年和 1995 年洪峰流量;最大 30d、60d、90d、120d 洪量分别为 117 亿 m³、208 亿 m³、275 亿 m³、322 亿 m³,除 30d 洪量外,其他时段洪量均为历史实测最大值。

2))洪水峰型胖、持续时间长,从那空沙旺站(C.2)实测洪水过程分析,2011 年 4 月开始发生洪水,大洪水过程从 6 月底 7 月初开始起涨,至 11 月底消退,历时达 5 个月以上。2011 年洪水过程基本包括了以往多次大洪水的涨落过程,为历史上有实测资料以来所罕见的大洪水。

3)洪水与河口高潮位遭遇,泰国湾的天文大潮一般出现在每年的 9 月、10 月,2011 年洪水的洪峰过程恰与泰国湾的天文大潮遭遇,导致湄南河洪水位居高不下。2011 年那空沙旺站(C.2)洪水过程与河口潮位过程见图 5.3-10。另外,上游洪水与下游洪水遭遇也是 2011 年大洪水特点之一。

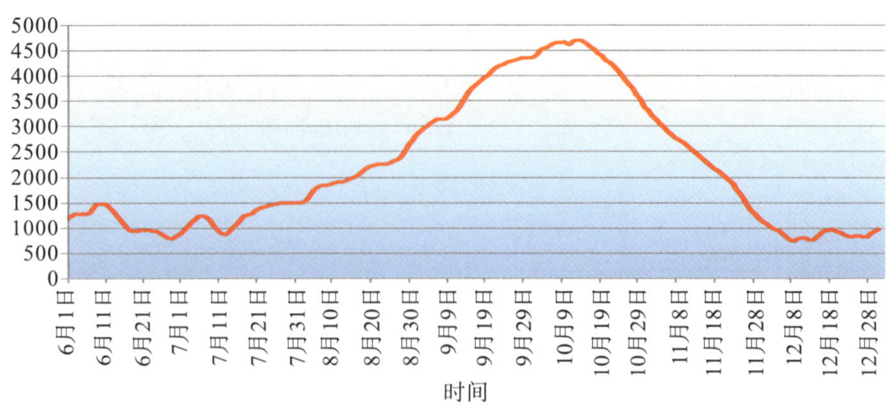

图 5.3-10　2011 年那空沙旺站(C.2)洪水过程与河口潮位过程

5.3.2.3　历史洪水特点和洪灾成因

历史上湄南河流域发生过多次较大洪水，以中部那空沙旺站(C.2)实测资料分析，洪峰流量超过 4000m³/s 的年份有 8 年(1966 年、1970 年、1975 年、1980 年、1995 年、2002 年、2006 年、2011 年)，平均每 6～7 年出现一次。历史上记载的大洪水还有 1785 年、1819 年、1831 年、1917 年、1942 年等。受湄南河流域特殊的地理特征和不同时期的经济社会情况影响，每场大洪水造成的灾害损失差别较大，其中 2011 年洪灾损失最大，达到了 1.42 万亿泰铢。

(1)历史大洪水特点

1)1942 年洪水。

1942 年洪水为记载的 20 世纪大洪水，洪水持续 2 个月(图 5.3-11)，在湄南河下游的纪念大桥附近水位为 2.27m(MSL)，在那空沙旺站(C.2)水位估计比 1995 年水位高 1.5m。

图 5.3-11　1942 年曼谷地区受淹情况

2)1978 年洪水。

1978 年 10 月洪水主要发生在上游滨河、宛河、永河、难河、邦葛河流域，并在下游湄南河形成较大洪水。那空沙旺站(C.2)和猜纳站(C.13)，最大洪峰流量分别为 3500m³/s 和 3800m³/s。洪水淹没了猜纳和大城府之间的洪泛区，到达红统时洪峰流量减小到 2900m³/s。

3)1980年洪水。

1980年洪水主要是由部分区域暴雨所致，在那空沙旺站(C.2)和猜纳站(C.13)的洪峰流量分别为4400m³/s和3800m³/s。洪水主要淹没了猜纳和大城府之间的湄南河两岸低洼地区，沿岸的部分城镇也受到了影响。

4)1983年洪水。

1983年洪水给曼谷造成了相当大的损失。9—11月在上游发生了特大暴雨，10—11月猜纳河段的流量为3400m³/s。在湄南河下游，8月降水量已达到434mm，并产生了区域洪水，9—11月降水量又达到405mm，导致下游地区出现了大洪水，曼谷市11月纪念大桥处的水位达到了2.04m，曼谷市及其周围地区大面积受淹(图5.3-12)。

图5.3-12 湄南河流域1983年受淹图片和淹没影响

5)1995年洪水。

1995年7月末至9月初，受热带风暴影响，湄南河中上游发生了多场暴雨(图5.3-13)，在难河和邦葛河流域降水量分别达到了450mm和345mm。9月下旬至10月上旬，那空沙旺站(C.2)出现持续十几天的大洪水过程，洪峰流量达4820 m³/s。在猜纳河段，洪峰流量为4500 m³/s，由于猜纳和大城府之间部分洪水分流到稻田，左岸河堤遭到破坏，因此在红统的洪峰流量减小2770 m³/s。另外，上游诗丽吉水库对减小下游洪水也发挥了重要作用。尽管此次洪水对永河、难河流域的帕府、素可泰、彭世洛府、披集、那空沙旺等省份造成了大范围的淹没，但对曼谷地区的影响相对较小(图5.3-14)。

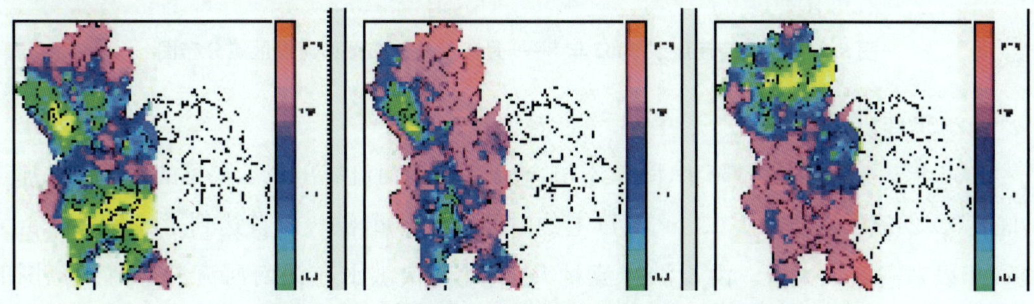

图5.3-13 1995年7—9月湄南河流域降水量分布

图 5.3-14　1995 年湄南河流域洪水淹没影响

6)2002 年洪水。

2002 年大洪水发生在 8—10 月，8 月、9 月降水量很大，暴雨主要出现在中上游地区(图 5.3-15)。那空沙旺站(C.2)超过 3000 m^3/s 流量持续了 20 多天，洪峰流量 4000 m^3/s。信武里站(C.3)的洪峰流量 3940 m^3/s，2002 年 8—9 月湄南河流域降水量分布图和淹没区域分布图见图 5.3-15。在此次洪水期间，普密蓬水库发挥了重要作用。

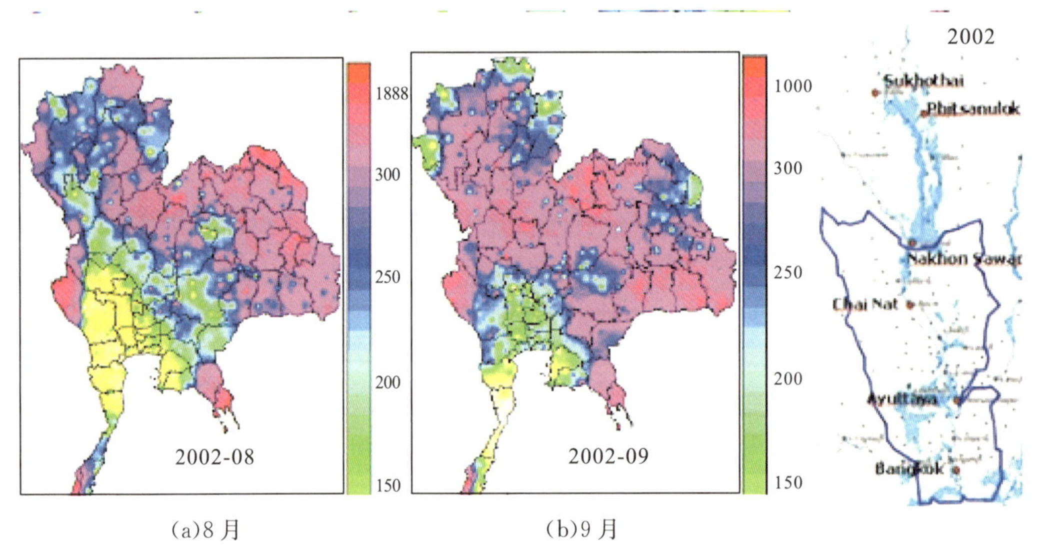

(a)8 月　　(b)9 月

图 5.3-15　湄南河流域 2002 年 8—9 月降水量分布图和淹没区域分布图

7)2006 年洪水。

2006 年 7—9 月的大量降水(图 5.3-16)造成了湄南河流域出现了罕见的大洪水。那空沙旺站(C.2)流量持续在 4000 m^3/s 以上的时间长达 30d，洪峰流量达到了 5451 m^3/s，为 1956 年以来实测最大值。由于洪峰流量大，因此此次洪水在湄南河流域造成大范围的淹没。

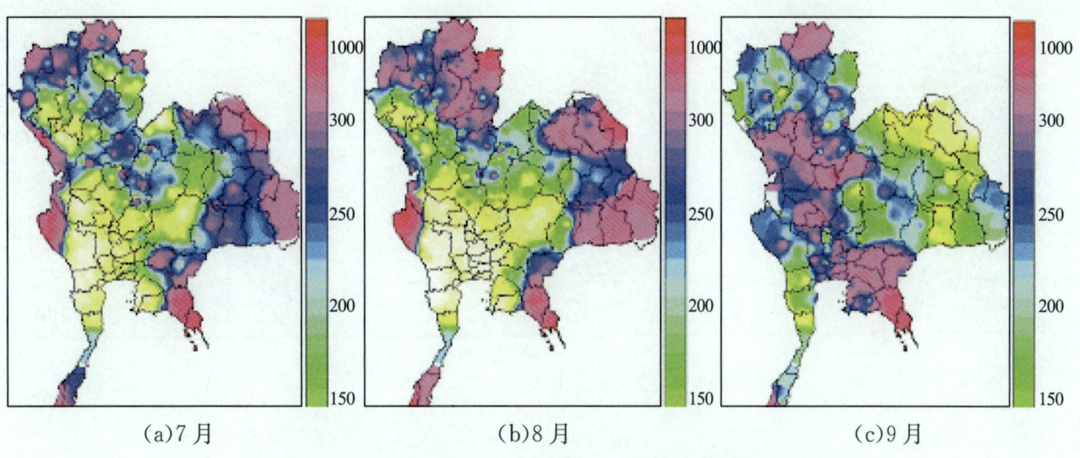

(a)7 月　　(b)8 月　　(c)9 月

图 5.3-16　2006 年 7—9 月湄南河流域降水量分布图

8)2011 年洪水。

2011 年,东南亚地区气候较异常,雨季提前,雨量很大。湄南河流域 5—10 月降水量达 1435.9mm,是同期多年平均降水量的 1.35 倍(图 5.3-17),因此造成了湄南河流域长时间的大洪水。那空沙旺站(C.2)实测洪峰流量为 4686m^3/s,仅次于 2006 年和 1995 年洪峰流量,最大 60d、90d、120d 洪量均为历史实测最大值。大洪水从 6 月底 7 月初开始起涨,至 11 月底消退,历时达 5 个月以上。再加上海潮顶托影响,使得下游曼谷地区最高水位达 2.30m,造成洪水泛滥淹没了湄南河下游广大地区,损失极其严重。2011 年湄南河流域淹没范围见图 5.3-18,2011 年局部地方受淹没情况见图 5.3-19。

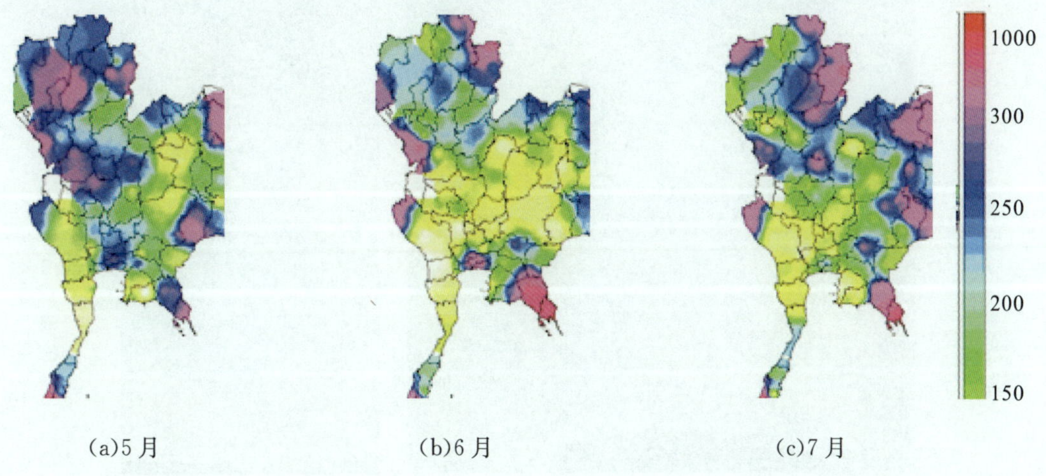

(a)5 月　　(b)6 月　　(c)7 月

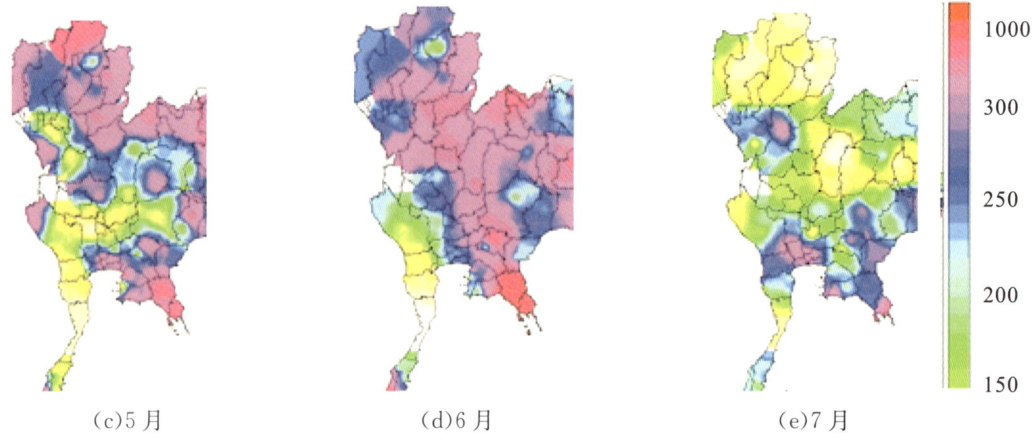

(c)5 月　(d)6 月　(e)7 月

图 5.3-17　2011 年湄南河流域各月降水量分布

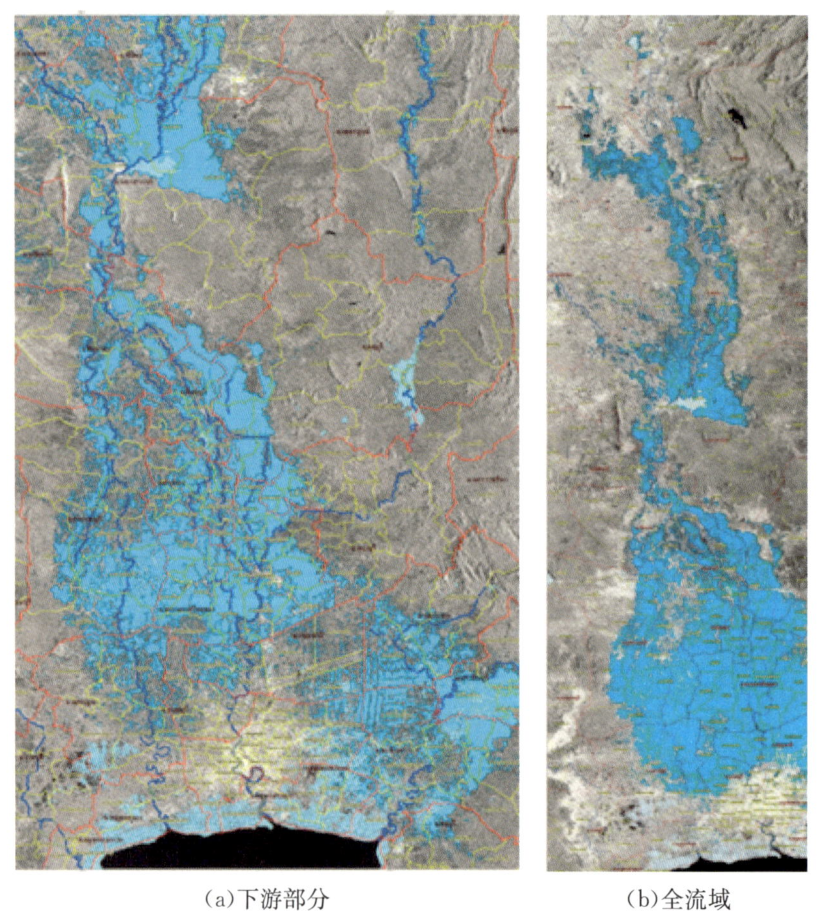

(a)下游部分　(b)全流域

图 5.3-18　2011 年湄南河流域淹没范围

(a)工业园区

(b)曼谷湄南河边

(c)交通道路桥梁

(d)城镇农村

图 5.3-19　2011 年局部地方受洪水淹没情况

分析上述 8 场典型洪水，反映出湄南河流域的洪水洪灾特性。

①频繁发生。

受季风、热带风暴和极端气候事件影响，湄南河流域洪灾发生的频率高，近 40 年来，流域内较大洪水平均每 6～7 年出现一次。如 1966 年、1970 年、1975 年、1980 年、1995 年、1996 年、2002 年、2006 年、2011 年洪水。

②季节性明显。

湄南河流域洪水由暴雨产生，洪水一般出现在 5—10 月，大洪水主要出现在 9—10 月，年内呈现很强的季节性。

③地域性强、洪灾损失大。

湄南河流域的洪灾多发生在永河、难河下游地区以及湄南河中下游平原区，呈现很强的地域性。中下游平原区人口集中、经济发达,一旦发生洪水,造成的损失大。

湄南河流域洪水一般可分为区域性和全流域性洪水。区域性洪水主要是局部地区降水形成,淹没影响范围小,以 1983 年洪水为典型;全流域性洪水主要是全流域降水形成,且各区域洪水易发生遭遇,形成中下游大洪水,淹没影响范围广,淹没时间长,在下游靠近河口河段,洪水有时还受到海潮顶托影响,如 2011 年洪水。

洪水按过程形态可分为尖瘦型流域性洪水和肥胖型流域性洪水。对于尖瘦型流域性洪水,一般洪峰高,但大流量持续时间不长,超额洪量较小,淹没影响较小,1995 年洪水基本属于此类型洪水;对于肥胖型流域性洪水,洪峰高,大流量持续时间长,超额洪量大,淹没影响严重,如 2011 年洪水。

(2)洪灾原因

湄南河流域洪水频发的原因有多方面,季风影响、雨季降水集中、降水量大是最直接的原因;地形地貌、海潮顶托也是造成湄南河流域洪水的重要自然因素。此外,侵占行洪通道、管理措施不到位、破坏环境等人为因素也加剧了洪水影响。

1)降水量大且时间集中:湄南河流域地处南亚热带季风气候区,受东南季风、西南季风影响,多年平均降水量达 1161mm,其中 5—10 月降水量接近全年降水量的 88%,8—9 月两个月则占到全年的 1/3 以上。降水量大且时间集中,洪水来不及宣泄,是引发洪灾的最直接原因。

2)地形地貌有利于洪水向下游汇集而不利于排泄入海:湄南河流域地势整体上为北高南低,特别是北部地区,山高坡陡,非常有利于洪水向下游汇集;而流域中下游地势平坦(那空沙旺附近海拔约 20m,曼谷地区海拔在 2m 左右),水流坡降很小,洪水在下游地区行进缓慢,入海排泄不畅,洪水易漫溢泛滥。

3)海潮顶托:由于湄南河三角洲整体地势低,水流缓慢,如果洪水期遇到泰国湾高潮顶托,洪水排泄会更加不畅(如 2011 年洪水),河水漫溢成灾。

4)现有河道的行洪能力不足、"卡口"现象突出,流域蓄滞洪水区域少,水库防洪能力未能充分发挥,这些也是造成洪灾的直接因素。

5)除了上述自然因素外,人为因素也加剧了洪灾影响。例如,随着经济社会发展,原有天然河道和大洪水期的排洪通道被侵占而影响洪水宣泄;对森林资源和绿地的破坏而影响自然的调蓄能力;还有缺乏流域防洪统一规划、洪水灾害的管理和预防措施不到位,以及对防御大洪水的意识不足等加大洪灾损失和影响。

(3)2011 年洪灾原因简析

2011 年湄南河流域洪灾也是由自然因素和人为因素共同影响的结果。

1)降水量大。2011 年东南亚地区气候异常,3 月湄南河流域即出现了大雨或暴雨,其中 3 月降水量比以往同期多出 3 倍以上,汛期其他各月降水量均超过以往平均降水量,全年降水量达到 1688.7mm 和 1514.4mm。

2)洪水流量大,超过了河道现有行洪能力,时段洪量大延长了淹没时间。流域上游滨河在有普密蓬水库调蓄的情况下实测洪峰流量 2340m^3/s,永河中部实测最大流量达 2390m^3/s,难河中部在诗丽吉水库调节影响下的最大流量 1490m^3/s,永河和难河下游洪水流量超出河道泄流能力。那空沙旺站的 60d、90d、120d 洪量分别达到了 208 亿 m^3、275 亿 m^3、322 亿 m^3,为实测最大。

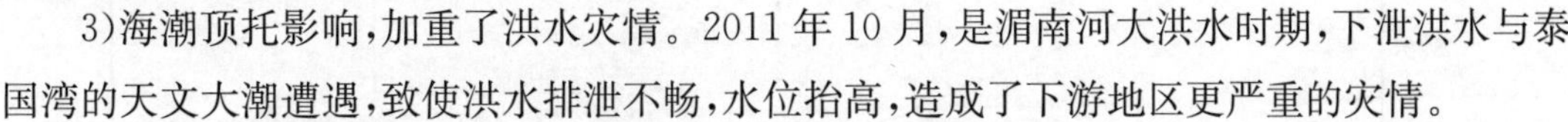

3)海潮顶托影响,加重了洪水灾情。2011 年 10 月,是湄南河大洪水时期,下泄洪水与泰国湾的天文大潮遭遇,致使洪水排泄不畅,水位抬高,造成了下游地区更严重的灾情。

4)对天气信息掌握不足,预测预报信息有一些差距,对洪水的人为调控能力不足,河道堤防抗洪能力低,对预防大洪灾的意识不足、准备不充分等,也是 2011 年洪灾损失较大的原因。

5.3.2.4　湄南河主要控制站点洪水分析

(1)那空沙旺站洪水分析

那空沙旺站是湄南河上游滨河和难河汇合后的控制性水文站,该站控制流域面积 109973km^2,占全流域的 68.6%。本次根据 1956—2011 年那空沙旺站实测洪水系列资料,对其实测洪水系列频率进行了计算分析。同时,根据上游支流水文站的实测洪水资料以及普密蓬水库、诗丽吉水库的入库出库流量资料,对实测洪水系列进行了水量还原计算,并对还原洪水系列频率进行了计算分析。在此基础上分析了几场典型大洪水的重现期。

考虑到那空沙旺站 1964 年以来受普密蓬水库调蓄影响,1971 年开始受诗丽吉水库调蓄影响,对实测资料分长短两个系列(1956—2011 年、1971—2011 年)进行频率分析计算,水量还原计算以 8—11 月、7—11 月、全年 3 个时段进行。每个计算方案均采用 P-Ⅲ理论曲线(图 5.3-20)和耿贝尔分布曲线(图 5.3-21)2 种方法进行分析计算和成果对比。

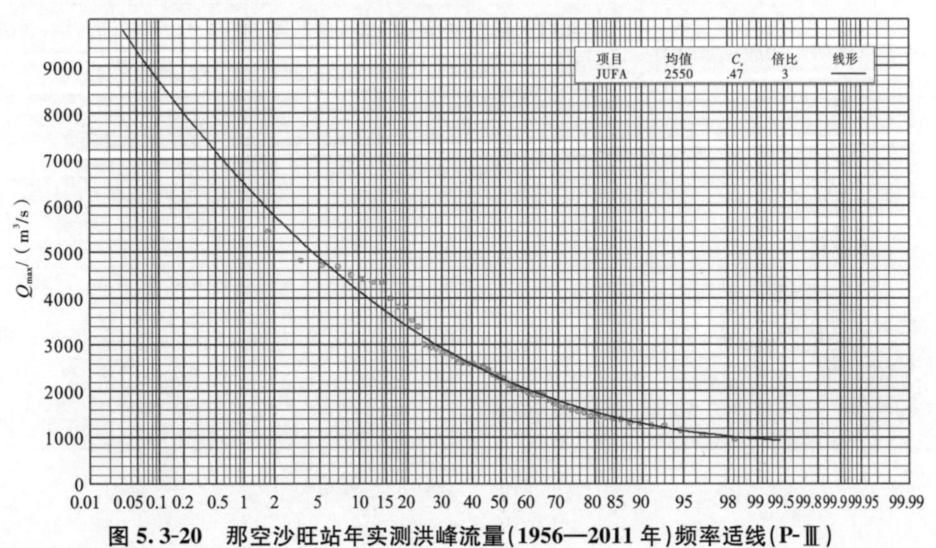

图 5.3-20　那空沙旺站年实测洪峰流量(1956—2011 年)频率适线(P-Ⅲ)

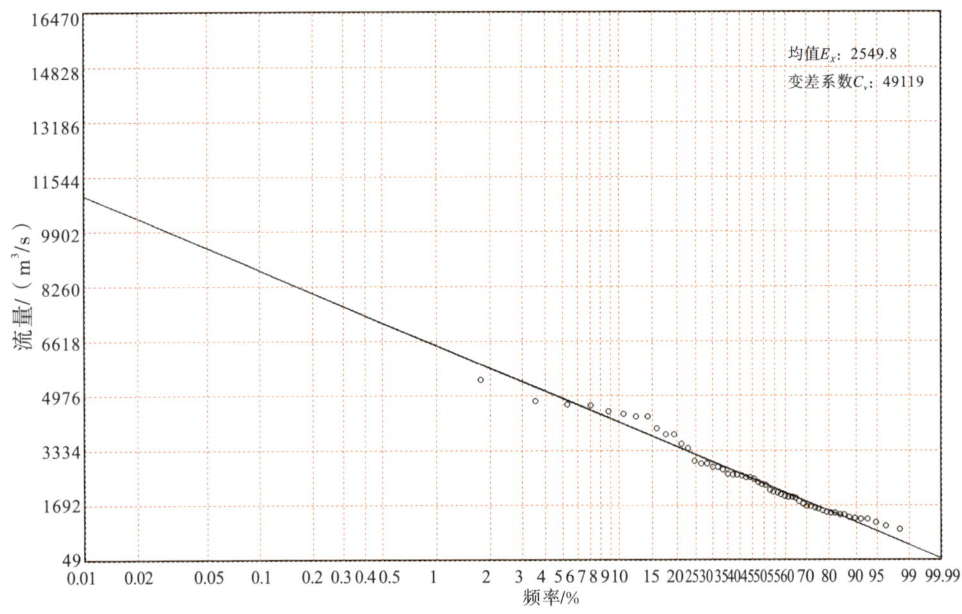

图 5.3-21　那空沙旺站年实测洪峰流量(1956—2011 年)频率适线(耿贝尔)

那空沙旺站洪水分析方案见表 5.3-6,实测年最大洪峰流量频率计算成果见表 5.3-7,实测洪水水量频率计算成果见表 5.3-8 至表 5.3-10,还原洪水水量频率计算成果见表 5.3-11。

表 5.3-6　　那空沙旺站洪水分析方案

项目	计算时段及系列		
	8—11 月	7—11 月	全年
实测洪水系列频率及相应洪量计算	1956—2011 年系列		
	1971—2011 年系列		
还原洪水系列频率及相应洪量计算	1956—2011 年系列		
大洪水重现期及相应洪量计算	选取的典型年有:2011 年,2006 年,2002 年,1995 年,1983 年,1975 年,1961 年,1942 年		

表 5.3-7　　那空沙旺站实测年最大洪峰流量频率计算成果

频率/%		0.5	1	2	5	10	20	50	备注
重现期/a		200	100	50	20	10	5	2	
1956—2011 年	P-Ⅲ/(m³/s)	7150	6480	5800	4870	4150	3390	2280	
	耿贝尔/(m³/s)	7160	6480	5800	4890	4180	3450	2340	推荐
1971—2011 年	P-Ⅲ/(m³/s)	7030	6340	5210	4670	3930	3480	2690	
	耿贝尔/(m³/s)	6980	6300	5610	4700	4410	3990	2150	推荐

表 5.3-8　　那空沙旺站 8—11 月实测洪水水量频率计算成果

频率/%		0.5	1	2	5	10	20	50	备注
重现期/a		200	100	50	20	10	5	2	
1956—2011 年	P-Ⅲ/亿 m^3	380	347	314	269	232	193	133	
	耿贝尔/亿 m^3	397	360	322	273	235	195	135	推荐
1971—2011 年	P-Ⅲ/亿 m^3	394	357	321	270	230	188	124	
	耿贝尔/亿 m^3	391	353	316	265	227	186	125	推荐

表 5.3-9　　那空沙旺站 7—11 月实测洪水水量频率计算成果

频率/%		0.5	1	2	5	10	20	50	备注
重现期/a		200	100	50	20	10	5	2	
1956—2011 年	P-Ⅲ/亿 m^3	420	385	348	298	257	214	147	
	耿贝尔/亿 m^3	426	387	348	295	255	213	149	推荐
1971—2011 年	P-Ⅲ/亿 m^3	428	389	350	295	252	206	136	
	耿贝尔/亿 m^3	422	383	342	289	248	204	139	推荐

表 5.3-10　　那空沙旺站实测年(4 月至次年 3 月)洪水水量频率计算成果

频率/%		0.5	1	2	5	10	20	50	备注
重现期/a		200	100	50	20	10	5	2	
1956—2011 年	P-Ⅲ/亿 m^3	576	526	476	407	353	296	212	
	耿贝尔/亿 m^3	556	508	461	397	348	297	220	推荐
1971—2011 年	P-Ⅲ/亿 m^3	609	555	499	424	365	304	214	
	耿贝尔/亿 m^3	585	534	482	414	361	305	222	推荐

表 5.3-11　　那空沙旺站来洪水水量还原系列频率计算成果

频率/%		0.5	1	2	5	10	20	50	备注
重现期/a		200	100	50	20	10	5	2	
8—11 月	P-Ⅲ/亿 m^3	470	432	392	337	293	246	172	
	耿贝尔/亿 m^3	482	439	395	336	291	244	173	推荐
7—11 月	P-Ⅲ/亿 m^3	525	481	436	374	324	271	188	
	耿贝尔/亿 m^3	533	484	436	371	321	268	190	推荐
年(4 月至次年 3 月)	P-Ⅲ/亿 m^3	600	549	498	427	370	309	215	
	耿贝尔/亿 m^3	604	549	494	421	364	305	216	推荐

选择那空沙旺站为代表站对主要几场典型洪水的重现期进行了分析。那空沙旺站几场典型洪水实测日流量过程线见图 5.3-22。几场典型洪水实测洪峰及各时段洪量重现期分析统计见表 5.3-12，典型洪水还原的各时段洪量重现期分析结果见表 5.3-13。从计算成果初

步分析，2011 年洪水的实测洪峰流量为 15～20 年一遇，8—11 月洪量和 7—11 月洪量都在 55～65 年一遇，实测年来水量达到了 90～120 年一遇。初步还原后的 2011 年 8—11 月、7—11 月和全年水量分别在 40 年一遇、60 年一遇和 100 年一遇左右。2006 年洪水的洪峰流量 35～45 年一遇，较长时段洪量(8—11 月、7—11 月、全年)都在 20～25 年一遇。

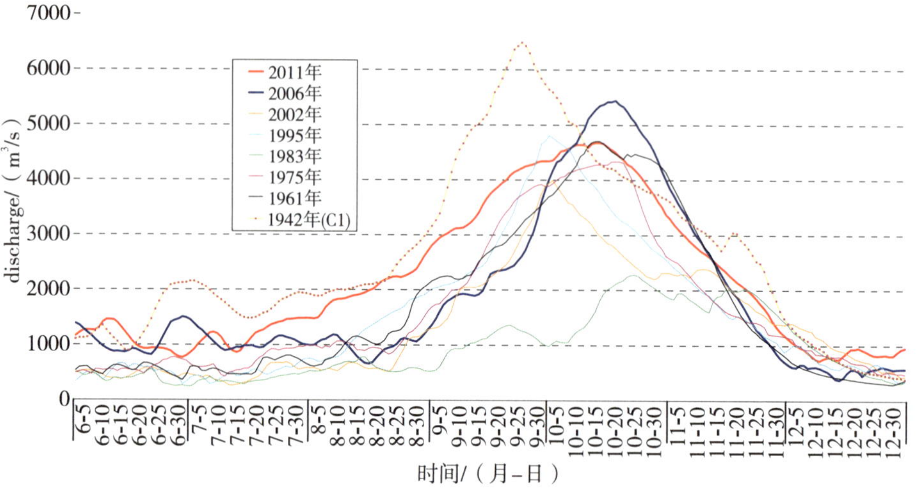

图 5.3-22 那空沙旺站几场典型洪水实测日流量过程线

表 5.3-12 几场典型洪水实测洪峰及各时段洪量重现期分析统计

年份		2011 年	2006 年	2002 年	1995 年	1983 年	1975 年	1961 年	1942 年
洪峰流量	流量/(m^3/s)	4686	5451	3997	4820	2290	4355	4712	6500
	1956—2011 年	15	35	8	20	2	12	17	100
	1971—2011 年	20	45	10	23	2	15	20	120
8—11 月来水量	水量/亿 m^3	324.30	272.05	211.24	251.93	137.602	251.55	273.88	385.63
	1956—2011 年	55	20	7	15	2	15	20	160
	1971—2011 年	60	25	10	15	2	15	25	180
7—11 月来水量	水量/亿 m^3	356.56	300.79	223.95	265.34	147.77	270.84	290.27	433.77
	1956—2011 年	60	20	6	12	2	15	20	250
	1971—2011 年	65	25	7	13	2	15	20	250
年来水量	水量/亿 m^3	529.54	407.19	330.63	362.07	239.962	369.06	333.69	519.47
	1956—2011 年	120	25	8	13	3	13	10	110
	1971—2011 年	90	20	7	10	2	10	7	80

表 5.3-13　　典型洪水还原的各时段洪量重现期分析结果

年份		2011 年	2006 年	2002 年	1995 年	1983 年	1975 年	1961 年	1942 年
8—11 月	水量/亿 m^3	375.74	352.71	287.06	328.19	147.08	315.26	273.88	385.63
来水量	1956—2011 年	40	25	5	18	2	15	8	43
7—11 月	水量/亿 m^3	447.27	390.55	300.93	349.14	156.67	339.09	290.28	433.77
来水量	1956—2011 年	60	25	8	15	2	13	7	50
年来	水量/亿 m^3	551.24	397.18	347.36	369.86	182.08	386.07	333.70	519.47
水量	1956—2011 年	100	15	8	10	2	13	7	65

(2)清迈站设计洪水分析

清迈是泰国的第二大城市，位于滨河上游干流河畔。由于河道过流能力低，天然来水洪峰流量大，易发生洪水灾害，是防洪规划的重点地区之一。清迈附近的水文站有城区下游滨河干流上 P. 1 水文站，城区上游干流有 P. 67 水文站，上游右岸支流上有 P. 21 水文站。

受 P. 1 水文站的洪峰流量受到清迈城区河道过流能力等因素影响，大洪水时洪峰流量偏小，不能完全反映上游洪水情况。综合 3 个水文站的洪水资料系列分析清迈城区的设计洪水。3 个水文站的年最大洪峰流量过程线见图 5. 3-23。

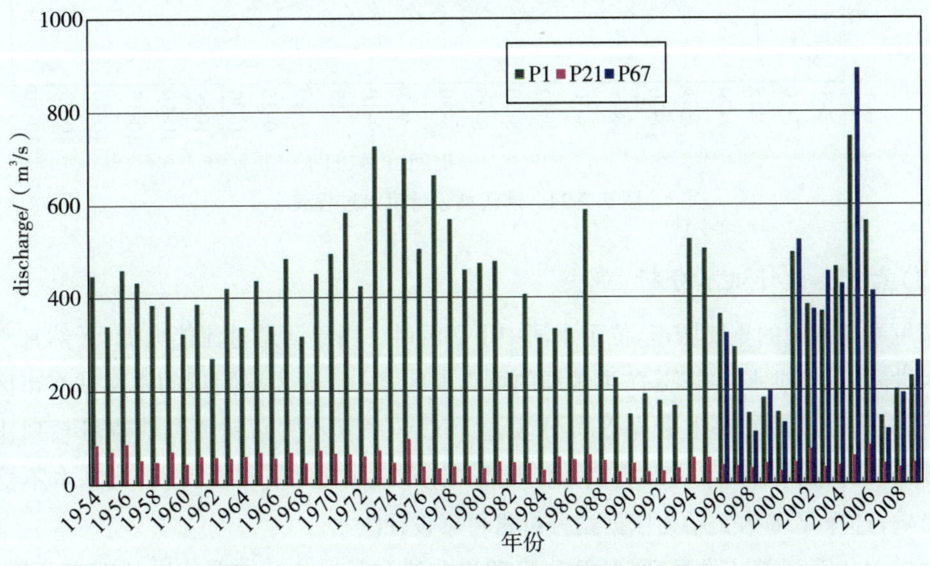

图 5. 3-23　三个水文站的年最大洪峰流量过程线

清迈站的设计洪水计算采用上游 P. 21 和 P. 67 两站的设计洪水成果叠加推求，两站的设计洪峰流量采用耿贝尔分布曲线和 P-Ⅲ理论频率曲线进行频率分析计算，清迈站设计洪峰成果见表 5. 3-14。

表 5.3-14　　清迈站设计洪峰成果

频率/%		1	2	4	5	10	20	25	50	备注
重现期/a		100	50	25	20	10	5	4	2	
清迈城区（P.1 水文站）	P-Ⅲ/(m^3/s)	1125	1022	918	883	771	647	604	449	
	耿贝尔/(m^3/s)	1198	1074	949	908	780	647	602	445	推荐

设计洪水过程采用 P.67 水文站 2011 年洪水过程为典型，用设计洪峰流量控制，同倍比放大计算，清迈站设计洪水过程线见图 5.3-24。

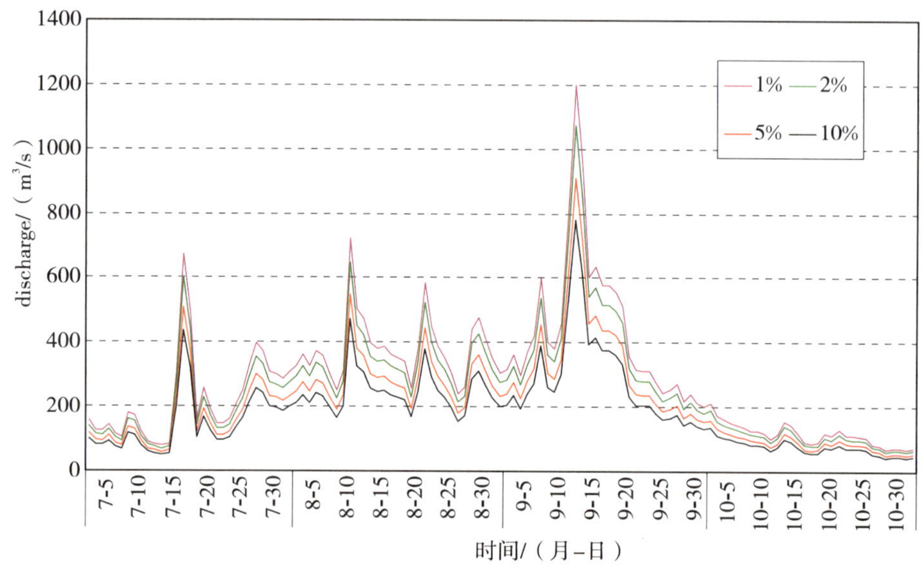

图 5.3-24　清迈站设计洪水过程线

（3）素可泰设计洪水分析

素可泰是泰国的重要城市，位于永河中下游河畔。由于河道过流能力低，天然来水洪峰流量大，经常发生洪水灾害，是防洪规划的重点地区之一。素可泰附近的水文站有市区永河干流上 Y.4 水文站，市区上游有 Y.6 水文站。Y.4、Y.6 水文站实测洪峰流量系列比较见图 5.3-25。考虑到 Y.4 水文站受洪水泛滥影响，Y.6 水文站资料系列长，且基本不受洪水泛滥影响，选择 Y.6 水文站为依据站分析素可泰设计洪水。

根据 Y.6 站洪峰流量系列，采用 P-Ⅲ理论曲线和耿贝尔分布曲线进行频率分析计算，Y.6、Y.4 水文站设计洪水成果见表 5.3-15。设计洪水过程采用 2011 年 Y.6 水文站洪水过程为典型，用设计洪峰流量控制，同倍比放大计算，Y.4 水文站设计洪水过程线见图 5.3-26。

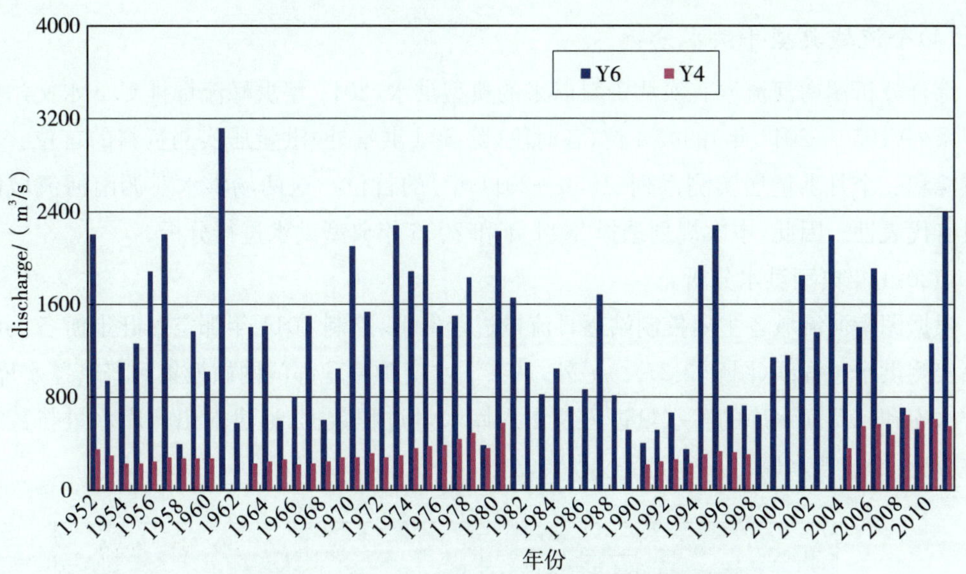

图 5.3-25　Y.6、Y.4 水文站实测洪峰流量系列比较

表 5.3-15　　**Y.6、Y.4 水文站设计洪水成果**

频率/%		1	2	4	5	10	20	25	50	备注
重现期/a		100	50	25	20	10	5	4	2	
Y.6 水文站	P-Ⅲ/（m³/s）	3560	3180	2790	2670	2260	1820	1670	1160	推荐
	耿贝尔/（m³/s）	3507	3123	2736	2610	2214	1801	1661	1177	
Y.4 水文站		4457	3981	3493	3343	2829	2279	2091	1452	推荐

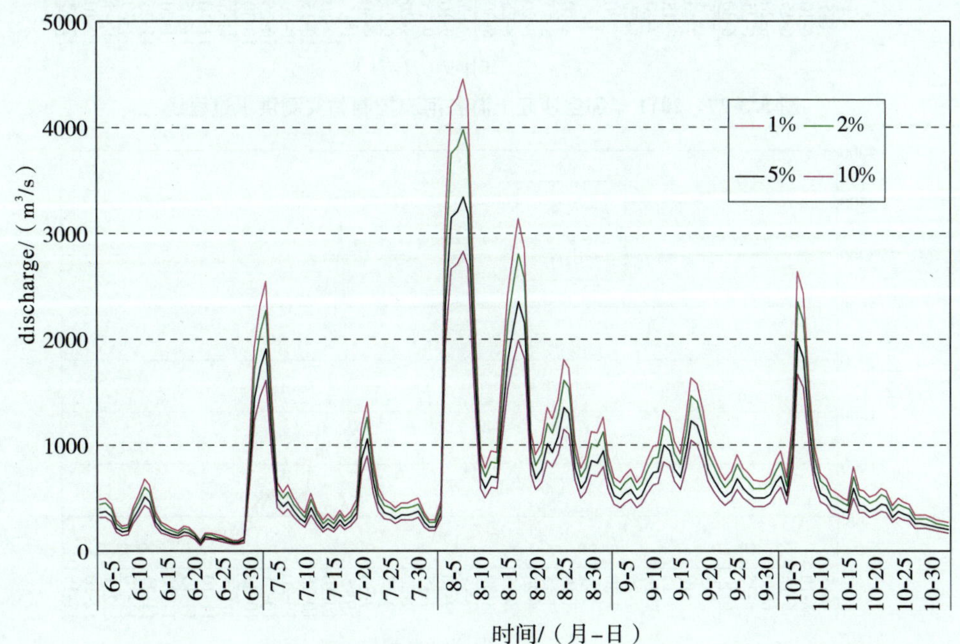

图 5.3-26　Y.4 水文站设计洪水过程线

(4)全流域典型年洪水分析

综合分析湄南河流域有实测资料以来的典型洪水，2011 年洪峰流量排 C.2 水文站实测资料系列(1956—2011 年)的第 4 位，各时段(除 30d 洪量外)洪量居实测资料的首位。2006 年洪峰和一个月洪量居实测系列(1956—2011 年)的首位。这两场洪水对湄南河流域的防洪具有代表性。因此，本次规划选择 2011 年和 2006 年典型洪水进行分析。

1)2011 年典型洪水分析。

根据湄南河流域各主要控制站逐日流量过程资料，绘制 2011 年那空沙旺上游各河流控制站实测洪水过程线(图 5.3-27)。另外，从泰国水资源管理部门网站搜集到普密蓬水库、诗丽吉水库和邦葛河水库的蓄水量过程及出入库水量过程数据，通过对出入库水量与蓄水量调整分析，形成各水库出入库流量过程线(图 5.3-28、图 5.3-29、图 5.3-30)。

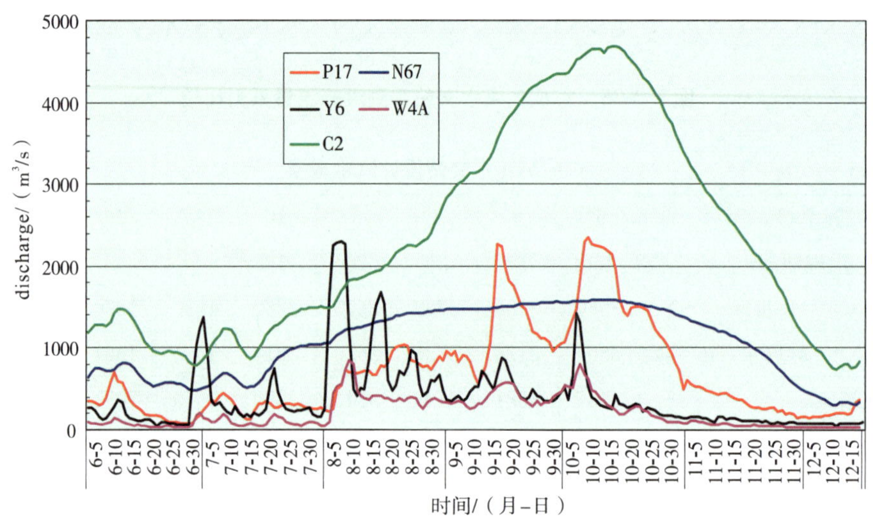

图 5.3-27 2011 年那空沙旺上游各河流控制站实测洪水过程线

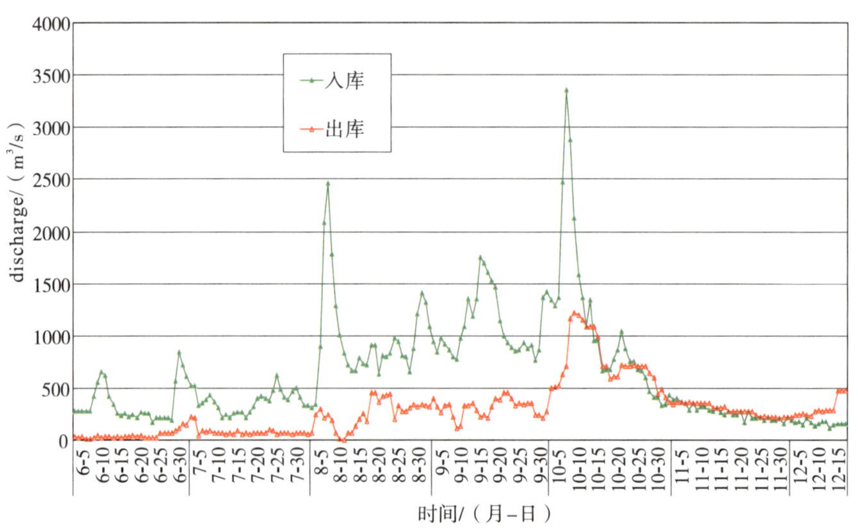

图 5.3-28 2011 年普密蓬水库出入库流量过程线

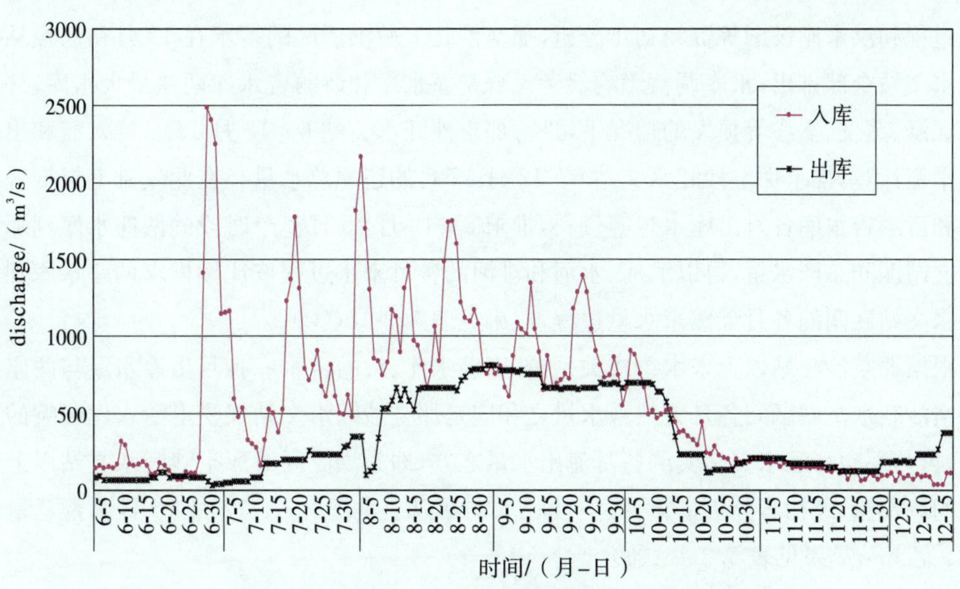

图 5.3-29　2011 年诗丽吉水库出库入库流量过程

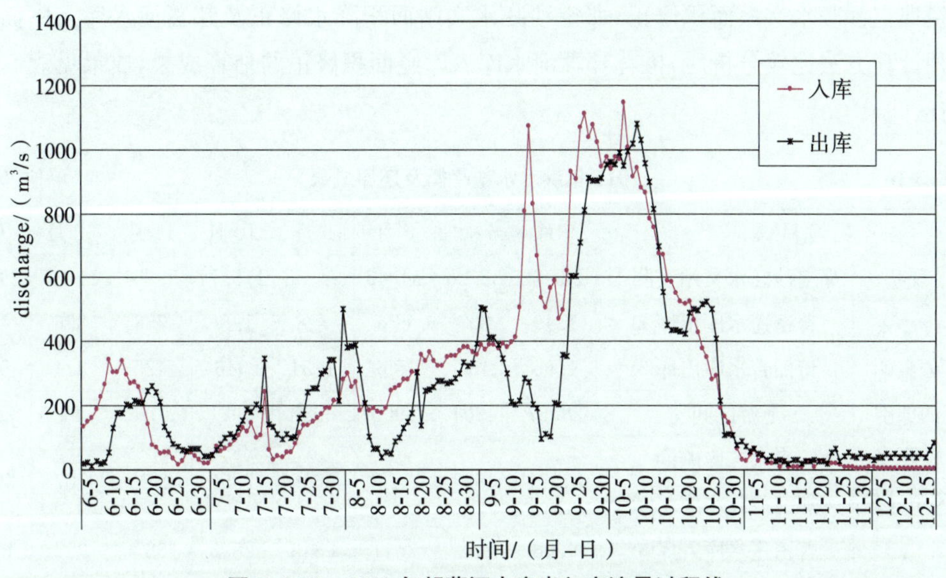

图 5.3-30　2011 年邦葛河水库出入库流量过程线

分析那空沙旺以上各控制站实测和水库出入库流量过程线可知，永河和难河于 6 月底开始涨水，至 10 月上旬结束，而滨河则在 8 月初开始涨大水，至 10 月末才结束。那空沙旺上游流域大洪水历时约 3 个半月，经水库调蓄和洪泛区分蓄后到达那空沙旺形成了肥胖型流域性洪水过程，于 10 月中旬达到顶峰，退水于 12 月上旬结束。C.2 水文站于 6—12 月 15 日的洪水过程基本可以包括上游地区洪水的涨退水过程。下游的邦葛河 9 月中旬开始涨大水，到 10 月末结束，并与那空沙旺下泄的洪水遭遇，再加上曼谷周边地区降水，就造成了下游 10—11 月洪水大面积泛滥，直到 12 月初才消退。综上分析，选择 6—12 月 15 日作为 2011 年洪水期水量平衡及还原计算的时段。那空沙旺上游洪水以那空沙旺站为控制，根据洪水过程和洪水淹没图等资料初步分析，那空沙旺上游洪泛区的蓄水在 12 月初已经从那空沙旺水文站全部排出，水库调蓄影响仅考虑普密蓬水库和诗丽吉水库两座最大水库，并在不考虑灌溉、蒸发、下渗等损失的情况下，进行那空沙旺水文站 6—12 月 15 日的入流和出流总水量平衡计算，推求那空沙旺水文站 6—12 月 15 日的还原总水量。在此基础上根据普密蓬水库和诗丽吉水库各月出库水量等资料，推求 6—12 月 15 日整个时段的两座水库到那空沙旺水文站区间总产水量，再以滨河、永河和难河的各月来水过程按比例推求两座水库到那空沙旺水文站区间的各月天然来水量过程，成果见表 5.3-16(④)。

根据那空沙旺站以上来水组成关系，普密蓬水库、诗丽吉水库各月出库水量与两座水库到那空沙旺水文站区间各月天然来水量之和应是那空沙旺水文站仅受上游水库影响的各月水量，再与那空沙旺水文站实测各月流出水量之差，即为洪泛区对那空沙旺水文站以上各月来水的调蓄量，经初步分析推算，那空沙旺水文站以上洪泛区 6—12 月 15 日调蓄总量约为 78.34 亿 m^3，成果见表 5.3-16(⑩)。

湄南河总水量则以那空沙旺实测和邦葛河水水库出库及剩余区间来水估算。剩余区间来水经那空沙旺水文站面积修正、那空沙旺水文站面积降水修正及邦葛河水库入库面积修正 3 种计算方法比较分析后，推荐邦葛河水库入库经面积修正的估算成果，成果见表 5.3-16（下游区间）。

表 5.3-16　2011 年洪水水量平衡及还原成果　（单位：亿 m^3）

项目				6 月	7 月	8 月	9 月	10 月	11 月	12 月	总计
那空沙旺以上	现状	那空沙旺水文站实测①		28.92	32.26	54.43	94.58	115.77	59.51	11.25	396.72
	仅受水库影响的那空沙旺水文站计算	普密蓬水库出库②		1.19	207	676	798	1986	758	396	4940
		诗丽吉水库出库③		1.95	482	1599	1831	946	425	314	5792
		上游区间④		28.57	4204	8905	6980	4921	1016	57	28940
		受水库影响的那空沙旺水文站⑤		31.71	4893	11180	9609	7853	2199	767	39672
	总还原计算	普密蓬水库入库⑥		9.08	992	2611	2843	2895	687	207	11143
		诗丽吉水库入库⑦		11.63	1958	3025	2304	1047	339	101	9937
		上游区间⑧		28.57	4204	8905	6980	4921	1016	57	28940
		那空沙旺水文站还原⑨		49.28	7154	14541	12127	8863	2042	365	50020
	调蓄量	普密蓬水库调蓄量		7.89	785	1935	2045	909	−71	−189	6203
		诗丽吉水库调蓄量		9.68	1476	1426	473	101	−86	−213	4145
		洪泛区	各月⑩	2.79	1667	5737	151	−3724	−3752	−358	—
			累计	2.79	1946	7683	7834	4111	358	0	—

续表

项目			6 月	7 月	8 月	9 月	10 月	11 月	12 月	总计
那空沙旺以下	现状	那空沙旺水文站实测	28.92	3226	5443	9458	11577	5952	1125	39673
		邦葛河水库出库	2.99	501	602	1141	1574	102	61	4280
		下游区间	14.79	1227	2991	6690	5853	196	21	18457
		现状总水量	46.70	4954	9036	17289	19004	6250	1207	62410
	还原	那空沙旺水文站还原	49.28	7154	14540	12128	8863	2042	365	50020
		邦葛河水库入库	3.87	321	782	1749	1530	51.3	5.5	4826
		下游区间	14.79	1227	2991	6690	5853	196	21	18457
		还原总水量	67.94	8702	18313	20567	16246	2289	392	73303

注:1. 12 月计算至 15 日。

2. 上游区间为那空沙旺水文站以上流域扣除普密蓬水库和诗丽吉水库控制区域;下游区间为那空沙旺水文站以下流域扣除邦葛河水库控制区域。

3. 那空沙旺水文站还原:对那空沙旺上游水库和洪泛区的影响进行了还原计算。

4. 那空沙旺下游洪泛区影响牵涉面太广,本次未还原,只列出水量估算数据。

5. ⑤=②+③+④;⑨=⑥+⑦+⑧;⑩=⑤−①。

从表 5.3-16 计算成果分析,那空沙旺以上还原了普密蓬水库、诗丽吉水库及洪泛区的调蓄作用后,6—12 月 15 日总来水量(天然来水)为 500.20 亿 m^3,来水主要集中在 7—10 月,其中最大月来水出现在 8 月,为 145.41 亿 m^3。经两座水库调蓄,那空沙旺水文站 6—12 月 15 日总来水量削减到 396.72 亿 m^3(削减了约 103.48 亿 m^3),来水集中的 7—10 月各月来水均有所削减,最大削减 33.63 亿 m^3(8 月),最小削减 10.10 亿 m^3(10 月),最大来水量仍然是 8 月,为 111.80 亿 m^3。经洪泛区调蓄后,改变了各月来水量的分配,那空沙旺水文站出流量最集中的 4 个月推延为 8—11 月,并且最大月出流推迟到 10 月,水量为 115.77 亿 m^3。

湄南河流域在还原了普密蓬水库、诗丽吉水库、邦葛河水库及那空沙旺以上洪泛区的调蓄作用后,6—12 月 15 日总来水量为 733.03 亿 m^3,来水主要集中在 7—10 月,其中最大月来水出现在 9 月,为 205.67 亿 m^3。经 3 座水库调蓄后削减了 108.92 亿 m^3(上游两座水库调节后削减约 103.48 亿 m^3,下游 Pasak 水库削减 5.46 亿 m^3),湄南河流域 6—12 月 15 日现状总来水量 624.10 亿 m^3 那空沙旺水文站实测加邦葛河水库出库加下游区间)。上游那空沙旺水文站实测最大月来水量 115.77 亿 m^3(10 月),遭遇了下游地区 10 月来水量 74.27 亿 m^3(下游区间产水 58.53 亿 m^3,邦葛河水库出库 15.74 亿 m^3),使得湄南河流域最大月(10 月)来水量达到了 190.04 亿 m^3(相当于月平均流量达到了 7330 m^3/s)。

2)2006 年典型洪水分析。

2006 年洪水资料来源和处理与 2011 年相同,各站 2006 年实测洪水过程线见图 5.3-31,实测各水库出入库流量过程线见图 5.3-32 至图 5.3-34。

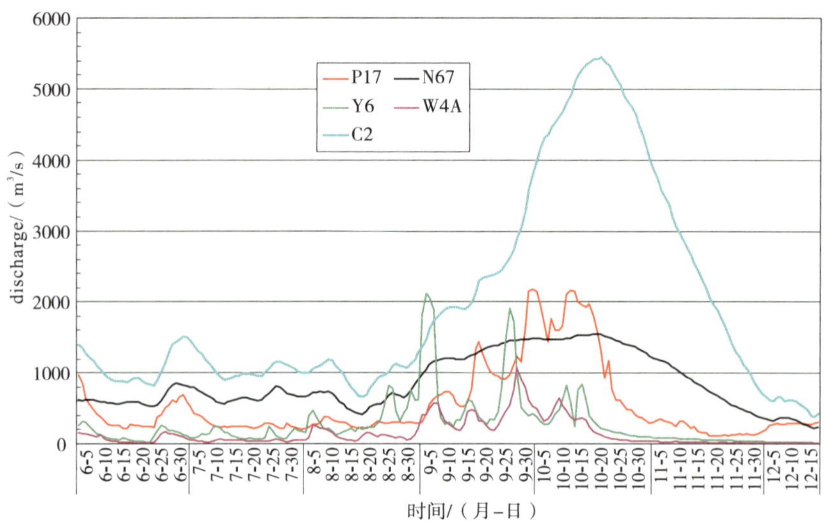

图 5.3-31　2006 年那空沙旺上游各控制站实测洪水过程线

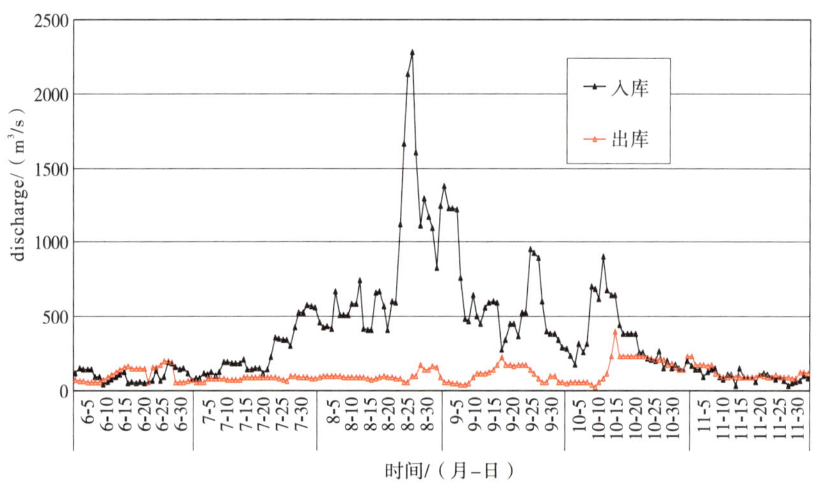

图 5.3-32　2006 年普密蓬水库出入库流量过程线

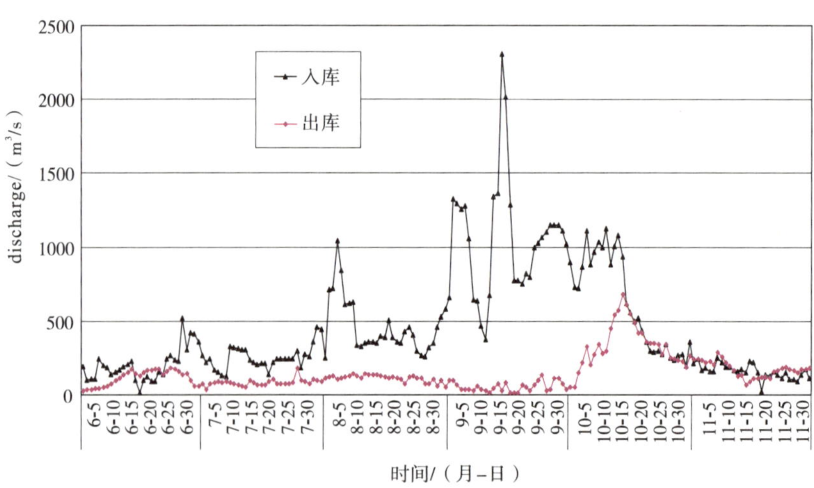

图 5.3-33　2006 年诗丽吉水库出入库流量过程线

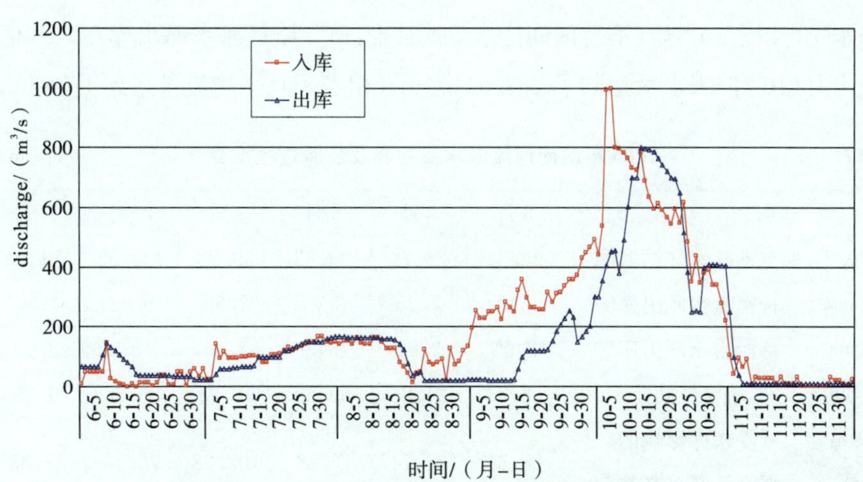

图 5.3-34 2006 年邦葛河水库出入库流量过程线

分析图 5.3-31 至图 5.3-34 可知，6—7 月滨河、永河和难河来水较小，不会超过河道的行洪能力，难河于 8 月初开始涨大水直到 10 月中旬结束，永河于 8 月下旬涨大水直到 10 月中旬结束，而滨河则 8 月初开始涨大水直到 10 月中旬结束。那空沙旺上游各支流来水相对比较集中，同时使那空沙旺河段洪水涨落较快，洪峰和最大月洪量很大，退水基本在 11 月底结束，那空沙旺水文站 6—11 月底洪水过程基本可以包括那空沙旺上游地区洪水的涨退水过程。下游 Pasak 河则 9 月初开始涨大水直到 10 月末结束。10 月底至 11 月初遭遇上游集中退水影响，造成了下游洪水泛滥。综上分析，选择 6 月至 11 月底作为 2006 年水量平衡及还原计算时段。

2006 年水量还原及平衡计算方法与 2011 年相同，只是根据 2006 年洪水消退较快的特点（11 月底那空沙旺以上洪水基本消退）选择了 6—11 月为控制计算时段。2006 年湄南河流域水量平衡及还原过程推算见表 5.3-17。

从表 5.3-17 计算成果分析，那空沙旺以上流域还原了普密蓬水库、诗丽吉水库和洪泛区的调蓄作用后，6—11 月来水总量（天然来水）为 420.81 亿 m^3，来水主要集中在 7—10 月，其中最大月来水出现在 9 月，为 142.63 亿 m^3，经两座水库调蓄后，6—11 月那空沙旺水文站总来水量削减到 329.12 亿 m^3（削减了约 91.68 亿 m^3），来水集中的 7—10 月各月均有所削减，9 月削减最大，为 39.40 亿 m^3，10 月削减最小，为 12.89 亿 m^3，最大月来水量仍然是 9 月，为 103.23 亿 m^3。经洪泛区调蓄后，改变了各月来水量分配，使得那空沙旺水文站出流最集中的 3 个月推延为 9—11 月，并且最大月出流推迟到 10 月，为 129.52 亿 m^3。

湄南河流域还原了普密蓬水库、诗丽吉水库、邦葛河水库及那空沙旺以上洪泛区的调蓄作用后，6—11 月总来水量 570.71 亿 m^3，来水主要集中在 8—10 月。经上游两座水库调节削减约 91.69 亿 m^3，下游邦葛河水库调节后削减 6.39 亿 m^3，湄南河流域 6—11 月现状总来水量 472.63 亿 m^3（那空沙旺水文站实测加邦葛河水库出库加下游区间）。上游来水经那空沙旺上游洪泛区调蓄后最大月来水量为 10 月，相应来水量为 129.52 亿 m^3，在遭遇了下游最大月来水 73.49 亿 m^3 后(下游区间产水 59.31 亿 m^3,邦葛河水库出库 14.18 亿 m^3),使得下游最大月(10 月)来水量达到了 203.01 亿 m^3(相当于月平均流量达到了 7830 m^3/s)。

表 5.3-17　　2006 年湄南河流域水量平衡及还原过程推算　　(单位:亿 m^3)

项目				6月	7月	8月	9月	10月	11月	总计
那空沙旺以上	现状	那空沙旺水文站实测①		28.33	28.74	26.82	59.22	129.52	56.49	329.12
	仅受水库影响的那空沙旺水文站计算	普密蓬水库出库②		3.05	2.25	3.07	1.50	9.02	4.57	23.46
		诗丽吉水库出库③		2.91	2.24	2.69	2.80	4.33	3.00	17.97
		上游区间④		22.37	24.25	69.68	98.93	63.20	9.26	287.69
		受水库影响的那空沙旺水文站⑤		28.33	28.74	75.44	103.23	76.55	16.83	329.12
	总还原计算	普密蓬水库入库⑥		5.20	6.81	12.37	27.40	16.70	4.20	72.68
		诗丽吉水库入库⑦		2.68	6.78	22.59	16.30	9.54	2.55	60.44
		上游区间⑧		22.37	24.25	69.68	98.93	63.20	9.26	287.69
		那空沙旺水文站还原⑨		30.25	37.84	104.64	142.63	89.44	16.01	420.81
	调蓄量	普密蓬水库调蓄量		2.15	4.56	9.30	25.90	7.68	−0.37	49.22
		诗丽吉水库调蓄量		−0.23	4.54	19.90	13.50	5.21	−0.45	42.47
		洪泛区	各月⑩	0	0	48.62	44.01	−52.97	−39.66	0
			累计	0	0	48.62	92.63	39.66	0	0
那空沙旺以下	现状	那空沙旺水文站实测		28.33	28.74	26.82	59.22	129.52	56.49	329.12
		邦葛河水库出库		1.58	2.75	2.62	2.97	14.18	0.58	24.68
		下游区间		3.16	11.82	11.27	30.54	59.31	2.73	118.83
		现状总水量		33.07	43.31	40.71	92.73	203.01	59.80	472.63
	还原	那空沙旺水文站还原		30.25	37.84	104.64	142.63	89.44	16.01	420.81
		邦葛河水库入库		0.83	3.09	2.95	7.98	15.51	0.71	31.07
		下游区间		3.16	11.82	11.27	30.54	59.31	2.73	118.83
		还原总水量		34.24	52.75	118.86	181.15	164.26	19.45	570.71

注:1. 上游区间为那空沙旺水文站以上流域扣除普密蓬水库和诗丽吉水库控制区域;下游区间为那空沙旺水文站以下流域扣除邦葛河水库控制区域。

2. 那空沙旺水文站还原:对那空沙旺上游水库和洪泛区的影响进行了还原计算。

3. 那空沙旺下游洪泛区影响牵涉面太广,本次未还原,只列出水量估算数据。

4. ⑤=②+③+④;⑨=⑥+⑦+⑧;⑩=⑤−①。

5.3.2.5　泰国湾设计潮位分析

泰国湾位于南海西南部,中南半岛和马来半岛之间。湾口宽约 370km(但水深 50~58m 的水道宽仅 56km),面积约 25 万 km^2,为南海最大的海湾。平均水深 45.5m,最大深度 86m。

泰国湾具有热带季风气候特点：11 月至次年 1 月多东北风，月平均风速 4～6m/s。5—9 月多西南风，月平均风速 4～7m/s。局部地区有短暂的热带暴风雨。受南海季风海流影响，湾内海流随季节而异，流速一般小于 25cm/s。西南季风期间，湾内环流呈顺时针方向，但湾口呈逆时针方向；东北季风期间，湾内仍呈顺时针方向，但湾内东部呈逆时针方向。表层盐度冬季 30.5‰～32.5‰，夏季 31.0‰～32.0‰。表层水温以 4 月最高(30～31℃)，1 月最低(27～28℃)。高温、低盐、高氧的表层海水常在湾的中部与外海水相遇而下沉，形成辐合带；相对低温、高盐、低氧的底层海水在局部地方上升，形成辐散带。潮汐性质以不规则全日潮占优势，潮差小，一般不到 2m，湾顶可达 4m。湾内潮流流速常达 50cm/s。海浪也随季风而异：11 月至次年 1 月以东北浪为主，月平均波高 0.5～0.9m；3—8 月以偏南浪居多，月平均波高 0.6～0.9m。

湄南河在泰国湾顶处汇入，此处潮汐以不规则全日潮为主，最大潮差近 4m，平均潮差 2.6m，具有较强的潮汐动力。

根据湄南河流域的地形特点和洪、潮特性，以及湄南河流域防洪(排水)需要，选择曼谷吧站作为泰国湾设计潮水位计算的控制站。根据 1977—2011 年(缺 2009 年)34 年资料进行频率分析，曼谷吧潮位站频率分析成果见表 5.3-18，曼谷吧潮位统计成果见表 5.3-19。

表 5.3-18　　曼谷吧潮位站频率分析成果

频率/%	高潮位/m	低潮位/m
均值	2.15	−1.41
C_v	0.12	0.17
C_s/C_v	2.00	7.07
0.1	3.07	−2.59
0.5	2.90	−2.31
1	2.82	−2.18
2	2.73	−2.05
3	2.68	−1.98
4	2.64	−1.92
5	2.61	−1.88
10	2.50	−1.74
20	2.37	−1.59
30	2.28	−1.49
40	2.21	−1.42
50	2.14	−1.36
60	2.07	−1.31

续表

频率/%	高潮位/m	低潮位/m
70	2.00	−1.26
80	1.92	−1.20
90	1.82	−1.15
95	1.73	−1.11
96	1.71	−1.10
97	1.68	−1.09
98	1.64	−1.08
99	1.58	−1.06
99.5	1.53	−1.05
99.9	1.42	−1.03

表 5.3-19　　曼谷吧潮位站统计成果　　(单位:m)

序号	名称	数 量	备注
1	实测最高潮位	2.55	2004 年
2	实测最低潮位	−1.92	2007 年
3	多年平均潮位	0.97	
4	多年平均高潮位	1.35	
5	多年平均低潮位	−1.22	

选择高潮位接近多年平均高潮位、低潮位高于多年平均低潮位的偏不利潮型为典型潮型，选取 2011 年 10 月 29—30 日作为典型潮型。

选择高潮位为 100 年一遇的潮位(2.82m)，低潮位为多年平均低潮位(−1.22m)，按 2011 年最高潮位时的潮型来进行缩放，从而求得设计潮位过程。湄南河口设计潮位过程见表 5.3-20。

表 5.3-20　　湄南河口设计潮位过程

潮型 1				潮型 2			
时序/h	潮位/m	时序/h	潮位/m	时序/h	潮位/m	时序/h	潮位/m
1	−1.14	25	−1.06	1	−1.22	25	−1.12
2	−0.67	26	−1.05	2	−0.64	26	−1.11
3	−0.21	27	−0.60	3	−0.07	27	−0.55
4	0.25	28	−0.15	4	0.51	28	0.01
5	0.72	29	0.30	5	1.09	29	0.57
6	1.18	30	0.75	6	1.67	30	1.13

续表

潮型 1				潮型 2			
时序/h	潮位/m	时序/h	潮位/m	时序/h	潮位/m	时序/h	潮位/m
7	1.64	31	1.20	7	2.24	31	1.68
8	2.11	32	1.65	8	2.82	32	2.24
9	1.97	33	2.10	9	2.64	33	2.80
10	1.73	34	1.96	10	2.35	34	2.63
11	1.50	35	1.76	11	2.06	35	2.38
12	1.26	36	1.56	12	1.77	36	2.13
13	1.03	37	1.35	13	1.48	37	1.88
14	0.93	38	1.15	14	1.35	38	1.63
15	1.10	39	1.12	15	1.57	39	1.59
16	1.28	40	1.25	16	1.79	40	1.75
17	1.46	41	1.39	17	2.01	41	1.92
18	1.62	42	1.52	18	2.21	42	2.09
19	1.24	43	1.38	19	1.73	43	1.92
20	0.85	44	1.02	20	1.26	44	1.47
21	0.47	45	0.66	21	0.78	45	1.02
22	0.09	46	0.30	22	0.31	46	0.57
23	−0.29	47	−0.06	23	−0.17	47	0.12
24	−0.67	48	−0.43	24	−0.64	48	−0.33

5.3.3 防洪形势分析

5.3.3.1 湄南河流域防洪区

防洪区是指洪水泛滥可能淹及的地区，分为洪泛区、蓄滞洪区和防洪保护区。蓄滞洪区是指临时贮存、滞蓄洪水的低洼地区及湖泊等。防洪保护区是指在防洪标准内受防洪工程设施保护的地区。

2011 年洪水泛滥地区主要分布在湄南河流域中下游以及上游部分府所在河段，根据 2011 年洪水情况，确定流域内的主要防洪保护对象为中下游大部分地区以及上游部分府所在区域，共涉及 29 个府。2011 年湄南河流域洪水泛滥情况见图 5.3-35。

湄南河流域防洪区总面积 49496km^2，约占流域面积的 31%；防洪区中耕地 2661 万泰亩，占流域内耕地的 55.6%；人口 1833 万人，占流域内人口的 79.5%；GDP 约 47740 亿泰铢，占流域 GDP 的 81%。其中，防洪保护区面积 2933 万泰亩，蓄滞洪区面积 160 万泰亩。

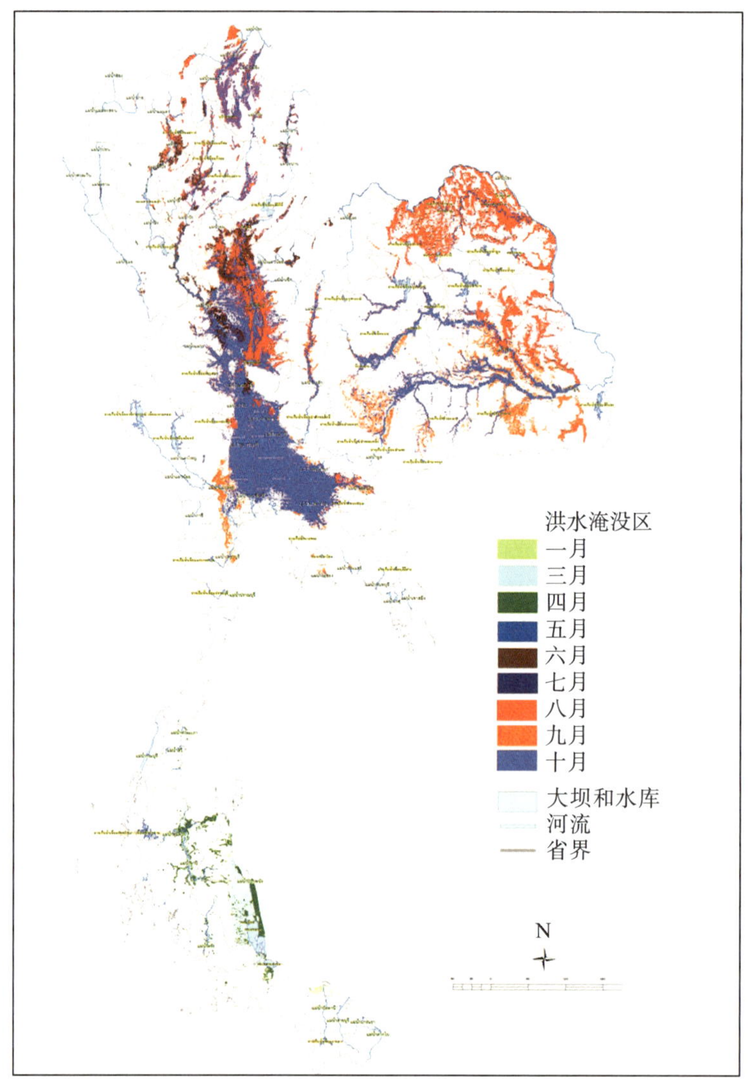

图 5.3-35　2011 年湄南河流域洪水泛滥情况

5.3.3.2　防洪工程体系现状及防洪能力

湄南河流域上游及流域周围山丘区建设了一定数量的水库，中下游地区灌溉渠系发达，并配套建设了部分堤防工程，利用中下游湖泊洼地安排或兴建了一些分蓄洪工程，对局部河段开展了河道整治工程，形成了相当规模的入海通道，初步形成了符合流域特点且具有一定防洪能力的防洪工程体系，为抗御近年来的流域洪水灾害发挥了重要作用。

(1)水库工程

建成大中型水库共约 70 座，总库容约 270 亿 m^3，其中库容超过 1 亿 m^3 的大型水库 10 座，总库容约 260 亿 m^3。最大的两座水库为位于宾河上的普密蓬水库和位于难河上的诗丽吉水库，两座水库的调节库容分别约 97 亿 m^3、67 亿 m^3。水库主要分布在上游区域，多以灌溉为主，部分兼顾发电功能，洪水期间水库结合兴利蓄水，可以发挥一定的防洪作用。

(2)蓄滞洪区

建成蓄洪区有两处，分别位于上游永河素可泰府附近和那空沙旺附近，总蓄洪容积约 2.1 亿 m^3。其中，素可泰附近的蓄滞洪区蓄洪容积约 3200 万 m^3，那空沙旺附近的蓄滞洪区为天然湖泊，现状蓄洪容积 1.82 亿 m^3。此外，在湄南河那空沙旺—大城府河段的右岸，目前安排有 5 处天然洼地蓄滞洪区，蓄洪容积约 3.4 亿 m^3。

(3)排水泵站

下游平原区已建成泵站约 244 座，共有水泵约 469 台，现有总抽排能力约 7520 万 m^3/d。湄南河东岸共有约 259 台水泵，总抽排能力约 4783 万 m^3/d，其中排入湄南河约 995 万 m^3/d，排入邦坝空河约 878 万 m^3/d，直排大海约 2910 万 m^3/d；西岸共有约 210 台水泵，总抽排能力约 2737 万 m^3/d，其中排入湄南河约 556 万 m^3/d，排入塔金河约 2181 万 m^3/d。

(4)堤防工程

自 1983 年洪水以后，曼谷市逐渐建设了城市防洪保护圈，保护范围南北约 46km，东西约 28km，面积约 1000km^2。湄南河流域堤防工程薄弱，大部分河段仍处于自然状态，沿河两岸没有形成完整、连续的堤防工程体系。局部河段建有堤防，但一般均为土堤，堤防高度一般略高于地面，且堤身质量较差。下游入海口附近的曼谷河段两岸局部河段建有防浪墙，高度比地面高 1.0～1.5m。

从防洪实际情况来看，湄南河流域具备防御常遇洪水的能力，遇大洪水(如 1983 年、1995 年型洪水)部分城市的防洪安全将受到威胁，遇特大洪水(如 1942 年、2011 年型洪水)防洪压力很大，会造成严重的灾害。总体说来，流域内防御能力总体不高，其中首都曼谷市的整体防洪能力目前也仅有约 25 年一遇，其他地方的防洪能力则更低。

5.3.3.3　完善防洪体系必要性

湄南河流域内有泰国重要的经济中心、政治中心和其他一些重要城市，是泰国国内农业、工业、旅游、商业的重要区域，流域经济总量约占全国的 2/3。湄南河流域水量丰沛，但年际年内分配不均匀，尤其是下游平原区，受上游洪水、当地暴雨、下游风暴潮三重影响，极易遭受洪涝灾害。

为保障防洪安全、改善流域农业生产条件，从 20 世纪 20 年代起，泰国政府便开始对湄南河流域进行大规模的治理开发。经过近百年的建设，湄南河流域逐步建成了以干支流水库、灌排渠系、闸坝和泵站为基础的灌排工程系统，为流域特别是下游平原区的农业生产创造了良好的条件。同时，在灌排工程系统的基础上，配套建设了部分堤防工程，安排洪泛区，利用湖泊洼地兴建了一些分蓄洪工程，对局部河段开展了河道整治，初步形成了符合流域特点的防洪工程体系。2002 年泰国在内政部下设立了国家防灾减灾署，负责灾害管理和政府部门间的协调。建立了国家灾害预警中心及洪水监测系统、曼谷水资源管理系统等，负责对洪灾实施监控和预警。2007 年泰国颁布了《防灾减灾法》，界定了在国家发生严重灾害时，政府各部门及各级地方政府的分工和职权范围，授予总理处理自然灾害相关事务及实施救灾计划的最高权力。2011 年洪水期间，在泰国政府的组织领导下，依靠现有防洪体系，有力、有序、有效地采取各项措施，防洪减灾成效非常显著，也展示了泰国人民防洪减灾的丰富经验。

受湄南河流域的复杂性和特殊性影响，目前湄南河的防洪体系还存在着一些问题，流域整体防洪能力尚不能满足防御大洪水的要求，特别是重点防洪保护对象防洪能力不足，流域的防洪非工程措施体系仍需完善，整体上，湄南河流域的防洪形势是比较严峻的。主要有以下几个方面。

1)流域重点防洪保护对象防洪能力需要提高。

防洪保护目标的防洪标准依据保护区内人口和经济总量的多少、重要程度来确定。曼谷是泰国的政治、经济和文化中心，是最重要的防洪保护区，防洪标准应达到 100 年一遇。初步分析，曼谷市现状整体防洪能力目前只有约 25 年一遇，一旦上游来水较大，就会发生不同程度的洪涝灾害。流域以及曼谷等重点防洪保护对象的防洪能力均需要提高。

2)下游河道泄洪能力需要加大。

湄南河流域干支流河道形态复杂，下游属于典型的平原水系，河道蜿蜒曲折，分支、分汊、串沟众多，河网密布。湄南河流域上游来水量较大，下游地区地势平缓，房屋等侵占河道现象严重，“卡口”问题突出，河道泄洪能力不能满足上游来水量的下泄要求，造成大量的区域受淹。因此，河道中下游河段的泄洪能力需要加大，以满足上游来水下泄要求。

3)已建控制性水库需加大拦洪削峰滞洪作用。

随着湄南河流域经济社会发展水平的提高，对洪水管理提出了更高的要求，如何充分发挥水库的防洪作用成为当前湄南河流域洪水管理的重要内容。以 2011 年洪水为例，普密蓬水库、诗丽吉水库为了保证灌溉、发电用水和局部地区的防洪要求，蓄水较早，以致在后续更大洪水来临时，水库蓄水能力已经十分有限。因此，对于已建控制性水库加紧研究考虑防洪的调度方式，充分发挥水库的拦洪削峰作用是十分必要的。

4)下游平原灌溉排水系统的排水能力存在优化提高的可能。

湄南河流域的灌溉排水系统发达，尤其是下游平原区，灌溉排水渠道纵横交错，干流上修建了大型控制闸坝，分水渠系均有闸门、泵站控制，组成了较发达的灌溉排水系统。在洪水期，提高灌排系统的排水能力和灌排管理的协调能力，可以减缓受淹时间和面积，减少洪涝损失。尤其对于曼谷等重点区域，完善堤防等防护设施，提高区域排水系统的排水能力是十分必要的和可行的。

5)加强流域河道管理与防洪工程管理十分迫切。

目前，湄南河流域侵占河道、湖泊的现象十分严重。加强河道管理，依法清淤和清障，对于增加河道泄量十分必要和紧迫。同时完善防洪工程管理制度，保障防洪工程发挥应有的作用对于保障防洪保护区的安全是十分必要的。

6)整合完善流域汛情监测预报预警系统,构建责权统一、上下联动的防汛指挥体系可以进一步提升防洪应急管理水平。

流域汛情监测预报预警系统是防汛指挥体系的重要部分,泰国政府在湄南河流域均建有一定规模的雨水情测报和工程视频监控系统,但对于各部门管理的各部分系统仍需整合完善,以适应统一防汛指挥系统的要求。

泰国的水旱灾害管理部门较多,其中涉及防洪管理的有 10 多个政府机构。但在日常的应急管理事务和调度决策指挥参谋筹划常设机构设立方面,以及专门法规体系、责任体系、会商机制、预案体系等方面尚需进一步完善,建立健全"统一指挥、资源共享、权威高效、上下联动、协作配合、保障有力"的应急管理机制十分必要。

5.3.4 总体思路

根据湄南河流域的自然地理特点、洪水洪灾特性、防洪工程现状及存在的主要问题,流域的洪水防治应按照"蓄泄兼筹、以泄为主"的防洪治理方针,坚持全面规划、统筹兼顾、标本兼治、综合治理的原则,加强湄南河流域防洪体系建设,进一步完善流域防洪工程体系的总体布局,满足经济社会可持续发展对防洪的要求;按照人与自然和谐相处的理念,正确处理人与自然的关系,合理、有序、综合开发利用湄南河,给洪水以出路,适度承担洪水风险;统筹协调防洪减灾与水资源综合利用的关系,防洪建设与洪水管理的关系,加强依法治水、科学治水,提高湄南河流域防洪减灾能力,为湄南河流域经济社会可持续发展提供防洪安全保障。

5.3.4.1 基本理念

1)坚持以人为本、促进人与自然和谐相处,以保障人民群众生命财产安全为根本,有效地控制洪水,同时要遵循自然规律,给洪水以出路,规范人们的水事行为。

2)防洪建设与经济社会发展相协调。合理确定不同保护对象的防洪标准和流域防洪工程体系总体布局,做到确保重点,兼顾一般,使防洪体系建设与经济社会发展水平相适应。

3)根据湄南河流域洪水与洪灾的特点,对上中下游、干支流洪水治理做出全面规划,并以中下游地区为规划重点。分析研究上中下游、干支流的洪水规律及相应之间的联系,统筹安排洪水治理措施,协调好整体与局部的关系,上中下游的关系,一般保护对象与重点保护对象的关系。

4)工程措施与非工程措施相结合,采用多种措施进行综合治理,突出防洪体系的整体作用。在工程措施方面,加快推进重点水库工程的建设,增加防洪库容,提高上游调蓄洪水的能力;改造现有蓄滞洪区,利用湿地和低洼地区新建适量的蓄滞洪区,增加分洪容积;实施河道整治工程,根据需要在合适区域新建排洪渠道,增加排洪入海能力;结合重点地区的分区防护和治涝要求,开展堤防和泵站工程建设;研究河口整治工程建设方案,提高沿海地区防御风暴潮的能力,减轻海潮顶托对河道行洪的影响。在非工程措施方面,优化上游重要水库调度方式，充分挖潜现有水库调蓄洪水的能力；加强水情自动测报和洪水预报预警，建立防汛指挥系统；建立健全防洪法律法规，加强防洪管理。

5)坚持防洪与改善生态环境相结合，积极推行封山育林，对过度开垦的土地有步骤地退耕还林，加快林草植被恢复建设，采取综合措施防治水土流失，恢复与改善生态环境，减少江河、湖泊、水库的泥沙淤积。

6)规划拟定的防洪目标、防洪标准及防洪工程布局，要与泰国土地利用总体规划以及其他相关规划相衔接协调。

5.3.4.2 总体目标

湄南河流域既是泰国经济社会发展的核心区域，同时也是泰国防洪形势最复杂的流域，做好湄南河流域防洪体系总体规划，对于谋求流域的长治久安，保障流域经济社会可持续发展具有重要意义。

根据湄南河流域经济社会发展状况及在泰国的重要地位，确定总体防洪减灾目标为：流域防洪设施建设达到规划确定的标准，建成质量达标、运转灵活、管理规范的防洪工程体系和科学系统的洪水管理制度，各类防洪工程实现良性运行和维护，充分发挥防洪减灾效益，形成与经济社会发展水平相适应的综合防洪减灾体系。城市防洪标准和湄南河干流、重要支流防洪保护区防洪标准达到规划确定的标准。在遇设计标准内洪水时能保证各类防洪工程正常运行，确保重点防洪保护区和重要防洪保护对象的防洪安全，流域经济活动和社会生活基本不受影响。在遇特大洪水或超标准洪水时，有可行的对策措施，不对流域经济社会可持续发展产生严重干扰，按照防御预案能保证重要城市和重点地区的防洪安全。建立和完善防洪减灾社会保障制度和灾后重建机制，灾后能够迅速恢复正常的生产和生活秩序。

5.3.4.3 防洪标准

(1)湄南河流域中下游

位于湄南河流域中下游平原区的那空沙旺、乌泰他尼、猜纳、信武里、华富里、红统、大城、素攀武里、沙拉武里、巴吞他尼等城市，其防洪问题都不能完全独立自行解决，必须依赖流域整体防洪体系，达到相应的防洪标准。因此，其防洪标准与中下游整体防御对象一致。考虑到本地区有多个重要的省级城市及经济园区，且本地区的防洪主要受洪量控制，对于洪量大的肥胖型流域性洪水防御存在很大难度，因此以防 2011 年洪水（主汛期 7—11 月洪量大约都在 65 年一遇）作为本地区的防洪标准。

曼谷地区位于湄南河口，是泰国政治、经济、文化、教育和交通中心，也是亚洲重要的国际大都市，防洪受河口风暴潮的影响较大，根据城市的经济发展状况及所处的地位，确定其防洪标准为 100 年一遇。

(2)湄南河流域上游

湄南河流域上游主要支流，洪水组成与遭遇相对不如中下游复杂，应区分保护对象的重要性，拟定不同的防洪标准。具体如下：

1)农村地区防洪标准5～10年一遇。

2)人口和经济规模相对较少的省级城市及省级以下的一般城市防洪标准为20～30年一遇，如素可泰、披集、彭世洛等。

3)上游地区重要省级城市防洪标准为50年一遇，如清迈。

5.3.5 洪水出路安排

5.3.5.1 湄南河流域防洪存在的主要矛盾

湄南河流域水量丰沛，但年际年内分配不均匀，尤其是下游平原区，受上游洪水、当地暴雨、下游风暴潮三重影响，极易遭受洪涝灾害。目前，湄南河流域已经建成了以干支流水库、灌排渠系、闸坝和泵站为基础的灌排工程系统，同时在灌排工程系统的基础上，配套建设了部分堤防工程，安排洪泛区，利用湖泊洼地兴建了一些分蓄洪工程，对局部河段开展了河道整治，初步形成了符合流域特点的防洪工程体系。但从多年的防洪实际情况来看，湄南河流域基本具备防御常遇洪水的能力，遇大洪水(如1995年型洪水)部分城市的防洪安全将受到威胁，遇特大洪水(如2011年型洪水)防洪压力很大，会造成大的灾害。

从总体上分析，湄南河流域目前整体防洪能力尚不能满足防御大洪水的要求，防洪存在两个方面的主要矛盾：一是洪水来量大，而河道行洪能力不足，整体上不协调；二是蓄滞洪区容量有限，已建控制性水库蓄洪削峰作用尚有提升空间。

(1)洪水来量巨大与河道行洪能力不足的矛盾突出

从湄南河上游各支流的现状行洪能力分析，滨河清迈河段的安全泄量为500m^3/s左右；永河素可泰河段的安全泄量只有300～500m^3/s，以下河段的安全泄量为800～1100m^3/s；难河彭世洛及以下河段的安全泄量为1000～1500m^3/s。

从下游干流的现状行洪能力分析，那空沙旺附近河段的安全泄量为3000～4000m^3/s；如果只限于干流河道行洪(不考虑两侧的河渠分洪)，大城府上游附近河段的安全泄量约1300m^3/s，下游附近河段的安全泄量约2900m^3/s；曼谷附近河段的安全泄量约3600m^3/s。如果考虑干流两侧的河渠分洪，大城府断面总的行洪能力也只有约2500m^3/s。

2011年那空沙旺水文站的实测洪峰流量达到4690m^3/s、2500m^3/s、3000m^3/s、4000m^3/s以上流量持续时间分别为76d、62d、36d，在湄南河干支流出现了多处堤坝决口和漫顶情况。洪水来量巨大与河道行洪能力不足的矛盾十分突出。

(2)蓄滞洪区容量有限，已建控制性水库尚有拦洪削峰滞洪的空间

湄南河流域现有蓄滞洪区规模较小，分蓄洪能力不足，尚难以处理超额洪水。湄南河流域已建成大中型水库共约70座，总库容约270亿m^3，其中库容(正常蓄水位对应库容)超过1亿m^3的大型水库11座，总库容约260亿m^3。这些水库的任务以灌溉、发电为主，兼顾防洪，一般没有专门就防洪问题考虑水库的相关调度方案。随着湄南河流域经济社

会的发展，对洪水管理提出了更高的要求，如何充分发挥水库的防洪作用成为当前湄南河流域洪水管理的重要内容。以 2011 年洪水为例，普密蓬水库、诗丽吉水库为了保证灌溉、发电用水和局部地区的防洪要求，蓄水较早，以致在后续更大洪水来临时，水库蓄水能力已经十分有限。

5.3.5.2 洪水出路安排的总体原则

湄南河流域防洪的重点是流域性洪水（如 1995 年、2006 年、2011 年洪水），此类洪水大多存在峰高量大、持续时间长、上下游洪水遭遇、潮水顶托明显等特点。这些特点决定了洪水出路安排必须坚持以泄为主、蓄泄兼筹、洪涝并治的原则。最重要的是解决洪水来量巨大与河道行洪能力不足的矛盾，提高河道排洪入海的能力，在此基础上通过上游水库的拦蓄和蓄滞洪区的运用，解决部分超额洪量，同时还要遵循洪水的自然规律，允许部分洪水漫溢，适度承担洪水风险。

5.3.5.3 典型洪水选择

威胁湄南河流域中下游的洪水主要有两种类型。第一类是区域性洪水。以 1983 年洪水为典型，这类洪水主要是局部地区降水形成，通过加强局部地区的防洪体系可有效减轻洪涝灾害损失，不致产生严重洪灾。第二类是流域性洪水。按洪水过程形态又可分为尖瘦型流域性洪水和肥胖型流域性洪水。对于尖瘦型流域性洪水，一般洪峰高但大流量持续时间不长，超额洪量较小，1995 年洪水和 2006 年洪水具有典型性。湄南河流域通过长期的防洪建设，水库等调蓄能力比较强，对于处理这类洪水已经具备一定条件，不致产生十分严重的洪灾。对于肥胖型流域性洪水，洪峰高，大流量持续时间长，超额洪量大，以 2011 年洪水为典型。湄南河现有的防洪体系还不能满足此类洪水的防洪减灾的需要。

近 20 年来，湄南河流域共发生过 4 次流域性洪水，即 1995 年、2002 年、2006 年、2011 年洪水。湄南河 4 场洪水洪峰、洪量成果见表 5.3-21，湄南河流域近 20 年发生的主要洪水过程见图 5.3-36。

表 5.3-21　　湄南河 4 场洪水洪峰、洪量成果(那空沙旺水文站实测)

典型洪水	那空沙旺水文站实测洪量(8—11 月)/亿 m^3	那空沙旺水文站实测洪峰/(m^3/s)
1995 年	252	4820
2002 年	211	3997
2006 年	272	5451
2011 年	324	4686

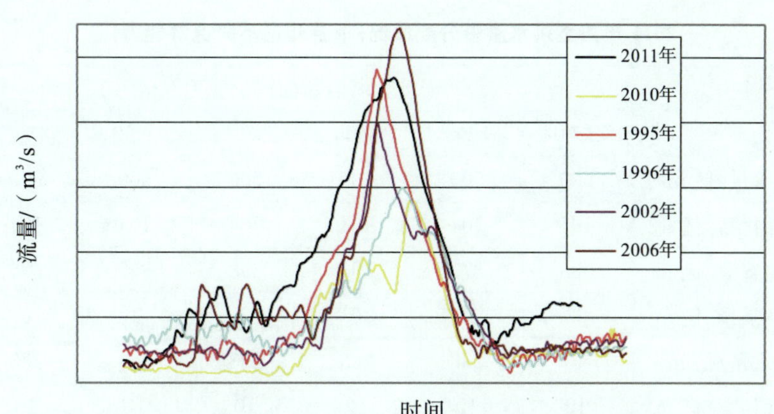

图 5.3-36 湄南河流域近 20 年发生的主要洪水过程线(那空沙旺水文站实测)

由表 5.3-22 和图 5.3-36 可知，在这 4 场洪水中，8—11 月洪量以 2011 年洪水最大，洪峰流量以 2006 年洪水最大。经初步频率分析，2011 年洪水的实测洪峰流量 15～20 年一遇，8—11 月洪量约 55 年一遇；2006 年洪水的实测洪峰流量 35～45 年一遇，8—11 月洪量都在 20 年一遇左右。考虑到 2011 年洪水是湄南河流域防洪规划的目标洪水，洪水出路安排分析主要针对 2011 年洪水进行，同时对洪峰流量较大的 2006 年洪水也进行了初步分析。2011 年、2006 年湄南河洪水洪量的实际分配情况见表 5.3-22。

表 5.3-22　　2011 年、2006 年湄南河洪水洪量的实际分配情况　　(单位:亿 m^3)

项目	2011 年		2006 年	
	那空沙旺水文站以上	那空沙旺水文站以下	那空沙旺水文站以上	那空沙旺水文站以下
来水量(还原)	500	233	421	150
水库拦蓄	103	10	92	10
河道宣泄及泵站抽排	314	96	256	73
超额洪量	83	127	73	67
超额洪量合计	210		140	

注:2011 年洪水统计时段从 6 月 1 日至 12 月 15 日，2006 年洪水从 6 月 1 日至 11 月 30 日。

5.3.5.4 2011 年典型洪水出路安排

(1)2011 年洪水的实际分配情况

湄南河下游泄洪的主要卡口在大城府河段，现状情况下，考虑干流两侧的河渠分洪，大城府断面总的行洪能力只有约 2500 m^3/s。2011 年洪水从 6 月 1 日至 12 月 15 日，全流域总来水量 733 亿 m^3，其中大城府断面以上来水量 678 亿 m^3，大城府断面以下来水量 55 亿 m^3，2011 年实际超额洪量(超过现状安全泄量 2500m^3/s)共有约 210 亿 m^3。2011 年典型洪水洪量分配情况见表 5.3-23。

表 5.3-23　　2011 年典型洪水洪量分配情况(下游河道不同行洪能力)

项目		大城府断面行洪能力/(m^3/s)						
		2500	3200	3500	3800	4000	4300	4500
那空沙旺水文站以上	来水量/亿 m^3	500	500	500	500	500	500	500
	水库拦蓄/亿 m^3	105	104	104	104	104	104	104
	河道宣泄/亿 m^3	333	377	391	393	395	396	396
	超额洪量/亿 m^3	63	19	6	3	1	0	0
那空沙旺水文站以下	来水量/亿 m^3	233	233	233	233	233	233	233
	水库拦蓄/亿 m^3	10	10	10	10	10	10	10
	河道宣泄及泵站抽排/亿 m^3	87	102	113	129	138	153	163
	超额洪量/亿 m^3	136	121	110	94	85	70	60
全流域合计	来水量/亿 m^3	733	733	733	733	733	733	733
	水库拦蓄/亿 m^3	115	114	114	114	114	114	114
	河道宣泄/亿 m^3	419	479	503	523	533	549	559
	超额洪量/亿 m^3	199	140	116	97	86	70	60

注:统计时段从 2011 年 6 月 1 日至 12 月 15 日。

根据 2011 年洪水的实际分配情况,以及湄南河流域防洪存在的主要问题,初步考虑采取以下几项措施对 2011 年典型洪水的出路进行安排。

1)调整上游已建水库的调度方式,预留部分防洪库容,拦蓄更多的有效洪量,充分发挥水库的防洪作用。

2)通过采取工程措施(如河道整治、适当加高堤防、开挖新的分洪渠道等),提高下游河道的泄洪排洪能力。

3)合理安排蓄滞洪区建设,做到有效有序分滞超额洪量。

(2)增加上游水库拦蓄洪量分析

湄南河流域目前已建的大中型水库中,位于滨河的普密蓬水库和位于难河的诗丽吉水库具备较大的库容和防洪能力。经统计,2011 年汛期普密蓬、诗丽吉两座水库的最大蓄水量分别为 65.0 亿 m^3、44.4 亿 m^3(从 6 月初开始计算),但在那空沙旺水文站超过安全泄量(现状为 2500m^3/s)的时段内,两座水库蓄水能力仅余 30.8 亿 m^3、5.4 亿 m^3。以致在主汛期 9 月、10 月更大洪水来临时,水库蓄水能力已经有限,没有充分发挥其防洪作用。因此,有必要对水库运行方式进行调整,在主汛期前预留一定的防洪库容,进一步发挥水库拦洪、削峰、错峰作用。

经初步研究,按照防洪和兴利相结合的原则,推荐近期普密蓬水库和诗丽吉水库采用分期预留、逐步蓄水的方式预留防洪库容,7 月底两座水库共预留防洪库容 71 亿 m^3、8 月底预留 59 亿 m^3、9 月底预留 26 亿 m^3、10 月底蓄至正常蓄水位。经初步分析计算,按照上述方

式进行调度，对于2011年典型洪水，现状情况下那空沙旺水文站超额洪量可以由83亿 m^3 减小到63亿 m^3，流域总超额洪量也可以减小约10亿 m^3。

(3)提高下游大城府断面行洪能力分析

蓄与泄是共同解决2011年典型洪水的基本措施，湄南河下游河道的行洪能力反映了洪水泄入泰国湾的水量，超过上述泄量的超额洪量，需采取计划分洪妥善处理。下游河道的行洪能力越大，泄入泰国湾的水量就越大，超额洪量就越小，所需计划分洪量就越少；否则所需的分洪量就大。因此，应研究下游河道行洪能力与超额洪量的关系，为洪水出路安排提供依据。

湄南河下游泄洪的主要卡口在大城府河段，现状情况下，考虑干流两侧的河渠分洪，大城府断面总的行洪能力只有约2500 m^3/s。根据湄南河流域的特点及防洪工程现状，研究将大城府断面行洪能力分别增加到3200m^3/s、3500m^3/s、3800m^3/s、4000m^3/s、4300m^3/s、4500m^3/s等方案。各方案普密蓬水库、诗丽吉水库均考虑按上述推荐方式预留防洪库容，但对于行洪能力超过3500m^3/s的方案，两座水库仍按3500m^3/s对那空沙旺水文站进行补偿调度，这样两座水库仍可以蓄到正常蓄水位，并且可以增大下游洪水的宣泄量。经计算，在大城府断面不同行洪能力情况下，遇2011年洪水流域洪量分配成果见表5.3-23，2011年典型洪水超额洪量见图5.3-37。

那空沙旺水文站以下水库拦蓄指邦葛河、沙格兰河上的水库。

根据表5.3-24成果、图5.3-37成果，以及湄南河流域特点及工程实施的可行性，建议将大城府断面的行洪能力由现状的2500m^3/s提高到3800m^3/s，这样流域总的超额洪量可以控制在100亿 m^3 左右，具备通过蓄滞洪区和洪泛区滞蓄予以妥善处理的可能性。

鉴于大城府干流河段“扩卡”具有较大难度，主要考虑采取以下工程措施提高其泄洪能力：一是对洛伊河、塔金河以及大城府河段的分洪渠道进行重点整治，提高这些河道和渠道的行洪能力；二是适当加高湄南河干流大城府河段的堤防，增加其行洪能力。通过上述两项措施，力争使大城府断面的行洪能力在现状的基础上增加300m^3/s。三是从湄南大坝上游沿东岸开挖一条新的分洪渠道至泰国湾（以下称“东岸分洪渠”），渠道设计流量按1000m^3/s考虑。考虑以上三项措施后，大城府断面的行洪能力由现状的2500 m^3/s 增加到3800m^3/s。

表5.3-24　　2011年典型洪水大城府断面以上来水组成情况

项目	那空沙旺水文站以上	那空沙旺水文站至大城府区间					来水总计
		邦葛河	沙格兰河	湄南河干流	塔金河	区间合计	
来水量（亿 m^3，还原）	500	75	22	47	34	178	678

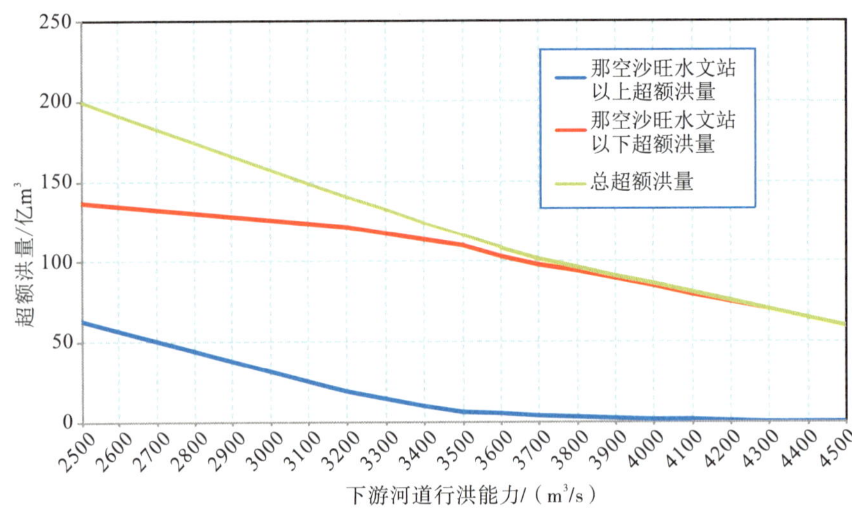

图 5.3-37　2011 年典型洪水超额洪量(下游河道不同行洪能力)

(4)增加邦葛河排洪量分析

邦葛河与湄南河干流的汇合口即为大城府河段,邦葛河流域面积 16225km^2,而那空沙旺水文站与大城府河段区间的流域面积 38617km^2,邦葛河流域面积占该区间的 42%。邦葛河洪水水量较大,其洪水全部汇入大城府河段,很大程度上加重了大城府河段的防洪压力。

由表 5.3-23 可知,将大城府断面的行洪能力提高到 3800m^3/s 后,流域总的超额洪量仍有 97 亿 m^3,其中那空沙旺水文站以上 3 亿 m^3、那空沙旺水文站以下 94 亿 m^3。超额洪量全部出现在 9 月和 10 月。经统计,9 月和 10 月邦葛河的总来水量达 51 亿 m^3,占那空沙旺水文站以下超额洪量的 54%。因此,应采取工程措施将邦葛河的洪水进行分洪,减轻大城府河段的防洪压力。

经初步规划,新建的东岸分洪渠需经过邦葛河,可利用该渠道将邦葛河的部分洪水分洪至泰国湾。初步分析分洪流量可按 500m^3/s 考虑。对于东岸分洪渠,湄南大坝—邦葛河设计流量按 1000m^3/s 考虑,而邦葛河—泰国湾的设计流量按 1500m^3/s 考虑。这样在 9 月、10 月可以将邦葛河 500m^3/s 以下约 25 亿 m^3 洪量全部排出泰国湾,使流域总的超额洪量减小到 70 亿 m^3 左右。

(5)2011 年典型洪水出路安排

按照以上分析拟定的条件(即考虑普密蓬水库、诗丽吉水库预留防洪库容,提高下游大城府断面行洪能力,增加邦葛河排洪量等措施后),对 2011 年典型洪水的出路进行安排。大城府断面是行洪的控制性断面,因此洪水出路安排分为大城府断面以上和以下两部分进行分析。

1)大城府断面以上洪水出路安排。

经还原分析,2011 年 6 月 1 日至 12 月 15 日大城府断面以上总来水量 678 亿 m^3,其中那空沙旺水文站以上来水 500 亿 m^3,那空沙旺水文站—大城府来水 178 亿 m^3。2011 年典型洪水大城府断面以上来水组成情况见表 5.3-24,2011 年典型洪水大城府断面以上洪水出路安排情况见表5.3-25。

表5.3-25 2011年典型洪水大城府断面以上洪水出路安排情况 (单位:亿 m^3)

项目		洪水出路安排
那空沙旺水文站以上	来水量	500
	水库拦蓄	104
	河道宣泄	393
那空沙旺水文站—大城府区间	来水量	178
	水库拦蓄	10
	河道宣泄(包括邦葛河分洪入海)	100
合计	来水量	678
	水库拦蓄	114
	河道宣泄	493
	超额洪量	71

注:1. 统计时段从2011年6月1日至12月15日。

2. 那空沙旺水文站—大城府区间水库拦蓄指邦葛河、沙格兰河上的水库。

由表5.3-25可知,2011年6月1日至12月15日湄南河流域大城府断面以上总来水量678亿 m^3,上游水库拦蓄洪量114亿 m^3(包括普密蓬水库、诗丽吉水库、邦葛河水库及沙格兰河上的水库等),通过河道和分洪渠道等宣泄洪水114亿 m^3,剩余超额洪量71亿 m^3。这部分超额洪量需通过蓄滞洪区和洪泛区滞蓄予以解决。

2)大城府断面以下洪水出路安排。

经还原分析,2011年6月1日至12月15日大城府断面以下总水量约55亿 m^3,其中湄南河干流水量32亿 m^3,塔金河水量23亿 m^3。大城府断面以下湄南河干流的行洪能力均在3000 m^3/s 以上,且东、西两岸灌排渠道密布,抽水泵站多,可通过灌排渠道和抽水泵站将洪水抽至湄南河干流、那空那育河、邦坝空河、塔金河后排至泰国湾,或通过灌排系统直接抽排至泰国湾。

根据有关统计资料,目前湄南河东、西两岸平原区共安装有水泵469台,抽排能力达7520万 m^3/d,泰国政府还计划新增水泵268台,使抽排能力达到1.36亿 m^3/d。2011年6月1日至12月15日大城府断面以下总水量约55亿 m^3,其中9月水量最大20亿 m^3,相当于平均每天来水6700万 m^3。下游东、西两岸灌排渠道和泵站完全具备能力将这些水量抽排入海。

5.3.5.5 2006年典型洪水出路安排

2006年洪水从6月1日至11月30日,全流域总来水量571亿 m^3,其中大城府断面以上536亿 m^3,大城府断面以下35亿 m^3,2006年实际超额洪量(超过现状安全泄量2500 m^3/s)共有约140亿 m^3。根据2006年洪水的实际分配情况,考虑普密蓬水库和诗丽吉水库预留防洪库容、提高下游大城府断面行洪能力、新建东岸分洪渠增加邦葛河排洪量等措施后。2006

年典型洪水大城府断面以上洪水出路安排见表 5.3-26。大城府断面以下总水量约 35 亿 m^3，可通过灌排渠道和抽水泵站抽至湄南河干流、那空那育河、邦坝空河、塔金河后排至泰国湾，或通过灌排系统直接抽排至泰国湾。

表 5.3-26　**2006 年典型洪水大城府断面以上洪水出路安排**　（单位：亿 m^3）

项目		洪水出路安排
那空沙旺水文站以上	来水量	421
	水库拦蓄	89
	河道宣泄	312
	超额洪量	20
那空沙旺水文站—大城府区间	来水量	115
	水库拦蓄	10
	河道宣泄（包括 Pasak 河分洪入海）	71
	超额洪量	34
合计	来水量	536
	水库拦蓄	99
	河道宣泄	383
	超额洪量	54

注：1. 统计时段从 2006 年 6 月 1 日至 2011 年 11 月 30 日。

2. 那空沙旺水文站—大城府区间水库拦蓄指邦葛河、沙格兰河上的水库。

5.3.5.6 清迈、素可泰洪水出路安排

清迈和素可泰是湄南河流域上游防洪问题较为突出的城市。目前，清迈河段的行洪能力只有 500m^3/s 左右，素可泰河段的行洪能力只有 300m^3/s 左右，两座城市所在河段的行洪能力不足，防洪标准偏低。

（1）清迈洪水出路安排

根据规划，清迈的防洪标准应达到 50 年一遇。考虑对清迈河段的河道进行疏浚和整治，配合堤防的加高加固，使清迈河段的行洪能力提高到 700m^3/s，剩余的 0.48 亿 m^3 超额洪量由上游已建的眉加特水库拦蓄解决。

（2）素可泰洪水出路安排

根据规划，素可泰农村地区的防洪标准应达到 10 年一遇。考虑对素可泰河段的河道进行疏浚和整治，使其行洪能力达到 500 m^3/s；同时，通过新建一条过流能力为 500 m^3/s 的分洪渠道分洪，使断面总的行洪能力达到 1000 m^3/s，剩余的 12.4 亿 m^3 超额洪量一方面通过卡恩苏腾水库拦蓄一部分，另一方面通过在附近规划蓄滞洪区予以解决。

素可泰城区的防洪标准规划为 20 年一遇，在考虑上述措施后，规划通过加高加固城市

堤防，形成封闭的防洪保护圈，使其防洪标准达到 20 年一遇。20 年一遇洪水超过 1000m^3/s 的洪量 18.2 亿 m^3，仍有约 6 亿 m^3 洪量需在附近农村地区洪泛。

5.3.6 防洪体系布局

湄南河以那空沙旺为界，可分为上游和下游，根据流域上、下游的不同特点，其防洪减灾研究的侧重点也有所不同。针对湄南河流域防洪存在的主要问题和洪灾特点，其防洪工程体系总体布局应采取“上拦、中滞、下排”的洪水治理思路，具体为：①上游地区在充分挖潜现有水库调蓄洪水能力的前提下，适当新建水库，增加防洪库容，尽量削减洪峰，减轻对下游的防洪压力。②中下游改造现有蓄滞洪区，利用湿地和低洼地区新建适量的蓄滞洪区，增加分洪容积。③下游平原河网地区实施河道整治工程，根据需要在合适区域新建分洪渠道，增加排洪入海能力。④重点地区按照分区防护和治涝要求，开展堤防和泵站工程建设；河口地区研究海堤和挡潮闸建设方案，提高沿海地区防风暴潮的能力，减轻海潮顶托对河道行洪的影响。在非工程措施方面，加强水情自动测报和洪水预报预警建设，建立防汛指挥系统；建立健全防洪法律法规，加强防洪管理；优化上游重要水库调度方式，充分挖潜现有水库调蓄洪水的能力等。

通过上述工程措施和非工程措施，形成湄南河流域综合的防洪减灾体系。湄南河流域主要防洪工程体系总体布局见图 5.3-38。各项工程与非工程措施分述如下。

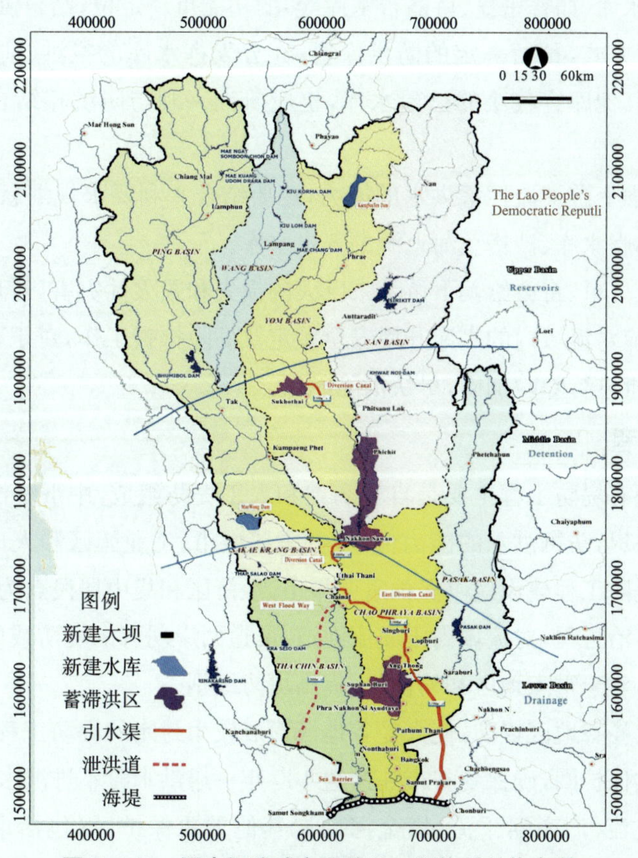

图 5.3-38　湄南河流域主要防洪工程体系总体布局

5.3.6.1 水库工程

水库工程是湄南河流域防洪的重要工程措施之一，湄南河流域已建成大中型水库共约70座，总库容约270亿m^3，这些水库为流域的防洪减灾发挥了重要作用。为了增强上游支流拦蓄洪水的能力，还要结合兴利要求规划新建一批水库，包括永河上游的卡恩苏腾水库、沙格兰河上游的麦永水库。这两座水库结合兴利要求预留一定规模的防洪库容，可提高所在支流下游地区的防洪标准（卡恩苏腾水库可提高素可泰的防洪标准，麦永水库可提高乌泰他尼的防洪标准），同时也可在一定程度上减轻湄南河中下游地区的防洪压力。

已建水库在近几年的防汛实践中发挥了较大作用，但这些水库的功能以灌溉、发电为主，兼顾防洪任务，一般没有专门就防洪问题考虑水库的相关调度方案，防洪作用未充分发挥。本次研究对普密蓬、诗丽吉两座水库预留防洪库容的规模和方式进行了初步分析，推荐两座水库采用分期预留、逐步蓄水的方式预留防洪库容，7月底两座水库共预留防洪库容71亿m^3、8月底预留防洪库容59亿m^3、9月底预留防洪库容26亿m^3、10月底蓄至正常蓄水位。经分析，按照上述规模和方式预留防洪库容能较为充分地发挥两座水库的防洪作用，且对水库的兴利影响不大。经对2011年洪水和2006年洪水进行调度模拟，对2011年典型洪水可增加拦蓄有效洪量20亿m^3，对2006年典型洪水可增加拦蓄有效洪量10亿m^3。因此，有必要对重要水库（如普密蓬、诗丽吉水库等）的功能重新定位，结合洪水测报系统建设，调整水库运行调度方式，预留一定的防洪库容，充分发挥水库的拦洪、削峰、错峰作用。另外，对于流域内的其他库容较小的已建水库，也应研究兴利与防洪相结合的较合理的调度方式。

同时，为了增强上游支流拦蓄洪水的能力，还要结合兴利要求规划新建一批水库，包括永河上游的卡恩苏腾水库、沙格兰河上游的麦永水库。

病险水库一旦失事，将会给其下游带来巨大的损失和毁灭性灾害，对环境也将带来不可估量的影响，因此应对流域内的水库开展安全鉴定及病险排查工作，对于存在安全隐患的病险水库，应分期分批进行除险加固，尽快消除隐患。

5.3.6.2 堤防工程

湄南河流域现有堤防工程主要是自然高地和人工堤防组成，中下游沿岸一般结合公路建设形成低矮的路堤，防御洪水的能力低，有些重要城市、工业园区和人口集中的城镇没有得到有效保护。堤防工程建设应以保护重要城市、经济区和集中居民点为重点进行建设。

1）结合岸线整治工程，对流域内干支流河道、渠道两岸现有的堤防或防浪墙进行全面的修复、加高和加固，对于重点地区和河段，应提高堤防级别。

2）重点建设大曼谷地区堤防，使大曼谷地区形成较为封闭的堤防工程体系，曼谷市形成高标准的封闭防洪保护圈，确保曼谷市在遭遇100年一遇洪水时不进洪水。

3）对于上游支流、湄南河干流、塔金河两岸其他重要保护区（包括重要城市及工业园区），根据城市规模和地形特点，按分区防护的原则，通过建设堤防，形成具有一定防洪能力的防洪封闭保护圈，使这些重要保护区达到规划规定的防洪标准。这些重要地区包括上游的清迈、素可泰、彭世洛、披集，中下游的那空沙旺、乌泰他尼、猜纳、信武里、红统、大城、素攀武里等。

5.3.6.3　蓄滞洪区工程

蓄滞洪区工程是湄南河流域防洪体系的重要组成部分，其主要作用是蓄滞超额洪水，削减河道水量及洪峰，减轻河道两岸堤防和下游的防洪压力，以保障重点地区的防洪安全。蓄滞洪区建设宜遵循“因地制宜、上下游兼顾”的原则，尽量选择地势低洼、容量大、人口少、损失小、分滞洪便利的区域，同时应加强配套工程建设与补偿机制研究，充分发挥蓄滞洪区在防洪、灌溉和垦殖等方面的功能，调动居民参与的积极性。主要工程包括以下措施。

1)对现有的洪泛区(包括永河、难河下游至那空沙旺附近的洪泛区，那空沙旺—大城府河段的天然洼地洪泛区)进行改建和扩建，增加蓄洪容积，进一步发挥洪泛区调蓄洪水的作用。

2)集中兴建若干蓄滞洪区以处理超额洪量。具体包括在永河素可泰河段附近地区新建容积 5 亿～7 亿 m^3 的蓄滞洪区；在素可泰—那空沙旺的永河、难河地区新建容积 30 亿～40 亿 m^3 的蓄滞洪区；在下游大城府附近地区新建容积 20 亿～30 亿 m^3 的蓄滞洪区。

5.3.6.4　河道整治工程与分洪道工程

湄南河流域防洪最突出的矛盾是河道的泄洪能力与来水不相适应，河段之间的行洪能力不协调，存在行洪“卡口”。因此，必须在局部河段实施河道整治和开辟分洪道工程，尽可能扩大行洪断面，使河道上下游行洪能力相协调，整体上提高河道的行洪能力。具体包括：

1)在永河素可泰河段，规划新建一条过流能力为 $500m^3/s$ 的分洪渠道分洪至下游，使断面总的行洪能力达到 $1000m^3/s$。

2)对于永河、难河下游至那空沙旺附近的洪泛区，规划新建一条过流能力 $1000m^3/s$ 的排洪渠道至那空沙旺以下的湄南河干流，并设置退水控制闸门。这主要是由于永河、难河一般是 8 月、9 月洪水较大，而湄南河下游一般是 9 月、10 月洪水较大，而该洪泛区受河道行洪能力限制，前期退水较慢、淹没时间长，2011 年集中在 10 月退水，与下游暴雨洪水遭遇，反而加重了下游的防洪压力。因此，规划新建一条排洪渠道至那空沙旺以下的湄南河干流，可以增加前期退水速度，减少淹没时间，为后期拦蓄有效洪量腾空容积。

3)对大城府附近的湄南河干流和 Noi 河，规划采取清障、扩卡和疏浚等措施进行整治，对该河段的现有分洪渠道进行扩宽和改造，使大城府断面的行洪能力在现状的基础上增加 $300m^3/s$。

4)从湄南大坝上游沿东岸开挖一条新的分洪渠道至泰国湾(即东岸分洪渠)，其中湄南大坝—邦葛河可利用现有的猜纳—邦葛河渠道扩宽改造，设计流量按 $1000m^3/s$ 考虑，邦葛河—泰国湾的设计流量按 $1500\ m^3/s$ 考虑。

5)对流域内现有的主要灌排渠道进行全面整治，充分挖掘现有渠道的分洪潜力，缓解主干河道泄洪压力。

6)对湄南河干流、塔金河的其他主要问题河段，进行清障、疏浚、护岸处理，对沿河两岸乱建、乱搭的居民住房侵占河道而影响行洪的，应尽可能清理。

7)为应对超标准洪水，规划从湄南大坝上游沿西岸开辟一条行洪通道至眉空河，再通过眉空河排至泰国湾。该行洪通道的过流能力初步考虑为 1000m^3/s。行洪通道两侧修建堤防，沿堤防开挖灌溉渠道，通道在遇超标准洪水时可视需要临时分洪入海，其他时间可恢复耕种，通道两侧渠道可灌溉两岸农田。

5.3.6.5 河口整治工程

根据沿海潮水特点，研究在湄南河河口建设海堤和挡潮闸的建设方案，在河口地区形成“猴脸”工程，并通过合理的闸门调度运用，高挡低排，减轻海潮顶托对河道行洪的影响，减轻曼谷地区防洪压力。降低湄南河干流水位后，可为下游地区城市排涝创造有利条件。另外，海堤建成后能够防潮、防浪、防海水侵蚀，对缓解曼谷地区的地面沉降也有一定作用，同时结合填海造地、滩涂开发、城市建设、旅游开发等工程措施，将沿海岸线地区建成集中工业园区、物流运输、生态观光、休闲旅游于一体的黄金地带。挡潮闸工程方案示意图见图 5.3-39。

(a)方案设想 1

(b)方案设想 2

图 5.3-39 挡潮闸工程方案示意图

5.3.6.6 重点城市排涝工程

湄南河流域大城府断面以下为平原河网地区，由于地势低，且发生洪水时外河水位高，容易形成内涝灾害，因此该区域的暴雨洪水考虑通过灌排渠道和泵站系统进行抽排。为进一步提高该区域的排洪排涝能力，考虑采取以下措施。

1)实施泵站、水闸、渠系、管路的水毁修复工程，对于运行年限较长已经老化的水泵或故障率较高、效率较低的水泵应予以更换，有条件的应根据设计要求进行扩容改造；完善配套工程，保证内外排水通畅。制定和完善灌排系统的调度运行方案，提高排洪排涝能力。

2)结合城区市政排污和污水处理工程的实施，完善城区自排与抽排相结合的排涝体系。根据 2011 年洪水期间的内涝积水分布和泵站运行情况，选择合适位置、适当新建抽水泵站，进一步提高抽排能力。

3)增加一定规模的移动式抽水泵站,作为区域暴雨、工程失事、洪水漫堤等突发事件的应急处置措施。

4)利用低洼地等设置一定规模的蓄涝区,汇集和调节涝水。

5.3.6.7 水土保持工程

湄南河流域的水土流失治理,要全面规划,突出重点,以各支流中上游水土流失严重地区为重点,坚持以小流域为单元,山水田林草统一规划,采取工程、生物和农业耕作措施相结合,综合治理。中上游地区应大力开展封山植树、退耕还林还草工作,消灭宜林荒山荒坡,积极开展滑坡、泥石流防治工作。要依法公告水土流失重点防治区,严禁毁林开荒和陡坡开荒。要加强对农村荒山、荒沟、荒丘、荒滩资源治理开发的管理工作,切实依靠政策,调动当地居民治理水土流失的积极性,加快治理速度。与此同时,要依法加强对有关开发建设活动的水土保持监督,防止造成新的水土流失。

5.3.6.8 防洪非工程措施

防汛抗洪救灾涉及各行各业和经济社会各个方面,关系到社会安定、经济发展和居民的切身利益,只有建立完善的非工程措施体系,才能合理权衡各方利益,协调处理各种矛盾,有效整合各种资源,不断强化防洪基础,提高防汛抗洪能力。

1)建立健全以政府为主导的权威、高效、科学、统一的防汛指挥组织体系,对防汛工作实行统一领导、统一指挥和统一调度,充分发挥各部门、各行业、非政府组织和社会志愿者的作用,确保防汛抗洪工作的顺利进行。

2)建立健全防洪法律法规体系,加强防洪管理,使防洪工作正规化、规范化。包括有关河道管理、防洪工程建设、防洪工程管理运用、蓄滞洪区和洪泛区管理、洪灾补偿等方面的法律法规。

3)建立以水情预报为基础,以决策支持系统为核心的防汛指挥系统。包括信息采集系统、信息传输系统、计算机网络系统、决策支持系统。为各级防洪抗旱指挥决策部门及时提供各类防汛抗旱信息,较准确地做出降水、洪水预测预报,为防洪调度决策、指挥抢险救灾提供有力的技术支持和科学依据。

4)研究制定洪水调度方案,逐步构建比较完善的防洪减灾应急预案体系。洪水调度方案应包括堤防、重要水库、蓄滞洪区、湖泊、分洪河道等工程设施控制运用的具体实施方案。应急预案包括山洪灾害防御、水库(堤防)应急抢险、台风暴潮灾害防御、危险地区人员转移安置预案等,并根据预案进行演练,提高应急响应能力。

5)在现有防洪减灾保障体系的基础上,重点完善物资保障、人员队伍保障、社会救助保障以及社会动员与教育培训机制,确保防洪减灾工作的顺利开展,实现防洪减灾效益的最大化目标。

5.4 呵叻高原抗旱攻略

5.4.1 区域概况

5.4.1.1 自然地理及水系

泰国东北部高原(图 5.4-1)又称呵叻高原,位于 14°07′～18°30′N,100°50′～105°40′E,区域总面积 16.9 万 km^2,约占泰国总面积的 1/3,涉及那空帕农、莫达汉等 19 个府。呵叻高原海拔 100～1300m,地势由西向东倾斜,起伏不大;西端为与泰国中部地区分界的碧差汶山脉,南端为与泰国东部地区分界的山甘烹山脉和与柬埔寨分界的扁担山脉。

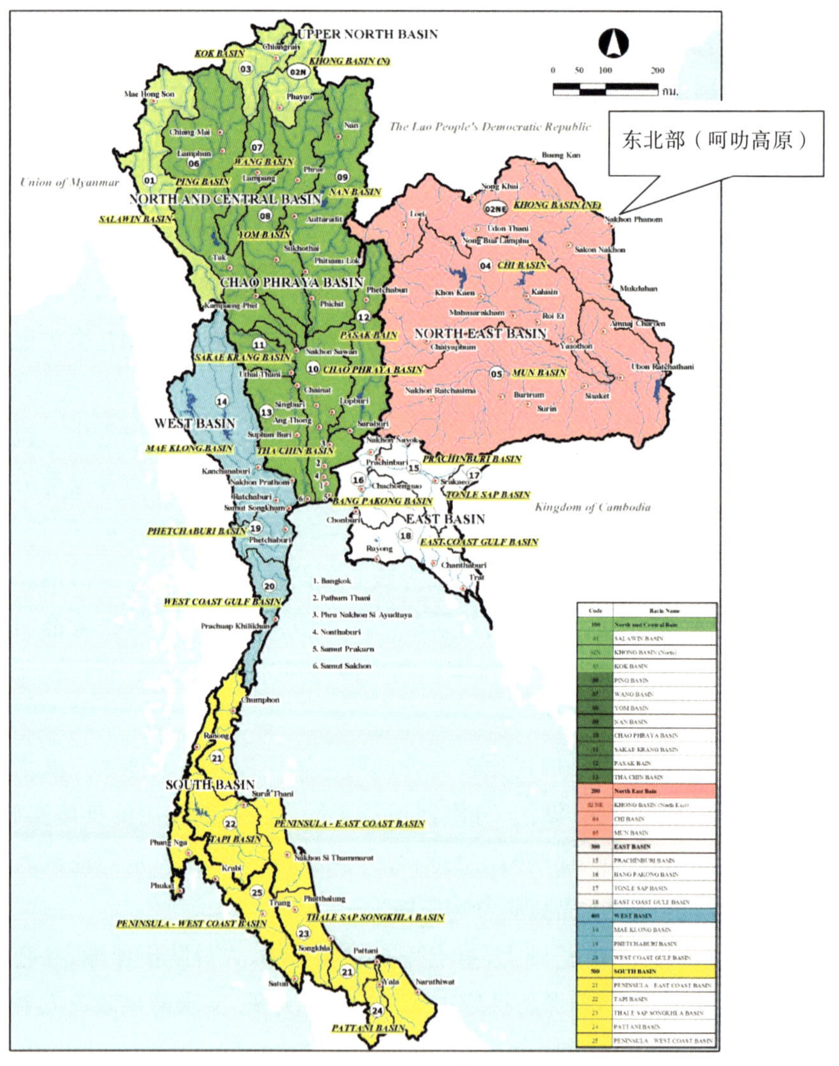

图 5.4-1 呵叻高原位置示意图

呵叻高原属湄公河流域,主要河流有湄公河清刊—空坚段、蒙河和奇河,其中奇河是蒙河的支流，蒙河是湄公河的支流。呵叻高原水系示意图见图 5.4-2。

湄公河清刊—空坚段也称孔河，流经呵叻高原北部、东北部和东部，区域面积约 4.98 万 km^2，涉及那空帕农、莫达汉、耶梭通、黎逸、黎、沙功那空（又称色军府）、廊开、廊磨喃蒲、安纳乍能、乌隆、乌汶等 11 个府。主要支流有黎河、南琅河以及松琴河等，多年平均径流量约 245.8 亿 m^3。流域已建成会隆等大型水库及一些中、小型水库，已建水库库容约 14.62 亿 m^3（约占全年径流量的 6%）。流域现状农业用地面积达 1780 万莱（1 莱 = $1600m^2$），灌区面积仅 125 万莱（约占农业面积的 7%）。

图 5.4-2 呵叻高原水系示意图

奇河流经呵叻高原中部，区域面积 4.95 万 km^2，涉及猜也奔、坤敬、加拉信、玛哈沙拉堪、黎逸、耶梭通、乌汶、呵叻、黎、廊磨喃蒲、乌隆和四色菊等 12 个府。主要支流有丰河、宝河和阳河，多年平均径流量约 119.5 亿 m^3。流域已建成乌汶拉和兰宝两座大型水库及其他中、小型水库。已建水库总库容 53.6 亿 m^3，约占河流年径流量的 48%。其中，乌汶拉和兰宝两座大型水库总库容约 44.1 亿 m^3，有效库容约 37.3 亿 m^3，可储存该流域径流的 40%。流域现状农业用地约 2034 万莱，灌区面积 245 万莱，仅占农业用地面积的 12.1%。

蒙河流经呵叻高原南部，区域面积 6.97 万 km^2，涉及吾里南、素辇、坤敬、玛哈沙拉堪、黎逸、耶梭通、乌汶、安纳乍能、加拉信、呵叻、四色菊等 11 个府。主要支流有 Lam Plai Mat

河、Lam Nam Chi 河和 Lam Dom Yai 河以及 Lam chiang Krai 河，蒙河水系示意图见图 5.4-3。流域多年平均径流量约 189.7 亿 m^3，已建水库总库容 43.6 亿 m^3，约占河流年径流量的 25%；其中 Lamtakhong 等 6 座大型水库总库容 10.6 亿 m^3。流域现状农业用地约 3240 万莱，灌区面积 225 万莱，仅占农业用地面积的 6.9%。

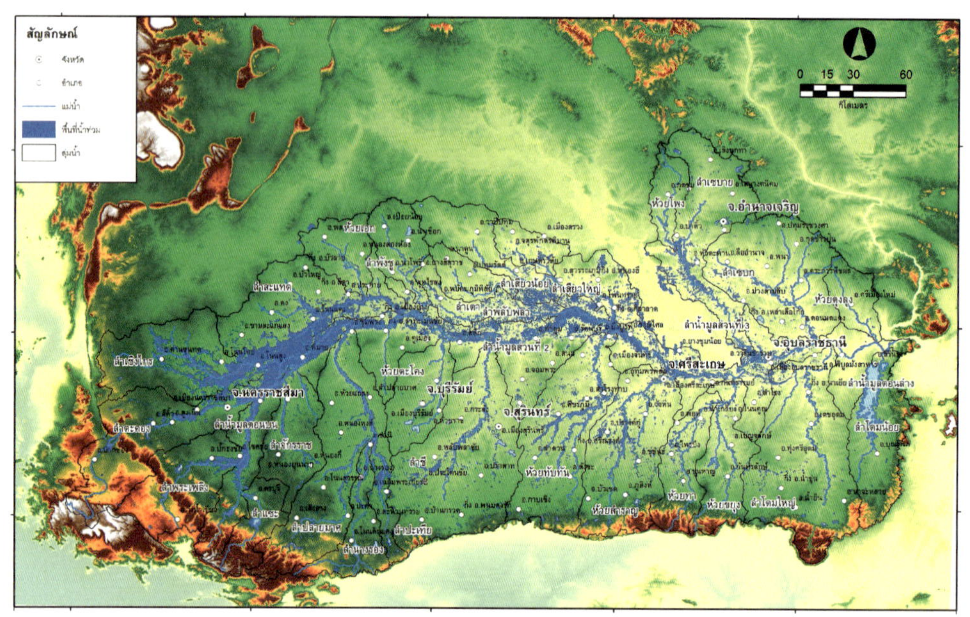

图 5.4-3 蒙河水系示意图

5.4.1.2 水文气象

(1)气象

泰国呵叻高原地处东南亚热带地区，受西南季风、东北季风和热带气旋影响，全年气候可以分为热季、雨季和凉季 3 个季节。热季从 2 月中旬至 5 月中旬，是东北风转东南风的时节，气温较高，时常有冷气团南下入侵引起狂风和雷暴雨。雨季从 5 月中旬开始至 10 月中旬，在西南风笼罩下，加上热带气旋影响，降水频繁；凉季从 10 月中旬开始一直到次年 2 月中旬结束，受东北季风影响，天气晴朗、凉爽干燥。另外，通常也将 5—10 月称为雨季，11 月至次年 4 月称为旱季。

呵叻高原多年平均气温 26.5℃，多年平均蒸发量 1140.9mm，相对湿度 87.8%。

(2)降水

呵叻高原受东南季风影响，年降水比较丰富，但是时空分布不均。整个呵叻高原年均降水量约 1326.2mm，其中雨季(5—10 月)降水量 1183.9mm，占全年降水的 89.3%，旱季(11 月至次年 4 月)降水量 142.4mm，占全年降水量的 10.7%。其中，位于北侧的孔河流域年均降水量最大 1530.5 mm，占全年降水量的 91%，奇河和蒙河流域的年均降水量分别为 1207.90 mm、1268.00 mm，雨季降水量占全年降水量的 88.6%、88.3%。东北部 3 个流域

的年均降水量特征值见表 5.4-1，各月降水量分布见图 5.4-4、图 5.4-5、图 5.4-6。从图表分析，3 个流域的降水在雨季和旱季分配都很不均匀，同时降水在年际的分配也相差较大，尤其是孔河流域，最枯年份的降水量 632.9 mm，只有多年平均降水量 1530.5 mm 的 41.4%。

表 5.4-1　　　　东北部 3 个流域的年均降水量特征值

项目		孔河	奇河	蒙河	呵叻高原
年	平均降水量/mm	1530.5	1207.9	1268.0	1324.2
	年际变幅/mm	632.9～2494.8	977.6～1616.4	916.4～1757.8	—
雨季	平均降水量/mm	1392.1	1070.3	1119.9	1182.0
	占全年的比例/%	91.0	88.6	88.3	89.3
旱季	平均降水量/mm	138.4	137.6	148.1	142.3
	占全年的比例/%	9.0	11.4	11.7	10.7

注：1. 3 个流域降水量数据摘自东北部 3 个流域的报告。

2. 整个呵叻高原降水量据 3 个流域加权计算。

3. 数据来源于泰国皇家灌溉部水文和水资源管理办公室(2010 年)。

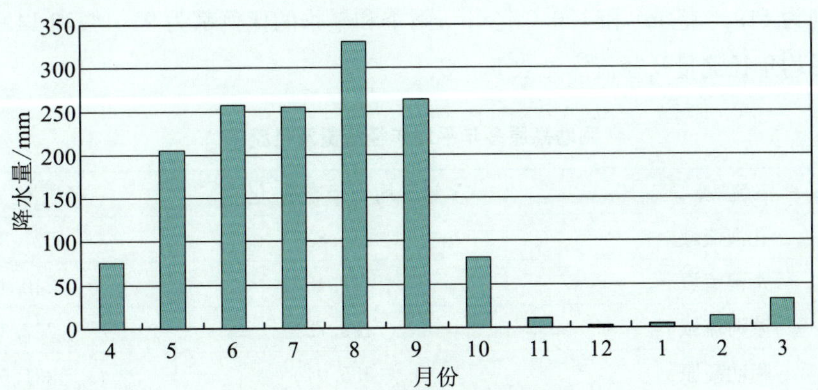

图 5.4-4　孔河流域各月降水量分布

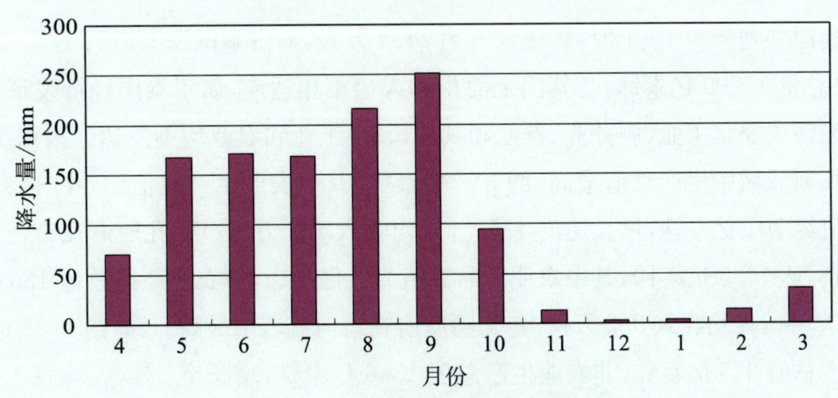

图 5.4-5　奇河流域各月降水量分布

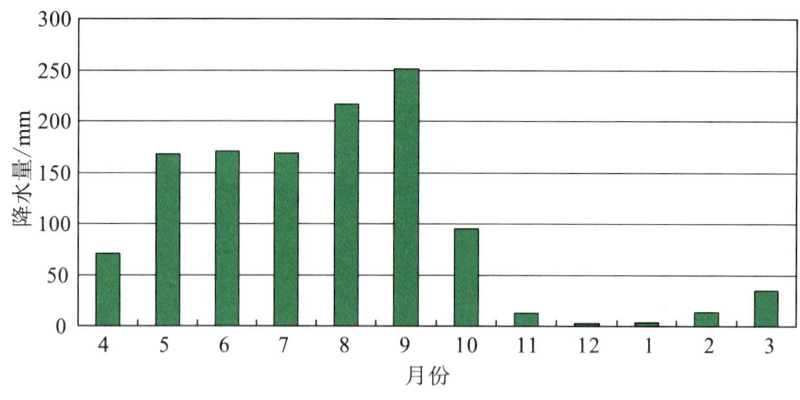

图 5.4-6　蒙河流域各月降水量

（3）径流

该地区水资源相对丰富，但受到降水时空分布不均的影响，其径流量年内分布也极不均匀。整个呵叻高原多年平均年径流量约 555.04 亿 m^3，雨季（5—10 月）径流量约 490.0 亿 m^3，占全年径流量的 88.3%，旱季（11 月至次年 4 月）仅占全年径流量的 11.6%。其中，位于北面的孔河年径流量约 245.8 亿 m^3，雨季和旱季分别占 85.9%和 8.6%，奇河和蒙河流域年径流量分别为 119.5 亿 m^3 和 190.0 亿 m^3，雨季和旱季的比例都为 91.4%和 14.1%。呵叻高原多年平均年径流量及径流深见表 5.4-2。

表 5.4-2　　呵叻高原多年平均年径流量及径流深

流 域	多年平均年径流量/亿 m^3	径流深/mm
孔河流域	245.83	521.3
奇河流域	119.48	242.4
蒙河流域	189.72	267.3
呵叻高原	555.04	331.5

5.4.1.3　经济社会

呵叻高原共划分为 19 个府，居住人口约 2132 万人，约占泰国总人口的 1/3。2011 年该区域 GDP 总量 11200 亿泰铢，与其国土面积和人口不相适应，属于泰国经济发展落后的地区。地区经济主要是工业、服务业、农业和其他，其中工业和农业均不发达。根据统计资料，乌隆府在孔河流域中生产总值最高，约 847 亿泰铢，其中农业生产总值约 146 亿泰铢，非农业生产总值约 701 亿泰铢，增长速度 4.6%，人均收入 5.2 万铢/年；孔敬府在奇河流域中生产总值最高，达 1555 亿泰铢，其中农业产品总值 202 亿泰铢，非农业产品总值 1353 亿泰铢，增长率为 3.5%，人均收入 8.2 万铢/年。呵叻府在蒙河流域中最高 GDP 约 1724 亿泰铢，其中农业生产总值 378 亿泰铢，非农业生产总值 1346 亿泰铢，增长率 2%，人均收入达 6.1 万泰铢/年。从就业方面来看，大部分居民从事农业，其次是服务业、工业以及其他。农业方面包括种植业、养殖业和渔业。主要农作物有稻谷、饲料玉米、绿豆、黄豆、木薯、甘蔗、橡胶、龙眼、橘子、洋葱、大蒜等。养殖业中主要的经济动物有黄牛、水牛、猪、鸡和鸭。渔业中主要是淡水动物养殖，大部分养殖的淡水动物有线鳢、鲶、攀鲈、“银倒钩”鱼、罗非鱼、鲤、鳗、斗鱼、淡水长臂大虾等。稻谷是本地区重要的经济作物之一，尤其是泰国茉莉香米主要产自本地区。

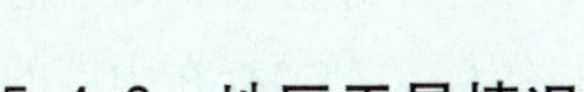

5.4.2　地区干旱情况

通过对地区流域水文状况和干旱情况调查、分析发现，主要是奇河和蒙河流域约 126.90 万莱的土地属于旱灾易发地区，其中包括清盖河、曼河上游、达空河、沙葛河、帕彭河、扎拉河、巴莱玛河等沿岸地区。同时，呵叻高原有大片的农业用地，仍然没有灌溉水源，依靠自然降水耕种，属于“靠天收”。

根据研究 2009 年泰国内政部农村基础设施和经济情况的资料显示，呵叻高原普遍存在农业用水短缺的问题，但对于饮用水和生活用水短缺程度并不严重。泰国饮用水、生活用水、农业用水的划分标准见表 5.4-3。具体针对孔河、奇河和蒙河各流域缺水情况分述如下：

表 5.4-3　　泰国饮用水、生活用水、农业用水的划分标准

项目	衡量标准	问题严重程度
饮用水	95%以上的家庭可以使用到干净的饮用水	轻度/没有问题
	63%～95%的家庭可以使用到干净的饮用水	中度
	少于 63%的家庭可以使用到干净的饮用水	严重
日常用水	95%以上的家庭可以使用到干净的日常用水	轻度/没有问题
	63%～95%的家庭可以使用到干净的日常用水	中度
	少于 63%的家庭可以使用到干净的日常用水	严重
农业用水	全年有足够的农业用水用于种植作物	轻度/没有问题
	雨季期间有足够的农业用水用于种植作物	中度
	旱季期间没有足够的农业用水用于种植作物	严重

(1)孔河流域

饮用水方面，总共有 94 个村镇(1.4%)存在严重的饮用水短缺问题，162 个村镇(2.5%)存在中度的饮用水短缺问题，其余村镇属于稍微存在缺水问题和没有短缺问题。对于生活用水共有 105 个村镇(1.6%)存在严重的生活用水短缺问题，158 个村镇(2.4%)存在中度的生活用水短缺问题，其余村镇属于稍微存在缺水问题和没有短缺问题。对于农业用水共有 648 个村镇(9.9%)存在严重的农业用水短缺问题，3722 个村镇(57.1%)存在中度的农业用水短缺问题，其余村镇属于稍微存在缺水问题和没有短缺问题，即超过 67%村镇农业中度用水短缺问题。

(2)奇河流域

饮用水方面,总共有 97 个村镇(1.0%)存在严重的饮用水短缺问题,163 个村镇(1.8%)存在中度的饮用水短缺问题,其余村镇属于稍微存在缺水问题和没有短缺问题。对于生活用水共有 124 个村镇(1.63%)存在严重的生活用水短缺问题,139 个村镇(1.5%)存在中度的生活用水短缺问题,其余村镇属于稍微存在缺水问题和没有短缺问题。对于农业用水总共有 1249 个村镇(13.5%)存在严重的农业用水短缺问题,4686 个村镇(52.7%)存在中度的农业用水短缺问题,其余村镇属于稍微存在缺水问题和没有短缺问题。

(3)蒙河流域

蒙河流域旱灾高发地区主要有猜也彭府、呵叻府、布里兰府西部地区和孔敬府部分地区,这些地区平均降水量少,尤其是猜也彭府和呵叻府。蒙河流域同奇河和孔河流域比较,更容易发生旱灾,地区旱灾造成损失高达 1264 万铢/年,损失最为惨重的是达空河流域。

饮用水方面,总共有 152 个村镇(1.0%)存在严重的饮用水短缺问题,324 个村镇(2.1%)存在中度的饮用水短缺问题,其余村镇属于稍微存在缺水问题和没有短缺问题。对于生活用水共有 289 个村镇(1.9%)存在严重的生活用水短缺问题,309 个村镇(2.0%)存在中度的生活用水短缺问题,其余村镇属于稍微存在缺水问题和没有短缺问题。对于农业用水总共有 1757 个村镇(11.5%)存在严重的农业用水短缺问题,8402 个村镇(54.9%)存在中度的农业用水短缺问题,其余村镇属于稍微存在缺水问题和没有短缺问题。

5.4.3 水资源开发利用现状评价

5.4.3.1 现状供水能力

泰国呵叻高原水资源量相对丰富,但时空分配极其不均匀,该地区地势平坦,受地形和气候条件影响,容易遭受洪涝和干旱双重灾害,尤其是干旱灾害几乎每年都有发生。为改善该区域农业生产条件、减轻灾害威胁,自 20 世纪 20 年代开始,水利建设不断加强,逐步建成以干支流水库、灌排渠系、闸坝和泵站为基础的水利工程体系。截至 2009 年,东北部地区共建成水利项目 6597 个,总库容 120.7 亿 m^3,其中大型工程 20 个,总库容 83.48 亿 m^3;中型工程 443 个,总库容 26.78 亿 m^3;小型工程 5500 个,总库容 10.1 亿 m^3;抽水泵站 1198 座。呵叻高原各流域现状水利工程统计见表 5.4-4。已建工程总供水能力 154.3 亿 m^3,其中蓄水工程供水能力 105.3 亿 m^3,占总供水能力的 68%;引水工程供水能力 21.3 亿 m^3,占总供水能力的 14%;提水工程供水能力 27.6 亿 m^3,占总供水能力的 18%。呵叻高原各流域现状供水能力统计见表 5.4-5。

表 5.4-4　呵叻高原各流域现状水利工程统计

		孔河流域	奇河流域	蒙河流域	合计
大型	数量/座	4	4	12	20
	容量/亿 m^3	9.84	39.83	33.81	83.48
	灌溉面积/万莱	27.8	37.1	97.5	162.3
中型	数量/座	128	119	196	443
	容量/亿 m^3	5.07	8.8	12.91	26.78
	灌溉面积/万莱	73.9	78.60	108.3	260.8
小型	数量/座	1675	1311	2514	5500
	容量/亿 m^3	3.12	2.24	4.74	10.10
	灌溉面积/莱	26.0	27.7	24.8	78.5
泵站	数量/座	359	565	274	1198
	灌溉面积/万莱	51.6	117.0	37.3	205.9
总计	数量/座	1754	2112	2731	7161
	容量/亿 m^3	18.04	51.21	51.46	120.71
	灌溉面积/万莱	179.3	260.4	267.9	707.5

表 5.4-5　呵叻高原各流域现状供水能力统计

流域	蓄水工程		引水工程		提水工程		合计	
	数量/座	供水能力/亿 m^3	数量/座	供水能力/亿 m^3	数量/座	供水能力/亿 m^3	数量/座	供水能力/亿 m^3
孔河	792	20.91	603	5.66	359	10.32	1754	36.89
奇河	837	52.24	710	15.80	565	26.21	2112	94.25
蒙河	1407	32.16	1050	11.73	274	10.73	2731	54.62
总计	3036	105.30	2363	33.19	1198	47.26	6597	185.76

5.4.3.2　现状用水总量

根据对呵叻高原现场查勘进行的典型调查与分析，确定流域内各项需水定额和水利用系数。按照生活、生产、生态三大类分析呵叻高原用水现状，呵叻高原各行业现状用水量分析成果见表 5.4-6。现状情况下，呵叻高原地区总用水量 159.86 亿 m^3，其中农业灌溉用水量 134.78m^3，占总用水量的 84%；工业用水量 14.5 亿 m^3，占总用水量的 9.1%；居民生活用水量 6.79 亿 m^3，占总用水量的 4.2%；养殖业用水量 2.52 亿 m^3，占总用水量的 1.6%。从用水需求的地区分布分析，蒙河流域用水量最大，占全流域的 39%左右。

表 5.4-6　　呵叻高原各行业现状用水量分析成果　　（单位：亿 m^3）

流域	居民生活用水量	生产用水				城市生态用水量	合计
		农业灌溉用水量	工业用水量	旅游业用水量	养殖业用水量		
孔河	1.68	35.12	1.88	0.04	0.50	0.29	39.51
奇河	2.14	48.88	5.50	0.04	0.64	0.34	57.53
蒙河	2.97	50.78	7.17	0.07	1.39	0.45	62.82
总计	6.79	134.78	14.54	0.15	2.52	1.07	159.86

5.4.3.3 现状供需分析

（1）水资源评价指标

为研究各水资源分区水资源开发利用水平及变化情况，在呵叻高原地区社会经济资料和用水现状调查统计的基础上，分别计算出农田有效灌溉率、人均水资源量、单位 GDP 需水量、人均供（用）水量、人口压力系数、生态压力系数、水资源危险系数和水资源利用率等 8 项水资源分析评价指标。呵叻高原各流域水资源分析评价指标见表 5.4-7。

表 5.4-7　　呵叻高原各流域水资源分析评价指标

流域	农田有效灌溉率/%	人均水资源量/（m^3/人）	单位 GDP 需水量/（m^3/万铢）	人均供（用）水量/（m^3/人）	人口压力系数	生态压力系数	水资源危险系数	水资源利用率/%
孔河	10.4	4494	170	674	0	0	0	15.0
奇河	14.0	1807	198	872	0	0	0	52.5
蒙河	12.2	1795	142	517	0	0	0	28.8

注：1. 人口压力系数：以人均水资源 1000m^3 为临界值，≥临界值时，人口压力系数为零。

2. 生态压力系数：以单位面积上径流深 150mm 为临界值，≥临界值时，生态压力系数为零。

3. 水资源危险系数：由人口压力系数（权重 0.8）和生态压力系数（权重 0.2）加权平均求得。

（2）现状供需平衡分析

呵叻高原现有各类供水工程总供水能力为 154.25 亿 m^3，现状流域总需水量 159.86 亿 m^3。呵叻高原各流域现状年供需平衡见表 5.4-8。由供需平衡分析可以看出，现状年农业灌溉在保证率为 75%的情况下，孔河流域缺水 2.62 亿 m^3，奇河流域灌区内各行业需水完全可以满足，蒙河流域灌区内缺水 8.20 亿 m^3。现状工程供水能力还不能完全满足区域用水需求，主要缺水为农业灌溉缺水。

表 5.4-8　　呵叻高原各流域现状年供需平衡

流域	现状年供需平衡			
	需水量/亿 m^3	供水能力/亿 m^3	缺水量/亿 m^3	缺水率/%
孔河	39.51	36.89	2.62	6.6
奇河	57.53	62.74	0.00	0.0
蒙河	62.82	54.62	8.20	13.0
合计	159.86	154.25	10.81	6.8

(3)现状水资源利用评价

1)水资源总量较丰富,各地区开发利用水平不均,开发利用潜力大。

由表 5.4-2 可以看出,呵叻高原地区水资源总量 555 亿 m^3,约占全国水资源总量的 0.26%,单位面积产水量 33.17 万 m^3/km^2,人均水资源占有量 2450m^3。从表 5.4-7 分析成果看,目前整个呵叻高原地区农田有效灌溉率较低,现状人口压力系数、生态压力系数、水资源危险系数则均为 0,水资源开发利用水平不均,奇河流域水资源开发利用程度较高,但孔河流域和蒙河流域水资源开发利用程度较低,水资源开发利用潜力较大。

2)水资源配置体系不完善,农业灌溉率低,抗旱能力较弱。

整个呵叻高原地区农业灌溉率较低,水资源量配置体系不完善,各流域间水利工程开发程度不均,现有水利灌区间缺乏有效的连通工程,以提高整个地区的供水能力。同时,整个流域供水工程不足,分布不合理,部分偏远地区人民生活用水缺乏保障;水资源配置工程体系尚不完善,抵御自然灾害(特别是干旱)的能力不强,一旦发生严重旱灾,河道来水不足,将会形成城镇用水挤占农业用水,各部门用水挤占河道生态用水局面,严重影响流域内人民的生产和生活。

3)流域内用水效率较低,水资源浪费严重。

目前,呵叻高原地区单位 GDP 需水量均偏高,最高的区域高达 198m^3/万铢;流域内人均供(用)水量较高;大部分灌区的灌溉水利用系数也较低,不少灌区仍采用传统的大水漫灌、串灌的灌溉方式,用水浪费十分严重。此外,流域内各城乡镇还普遍存在着城市管网老化、漏失率偏高等现象。因此,总体来说,目前整个流域的用水依然比较粗放,节水水平较低,水资源浪费严重。

5.4.4　未来平衡与配置研究

5.4.4.1　需水预测

需水预测以现状年为基准,以水资源承载能力为基础,按照水资源可持续利用为要求,考虑不同来水频率 $P=50\%$、75%、95%条件下,对 2030 年进行需水预测。同时,采用“基本节水方案”和“强化节水方案”两种不同方案进行需水预测。预测以规划水平年经济社会发展指标为依据，采用“定额法”为基本方法，其他预测方法复核参考，需水定额指标采用典型调查与分析相结合，并充分考虑水资源优势和分布特点。结合泰国东北部地区水利发展规划成果，综合考虑本地区生活、生产的发展趋势，预测地区内各行业的需水净定额。本地区各流域需水净定额差异不大，总的趋势是居民综合生活用水定额将随着生活水平的不断改善而逐步提高，工业和第三产业的用水定额则随着经济的发展逐步下降。

根据呵叻高原未来经济社会发展趋势，结合地区农业发展计划，预计到 2030 年该地区将新增农业灌区面积 800 万莱，总面积将达到 1508 万莱，其中孔河流域面积 313 万莱，奇河流域面积 666 万莱，蒙河流域面积 528 万莱。根据东北部地区经济社会发展预测指标、农业发展规划以及各项需水定额、综合水利用系数，考虑不同频率年份 $P=50\%$（平水年）、$P=75\%$（一般干旱年）、$P=95\%$（特殊干旱年），预测 2030 年呵叻高原各流域需水情况（表 5.4-9）。若采用基本节水方案，$P=50\%$（平水年）、$P=75\%$（一般干旱年）、$P=95\%$（特殊干旱年）条件下，呵叻高原总需水量分别为 250.9 亿 m^3、291.1 亿 m^3、361.0 亿 m^3。若采用强化节水方案，$P=50\%$（平水年）、$P=75\%$（一般干旱年）、$P=95\%$（特殊干旱年）条件下，呵叻高原总需水量分别为 226.6 亿 m^3、262.8 亿 m^3、325.7 亿 m^3。

表 5.4-9　预测 2030 年呵叻高原各流域需水量　（单位：$10^6 m^3$）

流域	方案	频率/%	生活需水量/亿 m^3	生产需水				城市生态需水量/亿 m^3	总需水量/亿 m^3
				农业灌溉需水量/亿 m^3	工业需水量/亿 m^3	旅游业需水量/亿 m^3	养殖业需水量/亿 m^3		
孔河	基本节水方案	50	1.813	45.337	3.006	0.096	0.587	0.251	51.090
		75	1.813	53.934	3.006	0.096	0.587	0.251	59.687
		95	1.813	68.884	3.006	0.096	0.587	0.251	74.637
	强化节水方案	50	1.722	40.804	2.706	0.091	0.587	0.251	46.160
		75	1.722	48.540	2.706	0.091	0.587	0.251	53.897
		95	1.722	61.996	2.706	0.091	0.587	0.251	67.353
奇河	基本节水方案	50	2.254	92.531	12.534	0.110	0.750	0.294	108.472
		75	2.254	110.076	12.534	0.110	0.750	0.294	126.017
		95	2.254	140.589	12.534	0.110	0.750	0.294	156.530
	强化节水方案	50	2.141	83.278	11.281	0.104	0.750	0.294	97.847
		75	2.141	99.068	11.281	0.104	0.750	0.294	113.637
		95	2.141	126.531	11.281	0.104	0.750	0.294	141.100

续表

流域	方案	频率/%	生活需水量/亿 m³	生产需水				城市生态需水量/亿 m³	总需水量/亿 m³
				农业灌溉需水量/亿 m³	工业需水量/亿 m³	旅游业需水量/亿 m³	养殖业需水量/亿 m³		
蒙河	基本节水方案	50	3.228	74.058	11.859	0.176	1.660	0.397	91.377
		75	3.228	88.100	11.859	0.176	1.660	0.397	105.420
		95	3.228	112.522	11.859	0.176	1.660	0.397	129.841
	强化节水方案	50	3.066	66.652	10.673	0.167	1.660	0.397	82.615
		75	3.066	79.290	10.673	0.167	1.660	0.397	95.253
		95	3.066	101.270	10.673	0.167	1.660	0.397	117.233
合计	基本节水方案	50	7.295	211.926	27.399	0.381	2.997	0.941	250.939
		75	7.295	252.110	27.399	0.381	2.997	0.941	291.123
		95	7.295	321.996	27.399	0.381	2.997	0.941	361.009
	强化节水方案	50	6.930	190.733	24.659	0.362	2.997	0.941	226.623
		75	6.930	226.899	24.659	0.362	2.997	0.941	262.788
		95	6.930	289.796	24.659	0.362	2.997	0.941	325.686

5.4.4.2 供水方案及供水预测

呵叻高原现状供水能力($P=75\%$)为154.3亿 m³，从总量上看，基本可以满足灌区内各类用水需求，但东北部三大流域内水利工程系统发展情况不平衡，导致现状情况($P=75\%$)，孔河流域和蒙河流域灌区内仍然缺水，而奇河流域现状供水能力($P=75\%$)却远大于其灌区内用水需求。因此，要因地制宜进行水资源开发利用，以现状供水能力为基础，结合东北部地区供水设施建设规划，确定水资源规划水平年新增主要供水工程，重点发展骨干引水工程，并综合预测规划水平年的可供水量，为水资源合理配置奠定基础。

根据上述需求，未来对已有水利工程进行挖潜改造，同时在改(扩)建已有蓄、引、提工程的基础上，新建各类水利工程，使年供水能力($P=75\%$)达到240.1亿 m³，此外新建调水工程，将湄公河的水调入奇河流域上游及蒙河流域上游地区，调水量为33.4亿 m³。2030年呵叻高原各流域供水能力见表5.4-10。

表 5.4-10　　2030年呵叻高原各流域供水能力

流域	频率/%	蓄水工程/亿 m³	引水工程/亿 m³	提水工程/亿 m³	调水工程/亿 m³	总计/亿 m³
孔河	50	28.89	18.82	12.76	0.00	60.47
	75	26.26	17.11	11.60	0.00	54.97
	95	18.98	12.37	8.38	0.00	39.73

续表

流域	频率/%	蓄水工程/亿 m^3	引水工程/亿 m^3	提水工程/亿 m^3	调水工程/亿 m^3	总计/亿 m^3
奇河	50	87.47	10.41	12.80	17.93	128.61
	75	79.52	9.46	11.63	17.93	118.54
	95	57.48	6.84	8.41	12.96	85.68
蒙河	50	43.62	22.85	26.57	15.47	108.50
	75	39.66	20.77	24.15	15.47	100.05
	95	28.66	15.01	17.46	11.18	72.31
总计	50	159.98	52.08	52.12	33.39	297.57
	75	145.44	47.34	47.38	33.39	273.56
	95	105.12	34.22	34.25	24.14	197.73

5.4.4.3 2030 年水资源平衡分析

水资源供需平衡分析是一个多方案比选、数次反馈协调平衡的过程。根据呵叻高原水资源开发利用实际情况，按 3 个层次进行供需平衡分析。一次供需平衡指在现状供水工程条件下的供水能力和在基本节水方案下的需水量之间的平衡，既可反映现状水资源供需矛盾，也可反映规划水平年的供需缺口变化，为确定未来水资源开发和利用方向、解决水资源供需矛盾奠定基础。二次供需平衡是以一次供需平衡的缺水量为基础，根据供水预测的可供水量，进行规划水平年基本节水方案的水资源供需分析。三次供需平衡就是以二次供需平衡的缺水量和预测供水能力为基础，进一步加大节水力度，主要通过强化节水工作解决供需矛盾。

2030 年呵叻高原各流域供需平衡分析见表 5.4-11。从一次供需平衡的结果看，在适度节水、一般干旱年（$P=75\%$）的条件下，如维持现状供水能力而不增加供水工程，流域缺水量将由现状年的 10.8 亿 m^3 增加到 2030 年的 136.9 亿 m^3，缺水率由现状年的 6.8%增加到 47.0%。整个东北部地区缺水比较严重，流域用水水平还维持在一个较低的状态，农业灌溉用水缺口较大，居民生活用水水平不高，严重制约了经济社会的发展，影响了人民生活水平的提高。随着本流域经济社会的快速发展，需水量在未来一段时期内将会有很大增长，若维持现状供水能力不变，缺水问题将进一步恶化。单纯依靠节水，缺水局面也不会有本质改变。因此，需要进一步开发流域内水资源，尤其是建设保证率较高的水利工程，并进一步加大节水力度。

通过二次供需平衡计算成果可以看出，采用基本节水方案，在一般干旱年（$P=75\%$）情况下，整个呵叻高原 3 个流域都有一定程度的缺水，孔河缺水量 4.7 亿 m^3，缺水率 7.9%，奇河缺水量 7.5 亿 m^3，缺水率 5.9%，蒙河缺水量 5.4 亿 m^3，缺水率 5.1%。虽然规划水平年通过新建供水工程，增加有效供水，在很大程度上解决了流域水资源供需矛盾，但仍有缺口，而继续大规模兴建供水工程又将加重国民经济和生态环境的负担。

表 5.4-11 2030 年呵叻高原各流域供需平衡分析

项目		孔河流域			奇河流域			蒙河流域			呵叻高原		
		50	75	95	50	75	95	50	75	95	50	75	95
一次平衡	总需水量/亿 m^3	51.1	59.7	74.6	108.5	126.0	156.5	91.4	105.4	129.8	250.9	291.1	361.0
	可供水量/亿 m^3	40.6	36.9	26.7	69.0	62.7	45.4	60.1	54.6	39.5	169.7	154.3	111.5
	缺水量/亿 m^3	10.5	22.8	48.0	39.5	63.3	111.2	31.3	50.8	90.4	81.3	136.9	249.5
	缺水率/%	21	38	64	36	50	71	34	48	70	32	47	69
二次平衡	总需水量/亿 m^3	51.1	59.7	74.6	108.5	126.0	156.5	91.4	105.4	129.8	250.9	291.1	361.0
	可供水量/亿 m^3	60.5	55.0	39.7	128.6	118.5	85.7	108.5	100.1	72.3	297.6	273.6	197.7
	缺水量/亿 m^3	0	4.7	34.9	0	7.5	70.9	0	5.4	57.5	0	17.6	163.3
	缺水率/%	0	8	47	0	6	45	0	5	44	0	6	45
三次平衡	总需水量/亿 m^3	46.2	53.9	67.4	97.9	113.6	141.1	82.6	95.3	117.2	226.6	262.8	325.7
	可供水量/亿 m^3	60.5	55.0	39.7	128.6	118.5	85.7	108.5	100.1	72.3	297.6	273.6	197.7
	缺水量/亿 m^3	0	0	27.6	0	0	55.4	0	0	44.9	0	0	128.0
	缺水率/%	0	0	41	0	0	39	0	0	38	0	0	39

由三次供需平衡分析结果可知，通过实施强化节水，在很大程度上缓解了地区水资源供需矛盾，在一般平水年（$P=50\%$），地区可供水量能够满足经济社会发展的用水需求，在一般干旱年（$P=75\%$），各流域缺水情况均有所缓解。因此，本研究水资源配置推荐采用强化节水方案。

5.4.4.4 水资源配置

水资源配置是在流域或特定的区域范围内，遵循高效、公平和可持续的原则，通过各种工程措施与非工程措施，考虑市场经济的规律和资源配置准则，通过合理抑制需求、有效增加供水、积极保护生态环境等手段和措施，对多种可利用的水源在区域间和各用水部门间进行调配。通过水资源配置，实现水资源开发利用和经济社会发展与生态环境保护的相互协调，促进水资源的持续利用，提高水资源的承载能力，缓解水资源供需矛盾，遏制生态环境恶化的趋势，支撑经济社会的可持续发展。

(1)配置原则

呵叻高原在实际水资源配置时应遵循的原则。

1)系统原则。

系统是水资源合理配置的基础。东北部地区的水资源合理配置，要从系统的角度，注重除害与兴利、开源与节流、工程措施与非工程措施的结合，解决水资源短缺对呵叻高原经济可持续发展的制约。

2)协调原则。

协调是水资源合理配置的核心。协调包含5个方面的内容：一是经济社会发展目标和水资源条件之间的协调；二是近期和远期经济社会发展目标对水的需求之间的协调；三是不同部门之间水资源利用的协调；四是不同类型水源之间开发利用程度的协调；五是生活、生产与生态用水的协调。

3)高效原则。

高效是东北部地区水资源合理配置的目标。通过水资源配置系统提高该地区水资源的开发效率，减少工程系统在水资源调控过程中的损失；提高水资源的利用效率，使有限的资源最大限度地发挥效益；提高单位水资源的经济产出。

4)优先原则。

优先是水资源合理配置的依据。生活、生产、生态用水，生活优先，应在保障人民生活、促进经济发展的同时维持和改善生态环境；开源、节流与保护，节流与保护优先；地表水与地下水等各种水源的利用，地表水优先。

5)远景与分期实施相结合原则。

充分考虑水资源现状及其特征，维持水资源的相对稳定，统一配置，分步实施。

6)实用性原则。

要高起点，具有超前的长远宏图，更要切合实际解决近期问题，具有可操作性。

(2)配置思路

在水资源配置原则的指导下,以“维护生态健康,促进地区发展”为总体目标,妥善处理好经济发展与水资源水环境承载能力的关系,充分利用地区水资源较丰的优势,采用灌区挖潜、配套、改造与“蓄”“引”“提”“调”等工程措施,合理开发利用水资源,改善地区缺水现状。通过对用水目标之间、用水部门之间进行水量的合理调配,实现水资源开发利用、经济社会发展与生态环境保护的协调,促进水资源的高效利用,提高水资源的承载能力,缓解呵叻高原水资源供需矛盾,满足地区人口、资源、环境与经济协调发展对水资源在时间、空间、数量等上的要求。

根据呵叻高原不同地区水资源及其开发利用特点和经济社会发展的需要以及水资源开发利用存在的不同问题,在水资源配置时采取不同的配置方向和措施。孔河流域开发与保护相结合,大力发展水利工程项目的同时注重保护和恢复上游森林水源地的生态,重点解决缺水地区的供水问题,特别是上游偏远地区人民的饮水问题;奇河流域防洪抗旱并重,发展上游水源地,兴建大中型水库,以解决中下游地区的干旱和水灾,同时要加大现有水利工程的挖潜配套,提高现有工程的供水效率;蒙河流域节水抗旱为先,加大水利工程开发力度,同时加强现有灌区的挖潜改造和节水灌溉,通过对水源地的合理开发和保护,控制土壤盐碱化,可在支流兴建中小型水库。同时,应在呵叻高原地区大力宣传推广节水理念和节水方法,充分利用原有和新建水利工程的供水能力,提高供水效率。

呵叻高原水资源存在时空分布不均现象,特别是在时间上分配严重不均。灌区工程多以蓄水工程为主,辅以提水工程供水,但受地形条件的限制,缺乏大型骨干水资源调蓄工程,调蓄能力不强,在遭遇该区域经常出现的连续干旱年时,难以发挥以丰补枯的调蓄作用,地表水利用难度较大。这类地区的水资源配置的重点应放在加大灌区水资源挖潜、工程配套、改造,加大节水力度。

对于农业灌区内的水资源配置,要在现有蓄、引、提工程的挖潜、配套、改造的基础上,加大节水力度,保障农田灌溉和农村人畜饮水的需求;对于农业灌区外“雨灌区”的水资源配置,一方面通过对现有工程的挖潜扩建以及新建水利工程增加灌区面积,特别是要将重点放在控制性骨干工程的建设上,并辅以农田水利配套工程;另一方面对于没有条件兴建更多水利工程却仍然缺少灌溉水源的区域,应积极研究和探索从外流域调水的可行性,特别要考虑利用湄公河干流水量丰富的优势,采用跨流域调水措施,解决区域缺水问题。

(3)总体配置方案

水资源配置要在水资源可持续利用的前提下,既满足经济社会发展对水资源的合理需求,又必须考虑生态环境系统良性循环对水资源的需水要求。呵叻高原水资源配置方案体现在四个层面。第一个层面是按照人与自然和谐相处,保护生态环境要求,合理确定水资源量在经济社会与生态环境两大系统之间的配置;第二个层面是按照合理开发、优化配置的要求,确定水源供给在区域内流域间、本地水与调入水以及其他水源之间的合理配置比例;第三个层面是按照高效利用的要求，确定国民经济用水量在城乡之间，工业、农业、生活、生态等用水部门之间的配置；第四个层面根据流域水资源特点，按照统筹区域发展的要求，统筹协调各区域对水资源的需求。

在系统、协调、高效的原则下，根据供需平衡分析，考虑各种合理需求、有效增加供水、积极保护生态环境的可能措施，得到水资源总体配置结果。呵叻高原水资源总体配置结果见表 5.4-12。呵叻高原水资源总量为 555 亿 m^3，预测到 2030 年，在一般干旱年（$P=75\%$）条件下，区域总需水量 262.8 亿 m^3，其中原灌区需水量 132.8 亿 m^3，新增灌区需水量 94.02 亿 m^3；总配置水量 239.7 亿 m^3，其中区域内配水量 206.5 亿 m^3，从外流域调水量 33.4 亿 m^3，本地水资源开发利用率 43.3%。

表 5.4-12　　呵叻高原水资源总体配置结果　　（单位：亿 m^3）

频率	需水量				配置水量			
	原灌区需水量	新增灌区需水量	其他需水量	总需水量	原灌区需水量	新增灌区需水量	其他需水量	总配水量
$P=50\%$	111.70	79.04	35.89	226.63	111.70	79.04	35.89	226.63
$P=75\%$	132.88	94.02	35.89	262.79	132.88	94.02	35.89	262.79
$P=95\%$	169.71	120.09	35.89	325.69	109.22	47.56	197.73	354.51

反映到不同用水部门间的配置上，对各地区经济社会的发展指标、产业结构和经济布局的确定充分考虑了水资源承载能力，根据经济社会发展对水资源的要求，合理配置水资源在工业、农业、生活、生态之间的组成，统筹考虑各用水部门水量配置。未来呵叻高原经济将持续发展，城镇化发展不断提高，城镇工业也将以较高的速度增长，对城镇供水将提出更高的要求，同时国家对该地区农业的倚重越来越大，农田灌溉面积将维持一定的增长，农田灌溉保证率需要提高。表 5.4-13 为不同用水部门间配置结果，到 2030 年，在一般干旱年（$P=75\%$）情况下，总体配置水量完全能满足各类用水需求，不同用水部门用水结构有所变化，农业配水所占 86.3%，工业配水比例上升到 9.4%。在特殊干旱年（$P=95\%$）情况下，呵叻高原缺水严重，由于农业需水所占比重最大，因此缺水主要也反映在农业需水上，配置水量时优先保证生活用水、旅游用水，其次是工业用水，然后是农业用水，灌区内农业配水量 156.79 亿 m^3，缺水量 133.0 亿 m^3，农业缺水严重，因此必须采取必要的应急措施应对干旱，尽量减少农业损失。

表 5.4-13　　2030 年呵叻高原不同用水部门间配置结果　　（单位：亿 m^3）

流域	频率	配置水量						
		居民生活	农业灌溉	工业	旅游业	养殖业	城市生态	总配水
孔河	$P=50\%$	1.72	40.80	2.71	0.09	0.59	0.25	46.16
	$P=75\%$	1.72	48.54	2.71	0.09	0.59	0.25	53.90
	$P=95\%$	1.72	34.10	2.44	0.09	1.13	0.25	39.73

续表

流域	频率	配置水量						
		居民生活	农业灌溉	工业	旅游业	养殖业	城市生态	总配水
奇河	P=50%	2.14	83.28	11.28	0.10	0.75	0.29	97.84
	P=75%	2.14	99.07	11.28	0.10	0.75	0.29	113.63
	P=95%	2.14	68.71	10.15	0.10	4.29	0.29	85.68
蒙河	P=50%	3.07	66.65	10.67	0.17	1.66	0.40	82.62
	P=75%	3.07	79.29	10.67	0.17	1.66	0.40	95.26
	P=95%	3.07	53.98	9.61	0.17	5.10	0.40	72.33
总计	P=50%	6.93	190.73	24.66	0.36	3.00	0.94	226.62
	P=75%	6.93	226.90	24.66	0.36	3.00	0.94	262.79
	P=95%	6.93	156.79	22.20	0.36	10.52	0.94	197.74

5.4.4.5 特殊干旱期应急对策

为保障特殊干旱期的供水安全，东北部地区各城镇都应制定具体的应急供水方案，建立分工明确、责任到位、统一调度的应急处理机制，提高干旱缺水的应对能力，确保生产、生活和生态用水安全，避免对流域内经济、生活造成较大影响，尽量减少农业损失。

特殊干旱缺水应急措施主要包括建立和完善监测预报系统；建立应急期指挥机构，统一协调指挥应急供水方案的实施；推行抗旱预案工作制度，在发生不同频次的干旱时，依据相应的预案科学调配水资源，采取相应的措施；建立应急供水秩序，统一调度供水水源；全面推进节水型社会建设等。

5.4.5 抗旱体系布局

根据呵叻高原水土资源的分布特点以及经济社会发展的格局，统筹考虑经济社会的发展要求与水资源、水环境的承载能力，坚持防洪与抗旱结合、开源与节流并重，通过水资源的合理开发、高效利用、优化配置、合理节约、有效保护和科学管理，促进人口、资源、环境和经济的协调发展。遵循“充分开发、有效利用、区域调配”的思路，以防为主、防抗结合，综合运用法律、行政、工程、经济、科技等手段，从工程措施和非工程措施两方面着手建设，充分挖掘本地区水资源潜力，最大限度地发挥水资源作用，提高防御重大干旱灾害的能力，完善抗旱减灾保障体系，最大限度地减轻干旱造成的损失和影响，为经济社会发展提供有力支撑。

5.4.5.1 水源工程布局

呵叻高原水源开发的总体布局为“上游涵养、中游开发、下游保护、适当外调”。上游主要为山脉和林地，以恢复林地涵养水源为主，在生态环境影响较小的情况下，修建大型水库，充分利用当地水资源，改善中下游干旱抵御洪灾。中游高原地区，可在主要干流上修建中型水库，同时修建引提水工程，鼓励村组开挖小型蓄水池塘，增强灌区整体的调蓄能力。下游主要通过保护和恢复原有湿地和湖泊增加供水水源，同时可通过兴建“猴脸”工程增强下游的防洪抗旱能力。未来在考虑本地区水资源承载能力、土地开发的必要性、湄公河调水的可能性等情况下，进一步研究从区域外更大规模调水的可行性。

(1)流域内水源工程方案

根据本地区的水资源承载能力，合理规划，加强水资源调蓄和配置工程建设，通过跨区域的水资源配置，增加水资源的时空调控能力，提高呵叻高原水资源整体承载能力，缓解本地区水资源供需矛盾。在节约用水的前提下，合理调配水源，改造和扩建现有水源地，科学规划新建水源地，提高供水能力，保障城乡饮水安全；提高水资源应急调配能力，加快水源工程建设，加强水源之间、供水系统之间的联网和联合调配。在已有灌区大力加强节水配套改造、提高农业用水效率和效益的基础上，在水土资源较匹配的地区适度发展灌溉面积，为粮食安全提供水资源保障。

根据呵叻高原实际情况，优先开发本流域的水资源，通过建设各类水利工程，有效开发、利用孔河、奇河、蒙河的水资源。通过初步规划，预计未来新建各类水利工程共 3137 个，将呵叻高原的供水能力提高到 273.4 亿 m^3，新增农业灌区 800 万莱。

(2)跨流域调水设想

考虑到泰国东北部呵叻高原地区水资源生态承载能力以及地区大型水利工程的开发难度，要适当通过调水工程解决区域发展需求。需要分析湄公河未来水资源开发利用的可能性和可行性，立足长远，充分研究、协调，分期实施跨流域调水。对于从湄公河调水初步规划两种方式进行调水，一种是自流引水，另一种是提水引水。

1)自流引水方案。

初步选择在黎河到清刊之间湄公河作为引水水源地，考虑通过在河道中建设低矮的滚水坝或者低堰适当抬高湄公河水位，方便自流引水。从水源地通过隧道引水到乌隆府或者廊漠南蒲府，然后通过开挖引水干渠和支渠将水输送到各个用水区和灌区。

2)提水引水方案。

由于湄公河环绕呵叻高原向南流，呵叻高原东北部和东部众多的农业区可以考虑采用泵站提水灌溉。初步规划采用多点分散式提水，沿着湄公河右岸建设一定数量的提水泵站，供给沿岸中小型的灌溉需要。对于灌区较集中、距离较远的灌区，考虑建设大型的泵站，配套渠道供给农田灌溉。

考虑湄公河调水项目情况的复杂性和特殊性，先应重点考虑从湄公河调水引入奇河流域和蒙河流域上游地区，新增约 176 万莱灌区，最大调水流量 $130m^3/s$，年调水量 33.4 亿 m^3。调水线路从黎河出口处通过隧洞调水到呵叻高原，然后开挖渠道，引水到奇河—蒙河流域的灌区。

由于湄公河是一条国际河流，涉及各国水资源分配的切身利益，政治经济关系复杂。在其干流引水，可能引起湄公河沿岸相关国家的高度关注，因此前期工作需要深入研究，多方协调,以便取得湄委会和利益相关国家的谅解。同时,建议分期逐步实施,先期进行试点工程,解决最亟须地区的用水需要,然后逐步推进。对于引水规模的论证和确定,更要充分考虑其经济性以及融资方式等。

5.4.5.2 水资源可持续利用对策

水资源可持续利用就是一定空间范围内水资源既能满足当代人的需要,又对满足后代人需求能力不构成危害的利用方式。这是为保证人类社会、经济和生存环境可持续发展对水资源实行永续利用的原则。其基本思路是在自然资源的开发中,注意因开发所致的不利于环境的副作用和预期取得的社会效益相平衡。在水资源的开发与利用中,为保持这种平衡就应遵守供饮用的水源和土地生产力得到保护的原则,保护生物多样性不受干扰或生态系统平衡发展的原则,对可更新的淡水资源不可过量开发使用和污染的原则。因此,在水资源的开发利用活动中,绝对不能损害地球上的生命支持系统和生态系统,必须保证为经济社会可持续发展合理供应所需的水资源,满足各行各业用水要求并持续供水。

对于呵叻高原是一个产业结构以农业为主的地区,为适应水资源可持续利用的原则,推行水资源高效利用尤为重要。必须加大对现有水资源利用设施的配套与节水改造,逐步推行使用高效用水设施和高效用水技术,逐步建立设施齐备、配套完善、用水高效的水资源高效利用工程保障和技术保障体系,提高水资源的利用效率和效益。

(1)提倡节约用水

通过现场勘查和调查,本地区农业用水大多采用漫灌技术,水资源浪费较为严重。居民节约用水的意识也较为淡漠。为建立长远的可持续发展的水资源战略,必须提倡节约用水。尤其是本地区是以农业种植为主的产业结构体系,农业是水资源最大消费者,而该地区农业灌溉技术相对落后,因此农业节水要以提高灌溉水利用系数为核心,提倡节约灌溉技术,加强灌区配套与节水改造;要加快高效输配水工程等节水基础设施建设,对现有大中型灌区进行续建配套和节水改造,积极推广和普及田间节水技术。同时进行节约用水宣传,加强居民的节水意识。

(2)加强灌区配套、提高灌区水利用系数

加大对现有水资源利用设施的配套与节水改造。例如,对老旧灌区进行配套,对渠系进行改造、整修、衬砌,减小糙率和渗漏量,以提高水资源利用率。由于本区域降水量丰富、地形平坦,适合建设大型水库条件的地方很少,可建设中小规模的蓄水池和水利工程,满足单个村庄或者几个村庄的生产、生活用水,并且尽量与本区域的渠道与水库连通,采用“长藤结瓜”的形式,增加灌区水源的调蓄能力。推广使用高效用水设施和高效用水技术,逐步建立设施齐备、配套完善、用水高效的水资源高效利用工程保障和技术保障体系,提高水资源的利用效率和效益。通过以上措施,争取使本地区水资源利用率提高到50%～60%,水重复利用率达到60%以上。

(3)调整农业种植结构

呵叻高原地区作物种植类型多样,包括水稻、玉米、橡胶、甘蔗、木薯等。由于雨季和旱季雨量分配不同,作物种植类型也有所不同,雨季水资源较为丰富,种植作物主要为水稻,种植时间一般为5月中旬至9月中旬;旱季水资源相对短缺,种植作物除旱稻外,还包括玉米、橡胶、甘蔗、木薯等经济作物,旱季水稻的种植时间一般为12月至次年4月。本地区用水最多的水稻仍然占很大的种植比例,对于旱季稻、玉米等旱作物种植面积不及水稻的50%,仅占总种植面积的30%左右。因此,从长远出发,为了水资源的可持续利用,本地区需要进行种植结构的调整,在保证泰国茉莉香米种植面积的情况下,扩大经济价值高的旱作物种植比例,减少水稻等高耗水作物的种植面积。

(4)加强水库调度,优化调配水资源

本地区中小型水库较多,地区降水量又比较充分,合理对水库进行调度,争取做到降水前多用水,降水时多蓄水或蓄满水,尽量提高水库的复蓄系数,可以减少水资源的浪费,增加有效利用的水资源量。

从保障流域水资源可持续利用和维护河流健康出发,需要建立兴利、减灾与生态协调统一的水库综合调度运用方式,并纳入整个呵叻高原地区的统一调配,从而实现整个区域水资源的优化配置。原有的单库分散调度的方式在进行防洪和兴利调度的同时,没有考虑其对水库群以及整个流域乃至整个呵叻高原的影响,不利于整个东北地区水利综合效益的发挥。水库群的形成,改变了原来单库或少库的水力条件,各水库之间存在相互影响,这就需要站在整个东北地区的高度,采取联合调度的方式,开展水库群甚至跨流域的优化调度,让它们在保证安全的基础上发挥最大的"群体"效益,提供更多的水资源。

(5)完善水资源管理

完善水资源管理制度,逐步形成有利于水资源合理开发、高效利用、有效保护,实现水资源评价、规划、配置、调度、节约、保护的综合管理,提高管理水平,是水资源可持续利用的重要任务。逐步建立流域管理与区域管理相结合的水资源管理体制,逐步建立总量控制与定额管理相结合的用水管理制度,建立取水许可制度,制定以水功能区管理为基础的水资源保护制度,建立干旱应急调度制度,建立水资源战略储备制度,是水资源可持续利用不可或缺的管理措施。

5.5 本章小结

本着尊重自然规律、人与自然和谐相处的治水理念,以湄南河流域防洪和东北部呵叻高原抗旱为重点,提出了符合泰国具体国情和流域特点的防灾减灾措施,对防汛抗旱工程体系和非工程体系建设进行了统筹安排,力图全面构筑和提升泰国防洪抗旱减灾综合体系,以保障人民的安居乐业和经济社会的可持续发展。

根据湄南河流域的自然地理特点、洪水洪灾特性、防洪工程现状及存在的主要问题，流域的洪水防治应按照“蓄泄兼筹、以泄为主”的防洪治理方针，统筹协调防洪减灾与水资源综合利用的关系，防洪建设与洪水管理的关系，提高湄南河流域防洪减灾能力，为湄南河流域经济社会可持续发展提供防洪安全保障。方案实施后，基本建成流域综合防洪减灾体系，防洪设施质量得到全面提高。上游重点防洪城市和主要重点防洪保护区基本达到规划确定的防洪标准，中下游地区基本可防御 2011 年型洪水，曼谷城市防洪标准达到 100 年一遇。

根据呵叻高原实际情况，遵循“系统、协调、高效”的原则，以“维护生态健康，促进地区发展”为总体目标，妥善处理好经济发展与水资源水环境承载能力的关系，充分利用地区水资源较丰的优势，采用灌区挖潜、配套、改造与“蓄”“引”“提”“调”等工程措施，合理开发利用水资源，改善地区缺水现状。在系统、协调、高效的原则下，考虑各种合理需求、有效增加供水、积极保护生态环境的可能措施，合理配置水资源。优先开发本流域的水资源，通过建设各类水利工程，有效开发、利用孔河、奇河、蒙河的水资源，然后根据地区经济社会发展的需要，远景考虑跨流域调水的水资源配置措施。

第 6 章 柬埔寨湄公河与洞里萨湖河湖关系

CHAPTER 6

本次选取湄公河国家关切度最高、全球江湖关系代表性强的湄公河三角洲和洞里萨湖区为研究对象(图 6.0-1)。湄公河与洞里萨湖河湖关系是世界上著名江湖关系的典型代表,同时受上游来流、下游潮汐、区域风浪、洪泛区调蓄等影响,水情叠加互馈效应(遭遇、倒灌、补水、漫滩、顶托、调蓄)巨大,水文过程集成度高。科学认识和理解湄公河—洞里萨湖河湖关系与水文情势驱动响应机理,对丰富江湖关系内涵、指导柬埔寨洪旱灾害应对、提高水文预报精度、确保河湖健康具有极其重要的科学理论意义和实践应用价值。本章从河湖水系特征、气象特征、径流特征、洪水特征、水位特征、河湖关系、蓄洪作用等方面阐述湄公河与洞里萨湖河湖关系。

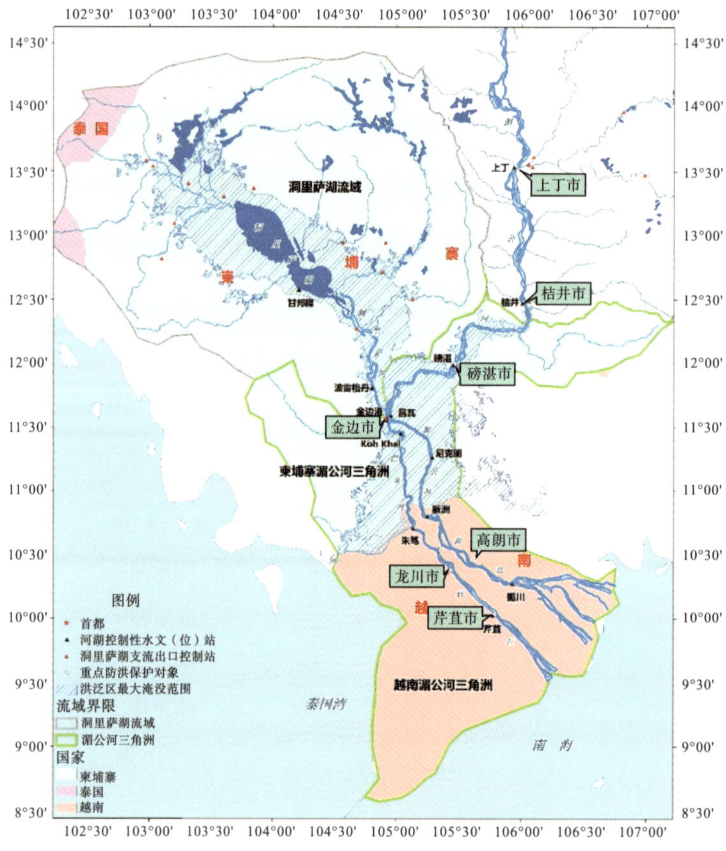

图 6.0-1 湄公河与洞里萨湖位置关系

6.1 湄公河与洞里萨湖流域水系特征

根据河道及洪水特性，研究区域大致可分为柬埔寨湄公河三角洲（桔井—柬越边境段，含 Vaico 河水系）、越南湄公河三角洲（柬越边境—入海口）和洞里萨湖地区。研究区域地形见图 6.1-1。

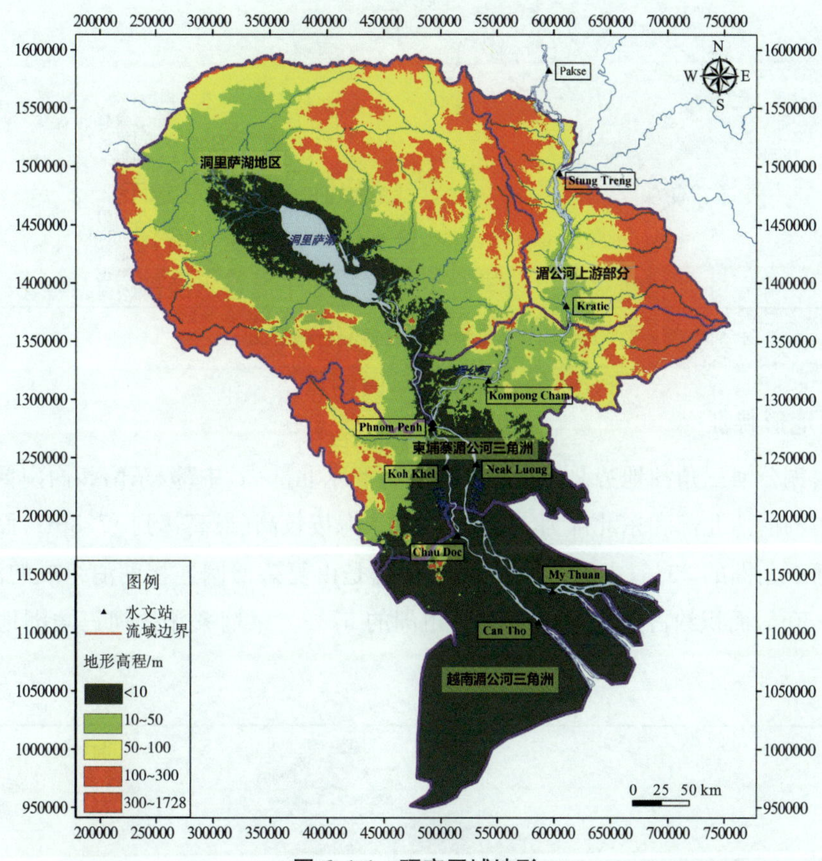

图 6.1-1 研究区域地形

6.1.1 柬埔寨湄公河三角洲水系特征

6.1.1.1 流域范围

柬埔寨湄公河三角洲从桔井与磅湛交界处湄公河中部开始一直延伸至柬埔寨与越南交界处，不包括洞里萨湖区。湄公河三角洲行政区划见图 6.1-2。柬埔寨湄公河三角洲干流河长约 297km，总面积 2.92 万 km^2，包括磅湛、干丹、金边、磅士卑、贡布、茶胶、波萝勉、桔井、蒙多基里等 9 个省，柴桢省的 Vaico 河水系虽然位于湄公河流域外，但是受湄公河高洪水的影响，也划入该区域中。

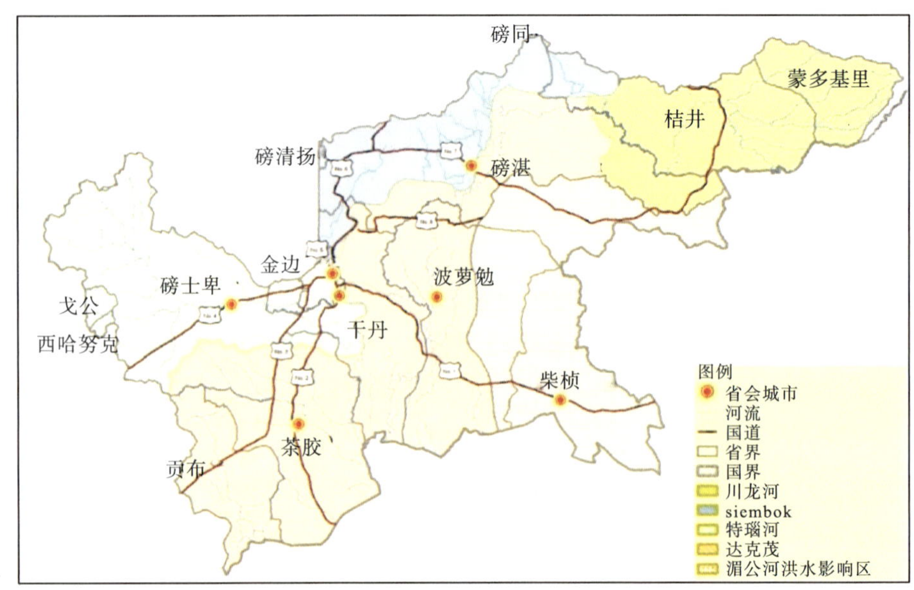

图 6.1-2　湄公河三角洲行政区划

6.1.1.2　地形特征

柬埔寨湄公河三角洲地势总体上呈现西北部和东北部高，中部、东南和西南低。柬埔寨湄公河三角洲的西北部和东北部为支流上游山区，海拔较高（最高达到 1728m），面积约占柬埔寨湄公河三角洲的 33%；中部、东南部和西南部是由复杂河网连接湖泊组成的洪泛平原，地势为 0～50m，面积约占柬埔寨湄公河三角洲的 67%。柬埔寨湄公河三角洲地形高程见图 6.1-3。

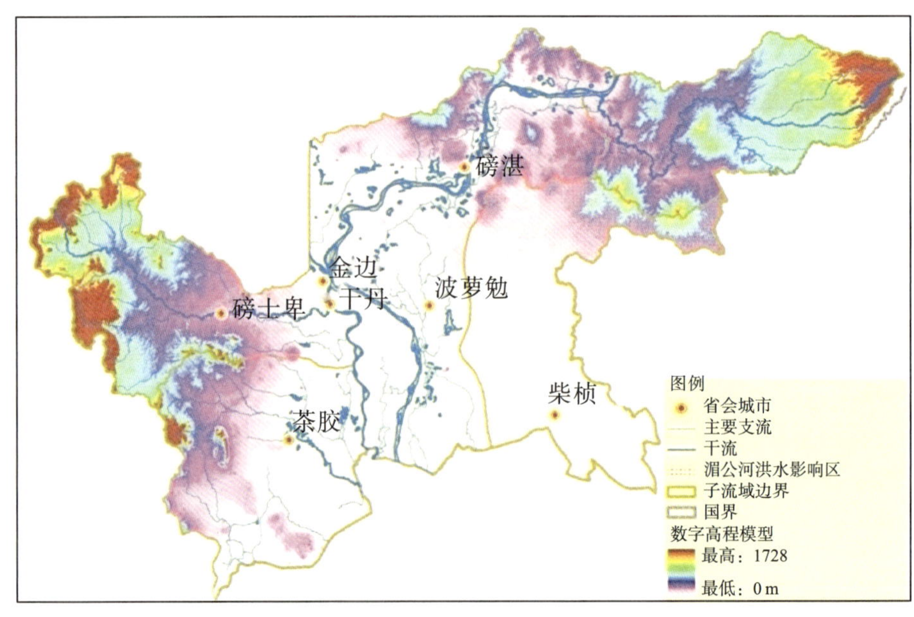

图 6.1-3　柬埔寨湄公河三角洲地形高程

6.1.1.3 水系特征

(1)干流河道特征

柬埔寨湄公河三角洲左右岸及河湖关系十分复杂。根据河道及洪水特性,柬埔寨湄公河三角洲大致可分为桔井—金边、金边—柬越边境2个河段。

1)桔井—金边段。

桔井以下进入柬埔寨湄公河三角洲,地势低洼,湄公河沿岸海拔仅为0~30m。桔井—金边段左、右岸分别有川龙河和特瑙河等支流汇入,干流河长约209km,河道比降为0.04‰,多年平均水面比降为0.03‰,河道由冲积型变为淤积型,湄公河水系呈现不稳定、复杂和易变的特征,河段迅速变宽,超过3km,河道中央出现沙洲、小岛,并产生许多旁支,水流速度缓慢,泥沙从水体沉淀出来沉积到河床,在磅湛市附近河流沿岸出现大片的洪泛沼泽地,集水面积约1.7万km^2。

2)金边—柬越边境段。

金边以下柬埔寨湄公河三角洲干流河长约99km,河道比降约为0.017‰,多年平均水面比降为0.02‰,集水面积约1.22万km^2。湄公河河道呈分汊型,由达克茂将湄公河分为下湄公河(左支)和巴塞河(右支)两支。

(2)支流水系特征

柬埔寨湄公河三角洲有特瑙河和川龙河两条较大支流。其中,特瑙河河长226km,流域面积0.55万km^2,河道落差936 m,平均比降4.14‰;川龙河河长300km,流域面积0.56万km^2,河道落差692 m,平均比降2.31‰。

6.1.2 洞里萨湖流域水系特征

6.1.2.1 流域范围

湄公河干流在柬埔寨首都金边市通过148km长的洞里萨河与东南亚最大的淡水湖泊洞里萨湖相连。洞里萨湖流域西部交界处为大象山脉及豆蔻山脉,西南部受狭于泰国湾,北部为扁担山脉,将该流域与呵叻高原分隔开来,流域面积8.6万km^2,其中柬埔寨境内8.17万km^2,覆盖了磅清扬、菩萨、马德望、班迭棉吉、拜林、奥多棉吉、柏威夏、暹粒、磅同等9个省,由洞里萨湖、洞里萨河、15条支流和洪泛平原等组成。洞里萨湖流域水系见图6.1-4。

6.1.2.2 地形特征

洞里萨湖流域西部、北部、东部均为山区,地势较高,海拔高于50m,面积约占洞里萨湖流域的54%,其中,西南部的豆蔻山脉海拔超过1700m,北部的扁担山脉海拔平均500m;中部和南部为平原地区,地势低平,海拔低于50m,坡度较缓,面积约占洞里萨湖流域的54%,其中海拔低于11m的洪泛平原面积约1.62万km^2,占洞里萨湖流域面积的19%。洞里萨湖流域地形高程见图 6.1-5。

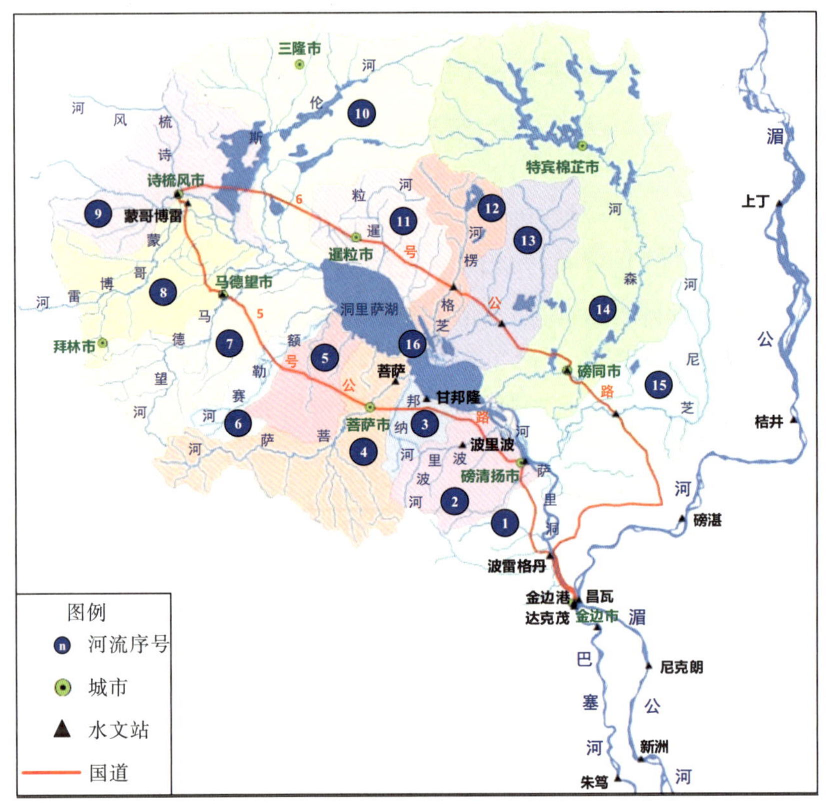

图 6.1-4　洞里萨湖流域水系

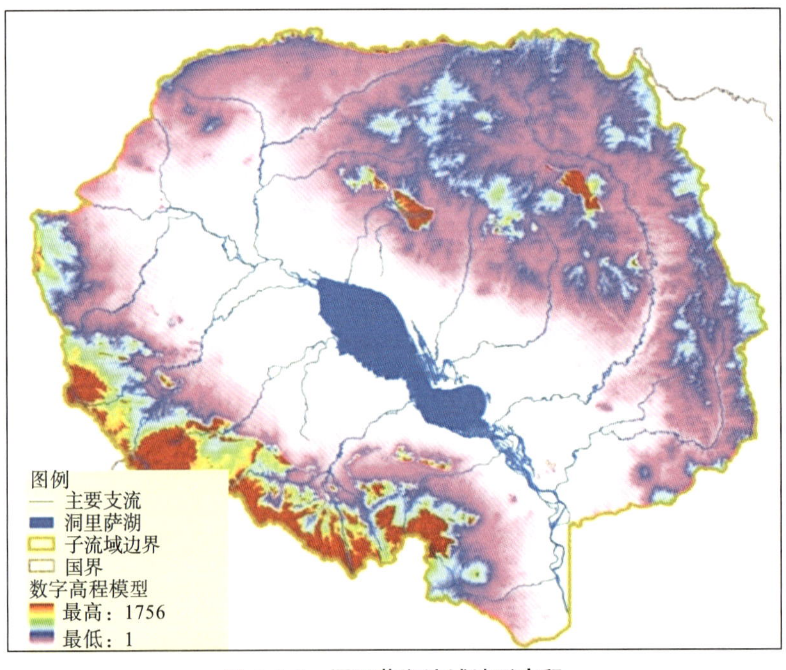

图 6.1-5　洞里萨湖流域地形高程

6.1.2.3 水系特征

洞里萨湖流域面积 8.6 万 km^2，其中柬埔寨境内 8.17 万 km^2。根据洞里萨湖流域水系和水文站网情况，通过地形分析等手段，划定洞里萨湖流域集水分区（表 6.1-1）。可以看出，洞里萨湖流域内集水面积超过 5000km^2 的支流有森河、斯伦河、芝尼河、马德望河、菩萨河、诗梳风河和蒙哥博雷河 7 条；洞里萨湖流域 1981—2010 年多年平均年径流量 498.8 亿 m^3，是磅湛站（集雨面积总径流量 3915 亿 m^3）的 12.74%，其中年径流量超过 50 亿 m^3 的支流有菩萨河、马德望河、森河和芝尼河 4 条。

表 6.1-1　　柬埔寨境内洞里萨湖流域主要河流参数

序号	河流名称	流域面积 /km^2	5 号、6 号公路间区域面积占比/%	长度 /km	河道落差 /m	年径流量 /亿 m^3
1	St. Krang Ponley	3033	13.31	77	209	22.0
2	波里波河	3003	14.60	77	410	23.8
3	邦纳河	1116	23.87	81	735	7.5
4	菩萨河	5964	16.21	219	277	55.5
5	St. Svay Don Keo	2228	39.36	78	10	15.0
6	额勒赛河	1468	20.16	165	933	12.0
7	马德望河	6052	32.96	268	589	62.5
8	蒙哥博雷河	5264	19.74	300	131	35.5
9	诗梳风河	5593	11.64	108	39	9.9
10	斯伦河	9931	8.76	325	124	21.3
11	暹粒河	3619	31.59	95	344	9.7
12	芝格楞河	2714	27.25	130	143	8.2
13	St. Staung	4357	25.56	200	111	24.7
14	森河	16342	8.16	518	213	97.3
15	芝尼河	8236	33.07	377	150	55.3
16	洞里萨湖	2743	100.00	512	14	38.6
总计		81663	21.43			498.8

洞里萨湖是季节性淡水湖泊，洪、枯水期的湖泊面积、容积相差极大。每年旱季（12 月至次年 5 月）湄公河河水消退后，湖水流经洞里萨河注入湄公河，湖面面积缩小，其中 5 月达最小，1999—2015 年多年平均水位 1.51m，相应湖面面积约 2487km^2，湖容约 16.85 亿 m^3。每年雨季（6—11 月）因湄公河涨水倒灌至洞里萨湖，湖面面积增加，其中 10 月达最大，1999—2015 年多年平均水位 8.70m，相应湖面面积约 12768km^2，是 5 月的 5 倍，湖容约 528.83 亿 m^3，是 5 月的 31 倍，实测最高水位 10.54m（2011 年 10 月 20 日），相应湖面面积 15261km^2，湖容 787.0 亿 m^3。

6.1.3 特征总结

柬埔寨湄公河三角洲桔井—金边河段干流河长约 209km，集水面积约 1.7 万 km²，为平坦的、淤积型河道，河道比降和水面比降分别为 0.04‰和 0.03‰；柬埔寨湄公河三角洲金边—柬越边境段干流河长约 99km，集水面积约 1.22 万 km²，为分汊型式河道，河道比降和水面比降分别为 0.017‰和 0.020‰。

洞里萨湖为东南亚最大的淡水湖，流域面积 8.6 万 km²，洪、枯水期的湖泊面积、容积相差大，最丰月（10 月）与最枯月（4 月）的多年平均面积比为 5∶1，容积比为 31∶1。

6.2 湄公河与洞里萨湖流域气象特征

根据气象数据收集情况，重点分析柬埔寨境内洞里萨湖流域和湄公河三角洲的气候特征。研究区域属于热带季风气候，全年分为两季，5—10 月为雨季（降水量占全年的 90%），12 月至次年 5 月为旱季。

6.2.1 降水

研究区域降水受水汽来源及地形等方面的综合影响，年降水量的地区分布很不均匀，总的趋势是由东北、西南向中心递减，山区多于平原，迎风坡多于背风坡。柬埔寨 1981—2010 年多年平均降水深等值线见图 6.2-1。

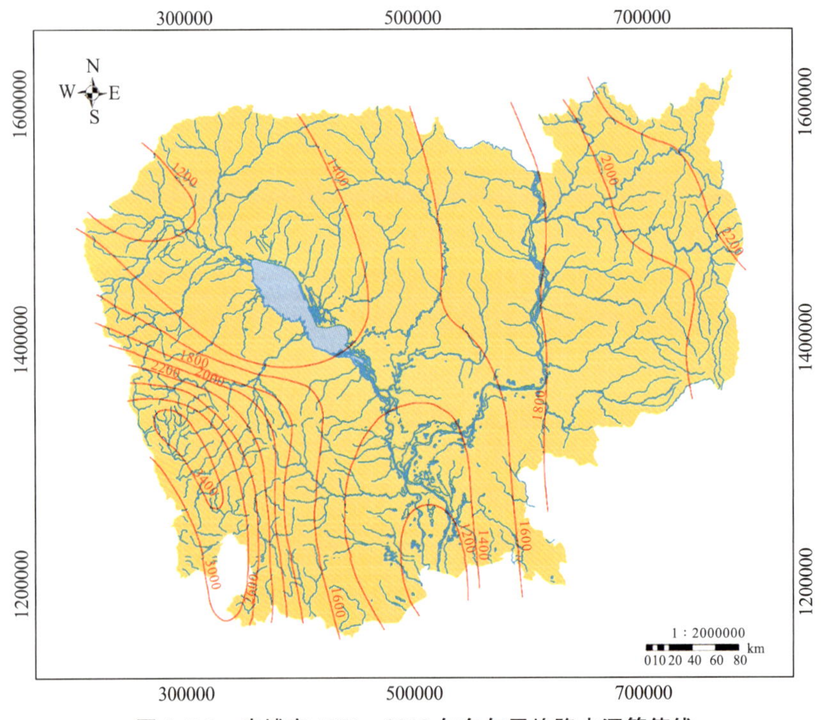

图 6.2-1 柬埔寨 1981—2010 年多年平均降水深等值线

从流域水系来看，降水以湄公河上游流域最多，1981—2010 年多年平均降水深 1821mm，Vaico 流域多年平均降水深 1602mm，湄公河三角洲水系流域多年平均降水深 1511mm，洞里萨湖流域降水较少，多年平均降水深 1470mm。综上，洞里萨湖和湄公河三角洲属于柬埔寨降水的相对低值中心。

降水量的年内分配与水汽输送的季节变化和季风气候密切相关。受季风活动影响，各地雨季迟早不一，降水集中程度也不尽相同。

6.2.1.1　柬埔寨湄公河三角洲

(1)空间分布

柬埔寨湄公河三角洲年降水量由西向东递增，柬埔寨湄公河三角洲年降水等值线见图 6.2-2。西部的磅士卑、茶胶地区位于豆蔻山脉东北背风坡，年降水量仅有 1200～1400mm，中部的波萝勉年降水量为 1400～1600mm，北部的磅湛和东部的柴桢年降水量为 1600～1800mm，东北部的川龙河年降水量为 2000～2400mm。

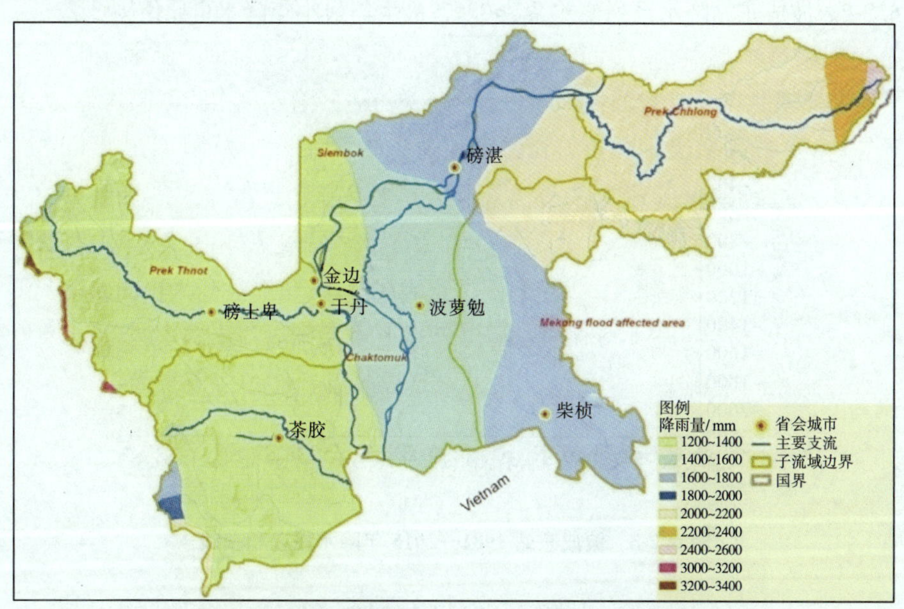

图 6.2-2　柬埔寨湄公河三角洲年降水等值线

(2)年际变化及年内分配

1)年际变化。

以磅湛、波成东、茶胶和波萝勉 4 站为代表站，分析有观测资料以来至 2009 年的平均、最小和最大年降水量，柬埔寨湄公河三角洲代表站的平均、最小和最大年降水量见表 6.2-1。

表 6.2-1　柬埔寨湄公河三角洲代表站的平均、最小和最大年降水量　(单位:mm)

站名	序列	多年平均降水量	最小年降水量及发生年份	最大年降水量及发生年份
磅湛	1981—2009年	1461	958(1998年)	2164(1996年)
波成东	1981—2009年	1389	1095(1992年)	2147(2000年)
茶胶	1984—2009年	1131	509(1987年)	1640(2008年)
波萝勉	1984—2009年	1362	864(1984年)	2183(2000年)

根据柬埔寨气象代表站波成东站1981—2015年降水量资料绘制了年降水量均值与多年平均降水量的差积曲线(图6.2-3)。可以看出,波成东降水存在连丰、连枯现象,1981—1994年、2003—2007年为枯水期,1995—2002年、2008—2015年为丰水期,连丰、连枯期年数一般为6～14a,连丰、连枯期平均降水量与多年平均降水量的比值分别为1.08～1.13和0.90～0.95,持续枯水年出现的次数明显与持续丰水年出现的次数相当。波成东站丰水期、枯水期年降水量见表6.2-2。波成东站降水系列变差系数0.17,最大与最小年降水量比值为2.23。

图6.2-3　波成东站1981—2015年降水量差积曲线

表6.2-2　波成东站丰水期、枯水期年降水量

年份	丰、枯水期	平均降水深/mm	丰水期、枯水期/多年平均
1981—1994	枯水期	1248	0.90
2003—2007	枯水期	1324	0.95
1995—2002	丰水期	1573	1.13
2008—2015	丰水期	1506	1.08
1981—2015	多年平均	1392	

2)年内分配。

磅湛、波成东、茶胶和波萝勉4站年内分配过程见图6.2-4。可以看出,柬埔寨湄公河三

角洲连续最丰 2 个月为 9—10 月，在此期间常会出现强降水，造成大范围的洪涝，其中北部的磅湛站、中部的金边波成东站最潮湿月份为 9 月，南部的茶胶站和波萝勉站最潮湿月份为 10 月，4 站最丰月份降水量分别占全年降水量的 18%、19%、22%和 18%。连续最枯 4 个月为 12 月至次年 3 月，4 个月降水量合计仅占全年的 4.6%～6.2%。

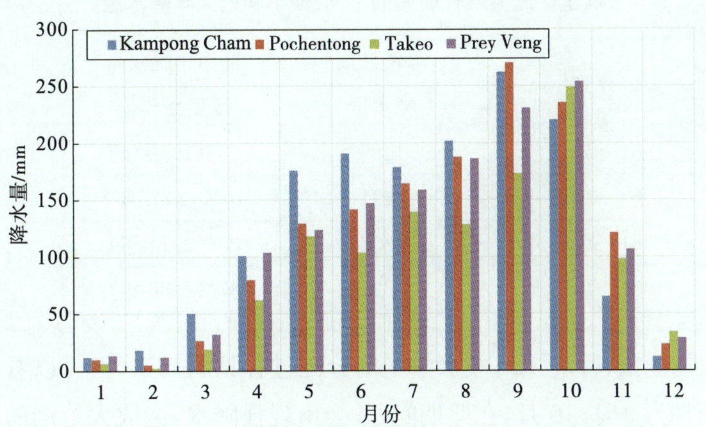

图 6.2-4　磅湛、波成东、茶胶、波萝勉 4 站年内分配过程

6.2.1.2　洞里萨湖流域

(1)空间分布

洞里萨湖流域年降水等值线见图 6.2-5。可以看出，受大象山脉、豆蔻山脉降水山地效应的影响，洞里萨湖区大部分低地年降水量仅有 800～1800mm，且呈自西向东逐渐增加的趋势。

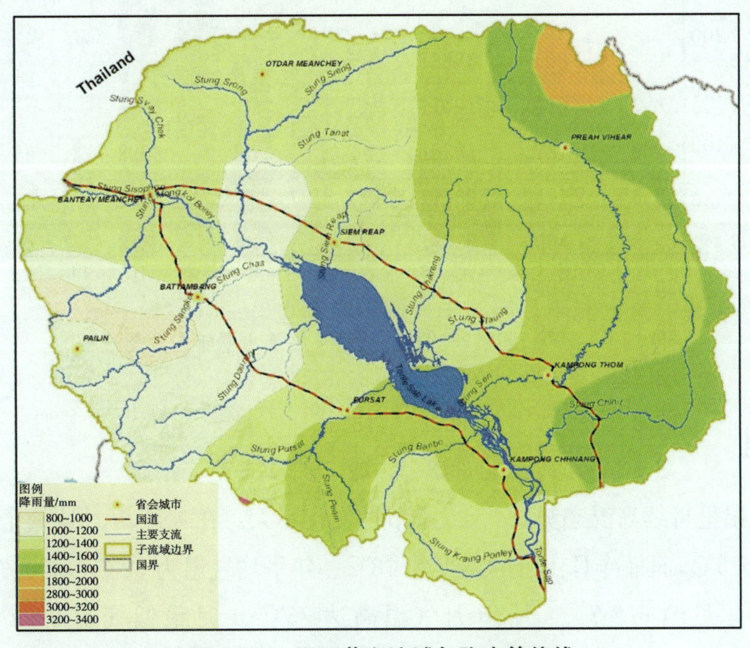

图 6.2-5　洞里萨湖流域年降水等值线

(2)年际变化及年内分配

以磅同、暹粒、马德望和菩萨4站为洞里萨湖流域的代表站,分析多年平均、最小和最大年降水量,洞里萨湖流域代表站的平均、最小和最大年降水量见表6.2-3。

表6.2-3　洞里萨湖流域代表站的平均、最小和最大年降水量　(单位:mm)

站名	序列	多年平均降水量	最小年降水量及发生年份	最大年降水量及发生年份
磅同	1981—2013年	1455	984(1990年)	1863(1994年)
暹粒	1987—2013年	1491	1057(2007年)	1850(2011年)
马德望	1981—2014年	1302	854(2014年)	1707(2011年)
菩萨	1981—2015年	1391	871(1986年)	2081(1995年)

磅同、暹粒、马德望、菩萨4站降水量年内分配过程见图6.2-6。可以看出,洞里萨湖流域连续最丰2个月为9月、10月,在此期间,常会出现强降水,造成大范围的洪涝,其中北部集水区的磅同和暹粒最潮湿月份是9月,南部集水区的马德望和菩萨最潮湿月份是10月。4站最丰月份降水量分别占全年降水量的21%、20%、17%和18%。连续最枯4个月为12月至次年3月,4个月降水量合计仅占全年的3.3%~5.8%。

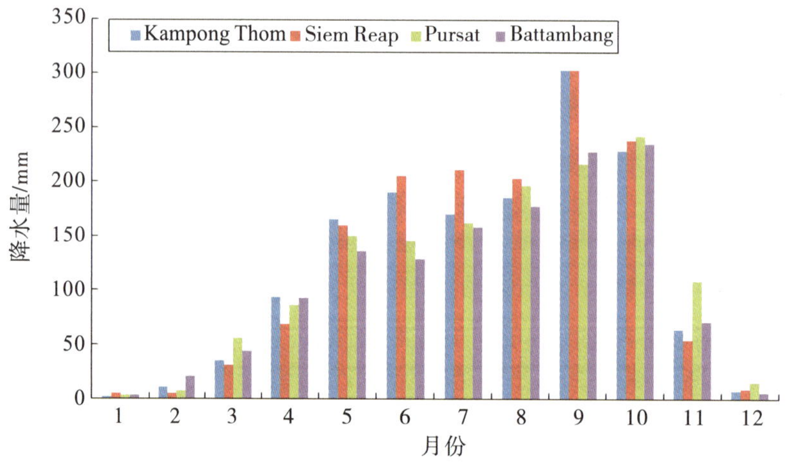

图6.2-6　磅同、暹粒、马德望、菩萨4站降水量年内分配过程

6.2.2 气温

柬埔寨气温呈持续高温态势,白天或季节性变化不大。在4月、5月这两个最热月份,白天气温最高达36℃,而最冷月1月的温度为18℃。年平均气温为32℃。波成东站月最高及最低气温的变化见图6.2-7。4月、5月气温高达35℃,1月最低气温22.2℃,年平均气温33℃。

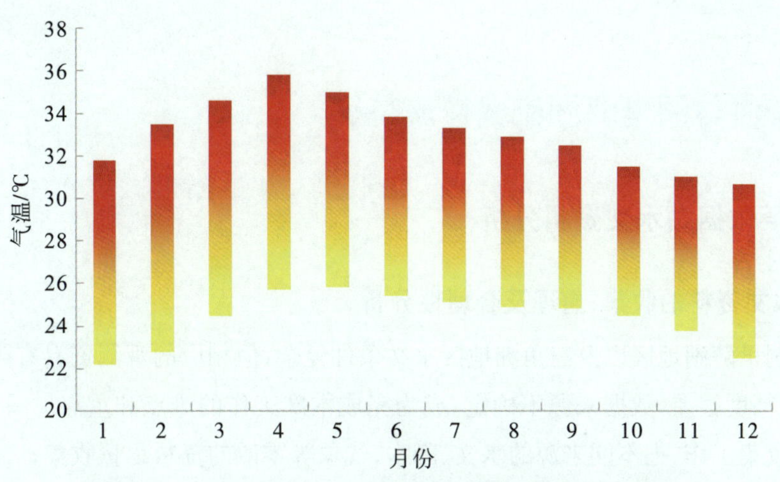

图 6.2-7　1981—2009 年波成东站月最高及最低气温的变化

6.2.3　蒸发

6.2.3.1　水面蒸发

柬埔寨蒸发量大，尤其是 3 月、4 月东北季风横行，气候炎热、湿度较低，会出现高强的蒸发作用。以柬埔寨首都金边波成东站为柬埔寨湄公河三角洲的代表站，3 月、4 月多年平均水面蒸发量为 4.6mm/d，以磅同、暹粒、马德望和菩萨 4 站为洞里萨湖区的代表站，洞里萨湖区代表站年内蒸发量变化情况见表 6.2-4。可以看出，北部集水区的磅同和暹粒蒸发量高于南部集水区的马德望站和菩萨站，各站 3 月、4 月多年平均水面蒸发量分别为 5.7mm/d、5.7mm/d、5.1mm/d、4.5mm/d。

表 6.2-4　洞里萨湖区代表站年内蒸发量变化情况　（单位：mm/d）

站名	统计序列	1 月	2 月	3 月	4 月	5 月	6 月	7 月	8 月	9 月	10 月	11 月	12 月	多年平均
波成东站	1998—2009 年	4.3	5.2	5.5	5.4	4.6	4.7	4.6	4.3	4.0	3.8	4.1	4.2	4.6
磅同站	1997—2007 年	4.2	4.7	5.7	5.7	5.3	4.4	4.2	4.3	3.6	3.8	3.9	3.9	4.5
暹粒站	1981—2009 年	4.2	4.7	5.7	5.7	5.3	4.4	4.2	4.3	3.6	3.8	3.9	3.9	4.5
马德望站	1981—2009 年	4.2	4.8	5.1	5.3	4.7	4.5	4.0	3.7	3.2	3.1	3.2	3.7	4.1
菩萨站	1981—2009 年	3.7	4.4	4.5	4.6	4.0	4.0	3.4	3.4	3.0	3.1	3.1	3.4	3.7

降水量与蒸发量比较结果如下，蒸发量大于降水量的月份集中于旱季 11 月至次年 4 月，5 月蒸发量与降水量接近，年降水量略多于年蒸发量。

6.2.3.2　陆地蒸发

洞里萨湖流域平均陆地蒸发量 872mm，占降水深的 59.4%；湄公河三角洲流域平均陆地蒸发量 934mm，占降水深的 61.9%；Vaico 流域平均陆地蒸发量 995mm，占降水深的 61.4%。

6.3 湄公河与洞里萨湖流域径流特征

6.3.1 主要依据站水文资料分析

6.3.1.1 水文资料的收集、整理及合理性分析

湄公河洞里萨湖地区以及三角洲地区水文条件复杂，但相应的观测资料有限，且分布较为分散，数据精度很差，数据来源不确定，成为完成本次工作的难点和重点。一是需要全面加强资料的收集工作，把不同来源的水文、降水、气象等零散的资料尽量收集；二是需要加强资料的整理和分析，主要包括资料的复核和资料的插补以及多方面资料的相互印证补充等，多角度审查水文资料的合理性，并根据下湄公河的河湖特性和水资源时空分布特点进行上下游水量平衡分析与协调，要加强多来源资料之间的关系分析。

根据研究的需要，了解湄公河与洞里萨湖区水文站网(图 6.3-1)情况，了解各站沿革、测验方法和整编方法等，收集主要控制站的实测降水、水位、流量、流速流向、大断面等资料，整理复核后视资料条件开展工作。具体收集湄公河干流桔井、金边、磅湛、尼克朗 4 站，洞里萨河控制站波雷格丹及洞里萨湖控制站甘邦隆等主要水文站自建站以来的水文实测资料。

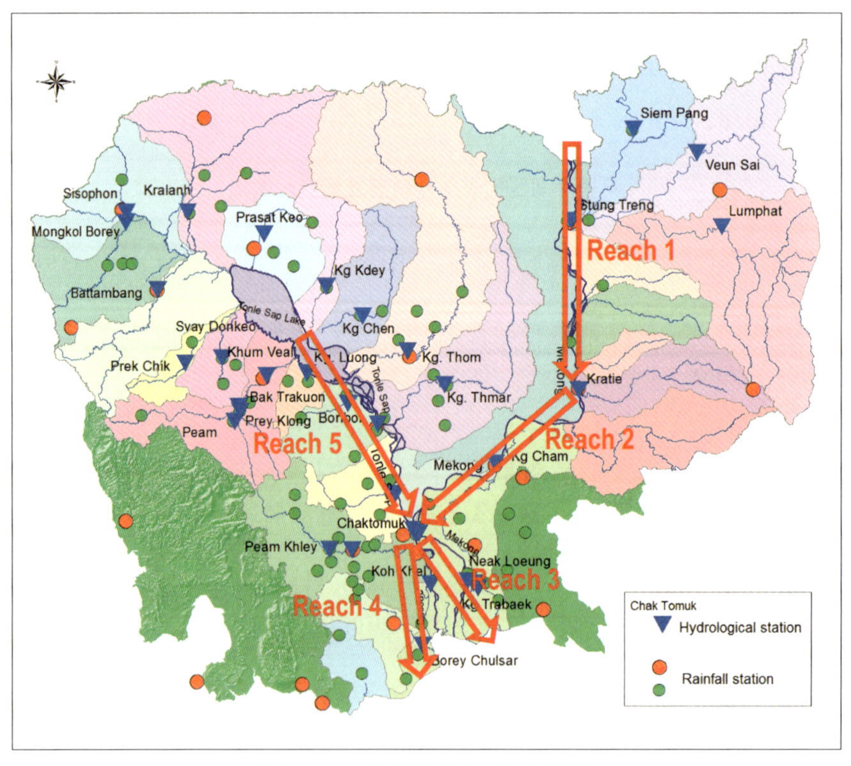

图 6.3-1 柬埔寨水文、降水站网

柬埔寨湄委会通过水文河流局(DHRW)参与湄委会 2007—2013 年水文泥沙测验项目(DSMP),根据合同内容定点定频率进行测验,湄委会 IKMP 项目提供基本水文测验设备及指导。水位观测一天两次,早晚 7 点各一次,精度为 0.01m。本次收集到 2008—2015 年流量测验数据,其中 2008—2010 年有全部测流和相应时刻水位数据,部分站点 2011—2013 年 5 月仅有流量数据,水位数据需要根据数据库中相应日期的日水位得到。

6.3.1.2　主要水文站点情况

柬埔寨境内湄公河流域,包括洞里萨湖—洞里萨河及其支流、湄公河干流及其他支流、巴塞河流域。湄公河在柬埔寨境内长约 500km,出境后流入越南湄公河三角洲。在金边—达克茂,湄公河流经 120km 长的洞里萨河与洞里萨湖相连。湄公河在金边下游分流为下湄公河及巴塞河两条河流,下湄公河穿越越南湄公河三角洲后流入南中国海,巴塞河汇入泰国湾。

柬埔寨金边四臂湾地区湄公河干流上下游控制站有磅湛、尼克朗两站,四臂河控制站有达克茂站,洞里萨河控制站有波雷格丹站,洞里萨湖区控制站有甘邦隆站。5 个主要水文站位置见图 6.3-2。

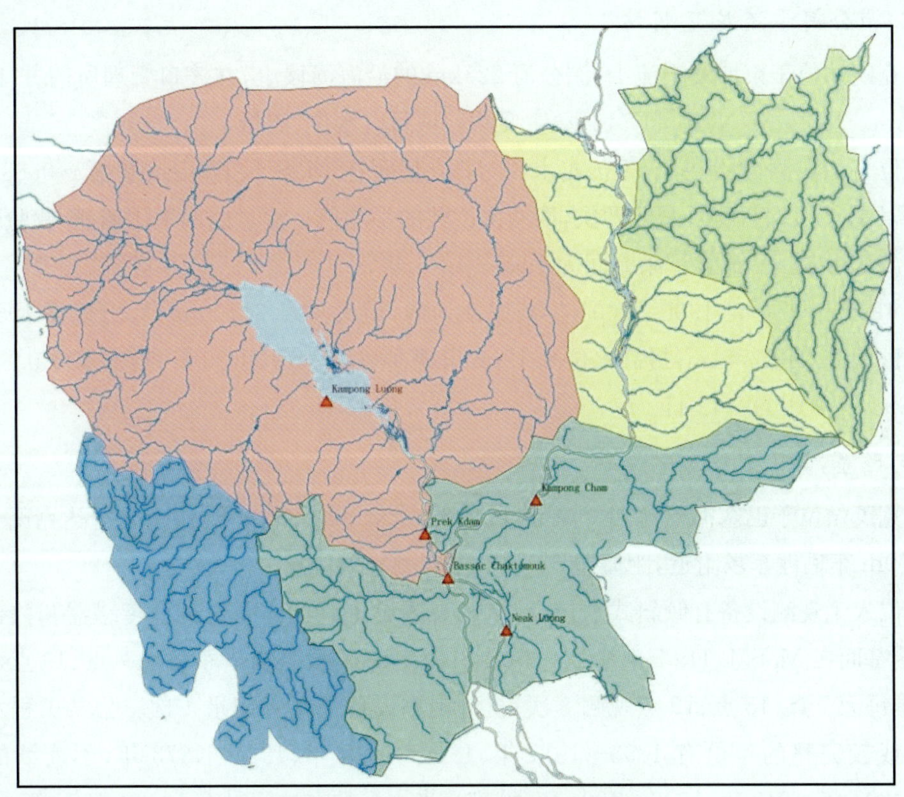

图 6.3-2　5 个主要水文站位置示意图

(1)湄公河干流磅湛站

磅湛站位于湄公河干流上,磅湛镇上的气象气候服务站前方,距入海口约 410km。

11°59.7′N,105°27.9′E,集水面积 66000km²,1964—1973 年多年平均流量 13660m³/s。主要测验项目有水位、流量。

水尺是用来在洞里萨湖汛期时获取水面下降的数据来确定湄公河在金边的流量,该水尺在 1974 年后废弃,在 1991 年后使用倾斜式水尺,冻结基面在 M.S.L Hatien 基面 −0.93m。枯水期时每天观测一次,平水期和汛期时每天观测两次。磅湛水位记录完整或较完整的年份有 1927—1928 年、1930—1973 年,1926 年资料不连续,1974 年后资料中断,1991 年恢复记录。气泡计日观测记录自 1961 年 6 月 2 日起。

流量测验采用船测,测验断面在上游 1200m。测验断面坐标 UTM48N,相应左岸坐标(0552219,1324432),右岸坐标(0550984,1324509),1964 年 1 月 1 日开始观测日流量。在 1926—1928 年、1930—1973 年、1991—2001 年时间段内,最大流量 57000m³/s(1996 年 9 月 19—20 日),相应水位 15.44m;最高水位 16.11m(1996 年 9 月 29 日);最低水位 1.56m(1993 年 4 月 27 日)。

另外,磅湛站的水位流量关系曲线受磅湛—金边段水面线变化的影响,枯水期的日流量数据可通过金边的记录估算。

(2)湄公河干流尼克朗站

尼克朗站位于柬埔寨干流上,湄公河 227km 的沿海河段上,在渡口管理所前方,距海边约 277km。11°15′37″N,105°17′13″E,主要测验项目有水位、流量。

水位人工观测的设备有直立式水尺,冻结基面在 M.S.L Hatien 基面 −0.33m。自 1962 年 4 月 27 日起,每日观测两次,取两次读数的平均值。流量测验采用船测,测验断面在水尺下游 5km 处,日流量记录时间为 1965—1971 年。

在 1965—1970 年、1990—2001 年数据系列内,最大流量 31700m³/s,出现在 1966 年 9 月 27 日,相应水位 7.81m;最高水位 8.12m,出现在 2000 年 9 月 20 日;最低水位 0.81m,出现在 1998 年 4 月 11—12 日。

(3)巴塞河四臂湾达克茂站

达克茂站位于巴塞河支流四臂湾上,11° 33′07″N,104° 55′09″E,位于金边达克茂会议厅向东 100m 车辆停车场附近,距海边 325km,主要测验项目有水位、流量。

水位人工观测设备有倾斜式水位尺,自动观测设备有气体净化类型传感器和数据记录器,冻结基面在 M.S.L Hatien 基面 −1.02m。人工观测设备在旱季每天 7 点、19 点观测两次,雨季每天 7 点、13 点、19 点观测 3 次;自动观测设备每小时记录 1 次。公共工程水位记录完整或较完整的年份有 1898—1911 年、1913—1918 年、1921—1973 年,不连续的年份 1894—1897 年、1912 年、1919—1920 年;城市自来水厂的水位记录有 1930—1973 年;倾斜式水尺的记录有 1960—1974 年;临时水位记录有 1981—1989 年;新的倾斜式水尺从 1990 年开始使用。

流量测验断面在莫尼旺大桥下游,即达克茂站水位尺约 7km 处。测验断面坐标

UTM48N，相应左岸坐标(494003，1282541)；右岸坐标(493551，1282413)。流量测量采用500HzADCP测验。日流量数据系列有1964—1972年。

在1964—2001年时间段内，最大流量8370m³/s(1966年9月22日)，相应水位10.93m，最高水位11.20m(2000年9月19—20日)；最低水位1.33m(1969年4月29日)。

(4)洞里萨河波雷格丹站

波雷格丹站位于洞里萨河上，11°48′07″N，104°48′01″E，位于波雷格丹汽车轮渡码头西北方向150m处，距湄公河32km，集水面积84400km²，主要测验项目有水位、流量。

水位人工观测设备有直立式水位尺，自动观测设备有气泡式水位计和数据记录器，冻结基面在M. S. LHatien基面0.08m。人工观测设备在旱季每天7点、19点观测2次，雨季每天7点、13点、19点观测3次；自动观测设备每小时记录1次。1960年2月11日开始水位记录，1960年8月4日开始使用气泡式水位计记录，1973年6月16日废弃，1992年重新使用。

流量测验断面在Wat PrekChhik西南方向1400m处，与水尺断面在同一断面。测验断面坐标UTM48N，相应左岸坐标(479328，1305342)，右岸坐标(479993，1305656)。流量测量采用500HzADCP测验。

在1960—1972年、1992—2001年时间段内，流向湖区的最大流量11400m³/s(1961年8月30日)，相应水位8.80m；流向海的最大流量12500 m³/s(1961年11月15日)，相应水位8.14m；最高水位10.26m(2000年9月23—25日)；最低水位0.35m(1970年5月17—18日)。

(5)洞里萨湖甘邦隆站

甘邦隆站位于洞里萨湖上，东经104° 12′52″，北纬12°34′30″，主要测验项目有水位。

水位人工观测设备有直立式水位尺，冻结基面在M. S. LHatien基面0.64m，水位记录完整或较完整的年份有1924—1965年，1996年重新使用。

在1981—2001年水位数据系列内，最高水位9.72m，出现在2000年9月28日；最低水位0.60m，出现在1999年4月9日。

6.3.2 湄公河干流径流特征

6.3.2.1 径流沿程变化

受河道槽蓄、沿岸洪泛平原与洞里萨湖调蓄、水面蒸发、人类用水、测量误差等因素的影响，湄公河干流上丁以下河段各月均存在水量不平衡的问题，即下游测站月径流少于上游测站，其中以汛期为主，水量不平衡现象又以磅湛—昌瓦段最为突出，其次为桔井—磅湛段和昌瓦—柬越边境段，上丁—桔井段水量不平衡现象相对较少。各河段径流变化情况分述如下。

(1)上丁—桔井段

湄公河干流上丁—桔井段沿程虽然纳入了 Prek Preah、Prek Krieng、Prek Kampi 和代河等支流，但受河道槽蓄、水面蒸发、人类用水、测量误差等因素的影响，11 月至次年 7 月径流不平衡的现象比较突出，年径流仍呈递增趋势。上丁—桔井段水量平衡分析见表 6.3-1。

表 6.3-1　　上丁—桔井段水量平衡分析　　(单位:亿 m^3)

年份	上丁—桔井段												
	1 月	2 月	3 月	4 月	5 月	6 月	7 月	8 月	9 月	10 月	11 月	12 月	全年
1995	−9.2	−4.7	0.1	6.4	−1.1	−10.1	−21.4	12.0	53.1	42.3	−11.1	−13.8	42
1996	−10.0	−13.8	−14.0	−9.5	−2.1	−2.7	−14.5	11.9	−3.2	40.7	−9.4	−19.5	−46
1997	−8.7	−5.7	0.9	−3.9	−5.1	−5.0	−21.8	41.4	47.3	22.1	−9.3	−8.9	43
1998	−6.1	−0.1	10.5	6.9	−6.4	−2.2	−22.8	−9.3	10.1	32.9	−9.9	2.2	6
1999	−12.5	−7.3	6.0	−5.1	−6.0	7.3	−0.4	46.6	36.2	21.4	−3.4	−12.7	70
2000	−11.0	−7.3	−2.9	−2.1	−9.9	1.2	42.9	52.4	75.9	41.8	−14.1	−9.8	157
2001	−4.0	−1.9	0.4	3.3	−1.9	−15.1	16.1	33.5	67.4	17.8	−15.6	−4.5	96
2002	−1.7	−0.9	3.4	5.3	−2.1	−11.6	−21.2	25.5	55.4	15.8	−8.4	−1.1	58
2003	0.6	3.6	4.8	4.7	5.0	5.4	−6.9	−2.8	19.0	9.2	−4.3	−1.8	37
2004	−0.4	4.4	10.9	6.1	0.8	1.1	−16.4	36.4	40.2	6.4	−0.3	5.7	95
2005	4.4	10.8	11.4	7.9	7.7	−1.4	−24.5	7.2	62.1	32.6	−3.3	−1.9	113
2006	2.9	3.1	6.4	9.3	1.8	10.0	−18.0	33.6	49.2	39.7	3.8	1.9	144
2007	0.1	4.9	7.9	9.3	9.9	9.3	17.7	18.2	37.2	35.8	0.4	5.1	156
2008	1.9	1.2	3.3	3.8	10.1	−6.6	−8.7	21.0	42.1	16.1	−7.5	2.3	79
2009	−1.2	−1.9	3.0	2.6	6.6	11.3	1.4	36.5	66.0	46.5	0.4	−2.8	168
2010	−2.4	4.0	10.5	1.9	−0.8	2.8	−4.6	−1.3	36.8	29.2	−0.8	−0.1	75
2011	−5.0	−3.4	−2.9	−2.1	−1.9	4.1	18.4	49.3	94.7	80.0	−7.6	1.0	225

注:表中负值代表下游测站月径流小于上游测站,下同。

(2)桔井—昌瓦段

受上游连续大量汇水的影响，季节性河漫滩主导着湄桔井—昌瓦段的水流动态。根据《Profile of The Cambodia Mekong Delta Sub-area(SA-10C)》(2012 年)、《Cambodian Water Resources Profile》(2014 年)和《Conceptual Design Report-Forecast Production And Dissemination(Final Draft)》(2016 年)，在汛期，当湄公河干流桔井站水位达到 17.5 m，或磅湛站水位达到 13 m(或流量超过 25000 m^3/s)，或金边市达克茂站水位达到 8 m 时，洪水开始溢出湄公河两岸。受汛期洪水漫滩、河道槽蓄、水面蒸发等的影响，桔井—磅湛段 3—9 月径流不平衡的现象比较突出(表 6.3-2)，磅湛—昌瓦段全年各月径流不平衡的现象均比较突出(表 6.3-3)。

表 6.3-2　　　　**桔井—磅湛段水量平衡分析**　　　　(单位:亿 m^3)

年份	桔井—磅湛段												
	1月	2月	3月	4月	5月	6月	7月	8月	9月	10月	11月	12月	全年
1995	18.0	9.9	7.6	6.8	−1.6	−14.9	−6.5	−25.0	−14.6	8.8	39.3	35.1	63
1996	23.6	13.8	6.2	−2.3	−9.8	−11.3	−20.2	−8.6	−60.5	21.9	36.8	46.4	36
1997	30.9	18.6	10.5	−0.4	−3.7	−7.1	−18.2	−35.8	−13.5	25.9	42.2	30.1	79
1998	18.6	9.1	6.8	1.2	−4.9	−4.9	3.3	7.0	8.5	37.6	20.8	23.6	126
1999	13.6	9.4	10.6	4.1	−10.0	9.2	−3.9	−4.4	−21.1	35.6	32.2	37.7	113
2000	28.3	16.5	5.7	−2.5	−9.2	−0.1	−38.2	−22.8	−97.6	25.6	48.6	38.9	−7
2001	27.0	12.0	2.3	−3.3	−8.4	0.8	−3.5	−68.9	−40.0	29.9	41.1	32.6	22
2002	20.0	10.2	−1.0	−5.7	−12.0	7.9	9.8	−28.7	−30.1	42.6	42.3	30.2	85
2003	19.4	5.7	−0.0	−6.4	−10.6	−4.2	4.8	18.5	13.8	46.6	31.8	20.3	140
2004	6.9	−1.9	−0.4	−5.5	−13.8	−7.6	−4.3	0.8	0.2	46.3	26.8	13.1	61
2005	2.4	−6.5	−5.9	−13.2	−17.5	−21.4	−7.3	−16.9	−9.9	30.4	36.3	23.3	−6
2006	12.1	0.7	−5.8	−8.3	−14.7	−13.8	−2.4	−0.8	22.2	9.7	37.6	25.1	61
2007	11.1	0.0	−4.2	−5.3	−13.1	−15.5	−2.5	2.2	13.9	20.2	31.5	20.6	59
2008	11.5	2.3	−4.3	−8.7	−20.0	−6.5	6.4	3.6	5.5	32.1	31.5	20.3	74
2009	11.0	4.4	−1.1	−8.6	−16.8	−19.3	−14.0	14.6	2.4	23.1	35.8	22.5	54
2010	10.3	1.8	2.7	−5.3	−12.5	−16.7	−27.2	−9.4	4.1	11.0	20.9	11.4	−9
2011	7.7	0.5	−3.8	−10.5	−22.3	−24.3	−14.3	−41.2	−74.8	−9.7	42.6	28.0	−122

表 6.3-3　　　　**磅湛—昌瓦段水量平衡分析**　　　　(单位:亿 m^3)

年份	磅湛—昌瓦段												
	1月	2月	3月	4月	5月	6月	7月	8月	9月	10月	11月	12月	全年
1995	−6	−10	−10	−10	−5	13	−10	−74	−133	−30	2	8	−265
1996	−2	−8	−9	−11	5	14	−4	−77	−136	−69	−7	8	−296
1997	5	−1	−7	−5	3	13	−39	−175	−89	−22	−0	4	−313
1998	−4	−8	−12	−9	−7	10	−4	−7	−28	4	7	7	−51
1999	−10	−10	−11	−10	10	1	−19	−93	−70	−22	−13	5	−243
2000	−1	−7	−12	−7	6	−13	−137	−101	−218	−22	−5	3	−513
2001	1	−6	−11	−7	1	−5	−62	−194	−168	−25	−15	0	−491
2002	−7	−1	−7	−6	2	−5	−81	−204	−194	−41	−20	−8	−574
2003	−7	−9	−8	−3	−4	11	−3	−56	−119	−35	−6	−8	−248
2004	−16	−13	−15	−10	−7	3	−10	−127	−149	−28	−7	−8	−386
2005	−13	−9	−15	−10	−8	4	−19	−192	−158	−44	−2	10	−455
2006	2	−11	−7	−3	−4	5	−59	−123	−63	−64	−6	−2	−334

续表

年份	磅湛—昌瓦段												
	1月	2月	3月	4月	5月	6月	7月	8月	9月	10月	11月	12月	全年
2007	−13	−11	−15	−16	−2	8	−1	−72	−57	−74	−14	−3	−269
2008	−10	−11	−12	−11	1	−4	−24	−108	−69	−27	−13	−3	−290
2009	−10	−10	−18	−11	−8	6	−47	−79	−55	−64	−10	−9	−314
2010	−22	−19	−16	−13	−10	−1	0	−38	−54	−32	−12	−6	−223
2011	−13	−16	−23	−18	−10	7	−51	−156	−190	−124	−20	−8	−622

(3)昌瓦—柬越边境段

汛期5—10月，当洞里萨河波雷格丹站水位低于达克茂站水位时，湄公河的洪水将倒灌入洞里萨湖，其中5月和10月以洞里萨湖向湄公河补水为主，湄公河倒灌入洞里萨湖的时间较短，水量较少。受6—9月湄公河洪水倒灌入湖影响，金边以下河段径流少于昌瓦站，受10月至次年5月洞里萨湖向湄公河补水影响，金边以下河段径流多于昌瓦站。考虑到湄公河干流在金边以下河段分为下湄公河和巴塞河两个主汊，以巴塞河达克茂站和下湄公河尼克朗站为代表站，分析径流组成情况，昌瓦—柬越边境段水量平衡分析见表6.3-4。

表6.3-4　　昌瓦—柬越边境段水量平衡分析　　(单位:亿 m^3)

年份	尼克朗+达克茂—昌瓦												
	1月	2月	3月	4月	5月	6月	7月	8月	9月	10月	11月	12月	全年
1995	134	85	56	40	24	−21	−93	−179	−54	231	274	204	134
1996	147	95	60	50	10	−4	−67	−177	−78	210	269	253	147
1997	173	109	76	43	11	−10	−151	−124	18	221	262	179	173
1998	124	72	55	28	26	−5	−81	−86	−97	149	144	135	124
1999	110	67	45	39	7	−88	−56	−95	−23	205	255	232	110
2000	167	107	85	47	−17	−104	−161	2	76	265	323	239	167
2001	162	102	80	50	16	−84	−161	−112	75	260	269	223	162
2002	165	90	65	37	8	−77	−167	−133	39	267	266	202	165
2003	136	88	62	23	21	−39	−65	−136	−114	212	203	151	136
2004	112	64	54	26	23	−59	−98	−197	−49	262	208	146	112
2005	102	52	52	29	15	−17	−139	−190	−42	192	222	151	102
2006	103	78	45	27	24	−14	−137	−189	34	71	240	170	103
2007	127	68	61	49	15	−3	−79	−186	−89	15	202	178	127
2008	126	82	57	43	5	−86	−133	−179	−32	150	188	176	126
2009	134	76	66	46	28	−54	−155	−131	−22	104	231	169	134
2010	138	88	60	45	36	9	−28	−157	−128	52	176	147	138
2011	111	77	87	64	27	−57	−181	−188	−53	208	287	215	111

6.3.2.2 径流年际变化

河川径流的年际变化主要取决于降水的年际变化，同时还受到径流的补给类型、河流大小以及岩性、地貌、土壤、植被等流域下垫面条件的影响。年径流变差系数值的大小反映了径流的年际变化特性，通常变差系数值大，表明该地区径流的年际变化大，变差系数值小则相反。

湄公河干流承接了各支流来水后，丰枯相互补充，使得径流比较稳定，上丁以下干流各水文站年径流量极值比多在 1.8～2.1。在柬埔寨境内，发源于越南的公河、桑河、斯雷博河入汇后，湄公河干流上的上丁站的多年平均年径流量为 4087 亿 m^3，实测最大年径流量为 5616 亿 m^3(2000 年)，实测最小年径流量为 2695 亿 m^3(1998 年)，年径流极值比增大为 2.1。上丁以下河段主要水文站年径流极值比增大为 1.8～2.0，最丰年份为 2000 年，最枯年份为 1998 年，湄公河干流柬埔寨境内主要水文站年径流年际变化见表 6.3-5。

表 6.3-5　　湄公河干流柬埔寨境内主要水文站年径流年际变化

水文站名	上丁	磅湛	昌瓦	尼克朗＋达克茂
统计序列	1967—2013 年	1980—2011 年	1980—2011 年	1980—2011 年
多年平均径流量/亿 m^3	4087	3957	3703	4305
最大年径流量/亿 m^3	5616(2000 年)	5282(2000 年)	4769(2000 年)	5801(2000 年)
最小年径流量/亿 m^3	2695(1998 年)	2712(1998 年)	2661(1998 年)	3124(1998 年)
年径流极值比	2.1	2.0	1.8	1.9

6.3.2.3 径流年内分配

柬埔寨境内径流年内分配与降水相同，有明显汛期和非汛期之分，汛期与雨季时间相应。径流年内分配规律与降水相似，年内分配不均匀，主要集中在雨季，全国雨季 5—11 月径流量占比达到 86%。根据各分区 1981—2010 年多年平均径流量年内分配分析表明，柬埔寨境内湄公河流域上游比下游、北部比南部降水出现时间早，集中程度更高。“3S”流域、湄公河上游流域群、洞里萨湖流域群、湄公河三角洲地区、Vaico 流域多年平均连续最大 6 个月径流量占年径流量的 81%～91%。相应出现时间是“3S”流域、洞里萨湖流域群为 6—11 月，湄公河上游流域群、湄公河三角洲地区、Vaico 流域为 7—12 月。多年平均最大 1 个月径流量占年径流量的 16%～28%，以“3S”流域群为最大，“3S”流域和湄公河上游流域群出现最早，发生在 8 月，其他区域最大月径流出现得稍晚，洞里萨湖最晚为 10 月。

湄公河干流上丁站、磅湛站、昌瓦站、尼克朗站和巴塞河达克茂站径流年内分配特征值统计见表 6.3-6。可以看出，金边以上河段最大月径流出现在 8 月，径流量占全年径流量的 21.0%～23.1%，金边以下河段受洞里萨湖调丰补枯影响最大月径流出现在 10 月，径流量占全年径流量的 17.4%。柬埔寨境内湄公河干流各种连续最大 3 个月径流量出现时间均为

8—10 月，径流量占全年径流的 49.5%～60.5%，受洪水漫滩和倒灌影响，沿程径流比逐渐减小。每年 12 月过后降水量变小，湄公河流域逐渐进入旱季，最小月份为 4 月，该月径流量仅占年径流量的 1.3%～1.9%。金边以上河段年内以 2—4 月最枯，最枯 3 个月径流量占年径流量的 4.3%～4.7%，径流量占全年径流量的 21.0%～23.1%，金边以下河段受洞里萨湖补水作用影响年内以 3—5 月最枯，最枯 3 个月径流量占年径流量的 7.0%。

表 6.3-6　湄公河干流柬埔寨境内主要水文站径流年内分配特征值统计

水文站名		上丁	磅湛	昌瓦	尼克朗+达克茂
统计序列		1967—2013 年	1980—2011 年	1980—2011 年	1980—2011 年
多年平均径流/亿 m^3		4086.7	3956.3	3702.3	4304.4
连续最丰 3 个月	月份	8—10 月	8—10 月	8—10 月	8—10 月
	径流量/亿 m^3	2473.0	2333.0	2126.4	2129.5
	占年径流量/%	60.5	59.0	57.4	49.5
最丰月	月份	8 月	8 月	8 月	10 月
	径流量/亿 m^3	944.0	866.5	775.9	748.5
	占年径流量/%	23.1	21.8	21.0	17.4
连续最枯 3 个月	月份	2—4 月	2—4 月	2—4 月	3—5 月
	径流量/亿 m^3	191.7	183.0	158.2	299.4
	占年径流量/%	4.7	4.6	4.3	7.0
最枯月	月份	4 月	4 月	4 月	4 月
	径流量/亿 m^3	61.2	54.8	47.0	83.1
	占年径流量/%	1.5	1.4	1.3	1.9

6.3.3　洞里萨湖入湖出湖径流特征

洞里萨湖入湖径流主要由本流域支流入湖径流、湄公河汛期经洞里萨河倒灌入湖径流、湄公河干流磅湛—金边段汛期漫滩入湖径流、湖面降雨 4 部分组成，洞里萨湖出湖径流主要由洞里萨河出湖径流、湖面蒸发和漫滩出湖径流 3 部分组成。洞里萨湖出湖、入湖径流组成示意图见图 6.3-3。由于缺乏相关数据，因此本次研究未计算洪泛平原的下渗量、地下水补给量以及湖面降雨、湖面蒸发和漫滩出湖径流。鉴于湄公河干流与洞里萨湖关系十分复杂，且洞里萨湖对湖区支流来水回水顶托影响较大，而已掌握的水文、气象资料系列较短，不连续性突出，本次采用了文献综述和水文模型两种方法，综合分析洞里萨湖入湖、出湖径流特征。

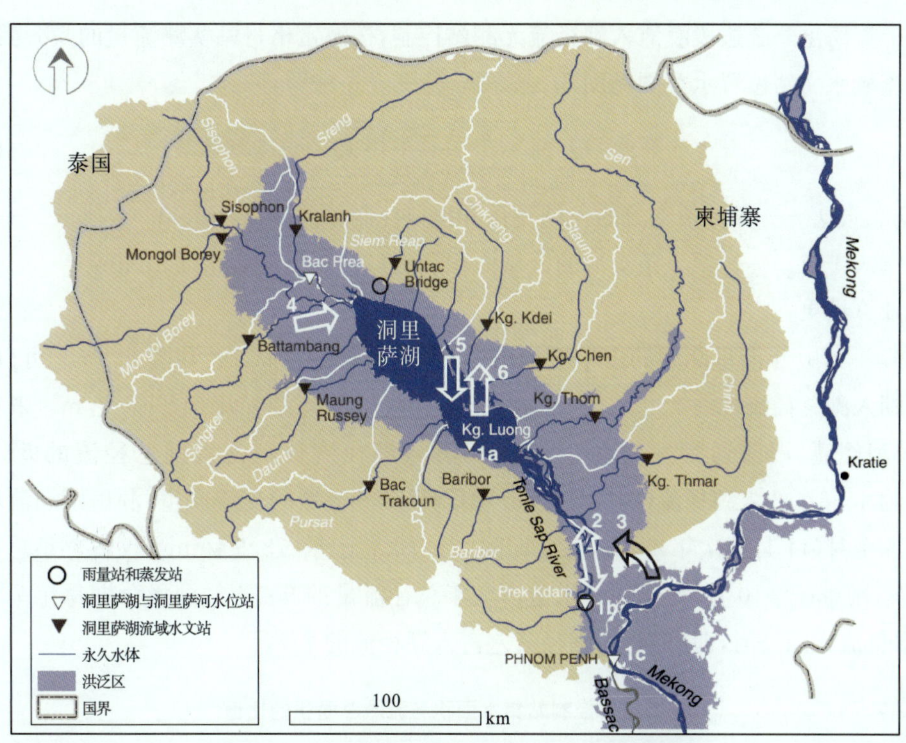

图 6.3-3　洞里萨湖出湖、入湖径流组成示意图

注：图中 1a、1b、1c 分别为金边港站、波雷格丹站和甘邦隆站；2 为经洞里萨河波雷格丹站出湖、入湖流量；3 为湄公河漫滩入湖流量或洞里萨湖漫滩出湖流量；4 为洞里萨湖支流入湖径流；5 为湖面降雨量；6 为湖面蒸发量。

6.3.3.1　已有研究成果

目前，柬埔寨水利气象部、柬埔寨国家湄公河委员会、湄公河委员会、韩国国际合作机构与韩国水资源公司等单位已开展了洞里萨湖入湖、出湖径流的计算，主要相关成果有 *Cambodian Water Resources Profile*（2014 年）、*Profile of The Tonle Sap Sub-area*（SA-9C）（2012 年）、*Tonle Sap Lake water balance calculations*（2006）、*Water balance analysis for the Tonle Sap Lake-floodplain System*（2014 年）、*Master Plan of Water Resources Development in Cambodia*（2008 年）等，现分述如下：

（1）*Cambodian Water Resources Profile*（2014 年）

1）计算方法。

柬埔寨水利气象部编制的 *Cambodian Water Resources Profile*（2014 年）在计算中未考虑湖面降水及蒸发。支流入湖径流按支流流域面积与出口控制站点集水面积之比（表 6.3-7）进行缩放，计算公式见式（6.3-1）。对无水文站控制的 Stung Krang Ponley 和邦纳河，通过自然地理特征相似且降水量相近的相邻河波里波河 Boribor 站的实测流量推算得到。湄公河经洞里萨河倒灌入湖径流和洞里萨湖经洞里萨河出湖径流可通过波雷格丹站监测得到。

湄公河干流磅湛—金边段漫滩入湖径流无测站控制，按波雷格丹站实测流量的5%考虑。洞里萨湖流域水文站位置示意图见图6.3-4。

$$Q_{i\_total}=\left(\frac{A_{i\_total}}{A_{i\_gauged}}\right)\cdot Q_i \tag{6.3-1}$$

式中，Q_{i_total}、Q_i——第i条支流的入湖流量和出口控制站的流量，m^3/s；

A_{i_total}、A_{i_gauged}——第i条支流的流域面积和出口控制站的集水面积，km^2。

2)计算结果。

1997—2010年洞里萨湖的多年平均出湖、入湖水量见表6.3-8和图6.3-5。可以看出，洞里萨湖入湖总径流量约758.7亿m^3，其中约54.5%的入湖径流(413.5亿m^3)来自湄公河，湄公河倒灌、漫滩通常发生在5—10月，其入湖径流分别占入湖总径流的51.9%和2.6%；约45.5%的入湖径流(345.1亿m^3)由洞里萨湖流域的支流产生；洞里萨湖流域的旱季包括6个月(11月至次年4月)，在此期间，平均入湖水量(73.9亿m^3)仅占全年总径流量的9.7%，雨季(5—10月)平均入湖水量占全年总径流量的90.3%；洞里萨湖每年705.6亿m^3的水量流入湄公河，即出湖、入湖径流差占入湖径流的7%。

表6.3-7　　支流出口控制站集水面积与流域总面积的比值

序号	支流名称	柬埔寨境内流域面积/km^2	泰国境内流域面积/km^2	出口控制站名称	水文站集水面积/km^2	流域总面积与水文站集水面积之比
1	蒙哥博雷河	5264	1321	蒙哥博雷	3862	1.71
2	诗梳风河	5593	2787	诗梳风	3985	2.10
3	斯伦河	9931		Kralanh	8175	1.21
4	马德望河	6052		马德望	3230	1.87
5	额勒赛河	1468		Prek Chik	701	2.03
6	暹粒河	3619		Prasat Keo	549	6.59
7	芝格楞河	2714		Kampong Kdei	1920	1.41
8	菩萨河	5964		Bak Trakuon	4245	1.40
9	St. Svay Don Keo	2228		Svay Don Keo	728	3.06
10	波里波河	3003		波里波	869	8.23
11	St. Krang Ponley	3033				
12	邦纳河	1116				
13	St. Staung	4357		Kampong Chen	1895	2.30
14	森河	16342		磅同	14000	1.17
15	芝尼河	8236		Kampong Thmar	4130	1.99

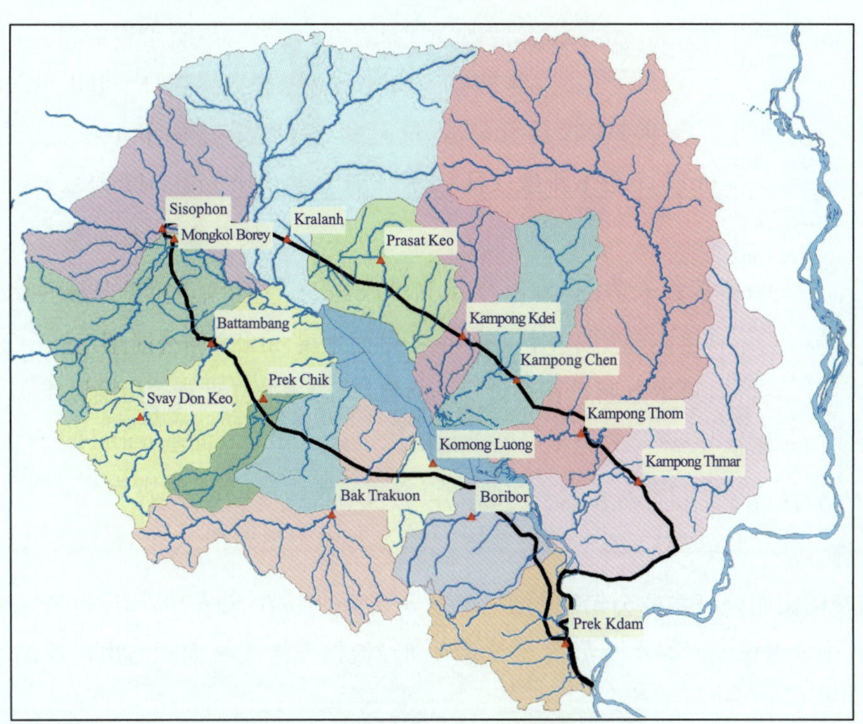

图 6.3-4　洞里萨湖流域水文站位置示意图

表 6.3-8　1997—2010 年洞里萨湖多年平均出湖、入湖径流量　（单位:亿 m^3）

月份	入湖径流				出湖径流
	支流	洞里萨河	湄公河漫滩	合计	洞里萨河
1	7.7	0	0	7.7	99.6
2	4.1	0	0	4.1	45.9
3	3.3	0	0	3.3	27.3
4	4.6	0	0	4.6	18.4
5	13.2	5.1	0.3	18.6	11.8
6	18.0	33.0	1.7	52.7	7.3
7	31.5	96.6	4.8	132.9	0
8	50.8	164.1	8.2	223.1	0
9	70.4	77.9	3.9	152.2	19.8
10	87.2	17.1	0.9	105.2	127.6
11	39.8	0	0	39.8	187.4
12	14.5	0	0	14.5	160.5
1—12	345.1	393.8	19.8	758.7	705.6

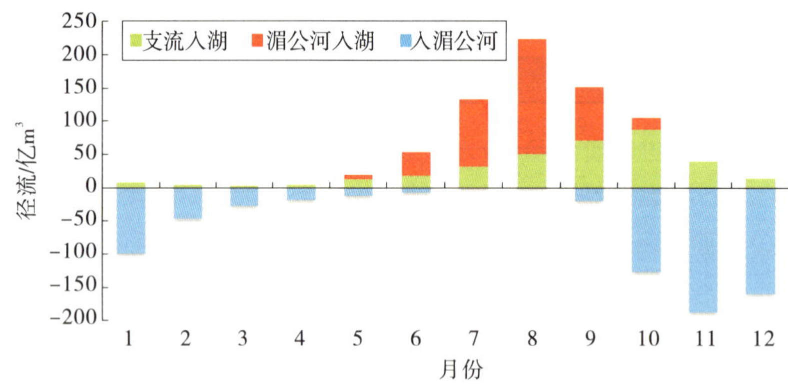

图 6.3-5 1997—2010 年洞里萨湖多年平均逐月出湖、入湖径流

(2)*Profile of The Tonle Sap Sub-area*(SA-9C)(2012 年)

1)计算方法。

柬埔寨国家湄公河委员会编制的 *Profile of The Tonle Sap Sub-area*(SA-9C)(2012年)在计算中未考虑湖面降水及蒸发。支流入湖径流按支流流域面积与出口控制站点集水面积之比(表 6.3-9)进行缩放。

表 6.3-9　　支流出口控制站集水面积与流域总面积的比值　　(单位:km^2)

序号	支流名称	流域面积	出口控制站名称	水文站集水面积	流域总面积与水文站集水面积之比
1	蒙哥博雷河	10858	蒙哥博雷	7847	1.38
2	斯伦河	9932	Kralanh	8175	1.21
3	马德望河	6052	马德望	3230	1.87
4	额勒赛河	3695	Prek Chik	1429	2.59
5	暹粒河	3619	Prasat Keo	549	6.59
6	芝格楞河	2714	Kampong Kdei	1920	1.41
7	菩萨河	5955	Khum Veal	4596	1.30
8	波里波河	7086	波里波	869	8.15
9	St. Staung	4357	Kampong Chen	1895	2.30
10	森河	16359	磅同	14000	1.17
11	芝尼河	8236	Kampong Thmar	4130	1.99

注:1. Stung Dauntri 河包含了 Stung Svay Donkeo 河。

2. 蒙哥博雷河包含了诗梳风河。

3. 波里波河包含了 Stung Krang Ponley 和邦纳河。

4. 菩萨河采用了下游站 Khum Veal,而上游站 Bak Trakuon 由于 Damnak Ampil 渠将上游部分来水分流至 Dauntry 河,因此 Khum Veal 流量小于 Bak Trakuon。菩萨河地形与水文站网见图 6.3-6。

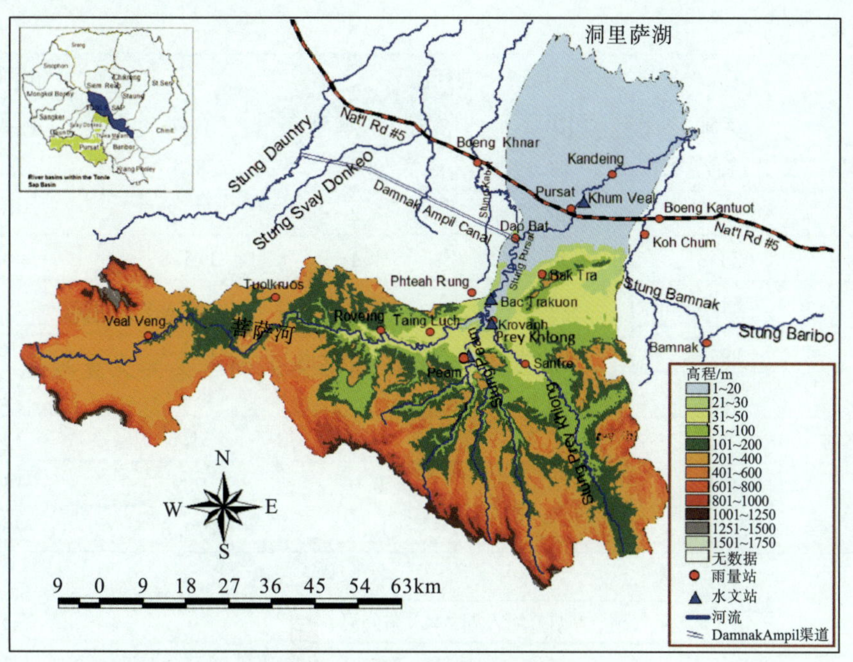

图 6.3-6　菩萨河地形与水文站网

湄公河经洞里萨河倒灌入湖径流和洞里萨湖经洞里萨河出湖径流可通过波雷格丹站监测得到。湄公河干流磅湛—金边段漫滩入湖径流按波雷格丹站实测流量的 5%考虑。不考虑洞里萨河漫滩出湖径流。

2)计算结果。

根据洞里萨湖区支流与洞里萨河控制站点 1996—2009 年流量资料(部分支流个别年份流量资料缺测),计算得到洞里萨湖平水年(P=50%)的出湖、入湖水量(表 6.3-10 和图 6.3-7)。可以看出,洞里萨湖入湖总径流量约 679.8 亿 m^3,其中约 55.6%的入湖径流(377.8 亿 m^3)来自湄公河,湄公河倒灌、漫滩入湖径流分别占入湖总径流的 52.9%和 2.7%;约 44.4%的入湖径流(302.1 亿 m^3)由洞里萨湖本流域支流产生;旱季(11 月至次年 4 月)的入湖水量(52.1 亿 m^3)仅占全年的 7.7%,雨季(5—10 月)平均入湖水量占全年总径流量的 92.3%;洞里萨湖出湖径流为 702.0 亿 m^3,出湖、入湖径流差占入湖径流的 3%。

表 6.3-10　洞里萨湖平水年(P=50%)出湖、入湖径流量　(单位:亿 m^3)

月份	入湖径流				出湖径流
	支流	洞里萨河	湄公河漫滩	合计	洞里萨河
1	4.6	0.0	0.0	4.6	102.9
2	2.0	0.0	0.0	2.0	41.3
3	1.7	0.0	0.0	1.7	22.4
4	2.4	0.0	0.0	2.4	15.4

续表

月份	入湖径流				出湖径流
	支流	洞里萨河	湄公河漫滩	合计	洞里萨河
5	5.7	3.0	0.2	8.9	11.2
6	12.0	24.0	1.2	37.2	0.0
7	25.3	87.1	4.4	116.8	0.0
8	54.5	168.4	8.4	231.3	0.0
9	68.5	70.6	3.5	142.6	18.8
10	84.0	6.6	0.3	90.9	133.3
11	31.5	0.0	0.0	31.5	194.2
12	9.9	0.0	0.0	9.9	162.5
1—12	302.1	359.7	18.0	679.8	702.0

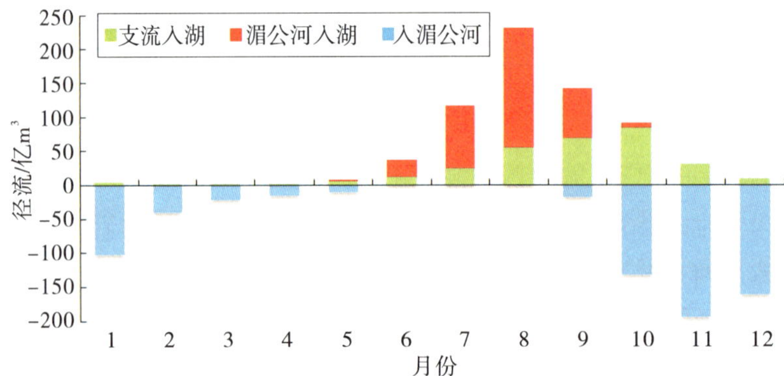

图 6.3-7　洞里萨湖平水年(P=50%)逐月出湖、入湖径流

(3)*Water balance analysis for the Tonle Sap Lake-floodplain System*(2014 年)

1)计算方法。

芬兰阿尔托大学 Kummu M. 教授发表的论文 *Water balance analysis for the Tonle Sap Lake-floodplain System*(2014 年),采用了水文年(5 月 1 日至次年 4 月 30 日)计算出入湖径流。

①湖面降水及蒸发。

洞里萨湖湖面降水及蒸发量计算见式(6.3-2)。

$$\begin{cases} Q_p = 10^{-5} \cdot P \cdot A \\ Q_e = 10^{-5} \cdot E \cdot A \end{cases} \tag{6.3-2}$$

式中,Q_p、Q_e——洞里萨湖的湖面降水产流量和蒸发耗损量,亿 m³;

P 和 E——降水量和蒸发量,mm;

A——洞里萨湖的面积,km²。

②支流入湖径流。

考虑到洞里萨湖湖洪每年均会造成部分支流面积受淹，如2000年马德望河受湖洪淹没面积达32%(1957km^2)，支流入湖径流按未受湖洪淹没的支流流域面积与出口控制站点集水面积之比进行缩放，计算公式见式(6.3-3)。以Stung Staung河为例，支流流域面积、湖洪淹没面积和水文站集水面积的相互位置关系见图6.3-8。

$$Q_{i\_total}=\left(\frac{A_{i\_total}-A_{i\_flood}}{A_{i\_gauged}}\right)\cdot Q_i \tag{6.3-3}$$

式中 Q_{i_total}、Q_i——第i条支流的入湖流量和出口控制站的流量，m^3/s；

A_{i_total}、A_{i_gauged}、A_{i_flood}——第i条支流的流域面积、出口控制站集水面积和受湖洪淹没的面积，km^2。

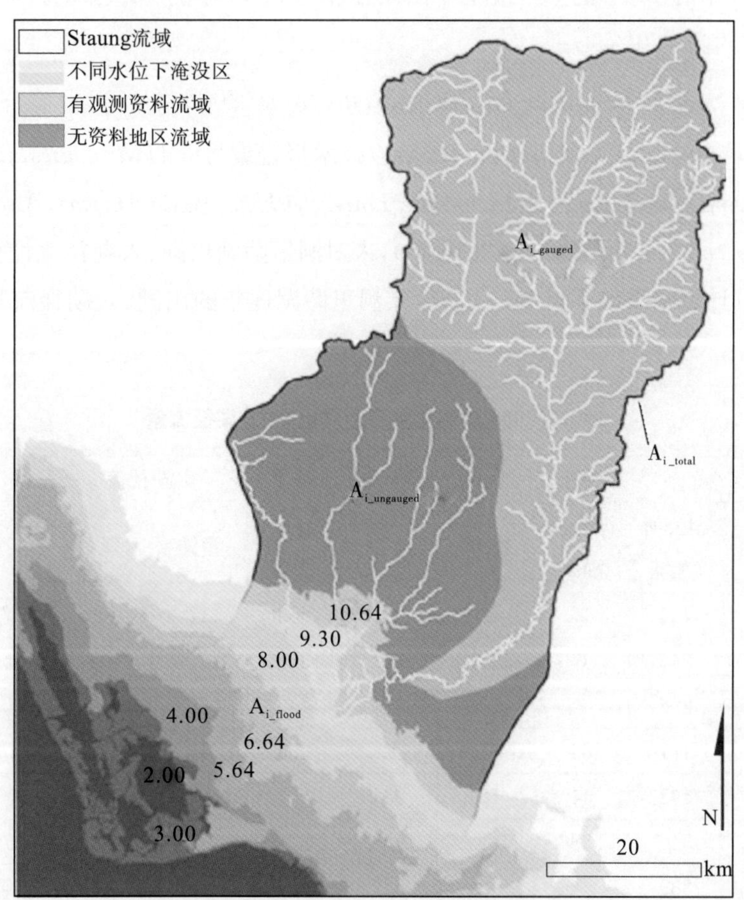

图6.3-8 Stung Staung河流域面积、湖洪淹没面积、水文站集水面积的相互位置关系

③湄公河倒灌与漫滩出入湖径流。

湄公河经洞里萨河倒灌入湖径流和洞里萨湖经洞里萨河出湖径流可通过波雷格丹站监测得到。

湄公河干流磅湛—金边段漫滩入湖径流和洞里萨河漫滩出湖径流通过构建EIA三维

水动力学模型计算。

2)计算结果。

1997—2004年洞里萨湖逐年出湖、入湖径流量见表6.3-11和图6.3-9。可以看出，洞里萨湖多年平均入湖总径流为828亿m^3，其中约53.6%的入湖径流(443亿m^3)来自湄公河，倒灌、漫滩入湖径流分别占入湖总径流的50.6%和3.0%，约33.9%的入湖径流(281亿m^3)由洞里萨湖支流产生，约12.5%的入湖径流(104亿m^3)由洞里萨湖湖面降水产生；最大年入湖径流为2000年的1090亿m^3，最小年入湖径流为1998年的388亿m^3。洞里萨湖多年平均出湖总径流为819亿m^3，其中84.1%的径流经洞里萨河排至湄公河，3.0%的径流通过地面漫滩入湄公河，12.9%的径流直接从湖面蒸发掉；最大年出湖径流为2000年的1144亿m^3，最小年出湖径流为1998年的70亿m^3。多年平均出湖、入湖径流误差约为1.0%。

(4)*Tonle Sap Lake water balance calculations*(2006年)

湄公河委员会的水资源利用项目第二阶段技术报告编号5 *Hydrological, Environmental and Socio-Economic Modelling Tools for the Lower Mekong Basin Impact Assessment: Tonle Sap Lake water balance calculations*(2006年)，未对洞里萨湖出湖、入湖径流计算方法和计算过程作说明，其计算结果如下，1997—2003年洞里萨湖逐年的出湖、入湖径流量见表6.3-12和图6.3-10。

表6.3-11　**1997—2004年洞里萨湖逐年出湖、入湖径流量**　(单位:亿m^3)

年份	入湖径流					出湖径流				误差
	支流	湄公河倒灌	湄公河漫滩	降水	汇总	洞里萨河	漫滩	蒸发	汇总	
1997	264	465	17	85	831	659	17	100	776	55
1998	200	245	0	67	512	388	0	70	458	54
1999	388	292	7	113	800	740	7	111	858	−58
2000	421	471	64	150	1106	933	64	147	1144	−38
2001	319	498	44	124	985	842	44	122	1008	−23
2002	237	540	38	113	928	826	38	106	970	−42
2003	209	389	9	80	687	511	9	87	607	80
2004	208	446	20	96	770	608	20	105	733	37
多年平均	281	418	25	104	828	688	25	106	819	9
占比/%	33.9	50.6	3.0	12.5		84.1	3.0	12.9		1.0

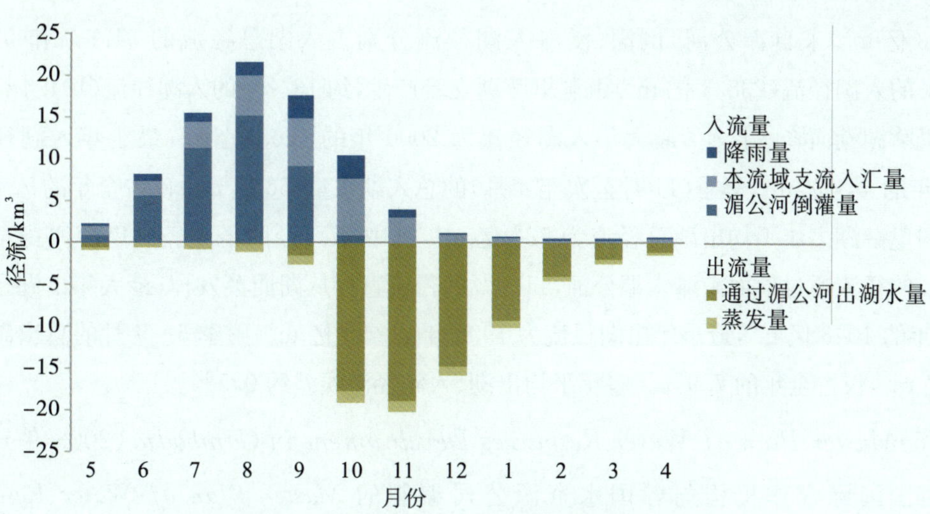

图 6.3-9　洞里萨湖多年平均逐月出湖、入湖径流

表 6.3-12　　洞里萨湖 1997—2003 年逐年出、入湖径流量　　（单位：亿 m³）

年份	入湖径流				出湖径流			误差
	支流	湄公河	降水	汇总	湄公河	蒸发	汇总	
1997	231	473	85	789	642	87	729	60
1998	126	248	67	441	368	67	435	6
1999	274	410	113	797	729	105	833	−37
2000	397	518	150	1065	933	115	1048	17
2001	271	529	124	924	830	105	935	−11
2002	217	568	113	898	843	100	943	−45
2003	152	385	79	616	504	75	579	37
多年平均	238.3	447.3	104.4	790.0	692.7	93.4	786.0	3.9
占比/%	30.2	56.6	13.2		88.1	11.9		0.5

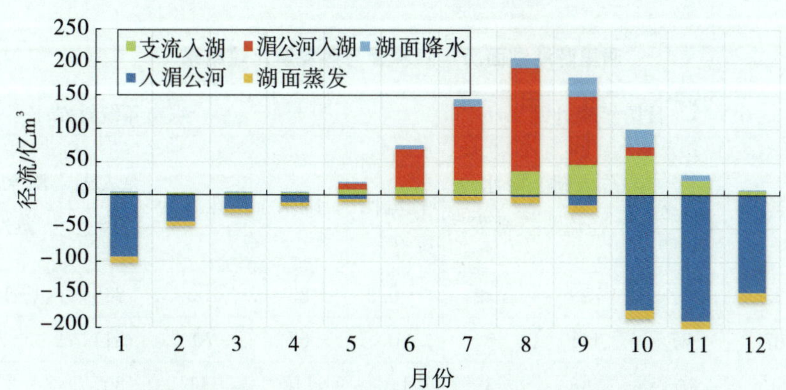

图 6.3-10　洞里萨湖多年平均逐月出湖、入湖径流

可以看出，洞里萨湖多年平均入湖总径流为 790 亿 m³，其中约 56.6%的入湖径流

(447.3 亿 m^3)来自湄公河,倒灌、漫滩入湖径流分别占入湖总径流的 51.6%和 5%,约 30.2%的入湖径流(238.3 亿 m^3)由洞里萨湖支流产生,约 13.2%的入湖径流(104.4 亿 m^3)由洞里萨湖湖面降水产生;最大年入湖径流为 2000 年的 1065 亿 m^3,最小年入湖径流为 1998 年的 441 亿 m^3;旱季(11 月至次年 4 月)的总入湖水量(56 亿 m^3)仅占全年的 7.1%。

洞里萨湖多年平均出湖总径流为 786 亿 m^3,其中 87.1%的径流经洞里萨河排至湄公河,1%的径流通过地面漫滩入湄公河,11.9%的径流直接从湖面蒸发掉;最大年出湖径流为 2000 年的 1048 亿 m^3,最小年出湖径流为 1998 年的 435 亿 m^3,雨季 5—9 月的总出湖水量(62 亿 m^3)仅占全年的 7.9%。多年平均出湖、入湖径流误差约 0.5%。

(5)*Master Plan of Water Resources Development in Cambodia*(2008 年)

韩国国际合作机构与韩国水资源公司编制的 *Master Plan of Water Resources Development in Cambodia*(2008 年),未对洞里萨湖出湖、入湖径流计算方法和计算过程作说明,其计算结果为洞里萨湖入湖总径流为 601.6 亿 m^3,其中约 33.7%的入湖径流(202.7 亿 m^3)来自湄公河倒灌,约 53.2%的入湖径流(320.1 亿 m^3)由洞里萨湖支流产生,约 13.1%的入湖径流(78.8 亿 m^3)由洞里萨湖湖面降水产生;洞里萨湖约有 98.6%(592.9 亿 m^3)的水量流入湄公河,即出湖、入湖径流差占入湖径流的 1.4%。

(6)结论

综上所述,可以得出如下结论。

1)洞里萨湖湖面降水与蒸发全年总量相近,但季节差异有显著的变化规律。

基于日历年统计,1997—2003 年历年差值仅占总入湖径流的 0%～3.3%,多年平均降水量较多年平均蒸发量大,其差值约占多年平均总入湖径流的 1.4%;基于水文年统计,1997—2003 年历年差值仅占多年平均总入湖径流的 0.2%～1.8%,多年平均降水量较多年平均蒸发量小,其差值约占多年平均总入湖径流的 0.2%。洞里萨湖湖面历年降水量与蒸发量比较结果见表 6.3-13。

表 6.3-13　洞里萨湖湖面历年降水量与蒸发量比较结果　(单位:亿 m^3)

年份	日历年统计结果					水文年统计结果				
	降水	蒸发	总入湖径流	降水—蒸发	占入湖径流比/%	降水	蒸发	总入湖径流	降水—蒸发	占入湖径流比/%
1997	85	87	789	−2	−0.3	85	100	845	−15	−1.8
1998	67	67	441	0	0	67	70	511	−3	−0.6
1999	113	105	798	8	1.0	113	111	807	2	0.2
2000	150	115	1065	35	3.3	150	147	1090	3	0.3
2001	124	105	925	19	2.1	124	122	983	2	0.2

续表

年份	日历年统计结果					水文年统计结果				
	降水	蒸发	总入湖径流	降水—蒸发	占入湖径流比/%	降水	蒸发	总入湖径流	降水—蒸发	占入湖径流比/%
2002	113	100	898	13	1.4	113	106	932	7	0.8
2003	79	75	616	4	0.6	80	87	691	−7	−1.0
平均	104	93	790	11	1.4	105	106	837	−2	−0.2

5 月降水量与蒸发量持平，6—10 月降水量远大于蒸发量，其多年平均差值约占多年平均总入湖径流的 5.8%，11 月至次年 4 月蒸发量远大于降水量，其多年平均差值约占多年平均总入湖径流的 4.5%。

2）支流入湖径流不足总入湖径流的一半。

虽然不同方法计算的支流入湖径流差异较大（表 6.3-14），但其占总入湖径流的比例均不足 50%。按支流流域面积与出口控制站点集水面积之比对出口控制站实测流量进行缩放，得到的支流入湖径流占总入湖径流的 44.4%～45.5%，而按未受湖洪淹没的支流流域面积与出口控制站点集水面积之比缩放的支流入湖径流仅占总入湖径流的 30.1%～34.8%。基于水文年统计的 1997—2003 年多年平均支流入湖径流占总入湖径流的 34.8%，大于基于日历年的计算成果（占总入湖径流的 30.1%）。这说明按支流流域面积与出口控制站点集水面积之比计算的支流入湖径流偏大，其原因为在雨季受湖洪影响，尾闾地区常常处于淹没状态，以 10 月为例，各支流出口控制站主要位于 5 号公路和 6 号公路形成的环线附近，而该环形区域内约 75%的面积在 10 月长期处于受淹状态。

表 6.3-14　　不同方法计算的支流入湖径流比较

计算年	计算方法	统计指标	支流入湖径流/亿 m^3	总入湖径流/亿 m^3	占比/%
日历年统计结果	按支流流域面积与出口控制站点集水面积之比缩放	1997—2010 年多年平均值	344.9	758.4	45.5
		1996—2009 年 $P=50\%$值	302.2	679.9	44.4
水文年统计结果	按未受湖洪淹没的支流流域面积与出口控制站点集水面积之比缩放	1997—2003 年多年平均值	238.0	790.0	30.1
		1997—2003 年多年平均值	291.0	837.0	34.8
		1997—2004 年多年平均值	281.0	827.0	34.0

3）湄公河入湖径流为洞里萨湖径流的重要组成部分，占比超过 50%，其中以湄公河倒灌入湖径流为主（约占入湖径流的 50%），湄公河漫滩入湖径流也占了一定比重（占入湖径流的

3%～5%)。不同方法计算的湄公河多年平均入湖径流差异不大,占总入湖径流的52.6%～56.6%,其中倒灌入湖水量占49.5%～52.9%,漫滩入湖水量占2.6%～5.0%,不同方法计算的湄公河入湖径流比较见表6.3-15,说明洞里萨湖入湖径流主要来源湄公河洪水。对于湄公河漫滩入湖流量,*Cambodian Water Resources Profile*(2014年)、*Profile of The Tonle Sap Sub-area*(*SA-9C*)(2012年)按Prek Kdam站实测流量的5%考虑,*Water balance analysis for the Tonle Sap Lake-floodplain System*(2014年)则通过构建EIA三维水动力学模型计算,从多年平均值来看,两者占入湖总径流的比例相差仅为0.4%,结果较为接近,但两种方法计算的历年漫滩流量差异却非常明显,从EIA水动力学模型模拟的1997—2004年结果来看,每年的漫滩入湖径流占倒灌入湖径流的0%～13.6%。

表6.3-15　　不同方法计算的湄公河入湖径流比较

计算年	多年平均值统计序列	倒灌入湖径流		漫滩入湖径流		湄公河入湖径流		总入湖
		径流/亿m^3	占比/%	径流/亿m^3	占比/%	径流/亿m^3	占比/%	径流/亿m^3
日历年统计结果	1997—2010年	393.8	51.9	19.7	2.6	413.5	54.5	758.4
	1996—2009年	359.8	52.9	18.0	2.6	377.8	55.6	679.9
	1997—2003年	407.6	51.6	39.4	5.0	447.0	56.6	790.0
水文年统计结果	1997—2004年	418.0	50.5	25.0	3.0	443.0	53.6	827.0

4)洞里萨湖84%以上的径流通过洞里萨河排至湄公河,有1%～3.1%的径流通过漫滩排至湄公河,其余部分主要通过蒸发排走。不同方法计算的湄公河出湖径流比较见表6.3-16。

表6.3-16　　不同方法计算的湄公河出湖径流比较

计算年	多年平均值统计序列	洞里萨河		漫滩出湖径流		入湄公河径流		总出湖
		径流/亿m^3	占比/%	径流/亿m^3	占比/%	径流/亿m^3	占比/%	径流/亿m^3
日历年统计结果	1997—2010年	706.0	100.0					706.0
	1996—2009年	702.0	100.0					702.0
	1997—2003年	685.0	87.2	8.0	1.0	693.0	88.2	786.0
水文年统计结果	1997—2004年	688.0	84.0	25.0	3.1	713.0	87.1	819.0

5)洞里萨湖是吞吐型、季节性淡水湖泊,5月出湖、入湖径流相当,6—9月以入流为主,10月至次年4月以出流为主。不同方法计算的湄公河逐月入湖、出湖径流差见表6.3-17。

湄公河倒灌发生于汛期5—10月,这期间洞里萨湖成为本流域和湄公河洪水的一座天然储水库,这种季节性的变化使洞里萨湖能大大减轻湄公河下游的洪水威胁;在枯水期11月至次年4月,洞里萨湖将汛期调蓄的大量洪水排至湄公河干流,可使湄公河保持足够的水

量和水位，保证下游航运与灌溉需求。这种水文情势主要取决于洞里萨湖流域的气象条件和湄公河与洞里萨湖的河湖关系。

表 6.3-17 不同方法计算的湄公河逐月入湖、出湖径流差 (单位:亿 m^3)

统计序列	1月	2月	3月	4月	5月	6月	7月	8月	9月	10月	11月	12月
1997—2010年	−92	−42	−24	−14	7	45	133	223	132	−22	−148	−146
1996—2009年	−98	−39	−21	−13	−2	37	117	231	124	−42	−163	−153
1997—2003年	−97	−44	−23	−11	10	70	137	194	151	−85	−171	−151

6)洞里萨湖全年出湖、入湖径流总体维持平衡。根据上述研究成果，1997—2010年的多年平均入湖径流较出湖径流大7%；1997—2003年的多年平均入湖径流较出湖径流大0.5%；1997—2004年的多年平均入湖径流较出湖径流小1%；1996—2009年的多年平均入湖径流较出湖径流小3%；*Master Plan of Water Resources Development in Cambodia*(2008年)统计的入湖径流较出湖径流大1.4%(统计系列不详)。出湖、入湖径流差异除表现在计算误差外，还应反映下渗、地下水补给及Tonle Sap湖的调节能力等方面。根据Burnett WC等2012年在*Journal of Radioanalytical and Nuclear Chemistry*1发表的论文*Using high-resolution in situ radon measurements to determine groundwater discharge at a remote location*:*Tonle Sap Lake*,*Cambodia*，在2009年湖泊退水阶段，为40亿～80亿m^3的地下水进入洞里萨湖，该部分水量占支流入湖径流的13%～27%，或占入湖总径流的5%～10%。

6.3.3.2 本次研究成果

(1)计算方法

由于柬埔寨境内水文气象资料不连续或无资料，本次针对气象、径流系列进行了插补延长及模拟推求。在气象系列方面，收集了质量较好的分析资料并进行了可靠性分析，完善了研究区内部分站点长系列的气象资料，或采用相关分析法对有部分资料的站点系列进行了插补延长。在径流系列方面，分别采用了VIC、Topmodel等模型对主要控制水文站及有实测资料的地区的径流系列进行了模拟计算，然后通过参数移用的方法，对无资料地区的径流系列进行了推求。

洞里萨湖周边主要为平原地区，采用基流分割的方法计算河川基流量，进而计算水资源总量；支流上游为山丘区，其水资源总量按照山丘区的计算方法进行分析，水资源总量近似等于地表水资源量。

$$W = R + P_r - R_g \tag{6.3-4}$$

式中，W——水资源总量；

R——河川径流量；

P_r——降水入渗补给量；

R_g——河川基流量。

选取具有较完备资料的水文站实测月径流资料和气象站降水资料，由降水和径流对各入湖支流地表水资源量进行了模拟估算。

1)对有水文站控制的水资源分区，当水文站控制区降水量与水资源分区降水量相差不大时，根据水文站长系列月径流，按面积比折算为水资源分区的地表水资源量系列；当水文站控制区降水量与水资源分区降水量相差较大时，按面积比和降水量的权重折算该水资源分区的地表水资源量系列。

$$W_{un}=W_h\cdot\frac{F_{un}}{F_h}\cdot\alpha_p \tag{6.3-5}$$

式中，W_{un}——水资源分区的地表水资源量，hm^3；

W_h——控制水文站的地表水资源量，hm^3；

F_{un}——水资源分区的面积，km^2；

F_h——控制水文站的控制面积，km^2；

α_p——水资源分区内降水量与水文站控制区降水量的比值。

2)对没有水文站控制的水资源分区内，借用自然地理特征相似地区的参考水文站的降水径流关系(径流系数)，由水资源分区内降水量系列推求该水资源分区的地表水资源量系列。

$$W_{un}=P_{un}\cdot\frac{W_{rh}}{F_{rh}\cdot P_{rh}}\cdot F_{un}\qquad\frac{W_{rh}}{F_{rh}\cdot P_{rh}}=\alpha_{rh} \tag{6.3-6}$$

式中，W_{un}——水资源分区的地表水资源量，亿 m^3；

W_{rh}——参考水文站的地表水资源量，亿 m^3；

F_{un}——水资源分区的面积，km^2；

F_{rh}——参考水文站的控制面积，km^2；

P_{un}——水资源分区的降水量，mm，由水资源分区内的气象站降水资料分析确定；

P_{rh}——参考水文站控制区域内的降水量，mm，由水文站控制区域内的气象站降水资料分析确定；

α_{rh}——参考水文站的径流系数。

3)鉴于洞里萨湖区不同水资源分区水文、气象资料的不连续或者无资料问题，本研究针对各子流域特点，对气象、径流系列进行了插补延长及模拟推求。在气象系列方面，收集了国际上质量较好的同化再分析资料并进行可靠性分析，构建了部分研究区长系列的气象资料，或者采用相关分析法对有部分资料的站点系列进行了插补延长。在径流系列方面，针对不同水资源分区径流特点，分别采用了 VIC、Topmodel 等模型对主要控制水文站及有实测资料的分区的径流系列进行了模拟计算；然后通过参数移用的方法，对无资料地区的径流系列进行了推求。

地表水资源量计算成果的合理性检查：将计算出的各水资源分区的地表水资源量换算成径流深，经过分析比较检查计算成果的合理性；另外，将估算出的主要控制水文站以上的各水资源分区的地表水资源量之和与控制水文站径流量对比，进行水量平衡检查分析。

(2)计算成果

1)来水量地区分布。

通过上述方法，得到了洞里萨湖区1981—2010年的流量资料。洞里萨湖区年降水量为1215～1899mm，多年平均降水深1455mm，相应降水量1232亿m^3。流域的水量主要靠降水补给，由于湖区蒸发量大，径流深相对较小，多年平均年径流量为462.4亿m^3，远小于面积比46%。1981—2010年洞里萨湖区各子流域多年平均地表水资源量见表6.3-18。

表6.3-18　　1981—2010年洞里萨湖区各子流域多年平均地表水资源量

河流名称	面积/km^2	年降水深/mm	年降雨量/亿m^3	多年平均年径流量/亿m^3
St. Krang Ponley	3033	1417	43.7	21.5
波里波河	3003	1508	48.0	22.7
邦纳河	1116	1464	17.8	6.9
菩萨河	5964	1899	124.1	50.9
St. Svay Don Keo	2228	1420	33.0	13.4
Stung Moung Russei(Dauntry)	1468	1555	23.9	10.3
马德望河	6052	1525	89.9	51.3
蒙哥博雷河	5264	1367	69.6	31.3
诗梳风河	5593	1215	73.0	9.3
斯伦河	9931	1311	124.7	20.5
暹粒河	3619	1326	46.3	9.3
芝格楞河	2714	1388	36.9	8.0
St. Staung	4357	1431	65.8	23.9
森河	16342	1529	255.7	93.1
芝尼河	8236	1547	138.3	53.6
Boeng Tonle Sap	2743	1378	41.3	36.4
汇总	81663		1232.0	462.4

由表6.3-18可知，洞里萨湖区来水量的地区分布基本上与降水的地区分布一致。总体来说，湖区来水量由西北向东南递增。菩萨河、马德望河、森河、芝尼河在洞里萨湖流域的径流贡献最大，其年径流量均超过50亿m^3，4条支流年径流量总和达248.9亿m^3，占洞里萨湖入湖径流的58.3%，超过面积比44.8%；森河年径流量最大，为93.1亿m^3，占洞里萨湖入湖径流的21.8%。

2)来水量年际变化。

通过分析推求的1981—2010年洞里萨湖区的来水量，可以看出，洞里萨湖区来水量变差系数为0.113～0.188；1981—2010年最大年来水量为630.2亿m^3（2006年），最小年来水量为327.8亿m^3（1992年），极值比为1.92。1981—2010年洞里萨湖区来水量年际变化见图6.3-11。

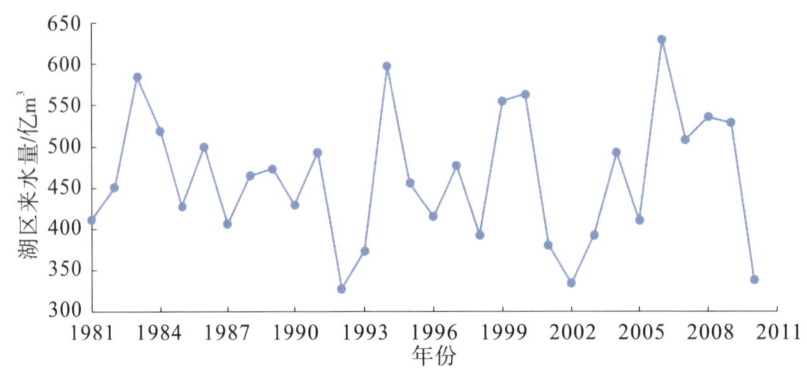

图6.3-11　1981—2010年洞里萨湖区来水量年际变化

3)来水量年内分配。

洞里萨湖区来水量的年内分配过程（图6.3-12）与降水相同，有明显的汛期和非汛期之分，汛期与雨季时间相对应。来水量年内分配不均匀，雨季5—11月的来水量占全年来水量的比例超过85%，来水量最大的连续6个月为6—12月，占全年来水量的85%；多年平均最大月来水量发生在10月，占全年来水量的20%。

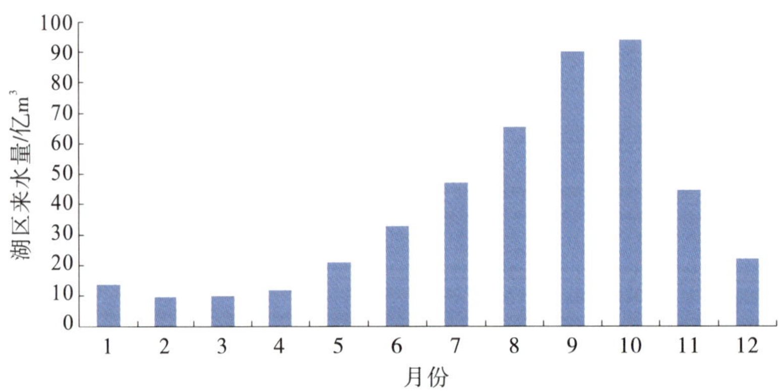

图6.3-12　1981—2010年洞里萨湖区多年平均逐月来水量分配

(3)出湖、入湖水量平衡分析

由于缺少地形资料，因此本次计算不考虑湄公河干流漫滩入湖水量。1997—2010年洞里萨湖逐年出湖、入湖径流量见表6.3-19。可以看出，洞里萨湖多年平均入湖总径流量约为844亿m^3，其中44.7%的入湖径流（377亿m^3）来源湄公河倒灌水量，约55.3%的入湖径流（467亿m^3）由洞里萨湖本流域产生；洞里萨湖平均每年约有81.2%（686亿m^3）的水量流入湄公河，即出湖、入湖径流差占入湖径流的18.8%，该部分水量主要为洞里萨湖区的地下水。

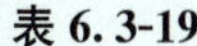

表 6.3-19 1997—2010 年洞里萨湖逐年出湖、入湖径流量

年份	入湖径流/亿 m^3			洞里萨河出湖径流/亿 m^3	入湖径流—出湖径流	
	本流域产水量	倒灌入湖水量	合计		径流/亿 m^3	占比/%
1997	477	392	869	856	13	1.5
1998	392	213	605	483	122	20.2
1999	555	301	856	598	258	30.1
2000	563	446	1009	915	94	9.3
2001	380	457	837	880	−43	−5.1
2002	334	494	828	810	18	2.2
2003	393	352	745	671	74	9.9
2004	493	411	904	620	284	31.4
2005	410	496	906	693	213	23.5
2006	630	374	1004	698	306	30.5
2007	509	346	855	577	278	32.5
2008	536	352	888	653	235	26.5
2009	529	377	906	656	250	27.6
2010	339	269	608	490	118	19.4
多年平均值	467	377	844	686	159	18.8

6.3.4 特征总结

1)湄公河干流上丁以下各河段均存在水量不平衡现象,其中以磅湛—昌瓦段最为突出,其次为桔井—磅湛段和昌瓦—柬越边境段。

2)湄公河干流径流年际变化比较稳定,年径流极值比增大 1.8~2.0。湄公河干流径流年内分配不均,径流量主要集中在雨季(5—11 月),约占全年的 86%;湄公河干流和洞里萨湖区连续最大 3 个月均为 8—10 月,径流量占全年的 49.5%~60.5%,受洪水漫滩和倒灌影响,湄公河干流沿程径流比逐渐减小;金边以上河段最大月径流出现在 8 月,径流量占全年径流量的 21.0%~23.1%,金边以下河段受洞里萨湖调丰补枯影响最大月径流出现在 10 月,径流量占全年径流量的 17.4%。

3)洞里萨湖入湖水量 50%来源湄公河洪水倒灌,3%~5%来源湄公河漫滩,不足 45%来源湖区支流;洞里萨湖 84%以上的水量最终排至湄公河。洞里萨湖是吞吐型、季节性淡水湖泊,5 月出湖、入湖径流相当,6—9 月以湄公河倒灌入湖为主,10 月至次年 4 月以出湖为主。

6.4 湄公河与洞里萨湖洪水特征

基于长系列实测水文资料，分析了湄公河与洞里萨湖洪水的发生时间、历时、洪峰、洪量、涨退水速度，基于水量平衡方法量化了洪水漫滩特征。

6.4.1 洪水发生时间

湄公河下游属于季风性气候，干(旱)、湿(雨)两季分明，5—10月底受来自海上的西南季风影响，潮湿多雨，为雨季，降水量约占年降水量的90%。9—10月，热带风暴(风速大于16m/s)和台风(风速大于33m/s)平均每年发生约6.9次，受其影响，常发生显著的强降水过程，点日降水量为125～250mm，进而造成大范围的洪涝灾害。

湄公河为雨洪河流，流域洪水多由湄公河上中游与本地区区间连续大雨或暴雨形成。洪水出现时间比降水滞后，但不超过1个月。湄公河干流金边以上河段连续最大6个月径流出现在6—11月，占年径流量的86%～90%，最大月径流出现在8月，占年径流量的21%～23%。湄公河干流金边以下河段连续最大6个月径流量出现在7—12月，占年径流量的77%，其中12月北方冷气流开始活跃，西南气流后退并与之对峙、交锋而形成暴雨，加上流域内土壤湿润，河道水位较高，一旦大雨来临就易酿成洪灾；受湄公河洪泛平原和洞里萨湖调丰补枯影响，最大月径流出现在9月，占年径流量的17%。巴塞河连续最大6个月径流量出现在7—12月，占年径流量的92%，最大月径流出现在10月，占年径流量的22%。洞里萨湖连续最大6个月径流出现在6—11月，占年径流量的81%，最大月径流出现在10月，占年径流量的20%。

6.4.2 洪水过程

湄公河流域柬埔寨境内暴雨区主要位于柬埔寨东北部的“3S”河，暴雨洪水频繁，平均每隔4～6年发生一次较大洪水，与湄公河干流老挝入境洪水在上丁遭遇后，常形成峰高量大的复峰型洪水。

6.4.2.1 洪水历时

经河槽的调蓄作用，一次洪水过程历时较长，上丁站洪水过程往往要持续60～158d，平均约93d。在大水年因沿河湖泊洼地的天然调节作用及分洪、溃口影响，金边以下的湄公河三角洲(代表站为尼克朗站)在总体上形成一个如馒头状的庞大洪水过程线(图6.4-1)，很难严格划分一次洪水过程的历时。因此，在计算中常采取最大90d、120d洪量作为一次洪水的洪量。

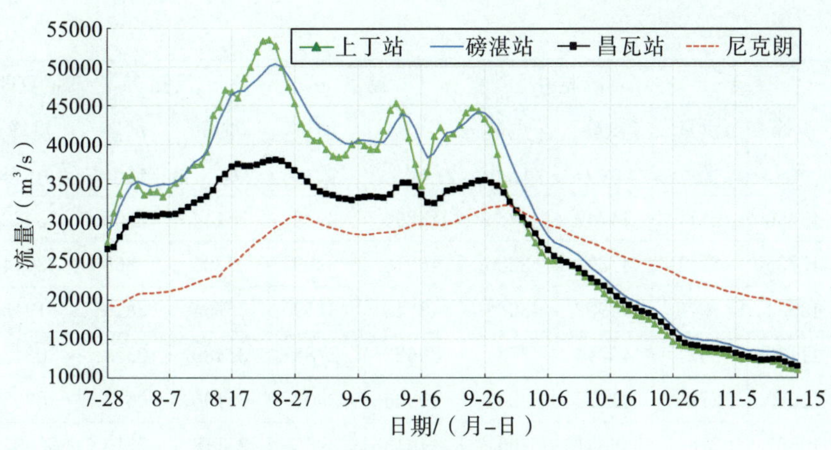

图 6.4-1 2002 年湄公河干流洪水过程线

6.4.2.2 洪峰与洪量

湄公河干流上丁以上流域面积 63.50 万 km^2，占澜沧江—湄公河流域总面积的 78%。湄公河下游汇集所有干支流洪水，致使洪水峰高、量大。根据上丁站 1910—2013 年逐日流量资料统计，最大洪峰流量为 $78093m^3/s$（1939 年 9 月 1 日），最大 120d 洪量为 3671 亿 m^3（2000 年）。上丁站控制流域面积 63.50 万 km^2，单位面积最大洪峰流量达 $0.123m^3/(s \cdot km^2)$，根据 *The World's Largest Floods, Past and Present-Their Causes and Magnitudes*（2004 年），湄公河单位面积最大洪峰流量位居全球雨洪河流第一。

1995—2011 年湄公河干流主要控制站洪峰流量和年最大 120d 洪量统计见表 6.4-1。可以看出，经湄公河洪泛平原和洞里萨湖的调蓄，上丁以下河段尤其是桔井—昌瓦段洪峰流量和最大 120d 洪量有减少趋势。

表 6.4-1 1995—2011 年湄公河干流主要控制站洪峰流量和年最大 120d 洪量统计

年份	上丁		桔井		磅湛		昌瓦		尼克朗+达克茂	
	洪峰 /(m^3/s)	洪量 /亿 m^3	洪峰 /(m^3/s)	洪量 /亿 m^3	洪峰 /(m^3/s)	洪量 /亿 m^3	洪峰 /(m^3/s)	洪量 /亿 m^3	洪峰 /(m^3/s)	洪量 /亿 m^3
1995	47663	2848	48106	2940	45058	2913	37243	2661	33161	2762
1996	58662	3171	58205	3206	51324	3167	39328	2862	39724	2984
1997	55822	3101	54237	3191	49852	3148	40082	2823	32577	2914
1998	29140	1788	29854	1800	29491	1858	27484	1823	22141	1774
1999	45277	2718	45099	2826	42024	2821	36330	2620	31048	2819
2000	53119	3671	54593	3876	48230	3722	38388	3231	41277	3425
2001	56919	3473	57156	3615	51919	3522	39308	3070	37932	3212
2002	53502	3533	53746	3608	50398	3593	38025	3075	38201	3116
2003	43715	2370	43766	2389	42958	2464	36028	2256	30460	2256

续表

年份	上丁		桔井		磅湛		昌瓦		尼克朗+达克茂	
	洪峰/(m³/s)	洪量/亿 m³	洪峰/(m³/s)	洪量/亿 m³	洪峰/(m³/s)	洪量/亿 m³	洪峰/(m³/s)	洪量/亿 m³	洪峰/(m³/s)	洪量/亿 m³
2004	43856	2817	44747	2883	43296	2912	36144	2605	33482	2583
2005	47736	3211	47378	3286	46018	3279	37705	2868	33014	2847
2006	43574	2976	44932	3084	43743	3119	36754	2810	31943	2739
2007	41137	2631	40714	2734	39622	2786	34480	2573	30842	2521
2008	41689	2796	41018	2864	40386	2903	35190	2677	28903	2628
2009	46067	2781	46541	2931	44043	2966	37118	2715	32385	2629
2010	36042	2199	37340	2258	35905	2271	32096	2135	24681	2052
2011	51524	3642	57212	3885	50295	3743	39023	3225	40350	3225

6.4.2.3 洪水的涨/退水速度

湄公河干流洪水经河槽、洪泛平原、湖泊调蓄后，涨落缓慢。根据湄公河干流上丁站、桔井站和磅湛站、巴塞河达克茂站和 Koh Khel 站、洞里萨湖区波雷格丹站和甘邦隆站 1999—2011 年的逐日水位资料，统计涨/退水天数和日涨/落水率（图 6.4-2 和图 6.4-3）。可以看出，湄公河洪水的涨水时间短于退水时间，退水天数与涨水天数的比值从磅湛以上河段的 1.60～1.74 减少至三角洲地区的 1.55～1.60 和洞里萨湖区的 1.19～1.48；涨水率高于落水率，多年平均日涨水率从磅湛以上河段的 0.16～0.21m 减少至三角洲地区的 0.07～0.09m 和洞里萨湖区的 0.06～0.08m，多年平均日落水率从磅湛以上河段的 0.09～0.13m 减少至三角洲地区的 0.04～0.06m 和洞里萨湖区的 0.05m。

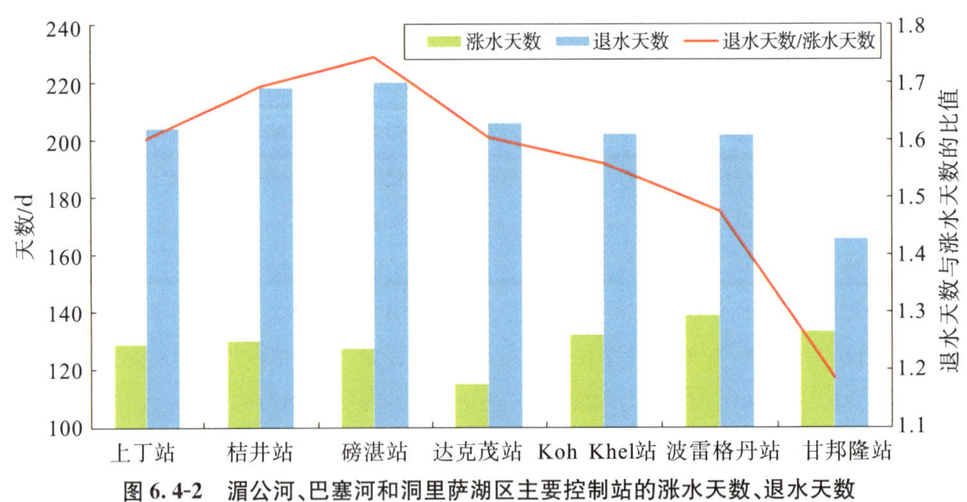

图 6.4-2 湄公河、巴塞河和洞里萨湖区主要控制站的涨水天数、退水天数

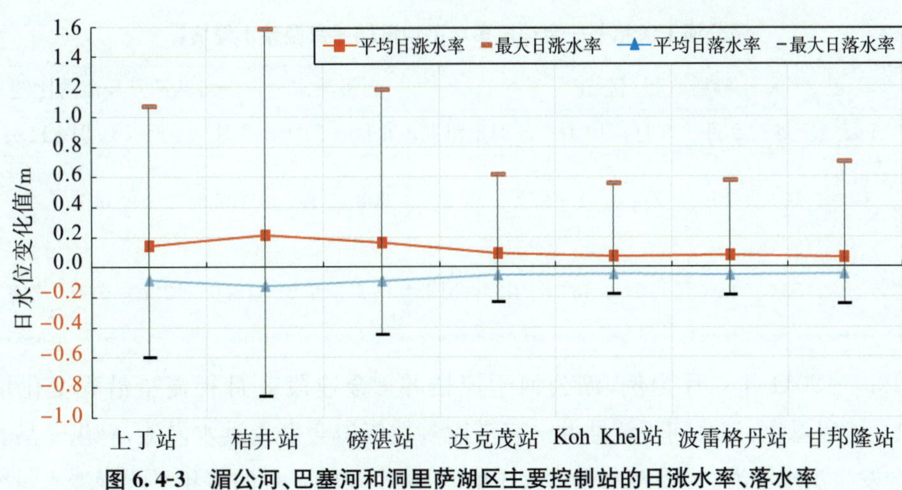

图 6.4-3　湄公河、巴塞河和洞里萨湖区主要控制站的日涨水率、落水率

6.4.3　湄公河左右岸洪水关系

柬埔寨湄公河三角洲(桔井以下河段)河道没有足够的槽蓄能力,当上游来水较大,极易发生漫滩,淹没两岸大片洪泛平原,使得左右岸洪水关系十分复杂。根据洪水特性,分桔井—金边和金边—柬越边境 2 个河段分析柬埔寨湄公河三角洲的左右岸洪水关系。

6.4.3.1　桔井—金边段左右岸洪水关系

根据 *Profile of The Cambodia Mekong Delta Sub-area*(*SA-10C*)(2012 年),在汛期,当湄公河干流桔井站水位达到 17.5m,或磅湛站水位达到 13m,或金边市达克茂站水位达到 8m 时,洪水开始溢出湄公河两岸,通过大量的旧河道或淤灌渠道流至堤后的洪泛平原,洪水在平坦的洪泛平原上恣意流淌达 50km 宽,淹没广阔的洪泛平原达数周之久。根据 *Conceptual Design Report-Forecast Production And Dissemination*(*Final Draft*)(2016 年)、*Cambodian Water Resources Profile*(2014 年)、*Structural Measures and Flood Proofing in the Lower Mekong Basin*(2010 年)等研究报告,当磅湛站流量超过 25000m^3/s 时,洪水开始溢出磅湛—金边段的湄公河两岸,其中溢出右岸的部分水流流入洞里萨湖。

由于湄公河干流桔井—金边市昌瓦段无较大支流入汇,可采用相邻两站径流量的差值估算漫滩水量。湄公河干流桔井—金边段多年平均汛期逐月漫滩水量估算见表 6.4-2。可以看出,金边以上三角洲洪水漫滩主要发生于磅湛—昌瓦段,多年平均汛期漫滩水量约为 312 亿 m^3,约占磅湛站的 8.7%,桔井—磅湛段汛期漫滩水量约为 57 亿 m^3,约占桔井站的 1.6%;洪水漫滩主要集中于 8—9 月,漫滩量占汛期漫滩总量的 65%～72%。

表 6.4-2　　湄公河干流桔井—金边段多年平均汛期逐月漫滩水量估算

河段名称	漫滩水量/亿 m^3							漫滩水量占上游测站月径流的比例/%						
	6月	7月	8月	9月	10月	11月	汛期	6月	7月	8月	9月	10月	11月	汛期
桔井—磅湛	10	10	15	21	1		57	3.8	1.7	1.7	2.3	0.1		1.6
磅湛—昌瓦	2	33	110	115	43	9	312	0.7	6.0	12.0	12.7	6.7	2.8	8.7

以 1995—2011 年 8 月为例，湄公河干流桔井—金边段 8 月径流量沿程变化情况见图 6.4-4。可以看出，湄公河干流桔井—磅湛段多数年份会发生洪水漫滩，磅湛—昌瓦段则每年均会发生洪水漫滩，且漫滩水量远大于前者，两个河段 8 月的多年平均漫滩水量分别占所在河段上游测站月径流的 1.7%和 12.0%。

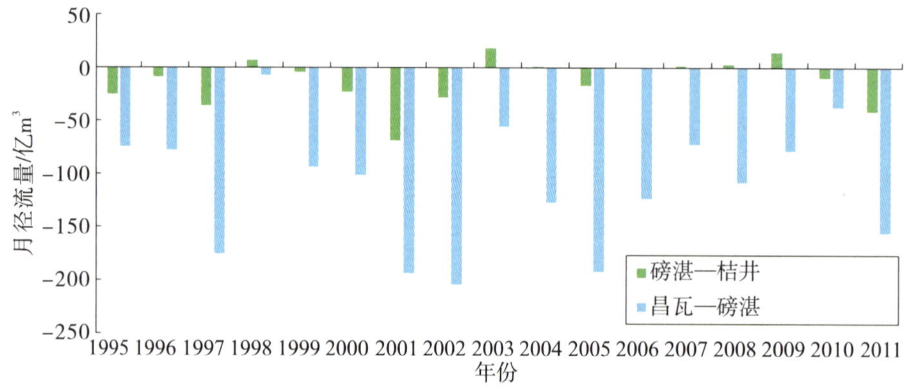

图 6.4-4　湄公河干流桔井—金边段 8 月径流量沿程变化情况

以 2002 年大洪水为例，重点分析湄公河干流磅湛—昌瓦段左右岸的漫滩水量。磅湛和昌瓦站 2002 年逐日流量过程见图 6.4-5，可以看出，当磅湛站流量超过 25000 m^3/s 时，洪水溢出磅湛—昌瓦段的湄公河两岸。2002 年磅湛和昌瓦站的洪峰流量分别为 50398 m^3/s 和 38025 m^3/s(8 月 24 日)，即通过磅湛—昌瓦段两岸洪泛平原的滞洪，削减了柬埔寨首都金边市洪峰流量 12373 m^3/s，削峰率达 24.55%。根据柬埔寨国家湄公河委员会编制的 *Profile of The Tonle Sap Sub-area*(SA-9C)(2012 年)，左、右岸洪泛平原削峰比例为 1.45∶1，即分别削减了洪峰流量 5049 m^3/s 和 7324 m^3/s，削峰率分别为 10.02%和 14.53%。磅湛—昌瓦段 2002 年漫滩水量为 500 亿 m^3，占磅湛站的 15.68%，根据 *Structural Measures and Flood Proofing in the Lower Mekong Basin*(2010 年)，左、右岸洪泛平原漫滩水量比例为 1.125∶1，即左、右岸漫滩水量分别为 235 亿 m^3 和 265 亿 m^3，占磅湛站的 7.38%和 8.30%。

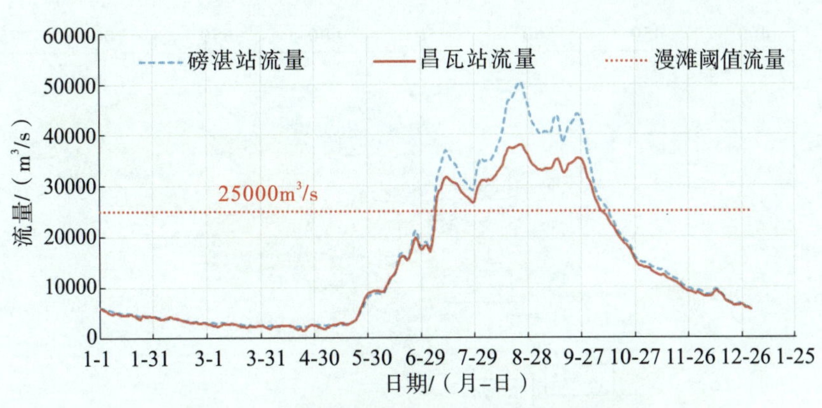

图 6.4-5 磅湛和昌瓦站 2002 年逐日流量过程

6.4.3.2 金边—柬越边境段左右岸洪水关系

柬埔寨首都金边市以下的湄公河三角洲地势低洼，洪水平均流速 1.5～2.0km/h，从金边流到越南边境需要 2～3d，洪水历时长，宣泄不畅。经过洞里萨湖调蓄后，进入三角洲的洪水一般以 5～7cm/d 的高度渐渐涨落，极端洪水涨落 10～12cm/d，洪水最高涨落速度可达 20～30cm/d。受潮汐影响，高洪水位时常不能迅速降下来，加上 2000 年以后越南湄公河三角洲基础设施建设和城市化挤占河道以及潜在的气候变化导致海平面上升，使得洪泛平原和三角洲的蓄洪容积和泄流能力进一步减少，洪水位消退更趋缓慢，如 2011 年洪水的水位下降速度远低于 2000 年。如湄公河大洪水、下游天文大潮与风暴潮发生遭遇，将进一步降低湄公河的排洪能力，造成严重洪灾，在高洪水位时三角洲地区最大淹没水深可达 4.5m。汛期时部分河流分支会在湄公河或巴塞河上游位置改道，然后再汇入湄公河或巴塞河远处下游位置。

昌瓦以下河段洪水受洞里萨湖调峰补枯影响，采用昌瓦站扣除湄公河干流尼克朗站、巴塞河达克茂站和洞里萨河波雷格丹站的径流量估算漫滩水量。1995—2011 年多年平均汛期洪水漫滩水量 54 亿 m^3，其中 6—9 月各月漫滩水量分别约为 13 亿 m^3、26 亿 m^3、11 亿 m^3 和 3 亿 m^3，合计约占上游昌瓦站径流量的 1.6%。

根据湄公河干流左右岸洪水关系，将柬埔寨湄公河三角洲分为区域 1(洞里萨湖)、区域 2(湄公河干流右岸金边以上与 6 号国道之间)、区域 3(巴塞河右岸)、区域 4(湄公河右岸与巴塞河左岸之间)和区域 5(湄公河左岸)。磅湛以下柬埔寨境内湄公河流域划分见图 6.4-6。以 2003 年为例，柬埔寨洪泛平原 2003 年 7—12 月洪量分布情况见图 6.4-7。可以看出，金边以上河段有 107 亿 m^3 的漫滩洪水在金边—柬越边境段的区域 5 回归河槽；金边—柬越边境段有 176 亿 m^3 的洪水漫滩入洪泛平原，其中区域 5、区域 4 和区域 3 的漫滩量分别为 42 亿 m^3、69 亿 m^3 和 65 亿 m^3；漫滩水量的 95%(167 亿 m^3)又直接流入了越南湄公河三角洲，其中区域 5、区域 4 和区域 3 分别为 79 亿 m^3、32 亿 m^3 和 56 亿 m^3。

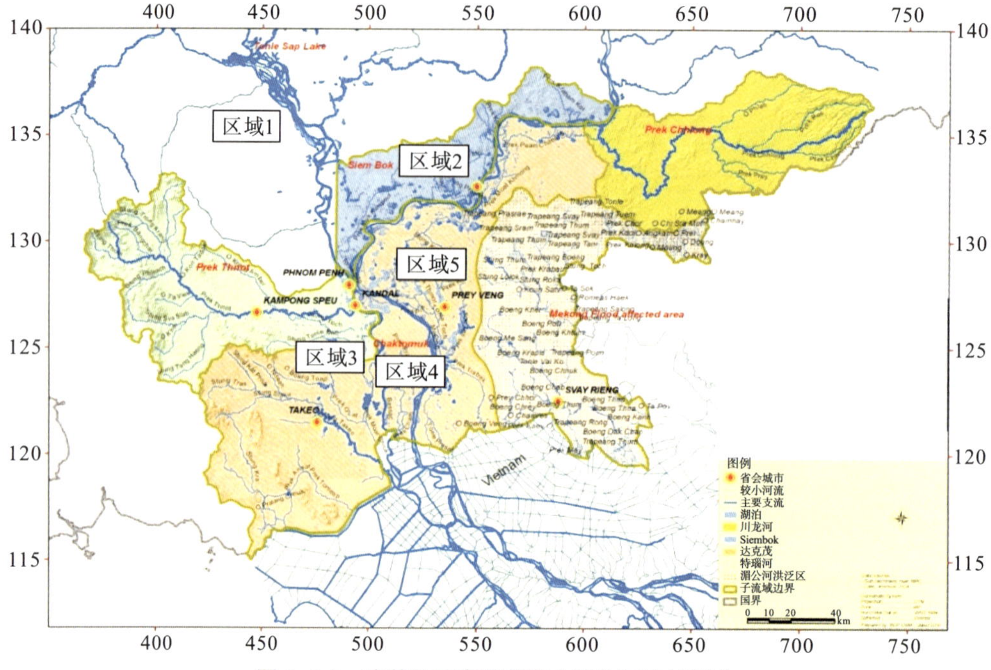

图 6.4-6　磅湛以下柬埔寨境内湄公河流域划分

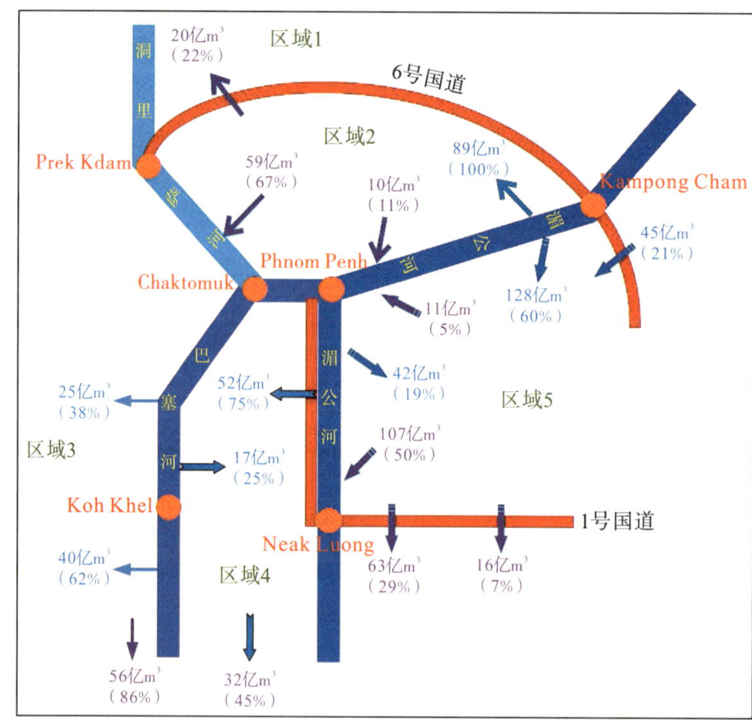

图 6.4-7　柬埔寨洪泛平原 2003 年 7—12 月洪量分布情况

6.4.4　洞里萨湖洪水特性

6.4.4.1　洞里萨湖本流域洪水地区组成

根据插补延长的1981—2010年水文资料统计，湖区各支流连续最大6个月丰水期均为6—11月，多年平均丰水期水量地区组成统计成果见表6.4-3。由表6.4-3可以看出，在洞里萨湖本流域汛期水量来源地中，产流量最大的为森河，其次为马德望河和芝尼河。

表6.4-3　　1981—2010年洞里萨湖本流域汛期(6—11月)水量地区组成

地区	集水面积		6—11月水量	
	面积 /km²	占各支流总比 /%	径流量 /亿 m³	占各支流总比 /%
St. Krang Ponley	3084	4	16.5	4
波里波河	3182	4	17.8	5
邦纳河	1219	1	4.9	1
菩萨河	6535	8	35.5	9
St. Svay Don Keo	2326	3	8.4	2
额勒赛河	1534	2	7.4	2
马德望河	5893	7	43.2	12
蒙哥博雷河	5089	6	25.9	7
诗梳风河	6009	7	7.3	2
斯伦河	9516	11	16.9	5
暹粒河	3490	4	7.4	2
芝格楞河	2662	3	6.8	2
St. Staung	4599	5	20.8	6
森河	16725	20	83.2	22
芝尼河	8938	11	41.2	11
洞里萨湖	3000	4	31.0	8
各支流总和	83801	100	374.0	100

6.4.4.2　洞里萨湖与湄公河干流洪水同步性分析

洞里萨湖区的支流众多，但部分支流无控制水文站，有控制水文站的资料系列也较多缺测、系列长短不一，因此本次主要选取洞里萨湖径流量较大且具有一定代表性的4个支流（森河、芝尼河、斯伦河、菩萨河）与湄公河干流磅湛站的洪水进行同步性分析。

选取5站1997—2010年资料统计洪峰出现在各月的概率，成果见表6.4-4。

表 6.4-4　1997—2010 年洞里萨湖代表站和干流磅湛站洪峰在各月出现的概率统计　（单位：%）

站名		月份						
		5 月	6 月	7 月	8 月	9 月	10 月	11 月
湄公河干流	磅湛				50.0	35.7	14.3	
森河	磅同			7.1	28.6	28.6	28.6	7.1
芝尼河	KampongThmar				7.1	28.6	57.1	7.1
斯伦河	Kralanh		14.3		7.1	21.4	50.0	7.1
菩萨河	Bak Trakuon	7.1		7.1	14.3	14.3	50.0	7.1

根据洪峰分布统计分析，磅湛站年最大洪水发生时间以 8 月、9 月最多，10 月次之；森河年最大洪水以 8 月、9 月、10 月最多，7 月、11 月偶有发生；芝尼河年最大洪水以 10 月最多，9 月次之，8 月、11 月偶有发生；斯伦河年最大洪水出现在 10 月，9 月次之，6 月、8 月、11 月偶有发生；菩萨河年最大洪水出现在 10 月的概率最大为 50.0%，8 月、9 月次之，5 月、7 月、11 月偶有发生。

磅湛与湖区 4 条支流水文站洪峰流量出现时间散点图见图 6.4-8。从图 6.4-8 中可以看出，磅湛站和森河磅同站 8 月、9 月的洪峰流量散点重叠较多，洪水遭遇概率相对较大；与 Kampong Thmar 站、Kralanh 站、Bak Trakuon 站的洪峰流量散点主要在 10 月重叠较多。

整体而言，湄公河干流洪峰出现时间要略早于洞里萨湖区各支流。

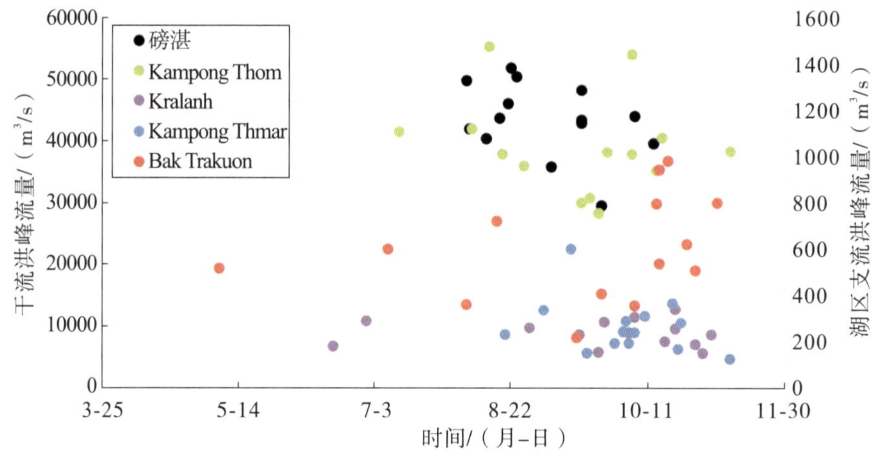

图 6.4-8　磅湛与湖区 4 条支流水文站洪峰流量出现时间散点图

6.4.5　湄公河与洞里萨湖洪水关系

洞里萨湖是湄公河洪水的重要缓冲区和天然储水库。在汛期 5 月底至 10 月初，当洞里萨河波雷格丹站水位低于巴塞河达克茂站水位时，湄公河的洪水将倒灌入洞里萨湖。根据 1995—2011 年波雷格丹站逐日流量资料统计，湄公河每年汛期都会发生倒灌，倒灌历时平均为 122d，最长为 149d，最短为 73d，年均倒灌流量 2242～5416m^3/s，削减湄公河上游洪水

洪峰比例达15.10%～22.64%，多年平均倒灌流量3625 m^3/s，削峰率达18.90%，年均倒灌水量213亿～496亿 m^3，占湄公河上游同期洪量的10.31%～18.10%，多年平均倒灌水量377亿 m^3，占湄公河上游同期洪量的14.44%，极大减轻了湄公河下游的洪水威胁。

6.4.6 特征总结

1)湄公河和洞里萨湖径流量最丰月份集中于8—10月。湄公河干流金边以上河段连续最大6个月径流出现在6—11月，占年径流量的86%～90%，最大月径流出现在8月，占年径流量的21%～23%。湄公河干流金边以下河段连续最大6个月径流量出现在7—12月，占年径流量的77%，最大月径流出现在9月，占年径流量的17%。洞里萨湖连续最大6个月径流出现在6—11月，占年径流量的81%，最大月径流出现在10月，占年径流量的20%。

2)湄公河干流洪水峰高量大、历时较长。上丁站实测最大洪峰流量为78093m^3/s，最大120d洪量为3671亿 m^3，一场洪水历时平均约93d。

3)湄公河与洞里萨湖河湖洪水关系十分复杂。当湄公河水位高于洞里萨湖时，洪水倒灌入洞里萨湖，多年平均倒灌历时122d，多年平均倒灌流量3625m^3/s，削减湄公河干流金边河段洪峰达18.90%，多年平均倒灌水量377亿 m^3，占湄公河上游来水的14.44%。

4)湄公河左右岸洪水关系十分复杂。当湄公河干流磅湛站流量超过25000m^3/s时，洪水溢出河槽至两岸洪泛平原，洪水漫滩主要发生于磅湛—昌瓦段，该河段多年平均汛期漫滩水量312亿 m^3，约占磅湛站的8.7%，其中左、右岸漫滩水量之比约为1.125∶1(2002年)。

6.5 江湖汇流河段水位特征

湄公河下游及三角洲地区水文条件复杂，但收集到的观测资料有限，本次选取资料条件相对较好的控制站点的水位数据进行分析。

6.5.1 干流水位特征分析

6.5.1.1 磅湛站

(1)年际变化

根据1980—2017年实测水位资料，磅湛站年平均水位、年最高水位、年最低水位变化分别见图6.5-1、图6.5-2、图6.5-3。

1980—2017年磅湛站年平均水位5.87m，年最高水位为1996年9月29日的15.18m，年最低水位为1993年4月27日的0.63m。年平均水位4.46～7.38m，变幅约3m；年最高水位11.23～15.18m，变幅接近4m；年最低水位0.63～2.35m，变幅约1.7m。

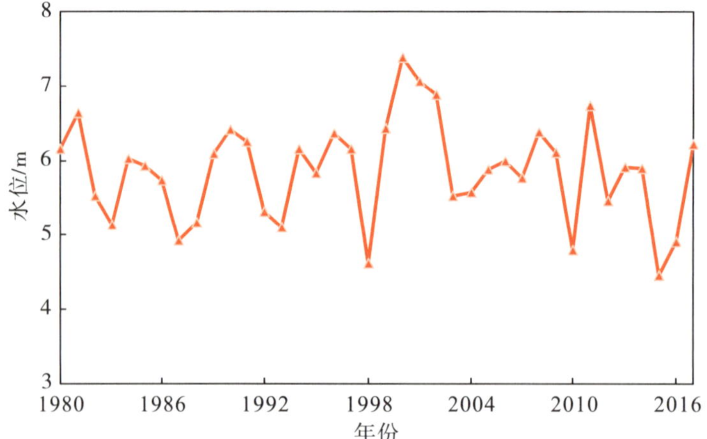

图 6.5-1　1980—2017 年磅湛站年平均水位过程

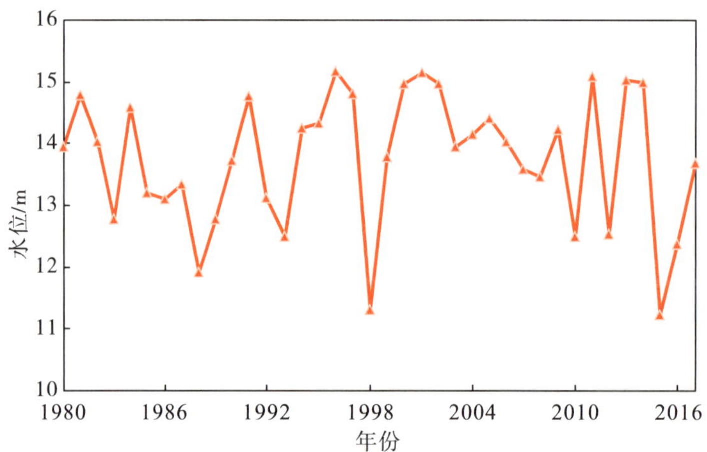

图 6.5-2　1980—2017 年磅湛站年最高水位过程

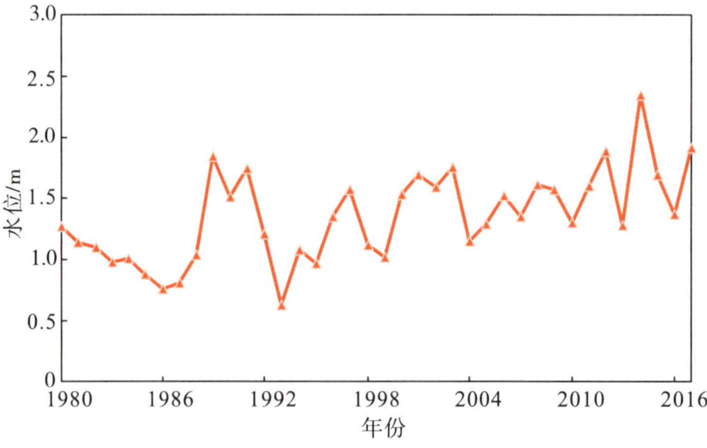

图 6.5-3　1980—2017 年磅湛站年最低水位过程

(2)年内变化

1980—2017 年磅湛站月平均水位、月最高水位、月最低水位过程见图 6.5-4。水位始涨于 5 月，8—9 月最高，12 月至次年 4 月为枯水期。年最高水位通常发生在 9 月，月平均水位为 12.27m；年最低水位发生在 4 月，月平均水位为 1.67m。1960—2017 年月平均水位、最高水位、最低水位的最大值均发生在 9 月，9 月平均水位为 9.56～14.49m，变幅达 5m 左右，最大值出现在 2000 年，最小值出现在 2015 年(图 6.5-5)。

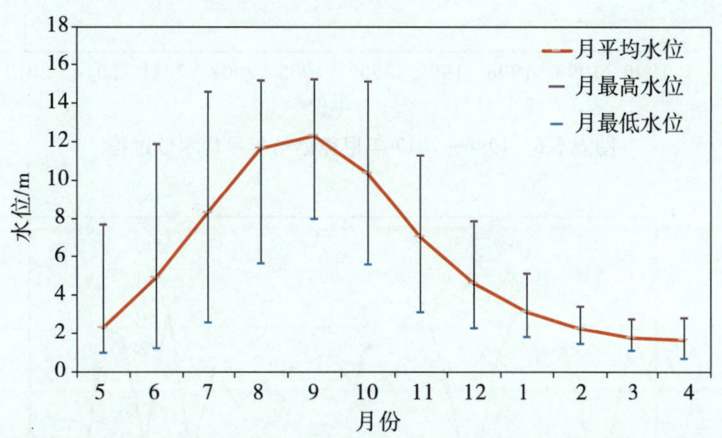

图 6.5-4　1980—2017 年磅湛站月平均水位、月最高水位、月最低水位过程

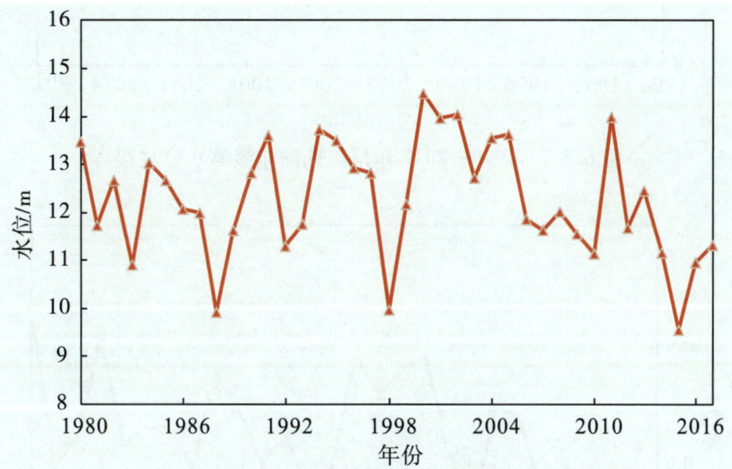

图 6.5-5　1980—2017 年磅湛站 9 月平均水位过程

6.5.1.2　尼克朗站

(1)年际变化

1990—2017 年尼克朗站年平均水位、年最高水位、年最低水位变化见图 6.5-6、图 6.5-7、图 6.5-8。

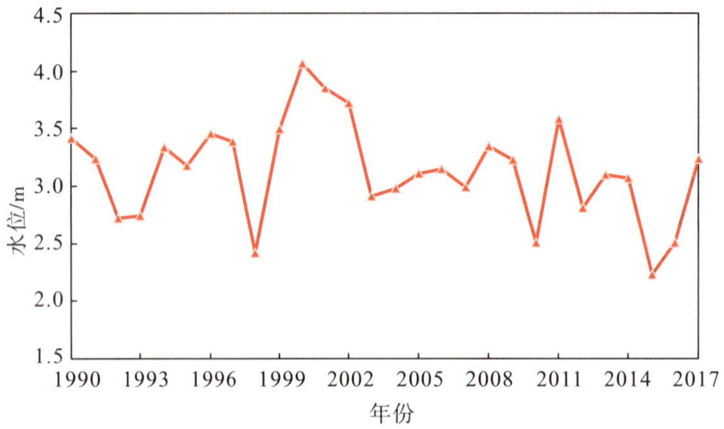

图 6.5-6　1990—2017 年尼克朗站年平均水位过程

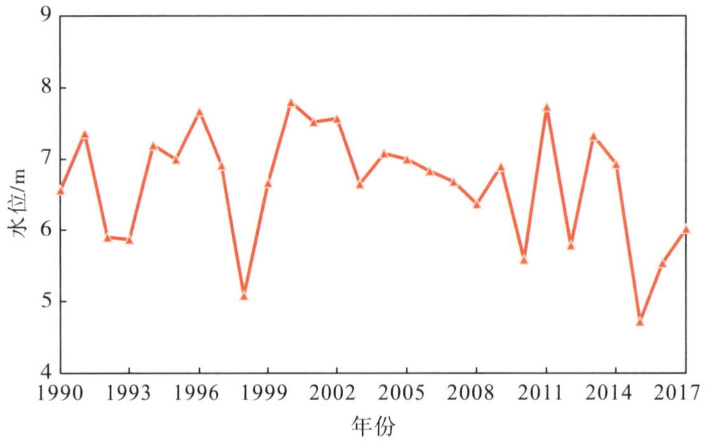

图 6.5-7　1990—2017 年尼克朗站年最高水位过程

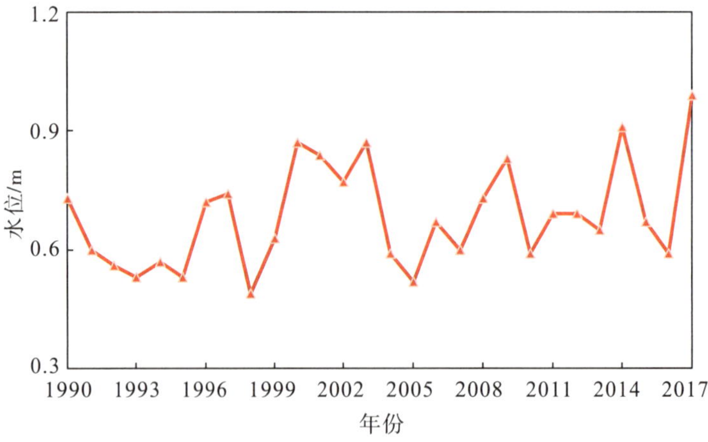

图 6.5-8　1990—2017 年尼克朗站年最低水位过程

从统计情况来看，1990—2017 年尼克朗站多年平均水位 3.13m，年最高水位为 2000 年 9 月 20 日的 7.79m，年最低水位为 1998 年 4 月 11 日的 0.49m。年平均水位 2.23～4.07m，变幅约 1.9m；年最高水位 4.73～7.79m，变幅达 3m 左右；年最低水位 0.49～0.99m，变幅接近 0.5m。

(2)年内变化

1990—2017 年尼克朗站月平均水位、月最高水位、月最低水位过程见图 6.5-9。水位始涨于 5 月，9—10 月最高，12 月至次年 4 月为枯水期。年最高水位通常发生在 9 月，月平均水位为 6.13m；年最低水位发生在 4 月，月平均水位为 1.00m；1990—2015 年月平均水位、最高水位、最低水位的最大值均发生在 9 月，9 月平均水位 4.41～7.55m，变幅达 3m 左右，平均水位最大值出现在 2000 年，最小值出现在 2015 年(图 6.5-10)。

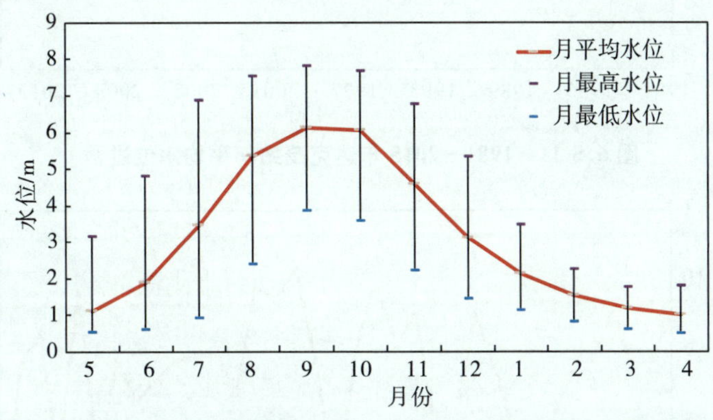

图 6.5-9　1990—2017 年尼克朗站月平均水位、月最高水位、月最低水位过程

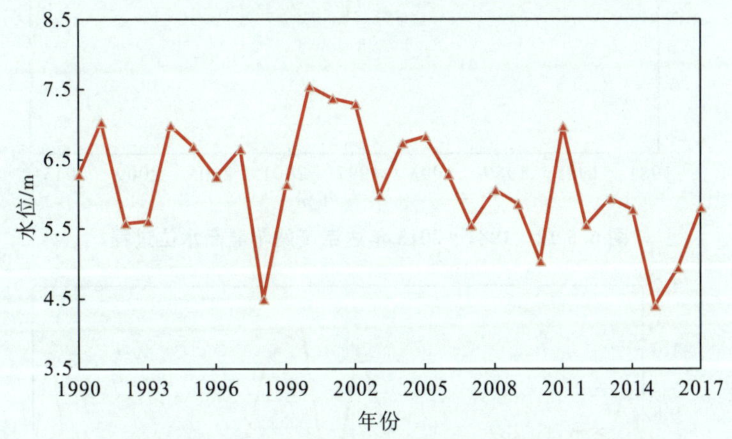

图 6.5-10　1990—2015 年尼克朗站 9 月平均水位过程

6.5.1.3　达克茂站

(1)年际变化

1981—2015 年达克茂站年平均水位、年最高水位、年最低水位变化分别见图 6.5-11、图 6.5-12、图 6.5-13。年平均水位 3.98m，年最高水位为 2000 年 9 月 19 日的 10.18m，年最低水位为 2005 年 5 月 19 日的 0.33m。年平均水位 2.54～5.29m，变幅约 2.8m；年最高水位 6.07～10.18m，变幅约 4.1m；年最低水位 0.33～1.07m，变幅约 0.7m。

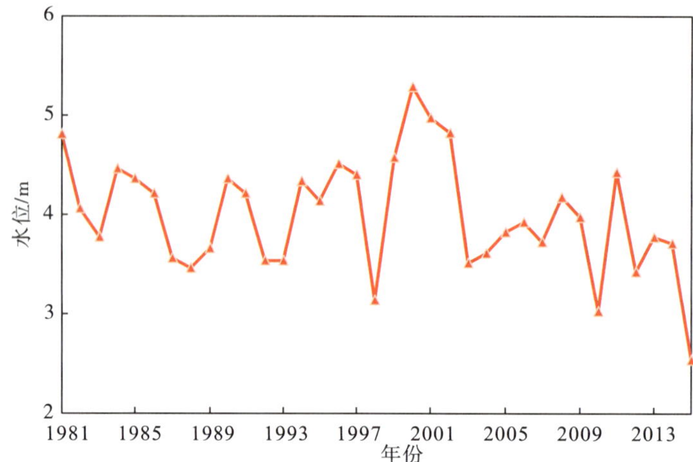

图 6.5-11　1981—2015 年达克茂站年平均水位过程

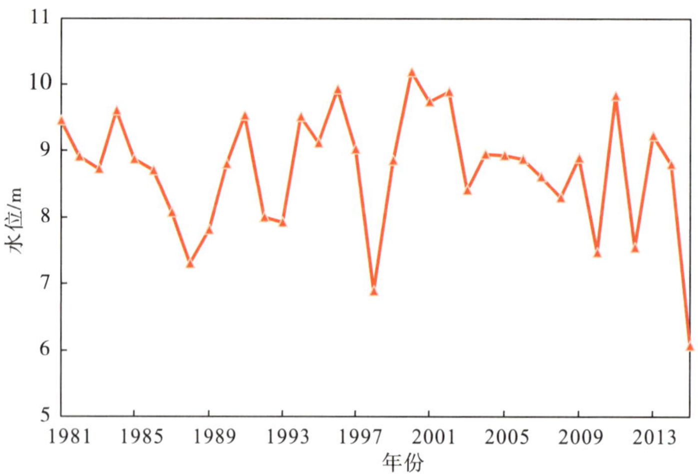

图 6.5-12　1981—2015 年达克茂站年最高水位过程

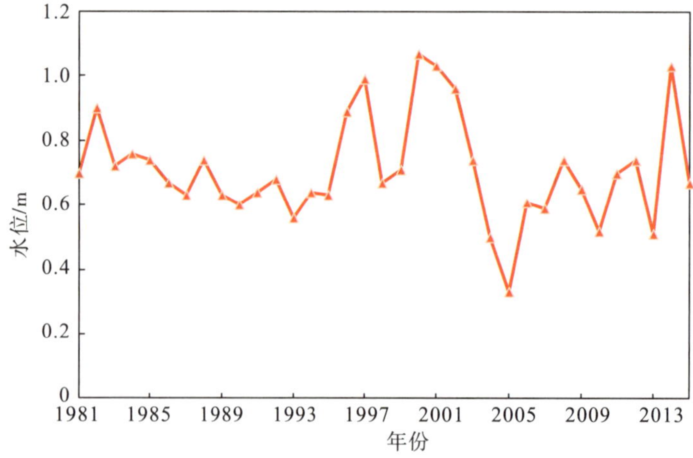

图 6.5-13　1981—2015 年达克茂站年最低水位过程

(2)年内变化

1981—2015 年达克茂站月平均水位、月最高水位、月最低水位过程见图 6.5-14。水位始涨于 5 月,9—10 月最高,12 月至次年 4 月为枯水期。年最高水位通常发生在 9 月,月平均水位为 8.5m;年最低水位发生在 4 月,月平均水位为 0.97m。月平均水位、最高水位、最低水位的最大值均发生在 9 月,9 月月均水位 5.62~9.90m,变幅达 4.3m 左右,平均水位最大值出现在 2000 年,最小值出现在 2015 年(图 6.5-15)。

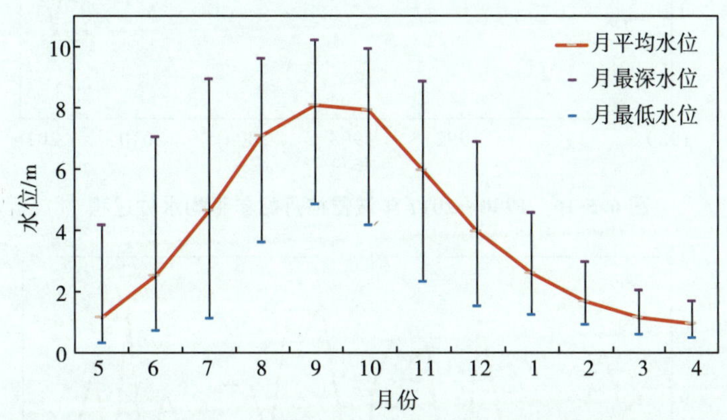

图 6.5-14　1981—2015 年达克茂站月平均水位、月最高、月最低水位过程

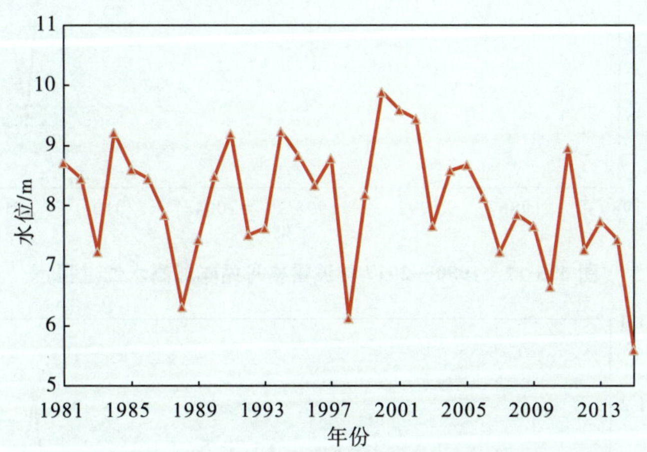

图 6.5-15　1981—2015 年达克茂站 9 月平均水位过程

6.5.2　洞里萨湖水位特征

6.5.2.1　波雷格丹站

(1)年际变化

1980—2017 年波雷格丹站年平均水位、年最高水位、年最低水位变化分别见图 6.5-16、图 6.5-17、图 6.5-18。

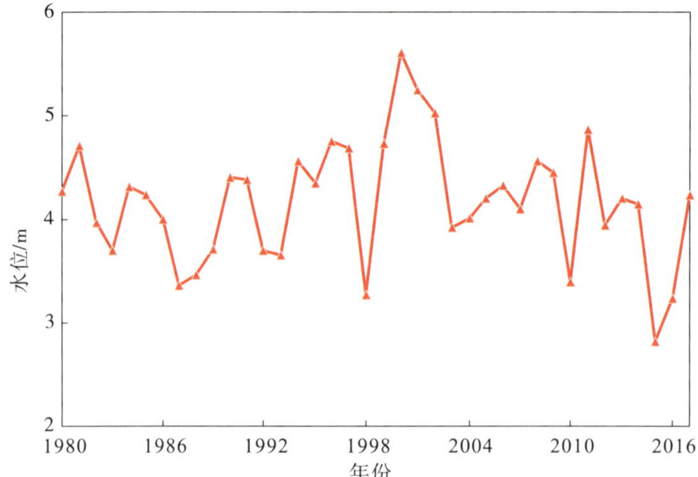

图 6.5-16 1980—2017 年波雷格丹站年平均水位过程

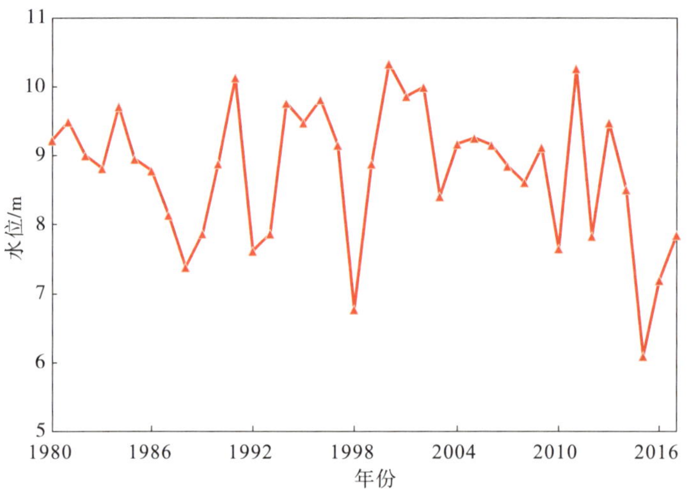

图 6.5-17 1980—2017 年波雷格丹站年最高水位过程

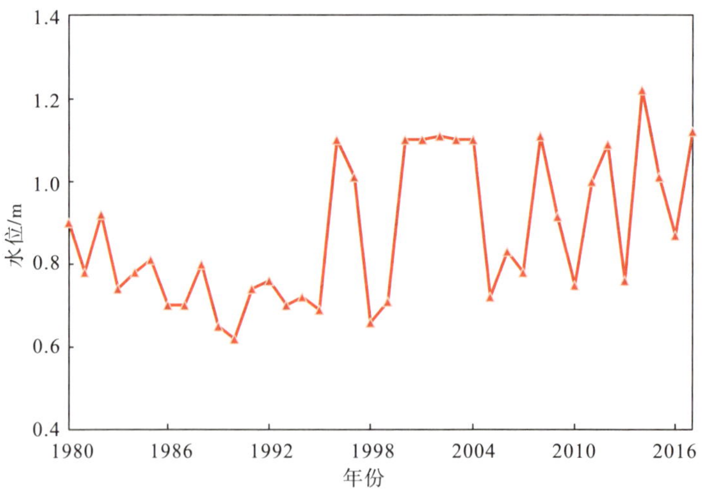

图 6.5-18 1980—2017 年波雷格丹站年最低水位过程

从统计情况来看，1980—2017 年波雷格丹站年平均水位 4.16m，年最高水位为 2000 年 9 月 23 日的 10.34m，年最低水位为 1990 年 4 月 23 日的 0.62m。年平均水位 2.82～5.61m，变幅约 1.8m；年最高水位 6.10～10.34m，变幅达 4.2m 左右；年最低水位 0.62～1.22m，变幅达 0.6m。

(2)年内变化

1980—2017 年波雷格丹站月平均水位、月最高水位、月最低水位过程见图 6.5-19。水位始涨于 5 月，9—10 月最高，12 月至次年 4 月为枯水期。年最高水位通常发生在 10 月，月平均水位为 8.08m；年最低水位发生在 4 月，月平均水位为 1.10m；月均水位、最高、最低水位系列的最大值均发生在 9 月，9 月月均水位在 5.76～10.03m 变动，变幅达 4.3m 左右，平均水位最大值出现在 2000 年，最小值出现在 2015 年(图 6.5-20)。

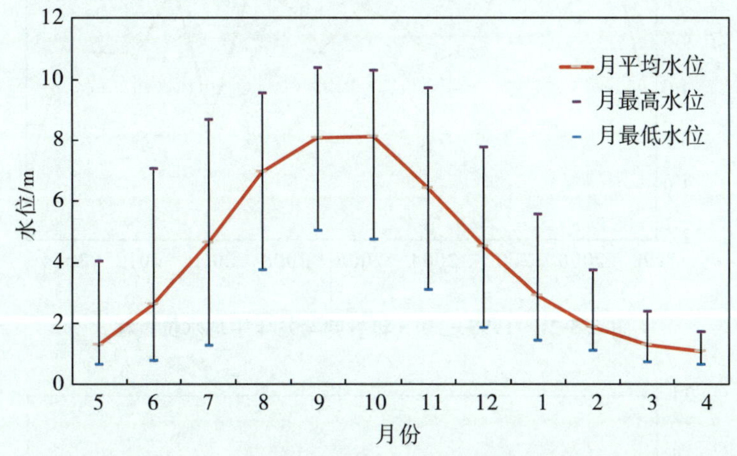

图 6.5-19　1980—2017 年波雷格丹站月平均水位、月最高水位、月最低水位过程

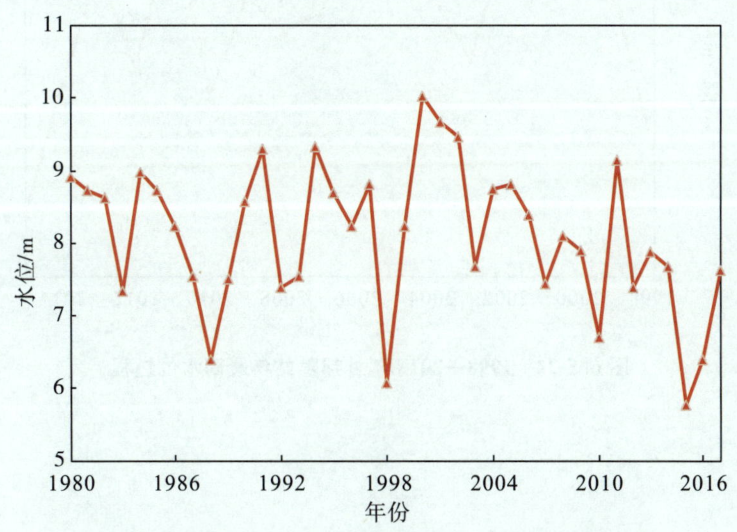

图 6.5-20　1980—2017 年波雷格丹站 9 月平均水位过程

6.5.2.2 甘邦隆站

(1)年际变化

1998—2015年甘邦隆站年平均水位、年最高水位、年最低水位变化分别见图6.5-21、图6.5-22、图6.5-23。年平均水位4.65m,年最高水位为2011年10月20日的10.54m,年最低水位为2010年6月8日的1.11m。年平均水位3.04～5.94m,变幅约2.9m;年最高水位5.96～10.54m,变幅接近4.6m;年最低水位1.11～1.78m,变幅约0.7m。

图6.5-21 1998—2015年甘邦隆站年平均水位过程

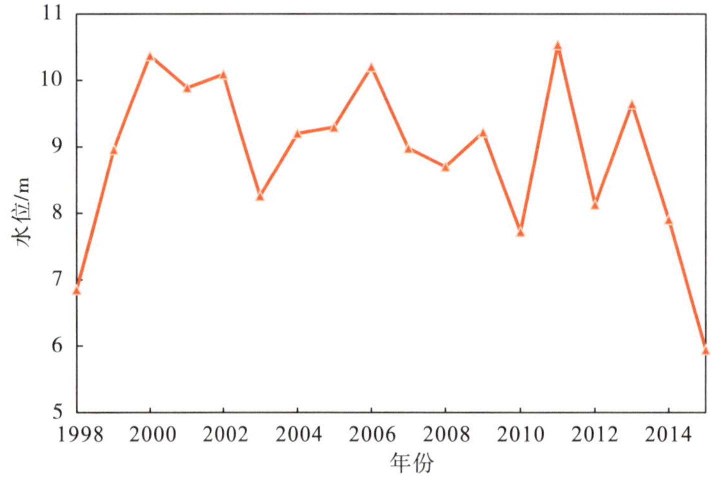

图6.5-22 1998—2015年甘邦隆站年最高水位过程

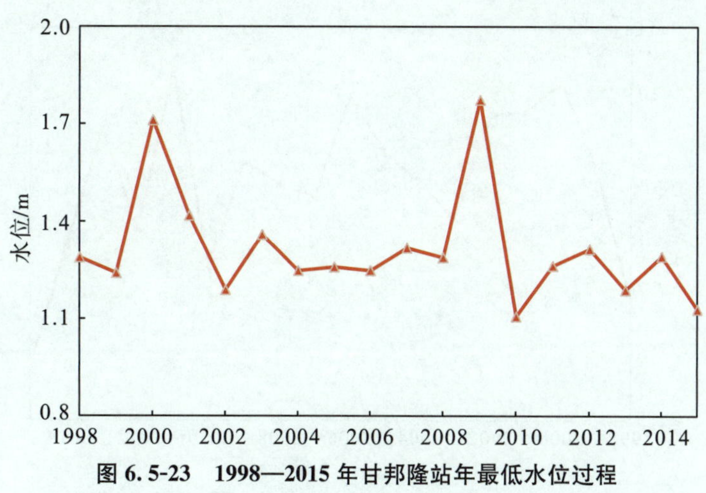

图 6.5-23 1998—2015 年甘邦隆站年最低水位过程

(2)年内变化

1998—2015 年甘邦隆站月平均水位、月最高水位、月最低水位过程见图 6.5-24。水位始涨于 5 月,9—10 月最高,12 月至次年 4 月为枯水期;年最高水位通常发生在 10 月,月平均水位为 8.76m;年最低水位发生在 5 月,月平均水位为 1.51m。1998—2015 年月均水位、最高水位、最低水位最大值均发生在 10 月,10 月月均水位 5.86～10.39m,变幅达 4.5m 左右,平均水位最大值出现在 2011 年,最小值出现在 2015 年(图 6.5-25)。

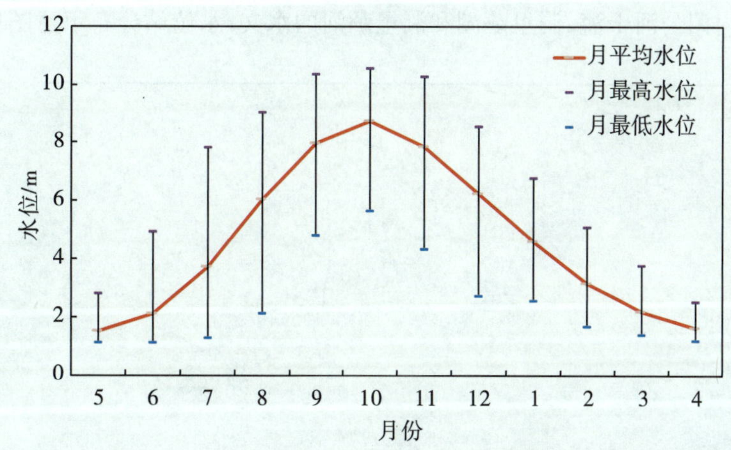

图 6.5-24 1998—2015 年甘邦隆站月平均水位、月最高水位、月最低水位过程

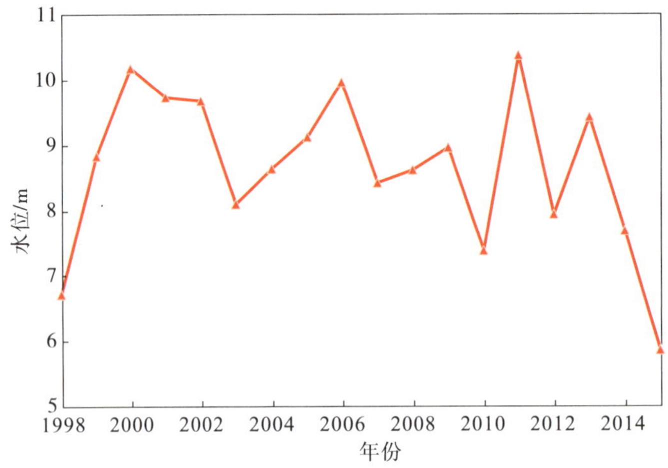

图 6.5-25　1998—2015 年甘邦隆站 10 月平均水位过程

6.6　湄公河与洞里萨湖河湖关系

6.6.1　河湖控制站点选取

6.6.1.1　研究河段内站网分布及资料情况

研究河段内湄公河干流、洞里萨湖和洞里萨河的水文/水位站分布示意图见图 6.6-1。

图 6.6-1　研究河段水文/水位站分布示意图

湄公河干流有上丁、桔井、磅湛、昌瓦和尼克朗等 5 个站，巴塞河有 Koh Khel 站。其中，上丁站距离金边市洞里萨河口约 238km，有 1910—2013 年逐日流量(2005 年、2006 年数据缺乏)和 1910—2017 年逐日水位资料；桔井站距离金边市洞里萨河口约 115km，有 1924—2013 年逐日流量和 1933—2017 年逐日水位资料；磅湛站距离金边市洞里萨河口约 103km，有 1960—2011 年逐日流量和 1930—2018 年逐日水位资料(局部日期数据缺乏)；昌瓦站距离洞里萨河口约 2km，有 1980—2011 年逐日流量和 1960—2006 年逐日水位资料；尼克朗站有 1980—2011 年逐日流量资料；Koh Khel 站有 1991—2011 年逐日流量资料。

洞里萨湖区有 Snoc Trou、磅清扬站和甘邦隆等 3 个水位站。其中，Snoc Trou 站距离湄公河约 140km，仅有 1962 年和 1963 年逐日水位资料；磅清扬站距离湄公河约 109km，有 1926—2008 年的逐日水位资料；甘邦隆站距离湄公河约 172km，有 1999—2018 年(其中 2016 年 8 月 31 日至 12 月 31 日数据缺乏，2018 年数据截止到 11 月 30 日)的逐日水位资料。

洞里萨河为洞里萨湖与湄公河之间的连接河道。洞里萨河有金边港、波雷格丹等 2 个站，其中波雷格丹站为水文站，金边港站为水位站。金边港站位于洞里萨河出口段末端，距河口约 1km，有 1960—2018 年的逐日水位资料(局部日期数据缺乏)；波雷格丹站为洞里萨湖的出湖流量控制站，距河口约 32km，有 1995—2011 年的逐日流量和 1960—2018 年的逐日水位资料(局部日期数据缺乏)。

6.6.1.2　河湖控制站选取

(1)湄公河干流

湄公河干流磅湛站基本控制了全流域 81%以上集水面积的来水，且至洞里萨湖出口金边之间无大的支流入汇；湄公河在金边以下分为巴塞河和湄公河，分别有 Koh Khel 站和尼克朗水文站测量分流情况。本次采用磅湛站、尼克朗和 Koh Khel 等 3 个站作为湄公河干流水位、流量代表站。

洞里萨河金边港站距河口仅约 1km，湄公河干流昌瓦站距洞里萨河口约 2km，金边港站与昌瓦站水位关系见图 6.6-2。从图 6.6-2 中可以看出，金边港站与昌瓦站的水位相关关系十分密切，基本呈线性关系。本次研究采用金边港站作为湄公河干流与洞里萨河交汇处的水位代表站。

(2)洞里萨湖和洞里萨河

洞里萨湖尾闾河道、洞里萨湖、洞里萨河的河道平均比降分别为 0.0988‰、0.0024‰和 0.0354‰(图 6.6-3)。根据多年实测水位资料，洞里萨湖区水面比降较缓，多年平均水面比降为 0.0062‰，最大水面比降为 0.0189‰。

在洞里萨河 Samraong(距洞里萨河口 20km)以上河段，高水成湖、低水成河现象明显。当水位低于 7m 时，水流归于深槽，平均河宽在 1640m 左右，平均河底高程约为−8.9m；当水位高于 8m 时，水流上滩，河宽迅速增加；当水位为 10m 时，平均河宽达到 16km。金边港站和波雷格丹站横断面分别见图 6.6-4 和图 6.6-5。

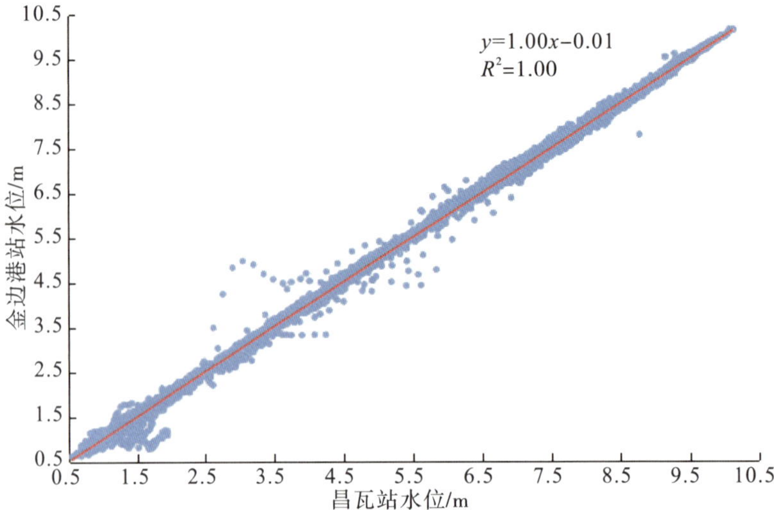

图 6.6-2　金边港站与昌瓦站的水位关系

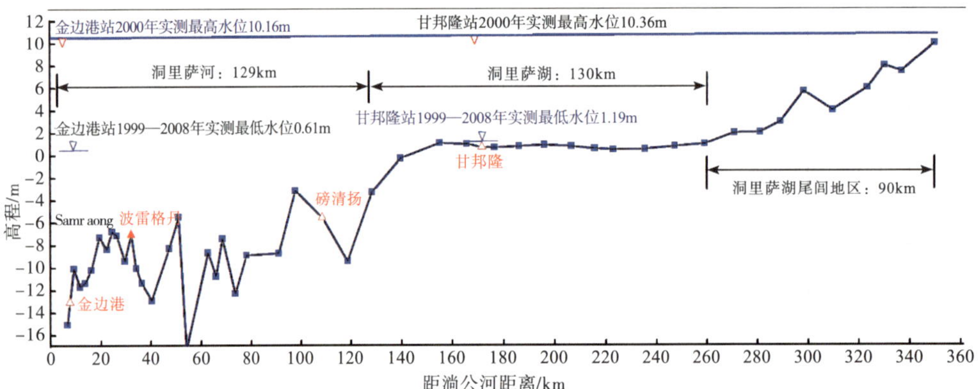

图 6.6-3　洞里萨湖区深弘线

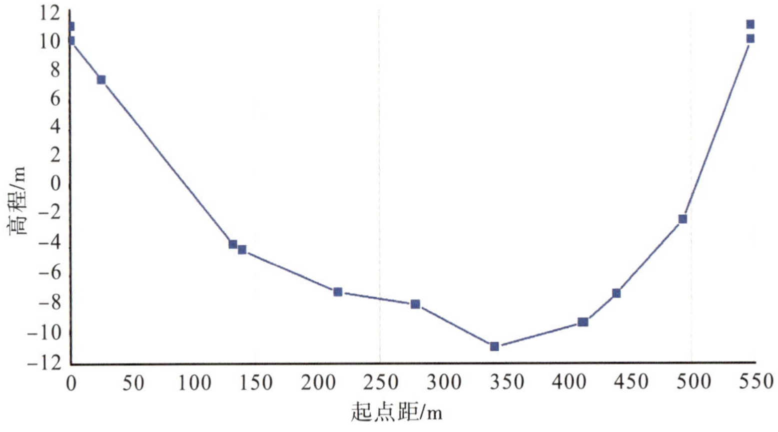

图 6.6-4　金边港站横断面

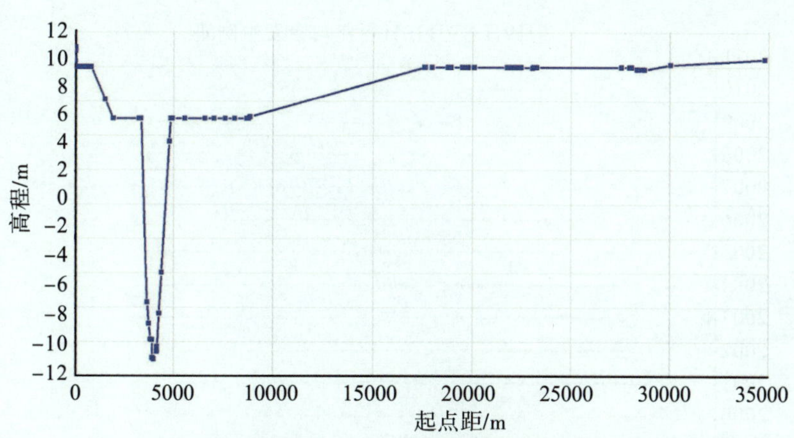

图 6.6-5　波雷格丹站横断面

洞里萨湖区 Snoc Trou 站资料缺乏，难以用于河湖关系分析；磅清扬站位于洞里萨湖与洞里萨河交汇地段，河、湖的水位代表性均不足，同时磅清扬站的测量基面与柬埔寨国家高程基准的转换关系不清楚。故本次研究选择甘邦隆站为洞里萨湖区水位代表站，波雷格丹站为洞里萨河的水位、流量代表站。

6.6.2　湄公河对洞里萨湖的倒灌特征分析

每年汛期，湄公河干流洪水峰高量大，均会出现干流洪水向洞里萨湖倒灌的现象。倒灌水量的大小、持续时间的长短与河湖水情密切相关。

6.6.2.1　倒灌时间

1995—2011 年波雷格丹站的逐日流量过程见图 6.6-6，湄公河洪水倒灌入洞里萨湖的发生时间、持续时间统计情况见图 6.6-7 和表 6.6-1。

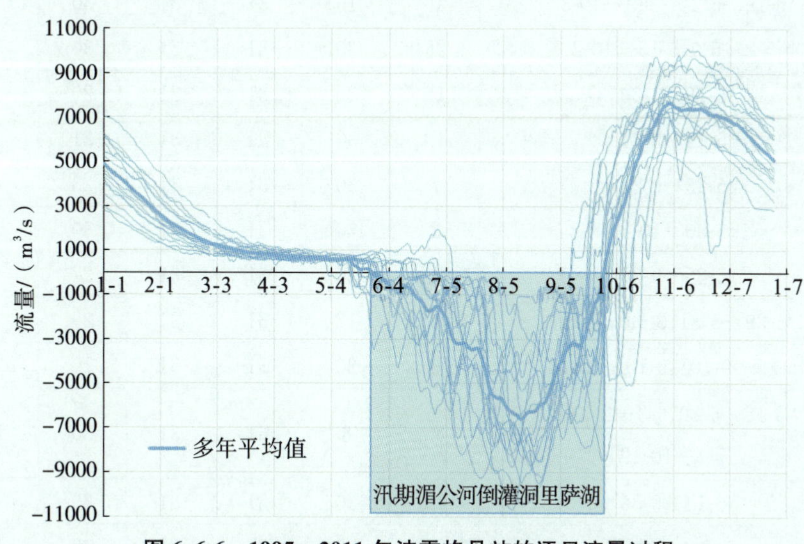

图 6.6-6　1995—2011 年波雷格丹站的逐日流量过程

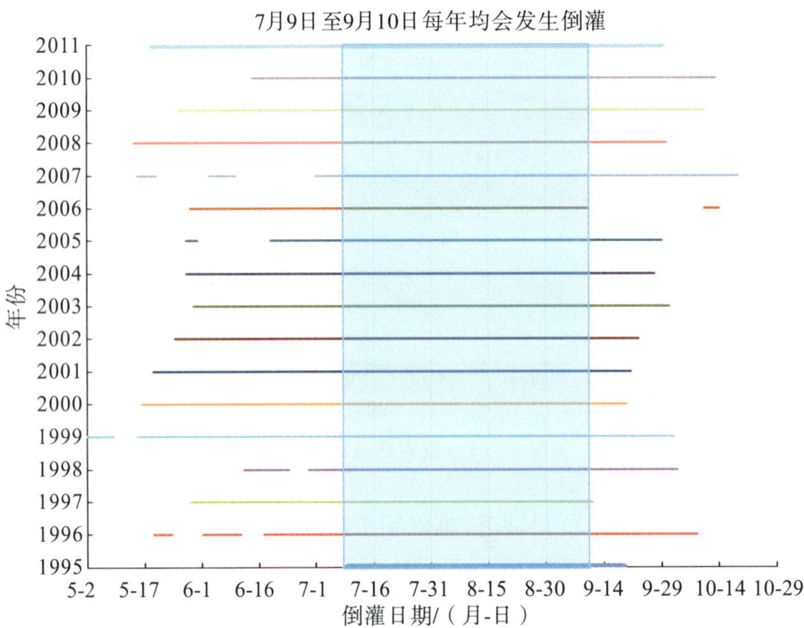

图 6.6-7　历年湄公河洪水倒灌入洞里萨湖的发生时间统计

表 6.6-1　　湄公河洪水倒灌入洞里萨湖的发生时间和各月持续时间统计

年份	倒灌时间/(月-日)	倒灌天数/d						
		5月	6月	7月	8月	9月	10月	全年
1995	7-09—9-19	0	0	23	31	19	0	73
1996	5-19—5-24、6-1—6-11、6-17—10-8	6	25	31	31	30	8	131
1997	5-29—9-11	3	30	31	31	11	0	106
1998	6-12—6-24、6-29—10-3	0	15	31	31	30	3	110
1999	5-2—5-9、5-15—10-2	25	30	31	31	30	2	149
2000	5-16—9-20	16	30	31	31	20	0	128
2001	5-19—9-21	13	30	31	31	21	0	126
2002	5-25—9-23	7	30	31	31	23	0	122
2003	5-30—10-1	2	30	31	31	30	1	125
2004	5-28—9-27	4	30	31	31	27	0	123
2005	5-29—5-31、6-19—9-29	3	12	31	31	29	0	106
2006	5-29—9-10、10-10—10-14	3	30	31	31	10	5	110
2007	5-15—5-20、6-3—6-10、7-1—10-19	6	8	31	31	30	19	125
2008	5-14—9-30	18	30	31	31	30	0	140
2009	5-26—10-10	6	30	31	31	30	10	138

续表

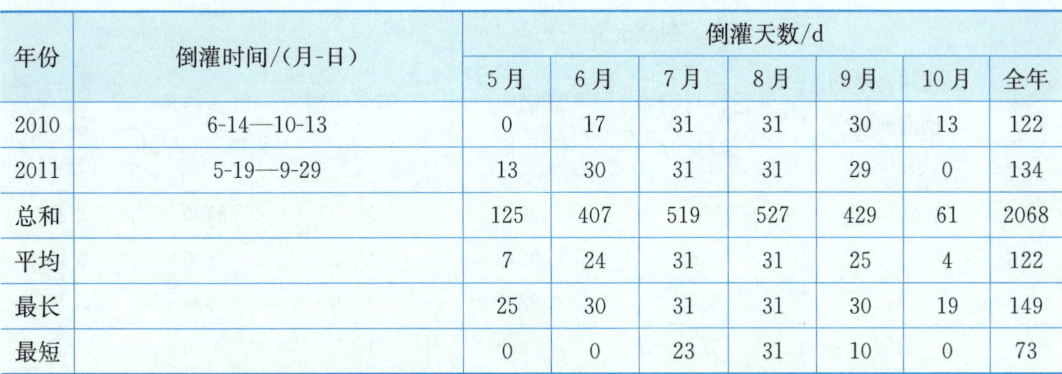

年份	倒灌时间/(月-日)	倒灌天数/d						
		5月	6月	7月	8月	9月	10月	全年
2010	6-14—10-13	0	17	31	31	30	13	122
2011	5-19—9-29	13	30	31	31	29	0	134
总和		125	407	519	527	429	61	2068
平均		7	24	31	31	25	4	122
最长		25	30	31	31	30	19	149
最短		0	0	23	31	10	0	73

1995—2011年，湄公河洪水共发生了25次倒灌，共2068d，平均每年倒灌约122d；倒灌持续时间最长的为1999年的149d，最短的为1995年的73d；倒灌现象一般出现在5—10月（最早开始于5月2日，最晚结束于10月19日），以湄公河主汛期6—9月最为集中，其中7月9日至9月10日历年均发生了倒灌，5月、6月、7月、8月、9月和10月多年平均倒灌天数分别为7d、24d、31d、31d、25d和4d。

6.6.2.2 倒灌水量

根据洞里萨河波雷格丹站和湄公河干流磅湛站1995—2011年逐日流量资料，统计湄公河汛期倒灌洞里萨湖的水量及其占湄公河干流同期来水量的比例。湄公河洪水倒灌入洞里萨湖的水量、流量统计见表6.6-2。

表6.6-2　湄公河洪水倒灌入洞里萨湖的水量、流量统计

年份	倒灌水量				倒灌洪峰	
	波雷格丹平均倒灌流量/(m^3/s)	波雷格丹倒灌水量/亿m^3	磅湛同期水量/亿m^3	倒灌比例/%	波雷格丹洪峰/(m^3/s)	波雷格丹峰现时间/(月-日)
1995	3689	233	1931	12.1	6804	9-11
1996	3702	419	2749	15.2	8739	8-10
1997	4277	392	2203	17.8	10679	8-10
1998	2242	213	1636	13.0	4584	9-24
1999	2337	301	2916	10.3	8209	8-9
2000	4032	446	3392	13.1	9243	7-24
2001	4193	457	3111	14.7	9476	8-24
2002	4689	494	3150	15.7	9211	8-25
2003	3259	352	2272	15.5	7900	9-19
2004	3871	411	2684	15.3	8470	8-24
2005	5416	496	2740	18.1	10417	8-16

续表

年份	倒灌水量				倒灌洪峰	
	波雷格丹平均倒灌流量/(m^3/s)	波雷格丹倒灌水量/亿 m^3	磅湛同期水量/亿 m^3	倒灌比例/%	波雷格丹洪峰/(m^3/s)	波雷格丹峰现时间/(月-日)
2006	3940	374	2216	16.9	8709	8-20
2007	3201	346	2611	13.2	7800	8-13
2008	2911	352	2827	12.5	7634	8-15
2009	3166	377	2939	12.9	8020	8-7
2010	2549	269	1905	14.1	7456	9-6
2011	4150	480	3172	15.1	9484	8-15
平均	3625	377	2615	14.4	8402	
最大	5416	496	3392	18.1	10679	
最小	2242	213	1636	10.3	4584	

根据统计，湄公河多年平均倒灌入湖流量 3625m^3/s，合成水量 377 亿 m^3，约占湄公河干流同期来水的 14.4%；最大年倒灌水量为 2005 年的 496 亿 m^3，占湄公河干流同期来水的 18.1%；最小年倒灌水量为 1998 年的 213 亿 m^3，占湄公河干流同期来水的 10.3%；年倒灌水量极值比为 2.33。湄公河年倒灌入湖洪峰为 4584(1998 年 9 月 24 日)～10679m^3/s(1997 年 8 月 10 日)，多年平均倒灌入湖流量 8402m^3/s，极值比为 2.33。小湾水库蓄水后 2009—2011 年汛期倒灌水量、平均倒灌流量占磅湛站同期水量的比例，均在历年统计范围内，未发生明显变化。

湄公河倒灌入湖水量的年内分配情况统计见表 6.6-3 和图 6.6-8。

从图 6.6-8、表 6.6-3 中可以看出，湄公河倒灌水量主要集中在 7—9 月，总倒灌水量 334 亿 m^3，占全年倒灌总水量的 88.6%；月最大倒灌入湖水量通常发生在 8 月，多年平均倒灌入湖水量 162 亿 m^3，占湄公河干流磅湛站同期来水量的 17.7%；其次为 7 月，多年平均倒灌入湖水量 91 亿 m^3，占磅湛站同期来水的 16.6%；9 月多年平均倒灌入湖水量 81 亿 m^3，占磅湛站同期来水的 10.5%；6 月多年平均倒灌入湖水量 30 亿 m^3，占磅湛站同期来水的 13.2%。

表 6.6-3　　各月倒灌入湖水量占年倒灌水量及湄公河干流同期水量的比值

月份	5 月	6 月	7 月	8 月	9 月	10 月
多年平均倒灌入湖水量/亿 m^3	4	30	91	162	81	9
月倒灌水量占年倒灌水量的比值/%	1.0	7.9	24.0	43.0	21.6	2.5
多年平均磅湛同期水量/亿 m^3	45	227	549	916	772	106
倒灌水量占湄公河干流同期来水量的比值/%	8.9	13.2	16.6	17.7	10.5	8.5

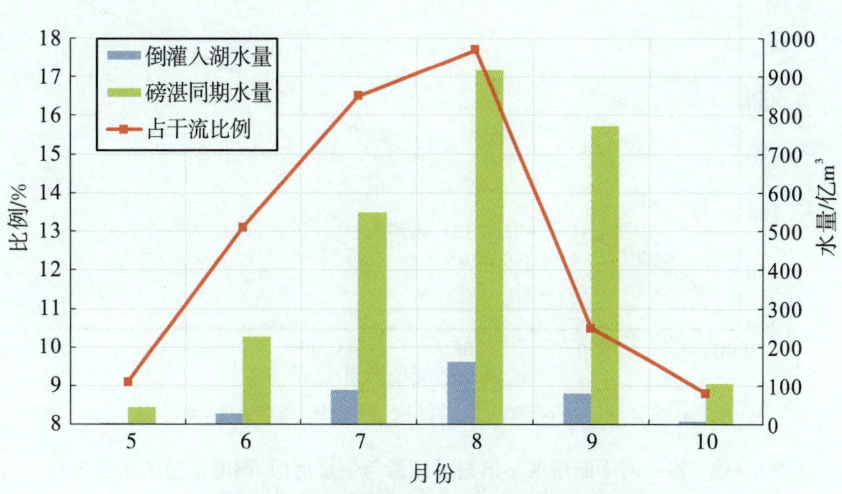

图 6.6-8　湄公河倒灌入湖水量的年内分配

湄公河干流主要控制站洪水发生时间统计成果表明，允景洪、清盛 2 站最大洪水主要出现在 8 月，琅勃拉邦、万象、穆达汉等 3 站最大洪水出现频次以 8 月为主、9 月次之，巴色和上丁 2 站 8 月、9 月最大洪水发生概率相当，而湄公河向洞里萨湖倒灌水量以 8 月为主，7 月和 9 月次之。考虑洪水传播时间，由此分析可认为，湄公河干流洪水倒灌入洞里萨湖的洪水主要来源于清盛以下地区。

6.6.2.3　河湖丰枯与倒灌历时、倒灌水量的相关关系

根据 1995—2011 年汛期 5—10 月实测资料统计，湄公河干流磅湛站汛期径流量与倒灌历时、倒灌水量的相关关系见图 6.6-9。可以看出，两个相关关系均较为散乱，说明湄公河汛期来水不是倒灌历时与倒灌水量的决定性因素，倒灌过程还受到洞里萨湖水情等因素的影响；同时，磅湛站汛期径流量与倒灌水量的相关性好于磅湛站汛期径流量与倒灌历时的相关性，说明湄公河汛期来水对倒灌水量的影响程度更大。

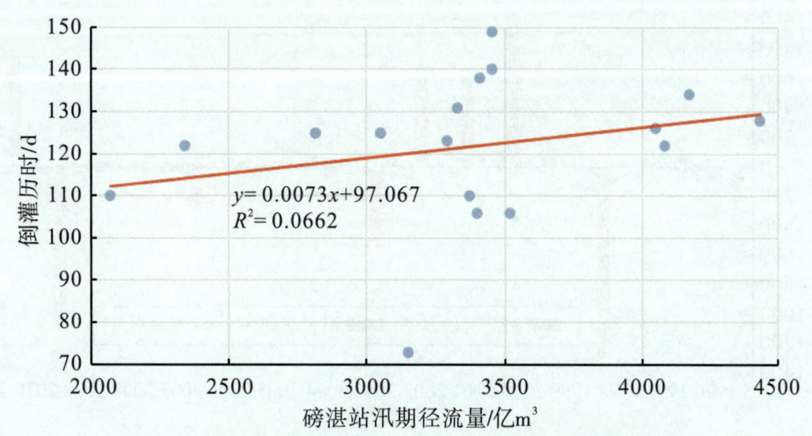

(a)湄公河干流磅湛站汛期径流量与倒灌历时的相关关系

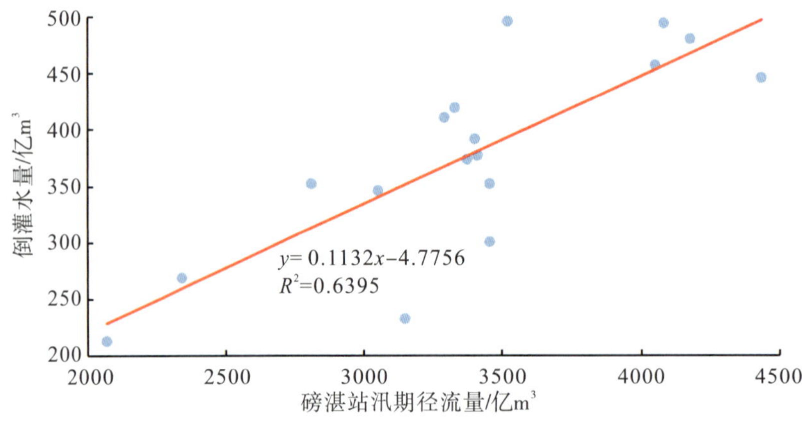

(b)湄公河干流磅湛站汛期径流量与倒灌水量的相关关系

图 6.6-9 湄公河干流磅湛站汛期径流量与倒灌历时、倒灌水量的相关关系

本次研究重点比较了湄公河干流磅湛站和洞里萨湖区汛期径流量离差值(历年值—多年平均值)与倒灌水量离差值(图 6.6-10)。可以看出,2001 年、2002 年、2005 年和 2011 年湄公河汛期径流偏丰,洞里萨湖区偏枯,各年份倒灌水量均多于多年平均值;2004 年、2006 年和 2007 年湄公河汛期径流偏枯,洞里萨湖区偏丰,除 2004 年外其余年份倒灌水量均少于多年平均值;1995 年、1996 年、1998 年、2003 年和 2010 年湄公河与洞里萨湖汛期径流同枯,其中 1996 年倒灌水量多于多年平均值,其余年份倒灌水量少于多年平均值;1997 年、1999 年、2000 年、2008 年和 2009 年湄公河与洞里萨湖汛期径流同丰,其中 1997 年、2000 年倒灌水量多于多年平均值,1999 年、2008 年倒灌水量少于多年平均值,2009 年与多年平均值持平。总体来看,河湖汛期径流丰枯与倒灌水量基本上是对应的,局部年份除外。这表明倒灌水量不仅与湄公河和洞里萨湖的来水量有关,还受其他因素的影响。经分析,倒灌水量直接受到湄公河与洞里萨湖水位差及洞里萨河水位的影响,间接受到洞里萨湖及湄公河三角洲洪泛平源调蓄、潮汐顶托、风浪等因素的影响。

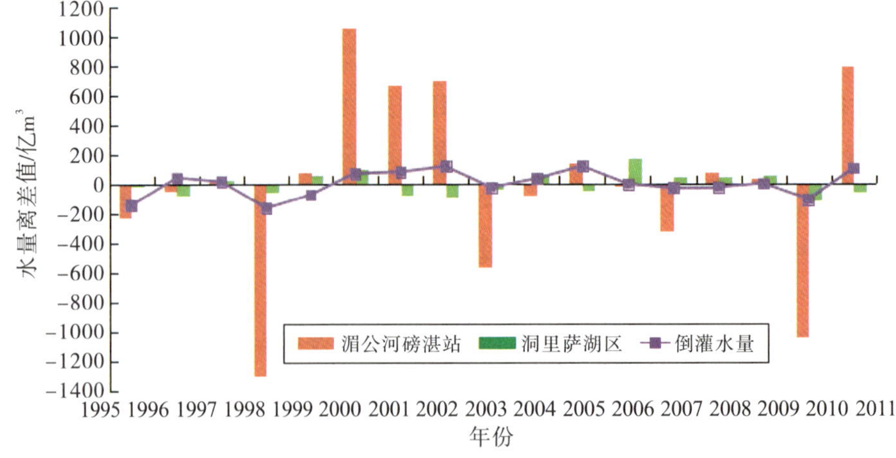

图 6.6-10 湄公河与洞里萨湖区汛期 5—10 月径流量离差值与年倒灌水量比较

6.6.3 洞里萨湖向湄公河的补水特征分析

洞里萨湖汛后向湄公河补水量由湄公河汛期倒灌入湖水量和洞里萨湖本流域产水量两部分组成，本次研究采用波雷格丹站实测流量分析。

6.6.3.1 补水时间

1995—2011年洞里萨湖向湄公河补水的发生时间和持续时间统计见表6.6-4。洞里萨湖向湄公河平均每年补水244d，补水持续时间最长为1995年的292d，最短为1999年的216d；补水现象发生在9月中旬(最早始于9月20日)至次年7月初(最晚结束于7月8日)，以10月至次年5月最为集中，其中10月20日至次年5月1日历年均为补水，7月仅在1995年发生了补水，9月至次年6月各月平均每年补水天数分别为5d、27d、30d、31d、31d、28d、31d、30d、24d和6d。

6.6.3.2 补水水量

(1)洞里萨湖向湄公河补水总量

根据洞里萨河波雷格丹站、湄公河干流尼克朗站和巴塞河Koh Khel站1995—2011年逐日流量资料，统计洞里萨湖汛后向湄公河干流金边以下河段补水的水量及其占湄公河干流同期来水量(尼克朗站和Koh Khel站总和)的比例。1995—2011年洞里萨湖向湄公河干流补水的水量统计见表6.6-5。

可以看出，洞里萨湖向湄公河多年平均补水流量3382m^3/s，合成水量为711亿m^3，占湄公河金边以下河段同期来水的29.9%，是湄公河倒灌入湖水量的1.96倍；最大补水量为1995年的957亿m^3，占湄公河金边以下河段同期来水的33.8%，是倒灌量的4.11倍；最小补水量为1998年的483亿m^3，占湄公河金边以下河段同期来水的27.3%，是倒灌量的2.27倍；历年补水水量占湄公河金边以下河段同期来水的26.9%～33.8%，是面积比(11.5%)的2.3～3.0倍，是倒灌水量的1.40～4.11倍，年补水量极值比为1.98；年最大日补水流量为10104(1995年11月14日)～5427m^3/s(1998年11月1日)，多年平均补水流量8066m^3/s，极值比为1.86。

小湾水库蓄水后2009—2011年非汛期补水水量、平均补水流量占磅湛站同期水量的比例，均在历年统计范围内，未发生明显变化。

洞里萨湖月补水量占全年补水量及湄公河同期径流量的比例统计见表6.6-6，洞里萨湖对湄公河干流补水量的年内分配见图6.6-11。可以看出，洞里萨湖向湄公河补水量以10月至次年1月最多，其间补水量占全年补水量的83.2%；10月、11月、12月、1月多年平均补水量分别为132亿m^3、192亿m^3、166亿m^3、101亿m^3，占全年补水量的18.6%、27.0%、23.4%、14.2%，占湄公河干流金边以下河段同期来水的20.0%、36.1%、46.1%、43.0%。

表 6.6-4　1995—2011 年洞里萨湖向湄公河补水的发生时间和持续时间统计

年份	补水时间/(月-日)	补水天数(d)											
		9 月	10 月	11 月	12 月	1 月	2 月	3 月	4 月	5 月	6 月	7 月	全年
1995	9-20—次年 7-8	11	31	30	31	31	28	31	30	31	30	8	292
1996	10-9—次年 5-18 5-25—5-31 6-12—6-16		23	30	31	31	28	31	30	25	5		234
1997	9-12—次年 5-28	19	31	30	31	31	28	31	30	28			259
1998	10-4—次年 6-11 6-25—6-28		28	30	31	31	28	31	30	31	15		255
1999	10-2—次年 5-1 5-10—5-14		29	30	31	31	28	31	30	6			216
2000	9-21—次年 5-15	10	31	30	31	31	28	31	30	15			237
2001	9-22—次年 5-18	9	31	30	31	31	28	31	30	18			239
2002	9-24—次年 5-24	7	31	30	31	31	28	31	30	24			243
2003	10-2—次年 5-29		30	30	31	31	28	31	30	29			240
2004	9-28—次年 5-27	3	31	30	31	31	28	31	30	27			242
2005	9-30—次年 5-28 6-1—6-18	1	31	30	31	31	28	31	30	28	18		259
2006	9-11—次年 10-9 10-15—5-28	20	26	30	31	31	28	31	30	28			255
2007	10-20—次年 5-14 5-21—6-2 6-11—6-30		12	30	31	31	28	31	30	25	22		240

续表

年份	补水时间/(月-日)	补水天数/d											
		9月	10月	11月	12月	1月	2月	3月	4月	5月	6月	7月	全年
2008	10-1—次年5-13		31	30	31	31	28	31	30	13			225
2009	10-11—次年5-25		21	30	31	31	28	31	30	25			227
2010	10-14—次年6-13		18	30	31	31	28	31	30	31	13		243
2011	9-30—次年5-18	1	31	30	31	31	28	31	30	18			231
平均		5	27	30	31	31	28	31	30	24	6	0	244
最长		20	31	30	31	31	28	31	30	31	30	8	292
最短		0	12	30	31	31	28	31	30	6	0	0	216

表 6.6-5　历年洞里萨湖向湄公河干流补水的水量统计

年份	汛后补水量					最大日补水量	
	波雷格丹平均补水流量/(m³/s)	波雷格丹补水量/亿 m³	尼克朗和 Koh Khel 站同期水量/亿 m³	补水比例/%	补水量与倒灌量的比值	流量/(m³/s)	出现时间/(月-日)
1995	3795	957	2832	33.8	4.11	10104	11-14
1996	3815	775	2527	30.7	1.85	8848	12-03
1997	3826	856	2868	29.8	2.18	8297	10-31
1998	2191	483	1770	27.3	2.27	5427	11-01
1999	3207	598	2220	26.9	1.99	8063	12-01
2000	4449	915	3007	30.4	2.05	9368	11-10
2001	4264	880	2912	30.2	1.93	8643	11-24
2002	3857	810	2745	29.5	1.64	8041	11-02
2003	3234	671	2079	32.3	1.91	7508	11-09
2004	2953	620	1970	31.5	1.51	7613	10-19
2005	3097	693	2194	31.6	1.40	8440	11-08
2006	3170	698	2592	26.9	1.87	8202	11-08
2007	2781	577	1956	29.5	1.67	7178	12-02
2008	3346	653	2278	28.7	1.86	7336	11-02
2009	3344	656	2008	32.7	1.74	7798	11-02
2010	2336	490	1792	27.3	1.82	6430	11-07
2011	3822	763	2653	28.8	1.59	9822	11-09
平均	3382	711	2377	29.9	1.96	8066	
最大	4449	957	3007	33.8	4.11	10104	
最小	2191	483	1770	26.9	1.40	5427	

表 6.6-6　洞里萨湖月补水量占全年补水量及湄公河同期径流量的比例统计

月份	9月	10月	11月	12月	1月	2月	3月	4月	5月	6月
补水量/亿 m³	12	132	192	166	101	46	27	19	13	4
月补水量占年补水量的比例/%	1.7	18.6	27.0	23.4	14.2	6.5	3.8	2.6	1.8	0.5
补水期间尼克朗与 Koh Khel 径流总量/亿 m³	128	661	532	360	235	146	115	93	78	27
补水量占湄公河干流以下河段同期来水的比例/%	9.4	20.0	36.1	46.1	43.0	31.5	23.5	20.4	16.7	14.8

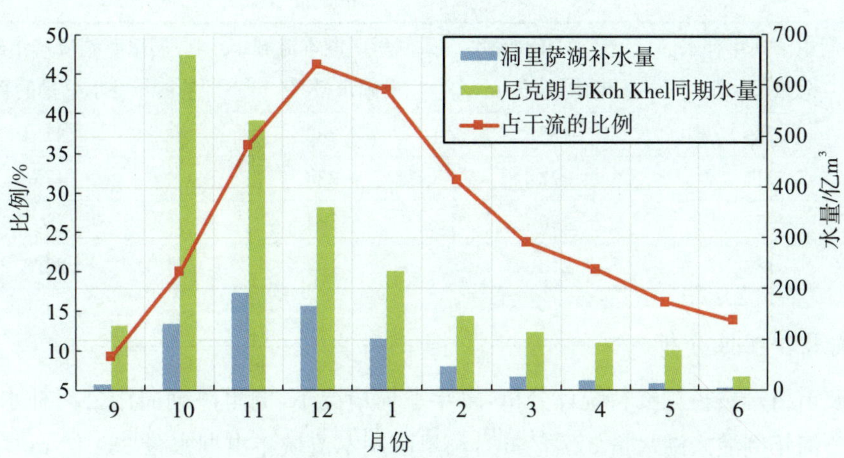

图 6.6-11 洞里萨湖对湄公河干流补水量的年内分配

(2)洞里萨湖流域向湄公河补水量

将洞里萨湖补水总量扣除湄公河倒灌水量,初步计算洞里萨湖本流域的出湖水量。洞里萨湖流域的年出湖水量统计见表 6.6-7。可以看出,洞里萨湖本流域每年向湄公河补水 197 亿~724 亿 m^3,多年平均补水 334 亿 m^3,占洞里萨湖年补水总量的 47%。

表 6.6-7 洞里萨湖流域的年出湖水量统计

年份	洞里萨湖年补水总量/亿 m^3	湄公河年倒灌入湖水量/亿 m^3	洞里萨湖本流域年出湖水量/亿 m^3	洞里萨湖流域年出湖水量占年补水总量的百分比/%
1995	957	233	724	75.7
1996	775	419	356	45.9
1997	856	392	464	54.2
1998	483	213	270	55.9
1999	598	301	297	49.7
2000	915	446	469	51.3
2001	880	457	423	48.1
2002	810	494	316	39.0
2003	671	352	319	47.5
2004	620	411	209	33.7
2005	693	496	197	28.4
2006	698	374	324	46.4
2007	577	346	231	40.0
2008	653	352	301	46.1
2009	656	377	279	42.5
2010	490	269	221	45.1

续表

年份	洞里萨湖年补水总量/亿 m^3	湄公河年倒灌入湖水量/亿 m^3	洞里萨湖本流域年出湖水量/亿 m^3	洞里萨湖流域年出湖水量占年补水总量的百分比/%
2011	763	480	283	37.1
平均	711	377	334	47.0
最大	957	496	724	75.7
最小	483	213	197	28.4

(3)成果合理性分析

根据波雷格丹站径流资料统计分析，多年平均情况下，洞里萨湖向湄公河补水水量711亿 m^3，湄公河年倒灌入湖水量377亿 m^3，洞里萨湖本流域年出湖水量334亿 m^3，而洞里萨湖流域多年平均径流量为462亿 m^3，较年出湖水量多128亿 m^3，洞里萨湖出湖、入湖径流总量出现了不平衡现象。结合相关研究成果，分析认为洞里萨湖出湖、入湖径流差异主要为洞里萨湖湖面蒸发、地下水补给等方面。

洞里萨湖湖区多年平均面积为6177km²，代表站Khmounge站的多年平均水面蒸发量为4.6mm/d，相应湖面蒸发量为103.7亿 m^3。

Burnett WC等在2012年*Journal of Radioanalytical and Nuclear Chemistry*发表的论文*Using high-resolution in situ radon measurements to determine groundwater discharge at a remote location: Tonle Sap Lake, Cambodia*中，分析得到2009年洞里萨湖地下水占入湖总径流的5%～10%；《柬埔寨国家水资源综合规划纲要》通过分析，洞里萨湖流域(柬埔寨境内)1981—2010年多年平均地表水资源量427.0亿 m^3，地下水资源量144.4亿 m^3，其中重复量约41.0亿 m^3。洞里萨湖地下水补给量约占入湖年径流量的10%。

综上分析，考虑湖面蒸发与地下水补给后，洞里萨湖出湖、入湖径流总量基本是平衡的，表明本成果是合理的。

6.6.3.3 洞里萨湖补水对河湖水位的变化影响

按水文年将洞里萨河波雷格丹站的补水流量过程分为涨水和退水2个时段，其中涨水段为汛末9月底至11月中下旬，退水段为11月中下旬至次年5月底。9月底至11月中下旬涨水段，湄公河干流水位处于消退过程；5月湄公河上游来水逐渐增加，干流水位上涨，对洞里萨湖出湖流量产生顶托。为避免湖涨河退及湖退河涨因素的干扰，本次洞里萨湖补水对河湖水位的变化影响研究将分析时段拟定为旱季12月至次年4月的湖退河退时段，分析队形为湖区甘邦隆站、洞里萨河波雷格丹站、金边港站和巴塞河达克茂站。

选取洞里萨湖流域来水较大和湄公河干流来水不大的1999年、洞里萨湖流域和湄公河来水均较大的2000年、洞里萨湖流域来水小和湄公河来水大的2002年、洞里萨湖流域和湄公河来水均较小的2010年，分析洞里萨湖补水对河湖水位的变化影响(表6.6-8和图6.6-12)。

表 6.6-8 波雷格丹站不同补水流量下的河湖水位

波雷格丹流量/(m^3/s)	水位/m															
	1999年				2000年				2002年				2010年			
	甘邦隆	波雷格丹	金边港	达克茂	甘邦隆	波雷格丹	金边港	达克茂	甘邦隆	波雷格丹	金边港	达克茂	甘邦隆	波雷格丹	金边港	达克茂
1000	2.16	1.52	1.45	1.46	2.14	1.68	1.56	1.62	2.28	1.35	1.19	1.09	2.08	1.56	1.39	1.28
1500	2.78	1.83	1.65	1.63	2.77	1.84	1.64	1.63	3.66	1.79	1.52	1.50	3.04	2.06	2.09	1.70
2000	3.26	2.21	1.91	1.85	3.30	2.14	1.85	1.86	4.03	2.10	1.71	1.79	3.49	2.36	2.28	1.83
2500	3.76	2.53	2.17	2.15	3.77	2.54	2.15	2.22	4.63	2.47	1.84	2.00	3.94	2.56	2.35	1.92
3000	4.14	2.90	2.40	2.36	4.01	2.88	2.27	2.29	5.00	2.91	2.24	2.37	4.31	2.93	2.65	2.24
3500	4.62	3.20	2.68	2.58	4.51	3.20	2.61	2.6	5.26	3.20	2.38	2.17	4.70	3.27	2.88	2.46
4000	4.91	3.47	2.85	2.81	4.85	3.53	2.86	2.83	5.52	3.50	2.68	2.36	5.05	3.59	3.10	2.69
4500	5.26	3.82	3.14	3.04	5.26	3.82	3.10	3.00	6.08	3.88	2.76	2.96	5.39	4.01	3.45	3.02
5000	5.58	4.18	3.41	3.38	5.57	4.22	3.43	3.42	6.66	4.30	3.08	3.37	5.78	4.43	3.85	3.41
5500	5.97	4.56	3.79	3.69	5.87	4.54	3.65	3.64	6.89	4.58	3.26	3.81	6.15	4.91	4.24	3.98
6000	6.29	4.94	4.09	4.07	6.24	4.94	4.02	3.98	7.09	4.94	3.53	4.14	6.79	5.73	5.13	4.86
6500	6.76	5.52	4.72	4.68	—	5.31	4.44	4.38	7.22	5.50	4.06	4.70				
7000	7.14	5.87	5.03	4.99	—	5.80	4.93	4.82	7.32	5.87	4.28	5.08				
7500	7.76	6.70	5.91	5.88	—	6.07	5.07	5.04	7.53	6.34	4.54	5.43				
8000	8.04	6.91	6.07	6.19	—	6.38	5.28	5.26								
8500					8.22	7.06	6.09	6.02								
9000					8.61	7.42	6.45	6.37								

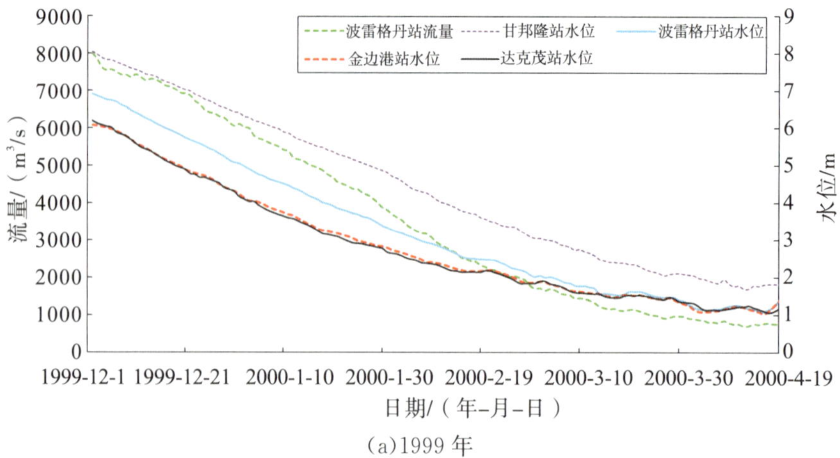

(a)1999 年

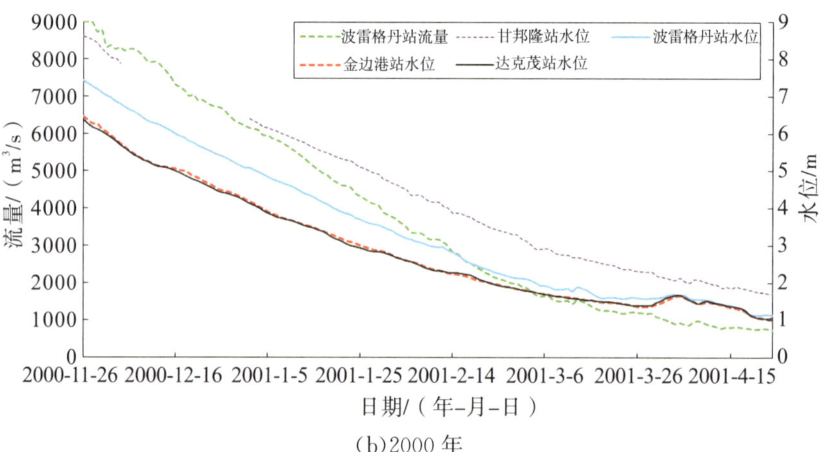

(b)2000 年

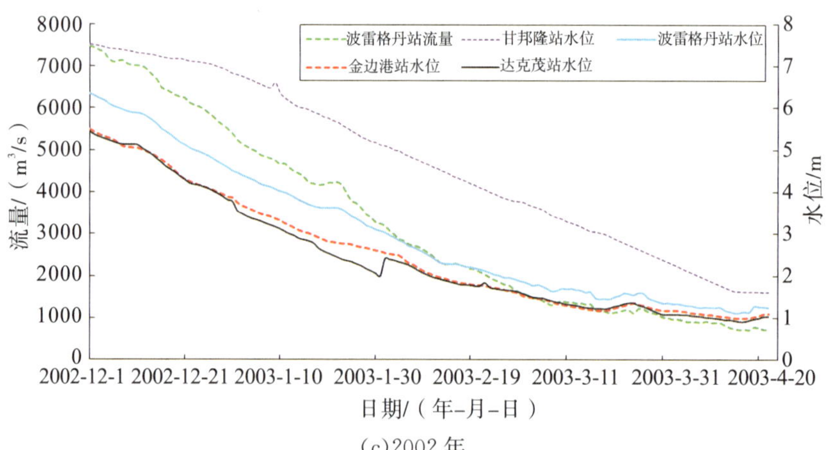

(c)2002 年

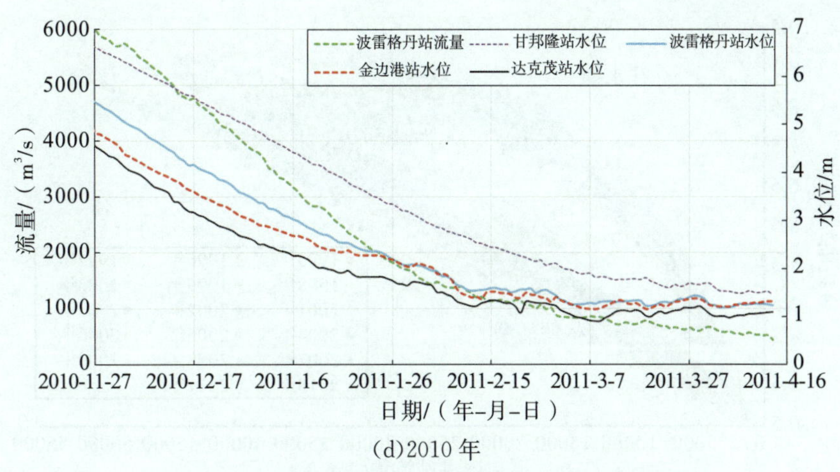

(d)2010 年

图 6.6-12　典型年汛后河湖控制站水位、流量过程

从表 6.6-8 和图 6.6-12 可以看出，洞里萨湖每增加补水 500m^3/s，1999 年、2000 年、2002 年和 2010 年洞里萨湖甘邦隆站水位平均将会降低 0.42m、0.41m、0.40m、0.47m，洞里萨河波雷格丹站水位平均将会增加 0.39m、0.36m、0.38m、0.42m，金边港站水位平均将会增加 0.33m、0.31m、0.26m、0.37m，巴塞河达克茂站水位平均将会增加 0.34m、0.30m、0.33m、0.36m。

6.6.4　湄公河与洞里萨湖的河湖关系初步研究

6.6.4.1　洞里萨湖与湄公河水位关系

(1)洞里萨河与湄公河干流水位、流量的关系

1995—2011 年金边港站水位与磅湛站水位关系见图 6.6-13，金边港站水位与磅湛站流量关系见图 6.6-14。从图 6.6-13、图 6.6-14 中可见，两站有较好的相关关系。这说明洞里萨河金边港站水位基本由湄公河干流的水情决定；2009 年以来数据点据未发生明显偏移。

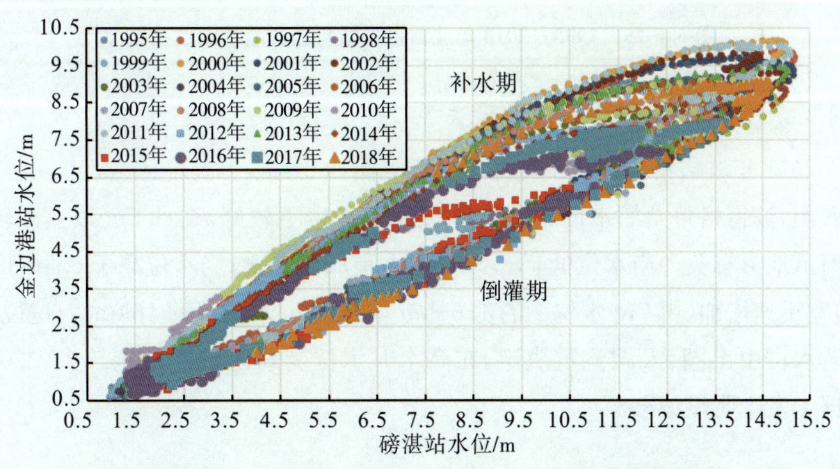

图 6.6-13　1995—2018 年金边港站与磅湛站水位关系

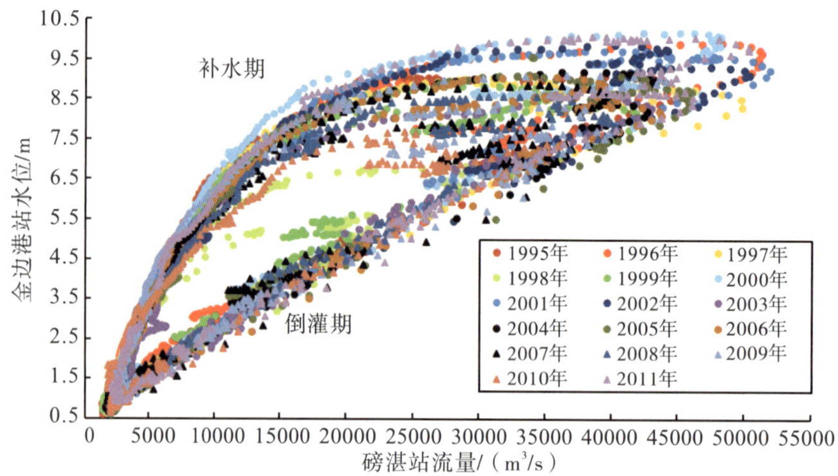

图 6.6-14　1995—2018 年金边港站水位与磅湛站流量关系

1995—2018 年波雷格丹站与金边港站水位关系见图 6.6-15。波雷格丹站水位与金边港站水位关系点据基本呈单一线、关系密切。2009 年以来数据点据未发生明显偏移。

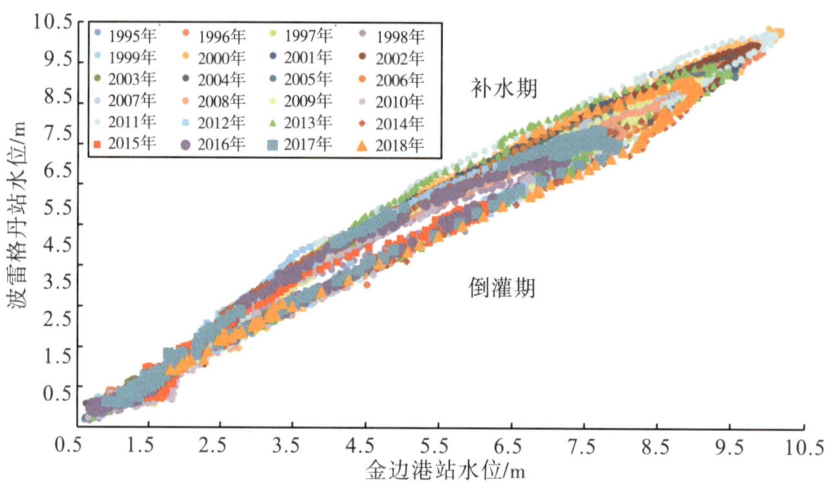

图 6.6-15　1995—2018 年波雷格丹站与金边港站水位关系

(2)洞里萨河波雷格丹站水位流量关系

1995—2011 年波雷格丹站的水位流量关系见图 6.6-16。

可以看出，波雷格丹站的水位流量关系，在 6.5m 以下较好，在 6.5m 以上则较散乱，这与该河段河道地形有关。当水位低于 6.5m 时，水流归于深槽；当水位高于 6.5m 时，水流逐步上滩，河宽迅速增加(由 7m 水位下的 1.64km 增至 10m 水位下的 16km)。这说明洞里萨河在低水时水位由出湖、入湖流量决定，在高水时水位受湖区水位影响较大。2009—2011 年数据点据未发生明显偏移。

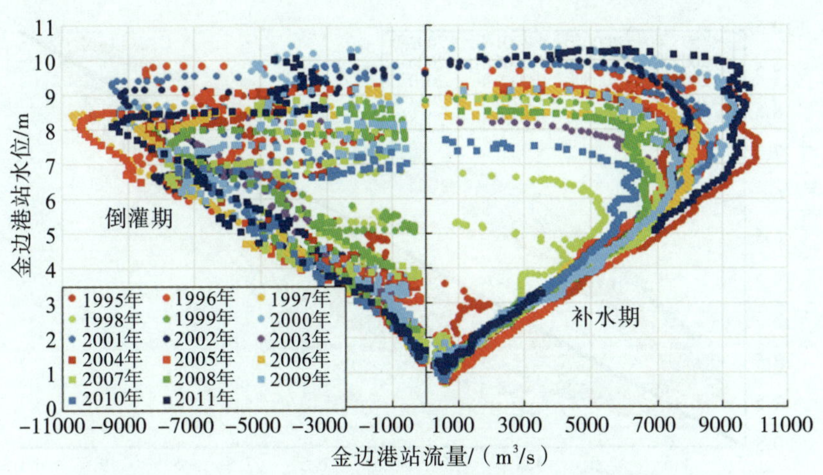

图 6.6-16　1995—2011 年波雷格丹站的水位流量关系

(3)洞里萨湖与湄公河干流水位关系

2001 年汛期至 2002 年汛前湖区金边港、波雷格丹和甘邦隆 3 站的水位过程线与波雷格丹站流量过程见图 6.6-17。

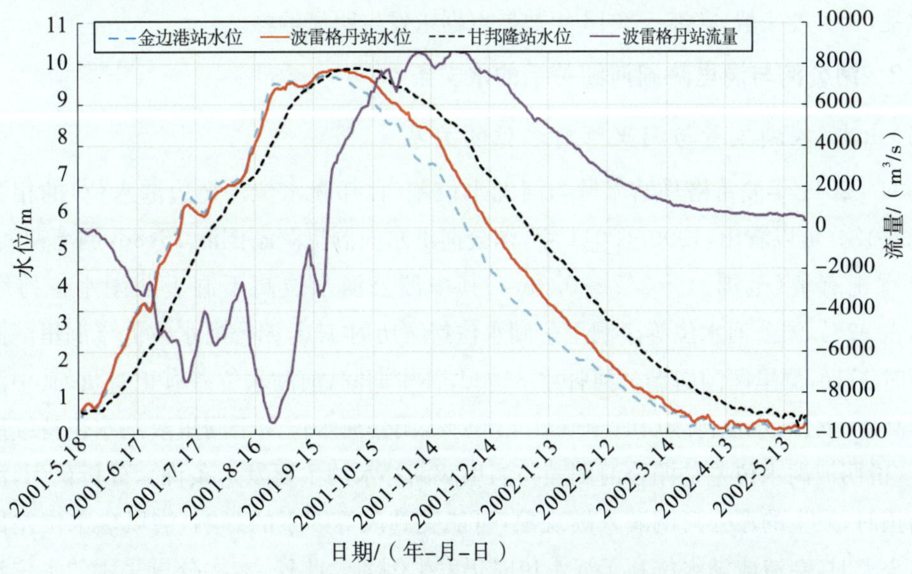

图 6.6-17　2001—2002 年水文年湖区水位过程线与波雷格丹站流量过程

可以看出，3 站的水位涨落规律为：10 月至次年 4 月，甘邦隆、波雷格丹和金边港 3 站水位逐渐降低，湖区水位高于洞里萨河及金边港水位，表现为洞里萨湖向湄公河补水；5—9 月，金边港、波雷格丹和甘邦隆 3 站水位逐渐上升，且金边港站水位略高于波雷格丹站水位，远高于甘邦隆站水位，表现为湄公河洪水向洞里萨湖倒灌。

1995—2018 年湖区甘邦隆站与金边港站水位关系见图 6.6-18。

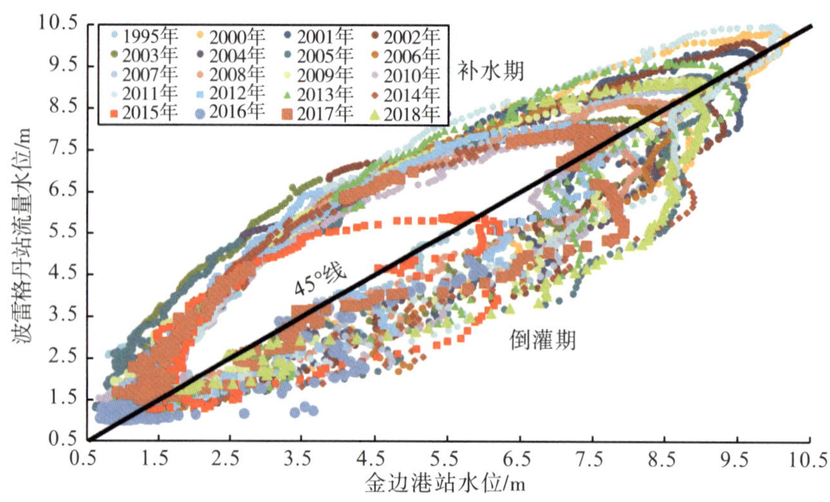

图 6.6-18 1995—2018 年湖区甘邦隆站与金边港站水位关系

可以看出，甘邦隆站与金边港站水位关系成绳套曲线，45°线以上对应汛后洞里萨湖向湄公河补水期，即湖水位高于河水位，两站的水位关系点据较为密集，相关度较好；45°线以下对应湄公河向洞里萨湖倒灌期，即河水位高于湖水位，甘邦隆站与金边港站水位关系点据相对散乱，相关度一般；2009—2018 年数据点据未发生明显偏移。

6.6.4.2 湄公河与洞里萨湖河湖关系的水文条件

(1)出湖、入湖流量与洞里萨河水位的关系

1999—2011 年波雷格丹站流量与河湖水位差(甘邦隆水位—金边港水位)的相关关系见图 6.6-19。可以看出，1999—2011 年，湄公河洪水向洞里萨湖倒灌 1648d，倒灌期间，河湖水位差有正有负(范围为－3.2～0.3m)，其中湄公河水位高于洞里萨湖水位持续历时 1522d，占 92%，湄公河水位等于洞里萨湖水位持续历时 15d，湄公河水位低于洞里萨湖水位持续历时 111d；洞里萨湖向湄公河补水 3100d，补水期间，河湖水位差有正有负，其中洞里萨湖水位高于湄公河水位持续历时 3069d，占 99%，湄公河水位高于洞里萨湖水位持续历时仅 31d。这说明河湖水位差是湄公河倒灌与洞里萨湖补水的主要发生条件。分析认为，河湖水位差为正时，发生的湄公河倒灌入湖现象，可能受到风等因素的影响，当风壅水位差比水流阻力水头大时，会造成湖水位高于河水位时仍发生倒灌。此外，本次分析采用的水位流量数据为日均值，而湄公河干流金边河段为感潮河段，也有可能发生日均河湖水位差为正时波雷格丹站日均流量为负。

总体而言，河湖水位差是湄公河与洞里萨湖水量交换的主要条件。

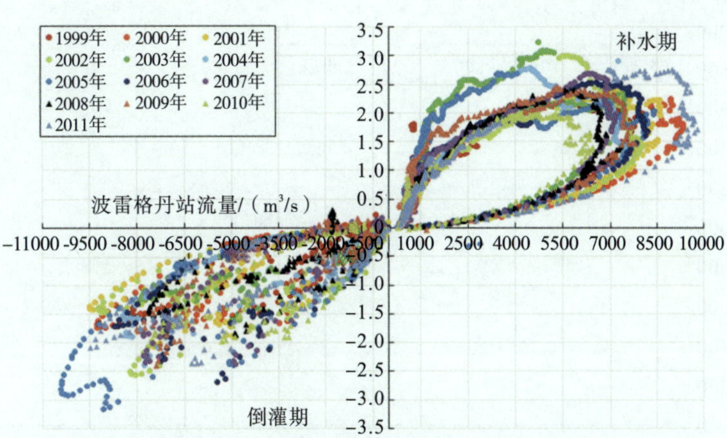

图 6.6-19　1999—2011 年波雷格丹站流量与河湖水位差的相关关系

(2)湄公河干流洪水倒灌入洞里萨湖的水文条件

根据 1999—2011 年实测资料统计，波雷格丹站在不同水位下的倒灌流量与河湖水位差的相关关系见图 6.6-20 和表 6.6-9。

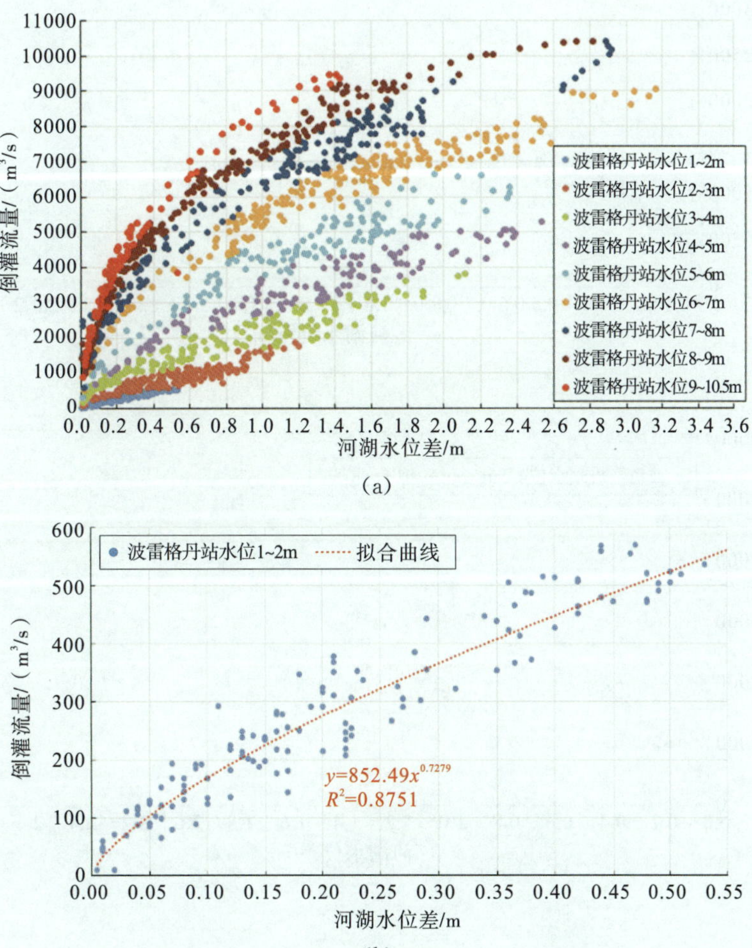

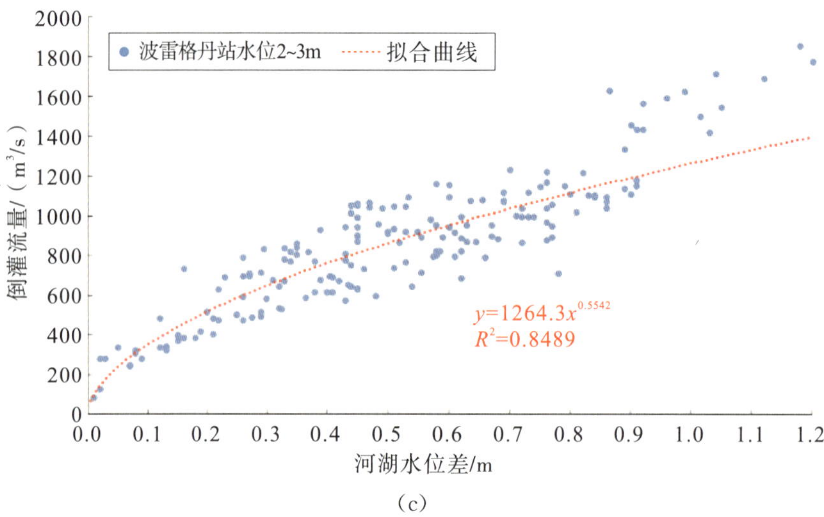

（c）

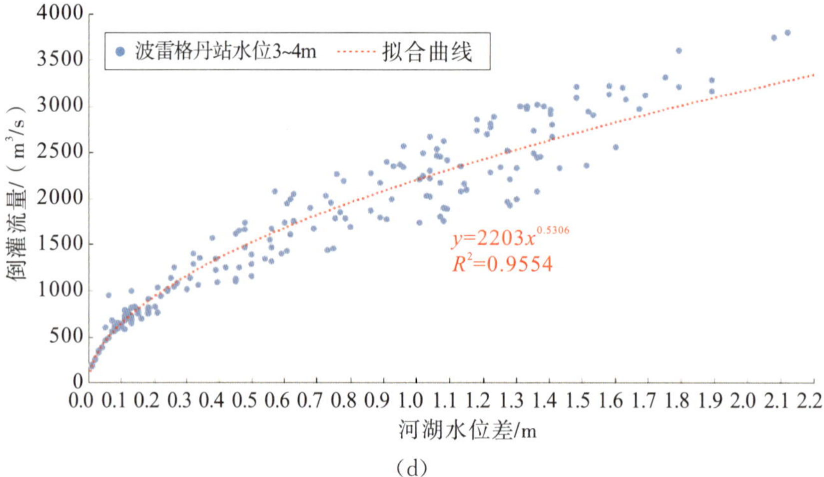

（d）

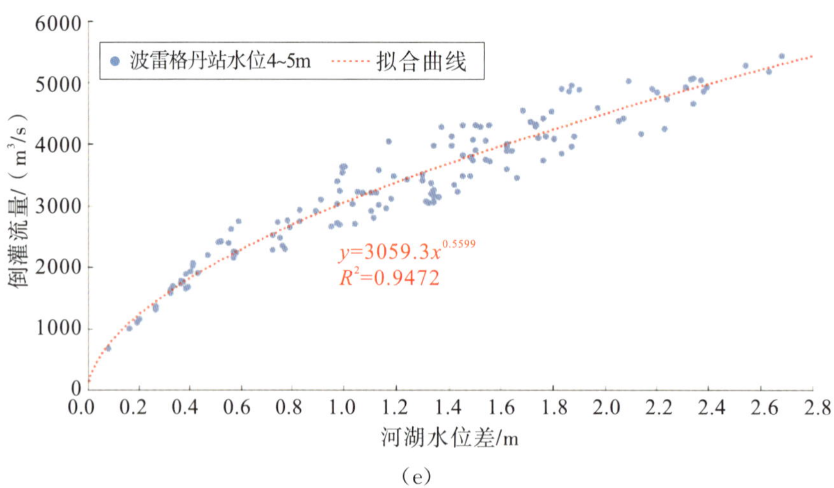

（e）

波雷格丹站水位5~6m
拟合曲线
$y=4072.1x^{0.5419}$
$R^2=0.9753$
倒灌流量/（m³/s）
河湖水位差/m

（f）

波雷格丹站水位6~7m
拟合曲线
$y=5318.6x^{0.4838}$
$R^2=0.9757$
倒灌流量/（m³/s）
河湖水位差/m

（g）

波雷格丹站水位7~8m
拟合曲线
$y=6321.5x^{0.4258}$
$R^2=0.9247$
倒灌流量/（m³/s）
河湖水位差/m

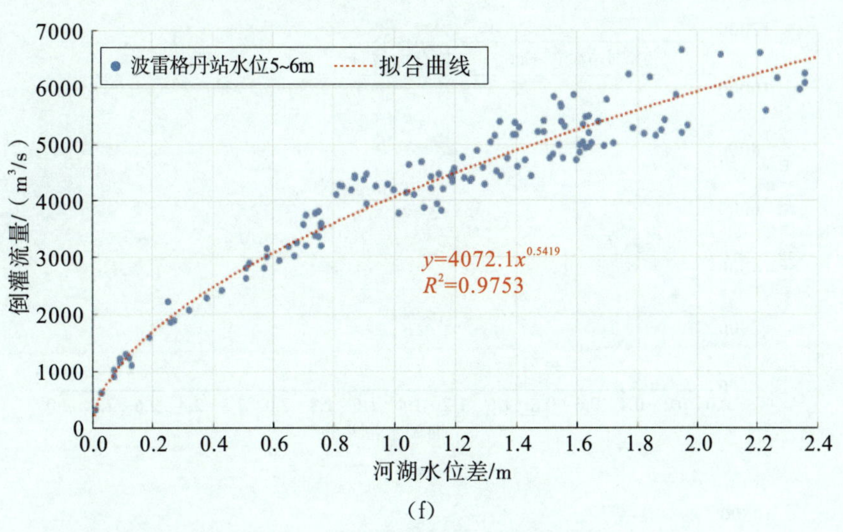

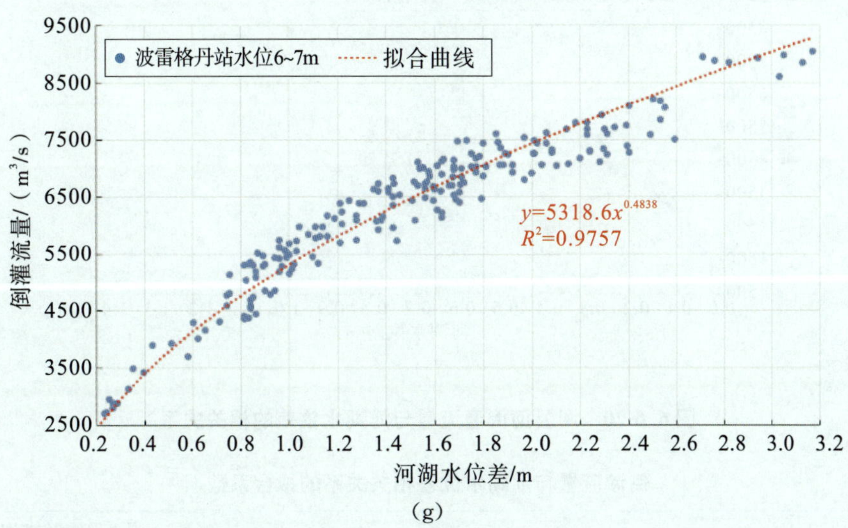

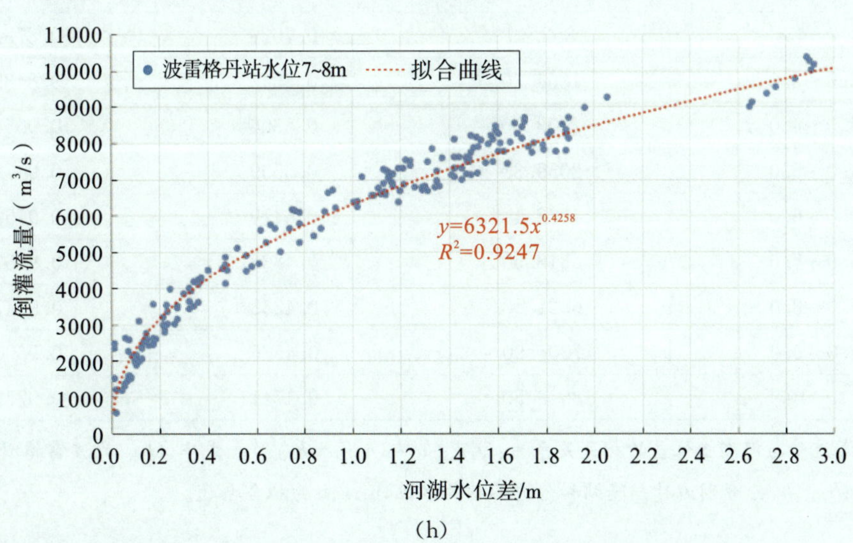

（h）

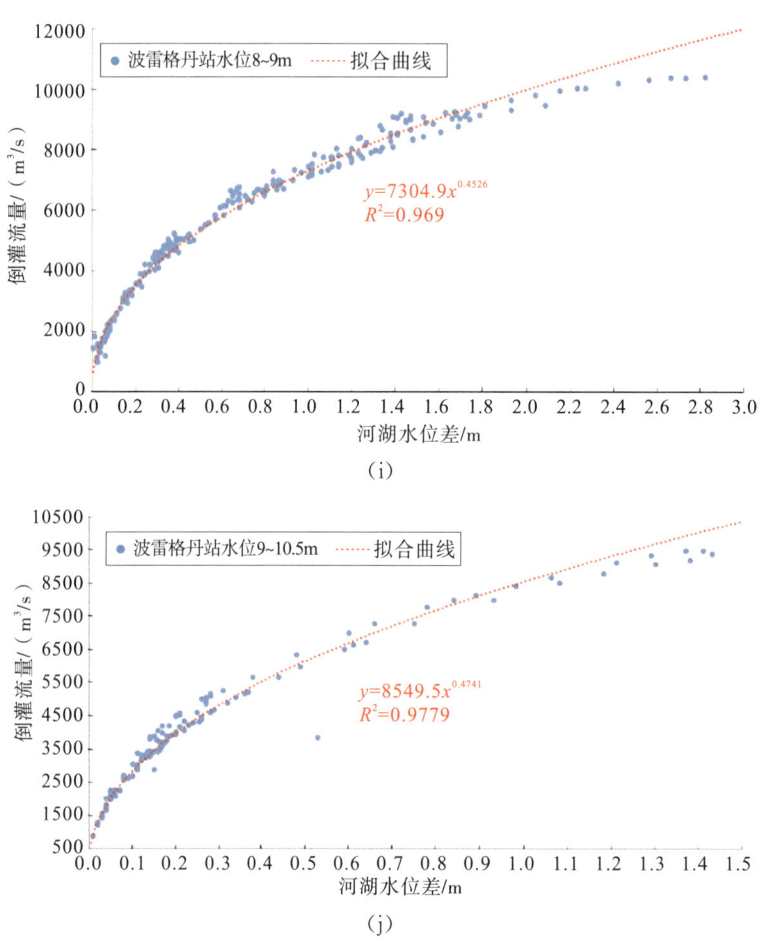

图 6.6-20 湄公河倒灌流量与河湖水位差的相关关系

表 6.6-9 倒灌流量与河湖水位差相关关系的拟合系数

波雷格丹水位/m	a	b	相关系数 R^2
1.0～2.0	852.49	0.7029	0.8751
2.0～3.0	1264.30	0.5542	0.8489
3.0～4.0	2203.00	0.5306	0.9554
4.0～5.0	3059.30	0.5599	0.9472
5.0～6.0	4072.10	0.5419	0.9753
6.0～7.0	5318.60	0.4838	0.9757
7.0～8.0	6321.50	0.4258	0.9247
8.0～9.0	7304.90	0.4526	0.9690
9.0～10.5	8549.50	0.4741	0.9779

注：倒灌流量与河湖水位差的相关关系为：$Q_{PK}=a\cdot(h_{JBG}-h_{KL})^b$。式中，$Q_{PK}$ 为波雷格丹站的倒灌流量，m^3/s；h_{KL}、h_{JBG} 分别为甘邦隆站和金边港站的水位，m；a、b 为拟合系数。

由上述图 6.6-20、表 6.6-9 可以看出，在波雷格丹站相同水位条件下，湄公河倒灌入湖流量随着河湖水位差的增加而增加；在相同倒灌流量条件下，河湖水位差随着波雷格丹站水位的增加而减小；在相同河湖水位差条件下，倒灌流量随着波雷格丹站水位的增加而增加；倒灌流量与河湖水位差在 1.0～10.5m 不同水位下的相关系数为 0.85～0.98，其中高水位下的相关关系好于低水位下的相关关系。

基于此，经优化计算，本次研究得到湄公河倒灌流量与河湖水位差的相关关系见式(6.6-1)、式(6.6-2)和图 6.6-21，相关系数为 0.9988。

$$Q_{PK} = -0.2321H^3 + 6.2574H^2 + 381.65H - 96.762 \tag{6.6-1}$$

$$H = h_{PK}^{1.36} \left| h_{KL} - h_{JBG} \right|^{0.46} \tag{6.6-2}$$

式中，Q_{PK}——波雷格丹站的倒灌流量，m^3/s；

h_{JBG}、h_{PK}、h_{KL}——金边港、波雷格丹和甘邦隆站的水位，m。

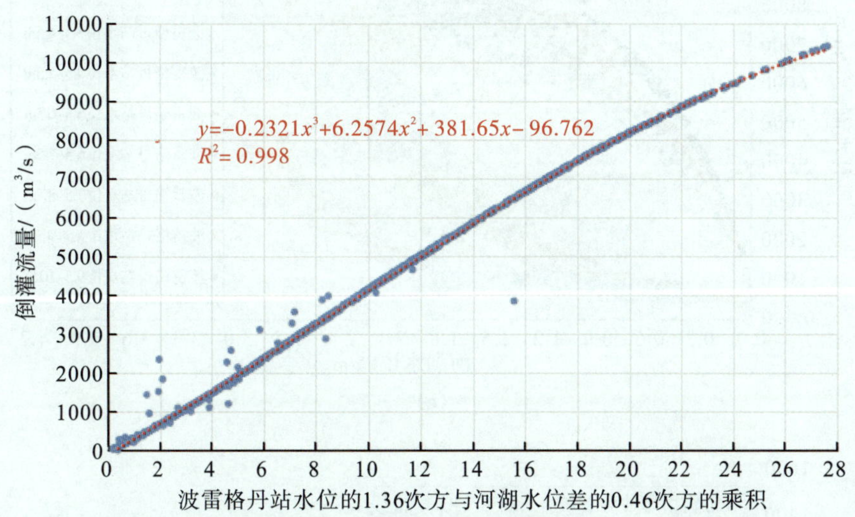

图 6.6-21　倒灌流量与河湖水位差和波雷格丹站水位的相关关系

洞里萨湖在低水位和低水头差时倒灌流量较小，在高水位和高水头差时倒灌流量较大，即倒灌流量与洞里萨河水位和河湖水位差均呈正相关关系。当倒灌流量为 $3000m^3/s$ 时，波雷格丹站水位为 4m、5m、6m、7m、8m、9m 所需的水头差依次减小，分别约为 1.31m、0.68m、0.40m、0.26m、0.17m、0.12m；当波雷格丹站水位为 8m 时，湄公河向洞里萨湖倒灌流量为 $3000m^3/s$、$4000m^3/s$、$5000m^3/s$、$6000m^3/s$、$7000m^3/s$、$8000m^3/s$、$9000m^3/s$ 所需要的河湖水头差分别为 0.17m、0.30m、0.48m、0.71m、0.99m、1.36m 和 1.84m；当河湖水位差均为 1m 时，倒灌流量为 $1000m^3/s$、$2000m^3/s$、$3000m^3/s$、$4000m^3/s$、$5000m^3/s$、$6000m^3/s$、$7000m^3/s$、$8000m^3/s$、$9000m^3/s$ 的波雷格丹站水位分别需要达到 2.11m、3.33m、4.38m、5.33m、6.23m、7.11m、7.98m、8.88m 和 9.86m。

(3)洞里萨湖向湄公河补水的水文条件

根据 1999—2011 年实测资料统计，波雷格丹站在不同水位下的补水流量与河湖水位差的相关关系见图 6.6-22 和表 6.6-10。可以看出，在波雷格丹站相同水位条件下，洞里萨湖向湄公河补水流量随着河湖水位差的增加而增加；在波雷格丹站相同补水流量条件下，所需的河湖水位差随着波雷格丹站水位的增加而减小；在相同河湖水位差条件下，补水流量随着波雷格丹站水位的增加而增加。当波雷格丹站水位高于 6.5m 时，补水流量与河湖水位差的相关关系较好，相关系数为 0.98～0.998；当波雷格丹站水位低于 6.5m 时，补水流量与河湖水位差的相关关系较为散乱，相关系数仅为 0.109～0.7287，而补水流量与波雷格丹站水位的相关关系较好，相关系数达到了 0.981，分析认为这主要是受到出湖河道地形、旱季潮汐顶托和湄公河来流顶托等影响所致。

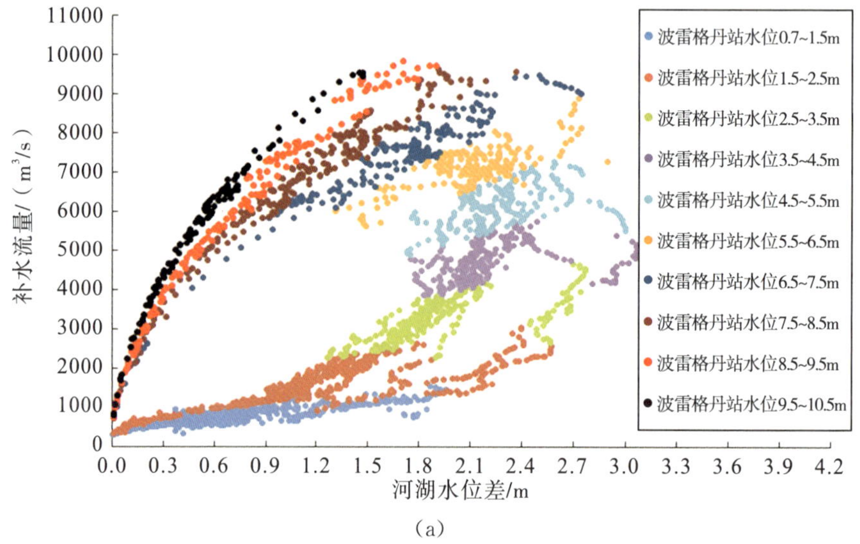

(a)

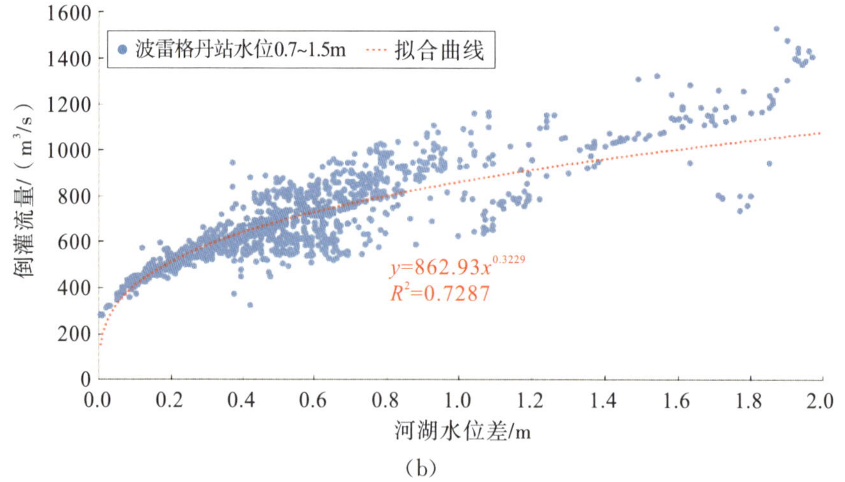

(b)

波雷格丹站水位1.5~2.5m
拟合曲线
$y=1427.1x^{0.4596}$
$R^2=0.7992$
倒灌流量/（m³/s）
河湖水位差/m

（c）

波雷格丹站水位2.5~3.5m
拟合曲线
$y=2154.6x^{0.6108}$
$R^2=0.4556$
倒灌流量/（m³/s）
河湖水位差/m

（d）

波雷格丹站水位3.5~4.5m
拟合曲线
$y=3881.9x^{0.2385}$
$R^2=0.109$
倒灌流量/（m³/s）
河湖水位差/m

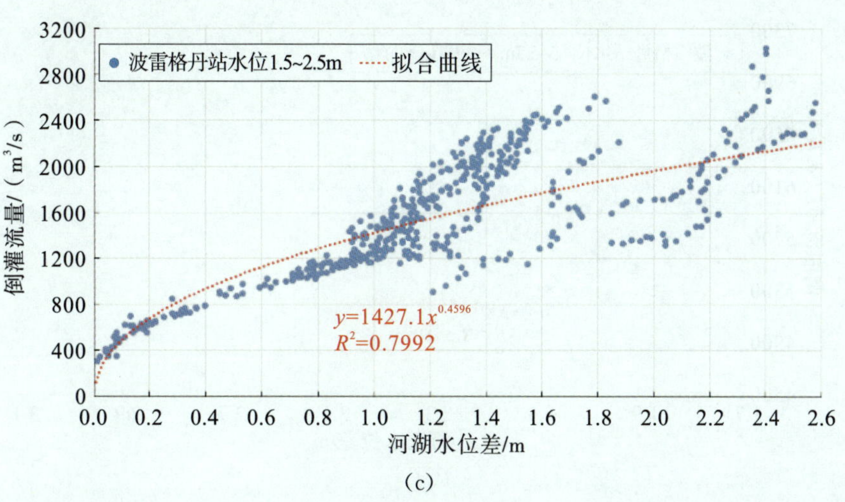

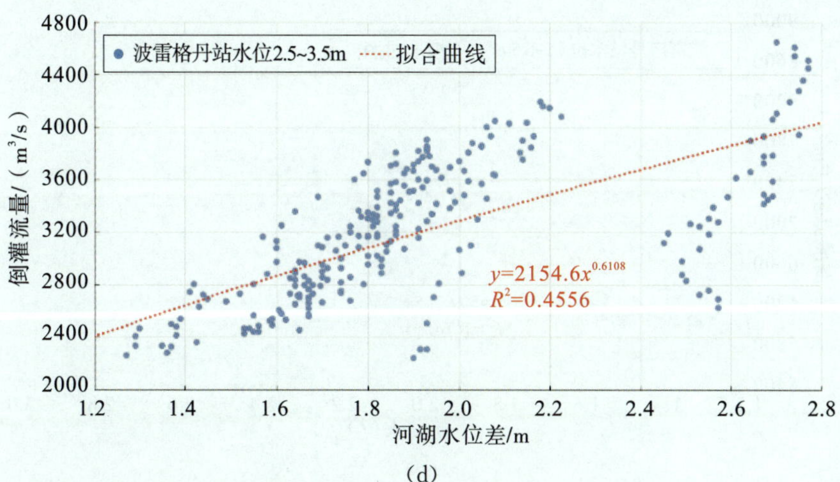

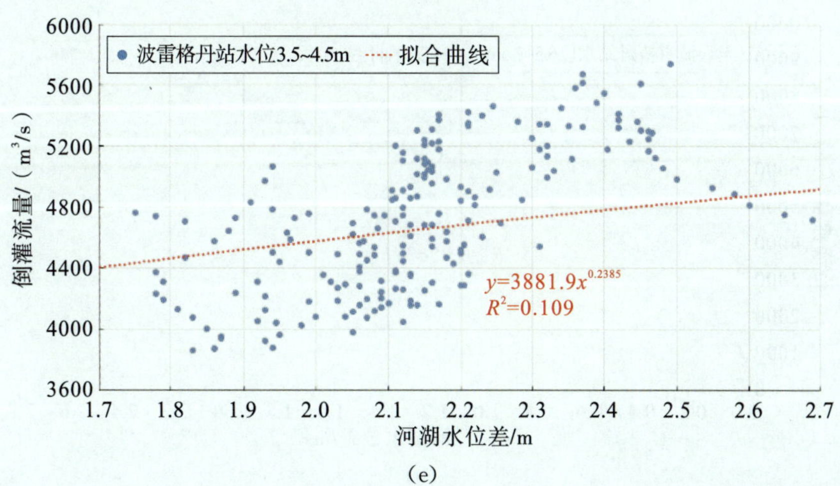

（e）

波雷格丹站水位4.5~5.5m
拟合曲线
y=4450.7x^0.3824
R²=0.3108
倒灌流量/（m³/s）
河湖水位差/m

（f）

波雷格丹站水位5.5~6.5m
拟合曲线
y=5267.5x^0.405
R²=0.6044
倒灌流量/（m³/s）
河湖水位差/m

（g）

波雷格丹站水位6.5~7.5m
拟合曲线
y=5744.3x^0.4983
R²=0.9833
倒灌流量/（m³/s）
河湖水位差/m

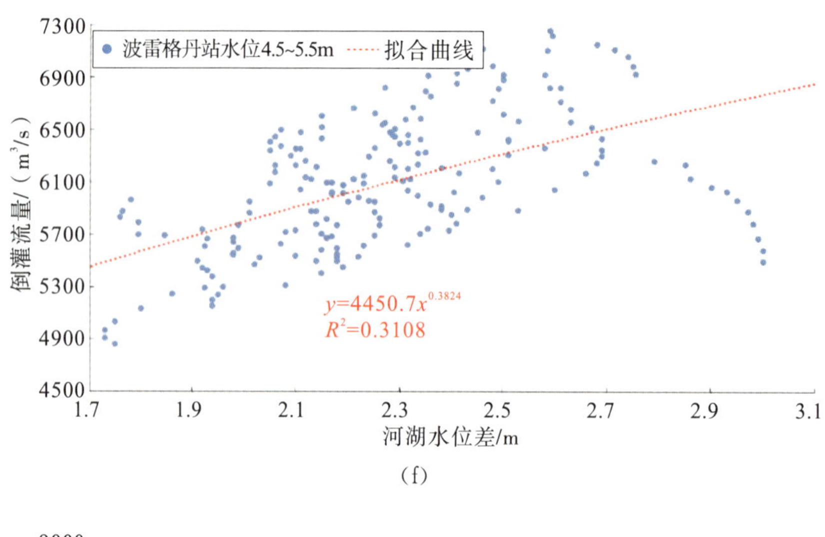

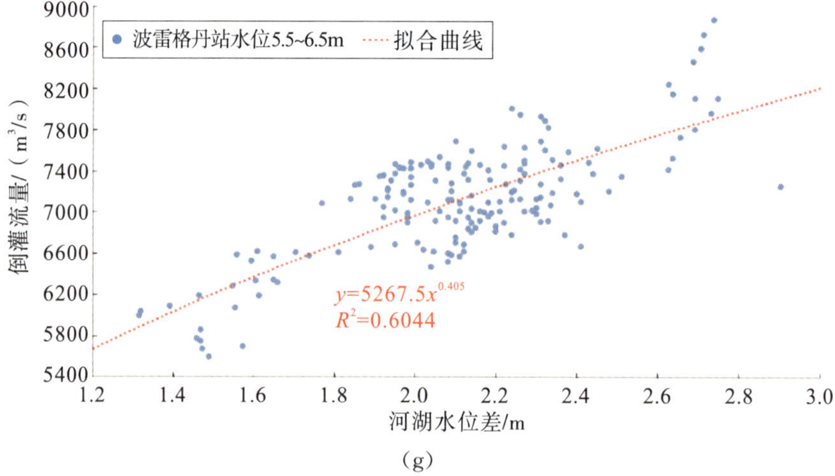

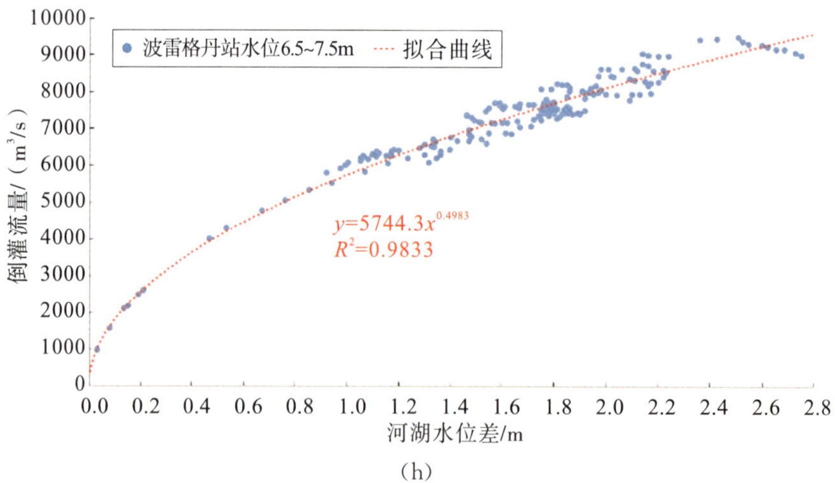

（h）

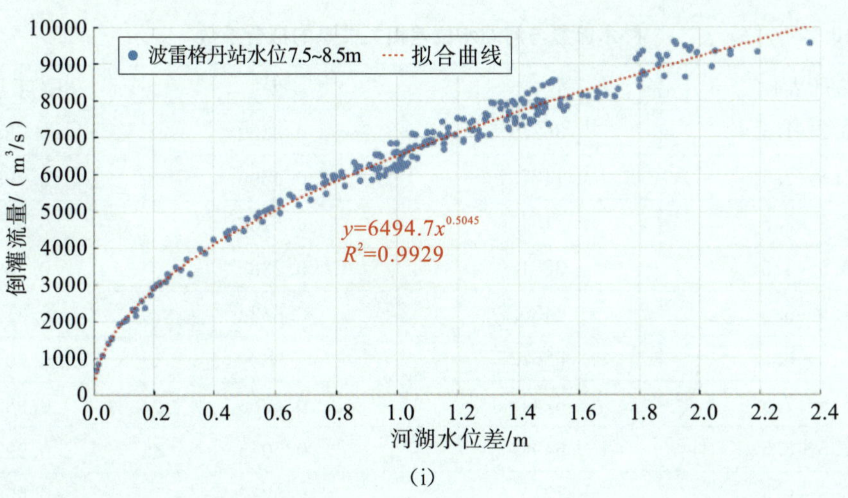

(i)

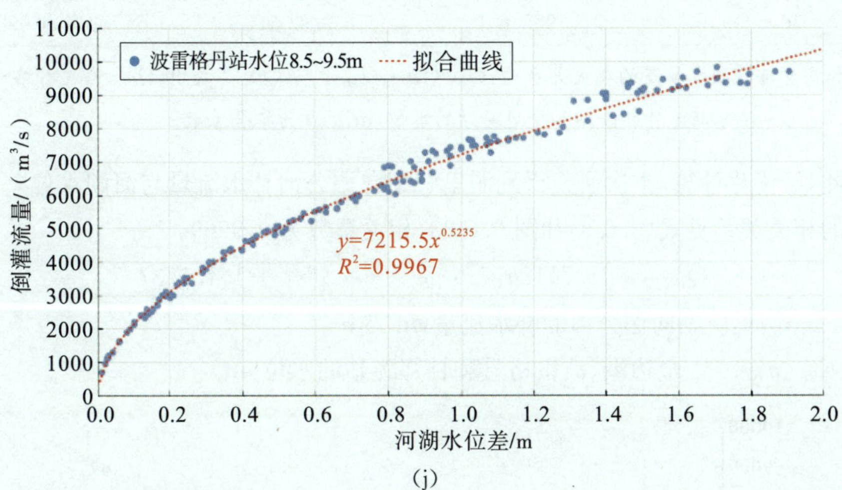

(j)

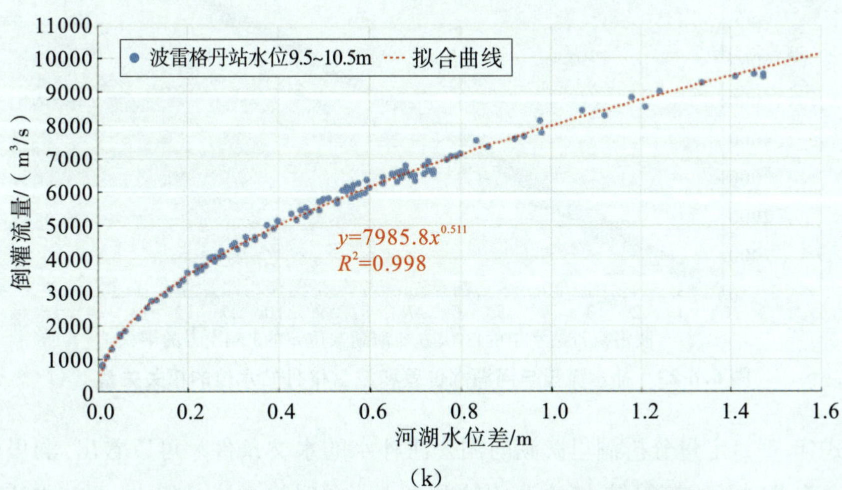

(k)

图 6.6-22 洞里萨湖补水流量与河湖水位差的相关关系

表 6.6-10　补水流量与河湖水位差相关关系的拟合系数

波雷格丹站水位/m	a	b	相关系数 R^2
0.7～1.5	862.93	0.3229	0.7287
1.5～2.5	1427.1	0.4596	0.7992
2.5～3.5	2154.6	0.6108	0.4556
3.5～4.5	3881.9	0.2385	0.1090
4.5～5.5	4450.7	0.3824	0.3108
5.5～6.5	5267.5	0.405	0.6044
6.5～7.5	5744.3	0.4983	0.9833
7.5～8.5	6494.7	0.5045	0.9929
8.5～9.5	7215.5	0.5232	0.9967
9.5～10.5	7985.8	0.511	0.9980

注：补水流量与河湖水位差的相关关系为：$Q_{PK}=a\cdot(h_{JBG}-h_{KL})^b$。式中，$Q_{PK}$ 为波雷格丹站的补水流量，m^3/s；h_{KL}、h_{JBG} 分别为甘邦隆站和金边港站的水位，m；a、b 为拟合系数。

基于此，经优化计算，本次研究得到洞里萨湖向湄公河补水流量与河湖水位差和波雷格丹站水位的相关关系见式(6.6-3)和图 6.6-23，相关系数为 0.9969。

$$Q_{PK}=642.7118h_{PK}^{1.1}\left|h_{KL}-h_{JBG}\right|^{0.54}+151.1737 \tag{6.6-3}$$

式中，Q_{PK}——洞里萨湖向湄公河的补水流量，m^3/s；

h_{JBG}、h_{PK}、h_{KL}——金边港、波雷格丹和甘邦隆站的水位，m。

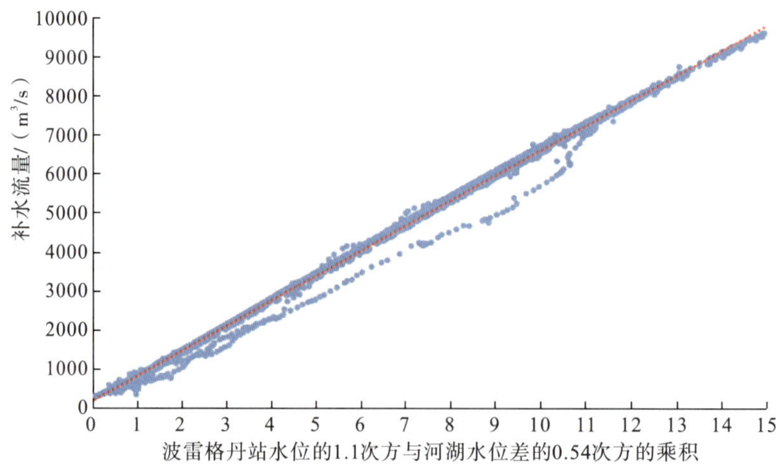

图 6.6-23　补水流量与河湖水位差和波雷格丹站水位的相关关系

根据式(6.6-3)定量分析洞里萨湖向湄公河补水的水文条件。可以看出，洞里萨湖在低水位和低水头差时补水流量较小，在高水位和高水头差时补水流量较大，即补水流量与洞里萨河水位和河湖水位差均呈正相关关系。当补水流量为 $3000m^3/s$ 时，波雷格丹站水位为 3m、4m、5m、6m、7m、8m、9m、10m 所需的水头差依次减小，分别约为 1.68m、0.94m、

0.60m、0.41m、0.30m、0.23m、0.18m、0.15m；当波雷格丹站水位为 8m 时，补水流量为 $2000m^3/s$、$3000m^3/s$、$4000m^3/s$、$5000m^3/s$、$6000m^3/s$、$7000m^3/s$、$8000m^3/s$、$9000m^3/s$、$10000m^3/s$ 所需要的河湖水头差分别为 0.10m、0.23m、0.40m、0.61m、0.86m、1.16m、1.49m、1.85m 和 2.26m；当河湖水位差均为 1.5m 时，补水流量为 $1000m^3/s$、$2000m^3/s$、$3000m^3/s$、$4000m^3/s$、$5000m^3/s$、$6000m^3/s$、$7000m^3/s$、$8000m^3/s$、$9000m^3/s$、$10000m^3/s$ 的波雷格丹站水位分别需要达到 1.05m、2.14m、3.17m、4.17m、5.14m、6.09m、7.03m、7.96m、8.88m 和 9.78m。

(4)河湖水量交换关系的主要影响因素

河湖水量交换关系的主要影响因素为河湖水位差与洞里萨河水位。波雷格丹站的水位流量关系在 6.5m 以下较好，在 6.5m 以上则较散乱；在相同波雷格丹站水位条件下，当波雷格丹站水位低于 3m 时，湄公河倒灌入湖流量与河湖水位差的相关关系较差，相关系数为 0.85～0.88，当波雷格丹站水位高于 3m 时，湄公河倒灌入湖流量与河湖水位差的相关关系较好，相关系数达到 0.92～0.98；在相同波雷格丹站水位条件下，当波雷格丹站水位低于 6.5m 时，洞里萨湖向湄公河补水流量与河湖水位差的相关关系较为散乱，相关系数仅为 0.11～0.73，当波雷格丹站水位高于 6.5m 时，补水流量与河湖水位差的相关关系较好，相关系数达到 0.980～0.998。这说明洞里萨河在低水位时倒灌或补水流量主要受洞里萨河水位影响，高水位时倒灌或补水流量主要受河湖水位差影响。

6.6.4.3 湄公河干流来流与洞里萨湖出流的相互顶托作用

湄公河干流下泄量与洞里萨湖出流相互顶托，对湄公河金边港以上河段洪水下泄及洞里萨湖出流的影响均较显著。

(1)湄公河干流来水对洞里萨湖出流的顶托作用

湄公河干流洪水对洞里萨湖出湖水量的顶托发生较为普遍，致使洞里萨湖出湖流量减少，在主汛期 6—9 月湄公河洪水还会发生长历时(多年平均 122d)的倒灌，汛期倒灌期间波雷格丹和磅湛逐日流量见图 6.6-24。

倒灌期间最大河湖水位差为 3.2m，按 0.5m 分级，以各分级河湖水位差为参数，将洞里萨河波雷格丹站日均流量、洞里萨湖甘邦隆站日均水位和相应湄公河干流磅湛站日均流量点据点绘在图上，由点群中心分别定出倒灌流量与湄公河干流流量、洞里萨湖水位与湄公河干流流量的相关关系见图 6.6-25 和图 6.6-26。可以看出，在河湖水位差不变的情况下，倒灌流量随着湄公河干流流量的增加而增加，洞里萨湖水位也相应升高。根据统计，湄公河干流流量增加 $1000m^3/s$，波雷格丹站倒灌流量增加 $95\sim211m^3/s$，洞里萨湖水位抬高 0.14～0.21m。

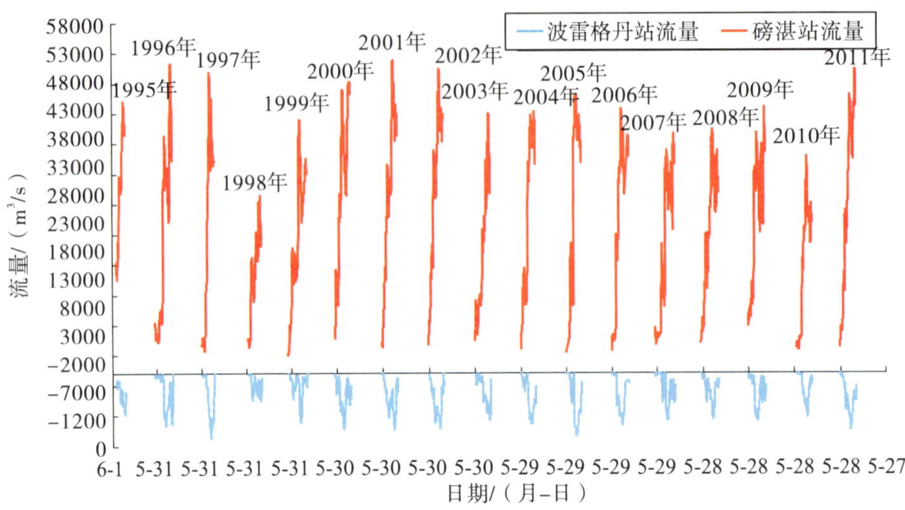

图 6.6-24　汛期倒灌期间波雷格丹站和磅湛站逐日流量

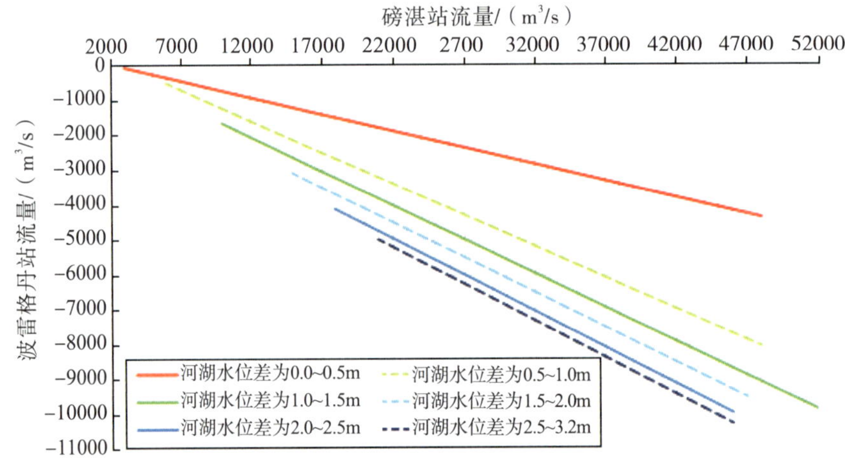

图 6.6-25　洞里萨湖波雷格丹站流量与湄公河干流磅湛站流量的相关关系

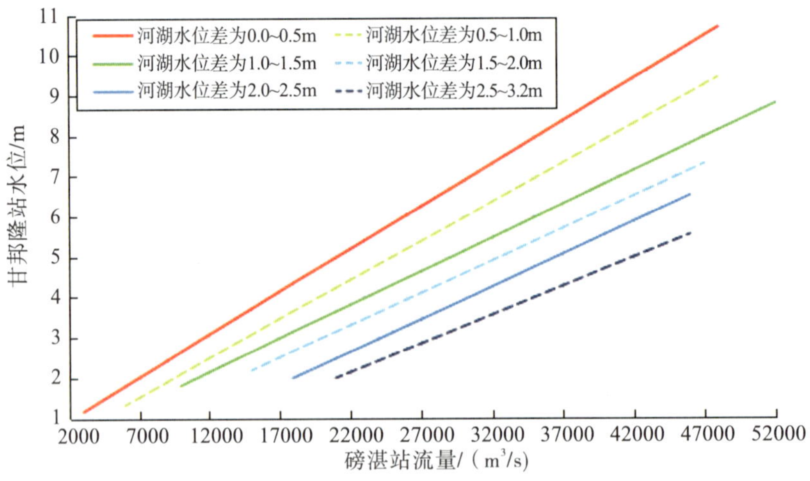

图 6.6-26　洞里萨湖甘邦隆站水位与湄公河干流磅湛站流量的相关关系

(2)洞里萨湖出湖流量对湄公河干流的顶托作用

洞里萨湖出湖流量对湄公河干流的顶托作用主要集中在汛末 9 月中下旬至 10 月底。在此期间,洞里萨湖出湖流量逐渐加大,湄公河干流的过流能力则逐渐减小。汛末补水期间波雷格丹站和磅湛站逐日流量见图 6.6-27。

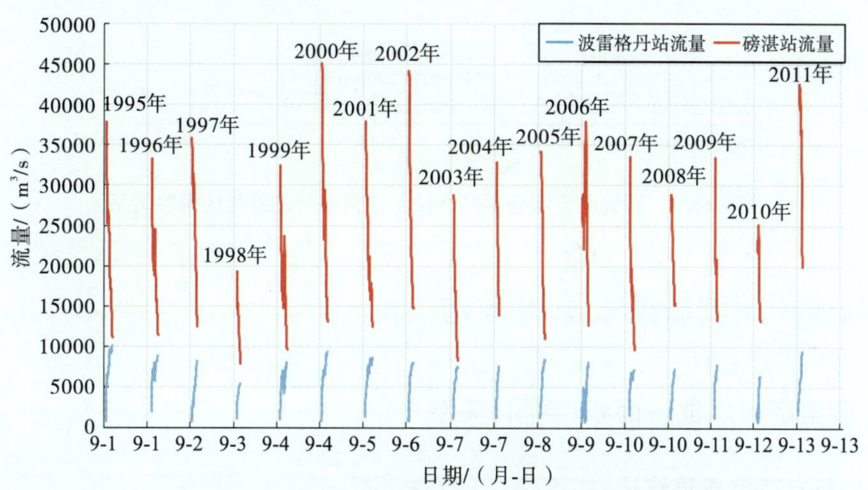

图 6.6-27 汛末补水期间波雷格丹站和磅湛站逐日流量

汛末 9 月中下旬至 10 月底补水期间,按波雷格丹站 $1000m^3/s$ 的补水流量分级,以各分级补水流量为参数,将磅湛站日均水位、流量和相应波雷格丹站日均流量点据点绘在图上,由点群中心分别定出以补水流量为参数的磅湛站水位流量关系簇(图 6.6-28 和图 6.6-29)。可以看出,在金边港以上湄公河水位不变的情况下,湄公河干流过流能力随着洞里萨湖出流的增加而减少,若波雷格丹站出流增加 $1000m^3/s$,磅湛站过流能力要减少 $437\sim646m^3/s$;当金边港以上湄公河干流下泄流量不变的情况下,湄公河干流水位随着洞里萨湖出流的增加而升高,若波雷格丹站出流增加 $1000m^3/s$,磅湛站水位抬高 0.07~0.42m。

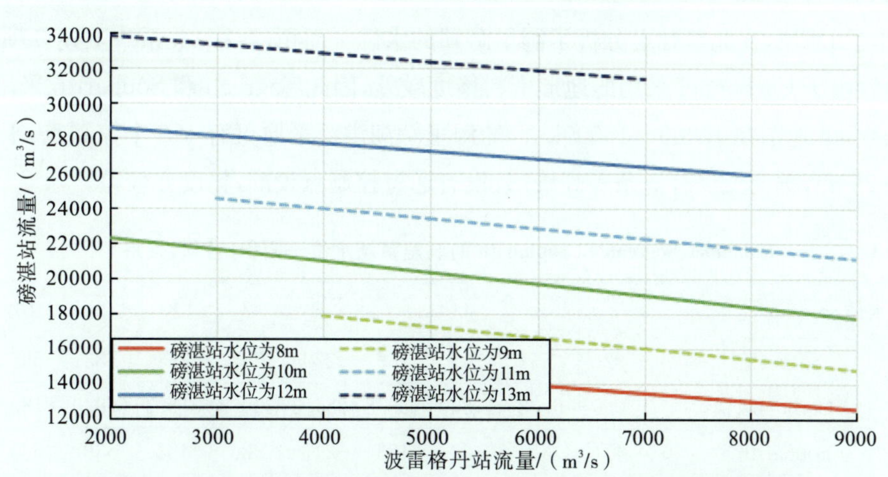

图 6.6-28 湄公河干流磅湛站流量与洞里萨河波雷格丹站流量的相关关系

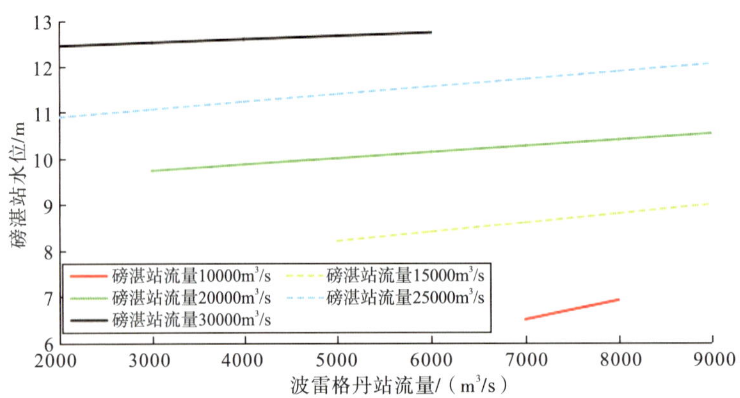

图 6.6-29　湄公河干流磅湛站水位与波雷格丹站流量的相关关系

6.7　洞里萨湖调蓄洪水作用研究

6.7.1　洞里萨湖水位—面积(容积)关系

6.7.1.1　已有研究成果综述

洞里萨湖水位—面积(容积)关系已有部分研究成果，现综述如下。

(1)早期研究成果

1963 年，Carbonnel 和 Guiscafré 在研究报告 *Grand Lac du Cambodge*：*Sedimentologie et Hydrologie*(Final Report)中分析了洞里萨湖的水位—容积关系；1966 年，Sogreah 在研究报告 *Modèle Mathématique de Delta du Mekong*：*Rapport d'ensemble sur les différentes déterminations de la Capacité de Grand Lac* 中，基于 1∶25 万地形图提取了洞里萨湖的水位—容积关系曲线；1997 年，柬埔寨农业、森林和渔业部水文司 Sopharith 在研究报告 *Hydrological studies of the Tonle Sap/Great lake area* 中，基于 Sogreah 的高程点数据制作了 DEM，在此基础上分析了洞里萨湖的水位—面积(容积)关系。上述 3 项成果见表 6.7-1。由于 Carbonnel 采用的地形资料精度较差，因此 Sogreah 和 Sopharith 采用的 1∶25 万 Sogreah 地图在 10000～15000km² 的洞里萨湖洪泛平原仅有 110 个控制点，平面精度为 100～250m，垂向上仅有 5 条等高线，且没有通过控制点校准，精度亦较差。

表 6.7-1　Cabonnel、Sogreah 和 Sopharith 的洞里萨湖水位—面积(容积)关系

水位/m		1	2	3	4	5	6	7	8	9	10	11
容积/亿 m³	Sogreah		32	66	107	159	220	297	383	483	595	720
	Carbonnel		32.0	67.8	118.0	189.8	281.3	390.3	516.3	658.3	818.3	998.3
	Sopharith		47	85	129	183	247	326	422	539	675	826
面积/km²	Sopharith	2468	3283	4226	4750	5873	7088	8567	10638	12897	14187	15990

(2)1998—2002 年研究成果

1998 年，Teng 在研究报告 *Monitoring of water surface and estimation of water volume of Tonle Sap Lake using satellite imagery* 中，基于湄委会秘书处(MRCS)提供的洞里萨湖区 Certeza 测绘图提取了 DEM，并采用该 DEM 和卫星影像数据分别分析了洞里萨湖水位—面积(容积)关系；2001 年，Jantunen 在研究报告 *Volumetric study of the Great Lake Tonle Sap, Cambodia* 中，基于 Certeza 测绘图和更新的水文图集 UHA 构建了 DEM 和不规则三角网 TIN，并基于 Arc INFO 构建了洞里萨湖的水位—面积(容积)关系曲线；2002 年，湄委会秘书处对 Certeza 测绘图进行了数字化，构建了 1km × 1km 模型网格，在此基础上分析了洞里萨湖的水位—面积(容积)关系。上述 3 项研究成果见表 6.7-2。

表 6.7-2　Teng、Jantunen 和 MRCS 提取的洞里萨湖水位—面积(容积)关系曲线

水位/m			1	2	3	4	5	6	7	8	9	10	11
容积/亿 m^3	Teng，1998	DEM	16	47	89	141	206	284	373	474	585	708	
		卫星影像	16	46	85	131	187	257	340	435	542	667	
	MRCS，2002		16	49	90	142	208	286	374	474	585	707	839
	Jantunen DEM，2001		18	51	92	145	212	292	386	491	610	742	886
面积/km^2	Teng，1998	DEM	2504	3367	4558	5695	7078	8281	9367	10458	11590	12859	
		卫星影像	2504	3602	4410	5237	6532	7983	9201	10276	11743	14573	
	MRCS，2002		2720	3700	4600	5888	7170	8320	9420	10500	11700	12700	13700
	Jantunen DEM，2001		2802	3640	4706	5925	7370	8703	9918	11210	12533	13789	14901

Teng DEM 和 MRCS 采用的原始数据均为 Certeza 测绘图，不同水位下的洞里萨湖面积(容积)计算成果差别不大。Certeza 测绘图为 1∶10 万地形图，由 Certeza 测绘公司在 1964 年完成，涉及范围为洞里萨洪泛平原，垂直精度为 1m，水平精度为 65m，包括 1～13m 共计 13 条等高线。

Teng 基于 DEM 和卫星影像的分析成果比较如下：由于卫星影像不能准确地反演湖水深度，其提取的洞里萨湖容积小于 Certeza 测绘图；在中水位时，卫星影像不能反演受植被遮挡的水体，提取的洞里萨湖面积小于基于 Certeza 测绘图的计算值，如 2001 年 8 月 31 日，甘邦隆站水位为 8.70m(Hatien 海平面以上高程＝当地基面高程＋0.64m)，卫星影像提取的湖泊面积(10564km^2)较 Certeza 测绘图(11377km^2)偏小 7.1%(图 6.7-1(a))；在高水位时，洞里萨湖湖周大量稻田处于受淹状态，卫星影像同样不能反映该现象，使得提取结果较 Certeza 测绘图偏大，如 2000 年 9 月 4 日，洞里萨湖甘邦隆站水位为 9.23m，卫星影像将洞里萨湖北部受淹农田划入了湖区，提取结果(13650km^2)较 Certeza 测绘图(11873km^2)偏大 15%(图 6.7-1(b))。因此，Certeza 测绘图的提取结果较卫星影像更为合理。

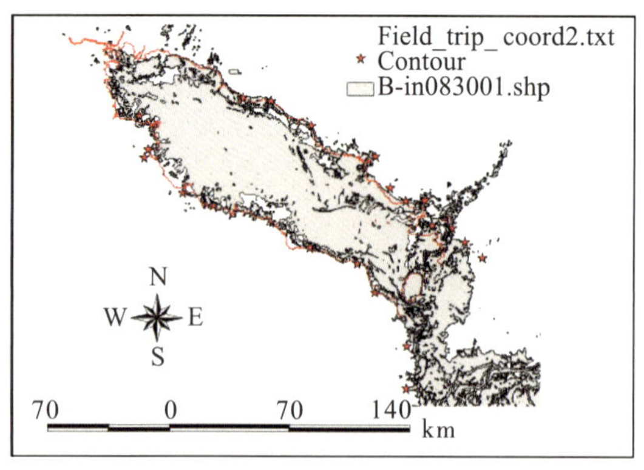

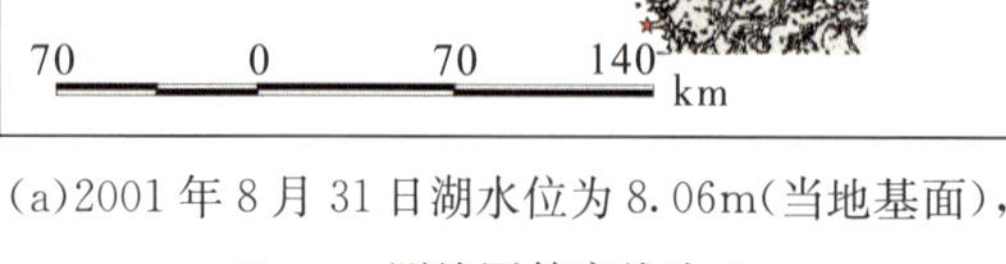

(a)2001 年 8 月 31 日湖水位为 8.06m(当地基面),
Certeza 测绘图等高线为 8m

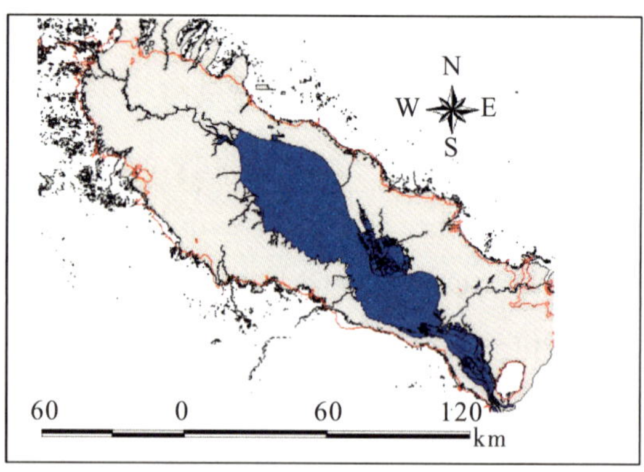

(b)2000 年 9 月 4 日湖水位为 8.59m(当地基面),
Certeza 测绘图等高线为 9m

图 6.7-1　卫星影像洪水淹没范围(灰色面)与 Certeza 测绘图(红色等高线)比较

Jantunen 采用的基础数据同时融合了 Certeza 测绘图和柬埔寨水文图集,其中柬埔寨水文图集包括 FINNMAP 1999 年完成的洞里萨湖 1∶10 万地形图和洞里萨河 1∶2 万地形图,垂直精度为 0.2m,水平精度为 1～2m。因此,其计算成果较 Teng 和 MRCS 更为可靠。

(3)近几年的研究成果

Tom Cochrane Canterbury、MRC WUP-FIN(2006 年)和 MRC-Huon Rath(2011 年)对洞里萨湖的水位—面积(容积)关系进行了分析,成果见表 6.7-3 和图 6.7-2。可以看出,由于采用的基础数据和模拟范围基本一致,3 项研究成果比较接近。根据 2016 年 10—11 月柬埔寨查勘期间与柬埔寨国家湄委会秘书长的座谈情况,MRC WUP-FIN(2006 年)的研究成果比较可靠,是目前柬埔寨官方采用的数据,其中 2012 年编制的 *Basin Development Plan Programme-Profile of The Tonle Sap Sub-area* 采用了该成果。

表 6.7-3　　近几年提取的洞里萨湖水位—面积(容积)关系曲线成果

水位/m		1	2	3	4	5	6	7	8	9	10	11
容积/亿 m^3	Tom Cochrane Canterbury	6	31	68	115	175	251	341	446	568	707	861
	MRC WUP-FIN	11	30	63	112	174	252	344	451	572	708	859
	MRC-Huon Rath	10	35	72	120	181	257	348	454	576	715	870
面积/km^2	Tom Cochrane Canterbury	1914	3222	4181	5410	6835	8330	9816	11422	13126	14701	16179
	MRC WUP-FIN	1841	3025	4270	5574	6939	8364	9849	11394	12999	14664	16389
	MRC-Huon Rath	1783	3220	4179	5405	6829	8325	9811	11416	13123	14699	16178

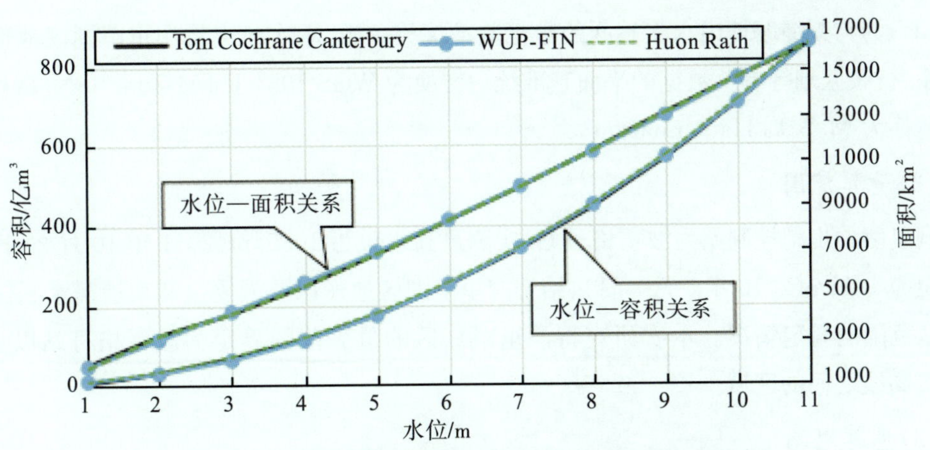

图 6.7-2　近几年的洞里萨湖水位—面积(容积)关系研究成果

6.7.1.2　洞里萨湖水位—面积(容积)关系的构建

(1)采用的地形数据和坐标基准

1)采用的地形数据。

本次研究收集了洞里萨湖区的陆上地形图、水下地形图和DEM资料。

①陆上地形图。

收集到柬埔寨全国1∶5万陆上地形图(纸质),该图于20世纪60—70年代测绘,基本等高距为10m,部分平坦地区有5m间曲线。

②水下地形图。

收集到柬埔寨水文图集(UHA),UHA包括洞里萨湖1∶10万、洞里萨河1∶2万水下地形图,水平精度为1～2m,垂直精度为0.2m,UHA于1992—1993年测量,1998—1999年更新,无等深线只有水深点。水下地形资料有纸质和GIS矢量数据两种,其中纸质地图有属性信息,水深单位图面注明为分米;GIS地图没有属性信息,洞里萨湖水深单位为厘米、洞里萨河水深单位为分米。经检查、核对,纸质和GIS两种资料为同一数据源。因此,本次研究采用GIS数据,相关属性信息采用纸质图。

③DEM资料。

收集到芬兰环境研究所基于洞里萨湖区1993年1∶10万Certeza测绘图、UHA和2003年SRTM数据构建的洞里萨湖区DEM,间距为100m,格式为xyz文本文件。芬兰环境研究所提取的DEM数据相对1∶5万陆上地形图＋洞里萨湖1∶10万水下地形图＋洞里萨河1∶2万水下地形图信息更全,精度更高,近年来常被湄委会和柬埔寨水利气象部用来构建洞里萨湖的水位—面积(容积)关系。

2)采用的坐标基准。

陆上地形和水下地形的平面基准分别为INDIAN DATUM 1960 UTM Zone 48N和INDIAN DATUM 1975 UTM Zone 48N,高程基准分别为M. S. L. Hatien datum和当地基

面 LLW，为与柬埔寨境内水文站网的坐标基准保持一致，本次研究将洞里萨湖区地形和河流水系、行政区划等有关数据的平面基准统一转换为 WGS 1984 UTM Zone 48N，高程基准统一转换为 M. S. L. Hatien datum。

(2)量算范围

洞里萨湖出湖控制站为波雷格丹站，实测最高水位为 10.54m(2011 年 10 月 20 日)，最低水位为 1.11m(2010 年 6 月 8 日)，结合洞里萨湖区地形以及湄委会和柬埔寨水利气象部对湖区范围的界定情况。本次研究将洞里萨湖区的量算范围界定为波雷格丹站以上 1～11m 等高线之间的区域。

(3)量算思路

基于方法一(采用 1∶5 万陆上地形图＋洞里萨湖 1∶10 万水下地形图＋洞里萨河 1∶2 万水下地形图)和方法二(采用 DEM)分别构建洞里萨湖区的水位—面积(容积)曲线。

首先对洞里萨湖区地形资料进行矢量化和接合等处理，在此基础上基于 ArcGIS 构建不规则三角网 TIN，量算不同水位下的洞里萨湖面积和容积。洞里萨湖区水位—面积(容积)曲线构建的技术路线见图 6.7-3。

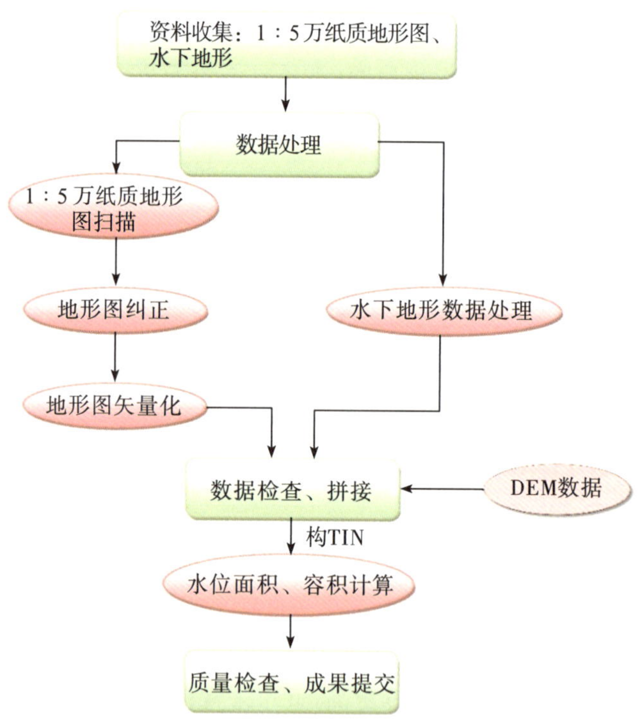

图 6.7-3　洞里萨湖区水位—面积(容积)曲线构建的技术路线

(4)量算方法

不规则三角网(TIN)能随地形起伏变化的复杂性而改变采样点的密度和决定采样点的

位置，因而它能够避免地形起伏平坦时的数据冗余，又能按地形特征点（如山脊、山谷线、地形变化线等）表示数字高程特征。为了提高地形表达精度，运用 ArcGIS 来构建 TIN 对洞里萨湖区进行高程模拟。提取已有地形图高程点、等高线、水系特征线等关键要素生成 TIN。不同的几何类型可以提供不同的表面要素类型。其中包括：

1)水深点及高程点—离散多点。

离散多点是 TIN 中的主要输入要素，由它们来决定表面的总体形状。通过离散点构造数字高程模型见图 6.7-4。

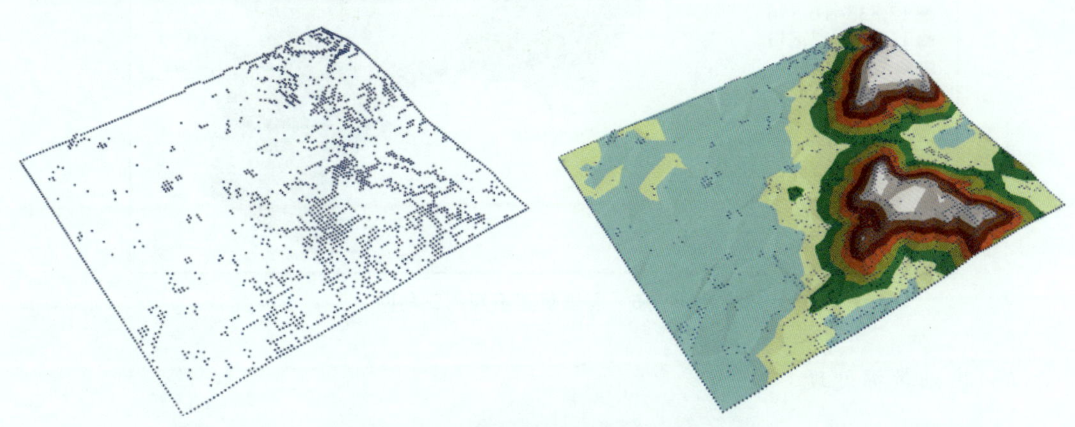

图 6.7-4 通过离散点构造数字高程模型

2)洞里萨湖边线及双线河—水系特征线(隔断线)。

隔断线通常用于呈现自然要素(如山脊线或河流)或建筑要素(如道路)。隔断线有硬隔断线和软隔断线两种。隔断线可以有高程信息，也可以没有高程信息。

①硬隔断线。

硬隔断线用于表示表面坡度的不连续性，河流和道路断面可作为硬隔断线包括在 TIN 中，硬隔断线能够捕获表面的突变并能改进 TIN 的显示和分析质量。

②软隔断线。

软隔断线是不会改变表面局部坡度的线状要素，如表示研究区范围边界的线等。

3)量算范围—裁剪多边形。

裁剪多边形是用于定义 TIN 表面的边界。位于裁剪多边形之外的输入数据将从插值和分析操作(如等值线或体积计算)中排除。

4)不同水位下的洞里萨湖面积和容积量算。

利用已建立的 TIN，根据实际形态特征将水体微分成若干个棱柱体，通过对每个柱体的体积求和，即可求得整个湖泊的容积。在此次运算过程中，运用 ArcGIS 中 3D Analyst 中 Surface Volumne 工具进行计算分析，获取指定参考平面以下的 TIN 数据集表面的面积和容积。洞里萨湖不规则三角网见图 6.7-5。

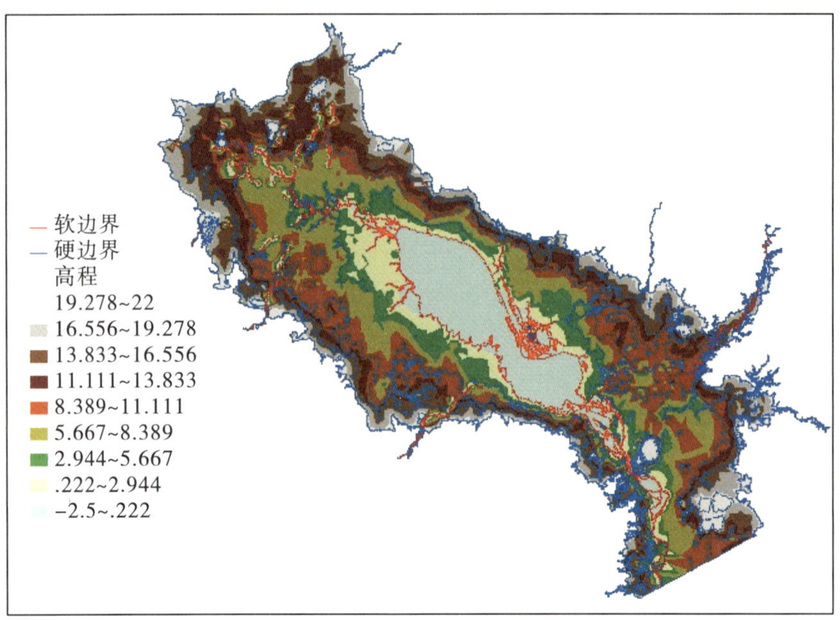

图 6.7-5　洞里萨湖不规则三角网

(5)基础数据处理

1)地形图矢量化。

因收集到的 1∶5 万地形图均为纸质数据,需要进行矢量化。

①精度控制要求。

矢量化依据《中华人民共和国测绘行业标准》(CH/T 1015.4—2007)基础地理信息数字产品 1∶1 万、1∶5 万生产技术规程。具体精度要求图纸扫描分辨率不低于 400dpi,图廓定向点点位误差小于 0.1mm,线状地物采集误差一般小于 0.2mm,点状地物采集误差小于 0.1mm。

②纸质地图扫描。

图纸扫描采用卡莱泰克 GX+38C 彩色大幅面扫描仪进行扫描,扫描分辨率为 400dpi。

③地图校正。

纸质地图存在变形,且扫描得到的地图 JPG 文件缺少坐标定位,因此需要对扫描得到的地图进行纠正及配准。首先将扫描好的影像数据进行地理几何纠正,生产带标准坐标的 DRG 数据,具体坐标系统为 Indian 1960 UTM Zone 48N。为了消除图像局部变形,选取图廓四周的图廓点以及所有的公里网格为控制点进行纠正,纠正精度≤0.2mm。

④地图矢量化。

洞里萨湖矢量化涉及 1∶5 万地形图共计 65 幅,洞里萨湖 1∶5 万地形图接合见图 6.7-6。矢量化软件平台采用 Geoway 3.6,矢量化范围设定为洞里萨湖及其周边 0～20m 等高线之间的区域,按精度≤0.2mm 对 0～20m 高程范围内高程点、等高线、湖泊、双线河进行矢量化,部分不闭合的 5m、15m 间曲线保持其状态,生成 shp 格式地形数据。

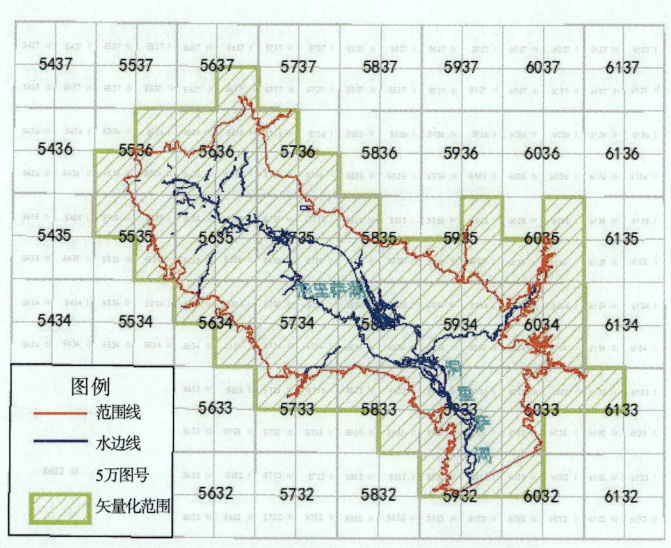

图 6.7-6　洞里萨湖 1∶5 万地形图接合

2)水下地形数据处理。

对洞里萨湖 1∶10 万 4 幅水下地形图和洞里萨河 1∶2 万 21 幅水下地形图进行接合，洞里萨湖水下地形接合见图 6.7-7。

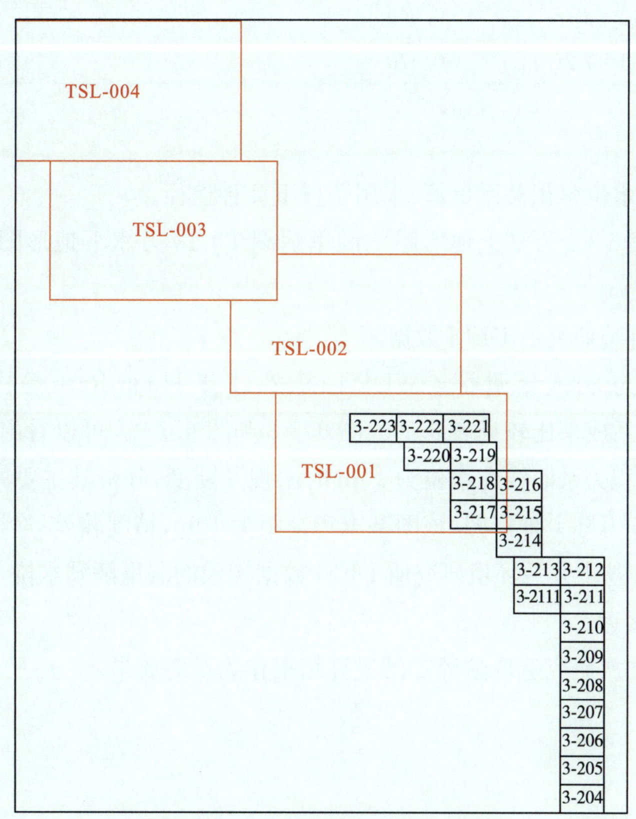

图 6.7-7　洞里萨湖水下地形接合

高程系统转换：采用 GIS 数据，利用纸质水下地形图中的转换公式(LLW＝Ha Tien MSL＋1.20)，将水深点转换为 Ha Tien 平均海平面的高程点。每幅图水深点转换为 Ha Tien 平均海平面的高程点加常数见表 6.7-4。

表 6.7-4　洞里萨河水深点转换参数对照

图号	比例尺	加常数/m	图号	比例尺	加常数/m
3-223	1∶2 万	0.800	3-211	1∶2 万	0.650
3-222	1∶2 万	0.780	3-210	1∶2 万	0.630
3-220	1∶2 万	0.770	3-209	1∶2 万	0.610
3-221	1∶2 万	0.770	3-208	1∶2 万	0.590
3-219	1∶2 万	0.760	3-207	1∶2 万	0.560
3-218	1∶2 万	0.740	3-206	1∶2 万	0.550
3-217	1∶2 万	0.730	3-205	1∶2 万	0.520
3-216	1∶2 万	0.730	3-204	1∶2 万	0.500
3-215	1∶2 万	0.720			
3-214	1∶2 万	0.700			
3-213	1∶2 万	0.680			
3-2111	1∶2 万	0.660			
3-212	1∶2 万	0.670			

(6)量算成果

本次洞里萨湖水位容积关系量算，采用了以下 2 种途径。

途径一：柬埔寨 1∶5 万陆上地形图＋洞里萨湖 1∶10 万水下地形图＋洞里萨河 1∶2 万水下地形图。

途径二：芬兰环境研究所 DEM 数据。

上述 2 种途径与 2006 年湄委会 WUP-FIN、2011 年 Huon Rath 等构建的洞里萨湖水位—面积(容积)关系成果比较见表 6.7-5、图 6.7-8 和图 6.7-9。可以看出，途径一构建的洞里萨湖的水位—面积关系曲线在水位为 10m 时出现了陡变，分析其主要原因是高水位部分采用的数据为 1∶5 万陆上地形图，该图基本等高距为 10m，精度较差；途径二湄委会 WUP-FIN 和 Huon Rath 基于芬兰环境研究所 DEM 数据构建的洞里萨湖水位—面积关系曲线较为平滑，结果极为接近。

经综合分析，本次研究选取途径二的量算结果作为最终成果。

表 6.7-5　各种途径量算的洞里萨湖面积、容积比较

高程/m	面积/km²				容积/亿 m³			
	途径一	途径二	WUP-FIN	Huon Rath	途径一	途径二	WUP-FIN	Huon Rath
1	1740	1908	1841	1783	11	6	11	10
2	3296	3218	3025	3220	37	31	30	35
3	4269	4175	4270	4179	75	68	63	72
4	5159	5404	5574	5405	121	115	112	120
5	6960	6826	6939	6829	178	175	174	181
6	8173	8318	8364	8325	253	250	252	257
7	9448	9803	9849	9811	341	340	344	348
8	11053	11407	11394	11416	442	445	451	454
9	12542	13111	12999	13123	560	567	572	576
10	16071	14688	14664	14699	692	706	708	715
11	17187	16167	16389	16178	858	860	859	870

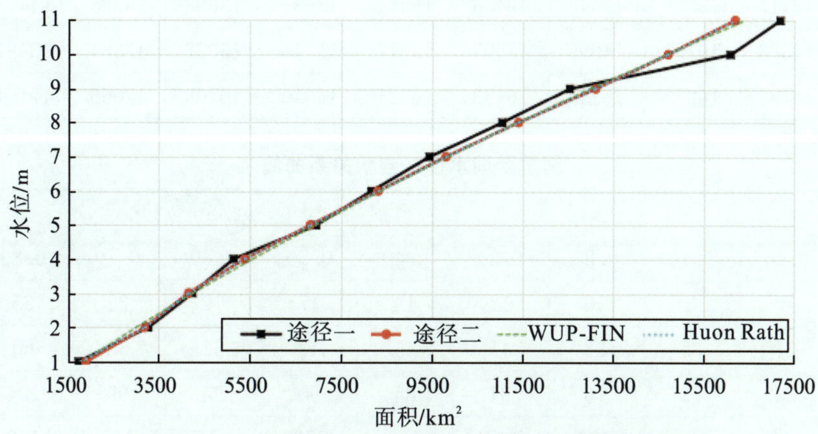

图 6.7-8　洞里萨湖水位—面积关系曲线研究成果对比

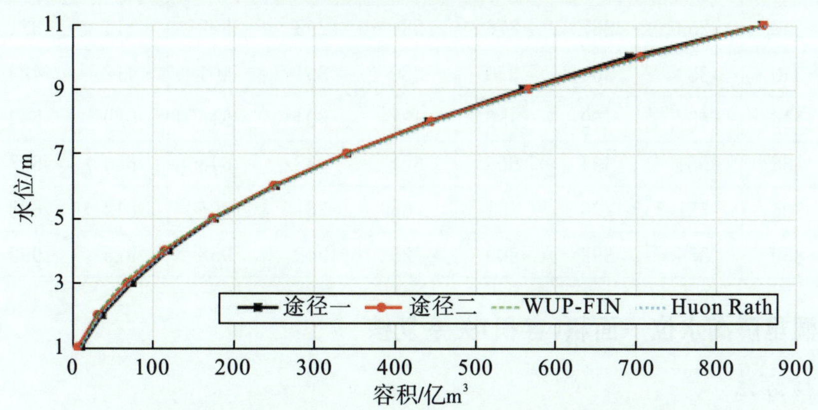

图 6.7-9　洞里萨湖水位—容积关系曲线研究成果对比

为便于洞里萨湖水位—面积(容积)关系的插值计算,将途径二量算成果的等间距由 1m 细化为 0.1m,洞里萨湖水位—面积关系曲线见表 6.7-6,洞里萨湖水位—容积关系曲线见表 6.7-7。

表 6.7-6　洞里萨湖水位—面积关系曲线

水位/m	面积/km²									
	0.00	0.10	0.20	0.30	0.40	0.50	0.60	0.70	0.80	0.90
1	1908	2039	2169	2260	2382	2477	2576	3018	3090	3156
2	3219	3280	3341	3401	3460	3521	3586	3962	4035	4106
3	4177	4249	4320	4392	4465	4539	4617	5132	5226	5317
4	5407	5496	5586	5676	5766	5857	5954	6511	6619	6725
5	6830	6935	7040	7145	7250	7355	7465	8009	8116	8220
6	8325	8429	8533	8637	8741	8845	8953	9483	9594	9702
7	9810	9918	10026	10134	10242	10351	10464	11054	11176	11296
8	11415	11533	11652	11770	11888	12007	12129	12768	12885	13000
9	13114	13228	13342	13456	13571	13687	13808	14358	14470	14579
10	14686	14793	14899	15005	15111	15216	15327	15884	15981	16073
11	16163	16253	16343	16432	16521	16610	16703	17066	17154	17240

表 6.7-7　洞里萨湖水位—容积关系曲线

水位/m	容积/亿 m³									
	0.00	0.10	0.20	0.30	0.40	0.50	0.60	0.70	0.80	0.90
1	6	8	10	12	14	17	19	22	25	28
2	31	35	38	41	45	48	52	56	60	64
3	68	72	76	81	85	90	94	99	104	109
4	115	120	126	131	137	143	149	155	162	168
5	175	182	189	196	203	211	218	226	234	242
6	250	259	267	276	284	293	302	311	321	331
7	340	350	360	370	380	391	401	412	423	434
8	446	457	469	480	492	504	516	529	542	555
9	568	581	594	608	621	635	648	663	677	691
10	706	721	736	751	766	781	796	812	828	844
11	860	876	892	909	925	942	958	975	992	1010

6.7.1.3　洞里萨湖水位—面积(容积)关系复核

(1)复核方法

本次研究依据收集到的 1999 年和 2000 年洞里萨湖入湖、出湖站点倒灌期实测流量资料，分析其水量变化，并结合湖区控制站甘邦隆的实测水位，对洞里萨湖水位—面积（容积）关系进行复核。

具体复核方法如下：依据支流入湖控制站的实测流量资料以及支流流域面积与出口控制站集水面积的 2/3 次方计算支流入湖径流；依据波雷格丹站的实测流量资料计算湄公河倒灌入湖水量；基于 *Cambodian Water Resources Profile*（2014 年）、*Profile of The Tonle Sap Sub-area*（SA-9C）（2012 年）等成果，按波雷格丹站实测流量的 5% 近似计算漫滩入湖水量，根据洞里萨湖区洪泛平原地形，漫滩时机考虑为水位高于 8m；依据洞里萨湖出湖、入湖水量计算成果，合成入湖洪水过程，分析湖容的变化过程；依据洞里萨湖水位—容积关系和湖容的变化过程计算洞里萨湖的水位变化过程（以下简称"模拟水位"）；比较甘邦隆站的实测水位及模拟水位，分析洞里萨湖水位—面积（容积）关系的合理性。

由于本次研究未收集到湖区气象站点的实测降水、蒸发资料，暂不考虑湖面降水量和蒸发量。

（2）复核成果

1999 年和 2000 年湄公河倒灌期间洞里萨湖的实测与模拟水位过程见图 6.7-10。可以看出，实测与模拟水位过程非常接近，1999 年绝对误差最大为 0.21m，平均为 0.06m，相对误差最大为 9.9%，平均为 1.5%；2000 年绝对误差最大为 0.22m，平均为 0.03m，相对误差最大为 5.1%，平均为 0.1%。由此可认为，本次研究构建的洞里萨湖水位—面积（容积）关系是合理的。

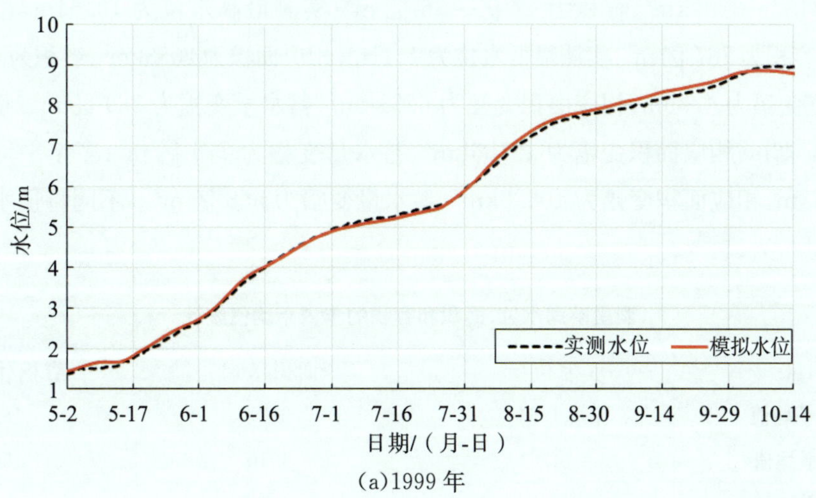

(a)1999 年

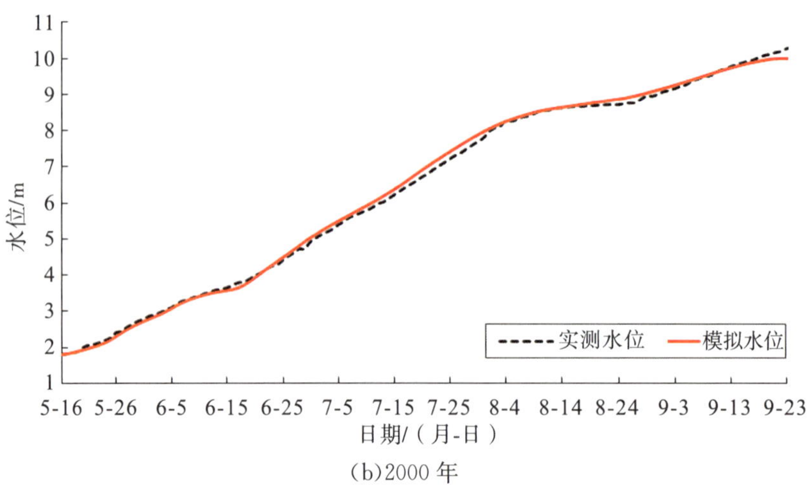

(b)2000 年

图 6.7-10　1999 年和 2000 年湄公河倒灌期间洞里萨湖的实测与模拟水位过程

6.7.1.4　洞里萨湖的水位、面积和容积特征

根据甘邦隆站 1999—2015 年逐日水位资料和洞里萨湖水位—面积(容积)关系曲线,分析洞里萨湖水位、面积、容积的年内和年际变化特征值(表 6.7-8 和表 6.7-9)。可以看出,洞里萨湖洪水期、枯水期的面积、容积相差较大。洞里萨湖多年平均水位为 4.64m,相应面积为 6177km^2、容积为 151 亿 m^3;9—11 月的月均水位最高为 7.81～8.70m,相应面积为 11188～12485km^2、容积为 424 亿～548 亿 m^3;4—6 月的月均水位最低为 1.51～2.13m,相应面积为 2487～3299km^2、容积为 17 亿～36 亿 m^3;实测最高水位为 10.54m,相应面积为 15261km^2、容积为 787 亿 m^3;实测最低水位为 1.11m,相应面积为 2053km^2、容积为 8 亿 m^3;年内最小水位变幅为 4.85m,相应面积变幅为 6231km^2、蓄水量变幅为 239 亿 m^3;年内最大水位变幅为 8.76m,相应面积变幅为 12185km^2、蓄水量变幅为 776 亿 m^3;多年平均年内水位变幅为 7.63m,相应面积变幅为 10628km^2、蓄水量变幅为 558 亿 m^3。不同特征水位下的湖面分布见图 6.7-11。

表 6.7-8　　洞里萨湖水位、面积和容积的年内平均值统计

项目	水位/m	面积/km^2	容积/亿 m^3
多年平均值	4.64	6177	151
1 月平均值	4.61	6010	150
2 月平均值	3.14	4277	74
3 月平均值	2.18	3329	37
4 月平均值	1.64	2620	19
5 月平均值	1.51	2487	17
6 月平均值	2.13	3299	36
7 月平均值	3.72	5151	100

续表

项目	水位/m	面积/km^2	容积/亿 m^3
8 月平均值	6.06	8387	255
9 月平均值	7.95	12485	548
10 月平均值	8.70	12768	529
11 月平均值	7.81	11188	424
12 月平均值	6.26	8595	272

表 6.7-9　洞里萨湖水位、面积和容积的年内年际极值统计

年份	全年最小值			全年最大值			年内最大变化值		
	水位/m	面积/km^2	容积/亿 m^3	水位/m	面积/km^2	容积/亿 m^3	水位/m	面积/km^2	容积/亿 m^3
1999	1.24	2206	11	8.97	13080	564	7.73	10874	553
2000	1.71	3025	22	10.36	15069	760	8.65	12044	737
2001	1.42	2401	15	9.89	14568	690	8.47	12167	675
2002	1.19	2156	9	10.10	14793	721	8.91	12637	711
2003	1.36	2334	13	8.26	11723	476	6.90	9389	463
2004	1.25	2215	11	9.20	13342	594	7.95	11127	583
2005	1.26	2224	11	9.29	13445	606	8.03	11221	595
2006	1.25	2215	11	9.20	13342	594	7.95	11127	583
2007	1.34	2309	13	8.99	13102	566	7.65	10793	554
2008	1.29	2251	12	8.70	12768	529	7.41	10517	517
2009	1.78	3076	24	9.23	13376	598	7.45	10300	574
2010	1.11	2053	8	7.73	11091	415	6.62	9038	408
2011	1.27	2233	11	10.54	15261	787	9.27	13028	776
2012	1.32	2285	12	8.13	11569	461	6.81	9284	448
2013	1.19	2156	9	9.64	14028	654	8.45	11872	645
2014	1.30	2260	12	7.92	11319	437	6.62	9059	425
2015	1.13	2078	8	5.96	8283	247	4.83	6205	239
平均值	1.32	2322	13	8.95	12950	571	7.63	10628	558
最大值	1.78	3076	24	10.54	15261	787	8.76	12185	776
最小值	1.11	2053	8	5.96	8283	247	4.85	6231	239

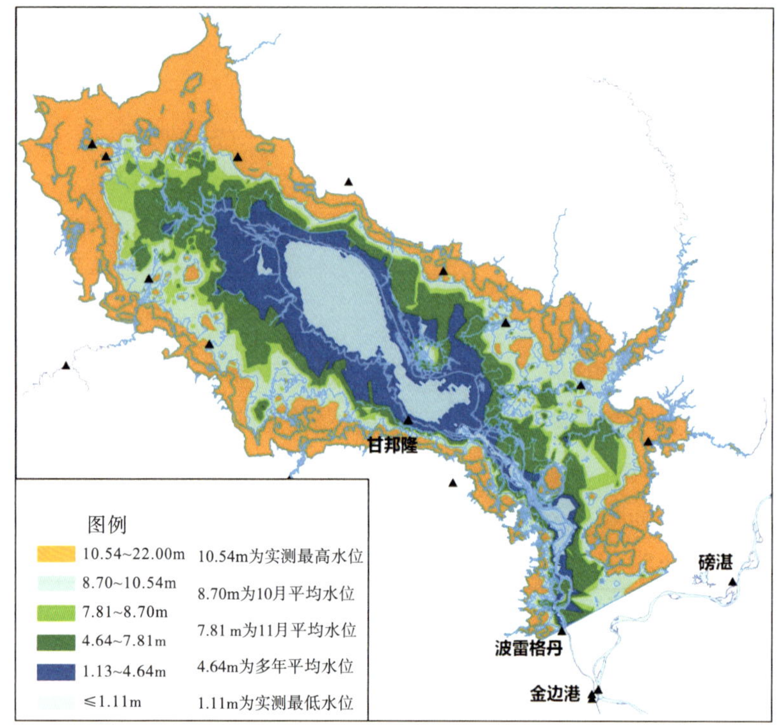

图 6.7-11　不同特征水位下的湖面分布

6.7.2　洞里萨湖调蓄本流域洪水作用研究

洞里萨湖支流控制站流量资料短缺，收集到的资料不连续性问题突出，本次选择洞里萨湖流域洪水较大但湄公河干流洪水不大的 1999 年，洞里萨湖流域和湄公河来水均较大的 2000 年，洞里萨湖流域来水较小、湄公河来水较大的 2002 年洪水资料，研究洞里萨湖对本流域洪水的调蓄作用。

6.7.2.1　1999 年调洪作用

1999 年，洞里萨湖区支流入湖洪水的合成洪水过程和波雷格丹站出湖流量过程见图 6.7-12。可以看出，洞里萨湖支流合成最大日均流量 4933m^3/s(8 月 5 日）。受湄公河干流洪水顶托影响，5 月 2—9 日和 5 月 15 日至 10 月 2 日，湄公河向洞里萨湖发生了长达 149d 的倒灌，洞里萨湖支流洪水全部拦于洞里萨湖中，调蓄本流域洪水总量 225 亿 m^3；5 月 10—14 日、10 月 3—7 日，支流来流量大于出湖流量，洞里萨湖削减支流洪峰流量 2425m^3/s，削峰率为 72%，调蓄本流域洪水总量 6.4 亿 m^3。

1999 年汛期，洞里萨湖共调蓄本流域洪水总量 231.4 亿 m^3，同期磅湛站洪水总量 3046 亿 m^3。

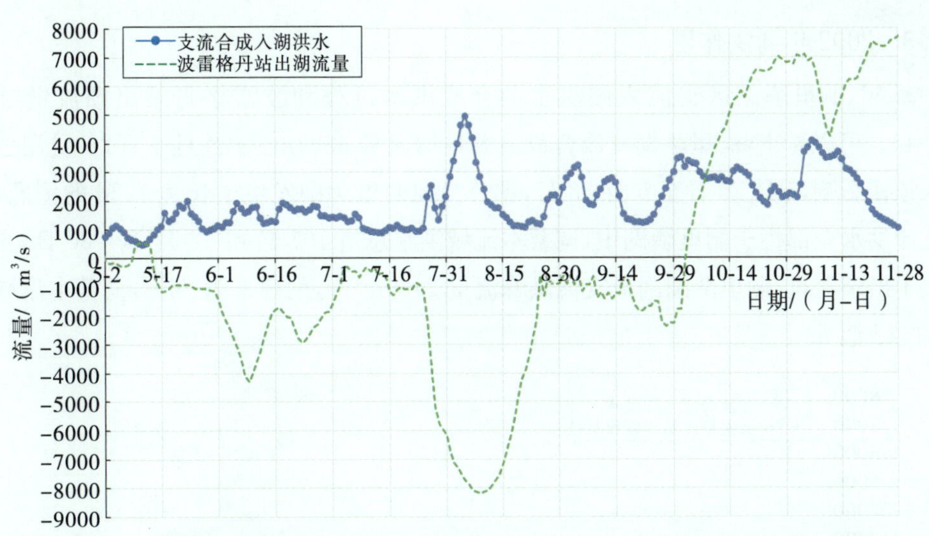

图 6.7-12　1999 年洞里萨湖区支流入湖洪水的合成洪水过程和波雷格丹站出湖流量过程

6.7.2.2　2000 年调洪作用

2000 年，洞里萨湖区支流入湖洪水的合成洪水过程和波雷格丹站出湖流量过程见图 6.7-13。可以看出，洞里萨湖支流合成最大日均流量 5829m^3/s(10 月 15 日)。受湄公河干流洪水顶托影响，5 月 16 日至 9 月 20 日，湄公河向洞里萨湖倒灌时间长达 128d，洞里萨湖支流洪水全部拦于洞里萨湖中，调蓄本流域洪水总量 224 亿 m^3；9 月 21—23 日，支流来流量大于出湖流量，洞里萨湖削减支流洪峰流量 2080m^3/s，削峰率为 72%，调蓄本流域洪水总量 2.95 亿 m^3。

2000 年汛期 5 月 16 日至 9 月 24 日，洞里萨湖共调蓄本流域洪水总量 226.95 亿 m^3，同期磅湛站洪水总量 3906 亿 m^3。

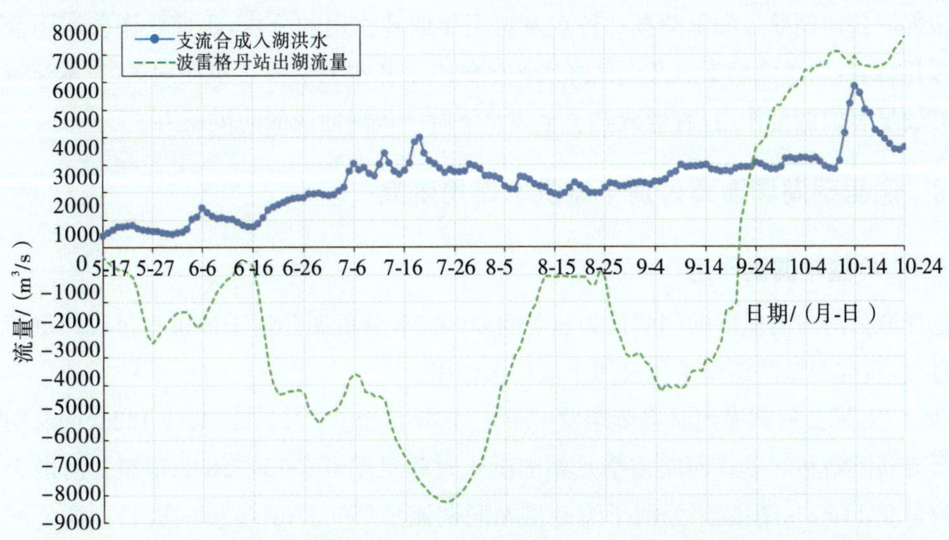

图 6.7-13　2000 年洞里萨湖区支流入湖洪水的合成洪水过程和波雷格丹站出湖流量过程

6.7.2.3 2002年调洪作用

2002年，洞里萨湖区支流入湖洪水的合成洪水过程和波雷格丹站出湖流量过程见图6.7-14。可以看出，洞里萨湖支流合成最大日均流量3397m³/s(8月5日)。受湄公河干流洪水顶托影响，5月25日至9月23日，湄公河向洞里萨湖发生了长达122d的倒灌，洞里萨湖支流洪水全部拦于洞里萨湖中，调蓄本流域洪水总量107亿m³；9月24—30日，支流来流量大于出湖流量，洞里萨湖削减支流洪峰流量2459m³/s，削峰率为76%，调蓄本流域洪水总量11.21亿m³。

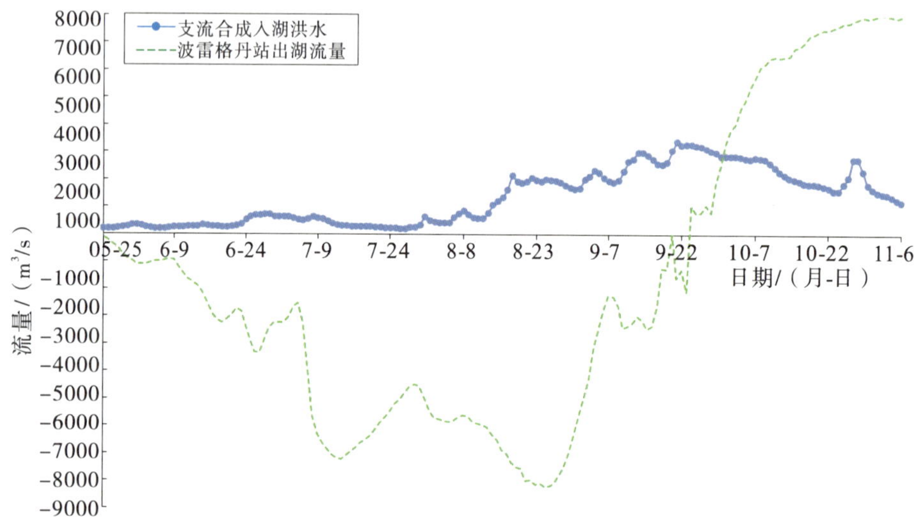

图6.7-14 2002年洞里萨湖区支流入湖洪水的合成洪水过程和波雷格丹站出湖流量过程

2002年汛期5月25日至9月30日，洞里萨湖共调蓄本流域洪水总量118.21亿m³，同期磅湛站洪水总量3406亿m³。

根据湄公河倒灌入洞里萨湖的特点及典型年调蓄作用的分析，汛期受湄公河干流高洪水位顶托影响，洞里萨湖支流及湖区降水产生的洪水基本上全部蓄积在湖区，对本流域的洪水具有较显著的调蓄作用，有效减轻了金边及下游三角洲地区的防洪压力。

6.7.3 洞里萨湖调蓄湄公河干流洪水作用研究

6.7.3.1 典型年调洪作用

选择湄公河向洞里萨湖倒灌最为显著的2002年，分析湄公河干流洪水过程和倒灌入湖洪水过程，研究洞里萨湖调蓄湄公河干流洪水作用。

2002年，湄公河倒灌入洞里萨湖发生于5月25日至9月23日，共计122d，倒灌期间湄公河干流磅湛站和洞里萨河波雷格丹站的洪水过程见图6.7-15。2002年湄公河最大日均倒灌流量9211m³/s，削减湄公河干流磅湛站同期流量(50007m³/s)的18.4%；湄公河干流磅湛站最大洪峰流量50398m³/s，同期倒灌流量9069m³/s，削峰率为18.0%。汛期倒灌水

量为 494 亿 m^3，占湄公河干流同期来水（3150 亿 m^3）的 15.7%；最大倒灌水量发生在 8 月，为 208 亿 m^3，占湄公河干流同期来水的 18%；其次为 7 月的 165 亿 m^3，占湄公河干流同期来水的 20%。

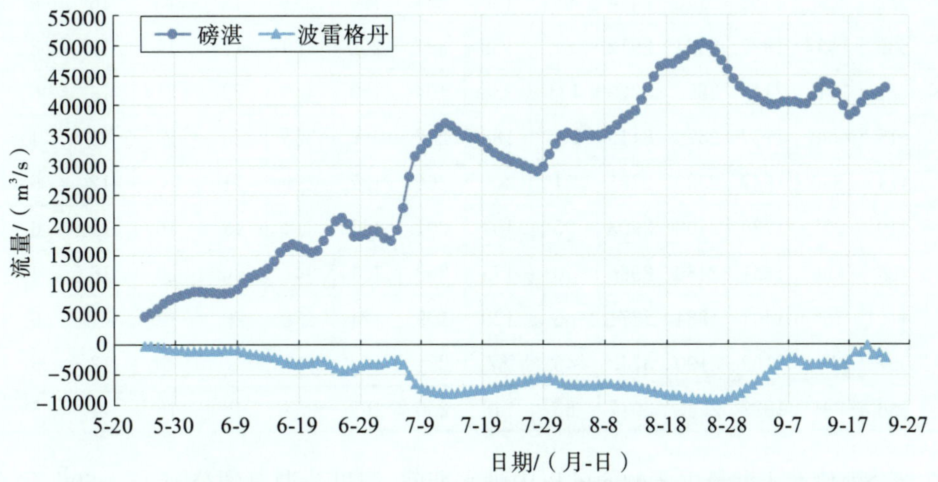

图 6.7-15　2002 年倒灌期间湄公河干流磅湛站和洞里萨河波雷格丹站的洪水过程

6.7.3.2　多年平均调蓄能力

洞里萨湖是湄公河洪水的天然调蓄场所，调蓄的主要形式为倒灌。以洞里萨湖调蓄量占湄公河磅湛水量的百分比作为洞里萨湖调蓄能力指标。

湄公河干流上丁站一次洪水历时平均约 90d，受河槽、沿河湖泊洼地的天然调节作用和下游潮汐影响，湄公河三角洲洪水过程涨落缓慢，高洪水位持续时间长，总体上形成一个如馒头形的峰高量大的洪水过程线，很难严格划分一次洪水过程的历时。

根据 1995—2011 年洪水资料，统计洞里萨湖对湄公河最大连续 15d、30d、60d、90d、120d 洪量的调蓄能力，洞里萨湖对湄公河洪水的调蓄作用统计见表 6.7-10。

表 6.7-10　洞里萨湖对湄公河洪水的调蓄作用统计

年份	磅湛站不同历时洪量/亿 m^3					同期洞里萨湖调蓄水量/亿 m^3					洞里萨湖调蓄能力/%				
	15d	30d	60d	90d	120d	15d	30d	60d	90d	120d	15d	30d	60d	90d	120d
1995	558	1035	1834	2450	2913	77	119	202	132	233	14	11	11	5	8
1996	628	1063	1897	2650	3167	95	125	294	202	390	15	12	15	8	12
1997	566	1076	1985	2710	3148	128	233	308	130	380	23	22	16	5	12
1998	362	634	1131	1552	1858	54	74	132	130	209	15	12	12	8	11
1999	519	916	1695	2362	2821	99	158	177	56	239	19	17	10	2	8
2000	618	1174	2061	3020	3722	55	89	220	120	378	9	8	11	4	10
2001	632	1175	2115	2904	3522	112	165	220	214	409	18	14	10	7	12
2002	614	1150	2170	3023	3593	112	163	255	232	451	18	14	12	8	13

续表

年份	磅湛站不同历时洪量/亿 m³					同期洞里萨湖调蓄水量/亿 m³					洞里萨湖调蓄能力/%				
	15d	30d	60d	90d	120d	15d	30d	60d	90d	120d	15d	30d	60d	90d	120d
2003	522	933	1632	2146	2464	95	170	261	199	331	18	18	16	9	13
2004	535	1037	1987	2564	2912	61	158	331	202	388	11	15	17	8	13
2005	587	1113	2143	2855	3279	131	238	404	183	486	22	21	19	6	15
2006	515	990	1777	2579	3119	103	188	282	98	363	20	19	16	4	12
2007	474	859	1647	2389	2785	51	87	200	127	290	11	10	12	5	10
2008	510	938	1739	2408	2903	95	154	201	141	314	19	16	12	6	11
2009	480	896	1661	2489	2966	40	176	262	151	341	8	20	16	6	11
2010	419	769	1401	1934	2271	85	129	199	124	258	20	17	14	6	11
2011	597	1138	2189	3100	3743	45	67	254	140	443	8	6	12	5	12
平均	536	991	1827	2543	3017	85	148	250	163	354	16	15	14	6	12

在湄公河倒灌入湖最主要的 60d 以内洪水期间，洞里萨湖对湄公河 15～60d 不同长度时段洪量的调蓄能力基本相当，平均为 14%～16%；在湄公河 90d 洪水期间，由于部分时段未发生倒灌，洞里萨湖的调蓄能力平均减少至 6%；在湄公河 120d 洪水期间，洞里萨湖的调蓄能力又有所恢复，平均为 12%。

倒灌期内洞里萨湖对湄公河洪水的调蓄作用统计见表 6.7-11。可以看出，湄公河多年平均倒灌入湖水量 377 亿 m³，占湄公河干流同期来水的 14%；最大倒灌水量 496 亿 m³（2005 年），占湄公河干流同期来水的 18%；最小倒灌水量 213 亿 m³（1998 年），占湄公河干流同期来水的 13%。湄公河洪水倒灌流入洞里萨湖主要发生在 6—9 月，其间平均倒灌水量 364 亿 m³，占全年倒灌总水量的 96%；最大倒灌水量发生在 8 月，多年平均 162 亿 m³，占湄公河干流同期来水的 17%；其次为 7 月和 9 月，多年平均 91 亿 m³ 和 81 亿 m³，分别占湄公河干流同期来水的 16%和 10%。

表 6.7-11　倒灌期内洞里萨湖对湄公河洪水的调蓄作用统计

年份	倒灌水量/亿 m³					磅湛站同期洪量/亿 m³					调蓄能力/%				
	6 月	7 月	8 月	9 月	汛期	6 月	7 月	8 月	9 月	汛期	6 月	7 月	8 月	9 月	汛期
1995		31	108	94	233		377	861	694	1931		8	13	14	12
1996	13	61	184	120	419	156	399	897	961	2749	8	15	21	12	15
1997	9	125	234	24	392	136	614	1103	337	2203	7	20	21	7	18
1998	3	74	58	74	213	68	402	483	627	1636	4	18	12	12	13
1999	67	42	139	35	301	451	537	909	815	2916	15	8	15	4	10
2000	84	192	74	72	446	498	1000	921	813	3392	17	19	8	9	13
2001	69	151	172	63	457	395	789	1104	763	3111	17	19	16	8	15

续表

年份	倒灌水量/亿 m^3					磅湛站同期洪量/亿 m^3					调蓄能力/%				
	6月	7月	8月	9月	汛期	6月	7月	8月	9月	汛期	6月	7月	8月	9月	汛期
2002	59	165	208	59	494	361	805	1127	817	3150	16	20	18	7	16
2003	22	42	126	161	352	231	377	702	926	2272	10	11	18	17	15
2004	43	50	205	113	411	294	448	1000	927	2684	15	11	21	12	15
2005	8	95	255	138	496	80	513	1145	993	2740	10	19	22	14	18
2006	10	117	199	42	374	154	580	999	307	2216	6	20	20	14	17
2007	2	52	156	77	346	44	384	808	776	2611	5	14	19	10	13
2008	58	75	162	47	352	376	576	960	802	2827	15	13	17	6	12
2009	26	110	145	55	377	286	637	867	752	2939	9	17	17	7	13
2010	3	22	120	110	269	66	206	610	747	1905	5	11	20	15	14
2011	33	135	211	98	480	268	695	1081	1064	3172	12	19	20	9	15
平均	30	91	162	81	377	227	549	916	772	2615	10	16	17	10	14
最大	84	192	255	161	496	498	1000	1145	1064	3392	17	20	22	17	18
最小		22	58	24	213		206	483	307	1636		8	8	4	10

1995—2011年，湄公河倒灌入湖洪峰流量与湄公河干流同日来流量、湄公河洪峰流量与同日倒灌流量统计见表6.7-12。可以看出，湄公河最大日均倒灌入湖流量4584～10679m^3/s，削减湄公河干流磅湛站同期流量的15%～24%，多年平均削减率为20%；湄公河干流磅湛站最大洪峰流量29491～51919m^3/s，同期倒灌流量3388～10272m^3/s，倒灌削峰率为7%～22%，多年平均削峰率为16%。

表6.7-12　洞里萨湖削减湄公河干流洪峰比例统计

年份	倒灌洪峰占湄公河干流同期来流量的比例			削减湄公河洪峰比例		
	倒灌洪峰/(m^3/s)	磅湛同期流量/(m^3/s)	削减率/%	磅湛洪峰/(m^3/s)	同期倒灌流量/(m^3/s)	削峰率/%
1995	6804	44073	15	45058	6326	14
1996	8739	38405	23	51324	8420	16
1997	10679	44212	24	49852	10272	21
1998	4584	29491	16	29491	4584	16
1999	8209	41595	20	42024	8092	19
2000	9243	44038	21	48230	3388	7
2001	9476	50607	19	51919	9086	18
2002	9211	50007	18	50398	9069	18
2003	7900	41840	19	42958	7723	18

续表

年份	倒灌洪峰占湄公河干流同期来流量的比例			削减湄公河洪峰比例		
	倒灌洪峰 /(m^3/s)	磅湛同期流量 /(m^3/s)	削减率 /%	磅湛洪峰 /(m^3/s)	同期倒灌流量 /(m^3/s)	削峰率 /%
2004	8470	42332	20	43296	4825	11
2005	10417	45678	23	46018	10055	22
2006	8709	42316	21	43743	8449	19
2007	7800	35256	22	39622	4995	13
2008	7634	39959	19	40386	7607	19
2009	8020	38849	21	44043	4606	10
2010	7456	35905	21	35905	7456	21
2011	9484	45529	21	50295	3791	8
平均	8402	41770	20	44386	6985	16
最大	10679	50607	24	51919	10272	22
最小	4584	29491	15	29491	3388	7

6.8 本章小结

通过上述研究，可以做出如下判断：

1)湄公河流域干、湿季节分明，水资源量丰富，径流受降水控制年内分配不均，洪水主要集中在汛期。

湄公河流域5—11月为雨季，12月至次年4月为旱季。流域年平均降水量有从上游至下游递增的趋势，泰国东北部1000mm，老挝南部、柬埔寨和越南的山区边缘有4000mm以上。年降水量80%以上集中于5—10月。

湄公河干流上丁水文站，6—11月、2—4月径流量占全年径流量的86.9%、4.7%，径流年际变化极值比为2.1；多年平均汛期水量占比是万象—穆达汉、巴色—上丁区间面积比的2倍左右。

流域为雨洪型河流，年最大洪水出现时间集中在7—10月，上丁站8月、9月出现概率相当，出现频率分别为46.1%和48.0%；洞里萨湖年最大洪水多出现在10月。

2)湄公河河口三角洲为感潮河段，受下游潮汐和上游径流的共同影响。

湄公河河口三角洲上游新州站和朱笃站，枯季2月水位呈现大潮期间较规则半日变化和小潮期间不规则半日潮变化特征，河道内潮流为往复流；洪季9月潮汐对水位影响微小，主要受径流作用，河道内潮流为单向流。距河口口门较近的媚川站和芹苴站，枯季2月和洪季9月水位受潮汐影响明显，大潮期间为正规则半日潮，小潮期间为不正规则全日潮。

干流金边以下，前江（湄公河）和后江（巴塞河）的分流比枯季2月分别为55.61%和

44.39%，洪季 10 月分别为 52.77%和 47.23%，前江入海径流量略大于后江。

3)洞里萨湖洪枯面积和容积相差较大，对湄公河径流调峰补枯作用明显。

洞里萨湖多年平均水位为 4.64m，相应面积为 6177km^2、容积为 151 亿 m^3；实测最高水位为 10.54m，相应面积为 15261km^2、容积为 787 亿 m^3；实测最低水位为 1.11m，相应面积为 2053km^2、容积为 8 亿 m^3；面积、湖容极值比分别为 7.43、98.38。

每年 5—9 月湄公河洪水倒灌入洞里萨湖，年均倒灌时间 122d、倒灌流量 3625m^3/s、倒灌水量 377 亿 m^3，占干流同期来水的 14%；7—9 月倒灌水量占全年的 88.6%，8 月年均倒灌水量 162 亿 m^3，占干流同期来水的 17%。

汛后 10 月至次年 4 月洞里萨湖向湄公河补水，年均补水时间 244d、补水流量 3382m^3/s、补水量 711 亿 m^3，占湄公河下游同期来水的 29.9%；10 月至次年 1 月补水量占全年的 83.1%。

洞里萨湖对湄公河干流 15～60d、90～120d 时段洪量的调蓄能力平均分别为 14%～16%、6%～12%，多年平均削减湄公河洪峰 6985m^3/s、削峰率 16%。汛期，洞里萨湖支流及湖区降水产生的洪水上全部蓄积在湖区，洞里萨湖对本流域的洪水具有较显著的调蓄作用。

4)河湖水位差是湄公河与洞里萨湖水量交换的主要动力条件，倒灌/补水流量与河湖水位差、洞里萨湖水位高低呈正相关关系。

根据实测资料统计，倒灌发生时河湖水位差为负的概率为 92%，补水发生时河湖水位差为正的概率为 99%。

在相同波雷格丹站水位条件下，湄公河倒灌入湖/补水流量随着河湖水位差的增大而增大。当波雷格丹站水位为 8m、河湖水位差为 0.1～2m 时，倒灌流量 2289～9259m^3/s，补水流量 1964～10338m^3/s；当波雷格丹站水位为 9m、河湖水位差为 0.1～2m 时，倒灌流量 2727～10275m^3/s，补水流量 2215～11748m^3/s。

第 7 章 越南湄公河三角洲潮汐特性及咸潮入侵影响

CHAPTER 7

湄公河三角洲濒江临海，属于受强烈热带气旋或台风影响频繁的区域，洪潮灾害较频繁。湄公河河口地区不仅受内陆径流的影响，还受外海潮汐侵入的影响，具有典型的潮流水文特性。湄公河河口有 9 个口门，河口水域广阔，风浪作用十分强烈。径流、潮汐、风浪等构成湄公河河口地区复杂的水流动力因素，随着不同地点、不同季节、不同年份、不同潮汛而变化。年最高潮位通常在台风、天文大潮和大洪水三者或其中两者遭遇之时出现，尤以台风的影响较大，常出现风暴潮，使湄公河河口段发生大幅增水。

7.1 湄公河三角洲的水系特征

越南湄公河三角洲水系十分复杂，分 9 条入海汊道，江心洲、边滩、心滩和人工运河分布密集。受潮汐、径流、波浪及人类活动影响，越南湄公河三角洲洪潮特性、河道演变复杂。本节初步分析了湄公河三角洲的地形、水系特征及河势格局、河道演变情况。

7.1.1 流域范围

湄公河三角洲面积近 5.5 万 km^2，其中越南 4.4 万 km^2，约占湄公河三角洲面积的 80%；柬埔寨 1.1 万 km^2，约占湄公河三角洲面积的 26%。越南湄公河三角洲从柬越边境至入海口，干流河长约 228km，包括隆安、前江、同塔、永隆、茶荣、芹苴、朔庄、槟知、后江、安江、建江、薄寮、金瓯等 13 个省(市)(图 7.1-1)。湄公河三角洲包括前江平原、后江平原和同塔平原，土地十分肥沃，河渠密布，是越南的“鱼米之乡”和国家粮食安全战略的核心区域，其稻谷产量约占越南总产量的 50%，其中 90%用于出口，鱼类、水果产量占全国比例超过 1/3，对越南经济社会的发展具有十分重要的作用。

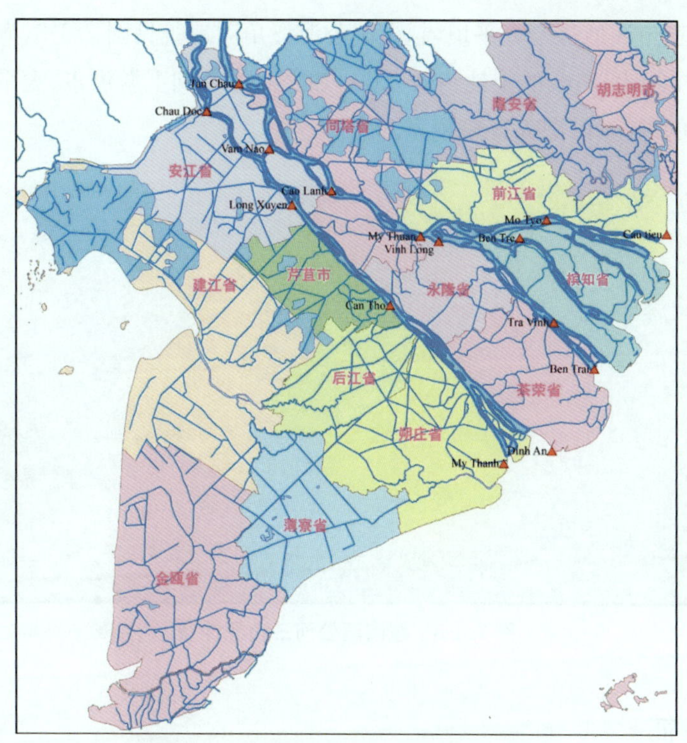

图 7.1-1　越南湄公河三角洲行政区划

7.1.2　地形特征

湄公河三角洲卫星遥感见图 7.1-2。平原大多数区域海拔小于 5m，平均海拔不到 2m，是东南亚最大的河口三角洲。

图 7.1-2　湄公河三角洲卫星遥感

越南湄公河三角洲地势十分平坦，越南湄公河三角洲地貌见图 7.1-3，海拔 0.3～4.0m，其中高程位于 0.50～0.75m 的土地约占 60%，加之时常受到上游洪水、太平洋周期性台风、潮汐和海水倒灌的影响，洪潮灾害较频繁。

图 7.1-3　越南湄公河三角洲地貌

7.1.3　水系特征

湄公河三角洲河道呈分汊形式，湄公河干流过金边后分成两支：一条称湄公河，另一条称巴塞河，在越南境内分别叫前江和后江。后江是湄公河最南侧的分汊，当流近南海时被 Cu Lao Dung 岛分裂为定安河和争提河两个分汊。前江是湄公河系统的北侧分汊，它在娟川分成古毡河和美萩河两个分汊；在距离南海 30km 处，古毡河在茶荣市再次分成古毡河和宫候河两个更小的分汊；在美萩河下游部分分成小河、大河、巴莱河和含龙河 4 个分汊口入海。这样，湄公河三角洲有 9 个分汊口入海，因此湄公河三角洲河流又称九龙江。湄公河三角洲河势格局见图 7.1-4 至图 7.1-6。

前江河道几乎是直的，曲率为 1.1，后江河道的曲率小于 1.1，都属于顺直类型。由于河道多级分汊，河道宽阔，越南湄公河三角洲入海汊道分布有许多江心洲。如前江干流美萩河段有 6 个江心洲，其中最大江心洲长约 7.84km，平均宽约 0.90km，前江干流美萩河段河道分汊见图 7.1-7；后江干流芹苴河段有 5 个江心洲，其中最大江心洲长约 3.4km，平均宽约 1.1km，后江干流芹苴河段河道分汊见图 7.1-8。河道中江心洲（滩）多，而河岸弓形点坝很少，三角洲上大小支汊和运河密如蛛网，呈“辫”状水系分布。

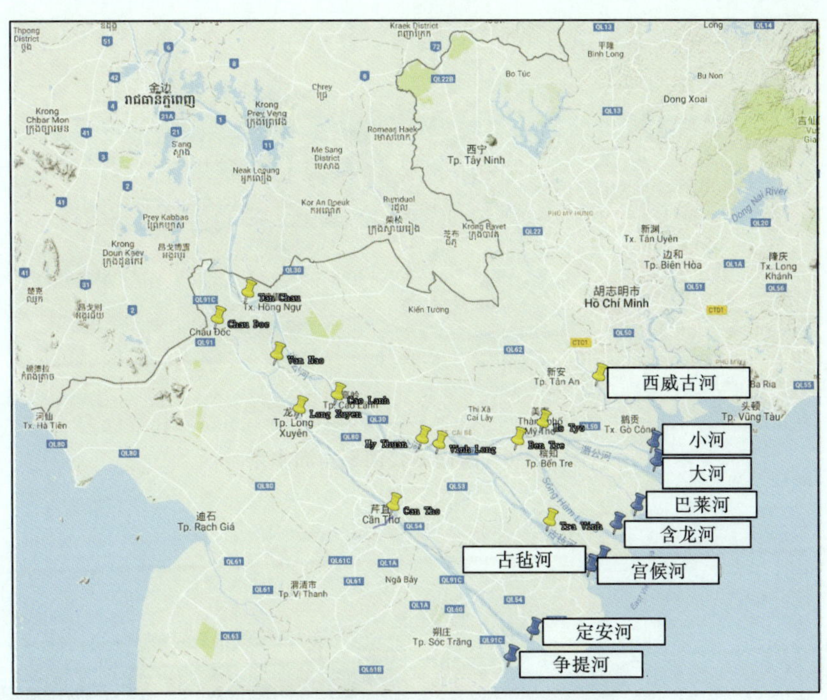

图 7.1-4　湄公河三角洲河道分汊示意图

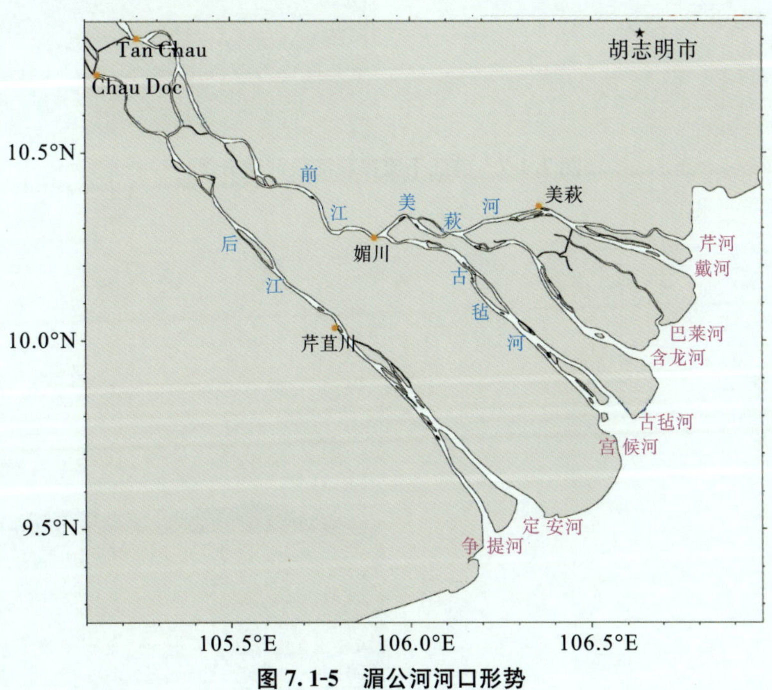

图 7.1-5　湄公河河口形势

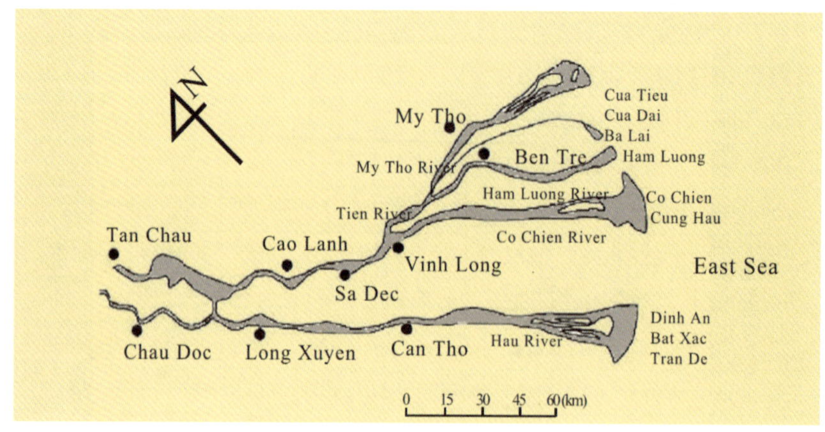

图 7.1-6　越南湄公河三角洲水系

图 7.1-7　前江干流美萩河段河道分汊

图 7.1-8　后江干流芹苴河段河道分汊

三角洲河床显示相对宽浅的特征，湄公河离口门 30～140km 的淡水段，主泓深 10m；近口段 30km 为枯水期盐水楔侵入段，主泓线减至 5m；口门更浅；三角洲口外海滨相对较浅，坡度为4.3‰，20m等深线位于岸外30km。

湄公河三角洲为典型的流域来沙淤积型三角洲，口门拦门沙区域水深约为6m，河道内水深约为8m，口外水深浅而平缓，离岸10km内水深小于10m，离岸50km处水深在20m左右(图7.1-9)。

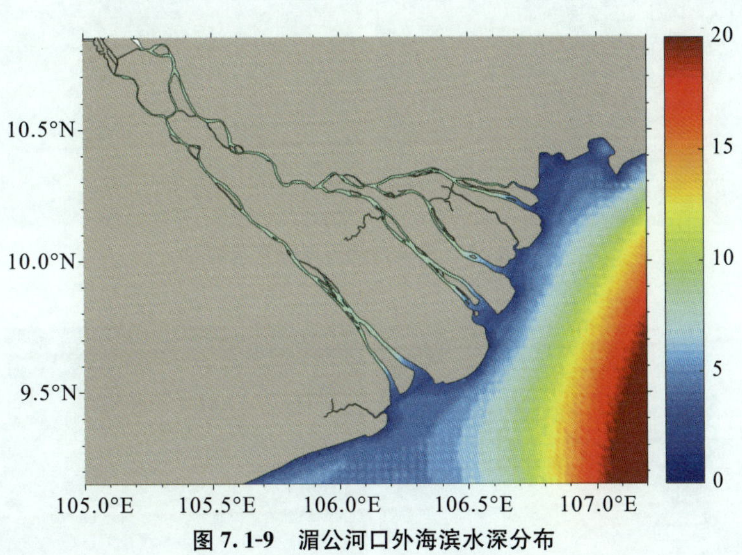

图7.1-9 湄公河口外海滨水深分布

7.1.4 河道演变

越南湄公河三角洲1838年、1936年和2016年的河流水系见图7.1-10，可以看出三角洲河道演变主要有以下五个特点：

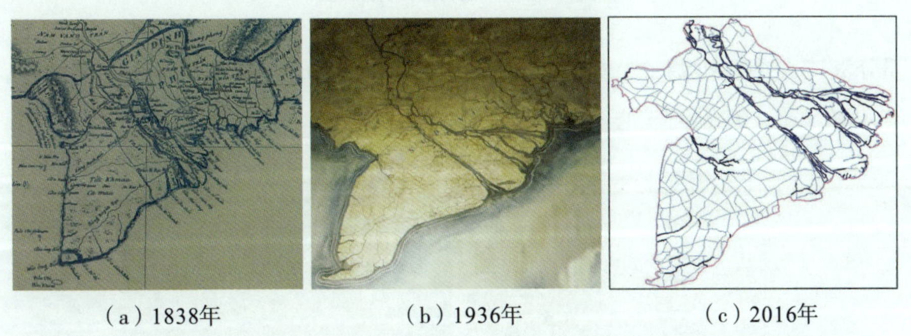

(a) 1838年 (b) 1936年 (c) 2016年

图7.1-10 湄公河三角洲1838年、1936年和2016年的河流水系

1)随着泥沙在河口淤积，湄公河河口不断向海向延伸。

2)最东边的入海汊道(西威古河)与前江的连接河段目前已断流。

3)巴莱河入海口上游18km处已于2002年建设巴莱河海大坝(图7.1-11)，坝长544m，用于避咸蓄淡，为槟知省的11.5万hm^2农田和60万居民提供淡水。随着泥沙淤积，巴莱河于2016年河道宽度已较1936年明显变窄。巴莱河河道演变见图7.1-12。

图 7.1-11　巴莱河海大坝位置示意图

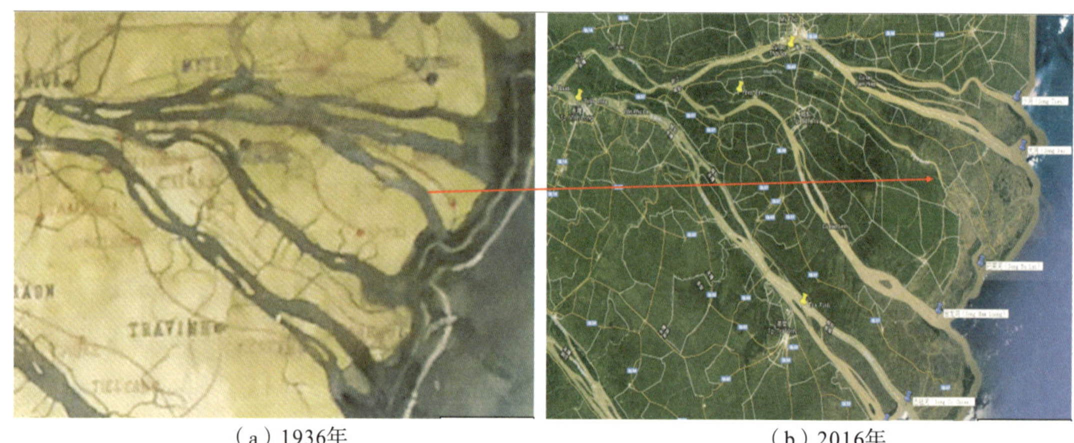

（a）1936年　　（b）2016年

图 7.1-12　巴莱河河道演变

4)部分洲滩大小有所调整。如宫候河于 1936 年有 2 条明显的入海汊道，目前已基本演变成 1 条入海汊道。宫候河江心洲调整见图 7.1-13。

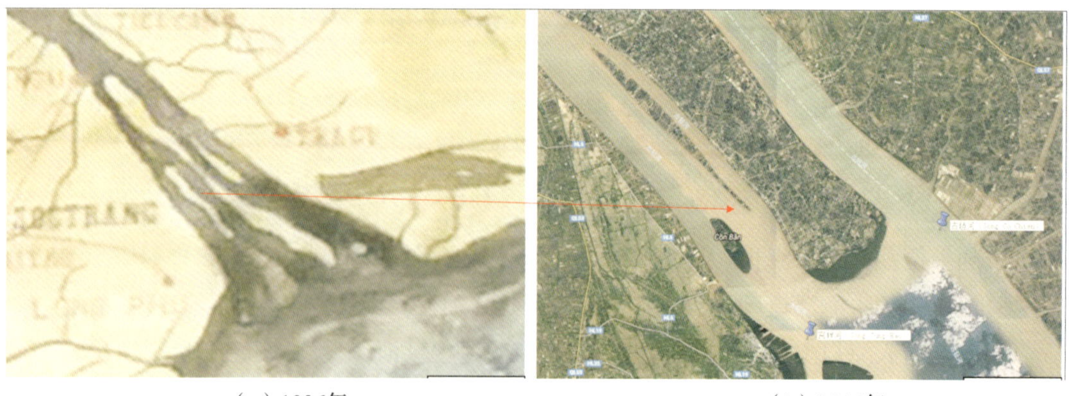

（a）1936年　　（b）2016年

图 7.1-13　宫候河江心洲调整

5)越南湄公河三角洲的运河数量已由1819—1824年的2条增加为现在的数百条(总长超过5万km),运河密度为20～30m/hm²,通道面积占整个三角洲地区的9%;19世纪初越南湄公河三角洲仍为天然河道,目前已建设2.37万km的堤防及大量的闸坝。人工河道和堤坝系统已大大改变了越南湄公河三角洲的水动力条件,造成局部河道河势调整较大。

越南湄公河三角洲潮位每日两涨两落,落潮历时大于涨潮历时,但涨落潮差基本相当。潮流上溯过程中,在径流和河床边界条件阻滞下,潮波变形明显,潮差和历时由口外向上游沿程递减。随着南中国海和泰国湾潮汐的涨落,湄公河三角洲河道冲淤不断变化。现场查勘时,前江干流美萩河段、后江干流芹苴市段正值落潮阶段,河边淤泥滩已大片显露;古毡河茶荣市段潮位正在逐步上涨,河边淤泥已开始被潮水淹没,上游永隆市河段潮位已上涨,岸边无淤泥。主要入海汊道每日的周期性冲淤变化见图7.1-14。

(a)前江干流美萩河段(落潮时)

(b)古毡河茶荣市段(涨潮时)

(c)古毡河永隆市段(涨潮时)

(d)后江干流芹苴市段(落潮时)

图7.1-14　主要入海汊道每日的周期性冲淤变化

7.2　湄公河三角洲入海汊道的径流特征

湄公河三角洲河道呈多级持续分汊的格局,基于潮流资料,初步分析了各分汊河口的分流比。

7.2.1 湄公河河口潮位站资料

金边港站以下为湄公河河口地区，选取巴萨河达克茂站、尼克朗站、新州站、朱笃站、芹苴站、媚川站和美萩站等7站作为河口水文分析计算的依据站。

(1)巴萨河达克茂站

达克茂站位于巴萨河支流四臂湾上，距入海口约325km。多年平均流量1650m^3/s（1980—2011年）。主要测验项目有水位、流量。

水位人工观测设备有倾斜式水尺，自动观测设备有气体净化类型传感器（CBS）和数据记录器（OTT Duosens）。公共工程水位记录完整或较完整的年份有1898—1911年、1913—1918年、1921—1973年，不连续的年份有1894—1897年、1912年、1919—1920年；城市自来水厂的水位记录有1930—1973年；倾斜式水尺的记录有1960—1974年；临时水位记录有1981—1989年；新的倾斜式水尺从1990年开始使用。

流量测验断面在莫尼旺大桥下游，即达克茂站水位尺约7km处，1980—2011年最大流量6690m^3/s（2000年9月20日），最小流量3.3m^3/s（2005年9月19日）。

(2)尼克朗站

尼克朗站位于柬埔寨境内湄公河干流上，距入海口227km，多年平均流量12000m^3/s（1980—2011年）。主要测验项目有水位、流量。

水位人工观测的设备有直立式水尺。自1962年4月27日起，每日观测两次，取两次读数的平均值。

流量测验采用船测，测验断面在水尺下游5km处，1980—2011年最大流量34600m^3/s（2000年9月20日），最小流量565m^3/s（1998年4月11日）。

(3)新州站

新州站位于湄公河（越南境内称为前江）上，主要测验项目有水位。

现收集到的资料有2008年7月7日至2012年9月3日15min水位资料、2001—2017年日均水位、2001—2006年日最高水位和日最低水位。

(4)朱笃站

朱笃站位于巴萨河（越南境内称为后江）上，主要测验项目有水位、流量。

现收集到的资料有2008年7月7日至2012年9月3日15min水位资料，2001—2006年日均水位、日最高水位和日最低水位。

(5)芹苴站

芹苴站位于越南境内后江，主要测验项目有水位、流量。

现收集到的流量资料有2001—2007年的逐日平均流量，水位资料是2008年7月7日至2012年9月3日15min水位资料。

(6)媚川站

媚川站位于越南境内前江上，主要测验项目有水位、流量。

现收集到的流量资料有2001—2007年的逐日平均流量，水位资料有2008年7月7日至2012年9月3日15min的水位资料、2001—2006年日均水位和日最高水位。

(7)美萩站

美萩站位于越南境内美萩河上，主要测验项目有水位。

现收集到的水位资料有2001—2006年日均水位和日最高水位。

7.2.2 河口各水文站径流量比较分析

图7.2-1为2001年巴塞河朱笃站、前江媚川站和后江芹苴站实测流量过程。朱笃站远离河口口门，受潮流的影响小，尤其在7—10月的洪季；媚川站和芹苴水文站受潮流影响明显，1个月内具有明显的2个大小潮周期变化。对媚川站和芹苴站径流过程作滑动平均(过滤掉涨落潮通量的影响)后，2001年媚川站和芹苴站实测流量滑动平均后随着时间变化过程见图7.2-2。巴塞河的径流量枯季在1000～2000m³/s，洪季在4000～6000m³/s；前江和后江的径流量相当，枯季在7000m³/s左右，洪季在8000～12000m³/s，远大于巴塞河的径流量。

分析表明，2002—2007年3站径流变化规律与2001年相似，仅各年的枯季与洪季径流量值不同。

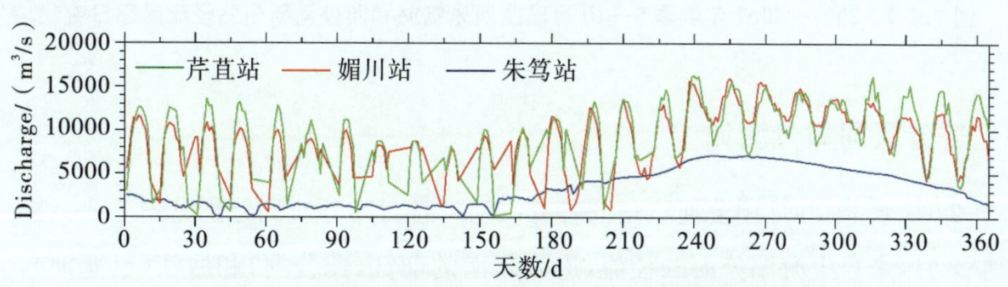

图7.2-1 2001年朱笃站、媚川站和芹苴站实测流量过程

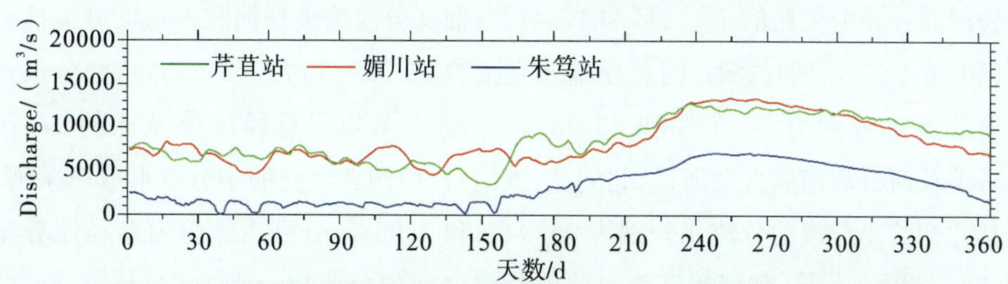

图7.2-2 2001年媚川站和芹苴站实测流量滑动平均后随着时间变化过程

由于没有湄公河新州站的径流量资料，从水量平衡角度，用媚川站和芹苴站滑动平均后的径流量之和，减去朱笃站径流量，得到新州水文站径流量。

2001—2007年枯季1—2月巴塞河朱笃站和湄公河新州站径流量逐日变化见图7.2-3。巴塞河流量为800～1500m³/s，湄公河流量为9000～10500m³/s，是巴塞河流量的7～8倍。

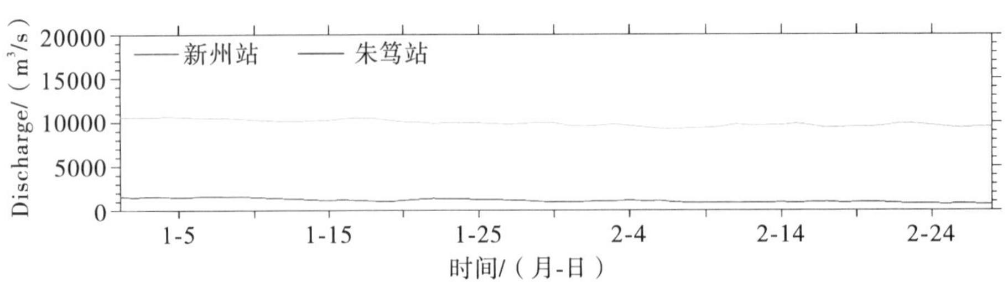

图7.2-3　2001—2007年枯季1—2月巴塞河朱笃站和湄公河新州站径流量逐日变化

2001—2007年洪季9—10月巴塞河朱笃站和湄公河新州站径流量逐日变化见图7.2-4。巴塞河流量为5000～6000m³/s，湄公河流量为15200～18000m³/s，比枯季大1.5倍左右，比巴塞河径流量大3倍。

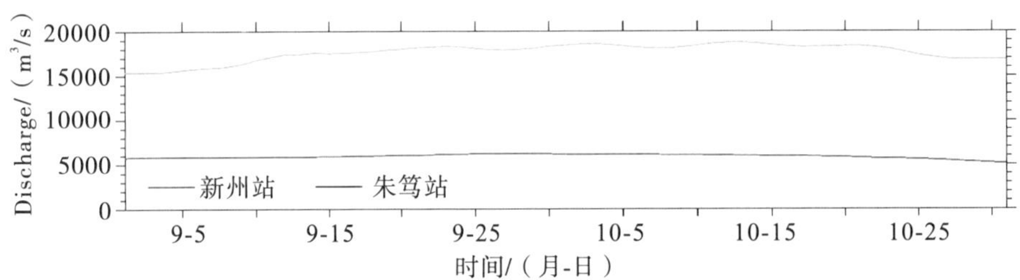

图7.2-4　2001—2007年洪季9—10月巴塞河朱笃站和湄公河新州站径流量逐日变化

7.2.3　各分汊河口分流比

枯季2月、洪季10月湄公河三角洲各分汊河口各月净分流比分别见图7.2-5、图7.2-6。

枯季2月，来自上游湄公河的径流，进入越南的前江（湄公河）和后江（巴塞河），分流比分别为55.61%和44.39%；后江分汊定安河和争提河分流比分别为60.77%和39.23%，分别占湄公河总径流分流比的26.98%和17.41%；前江分汊为美萩河和古毡河分流比分别为43.01%和56.98%，分别占湄公河总径流分流比的23.92%和31.69%；古毡河分汊古毡河和宫候河分流比分别为56.05%和43.95%，分别占湄公河总径流分流比的17.76%和13.93%；美萩河分汊南侧含龙河口、北侧芹、戴河口，后两者之间的小分汊形成巴莱河口，含龙河与其北侧的小分汊的分流比分别为95.94%和4.05%，分别占湄公河总径流分流比的14.05%和0.59%；芹河、戴河和巴莱河北侧分汊之间的分流比分别为24.43%、69.85%和5.72%，分别占湄公河总径流分流比的2.27%、6.48%和0.53%，巴莱河占总径流量的1.12%。

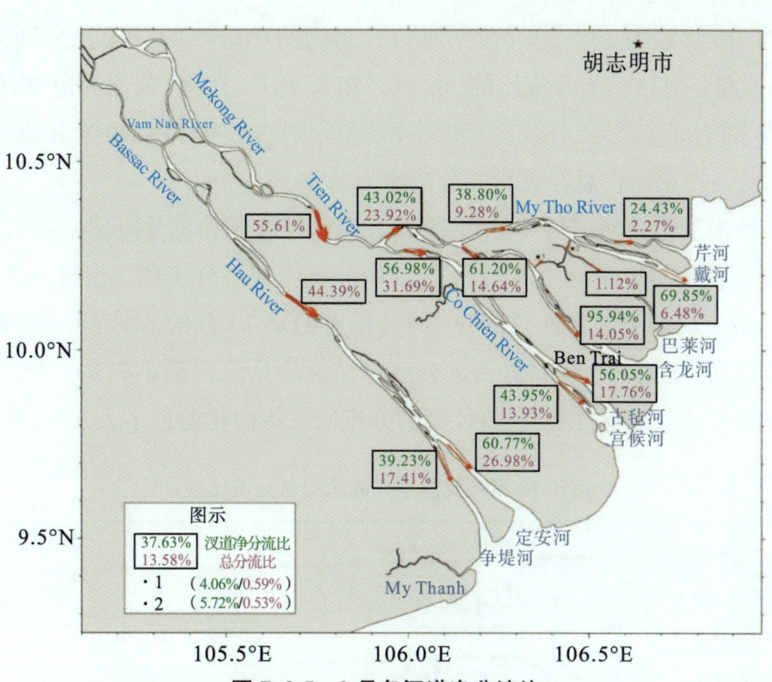

图 7.2-5 2月各汊道净分流比

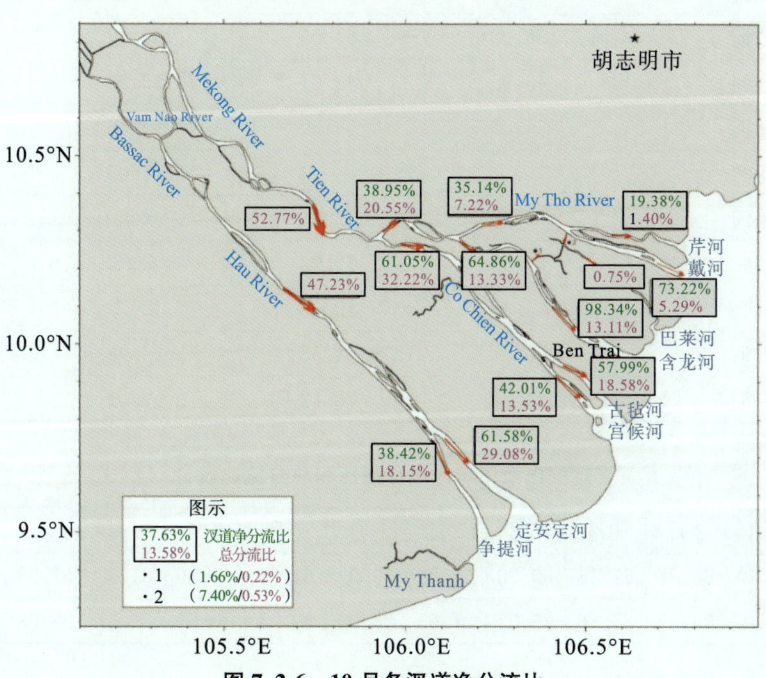

图 7.2-6 10月各汊道净分流比

10月，前江（湄公河）和后江（巴塞河）分流比分别为52.77%和47.23%；定安河和争提河的分流比分别为61.58%和38.42%，分别占湄公河总径流分流比的29.08%和18.15%；美萩河和古毡河的分流比分别为38.95%和61.05%，分别占湄公河总径流分流比的20.55%和32.22%；古毡河和垄后河的分流比分别为57.99%和42.01%，分别占湄公河总径流分流比的18.68%和13.53%；含龙河与其北侧的小分汊的分流比分别为98.34%和1.66%，分别占湄公河总径流分流比的11.11%和0.22%；芹河、戴河和巴莱河北侧分汊之间的分流比分别为19.38%、73.22%和7.40%，分别占湄公河总径流分流比的1.40%、5.29%和0.53%；巴莱河占总径流量的分流比为0.75%。

表7.2-1给出了湄公河河口2月和10月各汊道径流比和总分流比。表7.2-2给出了8个入海口中流量最大的定安河年内12个月的净分流比和总分流比。由表7.2-2可知，定安河出海口处净分流比最小的是4月的60.5%，最大的是10月的61.58%，其净分流比在年内的分布差异不大；定安河出海口处占湄公河总径流的分流比最小的是4月的26.63%，最大的是8月的30.59%，其占湄公河总径流的分流比在年内相差也不大。

表7.2-1　2月和10月各汊道净分流比和总分流比统计　(单位：%)

输出点号	净分流比		总分流比	
	2月	10月	2月	10月
前江(湄公河)			55.61	52.77
后江(巴塞河)			44.39	47.23
美萩河	43.01	38.95	23.92	20.55
古毡河	56.98	61.05	31.69	32.22
宫候河	43.95	42.01	13.93	13.53
古毡河	56.05	57.99	17.76	18.68
含龙河			14.05	11.11
巴莱河	5.72	7.40	0.53	0.53
戴河	69.85	73.22	6.48	5.29
芹河	24.43	19.38	2.27	1.40
定安河	60.77	61.58	26.98	29.08
争提河	39.23	38.42	17.41	18.15

表7.2-2　定安出海口年内净分流比和总分流比统计　(单位：%)

月份	1月	2月	3月	4月	5月	6月	7月	8月	9月	10月	11月	12月
净分流比	61.20	60.77	61.18	60.50	60.88	60.92	61.23	61.39	61.47	61.58	61.41	61.28
总分流比	29.77	26.98	28.86	26.63	27.68	28.09	29.64	30.59	29.67	29.08	29.59	29.14

7.3 湄公河三角洲的潮汐特征

湄公河三角洲潮汐日不等现象显著。西部海岸为泰国湾，潮汐类型为不规则日潮；东南部海岸为南中国海，潮汐类型为不规则半日潮。湄公河潮型在大潮期间为较正规则半日潮，小潮期间为不正规则半日潮，甚至为全日潮。本节根据潮位资料分析了湄公河三角洲的潮汐特征。

7.3.1 潮位特征

7.3.1.1 西岸潮位特征

以 Cai Lon 河 Rach Gia 站为湄公河三角洲西岸的代表站，分析其潮位特征，湄公河三角洲西岸 Rach Gia 站半日潮、全日潮占比及潮差见表 7.3-1。可以看出，西岸以全日潮类型为主，该类型天数占全年总天数的比例超过 40%，半日潮类型占全年总天数的比例超过 25%。受上游来水影响，枯水年的潮差较丰水年大，旱季的潮差较雨季大，1998 年(枯水年)旱季和雨季的全日潮潮差分别为 0.36m 和 0.19m，2000 年(丰水年)旱季和雨季的全日潮潮差分别为 0.35m 和 0.18m。

表 7.3-1　　湄公河三角洲西岸 Rach Gia 站半日潮、全日潮占比及潮差

潮汐类型	潮汐类型占全年比例/%			平均潮差(旱季/雨季)/m		
	枯水年(1998 年)	平水年(1999 年)	丰水年(2000 年)	枯水年(1998 年)	平水年(1999 年)	丰水年(2000 年)
半日潮	30.4	31.3	25.1	0.34/0.29	0.33/0.28	0.31/0.26
全日潮	42.6	41.3	40.2	0.36/0.19	0.34/0.18	0.35/0.18

7.3.1.2 东南岸潮位特征

(1)潮汐类型

湄公河三角洲东南岸潮汐类型统计结果见表 7.3-2 和图 7.3-1。可以看出，湄公河三角洲东南岸潮汐类型为不规则半日潮，既有半日潮也有全日潮，但半日潮的天数远多于全日潮的天数，日潮不等现象较强。东南岸入海口的 Vam Kenh、Ben Trai 和 My Thanh 站，无论是丰水年还是枯水年，半日潮占全年总天数的比例超过 57%，全日潮占全年总天数的比例超过 23%；三角洲中部的芹苴站和媚川站，半日潮占全年总天数的比例超过 44%，全日潮占全年总天数的比例超过 20%；三角洲北部柬越边境的新州站和朱笃站，丰水年、平水年、枯水年半日潮占全年总天数的比例分别为 1%～2%、3%～4%和 8%～12%，丰水年、平水年、枯水年全日潮占全年总天数的比例分别为 0.7%～0.8%、1.1～1.5%和 2.9%～4.0%。受径流的影响，涨落潮历时不对称，落潮历时大于涨潮历时，平均涨潮历时由口外向上游递减。以 2011 年 5 月为例，后江朱笃站平均涨潮历时为 4h57min，平均落潮历时为 7h25min。以 2017 年 9 月为例，后江距口门 123km 的芹苴站和距口门 228km 的朱笃站，其平均涨潮历时分别为 4h35min 和 4h12min。

表 7.3-2　　湄公河三角洲东南岸主要控制站半日潮、全日潮所占比例

位置	河流名称	站点	潮汐类型占全年比例/%					
			枯水年(1998 年)		平水年(1999 年)		丰水年(2000 年)	
			半日潮	全日潮	半日潮	全日潮	半日潮	全日潮
三角洲北部	前江	新州站	8.0	2.9	2.8	1.1	1.3	0.7
	后江	朱笃站	11.6	4.0	3.8	1.5	1.7	0.8
	前江、后江连接河	Vam Nao 站	23.2	8.8	9.5	4.4	5.4	2.7
三角洲中部	前江	媚川站	55.9	20.9	50.3	22.3	43.6	22.6
	后江	芹苴站	61.3	20.7	57.5	22.1	53.5	23.5
入海口	东南海岸	Vam Kenh 站	62.6	28.7	59.7	30.8	57.4	33.1
		槟知站	63.6	28.4	60.4	30.7	57.8	32.8
		My Thanh 站	66.7	23.8	63.1	26.7	60.3	29.3

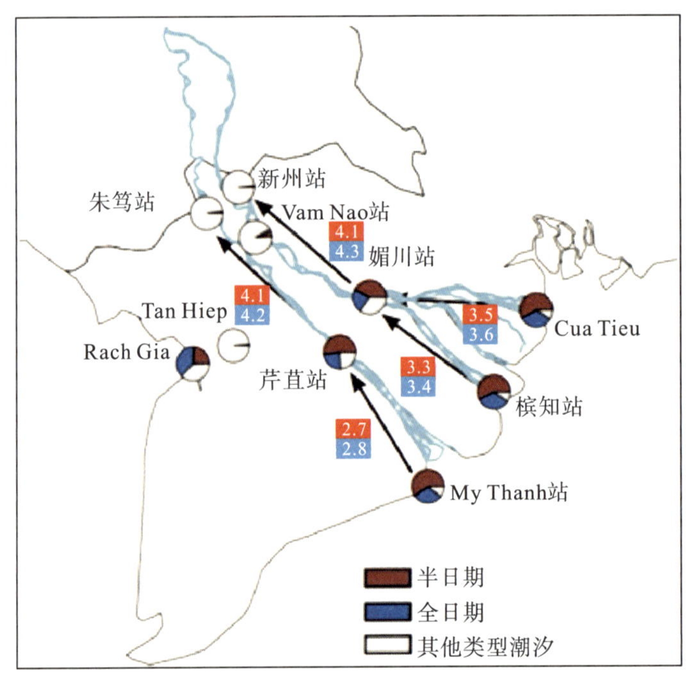

图 7.3-1　越南湄公河三角洲半日潮、全日潮和其他类型潮分布

(2)潮差时间分布特征

1)年内分布特征。

越南湄公河三角洲为季风气候，4—9 月为西南季风，10 月至次年 3 月末或 4 月初为东北季风，大部分降水发生于 5—10 月。受湄公河上游来水的影响，湄公河三角洲旱季的潮差大于雨季。以柬越边境的新州站 1999 年平水年的半日潮潮位统计值为例，雨季的平均潮差(0.10 m)仅占旱季(0.35 m)的 1/3。根据 *Floodplain hydrology of the Mekong Delta*，

Vietnam（2013 年），当新州站水位达到 1.61m 时，水位变幅主要由上游来水决定，潮汐已难以观测到。

前江干流朱笃站和媚川站，后江干流达克茂站、新州站和芹苴站 2011 年 15min 潮位过程及湄公河 Cua Dai 汊道北部入海口 Vam Kinh 站 2000 年逐小时潮位过程见图 7.3-2。可以看出，金边市以下约 328km 为感潮河段，其中金边市达克茂站在 1—5 月虽然受到潮汐影响，但是潮差较小（小于 0.2m），6—12 月基本不受潮汐影响；柬越边境的芹苴站和新州站在 12 月至次年 7 月受潮汐影响较大，在主汛期 8—11 月难以辨清潮汐；越南湄公河三角洲中部的媚川站和芹苴站全年受潮汐影响均较大，仍受上游来水的影响，表现为主汛期 9—10 月的潮差小于其余各月；入海口仅受潮汐影响，各月潮差差异较小。

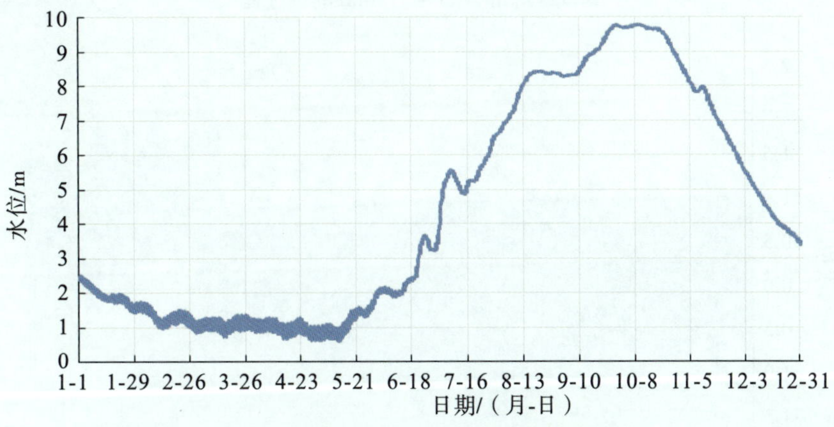

(a)达克茂站 2011 年 15min 潮位过程

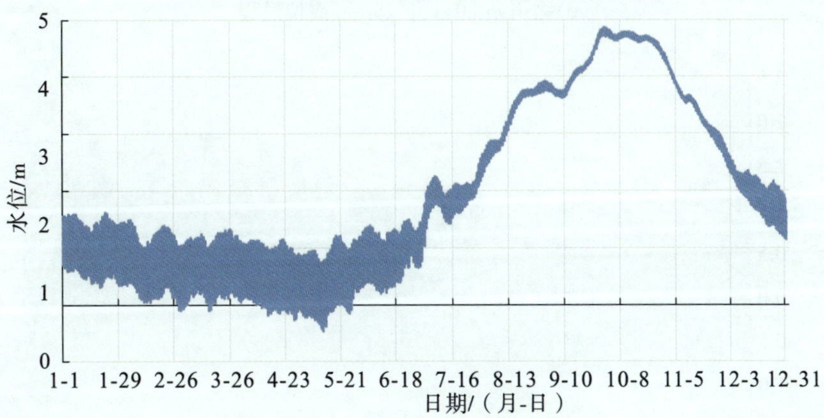

(b)朱笃站 2011 年 15min 潮位过程

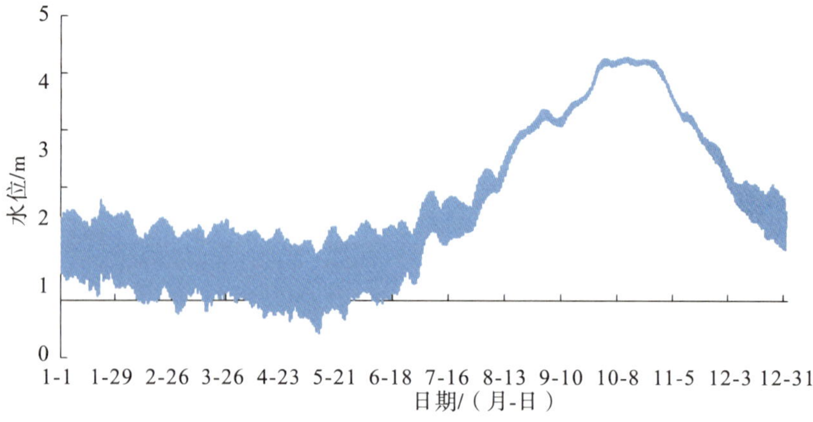

(c)新州站 2011 年 15min 潮位过程

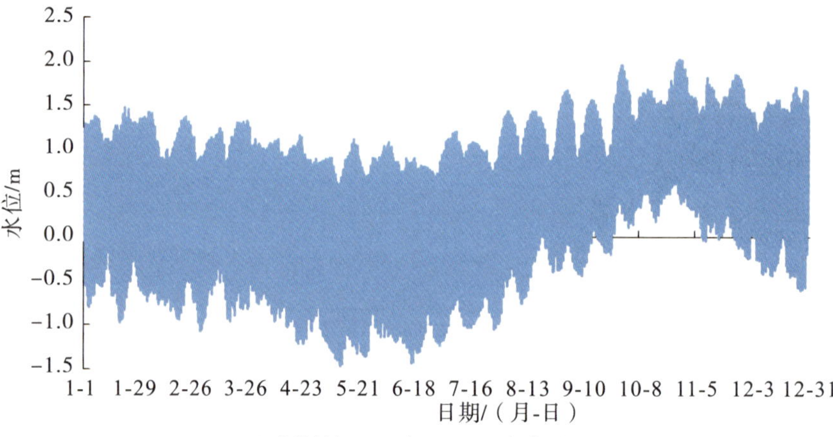

(d)媚川站 2011 年 15min 潮位过程

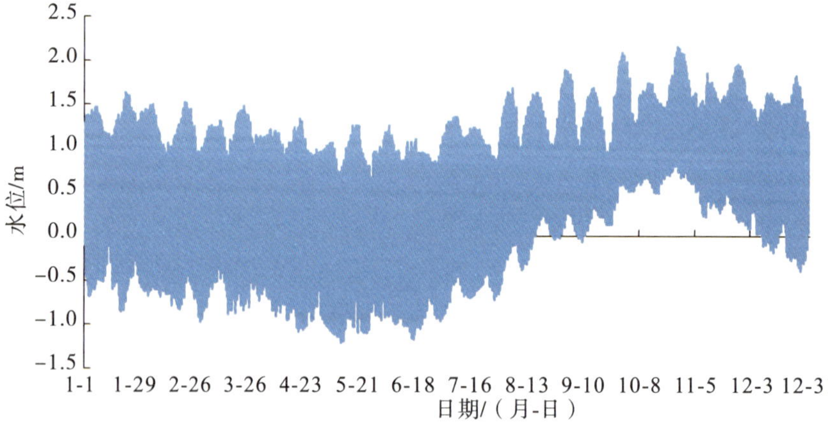

(e)芹苴站 2011 年 15min 潮位过程

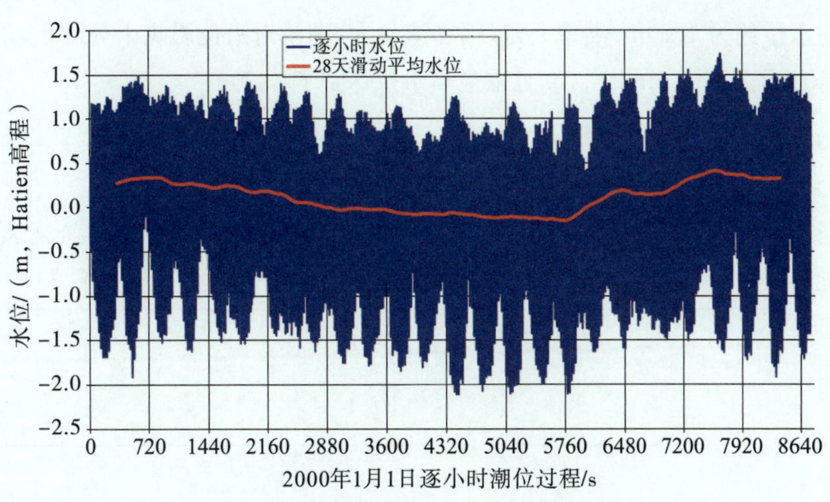

(f) Vam Kinh站2000年逐小时潮位过程

图7.3-2 越南湄公河三角洲东南岸主要测站潮位过程

将新州站、朱笃站、媚川站和芹苴站15min水位资料处理为逐时（时间间隔为1h），选取2011年2月和9月作为枯季和洪季分析水位逐时变化。

图7.3-3为新州站2011年2月、9月水位逐时变化过程。2月呈现大潮期间半日变化和小潮期间日变化特征，最低水位约为－0.05m，最高水位约为1.50m；9月因干流径流量较大，潮汐对水位影响十分微小（最大约为0.1m），水位在3.8m以上（9月末最高水位达到了4.85m）。

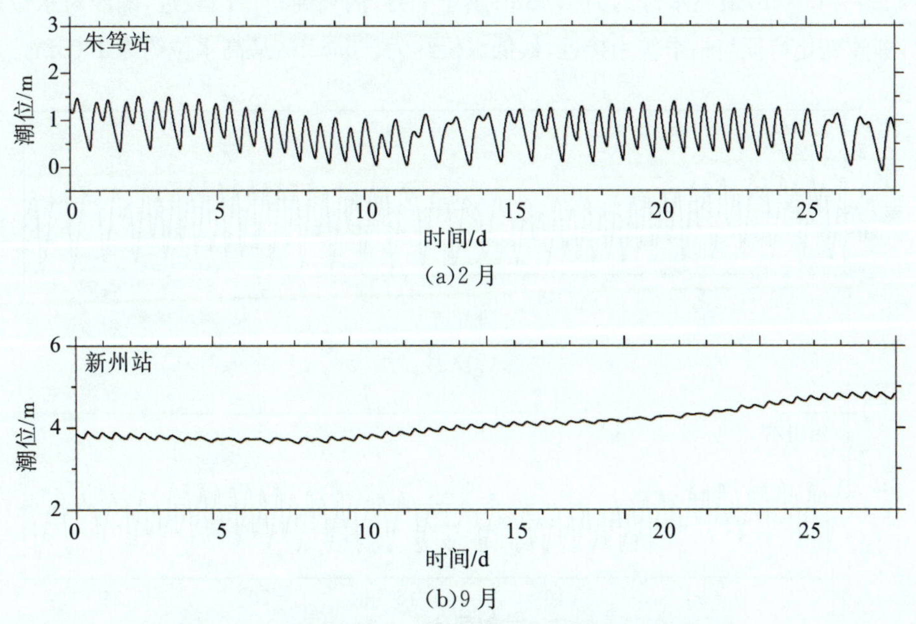

(a)2月

(b)9月

图7.3-3 新州站2011年2月和9月水位逐时变化过程

图7.3-4为朱笃站2011年2月、9月水位逐时变化过程。枯季2月，最低水位约为－

0.5m,最高水位约为1.60m;洪季9月,因径流量大,潮汐对水位影响十分微小,水位主要受大径流量作用普遍在3.2m以上,9月末最高水位达到了4.20m。

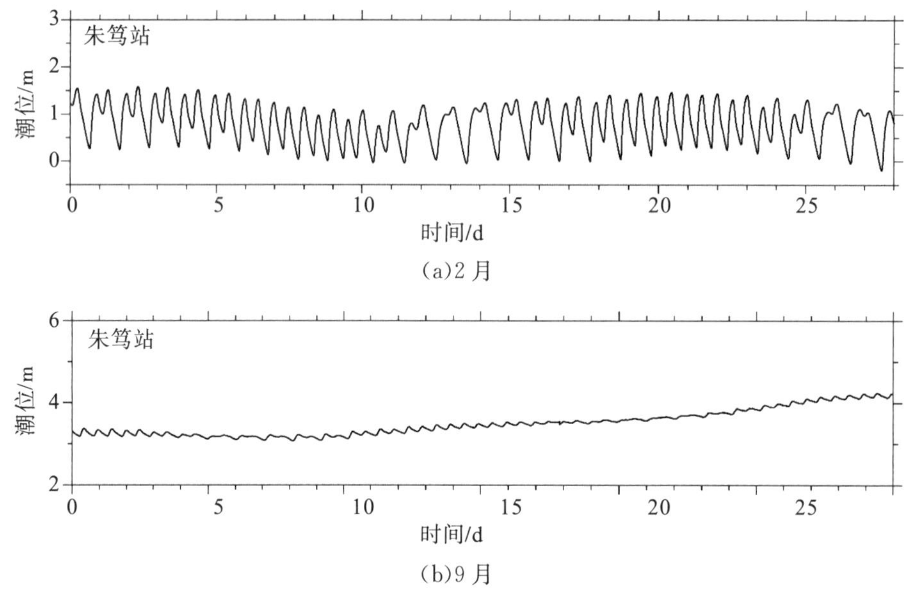

(a)2月

(b)9月

图7.3-4　朱笃站2011年2月和9月水位逐时变化过程

图7.3-5为媚川站2011年2月、9月水位逐时变化过程。枯季2月,水位随涨落潮的潮汐特征十分明显,大潮期间为正规则半日潮,小潮期间不正规则全日潮十分明显,基本为日潮,最低水位约为−1.00m,最高水位约为1.45m;洪季9月,因离河口口门较近,潮汐对水位影响十分明显,潮汐变化特征与枯季较为接近,最低水位约为−0.55m,最高水位约为1.95m。

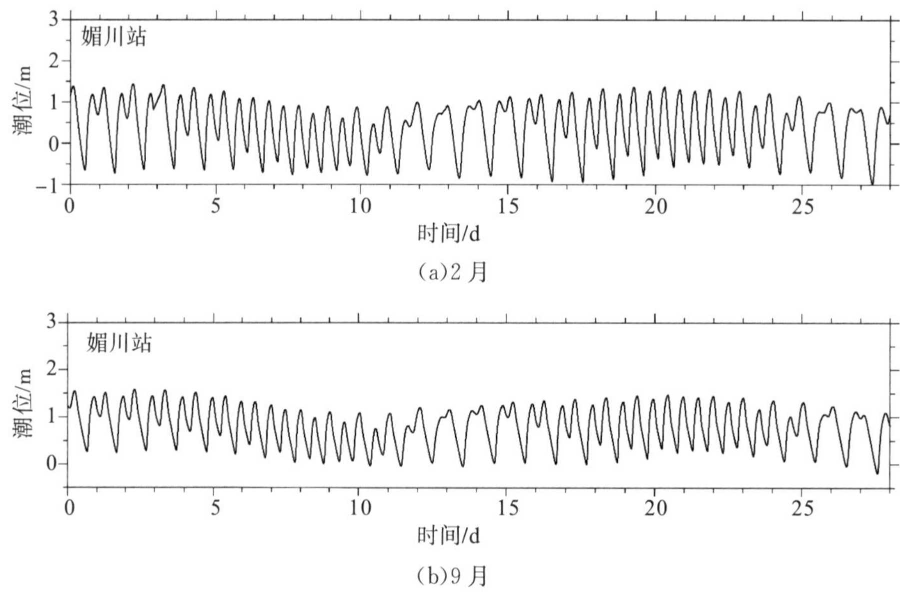

(a)2月

(b)9月

图7.3-5　媚川站2011年2月和9月水位逐时变化过程

图 7.3-6 为芹苴站 2011 年 2 月、9 月水位逐时变化过程。枯季 2 月，最低水位约为 0.0m，最高水位约为 1.65m；洪季 9 月，最低水位约为−0.55m，最高水位约为 2.10m。该站潮汐变化特征与媚川站类似。

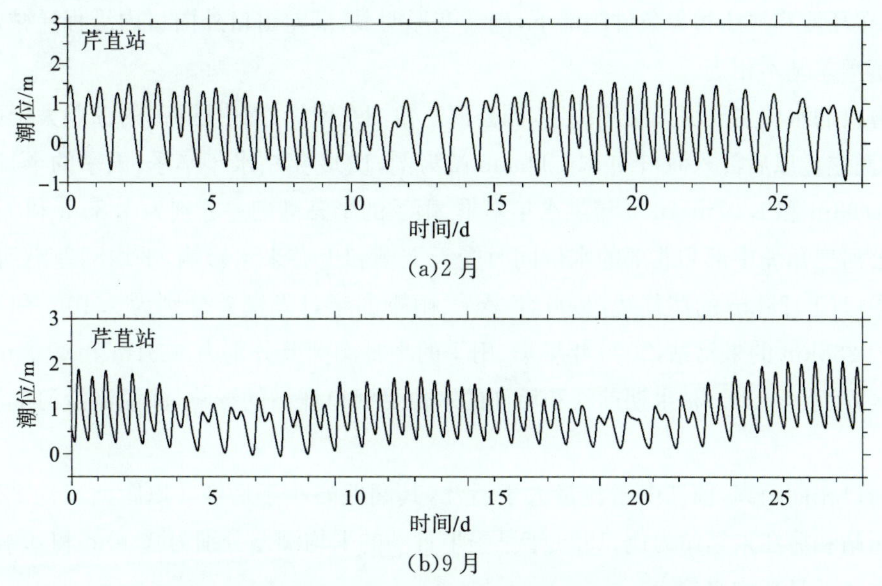

图 7.3-6　芹苴站 2011 年 2 月和 9 月水位逐时变化过程

2)年际变化特征。

越南湄公河三角洲东南岸主要控制站半日潮、日潮的平均潮差统计见表 7.3-3。可以看出，半日潮的潮差远大于全日潮的潮差，枯水年的潮差大于丰水年的潮差。以新州站 2000 年(丰水年)和 1998 年(枯水年)的旱季半日潮为例，2000 年的平均潮差 0.29m 小于 1998 年的平均潮差 0.40m。

表 7.3-3　越南湄公河三角洲东南岸主要控制站半日潮、日潮的平均潮差统计　(单位：m)

位置	河流名称	站点	旱季/雨季平均潮差					
			枯水年(1998 年)		平水年(1999 年)		丰水年(2000 年)	
			半日潮	全日潮	半日潮	全日潮	半日潮	全日潮
三角洲北部	前江	新州站	0.40/0.26	0.22/0.08	0.35/0.10	0.20/0.04	0.29/0.07	0.19/0.03
	后江	朱笃站	0.42/0.28	0.22/0.09	0.37/0.11	0.21/0.04	0.31/0.08	0.20/0.03
	前江、后江连接河	Vam Nao 站	0.56/0.44	0.31/0.13	0.45/0.24	0.27/0.09	0.43/0.19	0.28/0.07
三角洲中部	前江	媚川站	1.01/1.03	0.56/0.28	0.92/0.88	0.55/0.26	0.86/0.8	0.57/0.25
	后江	芹苴站	1.26/1.21	0.65/0.33	1.17/1.08	0.65/0.32	1.10/0.99	0.66/0.30
入海口	东南海岸	Vam Kenh 站	1.69/1.69	1.03/0.53	1.64/1.70	1.08/0.56	1.59/1.66	1.11/0.56
		槟知站	1.78/1.82	1.07/0.56	1.73/1.88	1.13/0.61	1.69/1.83	1.16/0.63
		My Thanh 站	1.93/1.97	1.06/0.54	1.91/1.92	1.15/0.58	1.85/1.91	1.20/0.60

(3)潮差空间分布特征

1)潮差变化的总体规律。

根据各站实测资料统计,年最高、最低潮位一般符合上游大于下游的规律,在潮流上溯过程中,在径流和河床边界条件阻滞下,潮波变形明显,潮差由口外向口内沿程递减,同一站平均涨落潮差基本相当。

入海口的水位主要由天文潮决定,湄公河三角洲东南岸(南中国海)的潮差大于西岸(泰国湾)的潮差。以后江入海口的 My Thanh 站为例,1998 年枯水年旱季、雨季的半日潮潮差分别为 1.93m 和 1.97m,2000 年洪水年旱季、雨季的半日潮潮差分别为 1.85m 和 1.91m。

湄公河三角洲中部和北部的水位同时受天文潮和上游来水影响,平均潮差沿河上溯减小。在距口门 123km 的芹苴站,2000 年旱季、雨季的半日潮潮差分别为 1.10m 和 0.99m;在距口门 228km 的朱笃站,2000 年旱季、雨季的半日潮潮差分别为 0.31m 和 0.08m。旱季大潮潮区界远达金边。枯水期前江和后江的水位受河口涨潮的影响,涨潮流沿河上溯,河水倒流。

距河口相同距离,前江由于流量大于后江,其潮差略小于后江。以距河口约 228km 的前江新州站和后江朱笃站为例,1998 年旱季半日潮的平均潮差分别为 0.40m 和 0.42m。

2)水文站日平均水位。

2001 年和 2006 年新州站、媚川站和美萩站日均水位随时间变化分别见图 7.3-7 和图 7.3-8。日均水位过滤掉了潮汐的半日和日变化,但大小潮的 15d 周期波动仍有体现。新州站位于湄公河上游,日均水位在 3 个水文站中最高;媚川站位于前江、古毡河和美萩河的交汇处,日水位远较新州水文站低;美萩站位于美萩河中,枯季水位略微低于上游的媚川水文站,但洪季较上游的媚川站日均水位低约 50cm;每年的 7—9 月日均水位是全年中高水位期间,尤其是在 9 月;洪季大部分年份日均水位超过 4.0m。

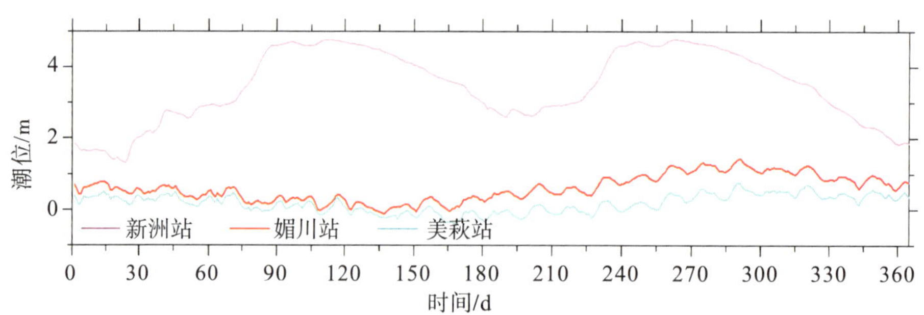

图 7.3-7 2001 年新州站、媚川站和美萩站日均水位随时间变化

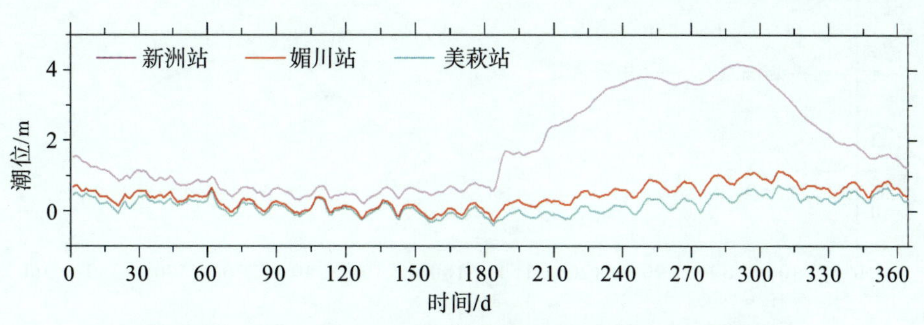

图 7.3-8　2006 年新州站、媚川站和美萩站日均水位随时间变化

3)水文站日最高水位。

2001 年和 2006 年新州站、朱笃站、媚川站和美萩站日最高水位随时间变化分别见图 7.3-9 和图 7.3-10。新州站日最高水位在 4 个水文站中最高;枯季朱笃站日最高水位略低于新州站,洪季低大约 20cm;媚川站日最高水位,枯季略高于下游的美萩站,洪季则高出 30cm 左右;每年的 7—9 月日最高水位是全年中高水位期间,尤其是在 9 月;洪季大部分年份日最高水位超过 4.2m。

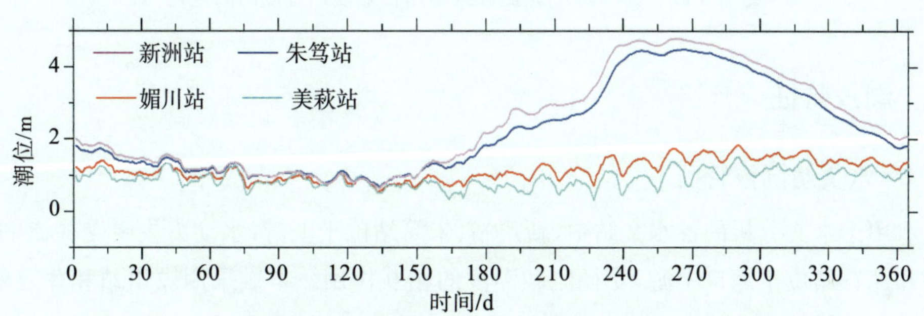

图 7.3-9　2001 年新州站、朱笃站、媚川站和美萩站日最高水位随时间变化

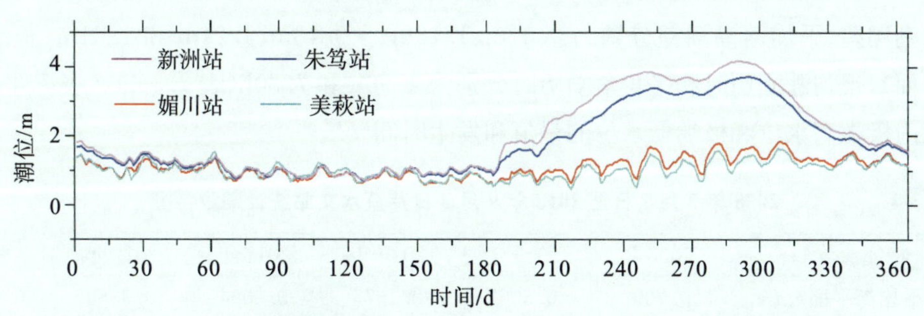

图 7.3-10　2006 年新州站、朱笃站、媚川站和美萩站日最高水位随时间变化

4)水文站日最低水位。

2001 年和 2006 年新州站和朱笃站日最低水位随时间变化分别见图 7.3-11 和图 7.3-12。两站日最低水位变化趋势与日最高水位的变化趋势基本一致,水位受潮汐影响微小,日最低水位十分接近日最高水位,它们主要受径流量决定。

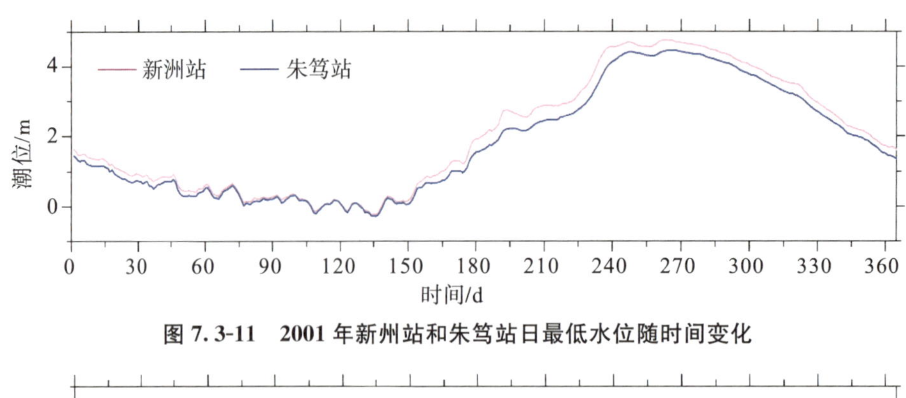

图 7.3-11 2001 年新州站和朱笃站日最低水位随时间变化

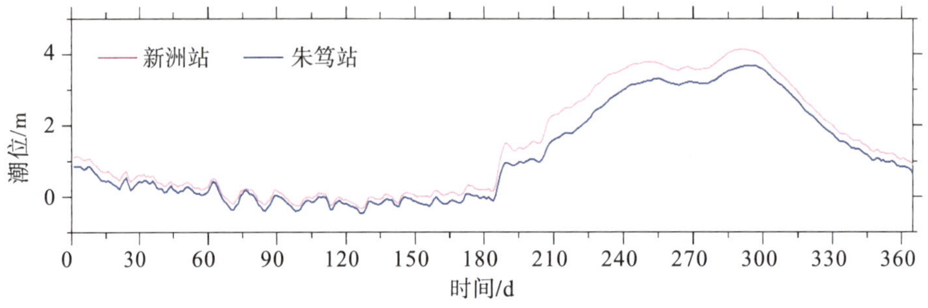

图 7.3-12 2006 年新州站和朱笃站日最低水位随时间变化

7.3.2 潮汐特征

7.3.2.1 水文站潮汐特征

选取用于水文分析的各水文站中，新州站、朱笃站位于上游，水动力主要受径流的作用；媚川站和芹苴站位于河口中游，受径流和潮汐的相互作用。本次采用媚川站和芹苴站实测水位资料作潮汐特征分析。

2008 年 7 月 7 日至 2012 年 9 月 3 日时段内芹苴站年平均海平面、平均高潮、平均低潮、平均涨潮潮差、平均落潮潮差分别为 0.51m、1.13m、−0.10m、1.24m 和 1.24m（基面为平均海平面），平均涨潮历时和平均落潮历时分别为 4.90h 和 7.30h（表 7.3-4）。表 7.3-5 为统计时段内极端高水位和极端低水位的量值和发生时间。

表 7.3-4 2008 年 7 月 7 日至 2012 年 9 月 3 日芹苴水文站统计潮汐特征

特征参数	2008 年	2009 年	2010 年	2011 年	2012 年	平均
年平均海平面/m	0.7099	0.5062	0.4575	0.6064	0.3383	0.5148
平均高潮/m	1.2363	1.1047	1.1140	1.2166	1.0050	1.1328
平均低潮/m	0.1820	−0.0916	−0.1999	−0.0048	−0.3271	−0.1034
平均涨潮潮差/m	1.0547	1.1955	1.3135	1.2212	1.3299	1.2363
平均落潮潮差/m	1.0545	1.1956	1.3141	1.2213	1.3300	1.2361
平均涨潮历时/h	4.74	4.93	4.93	4.89	4.91	4.90
平均落潮历时/h	7.44	7.33	7.22	7.39	7.11	7.30

表 7.3-5　　2008 年 7 月 7 日至 2012 年 9 月 3 日芹苴水文站极端水位发生时间

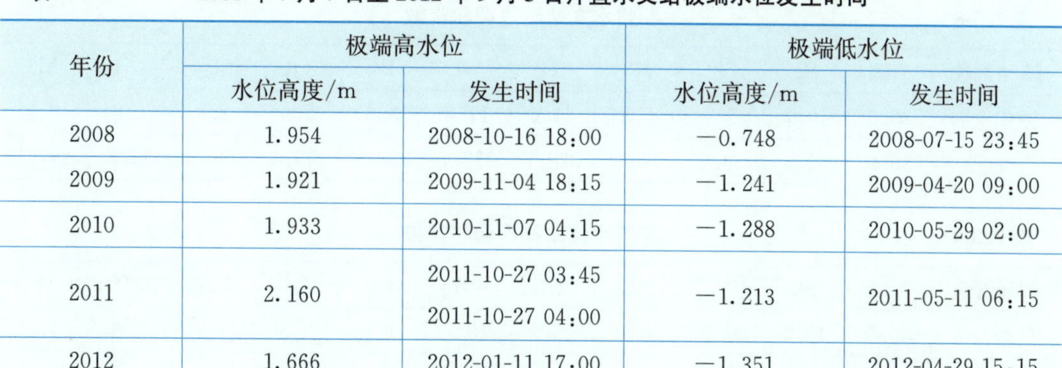

年份	极端高水位		极端低水位	
	水位高度/m	发生时间	水位高度/m	发生时间
2008	1.954	2008-10-16 18:00	−0.748	2008-07-15 23:45
2009	1.921	2009-11-04 18:15	−1.241	2009-04-20 09:00
2010	1.933	2010-11-07 04:15	−1.288	2010-05-29 02:00
2011	2.160	2011-10-27 03:45 2011-10-27 04:00	−1.213	2011-05-11 06:15
2012	1.666	2012-01-11 17:00	−1.351	2012-04-29 15:15

媚川站 2010 年 8 月 13 日至 2012 年 9 月 3 日时段内年平均海平面、平均高潮、平均低潮、平均涨潮潮差、平均落潮潮差分别为 0.43m、1.08m、−0.22m、1.30m 和 1.30m(基面为平均海平面),平均涨潮历时和平均落潮历时分别为 4.87h 和 7.30h(表 7.3-6)。表 7.3-7 为统计时段内极端高水位和极端低水位的量值和发生时间。

表 7.3-6　　2010 年 8 月 13 日至 2012 年 9 月 3 日媚川水文站统计潮汐特征

特征参数	2010 年	2011 年	2012 年	平均
年平均海平面/m	0.6549	0.4940	0.2183	0.4343
平均高潮/m	1.2571	1.1149	0.9397	1.0843
平均低潮/m	0.0550	−0.1277	−0.5016	−0.2153
平均涨潮潮差/m	1.1995	1.2427	1.4390	1.2989
平均落潮潮差/m	1.1957	1.2418	1.4400	1.2985
平均涨潮历时/h	4.79	4.79	5.02	4.87
平均落潮历时/h	7.49	7.25	7.25	7.30

表 7.3-7　　2010 年 8 月 13 日至 2012 年 9 月 3 日媚川站水文站极端水位发生时间

年份	极端高水位		极端低水位	
	水位高度/m	发生时间	水位高度/m	发生时间
2010	1.780	2010-11-7 18:00	−0.904	2010-8-23 00:15
2011	2.028	2011-10-27 17:00	−1.468	2011-5-11 05:45
2012	1.640	2012-1-1 07:30	−1.503	2012-6-21 02:00

7.3.2.2　水文站潮汐调和常数

对上述 4 个水文站 2011 年全年逐时水位资料,应用国际广泛使用的潮汐调和分析软件 T-tide 计算,得到了 4 个主要半日分潮 M2、S2、N2、K2,4 个主要全日分潮 K1、O1、P1、Q1,3 个主要浅水分潮 MS4、M4、M6 的振幅和位相(相对于世界时),成果分别见表 7.3-8 至

表 7.3-11。

表 7.3-8 新州水文站潮汐调和常数

调和常数	M2	S2	N2	K2	K1	O1	P1	Q1	MS4	M4	M6
振幅/cm	30.0	10.7	5.9	5.8	21.6	11.7	3.6	2.0	2.8	4.2	0.9
pha/°	56.9	95.3	34.9	84.8	328.7	273.7	336.8	277.9	68.0	25.7	297.7

表 7.3-9 朱笃水文站潮汐调和常数

调和常数	M2	S2	N2	K2	K1	O1	P1	Q1	MS4	M4	M6
振幅/cm	35.5	12.4	6.5	6.1	25.0	13.7	4.1	2.3	3.9	5.6	1.3
pha/°	50.2	88.6	28.7	78.3	325.5	271.8	327.4	276.9	57.7	15.0	281.0

表 7.3-10 媚川水文站潮汐调和常数

调和常数	M2	S2	N2	K2	K1	O1	P1	Q1	MS4	M4	M6
振幅/cm	57.8	19.4	10.3	8.7	40.3	27.0	8.4	4.3	4.8	7.1	2.2
pha/°	303.1	340.1	282.7	334.8	268.0	220.7	268.1	213.1	188.8	149.6	307.9

表 7.3-11 芹苴水文站潮汐调和常数

调和常数	M2	S2	N2	K2	K1	O1	P1	Q1	MS4	M4	M6
振幅/cm	58.7	21.0	10.4	9.2	40.6	26.7	8.1	4.3	4.7	7.1	1.8
pha/°	304.5	344.1	281.7	339.6	272.2	226.4	269.2	217.4	216.9	171.6	332.8

新州站 4 个主要半日分潮 M2、S2、N2、K2 的振幅分别为 30.0cm、10.7cm、5.9cm 和 5.8cm，4 个主要全日分潮 K1、O1、P1、Q1 的振幅分别为 21.6cm、11.7cm、3.6cm、2.0cm，3 个主要浅水分潮 MS4、M4、M6 的振幅分别为 2.8cm、4.2cm 和 0.9cm。可见，在半日分潮中振幅最大的分潮是 M2 分潮，在全日分潮中振幅最大的分潮是 K1 分潮，在浅水分潮中振幅最大的分潮是 M4 分潮，M2 分潮振幅大于 K1 分潮振幅，K1 分潮振幅显著大于 M4 分潮振幅。

朱笃站 4 个主要半日分潮 M2、S2、N2、K2 的振幅分别为 35.5cm、12.4cm、6.5cm 和 6.1cm，4 个主要全日分潮 K1、O1、P1、Q1 的振幅分别为 25.0cm、13.7cm、4.1cm、2.3cm，3 个主要浅水分潮 MS4、M4、M6 的振幅分别为 3.9cm、5.6cm 和 1.3cm。总体上，该站潮汐强度大于新州站潮汐。

媚川站 4 个主要半日分潮 M2、S2、N2、K2 的振幅分别为 57.8cm、19.4cm、10.3cm 和 8.7cm，4 个主要全日分潮 K1、O1、P1、Q1 的振幅分别为 40.3cm、27.0cm、8.4cm、4.3cm，3 个主要浅水分潮 MS4、M4、M6 的振幅分别为 4.8cm、7.1cm 和 2.2cm。可见，该站离河口口门较近，半日分潮和全日分潮的振幅远比新州站、朱笃站要大，浅水分潮强度有所增加，但幅度没有半日分潮和全日分潮振幅增大的幅度大。

芹苴站离口门距离与位于前江的媚川水文站接近，潮汐分潮的振幅也较为接近。4个主要半日分潮M2、S2、N2、K2的振幅分别为58.7cm、21.0cm、10.4cm和9.2cm，4个主要全日分潮K1、O1、P1、Q1的振幅分别为40.6cm、26.7cm、8.1cm、4.3cm，3个主要浅水分潮MS4、M4、M6的振幅分别为4.7cm、7.1cm和1.8cm。

7.3.2.3 潮汐潮流随涨落潮变化

受资料条件限制，本次采用河口水动力三维数值模式，综合考虑径流、潮汐、地形、风应力和口外陆架环流，模拟枯季1—2月和洪季9—10月湄公河潮汐和环流。

为便于分析计算结果，设置了模式输出点和断面(图7.3-13)。枯季2月和洪季10月模式计算结果表明，湄公河河口潮汐潮流随径流量具有显著季节性变化。

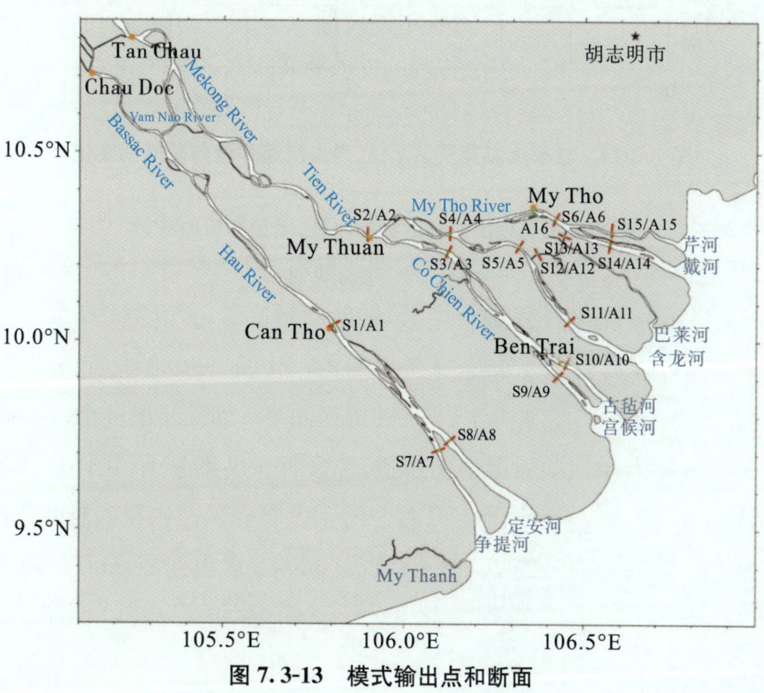

图7.3-13 模式输出点和断面

(1)枯季大潮

图7.3-14为枯季大潮芹苴站水位、表层流速和流向随时间变化情况。大潮期间为较规则的半日潮，最高潮位约3.0m，最低潮位约0.5m；从流速和流向来看，河道内潮流为往复流，落潮最大流速约为1.25m/s，涨潮最大流速约为0.70m/s，受径流作用落潮流速远大于涨潮流速；落潮历时约为8h，涨潮历时约为4h，落潮历时远大于涨潮历时。

表7.3-12为枯季大潮各输出点和断面的水位、流速和历时统计。其中A2、A4这两个断面为单向落潮流，因此无涨潮最大流速和涨潮历时。

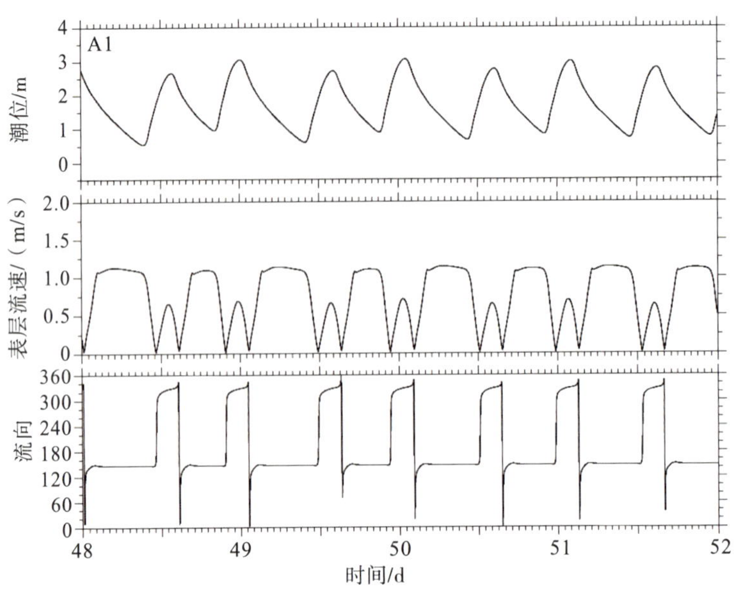

图 7.3-14　枯季大潮芹苴站水位、表层流速和流向随时间变化

表 7.3-12　　枯季大潮各输出点和断面的水位、流速和历时统计

输出点号	潮位/m		最大流速/(m/s)		历时/h	
	最高	最低	落潮	涨潮	落潮	涨潮
A1	3.00	0.5	1.25	0.70	8.0	4.0
A2	3.10	1.70	1.70		12.0	
A3	3.05	0.78	0.90	0.30	9.0	3.0
A4	3.00	0.70	1.05		12.0	
A5	2.80	0.12	1.30	1.10	8.0	4.0
A6	2.85	0.10	0.42	0.30	7.5	4.5
A7	3.10	0	0.95	1.20	7.5	4.5
A8	3.20	0.05	1.15	1.20	7.5	4.5
A9	2.70	0	1.30	1.15	7.0	5.0
A10	2.80	0.12	1.35	1.38	7.0	5.0
A11	2.85	0	1.15	1.40	7.0	5.0
A12	2.90	0.02	0.35	0.20	4.5	7.5
A13	2.85	0.12	0.35	0.25	8.5	3.5
A14	2.80	0.12	0.85	1.10	7.0	5.0
A15	2.78	0	0.25	0.40	7.0	5.0
A16	2.87	0.15	0.60	0.35	7.5	4.5
槟知	2.80	0.15	1.35	1.50	7.0	5.0

(2)枯季小潮

图7.3-15为枯季小潮芹苴站水位、表层流速和流向随时间变化情况。小潮期间为不规则半日潮,最高潮位约2.6m,最低潮位约0.4m;从流速和流向来看,河道内潮流为往复流,落潮最大流速约为1.10m/s,涨潮最大流速约为0.45m/s,受径流作用落潮流速远大于涨潮流速;落潮历时约为8.0h,涨潮历时约为4.0h,落潮历时远大于涨潮历时。

枯季小潮各输出点和断面的水位、流速和历时统计见表7.3-13。其中A2、A3、A4这三个断面为单向落潮流,因此无涨潮最大流速和涨潮历时。

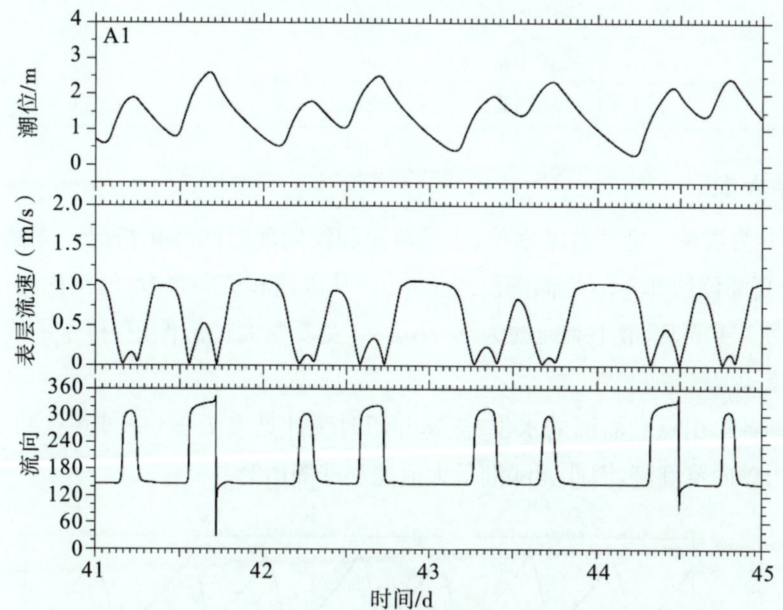

图7.3-15 枯季小潮芹苴站水位、表层流速和流向随时间变化情况

表7.3-13 枯季小潮各输出点和断面的水位、流速和历时统计

输出点号	潮位/m		最大流速/(m/s)		历时/h	
	最高	最低	落潮	涨潮	落潮	涨潮
A1	2.60	0.40	1.10	0.45	8.0	4.0
A2	2.75	1.10	1.65		24.0	
A3	2.55	0.50	0.85		24.0	
A4	2.45	0.50	0.90		24.0	
A5	2.25	0.11	1.15	0.70	8.5	3.5
A6	2.05	0.05	0.35	0.20	7.0	5.0
A7	2.55	0.01	0.85	0.95	7.5	4.5
A8	2.54	0.02	1.00	0.90	7.0	5.0
A9	2.30	0.01	1.20	0.60	7.0	5.0

续表

输出点号	潮位/m		最大流速/(m/s)		历时/h	
	最高	最低	落潮	涨潮	落潮	涨潮
A10	1.20	0.10	1.20	0.80	7.0	5.0
A11	2.05	0	0.85	0.75	6.8	5.2
A12	2.35	0.01	0.20	0.25	5.0	7.0
A13	2.20	0.12	0.24	0.15	9.0	3.0
A14	2.00	0.02	0.70	0.60	7.0	5.0
A15	2.00	0	0.25	0.30	7.0	5.0
A16	2.20	0.01	0.50	0.25	7.5	4.5
槟知	2.35	0.55	1.25	0.90	7.0	5.0

(3)洪季大潮

图 7.3-16 为洪季大潮芹苴站水位、表层流速和流向随时间变化情况。大潮期间为规则的半日潮,最高潮位约 3.4m,最低潮位约 1.4m。从流速和流向来看,河道内为单向流,落潮最大流速约为 1.40m/s,最小流速约为 0.05m/s。受夏季大径流作用,枯季的往复流在夏季变成了单向流。

洪季大潮各输出点和断面的水位、流速和历时统计见表 7.3-14。其中,A1、A2、A3、A4 这四个断面为单向落潮流,因此无涨潮最大流速和涨潮历时。

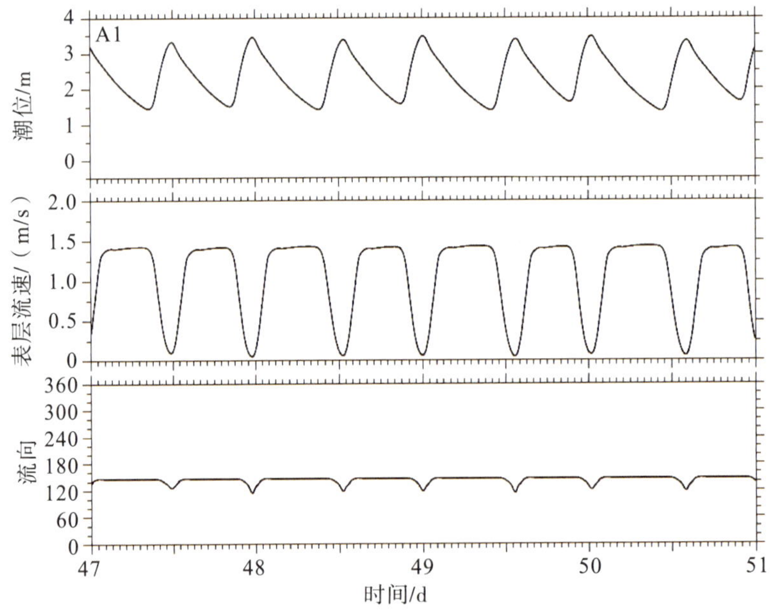

图 7.3-16　芹苴站洪季大潮水位、表层流速和流向随时间变化情况

表 7.3-14 洪季大潮各输出点和断面的水位、流速和历时统计

输出点号	潮位/m		最大流速/(m/s)		历时/h	
	最高	最低	落潮	涨潮	落潮	涨潮
A1	3.40	1.40	1.40		12.0	
A2	4.25	3.80	2.35		12.0	
A3	3.35	1.55	1.25		12.0	
A4	3.05	1.55	1.35		12.0	
A5	2.70	0.45	1.40	0.35	9.0	3.0
A6	2.50	0.40	0.50	0.20	8.5	3.5
A7	3.15	0.45	1.30	0.65	8.5	3.5
A8	3.10	0.45	1.30	0.60	8.5	3.5
A9	2.60	0.40	1.40	0.70	9.0	3.0
A10	2.65	0.50	1.55	0.75	8.5	3.5
A11	2.75	0.15	1.20	0.95	8.0	4.0
A12	2.85	0.20	0.35	0.20	5.5	6.5
A13	2.45	0.45	0.20	0.25	7.0	5.0
A14	2.45	0.40	0.95	0.90	7.5	4.5
A15	2.35	0.20	0.25	0.30	7.5	4.5
A16	2.50	0.45	0.75	0.18	9.5	2.5
槟知	2.65	0.55	1.65	0.85	8.5	3.5

(4)洪季小潮

图 7.3-17 为洪季小潮芹苴站水位、表层流速和流向随时间变化情况。小潮期间为不规则半日潮,最高潮位约 3.4m,最低潮位约 1.1m。从流速和流向来看,因夏季大径流量作用,所以小潮期间仍为单向流。落潮最大流速约为 1.40m/s,最小流速约为 0.10m/s。

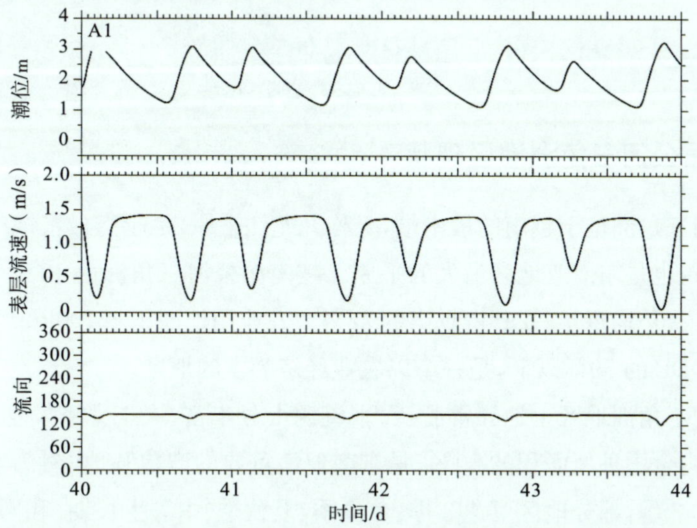

图 7.3-17 洪季小潮芹苴站水位、表层流速和流向随时间变化情况

洪季小潮各输出点和断面的水位、流速和历时统计见表 7.3-15。其中,A1、A2、A3、A4 这四个断面为单向落潮流,因此无涨潮最大流速和涨潮历时。

表 7.3-15　洪季小潮各输出点和断面的水位、流速和历时统计

输出点号	潮位/m		最大流速/(m/s)		历时/h	
	最高	最低	落潮	涨潮	落潮	涨潮
A1	3.40	1.10	1.40		24	
A2	4.10	3.70	2.30		24	
A3	3.00	1.30	1.20		24	
A4	2.75	1.30	1.40		24	
A5	2.45	0.20	1.35	0.30	21	3
A6	2.15	0.10	0.45	0.15	21	3
A7	2.90	0.20	1.15	0.95	9	3
A8	2.80	0.10	1.25	0.70	9	3
A9	2.40	0.15	1.35	0.45	9	3
A10	2.40	0.25	1.40	0.45	21	3
A11	2.10	0.02	1.05	0.70	8	4
A12	2.40	0.02	0.30	0.20	7	5
A13	2.10	0.10	0.10	0.20	8	4
A14	2.00	0.02	0.80	0.75	8	4
A15	2.02	0	0.26	0.27	8	4
A16	2.35	0.20	0.70	0.10	21	3
槟知	2.50	0.35	1.55	0.50	21	3

7.4　咸潮入侵对湄公河三角洲供水的影响

7.4.1　越南湄公河三角洲灌区现状

越南湄公河三角洲位于越南的最南端,又称九龙江平原,是越南最富饶的地方和越南人口最密集的地方,也是东南亚地区最大的平原。越南湄公河三角洲由 13 个省组成,2015 年人口约 1750 万人,平均每年 GDP 占越南的 22%。农业用地面积 26700km^2 以上,农业 GDP 占三角洲地区 GDP 的 50%以上,是一个以农业经济为主的地区。

越南湄公河三角洲地区土地异常肥沃,水资源十分丰富,人工渠系发达,水稻种植面积大,其种植面积占全国种植面积的 50%,是东南亚最重要的产粮基地(图 7.4-1)。大部分地区水稻每年耕作 2 季,部分地区可达 3 季:冬春季、夏秋季(中等生长期)和雨季(长生长期)。本次研究均按照雨季、旱季 2 季计算。该地区是湄公河流域水稻种植面积最广、产量最大的

区域，目前每年的大米产量超过2200万t，占越南大米产量的50%以上，占越南出口总量的90%，是越南成为世界第二大米出口国的重要支撑，每年创造全国10%左右的GDP。现状已发展的水稻种植面积约26700km²，约占区域面积的69%。为保障三角洲地区的灌溉安全，抵御咸潮威胁，地区已建13000km的堤防和42000km的渠道。灌区现状灌溉面积达到21600km²，有效灌溉率为75%，旱季灌溉面积约占雨季灌溉面积的50%。

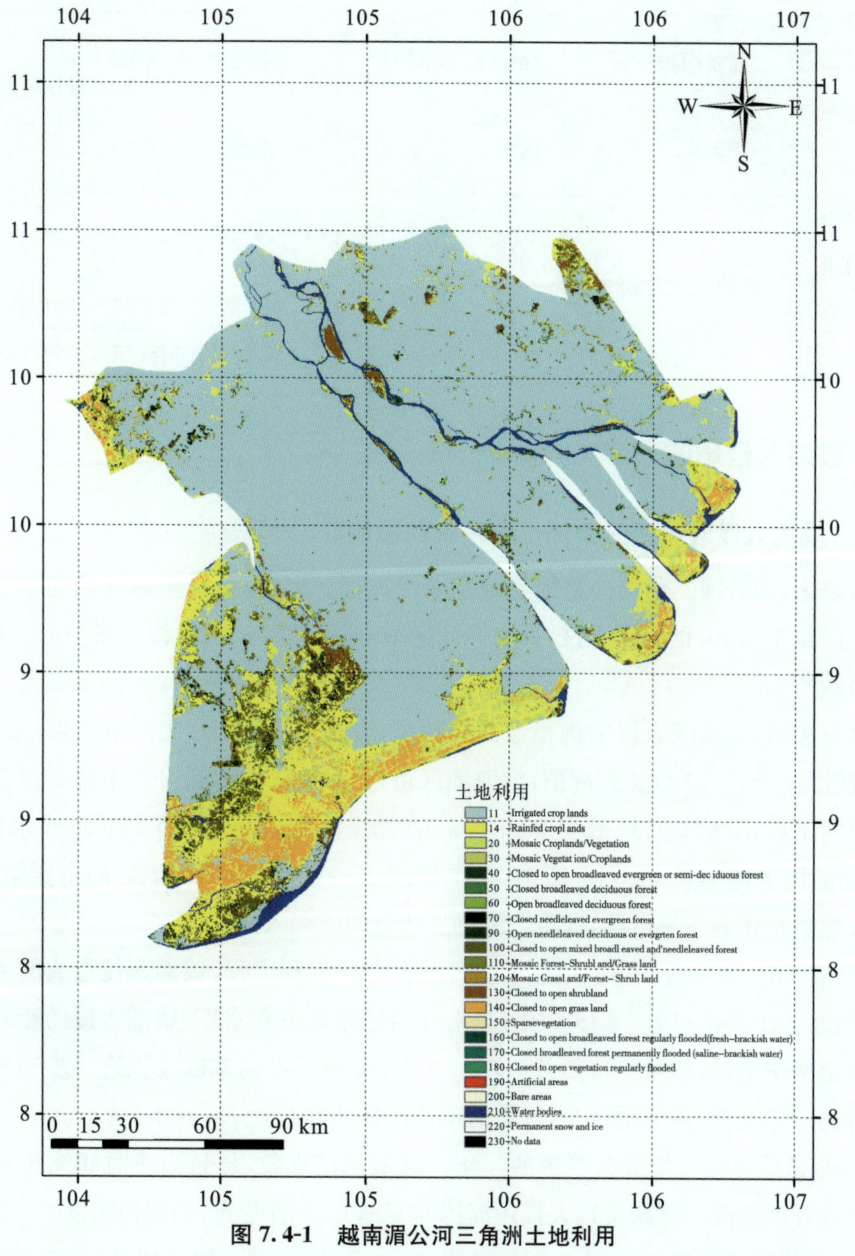

图7.4-1 越南湄公河三角洲土地利用

越南湄公河三角洲灌区合计农业种植面积达到32200km²，其中水稻耕地面积达到26700km²，其他作物种植面积5500km²；水稻种植又以雨季稻为主，耕地面积达到

21600km²,旱季水稻耕地面积 10800km²。

根据雨季、旱季的水稻灌溉面积,定额和灌溉水利用系数,分析现状水平年多年平均、保证率 75%和保证率 95%条件下总灌溉需水量分别为 462.86 亿 m³、501.43 亿 m³、563.14 亿 m³。

表 7.4-1　　灌区现状水平年水稻灌溉需水量分析

<table>
<tr><th rowspan="2">灌区</th><th rowspan="2">频率年</th><th colspan="2">灌溉面积/km²</th><th colspan="2">定额/(m³/hm²)</th><th rowspan="2">水利用系数</th><th colspan="2">灌溉需水量/亿 m³</th><th rowspan="2">合计水量/亿 m³</th><th rowspan="2">其中从湄公河引水量/亿 m³</th></tr>
<tr><th>雨季</th><th>旱季</th><th>雨季</th><th>旱季</th><th>雨季</th><th>旱季</th></tr>
<tr><td rowspan="3">三角洲灌区</td><td>多年平均</td><td rowspan="3">21600</td><td rowspan="3">10800</td><td>5500</td><td>7000</td><td>0.42</td><td>282.86</td><td>180.00</td><td>462.86</td><td>462.86</td></tr>
<tr><td>P=75%</td><td>6000</td><td>7500</td><td>0.42</td><td>308.57</td><td>192.86</td><td>501.43</td><td>501.43</td></tr>
<tr><td>P=95%</td><td>6800</td><td>8300</td><td>0.42</td><td>349.71</td><td>213.43</td><td>563.14</td><td>563.14</td></tr>
</table>

7.4.2　咸潮入侵影响

7.4.2.1　咸潮入侵对越南三角洲供水现状的影响

自古以来,湄公河三角洲一直饱受咸潮入侵灾害。据报道,受全球气候变暖影响,现在海平面正以每年 3mm 的速率上涨,如果照此速率,未来几十年海水将上涨 1m,三角洲 40%的面积将被淹没。

根据有关研究,咸潮入侵的规律性比较明显,一般而言,12 月底雨季结束,咸潮开始入侵,河水咸度上升,3—4 月达到峰值,沿海地区可达 3~6g/L,然后开始下降。过去几十年,如果湄公河上游的来水流量减少 900m³/s,随着潮汐起落,湄公河中下游的水位将上升 0.1~1.5m,海水将倒灌 Tien 河 45~65km,后河 55~60km 及沿海灌区的主要渠道。此时人们将以地下水作为主要水源,这将造成更加严重的咸潮入侵。

1975 年以前,湄公河三角洲地区还基本没有农业水利工程,咸潮入侵造成的灾害明显,水稻产量仅为 2t/hm²;1975—1980 年,越南开始修建渠道和水库,咸潮入侵的影响减弱,农民开始种植两季水稻;1980—1995 年,支渠、斗渠、堤坝等水利基础设施进一步完善,咸潮入侵问题得到一定改善,双季稻普及,每季的单位产量达到 2.0~3.5t/hm²。

2016 年是受咸潮入侵最为严重的一年。厄尔尼诺现象,导致雨季时间缩短,海水比往年早两个月开始入侵。此次最远入侵距离达 90km,11 个省受灾,造成损失巨大。24 万 hm² 水稻田、1.3 万 hm² 经济作物、2.5 万 hm² 果树、10 万 hm² 工业绿化林、14.4 万 hm² 的水产受灾。在 2016 年 5 月 4 日召开的抗旱会议上,越南农业与农村发展部表示,至 2016 年 4 月,三角洲地区约有 22.58 万个家庭日常生活用水短缺,槟知市 8.62 万户、蓄臻省 4.3 万户、建江省 2.5 万户、茶荣省 2.14 万户、隆安省 5500 户、金瓯省 1.45 万户、前江省 7000 户、薄寮省 3200 户、永隆省和后江省各 5000 户家庭均处于急需用水状态。

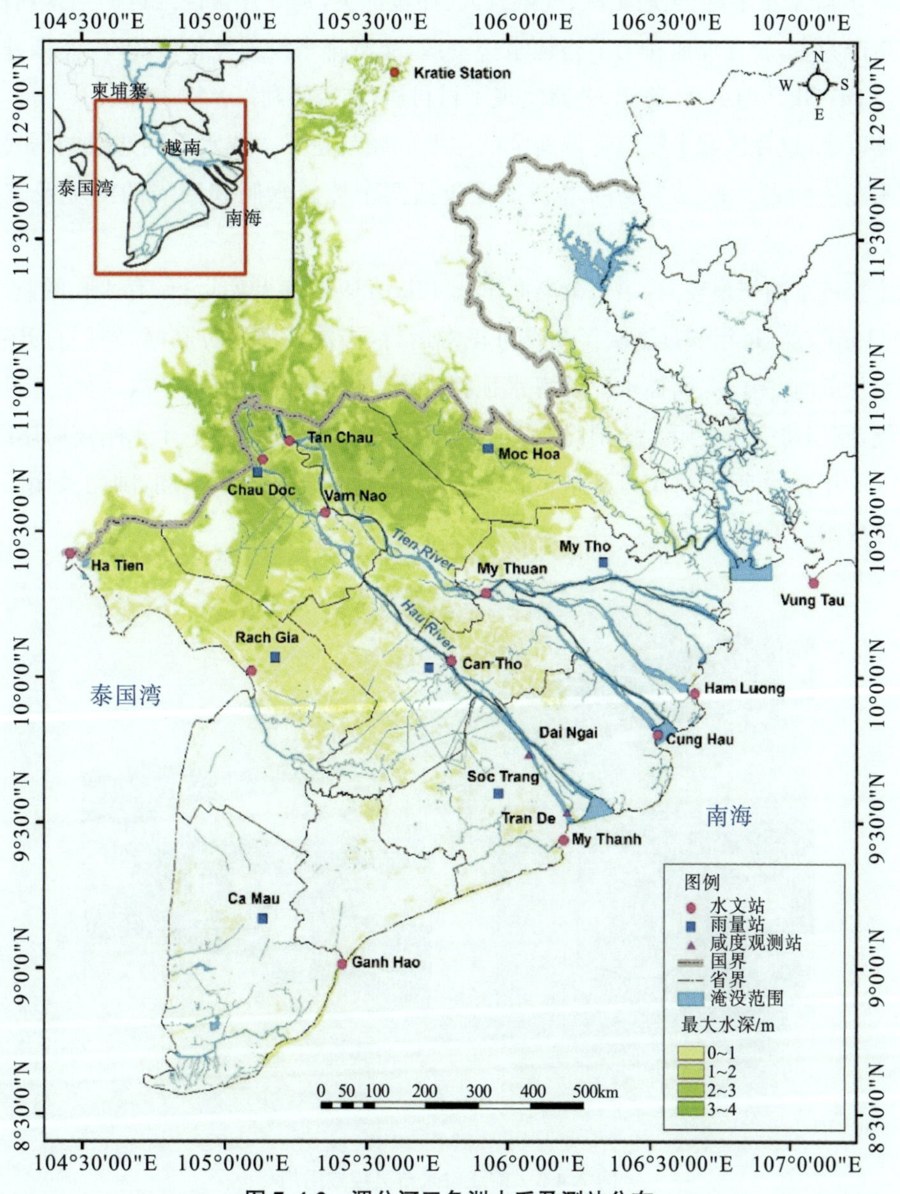

图 7.4-2　湄公河三角洲水系及测站分布

7.4.2.2　三角洲地区控咸工程

三角洲地区的居民在长期的生产实践中，逐步提高了对感潮河段潮淡水、咸水流动规律的认识，修建了闸门、渠道、盐分测站等水利设施，提高对感潮河段淡水资源的利用能力，“控咸蓄淡”成功发展了海产品养殖、水稻等粮食作物种植、经济作物种植、东南亚特色果林种植等产业，为经济社会发展做出了重要贡献。

越南前江省有一片区域在"控咸蓄淡"方面的生产实践比较典型。这片区域以米市县和鹅贡西县为重点，是一片临海区域，面积 540km^2，其中农业种植面积 370km^2，包括水稻 290km^2。其降水量丰富、土地肥沃、气候宜人、环境优美，是一片富饶地区。当地村民勤劳，以农业生产为主，较合理地利用了当地水土资源，灌溉排水设施完善，农业生态园建设效果初现，人均年 GDP 约 1900 美元，公路实现了村村通，交通便利。

长期以来，这片区域水资源管理面临的主要问题就是旱季咸水上溯造成的居民用水和灌溉需水短缺问题。地区主要的水利工程包括两个控咸水闸和四周的河堤及临海端的海堤。

两个控咸水闸规模较大，第一个离海岸线 40km，1982 年开始运行，有 4 孔闸，设计引水流量共 116m^3/s。每年 5 月至次年 2 月可正常运行，当湄公河水位高时，闸门打开引水；当湄公河水位低时，闸门关闭挡水。受海水顶托影响，闸门每天可引水 2 次，每年 3 月和 4 月咸水上溯，闸门将完全关闭。该闸门在 2016 年进行过一次维修，另一个水闸离海岸线 26km 处，在 1990 年开始使用，每年可正常运行 7 个月，其他 2 个月咸水上溯，闸门关闭。前江省米市县控咸闸门见图 7.4-3。

图 7.4-3　前江省米市县控咸闸门

该地区的控咸工程可抵御一般年份旱季的咸潮影响，留蓄涨潮时的淡水资源供区域内生活和灌溉使用，但是遇到特殊干旱年份，咸潮入侵时间长，范围大，控咸工程效益难以发挥。例如，2016 年初，该地区发生了严重干旱，对生产生活产生了重大影响，咸潮最远上溯了 60～80km，两个水闸长时间均不能开启，生产生活用水受到较大影响。

越南湄公河三角洲防洪体系为以堤防护岸、闸坝等工程措施为主，结合洪水预警预报等非工程措施。该地区四周建设的堤防、防浪墙等防洪减灾工程总长度约 150km，临海端的海堤长度约21km，其中海堤中部建有长10km高标准堤防，但是受海浪淘刷，部分堤防损坏严重，沿海滩地受海浪淘刷，土地退化。因此，2015年越南政府投资实施了10km的高标准堤防建设。鹅贡西县海堤现状见图7.4-4，越南湄公河三角洲主要城市的堤防护岸工程见图7.4-5。

图7.4-4　鹅贡西县海堤现状

(a)茶荣市护岸

(b)永隆市护岸

(c)芹苴市堤防(后江干流)

(d)芹苴市堤防(芹苴河)

图7.4-5　越南湄公河三角洲主要城市的堤防护岸工程

7.4.2.3 咸潮影响与湄公河干流桔井站流量的关系

根据相关研究成果，咸潮入侵影响范围和时间与上游桔井水文站流量存在一定关系①。以2011年大洪水年桔井站的流量为基础，−20%和+10%作为模拟研究的边界条件。根据越南自然资源与环境部的研究（2012年），2030—2040年平均海平面上升为23cm，2050—2060年平均海平面上升为35cm，以此作为海平面上升的边界条件。评价咸潮入侵影响程度的指标包括Dai Ngai站和Tran De站的盐分实用盐标（PSU）的最大值和最小值、咸潮入侵的最大距离、冲咸时间和冲咸流量的关系等。其中，PSU为无单位量纲，一般以‰表示，一般PSU=1‰的咸水对日常生活用水有影响，PSU=4‰的咸水对灌溉用水有影响。咸潮入侵模拟情景参数见表7.4-2。

表7.4-2　咸潮入侵模拟情景参数

模拟情景	海平面上升/cm	Kratie站流量变化/%	气候变化情景（降水）
情景1	23	+10	RCP4.5,8.5
情景2	23	−10	RCP4.5,8.5
情景3	35	−15	RCP4.5,8.5
情景4	35	−20	RCP4.5,8.5

研究结果表明，在不同模拟情景下Dai Ngai和Tran De站的最大盐分浓度变化范围分别为5.44‰～5.91‰和29.41‰～30.39‰，最小盐分浓度变化范围分别为0.054‰～0.076‰和25.02‰～25.44‰。随着桔井站流量减小20%，三角洲地区的盐分浓度有所升高，但是幅度不大。咸潮入侵盐分浓度模拟结果统计见表7.4-3。

表7.4-3　咸潮入侵盐分浓度模拟结果统计

盐分测站	最大和最小盐分（PSU）							
	情景1		情景2		情景3		情景4	
	最大值	最小值	最大值	最小值	最大值	最小值	最大值	最小值
Dai Ngai（6月1日）	5.440	0.076	5.740	0.071	5.830	0.066	5.910	0.054
Tran De（6月1日）	29.410	25.020	30.390	25.310	30.270	25.200	30.310	25.440

咸潮入侵最远距离随着上游流量的减小逐步增加。2011年遇到大潮和小潮时，实测PSU=1‰的咸潮入侵最远距离分别为45.26和25.49km。当流量减少20%，海平面上升35km时，咸潮影响的距离最远可达49.18km。咸潮入侵距离模拟结果统计见表7.4-4。

①Effects of Upstream Discharge and Climate Change on Hydraulic Regime in the Vietnamese Mekong Delta, Simulating Future Flows and Salinity Intrusion Using Combined One-and Two-Dimensional Hydrodynamic Modelling—The Case of Hau River, Vietnamese Mekong Delta.

表 7.4-4　咸潮入侵距离模拟结果统计　(单位:km)

模拟情景	与河口的距离			
	大潮		小潮	
	PSU=1.0	PSU=4.0	PSU=1.0	PSU=4.0
2011 年实际情景	45.26	41.46	25.49	20.13
情景 1	48.55	43.58	29.85	22.03
情景 2	49.13	44.05	30.44	23.01
情景 3	49.16	44.17	30.07	22.48
情景 4	49.18	44.27	30.14	22.59

咸潮发生后,上游来水可逐渐缓解咸潮的影响,冲咸流量越大,冲咸时间越短。研究表明,当桔井站冲咸流量从 500m³/s 增加至 4500m³/s 时,冲咸时间可从 110～180h 缩减至 15～20h。冲咸时间和冲咸流量关系见图 7.4-6。

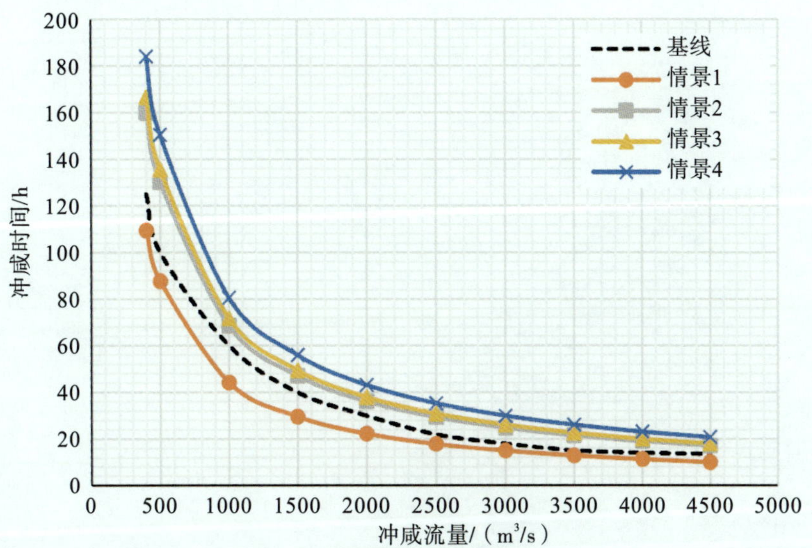

图 7.4-6　冲咸时间和冲咸流量关系

7.5　本章小结

1)湄公河三角洲河道呈分汊形式,各支汊分流比差异较大。湄公河三角洲潮汐日不等现象显著。西部海岸为泰国湾,潮汐类型为不规则日潮,东南部海岸为南中国海,潮汐类型为不规则半日潮,且东南岸的潮差大于西岸。湄公河口既有半日潮也有全日潮,但半日潮的天数远多于全日潮,半日潮的潮差远大于全日潮,潮位每日两涨两落,日潮不等现象较强。潮流上溯过程中,在径流和河床边界条件阻滞下,潮差和涨潮历时由口外向口内沿程递减;受湄公河上游来水的影响,当落潮历时大于涨潮历时时,旱季的潮差大于雨季,枯水年的潮差大于丰水年。在距口门约 328km 的达克茂站，雨季仅在 5 月受到潮汐影响，且潮差较小，在柬越边境的朱笃站和新州站，雨季仅在 5—7 月受潮汐影响较大，在 8—11 月潮汐已难以辨清，芹苴及以下河段全年均受到较强烈的潮汐影响。

2)越南湄公河三角洲咸潮入侵形势严峻，治理咸潮应考虑工程措施结合非工程措施。越南湄公河三角洲洪潮灾害频繁且严重。平均每隔 4～6 年发生一次大洪水，三角洲北部易受到上游洪水威胁，平均每年造成 50%地区被淹，淹没深 2.5～4.0m，淹没历时 3～6 月，超过 200 万人受灾；三角洲中部和沿海地区易遭受咸潮入侵和全球气候变化导致的海平面上升的影响。目前，越南湄公河三角洲防洪体系仍以堤防为基础，与河道整治、闸坝工程相结合。但随着近年来全球气候变化导致的海平面上升和区域经济社会发展导致的水安全保障需求提高，越南的咸潮治理思路应结合潮汐特性，提出咸潮治理非工程措施和综合管理方法，边发展边治理。

第 8 章　澜湄水安全与合作展望

CHAPTER 8

纵观古今，兴水利、除水害一直都是澜湄国家历朝历代治国安邦的大事。当前，澜湄国家政治局势相对稳定，各国都处于经济社会快速发展阶段，搞建设、谋发展是各国的主要目标。受经济社会发展不平衡、不充分的制约，水利基础设施薄弱，加之受全球气候变化、人口持续增长、工业化和城镇化进程加速等因素影响，水安全问题已成为事关澜湄国家可持续发展的核心问题之一，以水资源可持续利用支撑经济社会可持续发展，是澜湄各国面临的共同问题。澜湄水资源合作业已进入“快车道”，要进一步加强政策对话与技术交流，加快流域信息共享进程，提高防洪抗旱应对能力，提升水安全保障能力，增进流域各国民生福祉。

8.1　澜湄水安全

水安全是指一个国家或地区乃至全球人类生存发展所需有量与质保障的水资源、能够可持续维系流域中人与生态环境健康、确保人民生命财产免受水旱灾害、水环境污染等损失的能力。水安全具有空间地域性、全局性和可调控性，通过水安全系统各因素的合理调控与治理，可改变水安全程度。水安全概念比较宽泛，主要涉及人们通常熟知的防洪安全、供水安全和生态安全等。随着全球气候变化的影响越来越显著、经济社会发展水平的不断提升，对水安全的保障要求越来越高，难度也越来越大。

8.1.1　防洪安全

防洪安全是一个国家最基本的水安全保障，关系人民生命财产安全，关系粮食安全、经济安全、社会安全、国家安全。澜湄国家均属于发展中国家或者不发达国家，水利基础设施建设严重滞后。特殊的国情水情，决定着澜湄国家洪涝灾害多发频发，而随着人口增加、经济增长、财富积聚，洪涝灾害风险加大。缅甸伊洛瓦底江中下游，老挝、泰国、柬埔寨、越南等澜湄流域中下游地区人口密集、经济相对发达，易受洪水等威胁，其他地区易受强降水、山洪地质灾害等威胁，一旦遭受严重损失，可能会对经济社会发展造成重大影响。可以说，洪涝灾害始终是澜湄国家的心腹大患。

澜湄国家要根据国家所处的发展阶段要求和水利发展的客观规律，明确大范围流域性、区域性洪水的防灾底线和局部性、突发性洪水的防灾底线。在此基础上，谋划防洪安全风险综合应对和管控措施，拿出战略举措。应加快编制重点流域防洪规划，构建与经济社会发展水平相适应的防洪减灾体系，加强防洪控制性水库和重要河段堤防建设，提升中小河流防洪和山洪灾害防治能力、重点涝区和城市排涝能力，同时加强防洪非工程措施建设。

8.1.2 供水安全

供水安全是一个国家最基本的水安全需求，不断完善水资源可持续利用保障体系，是实现经济社会可持续发展的基础支撑和保障。澜湄国家水资源总量相对比较丰富，但水资源在空间和时间上分布不均，导致经济社会发展和水资源之间存在较大的矛盾。随着城市化进程加快，城市生活用水大量增加，工业生产用水也迅猛增长，城市水资源短缺问题将不断加剧。澜湄国家也多是传统的农业国家，耕地资源丰富，光热条件优越，享有“东南亚粮仓”的美名，是亚洲主要的粮食净出口地区和世界上主要粮食出口地区之一，但由于水利工程不足，还有部分工程老化失修，水资源紧缺，抗御旱灾的能力很低，农业发展受到严重制约，加上极端气候越演越烈，尤其是厄尔尼诺和拉尼娜现象，干旱和洪灾出现次数更加频繁且有越来越严重的趋势。在开展澜湄水资源合作项目过程中，通过建立研究模型分析了有无灌溉对粮食产量的影响，从对柬埔寨、老挝、泰国、缅甸的一些地区的研究成果来看，发展灌溉是抗御旱灾、增加单位面积粮食产量的重要途径。

澜湄国家在未来的发展中，要将供水安全作为重要底线来考虑。通过水资源科学规划和优化配置，提高水资源的承载能力，促进水资源的可持续利用，为经济可持续发展提供保障。具体说来，一是优先满足城乡人民生活用水要求，为城乡居民提供安全、清洁的饮用水，改善公共设施和生活环境，逐步提高生活质量；二是基本满足国民经济建设用水要求，为日益增长的经济建设，特别是为城市和工业的发展提供比较稳定的供水，保障经济快速、持续、健康发展；三是基本满足粮食生产对水的要求，提高农业供水保证率，改善农业生产条件。在具体措施上，一是要明确不同区域、不同时段城乡居民饮用水安全标准，确保饮用水绝对安全，因地制宜推进城乡供水一体化，对分散型供水设施进行标准化建设；二是围绕保障粮食安全，强化灌溉体系和设施建设，改善耕地灌溉条件，提高灌溉保证率，充分发挥“东南亚粮仓”的资源优势；三是围绕经济社会对供水安全保障需求，结合水资源条件，实施重大引调水、重点水源等工程建设，完善国家、区域供水格局，提高水资源优化配置能力。

8.1.3 生态安全

生态安全是一个国家经济社会发展到一定阶段的必然要求。澜湄国家废污水处理率普遍偏低，许多城市基本上没有生活污水处理设施，大部分污水未经处理直接排入河湖。农业面源污染较重，大量不合理使用农药、化肥以及水土流失等，造成生态系统向破坏的趋势发展。根据柬埔寨为数不多的水质监测站监测数据分析，湄公河干流由于径流量大，稀释自净能力较强，水质处于优或良的状态，但是支流污染日趋严重，洞里萨湖总磷超标严重，水环境整体上呈恶化趋势。水污染已从城市向农村蔓延，长此以往，水质恶化将加剧水资源供给矛盾，直接威胁着饮用水的安全和人民的健康，也影响到工农业生产和农作物安全。总结工业革命以来世界上许多国家发展的经验教训，水污染累积到一定程度就会成为不亚于洪灾、旱灾甚至更为严重的灾害。

澜湄国家应高度重视生态安全，避免重走先污染后治理的老路，摒弃向大自然无节制地索取的观念，在防止水对人类侵害的同时，要特别注意防止人类对水的侵害。在追求经济社会快速发展的同时应有序地协调好人与自然的关系，按照人口、资源、环境与经济协调发展的要求，保护水资源，保护生态环境，根据水资源状况确定生产力布局和产业结构与发展规模，选择有利于水资源可持续利用的生产方式和消费方式，防止不合理开发利用水资源，控制水污染的蔓延，防止水环境继续恶化。具体来讲，一是加快城市污水处理设施建设，提高城镇污水的收集和处理能力，削减入湖污染负荷，有效控制经由城镇生活、工业污染等途径进入河湖的污染负荷；二是积极推行清洁生产，实现工业污染防治从末端治理为主向生产全过程控制的转变；三是大力推广绿色农业，积极开展农业面源污染防治，特别是不合理使用化肥、农药等带来的化学污染及其他面源污染，保护农村饮用水水源；四是加强水土保持和小流域治理，以重点区域为单元，以有效预防人为水土流失和科学推进水土流失综合治理为目标，采取预防、监测和治理措施，加强水土流失综合防治。

8.2　合作展望

澜湄合作因水而生，注定水资源合作不仅是不可或缺，而且要发挥不可替代的作用。《三亚宣言》把水资源合作列为澜湄合作的五大优先领域之一，合作的总体目标是通过水资源可持续利用、管理和保护，促进各成员国经济社会可持续发展并造福人民。六年来，澜湄合作从生长期到成长期，澜湄水资源合作成果丰硕，可圈可点，宛如飞架在澜沧江—湄公河上的一座大桥，紧紧地把六国和六国人民联系在了一起。展望未来，在澜湄合作机制下，以务实合作项目为依托，持续为澜湄国家提升水治理水平贡献“中国智慧”和“中国方案”。

8.2.1　以水资源合作为纽带促进澜湄国家共同发展

澜湄区域地处中南半岛核心地带，作为亚洲最重要的跨国水系，澜湄蕴含着丰富的水利水产资源和生物物种，拥有着独特的依水而生的经济形态。但由于湄公河国家或者经历长期的国内战乱之苦，或者饱受地区战争的严重摧残，经济发展属于非常落后的区域，缅甸、老挝和柬埔寨仍是世界上最不发达的国家，而且区域内发展不平衡，国内基础设施建设十分落后，社会治理水平普遍欠缺，湄公河国家普遍面临着城市化、产业升级、减贫等多重发展任务，水资源的利用和开发是这些“靠河而生”的国家最重要的国家资源，但是在开发利用，最大限度地挖掘本国水资源潜力的同时，既面临着国家之间因结构性用水差异而产生的用水纷争问题，也面临着基础设施建设所需要的资金、技术、人才等资源缺乏的挑战。因此，同心勠力，提升区域范围内的水资源管理能力和水资源合作，就成为澜湄国家的共同需求与愿望。由于在区域中的位置和国家发展战略的不同，澜湄国家在水资源的开发利用方面存在着结构性的用水差异，中国注重在上游进行水利开发和航道开拓；缅甸重点在于加强航道的疏通与建设；越南侧重于农业水利灌溉；柬埔寨重视渔业发展；老挝则将水力发电作为重点，希望将自己打造成一枚“东南亚的蓄电池”。因此，针对在湄公河干流上修建水电站的做法，不同的国家就做出了不同的回应。柬埔寨的大部分国土是湄公河及其支流冲积形成的平原，境内的洞里萨湖60%的供水水源来自湄公河，作为东南亚重要的淡水鱼生产基地，柬埔寨非常关注老挝等国家的水电开发项目，担忧水电站的修建影响水流的波动和营养物质的沉淀以及鱼类洄游，从而对渔业养殖形成威胁。而位于澜湄河末端的越南，重要的农业生产基地湄公河三角洲位于本国境内，人们担忧水电项目的修建会降低河流的动力，减少沉积物的沉积，导致三角洲地区的泥沙和土壤肥力得不到充足的补给，造成粮食减产。因此在澜湄流域时不时会因水资源项目上马而发生“口舌之争”。为了经济社会发展目标的实现，湄公河国家的电力供给和需求之间存在巨大赤字，鉴于区域内河流水资源开发潜能的巨大和水能资源的清洁性特点，开发水电是区域内重大的目标规划，但目前由于国家财力、技术和人员的缺乏，仅有10%左右的水电潜能得到开发，因此推动区域内的水电开发是现在和未来湄公河国家满足国计民生需求的重要任务。湄公河区域是属于对气候变化影响的“敏感地带”，近些年极端天气频繁发生，洪涝灾害时不时“袭击”柬埔寨、泰国、老挝和越南等国家，对农业、渔业发展形成重要影响，建设和修缮可以应对气候变化的高质量水利基础设施，是湄公河国家加强水资源合作的又一大动力。

中国自大禹治水至今，不仅拥有5000多年的治水历史，而且水利建设成就举世瞩目，积累了丰富的水利开发和水资源管理的经验。近年来，中国更是围绕建设生态文明和美丽中国的战略目标，不断更新治水理念，治水技术和管理经验都取得了前所未有的进步。在确保防洪安全、饮水安全、粮食安全的同时，中国水利更加注重人水和谐，通过调整人的行为、纠正人的错误行为，减少人对自然的伤害；更加注重生态环境保护，坚持“绿水青山就是金山银山”的理念，实施最严格的水资源管理制度；更加注重协同作战，全面推行河湖长制，发动全社会力量维护河湖健康生命。倡议澜湄国家共同建立合作机制，将水资源合作放在优先发展位置，是中国与湄公河流域国家共享丰富治水经验和智慧，推动构建相互尊重、公平正义、合作共赢的区域新型国际关系发展，为澜湄人类命运共同体建设贡献“中国方案”的具体体现。建构复合化水资源合作体系高位推动着眼民生，为了推动合作落到实处，作为澜湄水资源合作最基础、最重要的一环，来自澜湄六国水利主管部门、外交部和其他相关机构的代表组成了澜湄水资源合作联合工作组，负责就水资源领域合作开展顶层设计，就各成员国开展合作事宜进行沟通、协商和决策，并规划和督促实施合作项目。各国均明确了本国组长及联络人，以确保联合工作组沟通渠道顺畅。自2017年至今，工作组已分别在中国、泰国、越南召开了三次会议，就《澜湄水资源合作五年行动计划(2018—2022 年)》、联合申报澜湄合作专项基金项目、年度工作重点等充分交流，明确了澜湄水资源合作的六大重点领域及各自的牵头国，为合作奠定了基础。2017 年 6 月，根据《三亚宣言》要求，水利部成立了澜湄水资源合作中心，支撑联合工作组开展工作。作为六国加强技术交流、能力建设、洪旱灾害管理、信息交流、联合研究的平台，中心在推进技术交流、人员培训和具体项目合作等方面发挥了积极的支撑和桥梁作用。

澜湄水资源合作前瞻“同饮一江水、命运紧相连”，澜湄合作因水而生，也必将因水而兴。如何推动水资源领域合作走得更深、更实、更远，需要六国共同付出更多的努力和进行前瞻性、战略性的思考。正如在《澜湄水资源合作五年行动计划(2018—2022 年)》中所规划的那样，未来将在规划上，继续做好水资源可持续利用的顶层设计，加强水资源政策对话，建设综合合作平台；在技术上，促进水资源和气候变化影响等方面的联合研究，发展和改进水质监测系统，加强数据和信息共享，加强洪旱灾害应急管理，实施湄公河流域防洪抗旱联合评估；在人力上，加强水资源管理能力建设，重视交流培训和考察学习。

当前和今后一个时期，澜湄国家经济社会发展面临着新的机遇。各国在供水灌溉、防洪抗旱、水生态环境保护等方面对澜湄流域的治理、开发与保护提出诸多短期和长期诉求。结合澜湄国家的国情水情，立足国别需求和禀赋特点，制定适合本国国情的水资源开发战略，科学谋划，精准施策，开展示范工程建设，改善与保障当地民生，促进地区经济社会可持续发展，维护区域和平稳定；同时，贯穿发展为先、平等协商、务实高效、开放包容的理念，深入开展水资源综合利用、防汛抗旱等领域的合作，加强合作机制建设，推动合理开发利用，打造高水平信息平台，推进共建共享共商，共同夯实基础研究，共同提升水资源调控能力和管理水平，共同应对洪旱灾害，共同促进澜湄水资源合作提质升级，把澜湄水资源合作打造成澜湄合作的“旗舰品牌”，把澜沧江—湄公河打造成友谊之河、合作之河、繁荣之河，以水资源合作为纽带，促进澜湄国家共同发展。

8.2.2　以数据为重点建设信息共享平台

澜湄国家历经战乱，经济社会发展相对落后，水利基础设施薄弱，水资源体系管理不完善，管理统计数据相对缺乏，现有资料也缺乏系统整编和有效管理。国家水文等基础工作不足已成为水利规划、工程建设等的重要制约因素。因此，要以数据整合为重点建设信息共享平台，加强基础数据的共建共享。

(1)加强水文气象等基础站网建设

针对水文气象基本数据存在数据不足、站网密度不够、分布不均和精度不高等问题，未来要加快推进水文气象站网的完善建设，增加水质等监测站网的覆盖率，加强地下水水质监测、水环境、水生态监测，形成较为完整的水文气象观测和水质、水生态监测系统，同时规范资料观测和整编，为更好地开展相关基础研究和水利规划建设提供基础依据。

(2)加强基础信息的测绘与统计工作

澜湄国家普遍存在河道、湖泊地形测量资料少等问题，要加强全国地形测量、河道地形测量等基础信息测绘工作。应加强水利基础信息统计资料，普查统计包括各类蓄引提调水利工程现状、灌区发展现状、各行业供用水量、污染源调查和入河排污量等基础信息，了解现状用水水平和开发利用程度，科学地制订符合实际水平的发展计划。

(3)开展基础资料整理和信息化工作

澜湄国家现有资料缺乏系统整编和有效管理，同一类资料常分散于多个部门，部门之间难以共享，且不同部门基础数据统计方法和标准不一，给基础资料收集与整理带来较大困难。要加强数据进行信息化处理，基于 ArcGIS 信息化数据平台，系统收集整理水文、气象、地形地质、经济社会、水资源开发利用等资料，以便数据建设与使用。

(4)制定适合国情的技术规范和标准

澜湄国家普遍缺乏水利相关的技术规范和标准，各类水利工程建设多采用外国技术标准，有些并不适合本国国情，应尽快制定包括水资源和流域综合规划、水工建筑工程、灌溉排水工程、城乡供水工程、河道整治工程、堤防工程等相关的技术规范和标准。此外，澜湄流域气候形势复杂，洪涝灾害和极端干旱频发，极端气象水文事件多发，台风登陆多且影响大，统筹防洪减灾体系，加强水资源开发利用与管理，保障防洪安全、供水安全、粮食安全、生态安全，对流域内各国都十分重要，应按照推进本地区绿色、协调、可持续发展的要求，将澜湄流域的水资源作为一个完整系统来考虑，处理好上下游、左右岸、水资源综合利用和保护的关系，以及经济发展和生态环境之间的关系，建立一个符合澜湄流域特点和各国利益共享的水利技术标准体系。

8.2.3 以规划为引领推动澜湄国家水利基础设施建设

针对澜湄各国最为突出、最为关注的水问题，加强顶层设计，开展澜湄流域层面综合规划以及国家、区域层面的重点规划编制工作，引领澜湄国家流域治理保护与开发利用，为后续重大水工程的实施提供规划依据，从流域整体、重点地区、重要行业等多层次与澜湄国家共谋发展。

(1)澜湄流域层面

随着上游澜沧江干流水电梯级有序开发，湄公河干流老挝段沙耶武里电站已建成发电，澜湄干流水文情势、河道冲刷、泥沙淤积等发生了不同程度的变化，也对河流灌溉与供水、发电、航运等服务功能产生了一定程度的影响。同时，湄公河干流流域各国经济社会发展也提出了新的要求，迫切需要开展湄公河干流综合规划，立足于湄公河流域经济社会的长远发展，统筹考虑流域经济社会发展和水资源综合利用要求，遵循有关法律法规，在保护流域生态与环境的基础上，有序进行开发，维系河流健康，促进区域人口、资源、环境与经济社会的协调、可持续发展，有力保障流域人身安全、粮食安全、生态安全，为流域各国湄公河干流开发治理提供规划指导。

湄公河干流综合利用规划的任务是研究河流开发任务、开发方案，并以干流开发方案为基础，从河流自身特点出发，提出满足流域内外经济社会各方面对水资源综合利用要求的规划，选定技术可行、经济合理且能满足综合利用要求的梯级开发方案，以及水资源优化配置、防洪保安、航运、生态环境保护建设、水资源管理等的总体轮廓意见，并研究提出实施步骤和近期工程开发意见。

(2)澜湄国家层面

澜湄国家均具有较为丰富的水资源，但由于水情复杂，水资源问题由来已久，特别是随着经济快速发展和全球气候变化影响加大，水资源面临的形势越来越严峻，洪涝灾害、局部地区的水资源短缺、水污染现象和水生态环境恶化等问题依然突出。各国在水资源开发利用和保护方面存在较大不足，老挝、缅甸、越南等国家尚未开展过国家层面的水资源综合规划，水资源开发利用水平低、基础设施和管理能力薄弱，水利对经济社会发展的支撑和保障能力与现实要求存在很大差距。编制国家水资源综合规划，对促进各国人口、资源、环境和经济的协调发展，以水资源的可持续利用推动经济社会的持续稳定发展具有重大意义。

规划以各国宪法为纲领，以国家相关发展规划为指导，以人为本，将国民的美满幸福生活作为经济社会发展的目的。通过全面、合理、有效的水资源综合规划，推动水资源开发利用基础设施建设，增强各国水资源利用保障能力，提升国家的水资源综合管理水平；减轻洪水和干旱等自然灾害，保护国民生命财产安全；优化配置和合理利用水资源，保证国民饮水安全；适时发展农业灌溉，保障粮食安全；开发水力资源，保障能源安全，减少温室气体排放，加快水电资源优势向经济优势转化；发展航运，促进大湄公河次区的经济贸易交流与合作；寻求新的发展模式，优先保护环境，建立人与自然和谐发展的关系，保证合理、有效、可持续地使用水资源。

(3)流域区域层面

在国家层面宏观规划的基础上，进一步完善水利规划体系，编制各个流域综合规划及重点区域专项规划。在《柬埔寨国家水资源综合规划纲要》的基础上，开展柬埔寨洞里萨湖水安全保障规划以及 Stung Sen 河、Stung Chinit 河等流域综合规划。在《老挝南乌河流域综合规划》《老挝南屯河流域综合规划》的基础上，开展老挝剩余 10 条流域综合规划。在《缅甸粮食主产区灌溉发展规划》的基础上，开展缅甸中部干旱区水资源综合规划、缅甸伊洛瓦底江流域防洪规划。根据需求调研情况，开展泰国呵叻高原水资源综合规划、越南湄公河三角洲水安全保障规划等。

8.2.4　以需求为牵引开展关键技术研究

在数据共享、信息互通的基础上，合理考虑澜湄国家的共同需求与关切，结合近年来发生的典型洪旱事件，本着凝聚共识、增信释疑、互利互荣的原则，共同开展澜湄流域治理开发与保护关键技术研究，共同解决水资源合作与流域管理中面临的关键技术瓶颈。

(1)水文水资源领域

开展中长期水文预报、气候变化背景下澜湄流域水资源及水旱灾害影响评估及应对措施、变化环境下澜湄流域泥沙产输特性、湄公河三角洲咸水入侵机理及对策、河湖关系等基础性研究。

1)澜湄流域水文模型。

基于多源气候数据信息融合分析，选用合适的降尺度方法，获得相对高精度的气象数据，作为流域水文模型的输入。根据流域下垫面条件与气象水文特征，选择在无资料或资料较少地区均有一定适用性的流域水文模型，先期开展资料较少地区的流域水文模拟，并对无资料地区进行参数移用与估算，开展典型无资料地区水文模拟研究。在水文数据整编的前提下，视资料条件，分阶段开展景洪—清盛段或景洪—万象段流域水文模型研究。

2)澜湄中长期水文预报研究。

基于数据驱动与分布式水文模型的中长期径流预报研究。采用数据融合、数据同化算法，用地面观测数据校正天气雷达、卫星遥感、再分析数据，建立长系列空间分布澜湄气象水文数据库。应用统计学习、机器学习、深度学习等算法，进行基于数据驱动的中长期径流预报，分析评价不同方法的适用性。采用欧洲气象中心中尺度天气预报(ECMWF)产品驱动分布式水文模型，进行旬、月、季等中长尺度的水文预报，分析评价期预报精度，模拟预测干旱事件的时空发展过程。

分析流域水文气象特征值的时空变化及分布特性，全面了解流域的降水规律、天气系统、气候变化背景、产汇流特性等。建立澜湄区域月、季等尺度降水量、重要水文特征值与大气环流因子、海温场等多种因子之间的遥相关关系，参考数值模式预报产品并对其进行释用，研究澜湄区域月、季等长期旱涝趋势预测方法。

3)湄公河三角洲咸水入侵规律及影响研究。

研究湄公河口潮汐潮流特征、咸潮入侵特点及影响因素，分析上游径流、外海潮差、河口环流及风力风向对咸潮入侵的影响规律，研究咸潮上溯运动规律。构建湄公河三角洲盐度数学模型，模拟2016年旱季咸潮入侵，分析对供水、灌溉的影响。研究干支流水库压咸补淡效果及补偿机制，研究湄公河三角洲压咸补淡治理方案的效果及影响。

4)湄公河与洞里萨湖河湖关系深化研究。

系统分析湄公河干流及洞里萨湖洪水遭遇特点，建立面向河湖关系的一、二维耦合水动力学模型，模拟湄公河与洞里萨湖的顶托、倒灌水文过程。采用模型计算与数理统计相结合的方法，量化河湖关系内涵变化阈值，阐明河湖关系驱动—响应关系机理。分析湄公河与洞里萨湖水位、流量之间的关系，以及洞里萨湖对湄公河洪水的调蓄作用。

5)气候变化背景下澜湄流域水资源及水旱灾害影响评估及应对措施研究。

基于历史气象、水文数据时间序列分析,识别流域关键气象要素的演变特征;选取不同的碳排放情景和全球气候模式,对气候模型预估结果进行降尺度,分析未来降水与气温的变化趋势;以未来多情景气候变化数据集,驱动分布式流域水文模型,定量评估气候变化对水资源及水旱风险的影响,提出流域应对气候变化适应性对策。

6)澜湄干流一维泥沙运动数学模型研究。

根据河道水沙来源与河道冲淤特性,分阶段、分河段建立澜湄干流一维非恒定、非均匀沙数学模型,并对关键参数进行率定、验证。

7)变化环境下澜湄流域泥沙产输特性研究。

调查研究流域产沙过程与特征,研究梯级水库对干流泥沙输移的影响,以及环境变化与强人类活动双重作用下干流泥沙通量时空变化特性。运用澜湄干流一维泥沙运动数学模型,预测不同情境下干流河道泥沙冲淤变化趋势。

(2)防灾减灾领域

针对澜湄流域防灾减灾关键技术问题,开展澜湄干流水动力学模型、洞里萨湖洪泛区防洪治理、湄公河干流重点防洪保护区防洪风险管理等基础性研究。

1)澜湄干流水动力学模型研究。

构建澜湄干流水动力学模型,模拟干支流水库调度与蓄泄过程、洪枯水地区组成与遭遇、河道洪水坦化与演进过程等。

2)洞里萨湖洪泛区防洪治理研究。

在湄公河与洞里萨湖河湖关系研究的基础上,分析经济社会发展对湄公河三角洲与洞里萨湖区防洪治理的需求,按照左右岸与河湖两利的原则开展柬埔寨湄公河三角洲与洞里萨湖区防洪减灾方案研究,提出防洪、治涝综合治理措施。

3)湄公河干流重点防洪保护区防洪风险管理研究。

编制湄公河干流重点防洪保护区洪水风险图。在洪水风险分析、洪水影响分析与损失评估的基础上,编制洪水风险图。洪水风险分析主要包括洪水来源分析、洪水分析计算、行洪区分析等。洪水影响分析与损失评估主要根据洪水淹没范围、水深、历时等评估洪水影响与损失状况。

①湄公河干流重点防洪保护区洪水风险区划。

基于洪水风险图,选择洞里萨湖区开展洪水风险程度分区研究,研究不同洪水条件下防洪风险,包括不同频率洪水的淹没范围、水深、经济损失等,明确洪泛区保留范围、预留容积等,提出洪水风险区划建议。

②湄公河干流重点防洪保护区防汛预案编制。

编制湄公河干流琅勃拉邦、万象、穆达汉、巴色、上丁等沿线重点防洪保护区及柬埔寨湄公河三角洲与洞里萨湖区防汛应急预案。通过防汛预案编制,提升流域防洪应急处置能力,减轻灾害防治损失。

4)泰国旱灾综合评估及对策研究。

以2019年泰国雨季大旱为例,分析干旱的成因、时空演变规律与致灾机理,研究从气象干旱到水文干旱、农业干旱的迁移转变机理。根据经济社会空间分布特征,定量化旱灾脆弱性和敏感性。根据水资源变化情势以及水利基础设施的保障程度,定量化抗旱能力。分析上游水库补水的抗旱效果,提出应急抗旱措施,为旱灾风险管理提供决策依据。

5)湄公河流域防洪形势研究。

在对湄公河流域洪水、洪灾情况分析的基础上,深入调查流域防洪工程体系与非工程体系的现状与规划情况,以及防洪保护区内人口、耕地、重要基础设施分布情况,分析计算流域上、中、下游干支流及三角洲地区主要河段的防洪能力,重点开展中下游洪泛区的蓄滞洪能力及防洪保护区的现状防洪能力评估,并对洪泛区及重点洲滩进行防洪风险分析,研究当前面临的防洪形势及全球气候变化与经济社会发展条件下防洪减灾面临的挑战。

(3)水生态环境领域

以水生态环境最为敏感脆弱、问题较为突出的洞里萨湖为典型,开展洞里萨湖洪泛区水域环境调查、洞里萨湖富营养化防控技术研究、洞里萨湖区鱼类集群监测等研究。

1)洞里萨湖洪泛区水域环境调查。

针对洞里萨湖洪泛区水域环境调查,在已完成遥感历史影像收集、水体最大水域边界提取、土地覆盖类型分类,以及获取该流域历史气象与水文数据的基础上,解析洞里萨湖洪泛区1979—2019年旱季各主要土地覆盖类型(水域、草地、沙地、滩地等)变化规律;利用历史气象(降水、日照等)与水文(上游水位、来水流量等)数据,分析洪泛区土地覆盖类型、面积与各参数间的耦合关系,阐明引起洪泛区土地覆盖类型变化的主要因子及面积预测模型。

2)洞里萨湖富营养化防控技术研究。

收集整理近年来洞里萨湖及其入湖支流水质状况、营养物质含量、水文泥沙等资料,采用湖泊富营养化模型,分析洞里萨湖营养化现状、演化趋势及主要驱动因子。以问题为导向,从加强城镇生活废污水排放等点源污染治理、加强农田灌溉退水与水产养殖废水等面源污染防控、建立环湖生物隔离带等生态修复、加强环洞里萨湖主要入湖河流氮磷浓度与通量的监测等方面,提出洞里萨湖富营养化防控措施与建议。

3)洞里萨湖区鱼类集群监测。

采用渔获物和渔业声学走航式Simrad EY60分裂波束式鱼探仪调查方法分析河流环境结构、径流分配变化影响下的鱼类集群效应,分析洞里萨湖洪旱水文节律的改变对湖区鱼类种群集群行为的影响,推广渔业声学调查技术,为开展洞里萨湖区鱼类资源管理提供支撑。重点调查水域的鱼类种类组成、规格、年龄结构等信息,利用渔业声学调查探测水域的鱼类密度、规格,回波信号的种类判别和鱼类密度的偏态分布。

(4)河道治理与保护领域

针对澜湄干流部分重点河段,开展河道演变规律研究,分阶段逐步研究建立重点河段二维水沙数学模型,研究重点河段河床演变规律及河道崩岸特点,预测河道演变趋势,提出重点河段河道治理与保护措施。

1)澜湄干流重点河段河道演变规律研究。

收集重点河段水文气象、河道地形、床沙组成、岸线利用等资料,分析重点河段地形地貌和河床平面形态特征,分析河床演变规律及河道崩岸特点及成因等。

2)澜湄干流重点河段冲淤演变预测研究。

分阶段逐步建立澜湄干流重点河段二维水沙数学模型,并对关键参数、系数进行率定、验证。利用率定和验证后的二维水沙数学模型,模拟预测不同条件下澜湄干流重点河段河道泥沙冲淤变化及冲淤量,预测河道演变趋势。

3)澜湄干流重点河段河道治理与保护措施研究。

统筹考虑澜湄干流重点河段的河道治理与保护需求,结合河道冲淤演变预测成果,因地制宜提出典型试点河段河道治理与保护措施,并论证其效果。

参考文献

[1] 长江水利委员会国际合作与科技局. 湄公河开发利用与管理[M]. 武汉:长江出版社,2016.

[2] 水利部国际合作与科技司,水利部发展研究中心,长江国际工程设计公司. 各国水概况(亚洲卷)[M]. 北京:中国水利水电出版社,2021.

[3] 陈洋波. 东南亚国家洪涝灾害研究[M]. 广州:暨南大学出版社,2019.

[4] 马树洪. 东方多瑙河——澜沧江—湄公河流域开发探究[M]. 昆明:云南人民出版社,2013.

[5] 张岳,任光照,谢新民. 水利与国民经济发展[M]. 北京:中国水利水电出版社,2006.

[6] 张励. 水资源与澜湄国家命运共同体[J]. 国际展望,2019(4).

[7] 邢伟. 水资源治理与澜湄命运共同体建设[J]. 太平洋学报,2016(6).

[8] 赵萍,汤洁,尹笋. 湄公河流域水资源开发利用现状[J]. 水利经济,2017(7).

[9] 陈兴茹,王兴勇,等. 湄公河流域洪旱灾害损失分析[J]. 水利经济,2019(1).

[10] 陈兴茹,王兴勇,等. 1900—2017年湄公河流域五国自然灾害特征分析[J]. 中国水利水电科学研究院学报,2019(5).

[11] 孙周亮,刘艳丽,刘冀,等. 澜沧江—湄公河流域水资源利用现状与需求分析[J]. 水资源与水工程学报,2018(4).

[12] 王志强,王海霞. 澜湄水利标准体系构建探讨[J]. 水利规划与设计,2021(4).

[13] 吴浓娣. 以水资源合作为纽带促进澜湄流域共同发展[J]. 水利发展研究,2020(2).

[14] 许凯,何子杰,赵树辰,等. 国内外水资源配置方法对比浅析[C]//中国水利学会2018学术年会论文集,2018.

[15] 贺一梅,杨子生. 基于粮食安全的区域人均粮食需求量分析[J]. 全国商情·经济理论研究,2008(7).

[16] 赵树辰,何子杰,周冬妮,等. 柬埔寨灌溉发展规划[C]//中国水利学会2018学术年会论文集,2018.

[17] 李妍清,王含,陕硕,等. 柬埔寨水资源量时空分布研究[J]. 人民长江,2018(11).

[18] 志荣. 老挝经济社会发展现状与对策建议[J]. 东南亚纵横,2006(1).

[19] 张良民. 老挝经济社会发展现状[J]. 国际论坛,1999(4).

[20] 姜鲁光,杨成,刘晔. 基于夜间灯光数据的 1992—2020 年老挝经济社会发展时空变化[J]. 资源科学,2021(12).

[21] 吕畅文・图,占沙温・本农. 开发清洁能源,促进老挝经济社会可持续发展[J]. 中国三峡,2020.

[22] 赛沙力. 泛亚铁路建设对老挝经济社会发展的影响分析[D]. 昆明:云南财经大学,2012.

[23] 董向诗杰. 老挝农业及经济社会发展情况[J]. 当代经济,2015(2).

[24] 李小元. 老挝社会文化与投资环境[M]. 北京:世界图书出版公司,2012.

[25] 王志刚,黄超君."一带一路"背景下老挝水资源的现状,问题与对策[J]. 世界农业,2018(7).

[26] 雷昌友,陈卫,高明,等. 老挝国家水资源信息数据中心示范建设项目中心站设计与实现[J]. 长江技术经济,2022(6).

[27] 马树洪. 澜沧江—湄公河老挝段的水能资源及其开发利用探讨[J]. 东南亚南亚研究,1993(3).

[28] 陈玺,刘冬英,李妍清,等. 基于 VIC 模型的老挝南乌河流域水资源量评估[J]. 人民长江,2018(6).

[29] 张猛. 老挝在湄公河水资源开发与利用中的利益和策略[D]. 昆明:云南大学.

[30] 驻老使馆经商处. 老挝水电资源及其开发情况调研报告[J]. 2010.

[31] 韩振中,裴源生,李远华. 灌溉用水有效利用系数测算与分析[J]. 中国水利,2009(2).

[32] 米良. 缅甸水资源开发方式及应注意的问题[J]. 学术探索,2015(7).

[33] 米良. 泰国水资源管理及其法律制度探析[J]. 广西社会科学,2014(6).

[34] Changwen Li, Zhongqiong You, Anqiang Li, et al. Variation Characteristics, Influencing Factors and Hydrological Conditions of The Reverse Flow from Mekong River to Tonle Sap Lake[J]. Applied Ecology and Environmental Research, 2019, 17(6): 13875-13895.

[35] Zhaoming Xu, Changwen Li, Anqiang Li, et al. Morphological Characteristics of Cambodia Mekong Delta and Tonle Sap Lake and Its Response to River-Lake Water Exchange Pattern[J]. Journal of Water Resource and Protection, 2020, 12(4), 275-302.

[36] 黄汉文,李昌文,徐驰. 澜湄水资源合作的现实、挑战与方向[J]. 人民长江,2021(7).

[37] 李昌文,游中琼,徐照明. 洞里萨湖的水位和面积变化特征[J]. 长江科学院院报,

2020(8).

［38］ 李昌文，游中琼，徐照明，等．湄公河与洞里萨湖水量交换特征[J]．长江科学院院报，2020(7).

［39］ 李昌文，徐照明，甘拯，等．洞里萨湖水位与面积和容积的关系研究[J]．人民长江，2020(4).

［40］ 李昌文，游中琼，徐照明，等．湄公河与洞里萨湖河湖关系研究[J]．人民长江，2019(10).

［41］ 李昌文，徐照明，游中琼，等．湄公河干流洪水洪灾特点及防洪对策研究[J]．人民长江，2019(7).

［42］ 李昌文，游中琼，要威．洞里萨湖调蓄洪水作用研究[C]//中国水利学会2018学术年会论文集，2018.

［43］ 李昌文，黄瓅瑶，王翠平，等．柬埔寨湄公河三角洲防洪规划方案研究[C]//中国水利学会2018学术年会论文集，2018.

［44］ 李昌文，游中琼，要威，等．湄公河与洞里萨湖河湖水量交换的水文条件研究[C]//中国水利学会2018学术年会，2018.

［45］ 夏军，左其亭，石卫．中国水安全与未来[M]．武汉：湖北科学技术出版社，2019.

图书在版编目（CIP）数据

澜湄水势与水安全 / 何子杰等著. -- 武汉 ：长江出版社，2024.6

（澜湄水资源合作研究丛书）

ISBN 978-7-5492-9176-2

Ⅰ. ①澜… Ⅱ. ①何… Ⅲ. ①澜沧江－流域－水情－研究②湄公河－流域－水情－研究③澜沧江－流域－水资源保护－研究④湄公河－流域－水资源保护－研究 Ⅳ. ① P942.740.77 ② TV213.4

中国国家版本馆 CIP 数据核字（2023）第 204842 号

澜湄水势与水安全

LANMEISHUISHIYUSHUIANQUAN

何子杰等 著

责任编辑： 郭利娜 许泽涛

装帧设计： 彭微

出版发行： 长江出版社

地　　址： 武汉市江岸区解放大道 1863 号

邮　　编： 430010

网　　址： https://www.cjpress.cn

电　　话： 027-82926557（总编室）

027-82926806（市场营销部）

经　　销： 各地新华书店

印　　刷： 湖北金港彩印有限公司

规　　格： 787mm×1092mm

开　　本： 16

印　　张： 31

彩　　页： 4

字　　数： 700 千字

版　　次： 2024 年 6 月第 1 版

印　　次： 2024 年 6 月第 1 次

书　　号： ISBN 978-7-5492-9176-2

定　　价： 280.00 元